W. Schäfer / K. Georgi / G. Trippler

Mathematik-Vorkurs

# Mathematik-Vorkurs

Übungs- und Arbeitsbuch
für Studienanfänger

Von Prof. Dr. rer. nat. habil. Wolfgang Schäfer
Oberstudienrat Kurt Georgi
und Doz. Dr. rer. nat. habil. Gisela Trippler

Unter Mitarbeit von
Prof. Dr. rer. nat. Christa Otto (Abschnitt 14)

4. Auflage

 B. G. Teubner Stuttgart · Leipzig 1999

Gedruckt auf chlorfrei gebleichtem Papier

Die Deutsche Bibliothek – CIP-Einheitsaufnahme

**Mathematik-Vorkurs :**
Übungs- und Arbeitsbuch für Studienanfänger /
von Wolfgang Schäfer, Kurt Georgi und Gisela Trippler.
Unter Mitarb. von Christa Otto (Abschn. 14).
– 4. Aufl. – Stuttgart ; Leipzig : Teubner, 1999
 ISBN 3-519-00249-3

© 1999 B. G. Teubner Stuttgart · Leipzig

Printed in Germany
Druck und Bindung: Druckhaus „Thomas Müntzer" GmbH, Bad Langensalza
Umschlaggestaltung: Peter Pfitz, Stuttgart

# Vorwort

Das vorliegende Übungs- und Arbeitsbuch dient der Vorbereitung auf die Mathematik-Grundausbildung an Hochschulen im weitesten Sinne. Dabei stehen natur-, ingenieur- und wirtschaftswissenschaftliche Studiengänge im Mittelpunkt.

Es wendet sich sowohl an jene Leser, die sich frühzeitig entschlossen haben, ein mathematikintensives Studium zu beginnen, als auch an alle, die schon studieren und nun merken, was ihnen an Mathematikkenntnissen fehlt, und die das Fehlende möglichst schnell nachholen wollen.

Das Buch beinhaltet alle wesentlichen Stoffgebiete, die auch in den Mathematikprüfungen zum Abitur und zu anderen Formen der Hochschulreife von Bedeutung sind.

Da es in Deutschland kein "Einheitsabitur" gibt, sind die Kenntnisse, Fähigkeiten und Fertigkeiten im Fach Mathematik - sogar bei Studienanfängern formal gleicher Bildungswege - extrem unterschiedlich und nicht selten zu gering. Die Mathematikausbildung an Hochschulen orientiert sich dann meist an einem "mittleren" Studenten. Die Folge sind außerordentliche Schwierigkeiten bei einem beträchtlichen Teil der Studienanfänger, und das nicht nur im Fach Mathematik, sondern auch in anderen Grundlagenfächern.

Oft ist das Scheitern eines Hochschulstudiums auf diese Anfangsschwierigkeiten zurückzuführen, während gute Mathematik-Vorkenntnisse für den Erfolg des Studiums und sogar für den beruflichen Erfolg entscheidend sein können.

Die Autoren kennen diese Probleme von beiden Seiten: aus der Sicht der Mathematik-Grundausbildung an Hochschulen und aus der Sicht der Vorbereitung auf das Hochschulstudium.Dabei haben sie auch jahrelang mit verschiedenen von ihnen entwickelten Lehrmaterialien Erfahrungen sammeln können.

Trotz großer Bemühungen war es aus Papiermangel früher leider nicht möglich, diese erprobten und erfolgreichen Lehrmaterialien zu einem Buch zu verdichten. Das geschieht nun im vereinigten Teubner-Verlag Stuttgart-Leipzig.

Den ersten Abschnitten sind nur kurze theoretische Einführungen vorangestellt, den späteren längere. Letzteres gilt vor allem für die Abschnitte 15-21, die dann schon Lehrbuchcharakter tragen. Jeder Abschnitt enthält eine Reihe instruktiver Lehrbeispiele (gelöste Musteraufgaben) und vor allem viele Aufgaben nebst Lösungen zum eigenständigen Üben. Somit kann der Leser überprüfen, ob er die einzelnen Teilgebiete wirklich schon in genügendem Maße beherrscht.

Die Frage, welche Abschnitte besonders wichtig sind, vor allem wenn man aus Zeitgründen eine Auswahl treffen muß, ist natürlich schwer zu beantworten. Aber die folgende Regel dürfte der Wahrheit nahekommen:

Die Abschnitte 1-4, 6 und 16 sind von fundamentaler Bedeutung, denn oft versteht man die "höhere" Mathematik recht gut, kann aber die gestellten Aufgaben nicht lösen, weil man die elementarsten Umformungen nicht beherrscht.

An den Hochschulen werden aber auch Kenntnisse vorausgesetzt, die über die Elementarmathematik hinausgehen. Dringend zu empfehlen sind daher für die lineare Algebra und die analytische Geometrie die Abschnitte 11 und 17 und für die Analysis die Abschnitte 20 und 21, wobei man teilweise auf die Abschnitte 15, 18 und 19 zurückgreifen muß.

Die Autoren möchten sich bei der B. G. Teubner Verlagsgesellschaft sehr herzlich dafür bedanken, daß dieses schon lange geplante Buch nun erscheinen kann. Ihr besonderer Dank gilt den Herren Dr. P. Spuhler und J. Weiß für ihr persönliches Engagement, ohne das die Herausgabe so schnell nicht möglich gewesen wäre. Herrn H. Rößler danken wir für die Mitarbeit bei der Herstellung der reproduktionsfähigen Druckvorlage.

Leipzig, Dezember 1992                                            Wolfgang Schäfer
                                                                          Kurt Georgi


**Vorwort zur dritten Auflage**

Dankenswerterweise hat es uns die B. G. Teubner Verlagsgesellschaft ermöglicht, die 3. Auflage des *Mathematik-Vorkurses* auf der Basis einer neuen Druckvorlage herauszubringen. Damit hat sich nicht nur das Schriftbild verbessert - es konnten neben der Beseitigung von Druckfehlern auch zahlreiche Hinweise berücksichtigt werden, für die wir uns an dieser Stelle herzlich bedanken. Insbesondere wurden die Abschnitte 15, 16, 17 und 21 völlig neu gestaltet.

Unser besonderer Dank gilt Herrn Oberstudienrat Rolf Trippler für die sehr zuverlässige Mitarbeit bei der Herstellung der reproduktionsfähigen Druckvorlage.

Leipzig, August 1996                                               Die Autoren

# Inhalt

# 1 Elementare Rechenoperationen mit reellen Zahlen

## 1.1 Aufbau des Zahlensystems

### 1.1.1 Die natürlichen Zahlen

Zum Zählen, genauer zum Abzählen der Elemente endlicher Mengen, genügen die Zahlen 1, 2, 3, 4 usw. Die Gesamtheit dieser Zahlen, zu denen man noch die Null hinzunehmen kann, nennt man die *Menge* $\mathbf{N}$ *der natürlichen Zahlen*:

$$\mathbf{N} = \{\, 0, 1, 2, 3, 4, 5, 6, \ldots \,\} \; ; \; \mathbf{N}^* = \{\, 1, 2, 3, 4, 5, 6, \ldots \,\}.$$

Wir kennzeichnen Zahlen im allgemeinen mit kleinen lateinischen Buchstaben a, b, c, . . .. Die Tatsache, daß n irgendeine feste natürliche Zahl sein soll, beschreibt man mit $n \in \mathbf{N}$ bzw. $n \in \mathbf{N}^*$ (n ist ein Element der Menge $\mathbf{N}$ bzw. $\mathbf{N}^*$ der natürlichen Zahlen). An dieser Stelle sei auf den Unterschied zwischen Zahl und Ziffer verwiesen. Wir verwenden bei der uns gewohnten Darstellung von Zahlen im Zehnersystem die Ziffernmenge

$$N_{10} = \{\, 0, 1, 2, 3, 4, 5, 6, 7, 8, 9 \,\}.$$

Eine Folge von Ziffern $a_i \in N_{10}$ kennzeichnet dann eine natürliche Zahl in folgender Weise:

$$a_n a_{n-1} a_{n-2} \cdots a_3 a_2 a_1 a_0 = a_n \cdot 10^n + a_{n-1} \cdot 10^{n-1} + a_{n-2} \cdot 10^{n-2} + \ldots + a_3 \cdot 10^3$$

$$+ a_2 \cdot 10^2 + a_1 \cdot 10^1 + a_0 \cdot 10^0, \qquad a_i \in N_{10}.$$

Man kann Zahlen aber auch mit beliebigen anderen Ziffernmengen darstellen. So werden zum Beispiel beim Dualsystem, das in der Informatik eine große Rolle spielt, zwei Ziffern verwendet:

$$N_2 = \{\, 0, 1 \,\}.$$

In der folgenden Tabelle sind die ersten natürlichen Zahlen im Zehner- und Dualsystem gegenübergestellt:

| Zehnersystem | Dualsystem |
|:---:|:---:|
| 0 | 0 |
| 1 | 1 |
| 2 | 10 |
| 3 | 11 |
| 4 | 100 |
| 5 | 101 |
| 6 | 110 |
| 7 | 111 |
| 8 | 1000 |

Allgemein kennzeichnet hier eine Ziffernfolge $a_i \in N_2$ eine natürliche Zahl in folgender Weise:

$$a_n a_{n-1} \cdots a_2 a_1 a_0 = a_n \cdot 2^n + a_{n-1} \cdot 2^{n-1} + \ldots + a_2 \cdot 2^2 + a_1 \cdot 2^1 + a_0 \cdot 2^0, \; a_i \in N_2.$$

**Beispiel 1.1:** $59 \stackrel{\wedge}{=} 1 \cdot 32 + 1 \cdot 16 + 1 \cdot 8 + 0 \cdot 4 + 1 \cdot 2 + 1 \cdot 1$

$$= 1 \cdot 2^5 + 1 \cdot 2^4 + 1 \cdot 2^3 + 0 \cdot 2^2 + 1 \cdot 2^1 + 1 \cdot 2^0 = 111011$$

Es sollen nun die bekannten Grundgesetze der natürlichen Zahlen, die übrigens auch für reelle Zahlen und teilweise für komplexe Zahlen (Abschnitt 5) gelten, zusammengestellt werden.

I.   *Grundgesetze der Anordnung*

1.   Zwischen zwei natürlichen Zahlen a und b besteht genau eine der Beziehungen a < b, a = b, a > b.
2.   a = a.                                    (Reflexivität)
3.   Aus a = b folgt b = a.                    (Symmetrie)
4.   Aus a = b und b = c folgt a = c.          (Transitivität)
5.   Aus a ≤ b und b < c folgt a < c.

II.  *Grundgesetze der Addition*

1.   Zu zwei natürlichen Zahlen a und b existiert stets die *Summe* a + b im Bereich der natürlichen Zahlen.
2.   Aus a = a' und b = b' folgt a + b = a' + b'. (Eindeutigkeit)
3.   a + b = b + a.                             (Kommutativgesetz)
4.   (a + b) + c = a + (b + c).                 (Assoziativgesetz)
5.   Aus a < b folgt a + c < b + c.             (Monotoniegesetz)

III. *Grundgesetze der Subtraktion*

---
**Definition 1.1:** Existiert zu zwei natürlichen Zahlen a und b eine natürliche Zahl x, die die Gleichung a + x = b erfüllt, so heißt x = b − a *Differenz* von b und a.

---

1.   x = b − a  ist eindeutig bestimmt, falls es existiert.

IV.  *Grundgesetze der Multiplikation*

1.   Zu zwei natürlichen Zahlen a und b existiert stets das *Produkt* a · b im Bereich der natürlichen Zahlen. Für a · b schreibt man auch ab.
2.   Aus a = a' und b = b' folgt ab = a'b'.     (Eindeutigkeit)
3.   ab = ba.                                   (Kommutativgesetz)
4.   (ab)c = a(bc).                             (Assoziativgesetz)
5.   (a + b)c = ac + bc.                        (Distributivgesetz)
6.   Aus a < b und c > 0 folgt ac < bc.         (Monotoniegesetz)

V. *Grundgesetze der Division*

---

**Definition 1.2:**   Existiert zu zwei natürlichen Zahlen  a  und  b, wobei a ≠ 0 ist, eine natürliche Zahl x, die die Gleichung ax = b  erfüllt, so heißt  $x = \dfrac{b}{a}$  *Quotient* von  b  und  a  und wird auch als Bruch bezeichnet.

---

1.   $x = \dfrac{b}{a}$  ist eindeutig bestimmt, falls es existiert.

## 1.1.2   Die ganzen Zahlen

Die Differenz zweier natürlicher Zahlen a und b (x = b − a) existiert im Bereich der natürlichen Zahlen **N** genau dann, wenn a ≤ b ist. Um die Differenz auch für a > b angeben zu können, erweitert man die Menge der natürlichen Zahlen um die negativen ganzen Zahlen. Diese erhält man dadurch, daß man die natürlichen Zahlen mit einem Minuszeichen versieht, also −1, −2, −3, . . .

Es gilt dann für a > b

   a − b = −(b − a).

Alle unter Abschnitt 1.1.1 angegebenen Grundgesetze gelten auch in der *Menge* **Z** *der ganzen Zahlen,*

   **Z** = {  . . . , −3, −2, −1, 0, 1, 2, 3,  . . .  },

und die Grundgesetze der Subtraktion können ergänzt werden um

III. *Grundgesetze der Subtraktion* (Fortsetzung)

2.   Zu je zwei ganzen Zahlen  a  und  b  existiert genau eine ganze Zahl  x = b − a, die die Gleichung  a + x = b  erfüllt.

Bemerkung:   Die Einführung der negativen Zahlen erfolgte zunächst auf Grund von praktischen Bedürfnissen, wie z. B. Rechnen mit Guthaben (positiv) und Schulden (negativ).

## 1.1.3   Die rationalen Zahlen

Der Quotient  $x = \dfrac{b}{a}$  zweier ganzer Zahlen a und b, wobei a ≠ 0 ist, existiert im Bereich der ganzen Zahlen nur dann, wenn b ein ganzzahliges Vielfaches von a ist. Um den Quotienten auch dann angeben zu können, wenn die Division b : a "nicht aufgeht", muß man die Menge der ganzen Zahlen um die Brüche erweitern, indem man den Ausdruck $\dfrac{b}{a}$, der zunächst nur symbolische Bedeutung hat, als Bezeichnung einer neuen Zahlenart auffaßt und rationale Zahl nennt. Eine rationale Zahl ist also durch ein geordnetes Paar ganzer Zahlen gegeben. Es ist dabei zu beachten, daß der Bruch

$\dfrac{cb}{ca}$ mit ganzem c $\neq$ 0 dem Bruch $\dfrac{b}{a}$ äquivalent ist. In der *Menge* **Q** *der rationalen Zahlen*, das ist die um alle Brüche $\dfrac{b}{a}$, a $\neq$ 0, a und b ganz, erweiterte Menge der ganzen Zahlen, gelten dann alle in den Abschnitten 1.1.1 und 1.1.2 angegebenen Grundgesetze ebenfalls, und die Grundgesetze der Division können ergänzt werden um

V.  *Grundgesetze der Division* (Fortsetzung)

2.  Zu zwei rationalen Zahlen a $\neq$ 0 und b existiert genau eine rationale Zahl  $x = \dfrac{b}{a}$, die die Gleichung  ax = b  erfüllt.

Bemerkung:  Auch die Einführung der rationalen Zahlen erfolgte zunächst aus praktischen Erfordernissen, um mit Bruchteilen bestimmter Längen, Massen, Gewichte usw. rechnen zu können.

Es sei noch erwähnt, daß jede rationale Zahl als endlicher bzw. unendlicher periodischer Dezimalbruch geschrieben werden kann.

## 1.1.4  Die reellen Zahlen

Mit den rationalen Zahlen wird nicht nur das theoretische Bedürfnis nach uneingeschränkter Ausführbarkeit der elementaren Rechenoperationen befriedigt, sondern auch das praktische Bedürfnis des Messens. Durch rationale Zahlen kann man die Länge jeder beliebigen Strecke beliebig genau angeben, oder, was das gleiche ist, in jedem noch so kleinen Intervall der Zahlengerade liegen unendlich viele durch Punkte dargestellte rationale Zahlen. Es kann aber nicht jede Strecke durch eine rationale Zahl genau gemessen werden, bzw. es entspricht nicht jedem Punkt der Zahlengeraden eine rationale Zahl. Solche Zahlen heißen *irrationale Zahlen*. Sie können durch nichtperiodische unendliche Dezimalbrüche dargestellt werden.

So ist zum Beispiel die Länge x der Diagonalen eines Quadrates mit der Kantenlänge 1 nicht durch eine rationale Zahl angebbar. Für x erhält man nach dem Satz des Pythagoras die folgende Gleichung:

$$x^2 = 1^2 + 1^2, \text{ also } x = \sqrt{2} \ .$$

Im Abschnitt 8 wird indirekt bewiesen, daß $\sqrt{2}$ irrational ist. Man kann aber $\sqrt{2}$ beliebig genau durch rationale Zahlen einschachteln, z. B. in folgender Weise durch Dezimalbrüche:

Es ist klar, daß $\sqrt{2}$ zwischen 1 und 2 liegen muß, $1 < \sqrt{2} < 2$, denn es gilt $1^2 < 2 < 2^2$.

Nimmt man nun die 1. Stelle hinter dem Komma hinzu, so findet man durch Probieren $1,4 < \sqrt{2} < 1,5$, denn es gilt

$$(1,4)^2 = 1,96 < 2 < (1,5)^2 = 2,25.$$

Berücksichtigt man noch die zweite Stelle hinter dem Komma, so findet man $1,41 < \sqrt{2} < 1,42$, denn es ist

$$(1,41)^2 = 1,9881 < 2 < (1,42)^2 = 2,0164.$$

Auf diese Weise erhält man eine Folge von Einschachtelungen, die man beliebig fortsetzen kann:

$$1 < \sqrt{2} < 2$$
$$1,4 < \sqrt{2} < 1,5$$
$$1,41 < \sqrt{2} < 1,42$$
$$1,414 < \sqrt{2} < 1,415$$
$$1,4142 < \sqrt{2} < 1,4143$$
$$\vdots$$
$$1,414213562 < \sqrt{2} < 1,414213563$$
$$\vdots$$

Allgemein kann man eine irrationale Zahl $\alpha$ durch eine *Intervallschachtelung* charakterisieren:

$$\alpha = \{ a_n , a'_n \}.$$

Das ist eine unendliche Folge von rationalen Zahlenpaaren $(a_n, a'_n)$ mit folgenden Eigenschaften:

$$a_n \leq a'_n , \; a_{n+1} \geq a_n , \; a'_{n+1} \leq a'_n , \; a_n < \alpha < a'_n , \; \lim_{n \to \infty} (a'_n - a_n) = 0.$$

Der Begriff der reellen Zahl ist ein sehr tiefliegender Begriff, zu dessen Verständnis man den Begriff des Grenzwertes (lim) benötigt, der erst im Abschnitt 18 eingeführt wird.

Es werden alle Intervallschachtelungen, die sich auf den gleichen Punkt zusammenziehen, als äquivalent angesehen.

In der *Menge* **R** *der reellen Zahlen*, das ist die um die irrationalen Zahlen erweiterte Menge der rationalen Zahlen, gelten die in den Abschnitten 1.1.1 bis 1.1.3 angegebenen Grundgesetze. Durch die reellen Zahlen werden alle Punkte der Zahlengeraden erfaßt. Sie befriedigen damit alle Bedürfnisse des Zählens und Messens.

Aber schon bei der Behandlung quadratischer Gleichungen reichen die reellen Zahlen nicht mehr aus. So hat die Gleichung $x^2 + 1 = 0$ keine reelle Lösung. Das macht eine weitere Erweiterung des Zahlenbereiches um die komplexen Zahlen, die im Abschnitt 5 behandelt werden, wünschenswert.

## 1.2    Abgeleitete Rechenregeln

In diesem Abschnitt sollen einige aus der Schule bekannte, aus den im Abschnitt 1.1 angegebenen Grundgesetzen für reelle Zahlen ableitbare Rechenregeln behandelt werden. Schwerpunkte sind dabei:

- die vier Grundrechenarten bei reellen Zahlen, insbesondere das Rechnen mit Klammerausdrücken, das Ausklammern gemeinsamer Faktoren aus Summen, die binomischen Formeln,
- die Beachtung der Unmöglichkeit der Division durch null,
- die Bruchrechnung, insbesondere das Kürzen und Erweitern sowie die Bildung des Hauptnenners, auch für solche Nenner, die aus Summanden mit bestimmten und unbestimmten Termen bestehen.

### 1.2.1    Addition und Subtraktion

Aus den Grundgesetzen der Addition und Subtraktion folgen solche Beziehungen wie

$$-(-a) = a, \qquad a - b = a + (-b),$$

$$(a + b + \ldots - c - d - \ldots) + (e + f + \ldots - g - h - \ldots)$$
$$= a + b + \ldots - c - d - \ldots + e + f + \ldots - g - h - \ldots$$

Das heißt:
Steht vor einem Klammerausdruck ein positives Zeichen, so können die Klammern ohne Veränderung der Vorzeichen weggelassen werden.
Steht hingegen vor einem Klammerausdruck ein negatives Zeichen, so müssen beim Weglassen der Klammern die Vorzeichen der Glieder umgekehrt werden.

$$(a + b + \ldots - c - d - \ldots) - (e + f + \ldots - g - h - \ldots)$$
$$= a + b + \ldots - c - d - \ldots - e - f - \ldots + g + h + \ldots$$

In entsprechender Weise können auch Klammern gesetzt werden.

Ferner sei an dieser Stelle auf den Absolutbetrag (kurz: Betrag) $|a|$ einer reellen Zahl a hingewiesen. Dieser ist der Abstand der reellen Zahl a vom Nullpunkt der Zahlengeraden. Er ist also a selbst, wenn a positiv ist, und er ist $-a$, wenn a negativ ist, denn $-a$ ist dann positiv:

$$|a| = \begin{cases} a & \text{für} & a \geq 0 \\ -a & \text{für} & a < 0 \end{cases}$$

### 1.2.2    Multiplikation

Es gelten folgende Vorzeichenregeln:

$$(+a)\,(+b) = +ab, \quad (+a)\,(-b) = -ab, \quad (-a)\,(-b) = +ab, \quad (-a)\,(+b) = -ab.$$

Bei der Multiplikation von zwei Klammerausdrücken ist jedes Glied der einen Klammer mit jedem Glied der anderen Klammer unter Beachtung der Vorzeichenregeln zu multiplizieren:

$$(a + b + \ldots - c - d - \ldots) (e + f + \ldots - g - h - \ldots)$$
$$= ae + af + \ldots - ag - ah - \ldots + be + bf + \ldots - bg - bh - \ldots + \ldots$$
$$- ce - cf - \ldots + cg + ch + \ldots - de - df - \ldots + dg + dh + \ldots - \ldots$$

Bei der Multiplikation von mehr als zwei Klammerausdrücken wendet man dieses Verfahren schrittweise an.

**Beispiel 1.2:**   $(a + b) (c - d) (e - f - g) = (ac - ad + bc - bd) (e - f - g)$
$$= (ace - acf - acg - ade + adf + adg + bce$$
$$- bcf - bcg - bde + bdf + bdg).$$

Als Spezialfall erhält man die bekannten binomischen Formeln:

$$(a + b)^2 = a^2 + 2ab + b^2,$$
$$(a - b)^2 = a^2 - 2ab + b^2,$$
$$(a + b) (a - b) = a^2 - b^2.$$

Diese lassen sich in folgender Weise anwenden:

**Beispiel 1.3:**   $4a^2 + 12\,ab + 9b^2 = (2a + 3b)^2,$
$$a^2x^2 - 2abxy + b^2y^2 = (ax - by)^2 = (by - ax)^2,$$
$$16\,u^2 - 2v^2 = (4u + \sqrt{2}\ v) (4u - \sqrt{2}\ v).$$

## 1.2.3   Division

Bei der Division hat man zu beachten, daß  $b : a$  bzw.  $\dfrac{b}{a}$  keinen Sinn für  $a = 0$  hat. Eine Division durch null ist nicht möglich. Die Gleichung  $ax = b$  hat für  $a \neq 0$  die eindeutige Lösung  $x = \dfrac{b}{a}$ . Für  $a = 0$  und  $b \neq 0$  gibt es keine Lösung. Ist   $a = 0$   und auch  $b = 0$ , erfüllen alle reellen Zahlen x die Gleichung   $0 \cdot x = 0$ .

Bei der Division von Klammerausdrücken kann man nicht solche einfachen Regeln angeben, wie das bei der Addition, Subtraktion und Multiplikation möglich ist.Man dividiert eine Summe durch einen Ausdruck, indem man jeden  Summanden durch diesen Ausdruck dividiert:

**Beispiel 1.4:**   $(3a^2b - 6ab^2 + 12\,abc) : 3ab = a - 2b + 4c$  bzw.
$$\frac{3a^2b}{3ab} - \frac{6ab^2}{3ab} + \frac{12abc}{3ab} \qquad = a - 2b + 4c \ \text{ für } \ ab \neq 0.$$

Zu diesem Ergebnis kommt man auch durch Ausklammern gemeinsamer Faktoren:

$$3a^2b - 6ab^2 + 12\,abc = 3ab\,(a - 2b + 4c).$$

**Beispiel 1.5:**  $(3a^2b - 6ab^2 + 5c) : 3ab = a - 2b$ Rest $5c$ bzw.

$$\frac{3a^2b}{3ab} - \frac{6ab^2}{3ab} + \frac{5c}{3ab} = a - 2b + \frac{5c}{3ab} \quad \text{für } ab \neq 0.$$

Die Division einer Summe durch eine Summe kann zum Beispiel mit Hilfe der binomischen Formeln erfolgen:

**Beispiel 1.6:**  $(a^2 + 2ab + b^2) : (a + b) = a + b$ bzw. $\dfrac{(a+b)^2}{a+b} = a + b$ für $a \neq -b$.

**Beispiel 1.7:**  $(a^2 - b^2) : (a + b) = a - b$ bzw. $\dfrac{a^2 - b^2}{a+b} = a - b$ für $a \neq -b$.

**Beispiel 1.8:**  $(a^2x^2 - 2abxy + b^2y^2) : (by - ax) = by - ax$ bzw.

$$\frac{(ax - by)^2}{by - ax} = \frac{(by - ax)^2}{by - ax} = by - ax \quad \text{für } ax \neq by.$$

Auch hier sind Divisionen mit Rest möglich:

**Beispiel 1.9:**  $(a^2 - 2ab + 2b^2) : (a - b) = [(a - b)^2 + b^2] : (a - b) = a - b$ Rest $b^2$

bzw.  $\dfrac{(a-b)^2 + b^2}{a-b} = \dfrac{(a-b)^2}{a-b} + \dfrac{b^2}{a-b} = a - b + \dfrac{b^2}{a-b}$ für $a \neq b$.

**Beispiel 1.10:**  $(16u^2 - v^2) : (4u + \sqrt{2}\,v) = 4u - \sqrt{2}\,v$ Rest $v^2$ bzw.

$$\frac{16u^2 - v^2}{4u + \sqrt{2}\,v} = \frac{16u^2 - 2v^2 + v^2}{4u + \sqrt{2}\,v} = \frac{16u^2 - 2v^2}{4u + \sqrt{2}\,v} + \frac{v^2}{4u + \sqrt{2}\,v}$$

$$= 4u - \sqrt{2}\,v + \frac{v^2}{4u + \sqrt{2}\,v}$$

für $4u \neq -\sqrt{2}\,v$.

Formalisierbar ist die Division zweier Polynome (vgl. Abschnitt 12):

$$\frac{P_n(x)}{Q_m(x)} = \frac{a_n x^n + a_{n-1} x^{n-1} + \ldots + a_1 x^1 + a_0}{b_m x^m + b_{m-1} x^{m-1} + \ldots + b_1 x^1 + b_0} = P_n(x) : Q_m(x),$$

wenn der Grad des Zählerpolynoms größer oder gleich dem Grad des Nennerpolynoms ist ($n \geq m$).
Wir setzen voraus $a_n \neq 0$, $b_m \neq 0$ und $Q_m(x) \neq 0$.

Ziel der "Partialdivision" der beiden Polynome ist es, den Quotienten $P_n(x) : Q_m(x)$ in folgender Form zu schreiben:

$$\frac{P_n(x)}{Q_m(x)} = \text{Polynom 1} + \frac{\text{Polynom 2}}{Q_m(x)} \quad ,$$

wobei das Polynom 2 einen geringeren Grad als das Polynom $Q_m(x)$ hat.

Dieses Ziel wird in folgender Weise erreicht:

1. Man dividiert nur die Glieder höchster Ordnung

   $a_n x^n : b_m x^m$ und macht dabei einen Fehler $F(x)$

   $$P_n(x) : Q_m(x) = \frac{a_n}{b_m} x^{n-m} + F(x). \qquad (*)$$

2. Man multipliziert (*) mit dem Nennerpolynom $Q_m(x)$

   $$P_n(x) = \frac{a_n}{b_m} x^{n-m} Q_m(x) + F(x) Q_m(x) \quad \text{und erhält daraus den Fehler } F(x) \text{ in der}$$

   Form

   $$F(x) = \frac{P_r(x)}{Q_m(x)} \text{ mit } P_r(x) = P_n(x) - \frac{a_n}{b_m} x^{n-m} Q_m(x),$$

   wobei der Grad r des Polynoms $P_r(x) = c_r x^r + c_{r-1} x^{r-1} + \ldots$ mindestens um eins niedriger ist als der Grad n des Ausgangspolynoms $P_n(x)$. In Anlehnung an die Division von Zahlen nennt man $P_r(x)$ auch Restpolynom oder einfach Rest.

3. Falls der Grad r von $P_r(x)$ immer noch nicht kleiner ist als m, so werden die Punkte 1. und 2. der Partialdivision auf $P_r(x) : Q_m(x)$ angewendet mit dem Resultat

   $$P_r(x) : Q_m(x) = \frac{c_r}{b_m} x^{r-m} + \frac{P_t(x)}{Q_r(x)},$$

   wobei der Grad t von $P_t(x)$ wiederum um mindestens eins kleiner ist als der Grad von $P_r(x)$.

Das Verfahren der Partialdivision ist beendet, wenn (nach endlich vielen Schritten) der Grad des Zählerpolynoms des Fehlers kleiner ist als m.

**Beispiel 1.11:** Zunächst sollen die Schritte 1. und 2. der Partialdivision ausführlich am Beispiel von

$$P_n(x) : Q_m(x) = P_3(x) : Q_1(x) = (6x^3 + 5x^2 - 3x + 1) : (3x - 2) \text{ erläutert werden.}$$

| | $P_3(x)$ $\qquad$ $: Q_1(x)$ $\quad$ $= \frac{a_3}{b_1} x^2 + F(x)$ |
|---|---|
| | $(6x^3 + 5x^2 - 3x + 1) : (3x - 2) = 2x^2 \quad + F(x)$ |
| $\frac{a_3}{b_1} x^2 Q_1(x) = 2x^2(3x - 2) =$ | $6x^3 - 4x^2$ |
| $\text{Re} st\, P_2(x) = P_3(x) - \frac{a_3}{b_1} x^2 Q_1(x) =$ | $9x^2 - 3x + 1$ |
| $F(x) = P_2(x) : Q_1(x) =$ | $(9x^2 - 3x + 1) : (3x - 2)$ |

**Beispiel 1.12:** Das Beispiel 1.11 wird durch Partialdivision von $F(x)$ fortgesetzt, wobei aber nun die Schreibweise verkürzt wird.

$$F(x) = P_2(x) : Q_1(x) = (9x^2 - 3x + 1) : (3x - 2) = 3x + G(x)$$

$$3x \cdot Q_1(x) \qquad\qquad = (9x^2 - 6x \quad )$$

$$\text{Rest} \qquad\qquad\qquad = \qquad\quad 3x + 1$$

$$G(x) = (3x + 1) : (3x - 2).$$

Damit hat man folgendes Resultat:

$$(6x^3 + 5x^2 - 3x + 1) : (3x - 2) = 2x^2 + 3x + G(x)$$

$$G(x) = (3x + 1) : (3x - 2) = 1 + H(x)$$

$$Q_1(x) = 3x - 2$$

$$\text{Rest} = 3$$

$$H(x) = 3 : (3x - 2)$$

Also gilt

$$(6x^3 + 5x^2 - 3x + 1) : (3x - 2) = 2x^2 + 3x + 1 + \frac{3}{3x - 2}.$$

Die gesamte Partialdivision kann also in folgender Weise ablaufen:

$$\qquad\qquad\qquad\qquad\quad (1)\quad (4)\quad (7)\quad (10)$$

$$(6x^3 + 5x^2 - 3x + 1) : (3x - 2) = 2x^2 + 3x + 1 + \frac{3}{3x - 2}$$

(2) $\quad \underline{6x^3 - 4x^2}$

(3) $\quad\qquad 9x^2 - 3x + 1$

(5) $\quad\qquad \underline{9x^2 - 6x}$

(6) $\quad\qquad\qquad 3x + 1$

(8) $\quad\qquad\qquad \underline{3x - 2}$

(9) $\quad\qquad\qquad\qquad 3$

Hierbei geben die (i) die Folge der Schritte an.

**Beispiel 1.13:** $\qquad\qquad\qquad\qquad (1)\quad (4)\quad (7)\quad (10)$

$$(18x^4 + 15x^3 + 0x^2 - 2x + 1) : (3x^2 + x - 1) = 6x^2 + 3x + 1 + \frac{2}{3x^2 + x - 1}$$

(2) $\quad \underline{18x^4 + 6x^3 - 6x^2}$

(3) $\quad\qquad 9x^3 + 6x^2 - 2x + 1$

(5) $\quad\qquad \underline{9x^3 + 3x^2 - 3x}$

(6) $\quad\qquad\qquad 3x^2 + x + 1$

(8) $\quad\qquad\qquad \underline{3x^2 + x - 1}$

(9) $\quad\qquad\qquad\qquad 2$

## 1.2.4  Bruchrechnung

Der Begriff des Bruches $\frac{m}{n}$ war zunächst zur Darstellung rationaler Zahlen für ganze

Zahlen m und n definiert worden. Man kann diesen Begriff aber auch auf $\frac{a}{b}$ mit reel-

len a und b ausdehnen. In jedem  Falle muß beachtet werden, daß der Nenner stets

verschieden von null ist. So ist zum Beispiel $\frac{a}{b-c}$ nur sinnvoll für $b \neq c$. Der Bruch

$\frac{a}{b}$ charakterisiert die gleiche Zahl wie a : b. Schließlich sei noch bemerkt, daß man

auch Brüche bilden kann, bei denen Zähler oder Nenner Brüche sind. Beispiele:

$$a : \frac{b}{c} = \frac{a}{\dfrac{b}{c}} \quad , \ b \neq 0, c \neq 0,$$

$$\frac{a}{b} : c = \frac{\dfrac{a}{b}}{c} \quad , \ b \neq 0, c \neq 0, \qquad\qquad \frac{a}{b} : \frac{c}{d} = \frac{\dfrac{a}{b}}{\dfrac{c}{d}} \quad , \ b \neq 0, c \neq 0, d \neq 0.$$

Bei Mehrfachbrüchen muß der Hauptbruchstrich klar erkennbar sein, denn es ist im allgemeinen

$$\frac{a}{\dfrac{b}{c}} \neq \frac{\dfrac{a}{b}}{c} \ .$$

Man kann jeden Bruch $\frac{a}{b}$ , $b \neq 0$, mit einer Zahl $c \neq 0$ erweitern (Zähler und Nenner

mit c multiplizieren) bzw. kürzen (Zähler und Nenner durch c dividieren), ohne seinen Wert zu verändern:

$$\frac{a}{b} = \frac{a \cdot c}{b \cdot c} = \frac{a : c}{b : c} \ , \quad b \neq 0, \ \ c \neq 0.$$

Das Kürzen wendet man an, um Brüche zu vereinfachen, z. B.

$$\frac{8}{12} = \frac{2}{3} \ , \quad \frac{ax - ab}{ay - ac} = \frac{x - b}{y - c} \ , \quad a \neq 0, \ \ y \neq c.$$

Dabei ist zu beachten, daß man nur Faktoren, nicht aber Summanden kürzen kann. So

läßt sich zum Beispiel im allgemeinen der Bruch $\frac{a+c}{b+c}$ $(b \neq -c)$ nicht vereinfachen.

Es ist $\frac{a+c}{b+c} = \frac{a}{b}$ nur für $c = 0$ $(b \neq 0)$ und für $a = b$ $(a \neq -c)$.

Das Erweitern wendet man an, um mehrere Brüche auf einen gemeinsamen Nenner zu bringen. Denn nur Brüche mit gleichen Nennern lassen sich durch Addition oder

Subtraktion in folgender Weise zusammenfassen:

$$\frac{a}{c} \pm \frac{b}{c} = \frac{a \pm b}{c}, \quad c \neq 0.$$

Wenn man dagegen Brüche $\frac{a}{b}$ und $\frac{c}{d}$ mit ungleichen Nennern addieren oder subtrahieren will, so hat man sie vorher auf den gleichen Nenner zu bringen (gleichnamig zu machen). Ein gemeinsamer Nenner ist immer das Produkt aller Nenner (und natürlich Vielfache davon). Es gilt also zum Beispiel

$$\frac{a}{b} + \frac{c}{d} = \frac{ad}{bd} \pm \frac{cb}{bd} = \frac{ad \pm cb}{bd}, \quad b \neq 0, \ d \neq 0 \ \text{bzw.} \ bd \neq 0.$$

$$\frac{a}{b} + \frac{c}{d} + \frac{e}{f} = \frac{adf + bcf + bde}{bdf}, \quad b \neq 0, \ d \neq 0, \ f \neq 0 \ \text{bzw.} \ bdf \neq 0.$$

Man muß jedoch nicht immer das Produkt aller Nenner als gemeinsamen Nenner (Hauptnenner) wählen. Das soll zunächst einmal an aus der Schule bekannten Brüchen von ganzen Zahlen erläutert werden:

**Beispiel 1.14:** Bei $\frac{1}{2} - \frac{1}{3} + \frac{1}{5} - \frac{1}{6} + \frac{1}{15} - \frac{1}{36}$ kann man als Hauptnenner (HN) wählen:

$HN = 2 \cdot 3 \cdot 5 \cdot 6 \cdot 15 \cdot 36 = 97\,200.$

Man kann aber auch die Nenner als Produkte von Primzahlen schreiben:

$$
\begin{array}{rcl}
2 & = & 2 \\
3 & = & \phantom{2 \cdot} 3 \\
5 & = & \phantom{2 \cdot 3 \cdot} 5 \\
6 & = & 2 \cdot \phantom{} 3 \\
15 & = & \phantom{2 \cdot} 3 \cdot \phantom{} 5 \\
36 & = & 2 \cdot 2 \cdot \phantom{} 3 \cdot 3 \\
\hline
HN & = & 2^2 \cdot \phantom{} 3^2 \cdot \phantom{} 5 = 4 \cdot 9 \cdot 5 = 180.
\end{array}
$$

Als Hauptnenner wählt man also das Produkt aus den mit den höchsten Potenzen auftretenden Primfaktoren, was die Rechnung natürlich sehr vereinfacht:

$$\frac{1}{2} - \frac{1}{3} + \frac{1}{5} - \frac{1}{6} + \frac{1}{15} - \frac{1}{36} = \frac{90 - 60 + 36 - 30 + 12 - 5}{180} = \frac{43}{180}.$$

Wie diese Vorgehensweise auch auf Brüche mit allgemeinen Ausdrücken angewendet werden kann, zeigen die folgenden Beispiele:

**Beispiel 1.15:** Bei dem Ausdruck $\quad \frac{1}{a} - \frac{1}{b} + \frac{1}{ab} - \frac{1}{a^2 b} + \frac{1}{ab^2}$,

der nur für $a \neq 0$, $b \neq 0$ einen Sinn hat, wählt man als Hauptnenner natürlich nicht

$HN = a \cdot b \cdot (a \cdot b) \cdot (a^2 \cdot b) \cdot (a \cdot b^2) = a^5 \cdot b^5,$

sondern wegen

$$a \quad = a$$
$$b \quad = \quad b$$
$$ab \quad = a \cdot b$$
$$a^2b \quad = a^2 \cdot b$$
$$ab^2 \quad = a \cdot b^2$$

---

$$HN \quad = a^2 \cdot b^2.$$

Somit ist

$$\frac{1}{a} - \frac{1}{b} + \frac{1}{ab} - \frac{1}{a^2b} + \frac{1}{ab^2} = \frac{ab^2 - a^2b + ab - b + a}{a^2b^2}.$$

**Beispiel 1.16:** Bei dem Ausdruck $\dfrac{2}{a-2} + \dfrac{2}{a-1} - \dfrac{1}{a+1} - \dfrac{1}{a+2} - \dfrac{a+3}{a^2-1} - \dfrac{a+6}{a^2-4}$,

der nur für $a \neq \pm 1$, $a \neq \pm 2$ einen Sinn hat, wählt man wegen

$$a - 2 = (a-2)$$
$$a - 1 = \qquad (a-1)$$
$$a + 1 = \qquad\qquad (a+1)$$
$$a + 2 = \qquad\qquad\qquad (a+2)$$
$$a^2 - 1 = \qquad (a-1)\,(a+1)$$
$$a^2 - 4 = (a-2) \qquad\qquad (a+2)$$

---

$$HN \quad = (a-2)\,(a-1)\,(a+1)\,(a+2) = (a^2-1)\,(a^2-4)$$

und erhält für den oben vorgegebenen Ausdruck

$$\frac{2(a^2-1)(a+2) + 2(a^2-4)(a+1) - (a-1)(a^2-4) - (a-2)(a^2-1)}{(a^2-1)(a^2-4)}$$

$$- \frac{(a+3)(a^2-4) + (a+6)(a^2-1)}{(a^2-1)(a^2-4)}.$$

Der Zähler dieses Bruches ergibt null. Damit ist der ursprüngliche Ausdruck dieses Beispiels nur eine kompliziert geschriebene Null.

Für die Multiplikation und die Division gelten die Regeln

$$\frac{a}{b} \cdot \frac{c}{d} = \frac{ac}{bd}, \quad b \neq 0, \ d \neq 0 \quad \text{bzw.} \quad bd \neq 0;$$

$$\frac{a}{b} : \frac{c}{d} = \frac{\dfrac{a}{b}}{\dfrac{c}{d}} = \frac{a}{b} \cdot \frac{d}{c} = \frac{ad}{bc}, \quad b \neq 0, \ c \neq 0, \ d \neq 0 \quad \text{bzw.} \quad bcd \neq 0.$$

**Beispiel 1.17:**

a) $1 - \dfrac{1}{1 - a\dfrac{1}{1 - \dfrac{b}{a}}} = 1 - \dfrac{1}{1 - \dfrac{a}{\dfrac{a-b}{a}}} = 1 - \dfrac{1}{1 - \dfrac{a^2}{a-b}} = 1 - \dfrac{1}{\dfrac{a-b-a^2}{a-b}}$

$$= 1 - \dfrac{a-b}{a-b-a^2} = \dfrac{a-b-a^2-a+b}{a-b-a^2} = \dfrac{-a^2}{a-b-a^2} = \dfrac{a^2}{a^2-a+b}$$

für $a \neq 0$, $a \neq b$, $a^2 - a + b \neq 0$, d.h. $a \neq \dfrac{1}{2}(1 \pm \sqrt{1-4b})$.

b) $\dfrac{\dfrac{a}{a-b} - \dfrac{b}{a+b}}{\dfrac{a}{a+b} + \dfrac{b}{a-b}} = \dfrac{\dfrac{a(a+b)-b(a-b)}{(a-b)(a+b)}}{\dfrac{a(a-b)+b(a+b)}{(a+b)(a-b)}} = \dfrac{a(a+b)-b(a-b)}{(a^2-b^2)} \cdot \dfrac{(a^2-b^2)}{a(a-b)+b(a+b)}$

$$= \dfrac{a^2+ab-ab+b^2}{a^2-ab+ab+b^2} = \dfrac{a^2+b^2}{a^2+b^2} = 1 \quad \text{für } |a| \neq |b|.$$

## 1.3  Übungsaufgaben

1.    Zahlenarten und -darstellungen

1.1.   In welchen Zahlenbereichen sind für die Zahlen a und b die vier Grundrechen-arten ausführbar? Bemerkung: Hierbei ist als Minuend bzw. Dividend stets a, als Subtrahend bzw Divisor stets b zu wählen.

a) $a = 8$,   $b = 2$         c) $a = 7$,   $b = 0$
b) $a = 5$,   $b = 8$         d) $a = -6$,   $b = 1$

1.2.   Vergleichen Sie die Zahlen a und b miteinander und geben Sie an, welche von beiden die größere ist!

a) $a = \dfrac{13}{17}$, $b = \dfrac{169}{289}$      c) $a = \dfrac{888}{901}$, $b = \dfrac{896}{911}$

b) $a = \dfrac{11}{21}$, $b = \dfrac{121}{231}$      d) $a = -\dfrac{13}{12}$, $b = -\dfrac{143}{130}$

1.3.   Bilden Sie von den Zahlen a und b jeweils Summe, Differenz, Produkt und Quotienten! Geben Sie an, zu welchen Zahlenarten diese Ergebnisse gehören! Die Bemerkung zu Aufgabe 1.1. gilt auch hier.

a) $a = \pi$,   $b = 5$         c) $a = \dfrac{2}{3}$,   $b = \dfrac{3}{2}$

b) $a = \sqrt{2}$, $b = \sqrt{2}$      d) $a = 0$,   $b = 1$

1.4.    Stellen Sie im Dualsystem folgende Zahlen dar!

   a) 28              b) 47              c) 73              d) 112

1.5.    Ermitteln Sie folgende irrationale Zahlen durch Einschachtelung näherungs-
        weise auf mindestens 5 Stellen genau!

   a) $\sqrt{3}$         b) $\sqrt{18}$         c) $\sqrt{2}+\sqrt{3}$       d) $\dfrac{1}{\sqrt{2}}$

2.      Auflösen additiver und multiplikativer Klammern

2.1.    Lösen Sie folgende Klammern auf!

   a) $7a - 3b + (-a + 2c) - (3c - 6b) - (6a - 3c)$
   b) $5a + [7c - (2a - 3b)] - (4c - a + b)$
   c) $7a - [3a - (7 + 5b)] + [a - (4 - 6b)] - (2a + 7b)$
   d) $8a - \{a + [(3a - 2b) - (5a + 3b)] - [(-a + 6b)]\}$

2.2.    a) $(-a)(b - a - c)$
        b) $2a[a - (b - 3a)]$
        c) $3(a + b + c) - 5(a + b) - c - 2(b - c - a)$
        d) $|a| \cdot (b - 2a) - b \cdot (a + 2b)$

2.3.    a) $(2a - b)(9a + 4b)$                b) $(9a - 2b)(7a - 3b)$
        c) $(a + b - c)(a - b - c)$           d) $(3a + 2b)(4a - 3b)(5a - 7b)$

2.4.    a) $(7a - 5b)(3a + 4b) - (5a - 9b)(4a - b)$
        b) $(a + 4)(a - 2) - (a + 2)(a - 1)$
        c) $(a + b)(c - d) - (a - b)(c + d)$
        d) $(1 - a)(a - 1) - 2(a + 1)(a - 2)$

3.      Binomische Formeln

3.1.    Wenden Sie die binomischen Formeln an und vereinfachen Sie nach Möglich-
        keit!

   a) $(-a + 3b)^2$                       c) $(-a - b)(a - b)$
   b) $(-1 + a)(a + 1)$                   d) $(-1 + a)^2 - (1 - a)^2$

3.2.    a) $(4a^2 - 3)(4a^2 + 3) - (3a - 4)^2 + (5a + 1)^2$
        b) $(a^2 + b^2)^2 - (a^2 - b^2)^2$
        c) $(3a + 2b - 5c)^2$
        d) $(a + b - c - d)^2$

3.3.    a) $49a^2 + 42a + 9$                  c) $169a^2 - 130ab + 25b^2$
        b) $25a^2 + 40ab + 16b^2$             d) $9a^4b^2 + 12a^2b + 4$

3.4.    a) $(8a - b)^2 - 16a^2$                  c) $4a + 12\sqrt{ab} + 9b$
        b) $81a^2 - 16 (4a - 3b)^2$             d) $(\sqrt{ab} - 1) (-1 - \sqrt{ab})$

3.5.    a) $(a + b + 1) (a + b - 1)$
        b) $(a + b)^2 + 2a + 2b + 1$
        c) $a^2 - 2ab + b^2 - 2a + 2b + 1$
        d) $a^2 + 2ab + b^2 - 4 (a + b) + 4$

3.6.    Vereinfachen Sie folgende Ausdrücke, indem Sie mittels quadratischer Ergän-
        zung vollständige Quadrate bilden!

        a) $4a^2 - 12a + 9b^2 - 24 b = 0$
        b) $16a^2 + 25b^2 - 128a + 50b = 0$
        c) $3a^2 - 2b^2 - 2\sqrt{6} a + 2\sqrt{6} b = 0$
        d) $4x^2 + 12xy - 9a^2 + 12ab = 0$

4.      Ausklammern gemeinsamer Faktoren

        Zerlegen Sie in den Aufgabe 4.1. bis 4.4. die angegebenen Ausdrücke in
        Faktoren und vereinfachen Sie soweit wie möglich!

4.1.    a) $a + a^2$                             c) $8ab + 20b^2$
        b) $-a^2 - a$                            d) $ab + ac - ad$

4.2.    a) $a^2b^2 + ab + ab + 1$               c) $3a + 3 - 2a - 2 + 4b (a + 1)$
        b) $ab - ac - b + c$                    d) $8 (7a - 5b) - 5c (7a - 5b)$

4.3.    a) $3ac - 3bc - 2ad + 2bd + 4ac - 4bc - 7ad + 7bd$
        b) $a^2b + ac - ab - c$
        c) $15ab - 5a - 1 + 3b$
        d) $4a^2 + 20ab + 25b^2 - a^2$

4.4.    a) $(a^3 - a^2) (2a - 2a^2)$            c) $(-5a - 10b) (-3a + 6b)$
        b) $(-5a - 3b)^2 + (-5a + 3b)^2$        d) $(-a - 1) (a - 1) - (a^2 - 1)$

4.5.    Klammern Sie jeweils die größte Potenz von n aus (n = 1, 2, ...)!

        a) $n^2 + n + 1$                        c) $(1 - 2n)^3$

        b) $3n^2 - n + 2 - \dfrac{1}{n} + \dfrac{1}{n^2}$      d) $(\dfrac{1}{4} n^2 + 3n - 1)^2$

5.      Division von Klammerausdrücken

        Führen Sie folgende Division durch!
        Da die Division durch null nicht möglich ist, sind bei diesen und allen entspre-
        chenden folgenden Aufgaben diejenigen Werte auszuschließen, die a, b, ...

nicht annehmen dürfen.

5.1.  a) $(10a^2 - 2ab + 16ac) : 2a$        c) $(28a^3 - 20a^2 + 32a) : (-4a)$
      b) $(25ab - 40b^2) : (-5b)$            d) $(27a^2b - 63ab^2) : (-9ab)$

5.2.  a) $(3a^2 + 5ab + 2b^2) : (a + b)$     c) $(3a^2 + 2a - 5) : (3a + 5)$
      b) $(a^2 - 2ab - 3b^2) : (a - 3b)$     d) $(4a^2 - 7ab + 3b^2) : (4a - 3b)$

5.3.  a) $(35a^2 + 24ab - 15ac + 4b^2 - 6bc) : (5a + 2b)$
      b) $(15a^3 + 67ab^2 - 52a^2b - 28b^3) : (5a - 4b)$
      c) $(21ax - 15bx + 9cx - 35ay + 25by - 15cy) : (7a - 5b + 3c)$
      d) $(12a^2 + ab - 17ac - 20b^2 + 29bc - 5c^2) : (3a + 4b - 5c)$

5.4.  a) $(a^3 + b^3) : (b + a)$
      b) $(1536b^3 + 375a^3) : (25a^2 + 64b^2 - 40ab)$
      c) $(144a^4 - 81b^2) : (27b + 36a^2)$
      d) $(a^3 - b^3) : (a - b)$

5.5.  a) $(9a^3 - 7ab^2 + 2b^3) : (3a + 2b)$
      b) $(a^2 - 10a - 25) : (a - 5)$
      c) $(a^3 - 2ab + b^3) : (a + b)$
      d) $(24a^4 - 26a^3 - 76a^2 + 32a) : (4a^2 - 7a - 8)$

5.6.  a) $(x^4 - x^3 - 5x^2 - 40x + 7) : (x^2 + 3x + 9)$
      b) $(2x^2 - x + xy - y^2 + 2y - 2) : (2x - y + 1)$
      c) $(13a^2b + 4b^3 - ab^2 + 10a^3) : (2a + 3b)$
      d) $(3a^3 + 2a^2 - 7a^2b + 3a - 2ab + 4ab^2 - 4b + 3) : (3a - 4b + 2)$

6.    Bruchrechnung

6.1.  Ermitteln Sie den größten gemeinsamen Teiler folgender Brüche, indem Sie die Teilbarkeitsregeln anwenden sowie Zähler und Nenner in Potenzen von Primzahlen zerlegen!

      a) $\dfrac{6\,732}{20\,196}$          c) $\dfrac{20\,520}{2\,280}$

      b) $\dfrac{2\,730}{5\,005}$           d) $\dfrac{69\,069}{138\,138}$

6.2.  Bestimmen Sie das kleinste gemeinsame Vielfache folgender Zahlen!

      a) 3, 6, 9, 18, 27, 54 und 81         c) 5, 13, 16, 20, 26 und 42
      b) 8, 12, 21, 42, 56 und 84           d) 120, 252, 264, 315 und 616

6.3.    Addition und Subtraktion gleichnamiger Brüche

6.3.1.  a) $\dfrac{1}{3}+3\dfrac{1}{3}+3\cdot\dfrac{1}{3}-4\dfrac{2}{3}$

       b) $\dfrac{3}{7}-\dfrac{1-6}{7}+2\dfrac{1}{7}-7\dfrac{2}{7}$

       c) $10\dfrac{1}{5}-\dfrac{4-5}{5}-5\cdot\dfrac{1}{5}+\dfrac{10-1}{5}$

       d) $2\dfrac{2}{26}+\dfrac{5-3}{13}+3\dfrac{33}{39}-0\cdot\dfrac{25}{65}$

6.3.2.  a) $\dfrac{a+1}{a}-\dfrac{a-1}{a}-\dfrac{1-a}{a}$
                            c) $\dfrac{(a-b)^2}{ab}-\dfrac{1-2ab}{ab}-\dfrac{a^2+b^2}{ab}$

       b) $\dfrac{a+1}{b}-\dfrac{a-b}{b}-\dfrac{b-a}{b}$
                            d) $\dfrac{(a-b)^3}{2ab}-\dfrac{(a+b)^3}{2ab}$

6.4.    Addition und Subtraktion ungleichnamiger Brüche, Faktoren im Nenner

6.4.1.  a) $5\dfrac{7}{12}+1\dfrac{41}{72}+2\dfrac{17}{24}+9\dfrac{5}{9}$
                         c) $\dfrac{5}{18}+\dfrac{5}{6}-\dfrac{1}{3}+\dfrac{14}{27}+\dfrac{71}{81}$

       b) $36\dfrac{14}{39}+19\dfrac{4}{13}+15\dfrac{5}{6}-2\dfrac{19}{72}$
                d) $\dfrac{15}{64}-\dfrac{77}{96}+\dfrac{1}{243}-\dfrac{3-8}{24}+3\dfrac{1}{1296}$

6.4.2.  a) $\dfrac{b+5c-a}{6}-\dfrac{3a-7b+6c}{4}+\dfrac{4a-5b+7c}{3}$

       b) $\dfrac{a-9}{18}+\dfrac{a-2}{6}+\dfrac{5(2a-1)}{12}-\dfrac{3(a-1)}{8}-\dfrac{2(3a-4)}{9}$

       c) $\dfrac{16b+3a}{48}+\dfrac{7a-8b+9c}{24}-\dfrac{9a+8b+12c}{32}$

       d) $\dfrac{4c-3a}{12ac}+\dfrac{5b-2c}{10bc}-\dfrac{b^2-c}{4b^2c}+\dfrac{4b^2-5a}{20ab^2}+\dfrac{2}{3a}+\dfrac{a-b}{5ab}$

6.4.3.  a) $\dfrac{b}{a}+\dfrac{a}{b}-\dfrac{a^2+b^2}{2b}-1$

       b) $\dfrac{5a-6b}{30c^2}-\dfrac{b(5c^2-3a)}{15ac^2}-\dfrac{a}{4b}+\dfrac{a(3c^2-2b)}{12bc^2}+\dfrac{b}{3a}$

       c) $\dfrac{3a^2+8b^2}{6ab}-\dfrac{a(4b-5c)}{10bc}+\dfrac{4a-5b}{10c}+\dfrac{b(3a-2c)}{6ac}$

       d) $\dfrac{4c-3a}{12ac}+\dfrac{5b-2c}{10bc}-\dfrac{b^2-c}{4b^2c}+\dfrac{4b^2-5a}{20ab^2}+\dfrac{2}{3a}+\dfrac{a-b}{5ab}$

6.5.    Addition und Subtraktion ungleichnamiger Brüche, Summen im Nenner

6.5.1.  Setzen Sie für a nacheinander die angegebenen Werte ein und fassen Sie die so erhaltenen Brüche zusammen! Geben Sie danach die Ergebnisse der einzelnen Brüche allgemein an und schließen Sie diejenigen Werte aus, die a nicht annehmen darf!

a) $\dfrac{1}{a}+\dfrac{1}{a+1}+\dfrac{1}{a+2}$          mit a = 1, 2, 3

b) $\dfrac{1}{a-2}-\dfrac{1}{a-1}+\dfrac{1}{a+1}-\dfrac{1}{a+2}$          mit a = 3, 4, 5

c) $\dfrac{a}{a-1}+\dfrac{a}{a+1}-2$          mit a = 2, 3, 4

d) $\dfrac{1}{a+1}-\dfrac{1}{a-1}+\dfrac{1}{(a+1)^2}-\dfrac{1}{(a-1)^2}$          mit a = 2, 3, 4

6.5.2.  a) $\dfrac{3a-1}{4a-1}-\dfrac{3}{4}$          c) $\dfrac{1}{a+1}+\dfrac{4}{3a+2}-\dfrac{3}{a+1}$

b) $\dfrac{a-2}{a-3}-\dfrac{a-1}{a-2}$          d) $\dfrac{10}{2a-2}-\dfrac{6a}{3a^2-6a}-\dfrac{9b}{3ab-9b}$

6.5.3.  a) $\dfrac{3ax-3by}{6x^2y-6xy^2}-\dfrac{5a^2x+5aby}{10ax^2y+10axy^2}$

b) $\dfrac{6ab+9b}{6ab-6b}-\dfrac{6ab-4b}{6ab+6b}-\dfrac{10b^2}{12a^2b^2-12b^2}$

c) $\dfrac{1}{a^2-b^2}-\dfrac{2b^2}{2a^4-2a^2b^2}-\dfrac{b^2}{a^2b^2}+\dfrac{1}{a^2+b^2+2ab}$

d) $\dfrac{24a^2b-72ab^2}{60a^2b+24ab^2}-\dfrac{49a^2b-28ab^2}{35a^2b+14ab^2}-\dfrac{20a-10b}{10a-5b}$

6.5.4.  a) $\dfrac{3a+b}{2a^2+2ab}-\dfrac{a^2+b^2}{2a^2b+2ab^2}+\dfrac{2a-5b}{4ab+4b^2}$

b) $\dfrac{a+2b}{3a^2-3ab}-\dfrac{1}{2b}-\dfrac{3b-a}{2ab-2b^2}$

c) $\dfrac{2a-5}{a+3}-\dfrac{3a-4}{a+2}+\dfrac{a^2+6a+10}{a^2+5a+6}$

d) $\dfrac{5a-2b}{3a+b}-\dfrac{88a^2+28ab+0{,}25b^2}{48a^2+7ab-3b^2}+\dfrac{24a+b}{16a-3b}$

6.5.5.  a) $\dfrac{a}{b}+\dfrac{b}{a}-\dfrac{b^2}{a^2+ab}-\dfrac{a^2}{ab+b^2}$

b) $\dfrac{6a-5b}{8a^2+24ab+18b^2}-\dfrac{2a-b}{36a^2-81b^2}+\dfrac{3}{12a-18b}$

c) $\dfrac{2a+3b}{2ab+b^2}-\dfrac{4a^2+b^2}{4a^2b+2ab^2}-\dfrac{5a-b}{4a^2+2ab}$

d) $\dfrac{9a-b}{6a^2-2ab}-\dfrac{6a+b}{3ab-b^2}+\dfrac{1}{2b}$

### 6.6.    Multiplikation von Brüchen

6.6.1.  a) $3 \cdot \dfrac{1}{3}$     b) $b \cdot \dfrac{1}{a}$     c) $\dfrac{5}{8} \cdot \dfrac{8}{5}$     d) $\dfrac{0}{b} \cdot \dfrac{b}{c}$

6.6.2.  a) $\left(\dfrac{a}{3b} + \dfrac{3b}{a}\right) \cdot 3ab$     c) $\left(\dfrac{1}{2a} + \dfrac{1}{3b}\right) \cdot (2a - 3b)$

   b) $\left(\dfrac{5a}{6bc} - \dfrac{6b}{7ac} + \dfrac{2c}{3ab}\right) \cdot 84abc$     d) $\left(\dfrac{2}{a} + \dfrac{3}{b}\right) \cdot \left(\dfrac{a}{2} - \dfrac{b}{3}\right)$

6.6.3.  a) $\dfrac{4a^2 - 9b^2}{21a^2b + 14a^3} \cdot \dfrac{7a + 5ab}{6b - 4a}$     b) $\dfrac{16a^4 - a^2}{24a^3 + 8a^2} \cdot \dfrac{36a^2 + 24a + 4}{4a + 1}$

   c) $\dfrac{a^2 + 1}{(a+1)^2} \cdot \dfrac{a^3 + a^2 + a + 1}{(a^2 + 1)^2}$     d) $\dfrac{4ab - 3a}{9ab - 3b^2} \cdot \dfrac{18a - 6b}{4a^2 + 10ab} \cdot \dfrac{8ab - 6a}{4ab + 10b^2}$

### 6.7.    Division von Brüchen

6.7.1.  a) $\dfrac{2}{3} : 3$     b) $a : \dfrac{1}{b}$     c) $\dfrac{a}{b} : b$     d) $\dfrac{0}{a} : \dfrac{1}{b}$

6.7.2.  Bilden Sie die Kehrwerte folgender Ausdrücke!

   a) $\dfrac{a}{b}$     b) $\dfrac{a+1}{b}$     c) $\dfrac{1}{a} + \dfrac{1}{b}$     d) $\dfrac{1}{a+b}$

6.7.3.  a) $\left(\dfrac{a}{2b} - \dfrac{2b}{a}\right) : \dfrac{a}{a + 2b}$     c) $\left(\dfrac{a}{b} + \dfrac{b}{a}\right) : \left(\dfrac{a}{b} - \dfrac{b}{a}\right)$

   b) $\left(1 - \dfrac{2}{a} + \dfrac{1}{a^2}\right) : \dfrac{1 - a^2}{a^2}$     d) $\left(\dfrac{a+b}{b} + \dfrac{a+b}{a}\right) : \left(\dfrac{1}{a} + \dfrac{1}{b}\right)$

6.7.4.  a) $\dfrac{1 - \dfrac{1}{a}}{\dfrac{1}{a} - \dfrac{1}{a^2}}$     c) $\dfrac{\dfrac{a}{a-b} + \dfrac{b}{a+b}}{\dfrac{a}{a+b} - \dfrac{b}{a-b}}$

   b) $\dfrac{\dfrac{a}{b} + \dfrac{b}{a} + 1}{\dfrac{a^2 + b}{b} - \dfrac{a + b^2}{a}}$     d) $\dfrac{\dfrac{a}{1-a} + \dfrac{a+1}{a}}{\dfrac{a-1}{a} - \dfrac{a}{a+1}}$

6.7.5.  a) $\dfrac{\dfrac{1}{a^3} - \dfrac{1}{b^3}}{\dfrac{1}{a^2} + \dfrac{1}{ab} + \dfrac{1}{b^2}}$     c) $\dfrac{\dfrac{a+b}{a-b} - \dfrac{a^2 + b^2}{a^2 - b^2}}{\dfrac{a+b}{a-b} - \dfrac{a-b}{a+b}}$

   b) $\dfrac{\dfrac{x^2}{ab} + x \cdot \left(\dfrac{1}{a^2} - \dfrac{1}{b^2}\right) - \dfrac{1}{ab}}{\dfrac{x}{a} - \dfrac{1}{b}}$     d) $\dfrac{\dfrac{1}{16a^2} + \dfrac{1}{2ab} + \dfrac{1}{b^2}}{\dfrac{1}{8a} + \dfrac{1}{2b}} + \dfrac{\dfrac{1}{16a^2} - \dfrac{1}{2ab} + \dfrac{1}{b^2}}{\dfrac{1}{8a} - \dfrac{1}{2b}}$

6.7.6.  a) $\dfrac{a + \dfrac{1}{1-ab}}{1 - \dfrac{1}{1-ab}}$

c) $1 - \dfrac{1}{1 - a \cdot \dfrac{1}{1 + \dfrac{b}{a}}}$

b) $\dfrac{1}{a - \dfrac{a}{1 - \dfrac{a}{a-b}}}$

d) $\dfrac{\dfrac{a + \frac{1}{4}b}{a - \frac{1}{4}b} - \dfrac{a - \frac{1}{4}b}{a + \frac{1}{4}b}}{1 + \dfrac{b^2}{16a^2 - b^2}}$

6.8.   Vereinfachen Sie (evt. nach vorherigem Umformen) folgende Brüche durch Kürzen, falls dies möglich ist!

6.8.1.  a) $\dfrac{35ac - 50bc}{7a - 10b}$

c) $\dfrac{34ax + 51bx - 119cx}{2a + 3b - 7c}$

b) $\dfrac{a - \sqrt{a} \cdot b}{b - \sqrt{a}}$

d) $\dfrac{a^2 - ab + ac}{b - a - c}$

6.8.2.  a) $\dfrac{ax + bx + ay + by}{a + b}$

c) $\dfrac{91ab + 7b + 39a^2 + 3a}{13a + 1}$

b) $\dfrac{ab + \frac{1}{2}b - \frac{1}{2}a - \frac{1}{4}}{a + \frac{1}{2}}$

d) $\dfrac{ax + \frac{x}{b} - \frac{a}{y} - \frac{1}{by}}{\frac{1}{b} + a}$

6.8.3.  a) $\dfrac{25a^2 - 130ab + 169b^2}{25a - 65b}$

c) $\dfrac{\frac{1}{4}a^2b^2 + 17ab + 289}{\frac{17}{2}\left(\frac{1}{17}ab + 2\right)}$

b) $\dfrac{2x^2 + 8xy + 8y^2}{(x + 2y)^2}$

d) $\dfrac{25a - 20\sqrt{ab} + 4b}{ab(\sqrt{a} - 0{,}4\sqrt{b})}$

6.8.4.  a) $\dfrac{a^4 - b^4}{(a+b)^2(a-b)}$

c) $\dfrac{(a^2 - b^2)^2 - (a^2 + b^2)^2}{ab(a+b)}$

b) $\dfrac{(a+b)^4 - (a-b)^4}{a^2 + b^2}$

d) $\dfrac{(a^2 + b^2)^2(a^2 - b^2)^2 + 2a^4b^4}{a^4 + b^4}$

6.8.5.  a) $\dfrac{(\frac{1}{9}a^2 + b^2 + \frac{2}{3}ab)(x^3 - 27y^3)}{(2b + \frac{2}{3}a)(x - 3y)}$

c) $\dfrac{(80 - 40ab + 5a^2b^2)(4 - ab)}{64 \cdot \left(\frac{ab}{4} - 1\right)^3}$

b) $\dfrac{(2x^2 - 20x + 50)(2a - 1)\left(a + \frac{1}{2}\right)}{(1 - 2a)(2a + 1)(25 - x^2)}$    d) $\dfrac{(32a^3b^2x - 18ax^3y^2) \cdot 3by}{(12ab^2y + 9bxy^2) \cdot 2ax}$

6.8.6.  a) $\dfrac{(a + b + 1)(a + b - 1) + (a - b)^2 - 2 \cdot \left(b^2 + \frac{1}{2}\right)}{a + 1}$

b) $\dfrac{\left(4a + \frac{1}{4}b - 2\sqrt{ab}\right) \cdot \left(2\sqrt{a} + \frac{1}{2}\sqrt{b}\right)}{2\sqrt{a} - \frac{1}{2}\sqrt{b}}$

c) $\dfrac{(a + 1)^2 - b^2}{a^2 + 2ab + b^2 + 2a + 2b + 1}$

d) $\dfrac{(a - 1)^2 - (b - 1)^2}{a^2 + b^2 + 2ab - 4(a + b - 1)}$

6.9.  Rechnen mit $(-1)$

a) Gegeben sei $a \cdot \dfrac{b - c}{d}$. Setzen Sie $a = -1$ ein und geben Sie für den so erhaltenen Bruch verschiedene Schreibweisen an!

b) Gegeben sei $\dfrac{5c - 3b - a}{1 - a}$. Klammern Sie im Zähler und im Nenner $(-1)$ aus und kürzen Sie diese Zahl!

c) Erweitern Sie den Bruch $\dfrac{b^2 - a^2}{-a - b}$ mit $(-1)$ und vereinfachen Sie ihn!

d) Gegeben sei $1 - \dfrac{25a^2 - 36b^2}{6b - 5a}$. Klammern Sie im Nenner des Bruches $(-1)$ aus und vereinfachen Sie den Ausdruck!

# 2 Potenzen und Wurzeln

Der vorliegende Abschnitt dient vor allem der Wiederholung der Potenz- und Wurzelgesetze. Dabei kommt es hauptsächlich darauf an, Fertigkeiten bei deren Anwendung zu entwickeln. Es wird empfohlen, bei der Anwendung der Wurzelgesetze die Wurzeln grundsätzlich in Potenzen mit rationalen Exponenten umzuwandeln. Neben der formal richtigen Anwendung der Rechenregeln sollte streng auf die Voraussetzungen für deren Gültigkeit geachtet werden. Insbesondere darf nicht gegen die Definition der Wurzel verstoßen werden, nach der sowohl Radikand als auch Wurzelwert nichtnegative Zahlen sind. Bei der Anwendung der Potenzgesetze ist zu berücksichtigen, daß diese für Potenzen mit beliebigen reellen Exponenten nur gelten, wenn für die Basis positive Zahlen vorausgesetzt werden.

## 2.1 Potenzen mit ganzzahligen Exponenten

**Definition 2.1:** Unter der n-ten *Potenz* einer beliebigen reellen Zahl a versteht man das n-fache Produkt von a mit sich selbst.
Man schreibt $a^n = b$.
Dabei heißt a die *Basis*, n = 1, 2, 3, . . . der *Exponent* und b der *Potenzwert*.

So ist zum Beispiel $a^1 = a$, $a^2 = a \cdot a$, $a^3 = a \cdot a \cdot a$, . . .

Für $n = 0$ legt man fest: $a^0 = 1$ mit $a \neq 0$. $\qquad$ (2.1)

Es ist leicht einzusehen und mit Hilfe der Definition der Potenz zu beweisen, daß für beliebige reelle Basen (Einschränkungen s. u.!) a, b ∈ **R** und ganze nichtnegative Exponenten m, n ∈ **N\*** gilt

$$a^n \cdot b^n = (a \cdot b)^n, \qquad (2.2)$$

$$a^n : b^n = \frac{a^n}{b^n} = \left(\frac{a}{b}\right)^n , b \neq 0, \qquad (2.3)$$

$$a^n \cdot a^m = a^{n+m} , \qquad (2.4)$$

$$a^n : a^m = \frac{a^n}{a^m} = a^{n-m} , a \neq 0, n \geq m, \qquad (2.5)$$

$$\left(a^n\right)^m = a^{n \cdot m} . \qquad (2.6)$$

Die Beziehungen (2.2) bis (2.6) sind die grundlegenden Potenzgesetze für ganzzahlige positive Exponenten. Diese Gesetze können leicht auf alle ganzzahligen Exponenten ausgedehnt werden, wenn man definiert

$$\frac{1}{a^n} = a^{-n}, n = 0, 1, 2, 3, . . . , a \neq 0. \qquad (2.7)$$

Für Potenzen mit ganzzahligen Exponenten gelten die Potenzgesetze uneingeschränkt nur für nichtverschwindende reelle Basen, also für $a \neq 0$, $b \neq 0$. Die Bedingung $n \geq m$ in (2.5) ist überflüssig.

Die Potenzgesetze kann man auf umzuformende Ausdrücke, die ganzzahlige Exponenten enthalten, anwenden.

**Beispiel 2.1:** $\left( \dfrac{4a^{-3}b^0}{x^2 y^{-1}} \right)^{-2} = (4a^{-3}\,b^0\,x^{-2}y^1)^{-2} = 4^{-2}\,a^6\,x^4\,y^{-2} = \dfrac{a^6\,x^4}{16y^2}$ für $abxy \neq 0$

**Beispiel 2.2:** $\dfrac{9^4 \cdot (a^2 \sqrt{a}\,b)^2}{18^2 \cdot (3ab)^3} = \dfrac{3^8 \cdot a^4 \cdot a \cdot b^2}{2^2 \cdot 3^4 \cdot 3^3 \cdot a^3 \cdot b^3} = \dfrac{3a^2}{4b}$ für $a > 0$, $b \neq 0$

**Beispiel 2.3:** $\dfrac{3-a}{a^{m-4}} + \dfrac{a^6 - a^5 + 2a^3 - 1}{a^{m+1}} - \dfrac{2a^2 + 1}{a^{m-2}}$

$$= \dfrac{a^5(3-a) + a^6 - a^5 + 2a^3 - 1 - a^3(2a^2 + 1)}{a^{m+1}}$$

$$= \dfrac{3a^5 - a^6 + a^6 - a^5 + 2a^3 - 1 - 2a^5 - a^3}{a^{m+1}} = \dfrac{a^3 - 1}{a^{m+1}} \text{ für } a \neq 0,\, m \in \mathbf{Z}$$

Bei der Addition und Subtraktion von Potenzen ist zu beachten, daß nur Potenzen mit gleicher Basis und gleichem Exponenten zusammengefaßt werden können.

**Beispiel 2.4:** $3a^n + 2a^n = 5a^n$

**Beispiel 2.5:** $4a^{n+1} + 2a^n + 5b^{n+1} - 3b^n - 3a^{n+1} + a^n - 4b^{n+1} + 3b^n$

$$= a^{n+1} + 3a^n + b^{n+1}$$

Schließlich sei noch darauf hingewiesen, daß zwischen Basis- und Potenzvorzeichen zu unterscheiden ist. Potenzen mit positiver Basis haben stets einen positiven Potenzwert, während Potenzen mit negativer Basis bei geradzahligem Exponenten positiv, bei ungeradzahligem Exponenenten negativ sind.

Also gilt:

$(+a)^{2n} = + a^{2n}$,            $(-a)^{2n} = + a^{2n}$,

$(+a)^{2n+1} = + a^{2n+1}$,            $(-a)^{2n+1} = - a^{2n+1}$, $n \in \mathbf{Z}$, $a > 0$.

## 2.2     Wurzeln und Potenzen mit rationalen Exponenten

**Definition 2.2:**     Die n-te *Wurzel* aus einer nichtnegativen Zahl a ist diejenige nichtnegative Zahl b, für die gilt $b^n = a$.

Man schreibt $b = \sqrt[n]{a}$, n = 1, 2, 3, . . .                                                        (2.8)

$a \geq 0, b \geq 0$.                                                                                            (2.9)

Dabei heißt a der *Radikand*, n der *Wurzelexponent* und b der *Wurzelwert* (Wurzel).

Mit Nachdruck sei nochmals darauf hingewiesen, daß Wurzeln nur aus nichtnegativen Radikanden $a \geq 0$ gezogen werden können und selbst einen nichtnegativen Wert $b = \sqrt[n]{a} \geq 0$ haben. Zur Begründung dieser Festlegung sei folgendes bemerkt:

1. Für gerades n = 2, 4, 6, . . . existiert bei a < 0 keine Wurzel b, die (2.8) erfüllt, weil eine gerade Potenz von b immer nichtnegativ ist.

2. Für gerades n und positives a hat die Gleichung $b^n = a$ grundsätzlich zwei reelle Lösungen. So hat zum Beispiel die Gleichung $b^2 = 4$, also n = 2 und a = 4, die Lösungen $b_1 = 2$, $b_2 = -2$. Um die Rechenoperation des Radizierens eindeutig zu gestalten, muß man sich für eine Lösung entscheiden, man gibt der positiven Lösung den Vorzug.

3. Für ungerades n = 1, 3, 5, . . . und $a \geq 0$ hat $b^n = a$ immer eine eindeutige nichtnegative Lösung, also $b \geq 0$.

4. Für ungerades n und negatives a hat $b^n = a$ immer eine eindeutige negative Lösung, also b < 0. So hat zum Beispiel die Gleichung $b^3 = -8$ die eindeutige Lösung b = -2.

Man muß also für gerade n = 2, 4, 6, . . . die Forderung $a \geq 0, b \geq 0$ unter allen Umständen stellen, weil sonst die Wurzel entweder überhaupt nicht existiert oder mehrdeutig wäre.

Für ungerades n = 1, 3, 5, . . . könnte man auf beide Forderungen verzichten. Man hätte dann allerdings den Nachteil, für alle möglichen Fälle viele verschiedene Wurzelgesetze aufstellen zu müssen. Ferner wäre eine Einordnung der Wurzelgesetze in die Potenzgesetze sehr schwierig. Daher trifft man auch bei ungeraden Wurzelexponenten n die o. a. Festlegungen und schreibt zum Beispiel für die eindeutige Lösung -2 von $b^3 = -8$ nicht $-2 = \sqrt[3]{-8}$, sondern $-2 = -\sqrt[3]{8}$.

Im Zusammenhang mit den erwähnten Voraussetzungen sei auf den Trugschluß

$$\sqrt{a^2} = a \qquad\qquad (2.10)$$

hingewiesen. Die Quadratwurzel $\sqrt{a^2}$ ist für alle reellen Zahlen a definiert. Für nichtnegative a wäre (2.10) gültig, während man für negative a nach (2.10) einen negativen Wurzelwert crhielte, was der Voraussetzung $b \geq 0$ widerspricht. Im kon-

kreten Falle käme man bei der Anwendung von (2.10) zu solchen Widersprüchen, wie
z. B. $\sqrt{4} = \sqrt{2^2} = 2$, $\sqrt{4} = \sqrt{(-2)^2} = -2$ also $2 = -2$.

Statt (2.10) hat man demnach richtig zu schreiben

$$\sqrt{a^2} = |a| = \begin{cases} a & \text{für } a \geq 0, \\ -a & \text{für } a < 0. \end{cases} \qquad (2.11)$$

Aus der Definition der Wurzel gemäß (2.8), (2.9) kann man die Gültigkeit der folgenden Wurzelgesetze für m, n = 1, 2, 3, . . . und a, b $\geq$ 0 herleiten:

$$\sqrt[n]{a} \cdot \sqrt[n]{b} = \sqrt[n]{ab}, \qquad (2.12)$$

$$\sqrt[n]{a} : \sqrt[n]{b} = \frac{\sqrt[n]{a}}{\sqrt[n]{b}} = \sqrt[n]{\frac{a}{b}}, \, b > 0, \qquad (2.13)$$

$$\sqrt[n]{a} \cdot \sqrt[m]{a} = \sqrt[n \cdot m]{a^{n+m}}, \qquad (2.14)$$

$$\sqrt[n]{\sqrt[m]{a}} = \sqrt[n \cdot m]{a}. \qquad (2.15)$$

Man erkennt, daß diese Wurzelgesetze den Potenzgesetzen (2.2) bis (2.6) ähnlich und mit ihnen vergleichbar sind. Tatsächlich lassen sie sich aus den Potenzgesetzen herleiten, wenn man Potenzen mit rationalen Exponenten in folgender Weise definiert:

$$\sqrt[n]{a} = a^{\frac{1}{n}} \quad \text{bzw.} \quad \sqrt[n]{a^m} = (\sqrt[n]{a})^m = a^{\frac{m}{n}}, \qquad (2.16)$$

für a $\geq$ 0, n = 1, 2, 3, . . . , m = 0, 1, 2, . . .

So erhält man zum Beispiel (2.14) in folgender Weise:

$$\sqrt[n]{a} \cdot \sqrt[m]{a} = a^{\frac{1}{n}} \cdot a^{\frac{1}{m}} = a^{\frac{1}{n} + \frac{1}{m}} = a^{\frac{m+n}{mn}} = \sqrt[n \cdot m]{a^{n+m}}.$$

Die Beziehung (2.16) kann auch auf negative m = −1, −2, . . . ausgedehnt werden, wobei entsprechend (2.7) gilt:

$$a^{-\frac{m}{n}} = \frac{1}{a^{\frac{m}{n}}}, a > 0. \qquad (2.17)$$

Uneingeschränkt für beliebige rationale Exponenten n und m gelten die Potenzgesetze (2.2) bis (2.6) jedoch nur dann, wenn man nichtverschwindende Basen, also a > 0, b > 0, voraussetzt.
Beim Rechnen mit Wurzeln sollte man grundsätzlich gemäß (2.16) zu Potenzen mit rationalen Exponenten übergehen und die Potenzgesetze (2.2) bis (2.6) anwenden.
Die Notwendigkeit, die Voraussetzungen für die Anwendung der Gesetze beim Rechnen mit Potenzen und Wurzeln stets zu überprüfen, insbesondere die Nichtnegativität bzw. Positivität der Basen, läßt sich durch die folgende falsche Schlußweise demonstrieren:

$$\sqrt{-a} = (-a)^{\frac{1}{2}} = (-a)^{\frac{2}{4}} = \sqrt[4]{(-a)^2} = \sqrt[4]{a^2} = a^{\frac{2}{4}} = a^{\frac{1}{2}} = \sqrt{a} \ .$$

Gleichheit besteht jedoch nur für den trivialen Fall a = 0. Für a ≠ 0 ist entweder a oder −a negativ und somit entweder $\sqrt{a}$ oder $\sqrt{-a}$ nicht definiert.

Die Anwendung der Potenzgesetze auf das Rechnen mit Potenzen mit rationalen Exponenten soll durch folgende Beispiele erläutert werden:

**Beispiel 2.6:** $\sqrt[3]{\sqrt{125}} = \left\{ (125)^{\frac{1}{2}} \right\}^{\frac{1}{3}} = (125)^{\frac{1}{6}} = (5^3)^{\frac{1}{6}} = 5^{\frac{1}{2}} = \sqrt{5} = 2,2361$

**Beispiel 2.7:** Für positive a, b, c, d gilt :

$$\frac{a^2 \sqrt{b} \ c^{-2}}{\sqrt[3]{a^2} \ b^{-3}} : \frac{d^2 \sqrt{c}}{\sqrt[5]{d} \ a^{-5}} = \left\{ a^{\left(2-\frac{2}{3}\right)} b^{\left(\frac{1}{2}+3\right)} c^{-2} \right\} : \left\{ a^5 c^{\frac{1}{2}} d^{\left(2-\frac{1}{5}\right)} \right\}$$

$$= a^{\left(2-\frac{2}{3}-5\right)} b^{\left(\frac{1}{2}+3\right)} c^{\left(-2-\frac{1}{2}\right)} d^{\left(-2+\frac{1}{5}\right)} = a^{-\frac{11}{3}} b^{\frac{7}{2}} c^{-\frac{5}{2}} d^{-\frac{9}{5}}$$

$$= \frac{\sqrt{b^7}}{\sqrt[3]{a^{11}} \cdot \sqrt{c^5} \cdot \sqrt[5]{d^9}} = \frac{b^3 \cdot \sqrt{b}}{a^3 \cdot \sqrt[3]{a^2} \cdot c^2 \cdot \sqrt{c} \ \cdot d\sqrt[5]{d^4}}$$

**Beispiel 2.8:** $8 \cdot \sqrt[3]{343} - 4 \cdot \sqrt[3]{125} + 5 \cdot \sqrt[3]{8} - 5 \cdot \sqrt[3]{729}$

$= 8 \cdot \sqrt[3]{7^3} - 4 \cdot \sqrt[3]{5^3} + 5 \cdot \sqrt[3]{2^3} - 5 \cdot \sqrt[3]{3^6} = 8 \cdot 7 - 4 \cdot 5 + 5 \cdot 2 - 5 \cdot 9 = 1$

**Beispiel 2.9:** $5 \cdot \sqrt{63} - 2 \cdot \sqrt{175} - \sqrt{343} + 3 \cdot \sqrt{28}$

$= 5 \cdot \sqrt{7 \cdot 3^2} - 2 \cdot \sqrt{7 \cdot 5^2} - \sqrt{7 \cdot 7^2} + 3 \cdot \sqrt{7 \cdot 2^2}$

$= 5 \cdot 3 \cdot \sqrt{7} - 2 \cdot 5 \cdot \sqrt{7} - 7 \cdot \sqrt{7} + 3 \cdot 2 \cdot \sqrt{7}$

$= 15 \cdot \sqrt{7} - 10 \cdot \sqrt{7} - 7 \cdot \sqrt{7} + 6 \cdot \sqrt{7} = 4 \cdot \sqrt{7}$

**Beispiel 2.10:** $\sqrt{a - \sqrt{a^2 - b^2}} \cdot \sqrt{a + \sqrt{a^2 - b^2}} = \sqrt{(a - \sqrt{a^2 - b^2}) \cdot (a + \sqrt{a^2 - b^2})}$

$= \sqrt{a^2 - (\sqrt{a^2 - b^2})^2} = \sqrt{a^2 - a^2 + b^2} = |b|$ für $|a| \geq |b|$

Für verschiedene Berechnungen ist es zweckmäßig, im Nenner eines Bruches auftretende Wurzeln zu beseitigen ("Rationalmachen des Nenners").

Wenn im Nenner eines Bruches eine Wurzel $\sqrt[n]{a^m} = a^{\frac{m}{n}}$ als Faktor auftritt, so ist es für die Aufgabenstellung nur notwendig, den Fall m < n (m, n > 0, ganz) zu betrachten. Man verfährt wie folgt (N' ≠ 0, a > 0):

$$\frac{Z}{N} = \frac{Z}{N' \sqrt[n]{a^m}} = \frac{Z}{N' a^{\frac{m}{n}}} = \frac{Z \cdot a^{1-\frac{m}{n}}}{N' a^{\frac{m}{n}} \cdot a^{1-\frac{m}{n}}} = \frac{Z \cdot \sqrt[n]{a^{n-m}}}{N' a} \ . \tag{2.18}$$

**Beispiel 2.11:** $\dfrac{3}{2\sqrt[3]{3}} = \dfrac{3}{2\cdot 3^{\frac{1}{3}}} = \dfrac{3\cdot 3^{\frac{2}{3}}}{2\cdot 3^{\frac{1}{3}}\cdot 3^{\frac{2}{3}}} = \dfrac{3^{1+\frac{2}{3}}}{2\cdot 3^{\frac{1}{3}+\frac{2}{3}}} = \dfrac{3^{\frac{5}{3}}}{2\cdot 3} = \dfrac{3^{\frac{2}{3}}}{2} = \dfrac{1}{2}\sqrt[3]{9}$

Steht im Nenner eine Summe bzw. Differenz von Quadratwurzeln, $N = \sqrt{a} \pm \sqrt{b}$, so erweitert man den Bruch mit $\sqrt{a} \mp \sqrt{b}$ und erhält bei Verwendung der entsprechenden binomischen Formel mit $a > 0$, $b > 0$, $a \neq b$

$$\frac{Z}{N} = \frac{Z}{\sqrt{a}\pm\sqrt{b}} = \frac{Z\cdot(\sqrt{a}\mp\sqrt{b})}{(\sqrt{a}\pm\sqrt{b})\cdot(\sqrt{a}\mp\sqrt{b})} = \frac{Z\cdot(\sqrt{a}\mp\sqrt{b})}{a-b}. \tag{2.19}$$

**Beispiel 2.12:** $\dfrac{1}{2-\sqrt{3}} = \dfrac{2+\sqrt{3}}{(2-\sqrt{3})\cdot(2+\sqrt{3})} = \dfrac{2+\sqrt{3}}{4-3} = 2+\sqrt{3}$

**Beispiel 2.13:** $\dfrac{1}{\sqrt{2}+\sqrt{3}} = \dfrac{\sqrt{2}-\sqrt{3}}{(\sqrt{2}+\sqrt{3})(\sqrt{2}-\sqrt{3})} = \dfrac{\sqrt{2}-\sqrt{3}}{2-3} = \sqrt{3}-\sqrt{2}$

## 2.3    Potenzen mit reellen Exponenten

Es sei hier nur erwähnt, daß die Potenzgesetze (2.2) bis (2.7) auch für beliebige reelle Exponenten m, n gelten, natürlich uneingeschränkt nur für positive Basen, also a, b > 0. Dazu muß jedoch die Potenz $a^{\alpha}$, a > 0, für irrationales $\alpha$ noch definiert werden.

Ist $\alpha$ eine irrationale Zahl, so ist sie gemäß Abschnitt 1.1.4 durch eine Intervallschachtelung $\alpha = \{a_n, a'_n\}$ mit rationalen $a_n$, $a'_n$ definiert.

Dann ist    $\beta = \left\{a^{a_n}, a^{a'_n}\right\}$ (2.20)

ebenfalls eine Intervallschachtelung, deren Glieder unter (2.2) definierte Potenzen mit rationalen Exponenten sind. Im Unterschied zu den eigentlichen Intervallschachtelungen sind aber deren Glieder nicht notwendig rational. Die Intervallschachtelung (2.20) hat aber auch die Eigenschaft, sich auf einen einzigen reellen Punkt $\beta$ zusammenzuziehen, der dann $a^{\alpha}$ gleichgesetzt wird, also

$\beta = a^{\alpha}$. (2.21)

Zum Beispiel ist mit a = 2, $\alpha = \sqrt{2}$ und unter Berücksichtigung der Folge von Einschachtelungen aus Abschnitt 1.1.4

$$2^1 < 2^{\sqrt{2}} < 2^2$$
$$2^{1,4} < 2^{\sqrt{2}} < 2^{1,5}$$
$$2^{1,41} < 2^{\sqrt{2}} < 2^{1,42}$$
$$2^{1,414} < 2^{\sqrt{2}} < 2^{1,415}$$
$$2^{1,4142} < 2^{\sqrt{2}} < 2^{1,4143}$$
$$\vdots$$

Die letzte Ungleichung bedeutet

$$\sqrt[10000]{2^{14142}} < 2^{\sqrt{2}} < \sqrt[10000]{2^{14143}}.$$

Also gilt

$$\beta = 2^{\sqrt{2}} \approx 2{,}664.$$

## 2.4  Zusammenfassung

Für $a > 0$, $b > 0$ reell und m, n ganz ($n \neq 0$) sowie $\alpha$, $\beta$ reell gilt:

$$a^0 = 1, \qquad \frac{1}{a^\alpha} = a^{-\alpha}, \qquad \sqrt[n]{a} = a^{\frac{1}{n}}, \qquad \sqrt[n]{a^m} = (\sqrt[n]{a})^m = a^{\frac{m}{n}},$$

$$a^\alpha \cdot b^\alpha = (ab)^\alpha, \qquad a^\alpha \cdot a^\beta = a^{\alpha + \beta}, \qquad a^\alpha : a^\beta = a^{\alpha - \beta}, \qquad (a^\alpha)^\beta = a^{\alpha \cdot \beta}.$$

## 2.5  Übungsaufgaben

1.    Potenzbegriff, Addition und Subtraktion von Potenzen

1.1.   Schreiben Sie als Potenzen!

a) $(-a^{-1}) \cdot (-a^{-1}) \cdot (-a^{-1}) \cdot (-a^{-1})$     b) $-\left(\frac{1}{a^{-2}} \cdot \frac{1}{a^{-2}} \cdot \frac{1}{a^{-2}}\right)$

c) $-(b - a) \cdot (a - b) \cdot (a - b)$     d) $-(a^0 b) \cdot (a^0 b) \cdot (a^0 b) \cdot (a^0 b)$

1.2.   a) $-3^{-4}$     b) $(-5)^3$     c) $(-2^{-1})^3$     d) $-\left(\frac{2}{3}\right)^2$

1.3.   a) $12a^2b - 6ab^2 - 15a^2b + 6ab^2 - 7a^2b$

b) $(3a + 2b)x^4 - x^4(2b - 3a) + x^4(3a + 2b)$

c) $4(a - b)^2 + 2(b - a)^2 - 3(a - b)^2$

d) $18(a - 1)^3 - 3(1 - a)^3 - 15(a - 1)^3 + 4(1 - a)^3 + 3(1 - a)^3$

2.    Multiplikation und Division von Potenzen mit gleicher Basis

2.1.   a) $\dfrac{3a^{n+1} \cdot 6x^{n+7} \cdot 9b^{x+1}}{3x^n \cdot 2b^{x+1} \cdot 3a}$     c) $\dfrac{a^{x+1} \cdot b^{x+3} \cdot a^{3x-1} \cdot b^{x+3}}{a^{x-2} \cdot b^{3-x} \cdot a^x \cdot b^{x+1}}$

b) $\dfrac{a^{n+1} \cdot a^{n+1} \cdot a^n}{a^0 \cdot a^n \cdot a^{n-1}}$     d) $\dfrac{a^{3n-x} \cdot b^{2n+x}}{a^{n+2x} \cdot b^{2n-x}} \cdot \dfrac{x^{3n+2} \cdot y^{2n-1}}{x^{2n-3} \cdot y^{n+1}}$

2.2.   a) $\dfrac{18x^{a+4}}{2y^{5a+7}} : \dfrac{4x^{7-3a}}{9y^{8+5a}}$     c) $\dfrac{42a^2b^3 \cdot x^{n+1}}{36c^3 \cdot y^2 \cdot z^{n-3}} : \dfrac{70a^3b^2 \cdot x^{n+2}}{54c^2y^4 \cdot z^{n-2}}$

b) $\dfrac{a^{5x-2y}}{b^{6m-1}} \cdot \dfrac{a^{4x+y}}{b^{m-2}}$

d) $\dfrac{45xa^3 \cdot 9y^n(a-1)^2}{9yb^3 \cdot 30x^n(a+1)^2} : \dfrac{9y^{n-1}(1-a)^3}{24x^{n+1}(1+a)^2}$

2.3.  a) $(x^{5n+3} + x^{4n+5} - x^{3n+4}) : x^{2n+3}$

b) $(143a^4b^5 - 221a^3b^5 - 247a^5b^4) : 13a^3b^4$

c) $(a^{n+1}b^{x-1} + a^nb^x + a^{n-1}b^{x+1}) : a^{n-2}b^{x-1}$

d) $(16a^8 - a^4b^2 + 9b^4) : (4a^4 - 5a^2b + 3b^2)$

3.  Potenzieren von Potenzen, Multiplikation und Division von Potenzen mit gleichem Exponenten, Rechnen mit negativen Exponenten

3.1.  a) $\left(1\dfrac{3}{4}\right)^2 : \left(2\dfrac{1}{3}\right)^2$

c) $\left(-\dfrac{1}{a^{-4}}\right)^{-5}$

b) $4^{-2} \cdot \left(\dfrac{1}{4}\right)^{-4}$

d) $\left(\dfrac{3}{4}\right)^{-2} \cdot \left(\dfrac{4}{3}\right)^{-3}$

3.2.  a) $\dfrac{18^4(a^2b)^2}{27^3 \cdot (2a\sqrt{a} \cdot b)^2}$

c) $\left(\dfrac{4b^2y^2}{6a^2x^2}\right)^3 \cdot \left(\dfrac{8a^3y^2}{6b^3x^3}\right)^4 \cdot \left(\dfrac{18b^3x^6}{16a^3y^3}\right)^2$

b) $\dfrac{(6ab)^3 \cdot (5a^2b)^4}{2^4 \cdot 3ab^2 \cdot (25a\sqrt{b})^2}$

d) $\left(\dfrac{45b^2y^3}{24a^3x}\right)^2 \cdot \left(\dfrac{6bx^3}{9ay^3}\right)^3 \cdot \left(\dfrac{75b^3x^3}{36a^4y}\right)^2$

3.3.  a) $\dfrac{(3a-9b)^2}{81b^2-9a^2}$

c) $\dfrac{(4a^2-9b^2)^2}{(3a^2-2ab)^2} \cdot \left(\dfrac{9a^2-4b^2}{2a^2+3ab}\right)^2$

b) $\dfrac{(6a-12b)^2 \cdot (3a+6b)^2}{(6a^2-24b^2)^2}$

d) $\left(\dfrac{2xb^3}{3ya^3}\right)^3 \cdot \left(\dfrac{15x^2a^3}{8y^3b}\right)^2 : \left(\dfrac{25x^3b^3}{12y^4a}\right)^2$

3.4.  a) $\dfrac{27x^{-5} \cdot y^{-6} \cdot z^{-1}}{45x^{-4} \cdot y^{-5} \cdot z^0} \cdot \dfrac{49x^{-2} \cdot y^{-3} \cdot z^{-4}}{42x^{-3} \cdot y^{-4} \cdot z^{-3}}$

b) $\dfrac{a^{-2} \cdot x^{-4} \cdot y^{-6}}{b^3 \cdot c^{-4} \cdot z^{-5}} : \dfrac{a^{-3} \cdot b^{-5} \cdot x^{-3}}{c^{-5} \cdot y^6 \cdot z^{-7}}$

c) $\dfrac{(ax-ay)^m \cdot (3bx+3by)^n}{(cx^2-cy^2)^{m+n}}$

d) $\left(\dfrac{(x+y)^{3a-4}}{x^{a-1}y^2} : \dfrac{y^{2a-5}}{x^{4a-3}(x+y)^{3-2a}}\right) \dfrac{x^{4-3a}y^{3a-6}}{(x+y)^{a-2}}$

4.  Unter welchen Bedingungen können folgende Zahlen Radikand einer Quadratwurzel sein?

4.1.  a) $+a, -a$      b) $+a^2, -a^2$      c) $+a^3, -a^3$      d) $ab$

4.2.    a) $+(a-b), -(a-b)$    b) $+(a-b)^2, -(a-b)^2$    c) $a^2 - b^2$        d) $a^2 + b^2$

5.        Addition und Subtraktion von Wurzeln

5.1.    a) $6\sqrt{27} + 2\sqrt{108} - 7\sqrt{75}$
        b) $\sqrt{50} + \sqrt{8} - \sqrt{72} + \sqrt{18}$
        c) $3\sqrt[4]{256} - 4\sqrt{49} - 7\sqrt[3]{27} + 2\sqrt[5]{32}$
        d) $3\sqrt{50} - \sqrt{98} + 4\sqrt{288} + 14\sqrt{162} - \sqrt{25-9}\cdot\sqrt{2}$

5.2. a) $\dfrac{x(2r^2-4x^2)}{\sqrt{r^2-x^2}} - 8x\sqrt{r^2-x^2}$        c) $2\sqrt{(x-k)^2+x^2} - \dfrac{(2x-k)^2}{\sqrt{2x^2-2kx+k^2}}$

    b) $\dfrac{r(4r^2-3rH)}{\sqrt{4r^2-2rH}} - 3r\sqrt{4r^2-2rH}$        d) $\dfrac{h^2+\left(c-\frac{c}{2}\right)^2-\left(c+\frac{c}{2}\right)^2}{\sqrt{h^2+\left(c-\frac{c}{2}\right)^2}} - \dfrac{h^2+2\cdot\frac{c^2}{4}}{\sqrt{h^2+\frac{c^2}{4}}}$

5.3. a) $\sqrt{1-x} + \dfrac{x+1}{2\sqrt{1-x}}$        b) $\dfrac{1}{(1-x^2)\sqrt{1-x^2}} + \dfrac{3x^2}{(1-x^2)^2\sqrt{1-x^2}}$

    c) $\dfrac{\sqrt{a^2-x^2}}{a^2-x^2} + \dfrac{x^2}{\sqrt{(a^2-x^2)^3}}$

    d) $\dfrac{1}{x+\sqrt{x^2+a^2}} + \dfrac{x}{(x+\sqrt{x^2+a^2})\cdot(\sqrt{x^2+a^2})}$

6.        Multiplikation und Division von Wurzeln

6.1.    a) $\sqrt{3\cdot7}\cdot\sqrt{3\cdot5}\cdot\sqrt{5\cdot7}$        c) $\sqrt{\dfrac{a^2+b^2}{4}} : \sqrt{\dfrac{a^2-b^2}{4}}$

        b) $(\sqrt{a}+\sqrt{b})(\sqrt{a}-\sqrt{b})$        d) $\sqrt{\dfrac{a^2+b^2+2ab}{2}}\cdot\sqrt{\dfrac{b^2-2ab+a^2}{2}}$

6.2.    a) $(3-\sqrt{2})(2+3\sqrt{2})$        c) $\sqrt{12x^2-12x}\cdot\sqrt{3x^2-3}$

        b) $\sqrt{8+2\sqrt{10}}\cdot\sqrt{8-2\sqrt{10}}$        d) $\sqrt{a^2+a}\cdot\sqrt{ab+b}$

6.3.    a) $\left(4^{-\frac{1}{4}}+\left(\dfrac{1}{2^{-\frac{3}{2}}}\right)^{-\frac{4}{3}}\right)\cdot\left(4^{-0,25}-(2\sqrt{2})^{-\frac{4}{3}}\right)$        c) $\dfrac{\sqrt{a+c}+\sqrt{b+c}}{\sqrt{a+c}-\sqrt{b+c}}$

        b) $\sqrt{6x^2-6}\cdot\sqrt{\dfrac{3x-3}{2x+2}}$        d) $\dfrac{\sqrt{(a-b)^2+a^2+b^2-2ab}}{\sqrt{2(a^2+b^2)(a^2-b^2)}}$

7. Radizieren von Potenzen und Wurzeln

7.1.   a) $\sqrt{0,04^5}$          b) $\sqrt[3]{4200}$          c) $\sqrt[3]{\sqrt[3]{8}}$          d) $\sqrt{\sqrt[4]{256}}$

7.2.   a) $\sqrt[2n-1]{a^{4n^2-1}}$          c) $\sqrt{\sqrt[3]{a^6 \cdot b^{12}}}$

       b) $\sqrt[4]{a^2 \cdot \sqrt[3]{a^2}}$          d) $\sqrt[3]{\sqrt{a^6 \cdot b^8}}$

7.3.   a) $\sqrt[3]{(a-b)^3(a+b)^4}$          c) $\dfrac{4\pi r^3 - 8\pi r^3}{\sqrt{\left(4r^2 - 2r \cdot \frac{4}{3} \cdot r\right)^3}}$

       b) $\sqrt{\dfrac{1}{8}a^2 + \sqrt{\left(\dfrac{a^2}{8}\right)^2 + \dfrac{a^4}{8}}}$          d) $\pm\sqrt{\left(\dfrac{x_0 y_1^2}{y_1^2 - y_2^2}\right)^2 - \dfrac{y_1^2 x_0^2}{y_1^2 - y_2^2} - \dfrac{x_0 y_1^2}{y_1^2 - y_2^2}}$

7.4.   a) $\sqrt[4]{\dfrac{a}{b}} \cdot \sqrt[3]{\dfrac{b^2}{a}} \cdot \sqrt{\dfrac{1}{a^2}}$          c) $\sqrt{a \cdot \sqrt[8]{a^5 \cdot \sqrt[3]{a}}} : \sqrt[4]{a \cdot \sqrt[3]{a^2 \cdot \sqrt{a}}}$

       b) $\sqrt[3]{a^3 \cdot \sqrt{a^2 \cdot \sqrt[5]{a^8 \cdot \sqrt[4]{a^3}}}}$          d) $\dfrac{\sqrt[6]{a^5 \cdot \sqrt[3]{a^2}}}{\sqrt[3]{a^2 \cdot \sqrt[6]{a^4}}} : \dfrac{\sqrt{a^3 \cdot \sqrt[9]{a^7}}}{\sqrt[9]{a^7 \cdot \sqrt{a}}}$

8.     Formen Sie folgende Brüche so um, daß ihre Nenner keine Wurzeln enthalten!

8.1.   a) $\dfrac{3}{4\sqrt{3}}$          b) $\dfrac{4}{\sqrt[3]{2}}$          c) $\dfrac{10}{3\sqrt{8}}$          d) $\dfrac{15}{\sqrt[11]{243}}$

8.2.   a) $\dfrac{a^2}{\sqrt[3]{a^5}}$          b) $\dfrac{1}{\sqrt[9]{x^{13}}}$          c) $\dfrac{y^2 x}{\sqrt{x^3 y}}$          d) $\dfrac{ab}{\sqrt[7]{a^2 b^3}}$

8.3.   a) $\dfrac{13}{7 - \sqrt{10}}$          b) $\dfrac{6}{\sqrt{5} + 1}$          c) $\dfrac{15}{3 - \sqrt{6}}$          d) $\dfrac{16}{3 + \sqrt{5}}$

8.4.   a) $\dfrac{8}{3\sqrt{2} + 4}$          b) $\dfrac{17}{3\sqrt{5} - 2\sqrt{7}}$          c) $\dfrac{6}{\sqrt{8} + \sqrt{5}}$          d) $\dfrac{6}{\sqrt{7} - \sqrt{3}}$

8.5.   a) $\dfrac{3 + \sqrt{5}}{3 - \sqrt{5}}$          b) $\dfrac{3(\sqrt{5} - \sqrt{8})}{\sqrt{8} + \sqrt{5}}$          c) $\dfrac{3 + \sqrt{6}}{\sqrt{3} + \sqrt{2}}$          d) $\dfrac{4\sqrt{10} - 7\sqrt{3}}{\sqrt{10} - \sqrt{3}}$

8.6.   a) $\dfrac{7\sqrt{5} + 4\sqrt{3}}{5\sqrt{3} + 2\sqrt{5}}$          c) $\dfrac{\sqrt{3} - \sqrt{2}}{\sqrt{3} + \sqrt{2}}$

       b) $\dfrac{2\sqrt{6} + 3\sqrt{5}}{2\sqrt{6} - 3\sqrt{5}}$          d) $\dfrac{1 + \sqrt{2} + \sqrt{3}}{1 + \sqrt{2} - \sqrt{3}}$

# 3 Logarithmen

Der vorliegende Abschnitt dient der Erfassung des Begriffes Logarithmus und dem Erwerb von Fertigkeiten bei der Anwendung der Logarithmengesetze, wobei wiederum streng auf die Einhaltung der Voraussetzungen zu achten ist.

## 3.1 Begriff des Logarithmus

Zur Definition des Logarithmus $c = \log_b a$ einer positiven Zahl a zu einer positiven, von eins verschiedenen Logarithmenbasis b geht man von folgender Gleichung aus:

$$b^c = a; \quad a > 0, \ b > 0, b \neq 1, \ c \text{ beliebig.} \tag{3.1}$$

Sind b und c vorgegeben, so ist a entsprechend Abschnitt 2 eindeutig bestimmt.

Sind a und b vorgegeben, so existiert unter den obigen Voraussetzungen eine eindeutig bestimmte reelle Zahl c, die die Gleichung (3.1) erfüllt. Diese nennt man dann den Logarithmus von a zur Basis b.

> **Definition 3.1:** Unter dem *Logarithmus* c einer positiven reellen Zahl a zu einer positiven, von eins verschiedenen reellen *Basis* b versteht man diejenige reelle Zahl c, mit der die Basis b zu potenzieren ist, um a zu erhalten. Man schreibt dafür
>
> $$c = \log_b a; \quad a > 0, \ b > 0, b \neq 1. \tag{3.2}$$

Die Beziehungen (3.1) und (3.2) sind also gleichwertig. Um Gesetze über Logarithmen entsprechend (3.2) zu erhalten, geht man in der Regel auf (3.1) zurück. Das soll am folgenden Beispiel näher erläutert werden, bei dem je zwei der Zahlen a, b, c vorgegeben sind und die dritte zu ermitteln ist.

**Beispiel 3.1:**

3.1.1.  a) $2^x = 16$;  $\quad x = 4$, denn $16 = 2^4$.

   b) $3^x = \dfrac{1}{9}$ ;  $\quad x = -2$, denn $3^{-2} = \dfrac{1}{3^2} = \dfrac{1}{9}$ .

3.1.2.  a) $2 = \log_x 36$ ist gleichwertig mit $x^2 = 36$, also $x = 6$.

   b) $-6 = \log_x \dfrac{1}{64}$ ist gleichwertig mit $x^{-6} = \dfrac{1}{64} = \dfrac{1}{2^6} = 2^{-6}$, also $x = 2$.

3.1.3.  a) $x = \log_5 125$ ist gleichwertig mit $5^x = 125 = 5^3$, also $x = 3$.

   b) $x = \log_{\frac{1}{2}} \dfrac{1}{16}$ ist gleichwertig mit $\left(\dfrac{1}{2}\right)^x = \dfrac{1}{16} = \left(\dfrac{1}{2}\right)^4$ , also $x = 4$.

3.1.4.  a) $5 = \log_3 x$ ist glcichwertig mit $3^5 = x$, also $x = 243$.

b) $-5 = \log_2 x$ ist gleichwertig mit $2^{-5} = x$, also $x = \dfrac{1}{2^5} = \dfrac{1}{32}$ .

3.1.5.  a) $2 = \log_x (-6)$ ist nicht definiert.   b) $x = \log_{-5} 125$ ist nicht definiert.
c) $\log_1 x$ ist nicht definiert.

Aus (3.1) und (3.2) folgt

$$a = b^{\log_b a} ,\tag{3.3}$$
$$\log_b 1 = 0, \ \log_b b = 1 .\tag{3.4}$$

Für die spezielle Basis $b = 10$ bzw. $b = e = 2,71828 \ \ldots$ verwendet man folgende Symbole:

$$\log_{10} a = \lg a, \quad \log_e a = \ln a .\tag{3.5}$$

Man nennt $\lg a$ den dekadischen Logarithmus von $a$ und $\ln a$ den natürlichen Logarithmus von $a$. (Zur Zahl $e$ vgl. den Abschnitt 18)

Oftmals läßt man auch bei Rechenregeln, die für alle Basen $b$ gelten, die Angabe von $b$ weg und schreibt

$$c = \log a .\tag{3.6}$$

Falls dabei das Symbol $\log$ mehrfach auftritt, hat man zu beachten, daß zwar eine beliebige, jedoch überall die gleiche Basis zu verwenden ist.

## 3.2  Logarithmengesetze

Aus der Definition des Logarithmus gemäß (3.1) und (3.2) kann man mit Hilfe der Potenzgesetze (2.3) bis (2.7) die folgenden Logarithmengesetze ableiten, die für beliebige, aber bei allen Logarithmen gleiche Basis $b > 0$, $b \neq 1$ und für positive Zahlen $x > 0$, $y > 0$ gelten:

$$\log(x \cdot y) = \log x + \log y ,\tag{3.7}$$
$$\log \frac{x}{y} = \log x - \log y ,\tag{3.8}$$
$$\log x^a = a \log x, a \in R ,\tag{3.9}$$
$$\log \sqrt[n]{x} = \frac{1}{n}\log x, n = 1, 2, 3, \ldots .\tag{3.10}$$

Die Herleitung dieser Formeln aus den Potenzgesetzen stellt eine empfehlenswerte Übung zur Vertiefung des Logarithmusbegriffes dar. So bestätigt man z. B. (3.7) bzw.

$$\log_b (x \cdot y) = \log_b x + \log_b y \tag{3.11}$$

auf folgende Weise :

Nach (3.1), (3.2) ist

$$c_1 = \log_b x, \quad c_2 = \log_b y, \quad c = \log_b (x \cdot y) \tag{3.12}$$

gleichwertig mit

$$b^{c_1} = x, \qquad b^{c_2} = y, \qquad b^c = x \cdot y. \tag{3.13}$$

Aus (3.13) folgt mit dem Potenzgesetz (2.2)

$$b^c = x \cdot y = b^{c_1} \cdot b^{c_2} = b^{c_1 + c_2}, \text{ also } c = c_1 + c_2 \tag{3.14}$$

und daher die Behauptung (3.11) bzw. (3.7) wegen (3.12).

Mit Hilfe der Logarithmengesetze (3.7) bis (3.10) kann der Logarithmus eines relativ kompliziert zusammengesetzten Ausdrucks auf Logarithmen einfacher elementarer Ausdrücke zurückgeführt werden und umgekehrt.

**Beispiel 3.2:** $\log \dfrac{2 \sqrt{a+b} \; a^3 b^2}{\sqrt[3]{c} \, (a+c)^2}$

$$= \log 2 + \frac{1}{2}\log(a+b) + 3\log a + 2\log b - \frac{1}{3}\log c - 2\log(a+c).$$

**Beispiel 3.3:** $\log(a+b) + 2\log(a-b) - \dfrac{1}{2}\log(a^2 - b^2)$

$$= \log \frac{(a+b)(a-b)^2}{\sqrt{a^2 - b^2}} = \log \frac{(a^2 - b^2)(a-b)}{\sqrt{a^2 - b^2}} = \log\left[(a-b)\sqrt{a^2 - b^2}\,\right].$$

Nun ist noch anzugeben, unter welchen Bedingungen diese Beziehungen gelten.

Im Beispiel 3.2 ist der auf der linken Seite der Gleichung stehende Logarithmus definiert für alle a, b, c, die folgende Ungleichungen erfüllen:

$a + b > 0$     (damit die Wurzel definiert ist und nicht null werden kann, weil dann der Logarithmus nicht definiert ist),

$c > 0$     (damit die Wurzel definiert ist und der Nenner nicht null ist),

$a + c \neq 0$     (damit der Nenner nicht null ist),

$b \neq 0, a > 0$     (damit der Logarithmus definiert ist).

Der Logarithmus auf der linken Seite ist also insbesondere definiert für $a = 2$, $b = -1$, $c = 1$. Dafür ist aber die auf der rechten Seite der Gleichung stehende Umformung nicht zu realisieren, weil $\log b$ keinen Sinn hat. Damit die Umformung realisiert werden kann, muß statt $b \neq 0$ strenger $b > 0$ gefordert werden.

Im Beispiel 3.3 ist die linke Seite der Gleichung nur sinnvoll, wenn gilt:

a + b > 0,    a − b > 0.

Dann ist auch $a^2 - b^2 = (a + b)(a - b) > 0$ und es sind alle in diesem Beispiel auftretenden Logarithmen definiert. Diese Beziehung gilt also für alle a, b, für die die beiden o. a. Ungleichungen erfüllt sind. Sie können wegen a > −b, a > b auch zu a > |b| zusammengefaßt werden.

Es sei noch darauf hingewiesen, daß man Logarithmen zu einer Basis b in Logarithmen zu einer beliebigen anderen Basis d umrechnen kann (b > 0, b ≠ 1, d > 0, d ≠ 1, a > 0). Es ist nach (3.3)

$$a = b^{\log_b a}.$$

Durch Logarithmieren dieser Gleichung zur Basis d folgt

$$\log_d a = \log_d b^{\log_b a} = (\log_b a)(\log_d b). \tag{3.15}$$

Zur Umrechnung von dekadischen Logarithmen in natürliche Logarithmen und umgekehrt setzt man b = 10, d = e bzw. b = e, d = 10 und erhält so

$$\lg a = (\lg e) \cdot (\ln a) = 0,43429 \ln a, \tag{3.16}$$
$$\ln a = (\ln 10) \cdot (\lg a) = 2,30259 \lg a. \tag{3.17}$$

## 3.3    Zusammenfassung

Für a, b, x, y, d > 0 reell gilt:

$$c = \log_b a \Leftrightarrow b^c = a, \quad b^{\log_b a} = a, \quad \log_b 1 = 0, \quad \log_b b = 1, \quad b \neq 1,$$

$$\log_{10} a = \lg a, \quad \log_e a = \ln a, \quad e = 2,71828\ldots,$$

$$\log(x \cdot y) = \log x + \log y, \qquad \log \frac{x}{y} = \log x - \log y,$$

$$\log x^\alpha = \alpha \cdot \log x, \quad \alpha \in \mathbf{R}, \qquad \log \sqrt[n]{x} = \frac{1}{n} \cdot \log x, \quad n = 1, 2, 3, \ldots,$$

$$\log_b a = (\log_b d) \cdot (\log_d a),$$

$$\lg a = (\lg e) \cdot (\ln a) = 0,43429 \ln a, \qquad \ln a = (\ln 10) \cdot (\lg a) = 2,30259 \lg a.$$

## 3.4    Übungsaufgaben

1.    Definition des Logarithmus
      Wenden Sie die Definition des Logarithmus an und bestimmen Sie x!

1.1.    a) $\log_7 49 = x$    b) $\log_3 1 = x$    c) $\log_5 \sqrt[6]{25} = x$    d) $\log_{0,5} \frac{1}{32} = x$

1.2.    a) $\lg \frac{1}{10} = x$    b) $\lg 10^{-\frac{1}{3}} = x$    c) $\lg \sqrt[3]{100} = x$    d) $\lg \sqrt{\frac{1}{10}} = x$

1.3.   a) $\log_x 8 = 3$     b) $\log_x 25 = 2$     c) $\log_x 243 = 5$     d) $\log_x 1024 = 10$

1.4.   a) $\log_x 4 = \dfrac{1}{2}$     b) $\log_x \dfrac{1}{5} = -1$     c) $\log_x \sqrt{10} = \dfrac{1}{2}$     d) $\log_x \dfrac{1}{32} = -5$

1.5.   a) $4^x = 64$     b) $64^x = 64$     c) $9^x = 3$     d) $8^x = 4$

1.6.   a) $2^x = \dfrac{1}{8}$     b) $3^x = \dfrac{1}{27}$     c) $5^x = 0{,}04$     d) $10^x = 0{,}0001$

1.7.   a) $\lg x = 3$     b) $\lg x = -2$     c) $\log_2 x = 6$     d) $\log_{0{,}5} x = 4$

1.8.   a) $\ln x = 2$     b) $\ln x = \dfrac{1}{2}$     c) $\ln x = -1$     d) $\ln x = 0$

2.     Anwendung der Logarithmengesetze
       Wenden Sie die Logarithmengesetze an und legen Sie den Gültigkeitsbereich
       von a, b, c, d, m, n fest!

2.1.   a) $\lg 2^4$     b) $\lg \left(\dfrac{1}{2}\right)^3$     c) $\lg \sqrt{10}$     d) $\lg \sqrt{\dfrac{1}{100}}$

2.2.   a) $\ln \left(\sqrt{e}\right)^3$     b) $\ln \sqrt{e^{3\,(\ln e^2 + \ln e^6)}}$     c) $\ln \sqrt{\dfrac{1}{\sqrt[3]{e^2}}}$     d) $\ln \sqrt{\dfrac{5e}{e^{\ln 5}}}$

2.3.   a) $\lg \sqrt[7]{a^5}$     b) $\lg \dfrac{a^2 b^3}{c}$     c) $\lg \sqrt[3]{\dfrac{ac^2}{bd}}$     d) $\lg \dfrac{a^2 \sqrt{b}}{\sqrt{a^5 b^3}}$

2.4.   a) $\lg (a^4 - b^4)$     b) $\lg (a^2 + b^2)^2$     c) $\lg \dfrac{(a^2 - b^2)^2}{a^4 - b^4}$     d) $\lg \dfrac{a^2 - b^2}{(a^2 + b^2)^2}$

2.5.   a) $\log \sqrt{\dfrac{1-a}{1+a}}$     c) $\ln \dfrac{\sqrt{a} \cdot b^{-2}}{\sqrt[3]{c} \cdot d^{-3}}$

       b) $\lg \sqrt[n+1]{a^n \cdot \sqrt[m]{b^{-1}}}$     d) $\log 2\sqrt{3 \cdot \sqrt[3]{a^2 b} \cdot \sqrt[4]{ac^2}}$

2.6.   a) $\dfrac{1}{3}\log(a+b) + \dfrac{1}{3}\log(a-b)^{-1}$

       b) $\lg a + n \lg (a+b) + n \lg (a-b)$

       c) $\lg a - \dfrac{1}{2}\lg b + \dfrac{4}{3}\lg c$

       d) $\dfrac{1}{3}\lg(a^2 - b^2) - \dfrac{1}{2}\lg(a-b) - \dfrac{1}{2}\lg(a+b)$

2.7.   a) $\dfrac{1}{3}\lg a + \dfrac{1}{3}\left\{\dfrac{1}{2}\lg(a+b) + \dfrac{1}{2}\lg(a-b) - \lg a - \lg b\right\}$

       b) $\dfrac{1}{2}\lg(a^2 + b^2) - \dfrac{1}{3}\left\{\lg(a-b) + \lg(a+b)\right\}$

c) $\frac{1}{3}(\lg a + 3\lg b) - \frac{1}{2}(4\lg c - 2\lg d)$

d) $\frac{1}{2}\ln\left(\frac{b}{a} + \sqrt{\frac{b^2}{a^2} - 1}\right) - \frac{1}{2}\ln\frac{1}{b - \sqrt{b^2 - a^2}} + \ln\sqrt{a}$

3.    Anwendung logarithmischer Grundformeln
      Berechnen Sie x!

3.1.    a) $x = \lg 5 \cdot \lg 20 + (\lg 2)^2$          c) $x = 3 \cdot 10^{-2\lg 3}$

        b) $x = 2 \cdot 10^{2\lg 2}$                    d) $x = \left(100^{\frac{1}{2}\lg 49}\right)^{\frac{1}{2}}$

3.2.    a) $x = \sqrt{10^{2 + \lg 9}}$                   c) $x = \sqrt[3]{10^{\frac{1}{2}(\lg 2 + \lg 32)}}$

        b) $x = \sqrt[3]{10^{4 - \frac{1}{2}\lg 100}}$   d) $x = \sqrt{\sqrt{10}^{\lg 16}}$

3.3.    a) $x = \ln\dfrac{7{,}63}{\sqrt{e^3}}$           c) $x = \left\{\left(\sqrt[3]{e}\right)^2\right\}^{\ln 8}$

        b) $x = \ln\dfrac{0{,}23}{2e^2}$                 d) $x = \left(\sqrt{e}\right)^{3\ln 5}$

# 4 Goniometrie

Auch dieser Abschnitt trägt wiederholenden Charakter. Er dient vor allem dazu, Fertigkeiten bei Winkelberechnungen (goniometrische Berechnungen) im Grad- und Bogenmaß, bei der Anwendung der Winkelfunktionen für die Berechnung am rechtwinkligen und allgemeinen Dreieck sowie bei der Anwendung der trigonometrischen Formeln für die Umformung von trigonometrischen Ausdrücken zu entwickeln. Vorangestellt wird eine Zusammenfassung elementargeometrischer Begriffe und Gesetze.

## 4.1 Elementargeometrie

### 4.1.1 Punkt und Gerade

Punkt und Gerade sind die wichtigsten Grundbegriffe der Elementargeometrie. Diese abstrakten Begriffe lassen sich auch bei exakter Betrachtungsweise nicht definieren, wohl aber kann man die zwischen ihnen bestehenden Beziehungen in vielfältiger Weise in der Mathematik anwenden. Trotzdem versucht man, Punkt und Gerade der Anschauung zugänglich zu machen, wie dies im Bild 4.1 geschehen ist. Hierbei sind die Geraden mit g bezeichnet worden, die Pfeile deuten auf die unbegrenzte Ausdehnung hin. Sie werden bei der Darstellung von Geraden weggelassen, wenn dies nicht zu Mißverständnissen führen kann. Ein Punkt kann als Schnittstelle zweier Geraden aufgefaßt werden (Bild 4.1b).

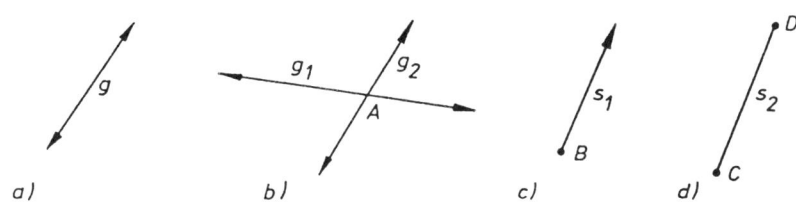

Bild 4.1

Es gelten z. B. folgende Aussagen:

- Durch zwei verschiedene Punkte ist genau eine Gerade bestimmt, die beide Punkte enthält.
- Zwei nichtparallele und in einer Ebene liegende Geraden $g_1$ und $g_2$ schneiden sich genau in einem Punkt.

Ein *Strahl* $s_1$ ist ein durch einen Punkt B einseitig begrenztes Geradenteil (Bild 4.1c) und eine *Strecke* $s_2$ ein durch zwei Punkte, C und D, begrenztes Geradenstück (Bild 4.1d).

## 4.1.2  Winkel

Bringt man einen Strahl von seiner Anfangslage $s_1$ durch Drehung um S in die Endlage $s_2$ (Bild 4.2a), so nennt man die überstrichene Fläche das Innere, $s_1$ und $s_2$ die *Schenkel* sowie S den *Scheitel* des Winkels $\alpha$. Erfolgt die Drehung entgegen dem Uhrzeigersinn, so heißt der *Drehsinn* und auch der Winkel positiv, andernfalls sind Drehsinn und Winkel negativ.

Man kann einen Winkel x in *Grad* messen,

$$x = a^\circ, \tag{4.1}$$

indem man den rechten Winkel, den zwei senkrecht aufeinander stehende Geraden $g_1$ und $g_2$ bilden (Bild 4.2b), gleich 90° setzt. Man kann einen Winkel x aber auch im *Bogenmaß* angeben,

$$x = b, \tag{4.2}$$

indem man den durch ihn bestimmten Kreisbogen durch den Kreisradius teilt. Dadurch erhält man x als unbenannte Zahl, was für viele Rechnungen von Vorteil ist. Ein im Bogenmaß angegebener Winkel x ist darstellbar am Einheitskreis (r = 1), wo er der Länge des zugehörigen Kreisbogens entspricht (Bild 4.2c).

Demzufolge entspricht einem Winkel von 360° der Umfang des Einheitskreises $2\pi$. Daraus lassen sich die Umrechnungsbeziehungen zwischen Gradmaß und Bogenmaß aufstellen:

$$a^\circ = \frac{180^\circ}{\pi} b = 57{,}296^\circ \, b, \qquad b = \frac{\pi}{180^\circ} a^\circ = 0{,}017453 a. \tag{4.3}$$

Im Bild 4.2b sind die Winkel $90^\circ = \frac{\pi}{2}$ und $180^\circ = \pi$ dargestellt, im Bild 4.2d der Winkel $360^\circ = 2\pi$, und im Bild 4.2e ist ein Winkel, der größer 360° bzw. $2\pi$ ist, eingezeichnet.

Mit den folgenden Beispielen sollen einige Möglichkeiten für Winkelangaben genannt sowie Umrechnungen erläutert werden.

**Beispiel 4.1:** Der Winkel a = 47° 12' 36" ist im Bogenmaß anzugeben. Wir rechnen den Winkel zunächst in dezimale Teilung um, d. h. die angegebenen Minuten und Sekunden sind durch einen entsprechenden Dezimalbruch auszudrücken:

12' = 720", also insgesamt 720" + 36" = 756".

$1'' = \left(\dfrac{1}{3600}\right)^{\circ}$, demnach entsprechen 756''        $756 \cdot \left(\dfrac{1}{3600}\right)^{\circ} = 0{,}21^{\circ}$.

Daraus folgt a = 47° 12' 36" = 47,21°.

Allgemein gilt: $\alpha' = \left(\dfrac{\alpha}{60}\right)^{\circ}$,    $\beta'' = \left(\dfrac{\beta}{3600}\right)^{\circ}$.

Nach (4.3) ist dann b = 0,017453 · 47,21 = 0,824.

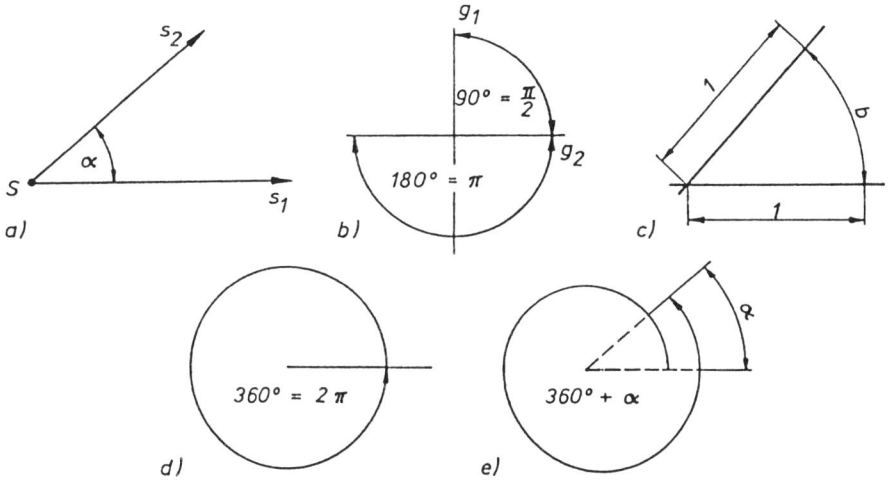

Bild 4.2

**Beispiel 4.2:**  Der Winkel $\dfrac{\pi}{7}$ ist im Gradmaß (dezimale und sexagesimale Teilung) anzugeben.

Nach (4.3) ist  $a^{\circ} = 57{,}296^{\circ} \cdot \dfrac{3{,}14}{7} = 25{,}701^{\circ}$.

Die Umrechnung von 0,701° in Minuten und Sekunden ergibt:

0,701° = 0,701 · 60' = 42,06',        0,06' = 0,06 · 60" = 3,6".

Also ist  $\dfrac{\pi}{7} = 25{,}701^{\circ} = 25^{\circ}\ 42'\ 3{,}6''$.

### 4.1.3  Dreiecke

Durch die in einer Ebene liegenden Geraden $g_1$, $g_2$, $g_3$ wird im allgemeinen Falle ein

Dreieck mit den Ecken A, B, C, den Seiten a, b, c und den Winkeln $\alpha$, $\beta$, $\gamma$ gebildet (Bild 4.3).

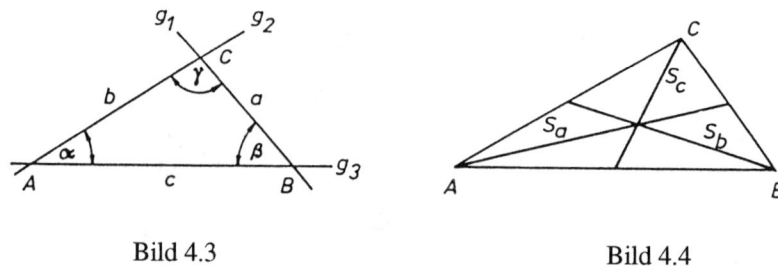

Bild 4.3                                    Bild 4.4

Es gelten folgende Sätze, die hier ohne Beweis angeführt werden sollen:

- Die Winkelsumme im Dreieck beträgt 180° ($\pi$).
- Ein Außenwinkel ist gleich der Summe der nichtanliegenden Innenwinkel. Deshalb ist die Summe der Außenwinkel 360° ($2\pi$).
- Die Seitenhalbierenden eines Dreiecks schneiden sich in einem Punkt, der zugleich der "Schwerpunkt" des Dreiecks ist. Die Seitenhalbierenden teilen einander im Verhältnis 1 : 2 (Bild 4.4).
- Die Mittelsenkrechten eines Dreiecks schneiden sich in einem Punkt, der zugleich der Mittelpunkt des Umkreises ist (Bild 4.5).
- Die Winkelhalbierenden eines Dreiecks schneiden sich in einem Punkt, der zugleich Mittelpunkt des Inkreises ist (Bild 4.6).
- Die Höhen eines Dreiecks schneiden sich in einem Punkt (Bild 4.7).

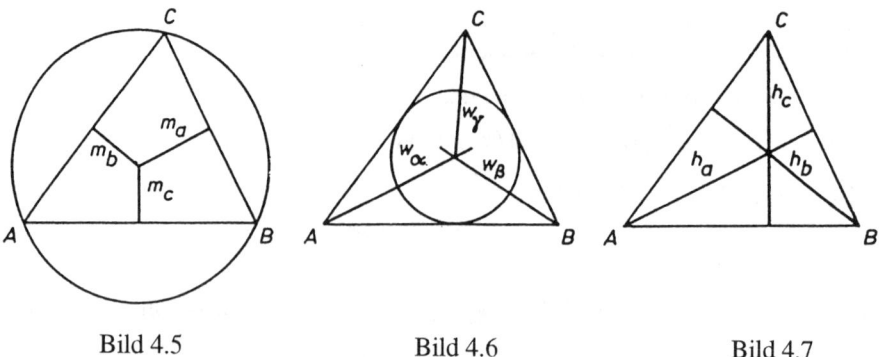

Bild 4.5                    Bild 4.6                    Bild 4.7

### 4.1.4   Kongruenz und Ähnlichkeit

Zwei Dreiecke Δ ABC und Δ A'B'C' heißen kongruent oder deckungsgleich,

$$\Delta\ ABC \cong \Delta\ A'B'C', \qquad\qquad (4.4)$$

wenn sie so verschoben und gedreht werden können, daß sie vollständig zusammenfallen (Bild 4.8).

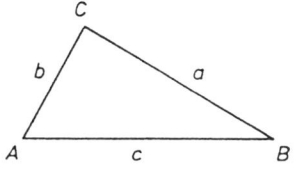 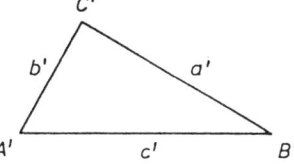

Bild 4.8

Sollen Dreiecke kongruent sein, dann müssen sie mindestens in drei Hauptstücken (Seiten und Innenwinkel) übereinstimmen.
Aber auch die Umkehrung gilt :

> Dreiecke sind genau dann *kongruent*, wenn sie übereinstimmen in
> 1. den drei Seiten (SSS),
> 2. zwei Seiten und dem von ihnen eingeschlossenen Winkel (SWS),
> 3. zwei Seiten und dem der größeren Seite gegenüberliegenden Winkel (SSW),
> 4. einer Seite und den beiden anliegenden Winkeln (WSW).

Es gilt auch die Umkehrung dieser Sätze, d. h., stimmen Dreiecke in den durch die Kongruenzsätze angegebenen Hauptstücken überein, so sind sie kongruent. Auf der Grundlage der Kongruenzsätze lassen sich eindeutige Dreieckskonstruktionen durchführen, was als eine Anwendung der Kongruenzsätze angesehen werden kann.
Ähnlichkeit zwischen zwei ebenen Figuren liegt dann vor, wenn diese in entsprechenden Winkeln übereinstimmen und wenn die Längen einander entsprechender Seiten proportional zueinander sind.
Dies gilt auch für Dreiecke, wobei man - ausgehend von den Kongruenzsätzen - sogenannte Ähnlichkeitssätze aufstellen kann:

> Dreiecke sind *ähnlich*, wenn sie übereinstimmen in
> 1. dem Verhältnis der Längen der drei Seiten,
> 2. dem Verhältnis der Längen zweier Seiten und dem von ihnen eingeschlossenen Winkel,
> 3. dem Verhältnis der Längen zweier Seiten und dem der größeren dieser Seite gegenüberliegenden Winkel,
> 4. zwei gleichliegenden Winkeln.

Die im Bild 4.9 gezeichneten Dreiecke sind ähnlich, d. h., es gilt

$\Delta\ ABC \sim \Delta\ A'B'C'$.

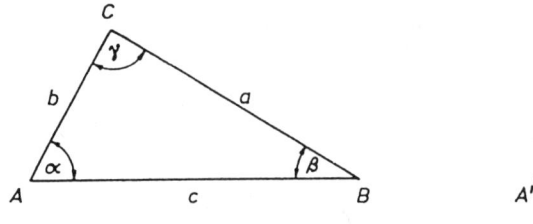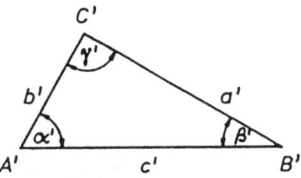

Bild 4.9

Verwandt mit den Ähnlichkeitssätzen sind die *Strahlensätze*.

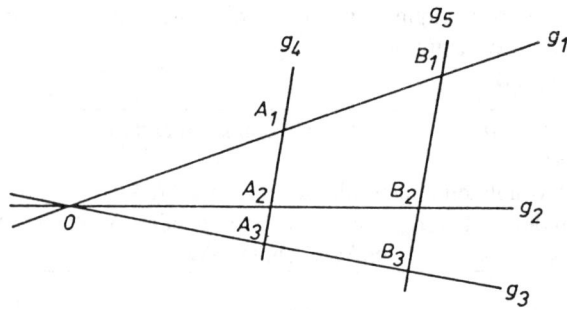

Bild 4.10

Werden drei in einem Punkt sich schneidende Geraden $g_1$, $g_2$ und $g_3$ durch zwei parallele Geraden $g_4$ und $g_5$ geschnitten, so gelten mit den Bezeichnungen aus Bild 4.10 zum Beispiel die folgenden Beziehungen:

1. $\overline{OA_1} : \overline{OA_2} = \overline{OB_1} : \overline{OB_2}$, $\overline{OA_1} : \overline{OA_2} = \overline{A_1B_1} : \overline{A_2B_2}$, d. h.:
   Entsprechende Abschnitte auf den Strahlen stehen im gleichen Verhältnis.

2. $\overline{A_1A_2} : \overline{B_1B_2} = \overline{OA_1} : \overline{OB_1} = \overline{OA_2} : \overline{OB_2}$ , d. h.:
   Entsprechende Abschnitte auf den Parallelen stehen im gleichen Verhältnis wie die zugehörigen, vom Scheitel aus gemessenen Abschnitte auf den Strahlen.

3. $\overline{A_1A_2} : \overline{A_2A_3} = \overline{B_1B_2} : \overline{B_2B_3}$, $\overline{A_1A_2} : \overline{B_1B_2} = \overline{A_2A_3} : \overline{B_2B_3}$, d. h.:
   Entsprechende Abschnitte auf den Parallelen stehen im gleichen Verhältnis.

Strahlensätze gelten auch, wenn mehr als zwei Parallelen auftreten bzw. wenn der Scheitelpunkt zwischen den Parallelen liegt (in diesem Falle sind die Strahlen durch Geraden zu ersetzen).

**Beispiel 4.3:** Es ist ein Dreieck aus den Seiten a und c sowie dem Winkel $\alpha$ zu konstruieren.Wir betrachten folgende Fälle:

1. a > c.
   Wir zeichnen $\overline{AB}$ = c und tragen in A den Winkel $\alpha$ an c an. Um B schlagen wir einen Kreisbogen mit a, der den freien Schenkel von $\alpha$ in C schneidet.
   (Bild 4.11)

2. a < c.
   Hierbei gibt es drei Möglichkeiten (Bild 4.12):
   2.1. Der Kreisbogen um B mit a schneidet den freien Schenkel von $\alpha$ in zwei Punkten, wodurch die "Lösung" nicht eindeutig ist.
   2.2. Der Kreisbogen berührt den freien Schenkel von $\alpha$.
   2.3. Der Kreisbogen schneidet den freien Schenkel von $\alpha$ nicht.

3. a = c.
   Der Kreisbogen mit a um B schneidet den freien Schenkel von $\alpha$ in zwei Punkten, nämlich in A und C.

Um die ausgearteten Fälle 2. und 3. auszuschließen und stets zu einer eindeutigen Lösung zu kommen, ist die Voraussetzung a > c im dritten Kongruenzsatz notwendig.

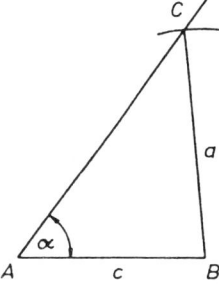

Bild 4.11

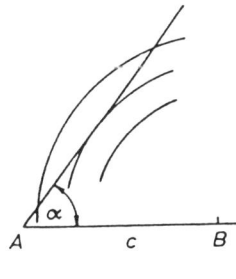

Bild 4.12

## 4.1.5  Das rechtwinklige Dreieck

Von den verschiedenen speziellen Dreiecken wird im folgenden nur das rechtwinklige betrachtet.
Im rechtwinkligen Dreieck wird die dem rechten Winkel gegenüberliegende Seite *Hypotenuse* genannt, die beiden anderen Seiten heißen *Katheten*.

Die für ein rechtwinkliges Dreieck üblichen Bezeichnungen sind dem Bild 4.13 zu entnehmen.

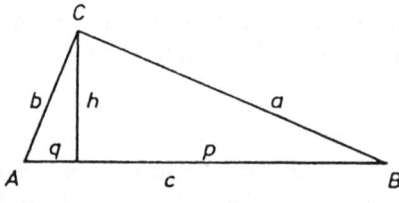

Bild 4.13

Am rechtwinkligen Dreieck gelten nachstehend aufgeführte Beziehungen, die hier ohne Beweis gebracht werden.

**Satz des Pythagoras:** Im rechtwinkligen Dreieck ist die Fläche des Quadrates über der Hypotenuse gleich der Summe der Flächen der Quadrate über den Katheten:

$$c^2 = a^2 + b^2 . \tag{4.5}$$

**Kathetensatz:** Im rechtwinkligen Dreieck ist das Quadrat über einer Kathete flächengleich dem Rechteck aus der Hypotenuse und der Projektion dieser Kathete auf die Hypotenuse:

$$a^2 = p \cdot c, b^2 = q \cdot c . \tag{4.6}$$

**Höhensatz:** Im rechtwinkligen Dreieck ist das Quadrat über der Höhe auf der Hypotenuse flächengleich mit dem Rechteck aus den Hypotenusenabschnitten:

$$h^2 = q \cdot p . \tag{4.7}$$

**Beispiel 4.4:**

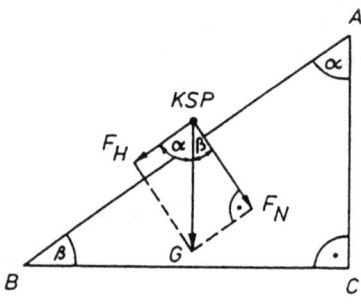

Bild 4.14

Das Bild 4.14 verdeutlicht die Zerlegung des Gewichtes G eines auf einer schiefen Ebene befindlichen Körpers (KSP = Körperschwerpunkt) in die parallel zur schiefen Ebene AB gerichtete Hangabtriebskraft $F_H$ und die senkrecht auf ihr stehende Normalkraft $F_N$. Es ist zu zeigen, daß das $\Delta$ ABC dem durch KSP, $F_N$ und G bestimmten Dreieck ähnlich ist.

Da G $\parallel$ $\overline{AC}$ verläuft, bilden $F_H$ und G den Winkel $\alpha$. Weil $\beta = R - \alpha$ ist, bilden $F_N$ und G den Winkel $\beta$. Beide Dreiecke stimmen außerdem im rechten Winkel überein, folglich sind sie ähnlich.

**Beispiel 4.5:** Es ist die Höhe in einem gleichseitigen Dreieck (Bild 4.15) zu berechnen.
Nach (4.4) gilt:

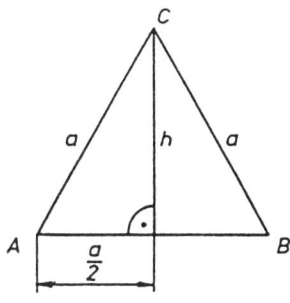

$$h^2 = a^2 - \left(\frac{a}{2}\right)^2,$$

$$h^2 = a^2 - \frac{a^2}{4},$$

$$h^2 = \frac{3}{4}a^2,$$

$$h = \frac{\sqrt{3}}{2}a.$$

Bild 4.15

# 4.2    Seitenverhältnisse am rechtwinkligen Dreieck

Zur Winkelmessung eignen sich auch die Seitenverhältnisse, die sich bei einem rechtwinkligen Dreieck bilden lassen (Bild 4.16). Bezeichnen wir die dem Winkel $\alpha$ gegenüberliegende Kathete a als *Gegenkathete* von $\alpha$, die Seite b als die *Ankathete* von $\alpha$ (analog bei $\beta$), so lassen sich folgende Seitenverhältnisse am rechtwinkligen Dreieck bilden:

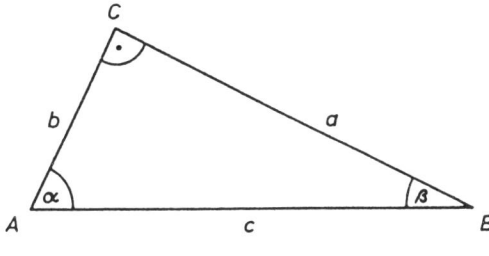

Bild 4.16

$$\text{Sinus von } \alpha \quad = \frac{\text{Gegenkathete}}{\text{Hypotenuse}} \quad \text{bzw. } \sin \alpha = \frac{a}{c} \; ,$$

$$\text{Kosinus von } \alpha \quad = \frac{\text{Ankathete}}{\text{Hypotenuse}} \quad \text{bzw. } \cos \alpha = \frac{b}{c} \; ,$$

$$\text{Tangens von } \alpha \quad = \frac{\text{Gegenkathete}}{\text{Ankathete}} \quad \text{bzw. } \tan \alpha = \frac{a}{b} \; ,$$

$$\text{Kotangens von } \alpha = \frac{\text{Ankathete}}{\text{Gegenkathete}} \quad \text{bzw. } \cot \alpha = \frac{b}{a} \; .$$

Wegen der Strahlensätze hängen diese Verhältnisse nur vom Winkel α ab. Berücksichtigt man, daß β = 90° − α ist, kann man folgende Beziehung aufstellen:

$$\sin \beta \quad = \frac{b}{c} = \sin (90° - \alpha) = \cos \alpha,$$

$$\cos \beta \quad = \frac{a}{c} = \cos (90° - \alpha) = \sin \alpha,$$

$$\tan \beta \quad = \frac{b}{a} = \tan (90° - \alpha) = \cot \alpha,$$

$$\cot \beta \quad = \frac{a}{b} = \cot (90° - \alpha) = \tan \alpha.$$

Hieraus ist zu ersehen, daß zur Ermittlung der vier Werte zwei Zahlentafeln genügen. Weiterhin ist erkennbar:

$$\tan \alpha = \frac{\sin \alpha}{\cos \alpha} \; , \quad \cot \alpha = \frac{\cos \alpha}{\sin \alpha} = \frac{1}{\tan \alpha} \tag{4.10}$$

und ferner, bei Beachtung des Satzes des Pythagoras,

$$\sin^2 \alpha + \cos^2 \alpha = 1, \tag{4.11}$$

$$1 + \tan^2 \alpha = \frac{1}{\cos^2 \alpha} \; , \quad 1 + \cot^2 \alpha = \frac{1}{\sin^2 \alpha} \; . \tag{4.12}$$

## 4.3  Die Winkelfunktionen am Einheitskreis

Im Abschnitt 4.2 stehen sin α, cos α, tan α und cot α nur für konkrete Seitenverhältnisse am rechtwinkligen Dreieck. Diese Ausdrücke sind insbesondere nur für

$0 < \alpha < \frac{\pi}{2}$ (0 < α < 90°) definiert. Faßt man dabei α als unabhängige Variable auf, so

stellen sin α usw. Funktionen im Sinne von Abschnitt 15 dar und werden Winkelfunktionen genannt. In dem genannten Abschnitt sind auch die Graphen der Winkelfunktionen angegeben (Bilder 15.20a und b).

Um eine Erweiterung dieser Definition auf beliebige Winkel vornehmen zu können, führt man die Winkelfunktionen als vorzeichenbehaftete Strecken am Einheitskreis ein.

Dabei erhalten alle Strecken, die selbst oder deren Projektionen auf den Strahlen $s_1$ und $s_2$ liegen, das positive Vorzeichen, alle Strecken bzw. Projektionen von Strecken auf den Strahlen $s_1'$ und $s_2'$ das negative Vorzeichen.

Mit den Bezeichnungen des Bildes 4.17 können dann die Definitionen (4.8) für die Winkelfunktionen auf beliebige Winkel erweitert werden:

$$\sin \alpha = \overline{QP}, \quad \cos \alpha = \overline{OQ}, \quad \tan \alpha = \overline{AD}, \quad \cot \alpha = \overline{BE}. \tag{4.13}$$

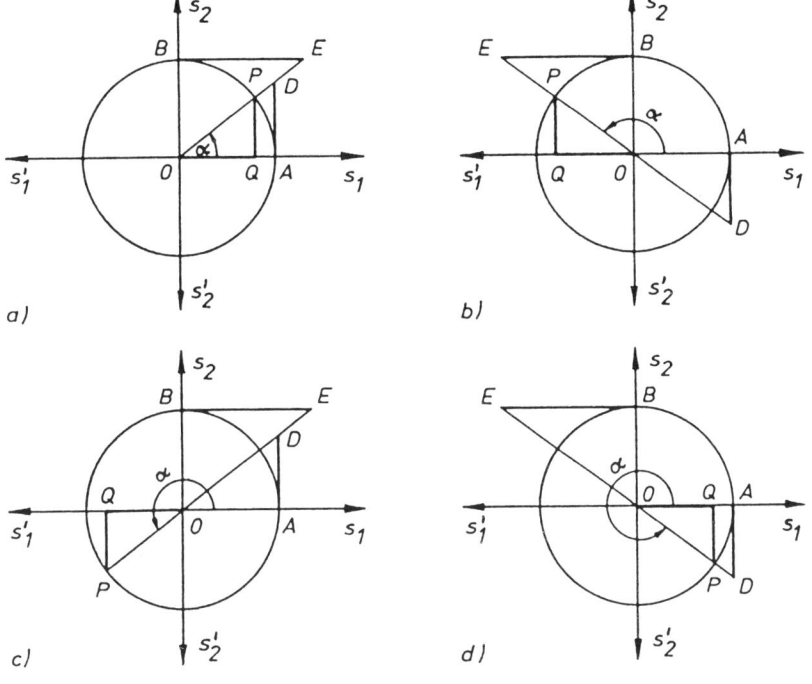

Bild 4.17

Für die Winkel $\alpha$, die im ersten Quadranten liegen (Bild 4.17 a), fallen diese Definitionen mit den am rechtwinkligen Dreieck vorgenommenen zusammen.

Man beachte, daß $\alpha$ im Bogenmaß gleich der Länge des Kreisbogens AP ist, wobei $\alpha$ bei mehrfacher Umdrehung auch größer als $2\pi$ sein kann.

Außerdem folgt aus den Definitionen (4.13), daß die Sinus- und Kosinusfunktion die Periode $2\pi$ (360°), die Tangens- und Kotangensfunktion die Periode $\pi$ (180°) haben. Es gilt also

$$\sin(\alpha + 2\pi) = \sin(\alpha + 360°) = \sin\alpha,$$
$$\cos(\alpha + 2\pi) = \cos(\alpha + 360°) = \cos\alpha,$$
$$\tan(\alpha + \pi) = \tan(\alpha + 180°) = \tan\alpha,$$
$$\cot(\alpha + \pi) = \cot(\alpha + 180°) = \cot\alpha.$$

(4.14)

Allgemein gilt

$$\sin\alpha = \sin(\alpha + 2k\pi) = \sin(\alpha + k \cdot 360°),$$
$$\cos\alpha = \cos(\alpha + 2k\pi) = \cos(\alpha + k \cdot 360°),$$
$$\tan\alpha = \tan(\alpha + k\pi) = \tan(\alpha + k \cdot 180°),$$
$$\cot\alpha = \cot(\alpha + k\pi) = \cot(\alpha + k \cdot 180°)$$

(4.15)

für alle ganzen $k = \ldots, -3, -2, -1, 0, 1, 2, 3, \ldots$.

Tafel 4.1 Vorzeichen der Winkelfunktionen

|  | 1. Quadrant $(0, \frac{\pi}{2})$ | 2. Quadrant $(\frac{\pi}{2}, \pi)$ | 3. Quadrant $(\pi, \frac{3}{2}\pi)$ | 4. Quadrant $(\frac{3}{2}\pi, 2\pi)$ |
|---|---|---|---|---|
| $\sin\alpha$ | + | + | − | − |
| $\cos\alpha$ | + | − | − | + |
| $\tan\alpha$ | + | − | + | − |
| $\cot\alpha$ | + | − | + | − |

Es gelten ferner folgende Beziehungen :

$$\sin(\pi - \alpha) = \sin\alpha, \qquad \cos(\pi - \alpha) = -\cos\alpha,$$
$$\tan(\pi - \alpha) = -\tan\alpha, \qquad \cot(\pi - \alpha) = -\cot\alpha,$$
$$\sin(\pi + \alpha) = -\sin\alpha, \qquad \cos(\pi + \alpha) = -\cos\alpha,$$
$$\sin(-\alpha) = -\sin\alpha, \qquad \cos(-\alpha) = \cos\alpha,$$
$$\tan(-\alpha) = -\tan\alpha, \qquad \cot(-\alpha) = -\cot\alpha.$$

(4.16)

**Beispiel 4.6:** Man ermittle mit dem Taschenrechner die Werte der Winkelfunktionen für $\alpha = 446°$. Da $\alpha$ im Gradmaß angegeben ist, hat man den Umschalter auf "DEG" zu stellen und dann folgende Eingaben zu machen bzw. Tasten zu drücken:

| Tastenfolge | Anzeige | Ergebnis |
|---|---|---|
| 446 sin | 9,9756 − 1 | $\sin 446° = 0,99756$ |
| 446 cos | 6,9756 − 2 | $\cos 446° = 0,069756$ |
| 446 tan | 14,300666 | $\tan 446° = 14,300666$ |
| 446 tan 1/x | 6,9926 − 2 | $\cot 446° = 0,069926$ |

Tafel 4.2  Einige spezielle Werte für Winkelfunktionen

|  | $\sin \alpha$ | $\cos \alpha$ | $\tan \alpha$ | $\cot \alpha$ |
|---|---|---|---|---|
| $0 = 0°$ | $\frac{1}{2}\sqrt{0} = 0$ | $\frac{1}{2}\sqrt{4} = 1$ | $0$ | nicht definiert |
| $\frac{\pi}{6} = 30°$ | $\frac{1}{2}\sqrt{1} = \frac{1}{2}$ | $\frac{1}{2}\sqrt{3}$ | $\frac{1}{3}\sqrt{3}$ | $\sqrt{3}$ |
| $\frac{\pi}{4} = 45°$ | $\frac{1}{2}\sqrt{2}$ | $\frac{1}{2}\sqrt{2}$ | $1$ | $1$ |
| $\frac{\pi}{3} = 60°$ | $\frac{1}{2}\sqrt{3}$ | $\frac{1}{2}\sqrt{1} = \frac{1}{2}$ | $\sqrt{3}$ | $\frac{1}{3}\sqrt{3}$ |
| $\frac{\pi}{2} = 90°$ | $\frac{1}{2}\sqrt{4} = 1$ | $\frac{1}{2}\sqrt{0} = 0$ | nicht definiert | $0$ |

**Beispiel 4.7:** Man löse die Aufgabe des Beispiels 4.6 für $\alpha = 15$ (Bogenmaß).

Man hat den Umschalter zunächst in die Lage "RAD" zu bringen, sonst aber die gleiche Tastenfolge zu wählen (15 anstelle von 446). Man erhält dabei

$$\sin 15 = 0{,}65028, \qquad \cos 15 = -0{,}759688,$$
$$\tan 15 = -0{,}85599, \qquad \cot 15 = -1{,}1682336.$$

**Beispiel 4.8:** In diesem Beispiel soll allgemein und konkret die Frage behandelt werden: Für welchen Winkel $\alpha$ haben die Winkelfunktionen einen vorgegebenen Funktionswert a?

Es geht also um die Lösung der Gleichungen

1. $\sin \alpha = a,$        2. $\cos \alpha = a,$
3. $\tan \alpha = a,$        4. $\cot \alpha = a.$

Dabei haben die Aufgaben 1. und 2. nur einen Sinn, wenn gilt $-1 \leq a \leq 1$, während bei den Aufgaben 3. und 4. a beliebig sein kann.

Eine "Grundlösung" $\alpha_0$ der jeweiligen Aufgabe erhält man mit dem Taschenrechner durch folgende Eingaben bzw. Tastenfolgen (je nachdem, ob man $\alpha_0$ im Gradmaß oder im Bogenmaß erhalten will, hat man den Umschalter auf "DEG" oder "RAD" zu stellen):

1. $\boxed{a}$  $\boxed{F}$  $\boxed{\sin}$        2. $\boxed{a}$  $\boxed{F}$  $\boxed{\cos}$
3. $\boxed{a}$  $\boxed{F}$  $\boxed{\tan}$        4. $\boxed{a}$  $\boxed{1/x}$  $\boxed{F}$  $\boxed{\tan}$

Die Taste F bewirkt hier den Übergang zur inversen Funktion.

Dabei wird die jeweilige Grundlösung $\alpha_0$ im Grad- oder Bogenmaß angezeigt.

Für $a = -0{,}55$ erhält man folgende Grundlösungen:

1. $\alpha_0 = -33{,}367013° = -0{,}58236$,
2. $\alpha_0 = 123{,}36701°\ \ = 2{,}1531606$,
3. $\alpha_0 = -28{,}810793° = -0{,}5028432$,
4. $\alpha_0 = -61{,}189206° = -1{,}0679531$.

In den Fällen 1. und 2. kann wegen (4.16)

1. $\sin \alpha = \sin (180° - \alpha) = \sin (\pi - \alpha)$,
2. $\cos \alpha = \cos(-\alpha)$

noch jeweils die "Nebenlösung"

1. $\beta_0 = 180° - \alpha_0 = \pi - \alpha_0$,
2. $\beta_0 = -\alpha_0$

gewonnen werden.

Für den konkreten Fall $a = -0{,}55$ heißt das

1. $\beta_0 = 213{,}367013° = 2{,}1531563$,
2. $\beta_0 = -123{,}36701° = -2{,}1531606$.

Alle Lösungen $\alpha$ erhält man dann wegen (4.15) in der Form

1. und 2.    $\alpha = \alpha_0 + k \cdot 360° = \alpha_0 + 2k\pi$,
$$\alpha = \beta_0 + k \cdot 360° = \beta_0 + 2k\pi,$$
3. und 4.    $\alpha = \alpha_0 + k \cdot 180° = \alpha_0 + k\pi$.

**Beispiel 4.9:** Es ist $\sin x = \dfrac{1}{2}\sqrt{3}$. Es sind $\cos x$, $\tan x$, $\cot x$ zu berechnen.

$$\cos x = \pm\sqrt{1 - \sin^2 x} = \pm\sqrt{1 - \frac{3}{4}} = \pm\sqrt{\frac{1}{4}} = \pm\frac{1}{2}\,,$$

$$\tan x = \frac{\sin x}{\cos x} = \frac{\frac{1}{2}\sqrt{3}}{\pm\frac{1}{2}} = \pm\sqrt{3}\,,$$

$$\cot x = \frac{1}{\tan x} = \frac{1}{\pm\sqrt{3}} = \pm\frac{\sqrt{3}}{3}\,.$$

**Beispiel 4.10:** Wie groß sind die im Beispiel 4.4 angegebenen Kräfte $F_H$ und $F_N$, wenn das Gewicht des sich auf der schiefen Ebene befindlichen Körpers 700 N und der Neigungswinkel $\beta$ der schiefen Ebene 28° beträgt?

$$\sin \beta = \frac{F_H}{G}\,, \qquad F_H = G \cdot \sin \beta = 700\ \text{N} \cdot \sin 28°$$

$$= 700 \text{ N} \cdot 0,4695 = 328,65 \text{ N}.$$

$$\cos \beta = \frac{F_N}{G}, \quad F_N = G \cdot \cos \beta = 700 \text{ N} \cdot \cos 28°$$

$$= 700 \text{ N} \cdot 0,8829 = 618,03 \text{ N}.$$

## 4.4    Sinus- und Kosinussatz

Diese beiden Sätze ermöglichen es, Berechnungen im allgemeinen Dreieck durchzuführen.

1. *Sinussatz*

Mit den Bezeichnungen des Bildes 4.18 ist

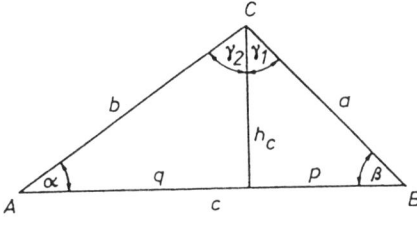

Bild 4.18

$$\sin \alpha = \frac{h_c}{b}, \quad \sin \beta = \frac{h_c}{a} \quad \text{und daher}$$

$$\frac{\sin \alpha}{\sin \beta} = \frac{a}{b} \quad \text{bzw.} \quad \frac{a}{\sin \alpha} = \frac{b}{\sin \beta}.$$

Es läßt sich in analoger Weise zeigen, daß allgemein gilt

$$\frac{a}{\sin \alpha} = \frac{b}{\sin \beta} = \frac{c}{\sin \gamma}. \tag{4.17}$$

Der Sinussatz kann angewandt werden, wenn

- zwei Seiten und der der größeren Seite gegenüberliegende Winkel (SSW) oder
- eine Seite und die beiden anliegenden Winkel (WSW)

eines Dreiecks gegeben sind.

2. *Kosinussatz*

Aus Bild 4.18 folgt

$$h_c^2 = b^2 - q^2$$

$$\underline{h_c^2 = a^2 - p^2}$$

$$a^2 = b^2 + p^2 - q^2, \quad p = c - q,$$
$$a^2 = b^2 + (c - q)^2 - q^2,$$
$$a^2 = b^2 + c^2 - 2cq + q^2 - q^2, \quad q = b \cos \alpha,$$

also $\quad a^2 = b^2 + c^2 - 2bc \cos \alpha.$ \qquad Allgemein kann man zeigen:

$$\begin{array}{l} a^2 = b^2 + c^2 - 2bc \cos \alpha, \\ b^2 = a^2 + c^2 - 2ac \cos \beta, \\ c^2 = a^2 + b^2 - 2ab \cos \gamma. \end{array} \qquad (4.18)$$

Der Kosinussatz kann angewandt werden, wenn

- die drei Seiten (SSS) oder
- zwei Seiten und der von ihnen eingeschlossene Winkel (SWS)

eines Dreiecks gegeben sind.

**Beispiel 4.11:** Wie lassen sich die Resultierende R zweier Kräfte $F_1$ und $F_2$ sowie der Winkel, den R mit der horizontalgerichteten Kraft $F_1$ bildet, berechnen? Außer $F_1$ und $F_2$ sei auch der von den beiden Kräften eingeschlossene Winkel bekannt.

Zur Erläuterung der Aufgabenstellung dient Bild 4.19, aus dem auch die eingeführten Bezeichnungen ersichtlich sind.

Danach sind im $\Delta$ ABC $F_1 = c$, $F_2 = a$ und $\beta = 180° - \beta'$ bekannte, $R = b$ und $\alpha$ gesuchte Größen.

Nach dem Kosinussatz (4.18) ist

$$b^2 = a^2 + c^2 - 2ac \cos\beta \quad \text{bzw.}$$
$$R^2 = F_2^2 + F_1^2 - 2F_1F_2 \cos(180° - \beta')$$

und nach dem Sinussatz (4.17)

$$\frac{\sin\alpha}{\sin\beta} = \frac{a}{b} \quad \text{bzw.}$$

$$\sin\alpha = \frac{F_2}{R} \sin\beta,$$

woraus sich $\alpha$ bestimmen läßt.

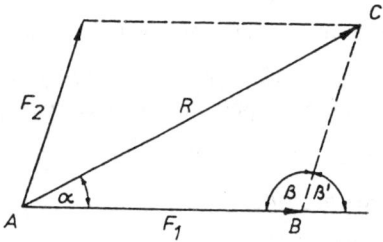

Bild 4.19

# 4.5    Trigonometrische Formeln

Für die Umrechnung von Winkelfunktionen gibt es außer den bereits angegebenen Formeln noch eine Anzahl von Beziehungen (*Additionstheoreme*), von denen hier nur einige angegeben werden sollen.
In entsprechenden Formelsammlungen findet man weitere.

$$\sin (x \pm y) = \sin x \cdot \cos y \pm \cos x \cdot \sin y, \tag{4.19}$$

$$\cos (x \pm y) = \cos x \cdot \cos y \mp \sin x \cdot \sin y, \tag{4.20}$$

$$\sin 2x = 2 \sin x \cdot \cos x, \qquad \cos 2x = \cos^2 x - \sin^2 x, \tag{4.21}$$

$$\tan(x \pm y) = \frac{\tan x \pm \tan y}{1 \mp \tan x \cdot \tan y}, \tag{4.22}$$

$$\sin x + \sin y = 2 \sin \frac{x+y}{2} \cdot \cos \frac{x-y}{2}, \tag{4.23}$$

$$\sin x - \sin y = 2 \cos \frac{x+y}{2} \cdot \sin \frac{x-y}{2},$$

$$\cos x + \cos y = 2 \cos \frac{x+y}{2} \cdot \cos \frac{x-y}{2}, \tag{4.24}$$

$$\cos x - \cos y = -2 \sin \frac{x+y}{2} \cdot \sin \frac{x-y}{2}.$$

Der Nachweis dieser Beziehungen ist eine empfehlenswerte Übung. Hier soll nur gezeigt werden, daß gilt

**Beispiel 4.12:** $\cos (x + y) = \cos x \cdot \cos y - \sin x \cdot \sin y$.

Wir gehen aus von Bild 4.18 und setzen $\gamma_1 = x$, $\gamma_2 = y$, so daß $\gamma = x + y$.

Nach dem Kosinussatz ist

$$2ab \cos \gamma = a^2 + b^2 - c^2, \qquad a^2 = p^2 + h_c^2, \qquad b^2 = q^2 + h_c^2, \qquad c^2 = (q + p)^2,$$
$$= p^2 + h_c^2 + q^2 + h_c^2 - (q + p)^2,$$
$$= p^2 + h_c^2 + q^2 + h_c^2 - q^2 - 2qp - p^2.$$

Aus $2ab \cos \gamma = 2 h_c^2 - 2qp$ folgt

$$\cos \gamma = \frac{h_c^2}{ab} - \frac{qp}{ab} = \frac{h_c}{a} \cdot \frac{h_c}{b} - \frac{q}{b} \cdot \frac{p}{a},$$
$$\cos \gamma = \cos \gamma_1 \cdot \cos \gamma_2 - \sin \gamma_1 \cdot \sin \gamma_2,$$
$$\cos (x + y) = \cos x \cdot \cos y - \sin x \cdot \sin y,$$

was zu beweisen war.

**Beispiel 4.13:** Es sind folgende Ausdrücke zu vereinfachen:

a) $y = \sin(\alpha - \frac{\pi}{4}) + \sin(\alpha + \frac{\pi}{4})$

Nach (4.23) ist die rechte Seite dieser Gleichung gleichwertig mit

$$2 \sin \frac{\alpha - \frac{\pi}{4} + \alpha + \frac{\pi}{4}}{2} \cdot \cos \frac{\alpha - \frac{\pi}{4} - \alpha - \frac{\pi}{4}}{2} = 2 \sin \alpha \cos(-\frac{\pi}{4}) = 2 \sin \alpha \cos \frac{\pi}{4} ,$$

woraus $y = \sqrt{2} \sin \alpha$ folgt.

b) $y = \cos(\frac{3}{2} x + \pi)$

Nach (4.20) gilt $\cos(\frac{3}{2} x + \pi) = \cos \frac{3}{2} x \cdot \cos \pi - \sin \frac{3}{2} x \cdot \sin \pi$.

Da $\cos \pi = -1$, $\sin \pi = 0$ ist, erhält man $y = \cos(\frac{3}{2} x + \pi) = -\cos \frac{3}{2} x$.

Zu diesem Ergebnis gelangt man auch bei Anwendung von (4.16), wonach $\cos (\pi + \alpha) = -\cos \alpha$ ist.

**Beispiel 4.14:** Es ist die Gültigkeit der Gleichung $\sin \frac{\alpha}{2} = \sqrt{\frac{1 - \cos \alpha}{2}}$, $0 \le \alpha \le 2\pi$, zu beweisen.

Es ist $1 = \cos^2 \frac{\alpha}{2} + \sin^2 \frac{\alpha}{2}$ und $\cos \alpha = \cos^2 \frac{\alpha}{2} - \sin^2 \frac{\alpha}{2}$ und somit

$$\sqrt{\frac{1 - \cos \alpha}{2}} = \sqrt{\frac{\cos^2 \frac{\alpha}{2} + \sin^2 \frac{\alpha}{2} - (\cos^2 \frac{\alpha}{2} - \sin^2 \frac{\alpha}{2})}{2}}$$

$$= \sqrt{\frac{2 \sin^2 \frac{\alpha}{2}}{2}} = |\sin \frac{\alpha}{2}| = \sin \frac{\alpha}{2} \text{ (wegen } 0 \le \alpha \le 2\pi).$$

# 4.6    Übungsaufgaben

1.    Elementargeometrie

1.1.    Folgende Winkel sind im Bogenmaß bzw. Gradmaß (dezimale und sexagesimale Teilung) anzugeben:

| | | | |
|---|---|---|---|
| 1.1.1. a) $15°$ | b) $225°$ | c) $105°$ | d) $277,5°$ |
| 1.1.2. a) $\frac{\pi}{8}$ | b) $\frac{\pi}{12}$ | c) $2\pi + \frac{\pi}{2}$ | d) $\pi - \frac{\pi}{3}$ |
| 1.1.3. a) $4,24°$ | b) $70,9°$ | c) $31° \ 17' \ 20''$ | d) $228,1923°$ |
| 1.1.4. a) $5,19$ | b) $0,22$ | c) $2,31$ | d) $1$ |

1.2.   Gegeben ist ein Dreieck mit a = 4,5 cm, b = 12,2 cm und c = 11,7 cm. Konstruieren Sie dieses Dreieck! Zeichnen Sie die Seitenhalbierenden, die Mittelsenkrechten, die Winkelhalbierenden und die Höhen sowie den In- und Umkreis!

1.3.   Konstruieren Sie die folgenden Dreiecke!

   a) a = 11,7 cm,      b = 9,2 cm,      $\gamma = 43,5°$
   b) c = 16,1 cm,      $\alpha = 84,6°$,      $\beta = 51,9°$

   Begründen Sie, weshalb beide Dreiecke ähnlich sind!

1.4.   Einem gleichschenkligen, rechtwinkligen Dreieck ABC ist ein gleichseitiges Dreieck A'B'C' so einbeschrieben, daß $\overline{A'B'} \parallel \overline{AB}$ verläuft und C' auf $\overline{AB}$ liegt (siehe Bild 4.20). Geben Sie $\overline{A'B'} = \overline{A'C'} = \overline{B'C'}$ durch $\overline{AC} = \overline{BC}$ an!

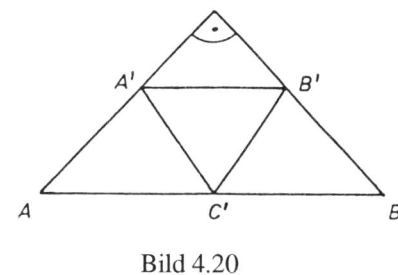

Bild 4.20

1.5.   Einem rechtwinkligen Dreieck ist in der aus Bild 4.21 ersichtlichen Weise ein Quadrat einbeschrieben. Berechnen Sie die Seite des Quadrates aus den
   a) Katheten,
   b) Hypotenusenabschnitten!

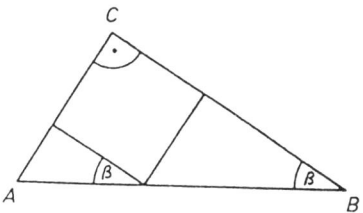

Bild 4.21

2.   Bestimmen von Werten mittels Taschenrechners

2.1.   Ermitteln Sie die Funktionswerte der Winkelfunktionen folgender Winkel:

   a) $\alpha = 47° 15'$,      b) $\alpha = -390°$,      c) $\alpha = 7,784$,      d) $\alpha = 13,195$.

2.2.   Bestimmen Sie die Winkel $\alpha$ aus $\sin \alpha = a$, $\cos \alpha = a$, $\tan \alpha = a$, $\cot \alpha = a$ für

   a) a = 0,8290,      b) a = -0,2907,   c) a = -2,145,      d) a = 0,8660.

3.   Berechnungen am rechtwinkligen Dreieck

3.1.   Von einem rechtwinkligen Dreieck ($\gamma = 90°$) seien bekannt:

   a) a = 3 cm, b = 4 cm      b) a = 5 cm, c = 12 cm

   Welche Werte haben $\sin \alpha$, $\cos \alpha$, $\tan \alpha$, und $\cot \alpha$?

3.2. Bestimmen Sie die nicht angegebenen Winkel und Seiten der rechtwinkligen Dreiecke ($\gamma = 90°$), von denen die folgenden Größen bekannt sind:

   a) a = 50 cm        b) a = 40 cm        c) b = 70 cm        d) c = 65 cm
      b = 78,1 cm         $\alpha$ = 43° 36'      $\alpha$ = 18° 55'      $\beta$ = 59° 29'

3.3. Berechnen Sie $h_c$ , A sowie die restlichen Seiten und Winkel der durch folgende Angaben bestimmten gleichschenkligen Dreiecke (a = b, $\alpha$ = $\beta$):

   a) a = 66 cm        b) c = 22,4 cm      c) a = 38,9 cm      d) c = 30,3 cm
      c = 130 cm          $\alpha$ = 47,8°        $\gamma$ = 33,3°        $\gamma$ = 48,2°

3.4. Lösen von Sachaufgaben

   a) Die Abfluggeschwindigkeit eines unter 45° zur Horizontalen geworfenen Körpers betrage $20\frac{m}{s}$. Berechnen Sie die horizontale und vertikale Geschwindigkeitskomponente!

   b) Wie groß ist die Resultierende zweier senkrecht aufeinander stehender Kräfte von 200 N und 150 N? Welche Winkel bildet die Resultierende mit den Komponenten?

   c) Wie hoch ist ein Baum, dessen Spitze von einer 27 m entfernt stehenden Person mit einer Augenhöhe von 1,60 m unter einem Winkel von 25° zur Horizontalen anvisiert wird?

   d) Bei einer geraden Pyramide mit einer quadratischen Grundfläche von $100\ cm^2$ beträgt die Seitenkante 13 cm. Welche Höhe hat die Pyramide? Wie groß ist der Winkel, den eine Seitenfläche mit der Grundfläche bildet?

4.   Berechnungen am beliebigen Dreieck

4.1. Berechnen Sie die übrigen Seiten und Winkel der Dreiecke, die durch folgende Größen bestimmt sind:

   a) a = 179 m        b) c = 107,6 m      c) a = 205,4 m      d) a = 135,8 m
      b = 208,3 m         $\alpha$ = 70,4°        b = 252,8 m         b = 191 m
      $\beta$ = 106°          $\beta$ = 30,3°         $\gamma$ = 47,5°        c = 73,9 m

## 4.2. Lösen von Sachaufgaben

a) Zwischen den in gleicher Höhe liegenden Punkten A und B wird ein Drahtseil gespannt, an dem ein Körper mit dem Gewicht G = 3250 N befestigt ist. Welche Zugkräfte treten in den beiden Seilsträngen auf, wenn $\alpha = 28°$, $\beta = 41°$ ist (siehe Bild 4.22)?

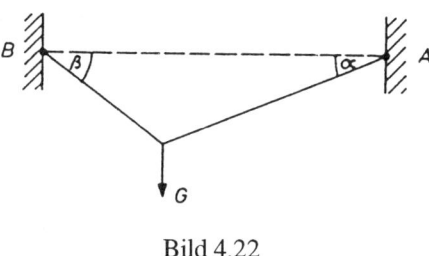

Bild 4.22

b) Drei Kräfte mit den Beträgen $F_1 = 167,5$ N, $F_2 = 112$ N und $F_3 = 157$ N bilden ein Dreieck. Wie groß sind die von den Seiten des entsprechenden Dreiecks eingeschlossenen Winkel?

c) Wie groß ist die Entfernung der Punkte A und B, zwischen denen ein Gebäude die gegenseitige Sicht versperrt, wenn $\overline{BC} = 75,25$ m, $\overline{AC} = 51,75$ m und $\sphericalangle$ BCA = 71° 15' 45" ist (siehe Bild 4.23)?

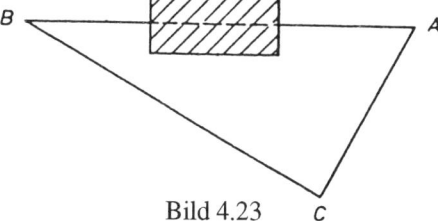

Bild 4.23

d) Zwischen zwei Eishockeyspielern $S_1$ und $S_2$ steht ein gegnerischer Spieler G, so daß $S_1$ den Puck über die Bande zu $S_2$ spielt (siehe Bild 4.24). Wie groß ist die Entfernung der beiden Spieler $S_1$ und $S_2$, wenn ihr Abstand von der Bande $a_1 = 2,5$ m bzw. $a_2 = 6,5$ m ist und der Puck unter einem Winkel von $\alpha = 42°$ an der Bande auftrifft?

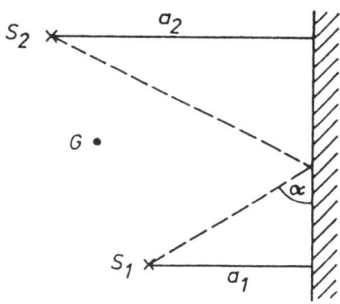

Bild 4.24

5.      Anwendung trigonometrischer Formeln

5.1.    Berechnen Sie jeweils die drei anderen Funktionswerte ohne Verwendung der Tafel oder des Taschenrechners, wenn gegeben ist $(0 < \alpha < 2\pi)$:

   a) $\sin \alpha = \frac{1}{2}\sqrt{2}$      b) $\cos \alpha = \frac{4}{5}$      c) $\tan \alpha = \sqrt{3}$      d) $\cot \alpha = -\sqrt{3}$

5.2.    Beweisen Sie folgende Gleichungen!

5.2.1. a) $1 + \tan^2 \alpha = \dfrac{1}{\cos^2 \alpha}$          b) $1 + \cot^2 \alpha = \dfrac{1}{\sin^2 \alpha}$

   c) $\cos \alpha \cdot \sqrt{1 + \tan^2 \alpha} = 1$          d) $1 + 2 \cos \alpha = 4 \cos^2 \dfrac{\alpha}{2} - 1$

5.2.2. a) $\sin \dfrac{\alpha}{2} = \sqrt{\dfrac{1 - \cos\alpha}{2}}$          b) $\cos \dfrac{\alpha}{2} = \sqrt{\dfrac{1 + \cos\alpha}{2}}$

   c) $\tan \dfrac{\alpha}{2} = \dfrac{1 - \cos\alpha}{\sin\alpha}$          d) $\cot \dfrac{\alpha}{2} = \dfrac{1 + \cos\alpha}{\sin\alpha}$

5.2.3. a) $\sin 3\alpha = 3 \sin \alpha - 4 \sin^3 \alpha$          b) $\cos 3\alpha = 4 \cos^3 \alpha - 3 \cos \alpha$

   c) $\tan 3\alpha = \dfrac{3 \tan\alpha - \tan^3 \alpha}{1 - 3 \tan^2 \alpha}$          d) $\cot 3\alpha = \dfrac{\cot^3 \alpha - 3 \cot\alpha}{3 \cot^2 \alpha - 1}$

5.2.4. a) $\cos 2\alpha = \cos^4 \alpha - \sin^4 \alpha$          b) $\cos 2\alpha = \cos^2 \alpha - 4 \sin^2\dfrac{\alpha}{2} \cos^2\dfrac{\alpha}{2}$

   c) $\cos 2\alpha = 1 - 8 \sin^2\dfrac{\alpha}{2} \cos^2\dfrac{\alpha}{2}$          d) $\cos 2\alpha = \dfrac{1 - \tan^2 \alpha}{1 + \tan^2 \alpha}$

5.2.5. a) $\sin \alpha \cdot \cos \alpha \cdot \cos 2\alpha = \dfrac{1}{4} \sin 4\alpha$

   b) $\dfrac{\cos 2\alpha}{\sin\alpha - \cos\alpha} = -(\cos \alpha + \sin \alpha)$

   c) $\sin \alpha + \sin (\alpha + \dfrac{2\pi}{3}) + \sin (\alpha + \dfrac{4\pi}{3}) = 0$

   d) $\sin^2 (3\pi - \alpha) + \sin^2 (6{,}5\pi + \alpha) = 1$

# 5 Komplexe Zahlen

Im Abschnitt 1 hatten wir das Zahlensystem bis zur Menge **R** der reellen Zahlen aufgebaut. Mit den reellen Zahlen war nicht nur das Zählen, sondern auch das Messen uneingeschränkt durchführbar.

Trotzdem erscheint, u. a. bei der Behandlung algebraischer Gleichungen (Gleichungen n-ten Grades),

$$x^n + a_{n-1} x^{n-1} + \dots + a_1 x + a_0 = 0,$$

eine Erweiterung des Zahlenbereiches als wünschenswert (vgl. Abschnitt 12).

Schon die sehr einfache quadratische Gleichung

$$x^2 + 1 = 0 \quad \text{bzw.} \quad x^2 = -1 \tag{5.1}$$

hat keine reelle Lösung (keine "reale" Lösung), denn keine reelle Zahl kann quadriert negativ sein. Formal könnte man als "Lösungen" von (5.1) jedoch schreiben

$$x_1 = \sqrt{-1} \ , \quad x_2 = -\sqrt{-1} \ . \tag{5.2}$$

Für $\sqrt{-1}$, was zunächst keine reale Bedeutung hat, wählt man das "Symbol" $i = \sqrt{-1}$, wobei gilt $i^2 = -1$.

$$x_1 = i, \quad x_2 = -i \quad \text{bzw.} \quad x_{1;\,2} = \pm i \tag{5.3}$$

mit

$$i^2 = -1 \tag{5.4}$$

"löst" also (5.1), denn es gilt

$$x_1^2 = i^2 = -1, \quad x_2^2 = (-i)^2 = i^2 = -1.$$

Weil i keine reale Bedeutung hat, nennt man dieses Symbol *imaginäre Einheit*.

Die Gleichung

$$x^2 + a = 0 \quad \text{bzw.} \quad x^2 = -a, \quad a > 0, \tag{5.5}$$

kann man nun in folgender Weise formal lösen:

$$x_1 = \ \sqrt{-a} = \ \sqrt{a} \cdot \sqrt{-1} = \ \sqrt{a} \cdot i, \tag{5.6}$$

$$x_2 = -\sqrt{-a} = -\sqrt{a} \cdot \sqrt{-1} = -\sqrt{a} \cdot i \ .$$

Hier gilt wegen (5.4)

$$x_1^2 = a\, i^2 = -a, \quad x_2^2 = (-\sqrt{a})^2\, i^2 = -a. \tag{5.7}$$

Man verallgemeinert nun den Begriff der imaginären Einheit:

> $z = bi$, b beliebig reell, $i^2 = -1$,                          (5.8)
> heißt *imaginäre Zahl*.

Die imaginäre Einheit $z = i$ ist dann eine spezielle imaginäre Zahl (b = 1).
Zur Lösung einer allgemeinen quadratischen Gleichung

$$x^2 + px + q = 0, \quad p, q \text{ reell}, \tag{5.9}$$

geht man folgendermaßen vor (quadratische Ergänzung):

$$\left(x + \frac{p}{2}\right)^2 = x^2 + px + \frac{p^2}{4},$$

also gilt

$$x^2 + px + q = \left(x + \frac{p}{2}\right)^2 + \left(q - \frac{p^2}{4}\right) = 0, \tag{5.10}$$

$$\left(x + \frac{p}{2}\right)^2 = \frac{p^2}{4} - q \tag{5.11}$$

und, wenn man formal weiterrechnet,

$$\left(x + \frac{p}{2}\right)_{1;\,2} = \pm\sqrt{\frac{p^2}{4} - q} \quad,$$

also

$$x_{1;\,2} = -\frac{p}{2} \pm \sqrt{\frac{p^2}{4} - q}. \tag{5.12}$$

Für $p^2 = 4q$ erhält man die reelle "Doppellösung" $x_1 = x_2 = -\frac{p}{2}$; ist $p^2 > 4q$, so liefert (5.12) zwei verschiedene reelle Lösungen.

Ist aber $p^2 < 4q$, so existiert keine reelle Lösung.

Mit Hilfe der imaginären Zahlen kann man jedoch schreiben

$$\sqrt{\frac{p^2}{4} - q} = \sqrt{\left(q - \frac{p^2}{4}\right)(-1)} = \sqrt{q - \frac{p^2}{4}} \cdot i.$$

Setzt man nun

$$-\frac{p}{2} = a \text{ (reell) und } \sqrt{q - \frac{p^2}{4}} = b \text{ (reell)},$$

so erhält man zwei "Lösungen" in der Form

$x_{1;2} = a \pm bi$,  a, b reell.

Zahlen dieser Form nennt man *komplexe Zahlen.*

$z = a + bi$,  a, b beliebig reell,  $i^2 = -1$  (5.13)
heißt *komplexe Zahl* ( die Menge der komplexen Zahlen wird mit **C** bezeichnet).

$\bar{z} = a - bi$  (5.14)
heißt die zu z *konjugiert komplexe* Zahl,

$|z| = \sqrt{a^2 + b^2}$  (5.15)
ihr *Absolutbetrag* (oder einfach Betrag),

$a = \mathrm{Re}\,(z)$  bzw.  $b = \mathrm{Im}\,(z)$  (5.16)
ihr *Realteil* bzw. *Imaginärteil.*

Zwei komplexe Zahlen heißen gleich, wenn sie in Realteil und Imaginärteil übereinstimmen:
$a_1 + b_1 i = a_2 + b_2 i \Leftrightarrow a_1 = a_2,\ b_1 = b_2.$

Man kann komplexe Zahlen in der Ebene gemäß Bild 5.1 veranschaulichen (Gaußsche Zahlenebene).

Man rechnet mit komplexen Zahlen wie mit reellen Zahlen und beachtet $i^2 = -1$.

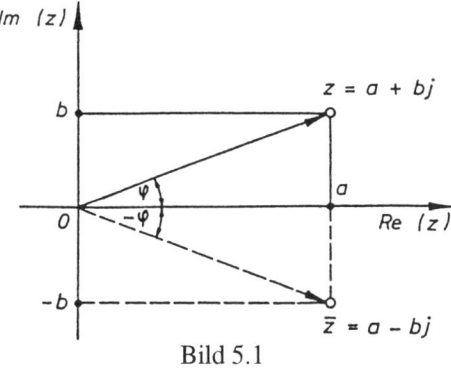

Bild 5.1

# 5.1  Summe und Differenz

$z_1 \pm z_2 = (a_1 + b_1\,i) \pm (a_2 + b_2\,i)$  (5.17)
$\qquad\quad = (a_1 \pm a_2) + (b_1 \pm b_2)\,i$

**Beispiel 5.1:** Gegeben sei $z_1 = 2 - 3i$, $z_2 = 3 + 2i$.
Es ist $z_1 + z_2 = 5 - i$, $z_1 - z_2 = -1 - 5i$.  Weiter gilt:
$\bar{z}_1 = 2 + 3i$, $\bar{z}_2 = 3 - 2i$,

$|z_1| = \sqrt{2^2 + 3^2} = \sqrt{13}$,  $|z_2| = \sqrt{13}$ ,

$-z_1 = -2 + 3i$,  $-z_2 = -3 - 2i$.

Die Addition (entsprechend auch die Subtraktion durch Addition von $(-z_2)$ )) kann gemäß Bild 5.2 (bzw. 5.3) auch graphisch durchgeführt werden.

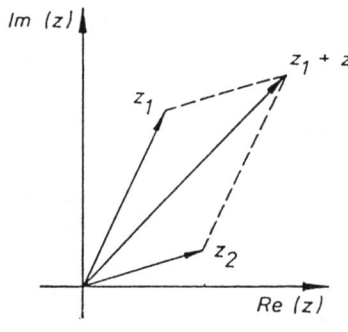

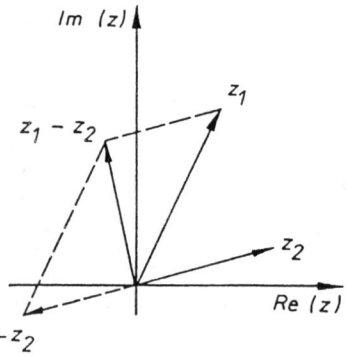

Bild 5.2                          Bild 5.3

Es gilt wegen der Seitenverhältnisse am Dreieck:

$$\big|\,|z_1| - |z_2|\,\big| \leq |z_1 + z_2| \leq |z_1| + |z_2|.$$  (5.18)

Ferner gilt

$$\overline{z_1 \pm z_2} = \overline{z}_1 \pm \overline{z}_2 .$$  (5.19)

## 5.2    Produkt

Man erhält nach den üblichen Klammerregeln

$$(a_1 + b_1 i)\,(a_2 + b_2 i) = a_1\,a_2 + a_1\,b_2 i + b_1\,a_2 i + b_1\,b_2\,i^2$$
$$= a_1\,a_2 + a_1\,b_2 i + a_2\,b_1 i + b_1\,b_2\,(-1).$$

Es gilt also:

$$(a_1 + b_1\,i)\,(a_2 + b_2\,i) = (a_1\,a_2 - b_1\,b_2) + (a_1\,b_2 + a_2\,b_1)\,i.$$  (5.20)

Man überprüft leicht:

$$\overline{z_1 \cdot z_2} = \overline{z}_1 \cdot \overline{z}_2 , \quad |z_1 \cdot z_2| = |z_1| \cdot |z_2|.$$  (5.21)

**Beispiel 5.2:** Für $z_1$ und $z_2$ gemäß Beispiel 5.1 erhält man

$$z_1 \cdot z_2 = [2 \cdot 3 - (-3) \cdot 2] + [2 \cdot 2 + (-3) \cdot 3]\,i = 12 - 5i ,$$
$$\overline{z}_1 \cdot \overline{z}_2 = (2 + 3i)\,(3 - 2i) = (6 + 6) + (-4 + 9)\,i = 12 + 5i = \overline{z_1 \cdot z_2} .$$

Wegen

$$z \cdot \overline{z} = (a + bi)\,(a - bi) = a^2 + b^2 + (-ab + ab)i = a^2 + b^2$$

und (5.15) gilt

$$z \cdot \bar{z} = |z|^2 \,. \tag{5.22}$$

## 5.3    Quotient

Um den Quotienten

$$z_1 : z_2 = (a_1 + b_1 i) : (a_2 + b_2 i) = \frac{z_1}{z_2} = \frac{a_1 + b_1 i}{a_2 + b_2 i}$$

auf die "Normalform" (5.13) $z = a + bi$ zu bringen, wendet man einen auf (5.22) beruhenden "Trick" an (Reellmachen des Nenners): Man erweitert den Quotienten mit dem konjugiert komplexen Nenner $\bar{z}_2 = a_2 - b_2 i$ :

$$\frac{z_1}{z_2} = \frac{z_1 \cdot \bar{z}_2}{z_2 \cdot \bar{z}_2} = \frac{(a_1 + b_1 i)(a_2 - b_2 i)}{(a_2 + b_2 i)(a_2 - b_2 i)} = \frac{(a_1 a_2 + b_1 b_2) + (a_2 b_1 - a_1 b_2)i}{a_2^2 + b_2^2} \,.$$

$$\boxed{z_1 : z_2 = \frac{z_1}{z_2} = \frac{a_1 + b_1 i}{a_2 + b_2 i} = \frac{a_1 a_2 + b_1 b_2}{a_2^2 + b_2^2} + \frac{a_2 b_1 - a_1 b_2}{a_2^2 + b_2^2} \, i \,.} \tag{5.23}$$

Es gilt:

$$\left| \frac{z_1}{z_2} \right| = \frac{|z_1|}{|z_2|}, \quad \overline{\left( \frac{z_1}{z_2} \right)} = \frac{\bar{z}_1}{\bar{z}_2} \,. \tag{5.24}$$

**Beispiel 5.3:** Beweis des zweiten Teils von (5.24):

$$\frac{\bar{z}_1}{\bar{z}_2} = \frac{\bar{z}_1 \cdot z_2}{\bar{z}_2 \cdot z_2} = \frac{(a_1 - b_1 i)\,(a_2 + b_2 i)}{(a_2 - b_2 i)\,(a_2 + b_2 i)} = \frac{(a_1 a_2 + b_1 b_2) + (a_1 b_2 - a_2 b_1)i}{a_2^2 + b_2^2}$$

$$= \frac{a_1 a_2 + b_1 b_2}{a_2^2 + b_2^2} - \frac{a_2 b_1 - a_1 b_2}{a_2^2 + b_2^2} \, i \,= \overline{\left( \frac{z_1}{z_2} \right)} \,.$$

**Beispiel 5.4:** Für $z_1$ und $z_2$ gemäß Beispiel 5.1 erhält man:

$$z_1 : z_2 = \frac{z_1}{z_2} = \frac{2 - 3i}{3 + 2i} = \frac{(2 - 3i)(3 - 2i)}{(3 + 2i)(3 - 2i)} = \frac{(6 - 6) - (4 + 9)i}{3^2 + 2^2} = -\frac{13}{13} i = -i.$$

## 5.4    Übungsaufgaben

1.    Betrag und Darstellung

1.1.    Stellen Sie die folgenden, in arithmetischer Form gegebenen komplexen Zahlen in der Gaußschen Zahlenebene dar! Berechnen Sie die Beträge dieser Zahlen!

a) $z = 1 - i$         b) $z = \sqrt{2} + \sqrt{2}\,i$

c) $z = 2(1 - \sqrt{3}\,i)$          d) $z = -1 - i$

1.2. Geben Sie die Lage folgender komplexer Zahlen in der Gaußschen Zahlenebene an, für die gilt:

a) $|z| = \sqrt{2}$     b) $|z| < \sqrt{2}$   c) $|z| > \sqrt{2}$     d) $|z| = r$

2.    Addition und Subtraktion

2.1. Ermitteln Sie rechnerisch und zeichnerisch:
a) $(1 + 2i) + (2 + i)$          b) $(-2 + i) + (1 - 2i)$
c) $(1 - 2i) + (1 + 2i)$          d) $(-1 - 2i) + (2 - i)$

2.2. Ermitteln Sie rechnerisch und zeichnerisch:
a) $(2 + 5i) - 3i$          b) $(3 + 2i) - (5 + 2i)$
c) $(1 + 2i) - (1 - 2i)$          d) $i - (1 - 2i)$

3.    Multiplikation und Division

Bei den folgenden Aufgaben sind a, b, c, d, x, y reelle Zahlen.

3.1. Berechnen Sie:
a) $(2 + \sqrt{3}\,i) \cdot (3 - \sqrt{2}\,i)$          b) $(3 + 2\sqrt{2}\,i) \cdot (3 - 2\sqrt{2}\,i)$
c) $(1 + \sqrt{5}\,i) \cdot (1 - \sqrt{5}\,i) \cdot (3 - 12i))$     d) $\sqrt{3 + \sqrt{7}}\,i \cdot \sqrt{3 - \sqrt{7}}\,i$

3.2. Berechnen Sie:
a) $(x + y\,i)(2x + yi)$          b) $(\sqrt{x} + \sqrt{y}\,i)(\sqrt{x} - \sqrt{y}\,i)$
c) $\left(\dfrac{2}{3}a - 3bi\right) \cdot \left(\dfrac{4}{3}a + 5bi\right)$          d) $(c - \sqrt{d}\,i)(-c - 2\sqrt{d}\,i)$

3.3. Machen Sie die Nenner der folgenden Brüche reell!
(a, b sind reell)

3.3.1.a) $\dfrac{\sqrt{3} - \sqrt{2}\,i}{\sqrt{3} + \sqrt{2}\,i}$          b) $\dfrac{1 - 20\sqrt{5}\,i}{7 - 2\sqrt{5}\,i}$

c) $\dfrac{56 + 33i}{12 - 5i}$          d) $\dfrac{63 + 16i}{4 + 3i}$

3.3.2.a) $\dfrac{5i}{\sqrt{2} - \sqrt{3}\,i}$          b) $\dfrac{3 - 27\sqrt{5}\,i}{7 - 3\sqrt{5}\,i}$

c) $\dfrac{i - \sqrt{3}}{\sqrt{3}\,i - 2}$          d) $\dfrac{i}{8 - i}(i + 1)$

3.3.3.a) $\dfrac{3a + 4bi}{4a - 3bi} + \dfrac{4a - 3bi}{4a + 3bi}$          b) $\dfrac{\sqrt{a} + \sqrt{b}\,i}{\sqrt{a} - \sqrt{b}\,i} - \dfrac{\sqrt{b} + \sqrt{a}\,i}{\sqrt{b} - \sqrt{a}\,i}$

c) $\dfrac{\sqrt{1+a}+\sqrt{1-a}\,i}{\sqrt{1+a}-\sqrt{1-a}\,i}-\dfrac{\sqrt{1-a}+\sqrt{1+a}\,i}{\sqrt{1-a}-\sqrt{1+a}\,i}$

d) $(5-i)(6-i)+\dfrac{5-i}{6-i}$

4.  Zusammengesetzte Aufgaben

Gegeben sind die komplexen Zahlen

$$z_1 = \frac{1}{2}\sqrt{3}-\frac{i}{2} \quad\text{und}\quad z_2 = -\frac{1}{4}-\sqrt{3}\,\frac{i}{4}.$$

Berechnen Sie:

4.1.  a) $z_1 + z_2$          b) $z_1 - z_2$          c) $z_1 \cdot z_2$          d) $\dfrac{z_1}{z_2}$

4.2.  a) $|z_1|$          b) $|z_2|$          c) $\overline{z_1}\cdot\overline{z_2}$          d) $\dfrac{\overline{z_1}}{\overline{z_2}}$

4.3.  a) $|z_1 + z_2|$          b) $|z_1 - z_2|$          c) $\overline{z_1}+\overline{z_2}$          d) $\overline{z_1}-\overline{z_2}$

4.4.  a) $|z_1|\cdot|z_2|$          b) $\dfrac{|z_1|}{|z_2|}$          c) $|z_1 \cdot z_2|$          d) $\left|\dfrac{z_1}{z_2}\right|$

4.5.  Geben Sie die Lösungen der folgenden quadratischen Gleichungen an!

a) $x^2 + (1+i)\,x - 2\,(1-i) = 0$

b) $x^2 + (3-2i)\,x + 3\,(1-i) = 0$

c) $x^2 - \dfrac{i}{2}\sqrt{2}\,x + 1 = 0$

d) $16\,x^2 + 8\,(i+1)\,x + 2\,(i+\dfrac{9}{2}) = 0$

# 6 Lineare Gleichungen mit einer Unbekannten

Die Grundform der linearen Gleichung mit einer Unbekannten $x$ lautet

$$A x = a. \tag{6.1}$$

Dabei sind $A$, $a$ reelle Zahlen. Die Gleichung (6.1) lösen heißt, alle reellen Zahlen $x$ anzugeben, die, in (6.1) eingesetzt, die Gleichheitsbedingung erfüllen.

Nach dem Grundgesetz IV.2. des Abschnittes 1 für reelle Zahlen kann man beide Seiten einer Gleichung mit der gleichen Zahl multiplizieren, ohne die Gleichheit zu verletzen. Da die Division durch $A \neq 0$ der Multiplikation mit $\frac{1}{A}$ äquivalent ist, ist

$$x = \frac{a}{A} \, , \quad A \neq 0, \tag{6.2}$$

die einzig mögliche Lösung von (6.1).

Ist dagegen $A = 0$, so sind zwei Fälle zu unterscheiden:

1. $a \neq 0$: Dann lautet (6.1)

   $0 \cdot x = a \neq 0$.

   Das stellt einen Widerspruch dar. Es existiert in diesem Falle keine reelle Zahl $x$, die die Gleichung (6.1) erfüllt.

2. $a = 0$: Dann lautet (6.1)

   $0 \cdot x = 0$.

   Diese Gleichung ist für alle reellen $x$ erfüllt.

   Man schreibt auch $x = $ bel. (beliebig).

Es gilt also:

Die Gleichung (6.1) hat für $A \neq 0$ die eindeutig bestimmte Lösung (6.2).

Für $A = 0$ und $a \neq 0$ existiert keine Lösung.

Für $A = 0$ und $a = 0$ ist jede reelle Zahl $x$ Lösung.

In diesen Feststellungen ist die gesamte Theorie der linearen Gleichungen mit einer Unbekannten enthalten.

Liegt eine lineare Gleichung (eine Gleichung, die auf beiden Seiten nur Summen linearer Terme $a_i x_i + b_i$ enthält) nicht von vornherein in der Normalform (6.1) vor, so führt man sie durch zielgerichtete Addition (bzw. Subtraktion) von linearen Termen auf beiden Seiten darauf zurück. Das ist nach dem Grundgesetz II.2 eine äquivalente Umformung (die die Menge der Lösungen nicht verändert).

Ist zum Beispiel eine Gleichung in der Form

$$a_1 x - b_1 x + c_1 - d_1 = a_2 x - b_2 x + c_2 - d_2$$

gegeben, so kann man auf beiden Seiten $b_2 x + d_1$ addieren und $a_2 x + c_1$ subtrahieren, so daß man erhält

$$a_1 x - b_1 x - a_2 x + b_2 x = c_2 - d_2 - c_1 + d_1. \qquad (6.3)$$

Hier stehen die x enthaltenden Glieder auf der linken Seite und die konstanten Glieder auf der rechten Seite der Gleichung.

Setzt man

$$A = a_1 - b_1 - a_2 + b_2, \quad a = c_2 - d_2 - c_1 + d_1,$$

so ist die Gleichung (6.3) identisch mit der Grundform (6.1).

Ist eine Gleichung in der Form

$$\frac{a_1 x}{a_2} = \frac{b_1}{b_2}$$

gegeben (sie hat nur einen Sinn, wenn $a_2 \neq 0$, $b_2 \neq 0$ gilt), so kann man die Gleichung nach x auflösen, indem man sie mit $a_2$ multipliziert und im Fall $a_1 \neq 0$ durch $a_1$ dividiert:

$$x = \frac{a_2 b_1}{a_1 b_2}.$$

**Beispiel 6.1:** Die Gleichung $\dfrac{a^2 x - b^2}{a} - \dfrac{a(b - ax)}{b} + \dfrac{b^2}{a} = a$
hat nur einen Sinn für $a \neq 0$, $b \neq 0$.

Um die Nenner zu beseitigen, wird die Gleichung mit dem Hauptnenner $a \cdot b$ multipliziert, anschließend werden die Klammern ausmultipliziert:

$$b(a^2 x - b^2) - a^2(b - ax) + b^3 = a^2 b,$$
$$a^2 bx - b^3 - a^2 b + a^3 x + b^3 = a^2 b.$$

Nun wird die Gleichung geordnet und zusammengefaßt, x ausgeklammert:

$$a^2 bx + a^3 x = a^2 b + b^3 + a^2 b - b^3,$$
$$a^2 (a + b) x = 2a^2 b.$$

Wegen $a \neq 0$ kann durch $a^2$ dividiert werden:

$$(a + b) x = 2b.$$

Das ist die Grundform (6.1) der linearen Gleichung.
Falls $a + b \neq 0$ $(a \neq -b)$, so ist

$$x = \frac{2b}{a + b}$$

die einzige Lösung.

Falls $a + b = 0$ $(a = -b)$, so existiert wegen $b \neq 0$ keine Lösung.
Der Fall, wo unendlich viele Lösungen auftreten (x = bel.), ist hier wegen der Voraussetzung $b \neq 0$ nicht vorhanden.

**Beispiel 6.2:** Die Gleichung $\dfrac{x}{a} - \dfrac{a-x}{2bc} + \dfrac{a-x}{3c} = 1$

hat nur einen Sinn für $a \neq 0$, $b \neq 0$, $c \neq 0$.

Um die Nenner zu beseitigen, wird die Gleichung mit dem Hauptnenner 6abc multipliziert:

$$6bcx - 3a\,(a - x) + 2ab\,(a - x) = 6abc.$$

Weiter erhält man nach den bekannten Regeln:

$$6bcx - 3a^2 + 3ax + 2a^2b - 2abx = 6abc,$$
$$(6bc + 3a - 2ab)\,x = 6abc + 3a^2 - 2a^2b,$$
$$(6bc + 3a - 2ab)\,x = a\,(6bc + 3a - 2ab).$$

Das ist wieder die Grundform (6.1) der linearen Gleichung, und es gilt:

Für $6bc + 3a - 2ab \neq 0$ ist $x = a$ die einzige Lösung der vorliegenden Gleichung.
Für $6bc + 3a - 2ab = 0$ ist wegen $0 \cdot x = 0$ jedes reelle x Lösung.

Also gilt

$$x = \begin{cases} a & \text{für} \quad 6bc + 3a - 2ab \neq 0 \\ \text{bel.} & \text{für} \quad 6bc + 3a - 2ab = 0. \end{cases}$$

Neben den hier behandelten Gleichungen, deren Linearität man leicht erkennen kann, gibt es noch Gleichungen, die vom Prinzip her nichtlinear sind, die man aber auf lineare Gleichungen zurückführen kann. Hier sind dann neben den Forderungen an die unbestimmten Koeffizienten a, b, c, ... oft noch Bedingungen an die Lösung x zu stellen.

Dazu drei einfache Beispiele:

**Beispiel 6.3:** Die Gleichung $(8x - 9)\,(3x - 4) - (5x - 6)^2 = (4 + x)\,(3 - x) - 9$

ist, weil sie quadratische Glieder in x enthält, zunächst eine quadratische Gleichung. Allerdings fallen die quadratischen Glieder nach dem Ausmultiplizieren weg. Es bleibt eine lineare Gleichung mit einer eindeutig bestimmten Lösung übrig:

$$24x^2 - 32x - 27x + 36 - (25x^2 - 60x + 36) = 12 - 4x + 3x - x^2 - 9$$
$$-x^2 + x = 3 - x - x^2$$
$$2x = 3$$
$$x = \frac{3}{2}$$

**Beispiel 6.4:** Die Gleichung $\dfrac{2x - a}{x - b} = 1$

hat nur einen Sinn, wenn die Lösung x die Bedingung $x \neq b$ erfüllt. Es gilt dann

$$2x - a = x - b,$$
$$x = a - b.$$

Wegen $x \neq b$ muß gelten $a - b \neq b$ bzw. $a \neq 2b$.
Die vorgegebene Gleichung hat also für $a \neq 2b$ die eindeutig bestimmte Lösung $x = a - b$ und sonst $(a = 2b)$ keine Lösung.

**Beispiel 6.5:** Die Gleichung $\dfrac{a}{x} + \dfrac{b}{x} - \dfrac{c}{x} = 1$

hat nur einen Sinn für $x \neq 0$. Unter dieser Voraussetzung gilt $x = a + b - c$. Das ist aber wegen $x \neq 0$ nur Lösung, wenn $a + b \neq c$ ist. Die vorgegebene Gleichung hat also nur für $a + b \neq c$ die eindeutig bestimmte Lösung $x = a + b - c$, sonst $(a + b = c)$ hat sie keine Lösung.

**Beispiel 6.6:** Bei der Behandlung der Gleichung

$$\frac{b^3 c^2 x - \dfrac{1}{a^2}}{121500 a b^4 c^3} - \frac{a^2 x - \dfrac{1}{b^3 c^2}}{2880 a^3 b c} + \frac{abcx - \dfrac{1}{ab^2 c}}{5400 (abc)^2} = 0,$$

die nur für $abc \neq 0$ einen Sinn hat, soll vor allem das Ermitteln des Hauptnenners als kleinstes gemeinsames Vielfaches der Nenner wiederholt werden:

$$121500\ ab^4 c^3 = 2^2 \cdot 3^5 \cdot 5^3 \cdot a \cdot b^4 \cdot c^3$$
$$2880\ a^3\ bc = 2^6 \cdot 3^2 \cdot 5 \cdot a^3 \cdot b \cdot c$$
$$\underline{5400\ a^2\ b^2\ c^2 = 2^3 \cdot 3^3 \cdot 5^2 \cdot a^2 \cdot b^2 \cdot c^2}$$

$$HN \qquad = 2^6 \cdot 3^5 \cdot 5^3 \cdot a^3 \cdot b^4 \cdot c^3 = 64 \cdot 243 \cdot 125 \cdot a^3 b^4 c^3$$

Multipliziert man die Gleichung mit dem Hauptnenner, so fallen die Brüche weg, und man erhält:

$$16a^2 \cdot \left( b^3 c^2 x - \frac{1}{a^2} \right) - 225 b^3 c^2 \cdot \left( a^2 x - \frac{1}{b^3 c^2} \right) + 120 ab^2 c \cdot \left( abcx - \frac{1}{ab^2 c} \right) = 0.$$

Durch Ausmultiplizieren der Klammern, Zusammenfassen, Ordnen und Dividieren der bei x stehenden Faktoren $(A = 89\ a^2\ b^3\ c^2 \neq 0)$ erhält man

$$x = \frac{1}{a^2 b^3 c^2} \quad \text{für } abc \neq 0 \text{ entsprechend der Voraussetzung.}$$

Andere Lösungsmöglichkeiten gibt es für diese Aufgabe nicht.

Während in den vorangegangenen Beispielen die Nenner der einzelnen Brüche aus Faktoren bestanden, wollen wir im folgenden auch solche Beispiele betrachten, bei denen die Nenner aus Summanden bestehen, die u. U. durch Ausklammern in Faktoren zerlegt werden können.

**Beispiel 6.7:** Die Gleichung $\dfrac{a^2(2bx-1)}{a^4b^2x^2-b^2}+\dfrac{b}{a^2bx+b}=\dfrac{a^2bx}{a^2bx-b}+\dfrac{b^2(2ax-3)}{a^4b^2x^2-b^2}-1$

gilt nur unter den Voraussetzungen $|x|\neq\dfrac{1}{a^2}$, $ab\neq 0$.

Den Hauptnenner ermitteln wir wie folgt:

$$
\begin{aligned}
a^4\,b^2\,x^2-b^2 &= b^2\cdot(a^4\,x^2-1)\\
&= b^2\cdot(a^2\,x+1)\cdot(a^2\,x-1)\\
a^2\,bx+b &= b\cdot(a^2\,x+1)\\
a^2\,bx-b &= b\cdot\phantom{(a^2\,x+1)\cdot}(a^2\,x-1)
\end{aligned}
$$

$$
\overline{\text{HN}\qquad = b^2\cdot(a^2\,x+1)\cdot(a^2\,x-1)=b^2\,(a^4\,x^2-1)}
$$

Durch Ausklammern, Kürzen und Multiplizieren der Gleichung mit dem Hauptnenner erhält man:

$$
\begin{aligned}
a^2\,(2bx-1)+b^2\,(a^2\,x-1) &= a^2\,b^2\,x(a^2\,x+1)+b^2\,(2ax-3)-b^2\,(a^4\,x^2-1)\\
2a^2\,bx-a^2+a^2\,b^2\,x-b^2 &= a^4\,b^2\,x^2+a^2\,b^2\,x+2ab^2x-3b^2-a^4\,b^2\,x^2+b^2\\
2a^2\,bx-2ab^2\,x &= a^2-b^2\\
2ab\,(a-b)\,x &= (a+b)\,(a-b)\\
x &= \frac{a+b}{2ab}\quad\text{für } a\neq b \text{ und } ab\neq 0\quad\text{(dies ist laut Voraus-}
\end{aligned}
$$

setzungen stets erfüllt).

Ist $a=b$, so kann $x$ wegen $0\cdot x=0$ beliebige Werte annehmen, ausgenommen diejenigen, die auf Grund der Voraussetzungen ausgeschlossen werden müssen. In diesem Fall darf der Betrag von $x$ nicht übereinstimmen mit dem Quadrat vom Kehrwert der Zahl $a=b$.

Die für $x$ getroffene Voraussetzung ist aber auch bei der Lösungsangabe zu berücksichtigen, d. h., es muß stets erfüllt sein:

$$
\pm\frac{1}{a^2}\neq\frac{a+b}{2ab}\ .
$$

**Beispiel 6.8:** Zwei Bahnstationen A und B sind 30 km voneinander entfernt. Von A aus fährt ein Güterzug mit einer konstanten Geschwindigkeit von $30\ \dfrac{\text{km}}{\text{h}}$ in Richtung B. Von B aus fährt ein D-Zug mit konstanter Geschwindigkeit von $90\ \dfrac{\text{km}}{\text{h}}$ nach A. Wo und wann treffen sich beide Züge, wenn sie gleichzeitig abfahren?

Bei dem hier beschriebenen Sachverhalt spielen drei physikalische Größen eine Rolle: Weg, Zeit und Geschwindigkeit. Sie werden mit den Symbolen s, t und v bezeichnet. Zur Veranschaulichung des Sachverhalts dient das Bild 6.1.

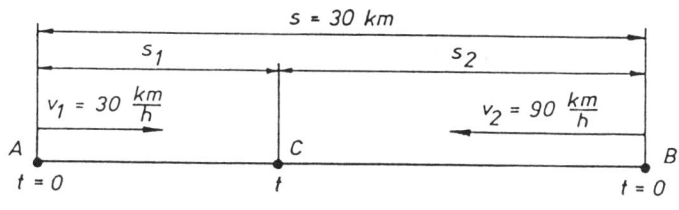

Bild 6.1

Die Frage "wo" bezieht sich auf den Treffpunkt C der beiden Züge. Er kann durch die Entfernung von A nach C (Weg $s_1$ des Güterzuges) oder durch die Entfernung von B nach C (Weg $s_2$ des D-Zuges) charakterisiert werden.

Die Frage "wann" bezieht sich auf den Zeitpunkt t des Zusammentreffens. Es ist sinnvoll, für t die Zeitdifferenz zwischen Start und Treffen zu wählen.

Es liegen hier drei Unbekannte vor: $s_1$, $s_2$ und t. Entsprechend dem o. a. Sachverhalt gelten folgende Beziehungen:

$$v_1 = \frac{s_1}{t}, \quad v_2 = \frac{s_2}{t}, \quad s_1 + s_2 = s.$$

Unter Verwendung der gegebenen Werte erhält man:

$$s_1 = 30\,t, \quad s_2 = 90\,t, \quad s_1 + s_2 = 30.$$

(Die Maßeinheiten werden hier weggelassen, und wir vereinbaren, daß Wege in Kilometern und die Zeit in Stunden angegeben werden !)

Das sind drei lineare Gleichungen für die drei Unbekannten $s_1$, $s_2$ und t, deren allgemeine Lösungsverfahren im Abschnitt 11 behandelt werden. Diese Gleichungen sind aber so einfach, daß man bei Kenntnis einer Unbekannten die anderen sofort berechnen kann. Man kann also das Problem leicht auf die Ermittlung einer Unbekannten aus einer Gleichung zurückführen. Als Unbekannte x kann man $s_1$ oder $s_2$ oder t wählen. Setzt man $s_1 = x$, so folgt aus der letzten Gleichung $s_2 = 30 - x$. Das setzen wir in die ersten beiden Gleichungen ein und lösen beide nach t auf:

$$t = \frac{s_1}{30} = \frac{s_2}{90} = \frac{x}{30} = \frac{30 - x}{90}.$$

Es ist dann

$$\frac{x}{30} = \frac{30 - x}{90}$$

die lineare Bestimmungsgleichung für x, die leicht gelöst werden kann:

$$3x = 30 - x, \quad 4x = 30,$$

$$x = 7,5.$$

Es gilt also $s_1 = 7{,}5\,\text{km}$, $s_2 = 22{,}5\,\text{km}$, $t = \dfrac{7{,}5}{30}\,\text{h} = \dfrac{1}{4}\,\text{h} = 15\,\text{min}$.

Setzt man $s_2 = x$, so verläuft die Rechnung in folgender Weise:

$$s_1 = 30 - x, \qquad t = \frac{s_1}{30} = \frac{s_2}{90} = \frac{30 - x}{30} = \frac{x}{90},$$

$$\begin{aligned}
3\,(30 - x) &= x, \\
90 &= 4x, \\
x &= 22{,}5,
\end{aligned}$$

$$s_2 = 22{,}5\,\text{km}, \quad s_1 = 7{,}5\,\text{km}, \quad t = \frac{22{,}5}{90}\,\text{h} = \frac{1}{4}\,\text{h} = 15\,\text{min}.$$

Wählt man schließlich die Zeit als Unbekannte, also $t = x$, so gilt

$$\begin{aligned}
s_1 + s_2 &= 30x + 90x = 30, \\
20\,x &= 30, \\
x &= \frac{30}{120} = \frac{1}{4}, \quad t = \frac{1}{4}\,\text{h} = 15\,\text{min}.
\end{aligned}$$

$$s_1 = 30\,t = \frac{30}{4}\,\text{km} = 7{,}5\,\text{km},$$

$$s_2 = 90\,t = 22{,}5\,\text{km}.$$

Die beiden Züge treffen sich demnach in 7,5 km Entfernung vom Punkt A $\dfrac{1}{4}\,\text{h}$ nach ihrer Abfahrt.

## 6.1  Übungsaufgaben

1.    Lineare Gleichungen mit einer Unbekannten

Lösen Sie folgende Gleichungen und überprüfen Sie die Ergebnisse! Schließen Sie bei Aufgaben mit unbestimmten Koeffizienten diejenigen Werte von a, b usw. aus, die diese nicht annehmen dürfen! Geben Sie an, für welche Werte von a, b usw. die Gleichungen genau eine oder keine bzw. unendlich viele Lösungen haben!

Verfahren Sie sinngemäß auch beim Lösen von Gleichungen mit unbestimmten Koeffizienten aus den anderen Abschnitten!

1.1.    Gleichungen ohne Brüche

1.1.1.  a) $8\,(\frac{1}{2}x - 1) - 2\,(x - 1) = 0$

b) $(3 - x)\,(x + 4) - 9 = (3x - 4)\,(8x - 9) - (5x - 6)^2$

c) $2a\,(x + 3) = (3 + x)\,(5 + 2a)$

d) $3a - (7b + 11a) - (3x - 12b - 9c) = (3x - 8a) + 5b - (3c - 6x)$

1.1.2.  a) $(a - x)\,(x + c) = 2c\,(a - x) - (b - x)\,(c - x)$

b) $a(x+1)(ax+b) + b(a+bx)(1-x) = x^2(a-b)(a+b)$

c) $(x+a)(a-x) - b(b-a) = (x+a)(b-x)$

d) $a^2(x-a) + ab^2 = b^2(x+b) - a^2 b$

**1.2.    Bruchgleichungen mit bestimmten Koeffizienten und Faktoren im Nenner**

1.2.1.  a) $\dfrac{3x-16}{3} + \dfrac{2x-10}{5} = 3 - \dfrac{x+1}{15}$    b) $4 - \dfrac{10-3x}{5} = 3 - \dfrac{10-7x}{10} + \dfrac{x}{2}$

c) $\dfrac{2x+1}{2} + \dfrac{3x+1}{4} + \dfrac{5x+1}{8} = 1 - \dfrac{7x+1}{8}$    d) $\dfrac{4x+1}{3} + \dfrac{6x-1}{2} = 5 + 5 \cdot \dfrac{8x-10}{9}$

1.2.2.  a) $\dfrac{4x-3}{20} - \dfrac{1}{12}(4x-5) = 1 - \dfrac{3}{5}(2x+11)$

b) $3(6\tfrac{1}{2}+x) - \dfrac{7}{3}(2x - \dfrac{19}{2}) - \dfrac{8}{3}x + \dfrac{5}{3} = 0$

c) $\dfrac{7x-16}{3} - \dfrac{4}{5}(x+1) + 6 = \dfrac{3x}{2}$    d) $\dfrac{3x}{4} - \dfrac{4}{3}(x-4) = 3$

1.2.3.  a) $\dfrac{3x-7}{5} - \dfrac{7-4x}{7} = \dfrac{5x-11}{10} - \dfrac{19-10x}{14}$

b) $\dfrac{17+4x}{10} - \dfrac{7+x}{5} = \dfrac{7x+13}{25} - \dfrac{5+x}{20}$

c) $\dfrac{2x-11}{15} - \dfrac{x}{5} + \dfrac{59}{40} = \dfrac{8x-59}{30} - \dfrac{16x-145}{24}$

d) $\dfrac{4x+4}{5} - \dfrac{5x-4}{55} = \dfrac{2x+9}{4} - \dfrac{12x-3}{44}$

1.2.4.  a) $\dfrac{5x+17}{3} - \left(\dfrac{3x+8}{2} - 3\right) = \dfrac{3x+12}{2} - \left(\dfrac{x+4}{6} + 3\right)$

b) $2 - \left(\dfrac{3x+8}{4} - \dfrac{2x+2}{3}\right) = 1 - \left(\dfrac{7x+20}{8} - \dfrac{2x-7}{3}\right)$

c) $\dfrac{4-x}{2} - \left(\dfrac{8-x}{3} - \dfrac{x+2}{4}\right) + \left(\dfrac{8-x}{6} - \dfrac{3(2+x)}{8}\right) + x = 1$

d) $\dfrac{10-14x}{8x} - \left(\dfrac{6}{5} + \dfrac{4}{2x}\right) = \dfrac{5}{8x} - \left(\dfrac{12}{5} + \dfrac{14x+1}{10x}\right)$

**1.3.    Bruchgleichungen mit unbestimmten Koeffizienten und Faktoren im Nenner**

1.3.1.  a) $\dfrac{ax-1}{bcx} + \dfrac{bx-1}{acx} + \dfrac{cx-1}{abx} = 0$    b) $\dfrac{ax-b}{bcx} + \dfrac{bx-c}{acx} + \dfrac{cx-a}{abx} = 0$

c) $\dfrac{3(x-b)}{a} - \dfrac{2(x-a)}{b} - 1 = 0$    d) $\dfrac{a-b^2}{x} - \dfrac{c-b^2}{x} - b = 0$

1.3.2.  a) $\dfrac{bx-a}{a} + b = bx - 1$    b) $\dfrac{x-a}{a} - a = \dfrac{x-b}{b} - b$

c) $\dfrac{a+b}{x} - a = ab - \dfrac{a-b}{x}$    d) $\dfrac{ax^2 - bx + 1}{a} = \dfrac{bx^2 - ax + 1}{b}$

1.3.3.  a) $\dfrac{bx-a^2}{a}+\dfrac{ax-b^2}{b}=\dfrac{b-ab}{a}+\dfrac{a-ab}{b}$

b) $\dfrac{20a-x}{5a}+\dfrac{6b-cx}{2b}=10-\dfrac{9c-ax}{3c}$

c) $\dfrac{a^3}{b}(x-1)-\dfrac{b+c}{b}(1-2x)=b^2(1-x)+\dfrac{b+c}{b}$

d) $\dfrac{x(b-a)}{ab}+\dfrac{b(c-x)}{ac}=\dfrac{x+b}{a}-\left(\dfrac{b}{c}+\dfrac{x}{b}\right)$

## 1.4.    Bruchgleichungen mit bestimmten Koeffizienten und Summen im Nenner

1.4.1.  a) $\dfrac{5}{x+2}+\dfrac{3}{2(x+2)}=\dfrac{1}{2}-\dfrac{7}{2(x+2)}$   b) $\dfrac{12x+5}{16x-15}-\dfrac{16x+1}{15}=\dfrac{3-2x}{5}-\dfrac{2x-1}{3}$

c) $\dfrac{10-2x}{3}+\dfrac{13+2x}{7}=\dfrac{14x+26}{2x+21}-\dfrac{17+8x}{21}$

d) $\dfrac{2x^n+7x^{n-1}}{9}+\dfrac{7x^n-44x^{n-1}}{5x-14}=\dfrac{4x^n+27x^{n-1}}{18}$

1.4.2.  a) $\dfrac{8x+7}{9x^2-4}=\dfrac{16}{15x-10}$   b) $\dfrac{24-5x}{6-2x}-5=\dfrac{34-14x}{9-3x}$

c) $\dfrac{x+4}{12x+4}-\dfrac{x-4}{3x+1}=5$   d) $\dfrac{10x-11}{12x+18}=\dfrac{3}{2}-\dfrac{4x+1}{6x-9}$

e) $\dfrac{x}{x-2}-\dfrac{x-2}{3x-6}=\dfrac{1}{6}$   f) $\dfrac{8-x}{5-10x}=2-\dfrac{5}{3-6x}$

g) $\dfrac{12x}{10x+5}+\dfrac{6x-10}{2x+1}-\dfrac{2x+25}{12x+6}+\dfrac{10x-1}{8x+4}=2$

h) $\dfrac{3x-2}{5x+10}-10=\dfrac{2x+1}{3x+6}+\dfrac{2(1-4x)}{x+2}$   i) $\dfrac{6x-1}{4x-6}+\dfrac{10x-7}{6x-9}=11-\dfrac{14x+1}{8x-12}$

j) $\dfrac{3x}{2x-\dfrac{1}{2}}-\dfrac{16x^2}{3(4x-1)}=\dfrac{4(1-x)}{3}-\dfrac{4}{12x-3}$

1.4.3.  a) $\dfrac{x-2}{x+2}-\dfrac{x+4}{x-2}=2\dfrac{x-38}{x^2-4}$   b) $\dfrac{12}{x+4}-\dfrac{x+4}{x-4}+\dfrac{x^2}{x^2-16}=0$

c) $\dfrac{5x^2-120}{10-x}+\dfrac{3x^2+80x}{10+x}=\dfrac{2x^3+160}{100-x^2}$

d) $\dfrac{15x+2}{5x-2}+\dfrac{25x-2}{5x+2}=\dfrac{200x^2-25x+18}{25x^2-4}$

e) $\dfrac{16x^2-20x+4}{4x^2-16}=\dfrac{2x-1}{2x-4}+\dfrac{3(2x+1)}{2(x+2)}$

f) $\dfrac{7x^2+8}{2(x^2-1)}=\dfrac{2(x+1)}{x-1}+\dfrac{3x-4}{2x+2}$

g) $\dfrac{16x^2-6x}{2x+1}-\dfrac{6x}{1-2x}=\dfrac{32x^3-16x^2+4x+16}{4x^2-1}$

1.4.4. a) $\dfrac{2x-5}{x-5}+\dfrac{3x-5}{x-9}=\dfrac{5x^2-39x+30}{x^2-14x+45}$

b) $\dfrac{2x-9}{x-12}+\dfrac{x-6}{x-24}=\dfrac{3x^2-87x-36}{x^2-36x+288}$

c) $\dfrac{11x+6}{x^2-3x-54}=\dfrac{3x-14}{2x-18}-\dfrac{3(x+2)}{2x+12}$

d) $\dfrac{7x-15}{3x-6}+\dfrac{8x-21}{3x-3}+\dfrac{10x+21}{3x^2-9x+6}=5$

e) $\dfrac{1}{3x+21}+\dfrac{1}{3(x-5)}-\dfrac{x+6}{4(x^2+2x-35)}=0$

f) $\dfrac{136x^2-4x-266}{48x^2-32x+5}=\dfrac{14x-19}{4x-1}-\dfrac{8x+25}{12x-5}$

g) $\dfrac{8x-3}{6x-4}+\dfrac{6x-4}{10x-6}=\dfrac{116x^2+10x-34}{60x^2-76x+24}$

1.4.5. a) $\dfrac{5x-12}{2}=\dfrac{5\cdot\left(\frac{1}{2}x^2+3\right)}{x+1}-\dfrac{7x-10}{2x-10}$   b) $\dfrac{28}{45-7x}=\dfrac{5}{x-9}-\dfrac{9}{x-5}$

c) $\dfrac{x+6}{x-2}+\dfrac{3x-8}{x-4}=\dfrac{6(x+9)}{x+6}$   d) $\dfrac{x-13}{x+3}+\dfrac{8x+45}{x+5}=\dfrac{9x+7}{x+2}$

1.5.   Bruchgleichungen mit unbestimmten Koeffizienten und Summen im Nenner

1.5.1. a) $\dfrac{2a+x}{2a-x}=\dfrac{a+b}{a-b}$   b) $\dfrac{a-b}{2c-x}=\dfrac{a+b}{2c+x}$

c) $\dfrac{a}{a-2x}-\dfrac{b}{b-2x}=0$   d) $\dfrac{x-\sqrt{a}}{x-\sqrt{b}}-\dfrac{x-\sqrt{a}}{x+\sqrt{b}}=0$

1.5.2. a) $\dfrac{a}{x+b}-1=1+\dfrac{b}{x+b}$   b) $a-\dfrac{ax}{x-1}=\dfrac{1}{a}-\dfrac{x}{ax-1}$

c) $a+b+\dfrac{x}{a+b}=a-b+\dfrac{x}{a-b}$   d) $\dfrac{1}{a+b}+\dfrac{a+b}{x}=\dfrac{1}{a-b}+\dfrac{a-b}{x}$

e) $\dfrac{x}{ab}+ab=\dfrac{1}{a+b}+(a+b)x$   f) $\dfrac{ax}{b}+\dfrac{bx}{a}+\dfrac{2ab}{a+b}=\dfrac{(a+b)^2x}{ab}$

g) $\dfrac{a+1}{b}x+\dfrac{b+1}{a}x+\dfrac{2ab}{a+b}=a+b+1$

1.5.3.  a) $\dfrac{2(6x^2-11a^2)}{4x^2-9a^2}=5-\dfrac{4x+a}{2x+3a}$  b) $\dfrac{a}{1-x}-\dfrac{b}{x+1}=\dfrac{(a-b)(ab+1)}{1-x^2}$

c) $\dfrac{2a}{2-x}-\dfrac{2b}{x+2}=\dfrac{4(a^2b+ab^2+a-b)}{4-x^2}$

d) $\dfrac{b-x}{a+x}+\dfrac{1-x}{a-x}=\dfrac{a(1-2x)}{a^2-x^2}$  e) $\dfrac{ax+b}{ab-b^2}-\dfrac{a-bx}{ab+b^2}=\dfrac{2(ax+b)}{a^2-b^2}$

f) $\dfrac{2a+ab^2x}{a+ab^2x}-\dfrac{a^2(3-2bx)}{a^2-a^2b^4x^2}=\dfrac{b^2(2ax-1)}{a^2-a^2b^4x^2}-\dfrac{ab^2x}{a-ab^2x}$

1.6.  Bruchgleichungen, die Doppelbrüche enthalten

a) $\dfrac{\frac{2}{3}x-\frac{2}{3}}{\frac{2}{3}-x}-\dfrac{2}{3}=\dfrac{2}{3}-\dfrac{\frac{2}{3}x+\frac{2}{3}}{\frac{2}{3}-x}$  b) $\dfrac{\frac{3}{2}-\frac{1}{x}}{\frac{3}{2}+\frac{1}{x}}-\dfrac{\frac{2}{3}-\frac{1}{x}}{\frac{2}{3}+\frac{1}{x}}=\dfrac{\frac{3}{2}-\frac{2}{3}}{\frac{2}{3}\cdot\frac{1}{x}+1}$

c) $\dfrac{a-\frac{1}{x}}{a+\frac{1}{x}}-\dfrac{1}{x}=\dfrac{x-\frac{1}{a}}{x+\frac{1}{a}}-\dfrac{1}{a}$  d) $\dfrac{\frac{1}{a}-\frac{1}{x}}{\frac{1}{a}+\frac{1}{x}}=\dfrac{a-\frac{1}{x}}{a+\frac{1}{x}}$

1.7.  Sachaufgaben

1.7.1.  Die Summe aus dem Vierfachen einer Zahl und 14 ist 40. Wie heißt die Zahl?

1.7.2.  Die Differenz aus dem Vierfachen einer Zahl und 4 ist gleich der Summe dieser Zahl und 14. Wie heißt diese Zahl?

1.7.3.  Die Summe aus dem vierten Teil einer Zahl und dem Fünffachen der Zahl ergibt 42. Wie heißt diese Zahl?

1.7.4.  Vermindert man das Vierfache einer Zahl um 2 und dividiert durch die um 4 verminderte Zahl, so erhält man 11. Wie heißt diese Zahl?

1.7.5.  Die Summe aus dem Fünffachen einer Zahl und 3 ist doppelt so groß wie die Differenz aus dem Dreifachen dieser Zahl und 1. Wie heißt diese Zahl?

1.7.6.  Die Differenz aus dem Vierfachen einer Zahl und 14 ist halb so groß wie die Summe aus dem Doppelten der Zahl und 8. Wie heißt diese Zahl?

1.7.7.  Die Differenz aus dem Sechsfachen einer Zahl und 5, dividiert durch die Summe aus dem Vierfachen dieser Zahl und 5, ist 1. Wie heißt diese Zahl?

1.7.8.  Der Zähler eines Bruches ist um 5 kleiner als der Nenner. Vergrößert man den Zähler um 23, den Nenner um 8, so erhält man den reziproken Wert des gesuchten Bruches. Wie heißt der Bruch?

1.7.9.  Zerlegen Sie 25 so in zwei Zahlen, daß die Differenz ihrer Quadrate 125 ergibt.

1.7.10. Die Differenz zweier Zahlen beträgt 6, die ihrer Quadrate 180. Wie heißen die beiden Zahlen?

1.7.11. Zwei Zahlen verhalten sich wie 3 : 7. Dividiert man die zweite durch die erste, so erhält man 2 Rest 7. Wie heißen die beiden Zahlen?

1.7.12. Die Quersumme einer zweiziffrigen Zahl ist 12. Subtrahiert man 18 von dieser Zahl, so erhält man eine zweiziffrige Zahl mit denselben Ziffern, aber in umgekehrter Reihenfolge. Wie heißt die gegebene Zahl?

1.7.13. Ein Student will aus einer Zahl die Quadratwurzel nach dem Einschachtelungsprinzip ermitteln. Er wählt zunächst eine Zahl als Wurzel, deren Quadrat um 27 zu klein ist. Danach wählt er eine Wurzel, die um zwei größer ist als die zuerst angenommene. Das Quadrat dieser Wurzel ist um 33 zu groß. Wie heißt die Zahl, von der die Quadratwurzel ermittelt werden soll?

1.7.14. Eine Sportgemeinschaft besteht aus vier Sparten. Der ersten Sparte gehören 37 Sportfreunde an, während in den drei anderen Sparten $\frac{1}{5}, \frac{1}{4}$ bzw. $\frac{2}{7}$ der Mitglieder erfaßt sind. Wie groß ist die Anzahl der Mitglieder in der Sportgemeinschaft und in den Sparten?

1.7.15. Ein Angestellter verkauft an drei Tagen Broschüren, und zwar am ersten Tag $\frac{1}{9}$, am zweiten Tag $\frac{1}{6}$ und am dritten Tag $\frac{1}{4}$ seines Bestandes. Danach hat er noch zwei Broschüren weniger als die Hälfte seines ursprünglichen Bestandes übrig. Wieviel Broschüren hatte er zum Verkauf?

1.7.16. Ein Schüler wird von einem Besucher nach seinem Alter befragt. Scherzhaft antwortet er: "Mein Vater, der vor drei Monaten seinen 55. Geburtstag feierte, ist jetzt um $\frac{1}{4}$ mehr als viermal so alt wie ich." Wie alt ist der Schüler?

1.7.17. Der Vater eines Schülers ist viereinhalbmal so alt wie sein Sohn. Beide zusammen sind 27 Jahre jünger als der einundsiebzigjährige Opa des Schülers. Wie alt sind Vater und Sohn?

1.7.18. In einer Rätselrunde sagt ein Schüler zum anderen: "Wenn ich zu dem in meiner Geldbörse befindlichen Geld 2,50 DM addiere, die Summe mit 5 multipliziere, von diesem Produkt 12 subtrahiere und die so erhaltene Differenz durch 11 dividiere, ist das Ergebnis 8,- DM." Wieviel Geld hat der Schüler in seiner Geldbörse?

1.7.19. Von vier hintereinandergeschalteten Widerständen sind der erste und der zweite gleichgroß, der dritte doppelt und der vierte dreimal so groß wie jeder der beiden erstgenannten; der Gesamtwiderstand beträgt 1050 $\Omega$, die angelegte Spannung 110 V. Wie groß sind
a) die Einzelwiderstände,   b) die Stromstärke, c) die Teilspannungen?

1.7.20. Der Gesamtwiderstand zweier parallelgeschalteter Widerstände beträgt
a) 1000 Ω,                    b) 2000 Ω.
Der eine Widerstand beträgt 4000 Ω. Wie groß ist der andere?

1.7.21. Von drei parallelgeschalteten Widerständen ist der zweite doppelt so groß wie der erste und der dritte dreimal so groß wie der zweite. Wie groß sind die drei Widerstände zu wählen, damit der Gesamtwiderstand
a) 12 kΩ,                    b) 300 Ω             beträgt?

1.7.22. Wie schwer muß eine im Wasser schwimmende Planke sein, wenn sie eine Tragfähigkeit von 750 N haben soll und die Wichte des verwendeten Holzes $4 \frac{N}{dm^3}$ beträgt?

1.7.23. Der Kraftstoffbehälter für einen Zweitaktmotor enthält 40 l Kraftstoffgemisch. Wieviel Liter Benzin und wieviel Liter Öl befinden sich in dem Behälter, wenn das Mischungsverhältnis 1 : 33 beträgt?

1.7.24. Zur Verschönerung des Stadtzentrums einer Großstadt sind längs einer Straße 85 Bäume zu pflanzen. Da der ursprünglich vorgesehene und stets gleiche Abstand um einen Meter verringert werden muß, werden 20 Bäume mehr benötigt. Wie groß ist nunmehr die Entfernung zwischen den einzelnen Bäumen?

1.7.25. Die Spitzengruppe eines Straßen-Radrennens habe eine Länge von insgesamt 50 m. Sie fährt mit einer Geschwindigkeit von $45 \frac{km}{h}$ über eine 425 m lange Brücke. Welche Zeit benötigt sie dazu?

1.7.26. Bei einem Skilanglauf startet der spätere Sieger $1\frac{1}{2}$ Minuten hinter dem Meister des vergangenen Jahres. Nach wieviel Kilometern überholt er diesen, wenn seine Durchschnittsgeschwindigkeit $5 \frac{m}{s}$ und die des zu Überholenden $4,8 \frac{m}{s}$ beträgt?

1.7.27. Der Start zum 200-Meter-Lauf innerhalb eines Sportfestes erfolgt mittels Pistole. Dabei steht der Starter 10 m hinter der Startlinie. Die Zeitnehmer am Ziel betätigen ihre Stoppuhren, sobald der Abschußrauch sichtbar wird. Wie groß ist die Zeitdifferenz, die man gegenüber dem akustischen Signal auf diese Weise ausschaltet, wenn die Schallgeschwindigkeit $340 \frac{m}{s}$ beträgt?

# 7 Einige Grundbegriffe der mathematischen Logik

Als Logik bezeichnet man die Wissenschaft, die die Gesetze des richtigen Denkens erforscht. Die Logik beschäftigt sich mit den Elementen des Denkens (Begriffen, Urteilen, Schlüssen) sowie mit den Beziehungen zwischen ihnen. Im Rahmen dieses Abschnittes werden Grundbegriffe der grundlegenden Disziplin der mathematischen Logik, des Aussagenkalküls, dargestellt. Der Aussagenkalkül befaßt sich mit der Theorie der Wahrheitswerte und der Wahrheitsfunktionen.

## 7.1 Aussage, Wahrheitswert, Aussageform

Eine *Aussage* ist eine sinnvolle Zusammenfassung von Begriffen, die einen Sachverhalt - Verhältnisse der objektiven Realität - widerspiegelt und bei der es sinnvoll ist, die Frage nach dem Wahrheitswert zu stellen.

Eine Aussage ist wahr bzw. besitzt den *Wahrheitswert* w, wenn sie die objektive Realität richtig widerspiegelt. Andernfalls ist die Aussage falsch bzw. besitzt den Wahrheitswert f.

Wir betrachten Aussagen, die entweder wahr oder falsch sind (Satz der Zweiwertigkeit). Eine dritte Möglichkeit wird ausgeschlossen (Prinzip vom ausgeschlossenen Dritten). Demzufolge kann es auch keine Aussage geben, die gleichzeitig wahr und falsch ist, und keine, die weder wahr noch falsch ist (Prinzip vom ausgeschlossenen Widerspruch).

**Beispiele** für Aussagen und ihre Wahrheitswerte:

| Aussage | Wahrheitswert |
|---|---|
| 7 ist eine Primzahl | w |
| 7 ist eine gerade Zahl | f |
| 7 / 42 (7 ist Teiler von 42) | w |
| 7 < 3 | f |

Der Satz "Die Sonne scheint." ist keine Aussage im hier definierten Sinne; denn die Frage nach dem Wahrheitswert ist sinnlos, wenn nicht ausgesagt wird, wo und wann die Sonne scheint.

Eine Aussageform ist ein Aussagesatz, in dem mindestens eine freie Variable vorkommt. Eine Aussageform ist weder wahr noch falsch. Aus einer Aussageform wird eine Aussage, wenn man für die Variablen Konstante einsetzt.

**Beispiele** für Aussageformen:
1. "Nabucco" ist eine Oper des Komponisten A.
   Ersetzt man die Variable A durch "Verdi", so entsteht eine wahre Aussage.

2. $x^2 + 2x + 1 = 0$

Für x = −1 erhält man eine wahre Aussage, für z. B. x = +1 eine falsche Aussage.

3.  x + y = 1
    Diese Aussageform wird für unendlich viele Paare (x, y) zu einer wahren Aussage.

## 7.2    Verknüpfungen von Aussagen (Aussagenfunktionen)

Stellt man einer Aussage A das Wort "nicht" voran oder verbindet man zwei Aussagen A, B durch "und", "oder", "genau dann wenn" oder "wenn, so", so entstehen dadurch wieder neue Aussagen. Für diese Verknüpfungen werden bestimmte Symbole verwendet, die im Folgenden angegeben werden. Da die o. a. Bindewörter im täglichen Leben oft in unterschiedlicher Bedeutung verwendet werden, z. B. das "oder" als "entweder A oder B" oder als "egal ob A oder B", sind genaue Festlegungen für ihre in der mathematischen Logik üblichen Bedeutungen notwendig; das geschieht durch Wertetabellen. Da in den Verknüpfungen beliebige Aussagen A und B wie Variable bei Zahlen auftreten, spricht man auch von Aussagenfunktionen.

Die **Negation** (Verneinung - ⟨lat.⟩) ordnet jeder Aussage ihre verneinte Aussage zu. Das Symbol der Negation ist ein Querstrich über der Aussage A: $\overline{A}$ und bedeutet "nicht A".(Oft wird das Symbol ¬ A für die Negation von A verwendet). Die Negation einer Aussage ist genau dann wahr, wenn die Aussage falsch ist; andernfalls ist sie falsch. Diesen Zusammenhang zwischen den Wahrheitswerten der Aussage A und $\overline{A}$ kann man auch in Form der Wahrheitswerttabelle darstellen

| A | $\overline{A}$ |
|---|---|
| w | f |
| f | w |

**Beispiel** zur Negation:
Die Negation der Aussage A: "3 < 7" ist die Aussage $\overline{A}$: "3 ≥ 7". Da A wahr ist, ist $\overline{A}$ falsch.
Die Negation der Aussage B: "Die Winkelsumme im Dreieck beträgt 360°." ist die Aussage $\overline{B}$: "Die Winkelsumme im Dreieck beträgt nicht 360°." Da B falsch ist, ist $\overline{B}$ wahr.
Die **Konjunktion** (Verbindung, Vereinigung - ⟨lat.⟩) ordnet zwei Aussagen ihre Verknüpfung durch "und" (im Sinne von "sowohl - als auch") zu. Das Symbol der Konjunktion ist ∧. Es steht zwischen den beiden Aussagen A und B: A ∧ B bedeutet "A und B". Die Konjunktion zweier Aussagen ist genau dann wahr, wenn beide Aussagen wahr sind, andernfalls ist sie falsch. Den Zusammenhang zwischen den Wahrheitswerten der Aussagen A, B und A ∧ B kann man durch die folgende Wahrheitswerttabelle darstellen.

| A | B | A ∧ B |
|---|---|---|
| w | w | w |
| w | f | f |
| f | w | f |
| f | f | f |

**Beispiel** zur Konjunktion:
Die Konjunktion zweier wahrer Aussagen, A: "3 < 7" und B: "3 ist Primzahl", ist die wahre Aussage A ∧ B: "3 ist kleiner als 7 und Primzahl".

Die Konjunktion zweier Aussagen mit unterschiedlichen Wahrheitswerten, nämlich A: "3 < 7" (wahr) und B: "3 ist eine gerade Zahl" (falsch), ist die Aussage A ∧ B: "3 ist kleiner als 7 und eine gerade Zahl." Diese Aussagenverbindung hat den Wahrheitswert f.

Die Konjunktion zweier falscher Aussagen, A: "3 > 7" und B: "3 ist gerade", ist die falsche Aussage A ∧ B: "3 ist größer als 7 und eine gerade Zahl."

Die **Disjunktion** (Wahl, Entscheidung - ⟨lat.⟩) ordnet zwei Aussagen ihre Verknüpfung durch das nicht ausschließende "oder" zu. Das Symbol der Disjunktion ist ∨. Es steht zwischen den beiden Aussagen A und B: A ∨ B  bedeutet "A oder B".

Die Disjunktion zweier Aussagen ist wahr, wenn mindestens eine der beiden Aussagen wahr ist und nur dann falsch, wenn beide Aussagen falsch sind. Dieser Sachverhalt ist dargestellt in der folgenden Wahrheitswerttabelle:

| A | B | A ∨ B |
|---|---|---|
| w | w | w |
| w | f | w |
| f | w | w |
| f | f | f |

**Beispiel** zur Disjunktion:
Die Disjunktion zweier wahrer Aussagen, A: "3 < 7" und B: "3/6" (3 ist Teiler von 6), ist die wahre Aussage A ∨ B: "3 ist kleiner als 7 oder Teiler von 6."

Die Disjunktion zweier Aussagen mit unterschiedlichen Wahrheitswerten, nämlich A: "3 < 7" (wahr) und B: "3 = 7" (falsch), ist die Aussage A ∨ B: "3 < 7 oder 3 = 7." Diese Aussagenverbindung hat den Wahrheitswert w.

Die Disjunktion zweier falscher Aussagen, A: "3 > 7" und B: "3 ist gerade", ist die falsche Aussage A ∨ B: "3 ist größer als 7 oder eine gerade Zahl."

Die Disjunktion darf nicht verwechselt werden mit der Verknüpfung durch das ausschließende "oder" (entweder, oder), die auch dann falsch ist, wenn beide Aussagen wahr sind (1. Zeile der Wahrheitswerttabelle), genannt **Alternative** (lat.: Antivalenz).

**Beispiel** zur Alternative zweier wahrer Aussagen:
Die Alternative der Aussagen "3 < 7" und "3 ist eine Primzahl", nämlich "3 ist entweder kleiner als 7 oder eine Primzahl", ist falsch.

**Beispiele** zur Negation, Konjunktion, Disjunktion:

| Aussage | | Wahrheitswert |
|---|---|---|
| A | $\pi$ ist ganzzahlig | f |
| B | $\pi$ ist irrational | w |
| C | $\pi > 0$ | w |
| D | $\pi < 3$ | f |

| Aussagenverknüpfung | | Wahrheitswert |
|---|---|---|
| $\overline{A}$ | $\pi$ ist nicht ganzzahlig | w |
| $\overline{C}$ | $\pi \leq 0$ | f |
| $A \wedge C$ | $\pi$ ist ganzzahlig und $> 0$ | f |
| $B \wedge C$ | $\pi$ ist irrational und $> 0$ | w |
| $A \vee C$ | $\pi$ ist ganzzahlig oder $> 0$ | w |
| $A \vee D$ | $\pi$ ist ganzzahlig oder $< 3$ | f |

Die schaltalgebraische Realisierung der Konjunktion ist die Reihenschaltung zweier Kontakte (Bild 7.1).

Bild 7.1

Nur, wenn beide Kontakte geschlossen sind, fließt Strom.

Die schaltalgebraische Realisierung der Disjunktion ist die Parallelschaltung zweier Kontakte (Bild 7.2).

Bild 7.2

Nur, wenn beide Kontakte offen sind, fließt kein Strom.

Die **Implikation** (Verflechtung, Einbeziehung - ⟨lat.⟩) ordnet zwei Aussagen ihre Verknüpfung durch "wenn, so" zu. Das Symbol der Implikation ist $\Rightarrow$. Es steht zwischen den beiden Aussagen A und B: $A \Rightarrow B$ bedeutet "wenn A, so B" bzw. "aus A folgt B". Die Aussage A nennt man Prämisse (Voraussetzung - ⟨lat.⟩), die Aussage B Konklusion (Behauptung - ⟨lat.⟩).

Die Implikation zweier Aussagen ist genau dann falsch, wenn die Prämisse wahr und die Konklusion falsch ist, andernfalls ist sie wahr. Dieser Sachverhalt ist dargestellt in der folgenden Wahrheitswerttabelle:

| A | B | $A \Rightarrow B$ |
|---|---|---|
| w | w | w |
| w | f | f |
| f | w | w |
| f | f | w |

**Beispiele** zur Implikation:

1. Eine Implikation mit wahrer Prämisse und wahrer Konklusion ist "wenn 4/8, so ist 2/8"; die Implikation besitzt den Wahrheitswert w.

2. Eine Implikation mit wahrer Prämisse, aber falscher Konklusion ist "wenn 4/8, so ist 3/8"; die Implikation besitzt den Wahrheitswert f (falsche Schlußweise).

3. Implikationen mit falscher Prämisse sind "wenn 4/6, so ist 2/6", "wenn 4/5, so ist 2/5". Unabhängig davon, ob die Konklusion wahr ist, wie 2/6, oder falsch, wie 2/5, besitzt die Implikation den Wahrheitswert w (aus Falschem kann Wahres oder Falsches geschlußfolgert werden).

Die Implikation ist die Grundlage der mathematischen Beweisführung (vgl. Abschnitt 8, direkter/indirekter Beweis).

Im Zusammenhang mit der Anwendung der "wenn, so" - Verknüpfung bei mathematischen Beweisen ist es wesentlich, daß aus einer falschen Aussage durch richtige Schlußweise eine wahre Aussage gefolgert werden kann (3. Zeile der Wahrheitswerttabelle der Implikation). Es ist zum Beispiel $-1 = +1$ eine falsche Aussage. Quadriert man jedoch beide Seiten der Gleichung, $(-1)^2 = (+1)^2$, so erhält man $1 = 1$, eine wahre Aussage. Deshalb darf eine Beweisführung nicht von einer Aussage ausgehen, deren Wahrheitswert unbekannt ist, also etwa von der zu beweisenden Aussage. Die Überführung der ursprünglichen in eine wahre Aussage beweist eben gerade noch nicht, daß damit auch die ursprüngliche Aussage wahr ist. Wir kommen im Abschnitt 8.1 darauf zurück.

Die **Äquivalenz** (Gleichwertigkeit - ⟨lat.⟩) ordnet zwei Aussagen ihre Verknüpfung durch "genau dann, wenn" bzw. "dann und nur dann, wenn" zu. Das Symbol der Äquivalenz ist ⟺. Es steht zwischen beiden Aussagen A und B: $A \Leftrightarrow B$ bedeutet "B genau dann, wenn A". Die Äquivalenz ist, wie es das Symbol auch ausdrückt, eine Implikation in beiden Richtungen: Aus A folgt B und aus B folgt A. Die Äquivalenz zweier Aussagen ist genau dann wahr, wenn beide Aussagen wahr oder beide Aussagen falsch sind. Dieser Sachverhalt ist dargestellt in der folgenden Wahrheitswerttabelle:

| A | B | A $\Leftrightarrow$ B |
|---|---|---|
| w | w | w |
| w | f | f |
| f | w | f |
| f | f | w |

**Beispiel** zur Äquivalenz zweier wahrer Aussagen:

A:      "Das Dreieck ist gleichseitig."

B:      "Das Dreieck ist gleichwinklig."

A $\Leftrightarrow$ B:   "Das Dreieck ist genau dann gleichseitig, wenn es gleichwinklig ist."

## 7.3    Beziehungen zwischen den Aussagenfunktionen

Man nennt Verknüpfungen von Aussagen logisch gleichwertig, wenn bei überein-stimmenden Wahrheitswerten der verknüpften Aussagen die Wahrheitswerte der Aussagenverknüpfungen übereinstimmen. Die Gleichwertigkeit beweist man durch Aufstellen der vollständigen Wahrheitswerttabelle.

Im Zusammenhang mit der Äquivalenz wurde zum Ausdruck gebracht, daß die Äquivalenz eine Implikation in beiden Richtungen ist, mit anderen Worten: Die beiden Aussagenverknüpfungen A $\Leftrightarrow$ B und (A $\Rightarrow$ B) $\wedge$ (B $\Rightarrow$ A) sind gleichwertig. Der Beweis ist die Übereinstimmung der Wahrheitswerte in den Spalten 3 und 6 der folgenden Wahrheitswerttabelle:

| A | B | A $\Leftrightarrow$ B | A $\Rightarrow$ B | B $\Rightarrow$ A | (A $\Rightarrow$ B) $\wedge$ (B $\Rightarrow$ A) |
|---|---|---|---|---|---|
| w | w | w | w | w | w |
| w | f | f | f | w | f |
| f | w | f | w | f | f |
| f | f | w | w | w | w |

Die Gleichwertigkeit (Äquivalenz) kann auch durch das Äquivalenzsymbol ausgedrückt werden:

(A $\Leftrightarrow$ B) $\Leftrightarrow$ [(A $\Rightarrow$ B) $\wedge$ (B $\Rightarrow$ A)].

Die Gleichwertigkeit von Aussagenverknüpfungen erlaubt es, die eine durch die andere zu ersetzen, was insbesondere bei der Vereinfachung komplizierter Verknüpfungen (Schaltalgebra) Anwendung findet.

Wichtige Beispiele für Äquivalenzen von Aussagenverknüpfungen sind die De Morganschen Regeln,

(1)  $\overline{(A \wedge B)} \Leftrightarrow (\overline{A} \vee \overline{B})$,

(2)  $\overline{(A \vee B)} \Leftrightarrow (\overline{A} \wedge \overline{B})$,

und die Distributivgesetze für Konjunktion und Disjunktion,

(3)  $\big[A \wedge (B \vee C)\big] \Leftrightarrow \big[(A \wedge B) \vee (A \wedge C)\big]$,

(4)  $\big[A \vee (B \wedge C)\big] \Leftrightarrow \big[(A \vee B) \wedge (A \vee C)\big]$.

# 7.4    Existenz- und Universalaussagen

Existenz- und Universalaussagen beziehen sich auf Aussageformen. Aussageformen sind Aussagesätze, die mindestens eine freie Variable enthalten (vgl. Abschnitt 7.1). Dabei bleibt die Frage offen, ob es (im interessierenden Variablenbereich) überhaupt Belegungen für die Variablen gibt, die die Aussageform zu einer wahren Aussage machen.

**Beispiel:** Die Aussageform $x^2 + 1 = 0$ wird für kein Element aus der Menge **R** der reellen Zahlen zu einer wahren Aussage. Die Aussageform $x + 1 = 0$ wird für $x = -1$ zu einer wahren Aussage.

Das Symbol $\exists x$ bedeutet "es gibt mindestens ein x". Mit der Aussageform und dem zugehörigen Variablenbereich gepaart, entsteht mit diesem Symbol eine *Existenzaussage*, nämlich die Aussage, daß es im Variablenbereich mindestens eine Belegung der Variablen gibt, die die Aussageform zu einer wahren Aussage macht.

**Beispiele** für wahre Existenzaussagen:

1. $\exists x \in \mathbf{R}: x + 1 = 0$        (es gibt eine reelle Zahl  x, für die  x + 1 = 0 gilt) [*)]
2. $\exists x \in \mathbf{R}: x^2 + 4x + 4 = 0$,
3. $\exists x \in \mathbf{R}: x^2 - 4 = 0$      (es gibt sogar zwei reelle Zahlen, für die $x^2 - 4 = 0$ gilt: $-2; + 2$).

**Beispiel** für die Verneinung einer Existenzaussage:

    $\nexists\, x \in \mathbf{R}: x^2 + 1 = 0$       (es gibt keine reelle Zahl x, für die $x^2 + 1 = 0$ gilt).

Es gibt auch Aussageformen, die für alle Elemente des Variablenbereichs zu einer wahren Aussage werden.

**Beispiel:** Die Aussageform "x ist durch 2 teilbar" wird für jedes Element aus der Menge **G** der geraden Zahlen zu einer wahren Aussage.

Das Symbol $\forall x$ bedeutet "für alle x". Mit der Aussageform und dem zugehörigen Variablenbereich verknüpft, entsteht mit diesem Symbol eine *Universalaussage*, nämlich die Aussage, daß jedes Element des Variablenbereichs die Aussageform zu einer wahren Aussage macht.

**Beispiele** für wahre Universalaussagen:

1. $\forall x \in \mathbf{G}: 2/x$ (für alle geraden Zahlen x gilt: 2 teilt x),
2. $\forall x \in \mathbf{R}, x > 1: x^2 > x$    (für alle reellen Zahlen x, die größer als 1 sind, gilt: $x^2 > x$).

---

[*)] $x \in \mathbf{R}$  bedeutet: x ist Element der Menge der reellen Zahlen **R** (vgl. Abschnitt 9.1).

**Beispiel** für eine falsche Universalaussage:
$$\forall x \in \mathbf{R}: x^2 > x.$$

Diese Aussage ist falsch, denn sie gilt nicht für $0 \le x \le 1$, also nicht für alle reellen Zahlen x.

## 7.5    Notwendige und hinreichende Bedingung

Für das Symbol der Implikation $A \Rightarrow B$ ("wenn A, so B"; "aus A folgt B") gibt es insbesondere in der Mathematik auch die Formulierungen

a) "A ist eine *hinreichende Bedingung* für B",
b) "B ist eine *notwendige Bedingung* für A".

Die Formulierung a) besagt, daß die Wahrheit von A die Wahrheit von B nach sich zieht. Die Erfüllung der Bedingung A ist die Voraussetzung für die Erfüllung der Bedingung B. Für die Gültigkeit der Aussage B ist hinreichend, daß die Aussage A gilt.

**Beispiele** für hinreichende Bedingungen:
1. A:    "Die Zahl n ist teilbar durch 6."
   B:    "Die Zahl n ist teilbar durch 3."
   $A \Rightarrow B$: Hinreichend dafür, daß die Zahl n durch 3 teilbar ist, ist ihre Teilbarkeit durch 6.

Wenn n durch 6 teilbar ist, so auch durch 3. Das heißt noch nicht, daß n unbedingt durch 6 teilbar sein muß, um durch 3 teilbar zu sein, z. B. ist 9 nicht durch 6, aber durch 3 teilbar.

2. A:    "n > 7",
   B:    "n > 6".
   $A \Rightarrow B$: Hinreichend dafür, daß eine reelle Zahl n größer als 6 ist, ist die Beziehung n > 7. Es gibt aber auch reelle Zahlen, die größer als 6 sind, obwohl sie nicht größer als 7 sind, z. B. 6,5.

Die Formulierung b) besagt, daß die Gültigkeit der Aussage B erforderlich ist, damit die Aussage A gilt. Wenn B nicht gilt, so gilt auch A nicht.

**Beispiele** für notwendige Bedingungen:
1. Notwendig dafür, daß eine Zahl n durch 6 teilbar ist, ist ihre Teilbarkeit durch 3. Eine nicht durch 3 teilbare Zahl n ist auch nicht durch 6 teilbar.

2. A:    "Das Viereck ist ein Quadrat."
   B:    "Das Viereck hat vier rechte Winkel."
   $A \Rightarrow B$: Notwendig dafür, daß ein Viereck ein Quadrat ist, ist seine Eigenschaft, vier rechte Winkel zu haben. Ein Viereck, dessen Winkel nicht sämtlich rechte sind, ist kein Quadrat.

Für das Symbol der Äquivalenz: A ⇔ B (Implikation in beiden Richtungen) gibt es in der Mathematik auch die Formulierung "A ist eine *notwendige und hinreichende Bedingung* für B". Sie besagt, daß A genau dann gilt, wenn B gilt.

**Beispiele** für notwendige und hinreichende Bedingungen:
1. A:    "Die Zahl n ist teilbar durch 6."
   B:    "Die Zahl n ist teilbar durch 3 und 2."
   A ⇔ B: Notwendig und hinreichend dafür, daß die Zahl n durch 6 teilbar ist, ist ihre Teilbarkeit durch 3 und 2.

2. A:    "Das Viereck ist ein Quadrat."
   B:    "Das Viereck hat vier rechte Winkel und vier gleichlange Seiten."
   A ⇔ B: Notwendig und hinreichend dafür, daß ein Viereck ein Quadrat ist, sind seine Eigenschaften, vier rechte Winkel und vier gleichlange Seiten zu haben.

# 7.6    Übungsaufgaben

1.    Beweisen Sie durch Aufstellen der Wahrheitswerttabellen die Äquivalenzen (1) bis (4) im Abschnitt 7.3!

2.    Zeigen Sie durch Aufstellen der Wahrheitswerttabellen, daß die folgenden Aussagenverknüpfungen logisch gleichwertig sind:
   a)    $(A \Rightarrow B)$ und    $(\overline{B} \Rightarrow \overline{A})$,
   b)    $(A \Rightarrow B)$ und    $(\overline{A} \vee B)$!

# 8    Beweismethoden

In der Mathematik werden, ausgehend von gewissen Voraussetzungen V, Behauptungen (mathematische Sätze) B formuliert und bewiesen. Voraussetzungen und Behauptungen sind Aussagen, ihre Verknüpfung im mathematischen Satz sind Implikationen: $V \Rightarrow B$. Der Beweis besteht im Nachweis des Wahrheitswertes w der Behauptung B, und bei diesem Nachweis wird B aus V und bereits bewiesenen Sätzen gefolgert. Für dieses Folgern gibt es verschiedene Methoden.

## 8.1    Der direkte Beweis

Beim *direkten Beweis* geht man von einer Aussage A aus, deren Wahrheitswert w bekannt ist, und folgert daraus die Aussage B. Die Aussage B ist dann ebenfalls wahr, denn aus einer wahren Prämisse kann man nur eine wahre Konklusion folgern (1. und 2. Zeile der Wahrheitswerttabelle der Implikation). Die Folgerung einer falschen Konklusion aus einer wahren Prämisse ist falsch.

**Beispiel** zum direkten Beweis:

V:   $x \geq 1$,

B:   $6x + 3 \geq 3x + 6$.

**Beweis:** Die Aussage A, deren Wahrheitswert w bekannt ist, ist die Voraussetzung $x \geq 1$. Daraus folgern wir durch Multiplikation mit 3:  $3x \geq 3$, durch Addieren von 3: $3x + 3 \geq 6$, durch Addieren von 3x: $6x + 3 \geq 3x + 6$.

**Beispiel** für eine falsche Beweisführung:

Zu beweisen ist   $\dfrac{a+b}{2} \geq \sqrt{a \cdot b}$ .

Aus der zu beweisenden Aussage folgern wir:

$$\frac{(a+b)^2}{4} \geq ab$$
$$a^2 + 2ab + b^2 \geq 4ab$$
$$a^2 - 2ab + b^2 \geq 0$$
$$(a-b)^2 \geq 0.$$

Die gefolgerte Aussage $(a-b)^2 \geq 0$ ist unbedingt wahr, aber die zu beweisende Aussage gilt nur unter den Bedingungen $a \geq 0$, $b \geq 0$. Findet man aber keine wahre Aussage V, aus der man B folgern kann, und will man deshalb doch in irgend einer Weise von der Behauptung B ausgehen, so muß man es, wie im nächsten Abschnitt 8.2 erläutert, von der Negation $\overline{B}$ aus tun. Man macht also die Annahme, daß die Behauptung B falsch sei und spricht dann von einem indirekten Beweis.

## 8.2     Der indirekte Beweis

Beim *indirekten* Beweis geht man wie gesagt von der Negation der Behauptung : A = "nicht Behauptung" oder A = "die Behauptung ist falsch", aus und folgert daraus eine Aussage B, die falsch ist. Die Aussage A, also die negierte Behauptung, ist dann ebenfalls falsch; denn nur aus einer falschen Prämisse A kann man eine falsche Konklusion B folgern (4. Zeile der Wahrheitswerttabelle der Implikation). Die Folgerung einer falschen Konklusion aus einer wahren Prämisse ist falsch (2. Zeile der Wahrheitswerttabelle der Implikation). Wenn aber die Negation der Behauptung falsch ist, dann ist die Behauptung wahr.

**Beispiele** zum indirekten Beweis:

1. V: a, b reell, a $\geq$ 0, b $\geq$ 0,

   B: $\dfrac{a+b}{2} \geq \sqrt{a \cdot b}$ .

   **Beweis:** Die Negation der Behauptung ist, daß Zahlen a $\geq$ 0, b $\geq$ 0 existieren mit
   $\dfrac{a+b}{2} < \sqrt{a \cdot b}$ . Daraus folgern wir durch Quadrieren $\dfrac{(a+b)^2}{4} < a \cdot b$,

   durch Multiplizieren mit 4:     $(a + b)^2$     $< 4ab$,

   durch Berechnen des Quadrates: $a^2 + 2ab + b^2 < 4ab$,

   durch Subtrahieren von 4ab:     $a^2 - 2ab + b^2 < 0$.

   Die linke Seite der Ungleichung läßt sich darstellen als Quadrat eines Binoms und

   kann niemals negativ sein, d. h., $(a - b)^2 < 0$ ist falsch, damit ist $\dfrac{a+b}{2} < \sqrt{a \cdot b}$

   falsch, also $\dfrac{a+b}{2} \geq \sqrt{a \cdot b}$ wahr.

2. B: $\sqrt{2}$ ist irrational.

   **Beweis:** Die Negation der Behauptung ist: $\sqrt{2}$ ist rational.

   Dann müssen zwei teilerfremde ganze Zahlen p, q (q $\neq$ 0) existieren, so daß gilt:

   $\sqrt{2} = \dfrac{p}{q}$ bzw. $p^2 = 2q^2$. Damit ist $p^2$ eine gerade Zahl, und auch p ist eine gerade

   Zahl, denn nur das Quadrat einer geraden Zahl ist gerade, p = 2p'. Es folgt durch Quadrieren und Einsetzen

   $p^2 = 4p'^2$,

   $2q^2 = 4p'^2$,

   $q^2 = 2p'^2$,

   und aus der letzten Gleichung folgt, daß auch q gerade ist. Demnach sind p und q durch 2 teilbar, also nicht teilerfremd. Wenn aber keine teilerfremden ganzen Zahlen p und q mit $\sqrt{2} = \dfrac{p}{q}$ existieren, so existieren gar keine derartigen ganzen Zahlen.

## 8.3    Beweis durch vollständige Induktion

Die *vollständige Induktion* wendet man zum Beweis von Behauptungen an, die für alle natürlichen Zahlen n von einer bestimmten Zahl $n_0$ an ausgesprochen werden.

Beispiel 1:  $\forall n \geq 0$ gilt $2^n > n$,

Beispiel 2:  $\forall n \geq 1$ gilt $1 + 3 + 5 + \ldots + (2n - 1) = n^2$.

Dem Beweis durch vollständige Induktion liegt das "Prinzip der vollständigen Induktion" zugrunde: Wenn eine Aussage für eine natürliche Zahl $n = n_0$ gilt, und aus der Gültigkeit der Aussage für eine beliebige natürliche Zahl $n = k \geq n_0$ ihre Gültigkeit für $n = k + 1$ folgt, so ist diese Aussage wahr für alle natürlichen Zahlen $n \geq n_0$.

Demzufolge erfolgt der Induktionsbeweis in zwei Schritten:

1.  *Induktionsanfang*
    Es wird gezeigt, daß die Aussage für $n = n_0$ richtig ist.

2.  *Induktionsschritt*
    Es ist eine Implikation nachzuweisen. Der Induktionsschritt besteht daher aus den Teilschritten:

2.1.  *Induktionsvoraussetzung*
    Es wird vorausgesetzt, daß die Aussage für $n = k \geq n_0$ gilt, und diese Voraussetzung V formuliert.

2.2.  *Induktionsbehauptung*
    Es wird behauptet, daß die Aussage für $n = k + 1$ gilt, und diese Behauptung B formuliert.

2.3.  *Induktionsbeweis*
    Es wird bewiesen, daß B aus V folgt: $V \Rightarrow B$.

**Beispiel 1:**
1.    Für $n = 0$ gilt $2^0 = 1 > 0$.
2.1.  V:  $2^k > k$.
2.2.  B:  $2^{k+1} > k + 1$.
2.3.  $V \Rightarrow B$: Aus $2^k > k$ und $2^k > 1$ folgt durch
          Addition $2^k + 2^k > k + 1$
          und daraus $2 \cdot 2^k > k + 1$, $2^{k+1} > k + 1$.

**Beispiel 2:**
1.    Für $n = 1$ gilt $1 = 1^2 = 1$.
2.1.  V:  $1 + 3 + 5 + \ldots + (2k - 1) = k^2$.
2.2.  B:  $1 + 3 + 5 + \ldots + (2k - 1) + (2k + 1) = (k + 1)^2$.

2.3.  $V \Rightarrow B$: Aus der Voraussetzung folgt durch Addieren des Summanden $2k + 1$

$1 + 3 + 5 + \ldots + (2k - 1) + (2k + 1) = k^2 + 2k + 1$

und daraus durch Darstellung der rechten Seite als Quadrat eines Binoms  $1 + 3 + 5 + \ldots + (2k - 1) + (2k + 1) = (k + 1)^2$.

# 8.4    Übungsaufgaben

1.  Beweisen Sie direkt:

a) Aus $a + \dfrac{1}{a} = b$  folgt  $a^3 + \dfrac{1}{a^3} = b^3 - 3b$.

b) Für zwei spitze Winkel $\alpha$, $\beta$ gilt
$\sin(\alpha + \beta) < \sin\alpha + \sin\beta$.

2.  Beweisen Sie indirekt:

a) Für alle x, $0 < x < \infty$, gilt $\dfrac{3x - 4}{2x + 4} > -1$.

b) $\sqrt{21}$ ist irrational.

3.  Beweisen Sie durch vollständige Induktion:

a) $1 + 2 + 3 + \ldots + n = \dfrac{(n + 1)\, n}{2}$.

b) $1^2 + 2^2 + 3^2 + \ldots + n^2 = \dfrac{(2n + 1)\,(n + 1)\, n}{6}$.

c) $2^0 + 2^1 + 2^2 + \ldots + 2^n = 2^{n+1} - 1$.

# 9    Grundbegriffe der Mengenlehre

## 9.1    Der Begriff der Menge

Die Zusammenfassung verschiedener Objekte zu einer Einheit wird in der Mathematik als " Menge" bezeichnet. Man spricht zum Beispiel von der Menge der Schüler einer Schule, der Menge der Bücher einer Bibliothek, der Menge der Planeten des Sonnensystems. Man gebraucht den Mengenbegriff also immer dann, wenn Objekte einer bestimmten Art, Objekte mit einer bestimmten Eigenschaft zu einer Gesamtheit zusammengefaßt werden sollen. In diesem Sinne spricht man auch in der Mathematik zum Beispiel von der Menge der ganzen Zahlen, der Menge der Lösungen einer Gleichung, der Menge der Punkte einer Kurve. Deshalb erklären wir den Mengenbegriff wie folgt:

> Unter einer *Menge* versteht man die Zusammenfassung bestimmter, wohl unterschiedener Objekte unserer Anschauung oder unseres Denkens mit gemeinsamen Eigenschaften zu einer Gesamtheit.

Die Objekte, die zu einer Menge gehören, heißen *Elemente* der Menge. Mengen werden gewöhnlich mit großen lateinischen Buchstaben, ihre Elemente mit kleinen lateinischen Buchstaben bezeichnet. Ist x Element der Menge M, so wird das durch $x \in M$ (lies: x ist Element von M) symbolisiert. Ist x nicht Element von M, so schreibt man $x \notin M$.

**Beispiel 9.1:**

a) Es sei $M_1$ die Menge der Primzahlen.
   Dann gilt: $7 \in M_1$, $8 \notin M_1$.

b) Es sei $M_2$ die Menge der Lösungen der Gleichung
   $(x + 1) (x - 2) = 0$.
   Dann gilt: $-1 \in M_2$, $2 \in M_2$, $1 \notin M_2$.

Mengen kann man durch Aufzählen ihrer Elemente beschreiben, die man in geschweiften Klammern auflistet.

**Beispiel 9.2:**

a) Die Menge $M_2$ der Lösungen der Gleichung
   $(x + 1) (x - 2) = 0$ ist $M_2 = \{-1, 2\}$.

b) Die Menge $M_3$ der geraden Zahlen ist
   $M_3 = \{0, 2, -2, 4, -4, \ldots \}$.

Mengen kann man auch durch Angabe der Eigenschaft oder Eigenschaften ihrer Elemente beschreiben:

$M = \{x \mid \text{Eigenschaft}\}$ (lies: M ist Menge aller x mit der Eigenschaft $\ldots$)

**Beispiel 9.3:**

a) $M_1 = \{x \mid x \text{ ist Primzahl}\}$.

b) $M_2 = \{x \mid (x + 1)(x - 2) = 0\}$.

c) $M_4 = \{x \mid x \text{ ist reell und } 0 \leq x \leq 1\}$.

Die Menge, die kein Element enthält, heißt *leere Menge* und wird mit dem Symbol $\emptyset$ bezeichnet.

**Beispiel 9.4:**

$\{x \mid x \text{ ist ganzzahlig und } x^2 + x - \frac{3}{4} = 0\} = \emptyset$,

denn die Menge der Lösungen der Gleichung $x^2 + x - \frac{3}{4}$ ist

$\left\{x \mid x^2 + x - \frac{3}{4} = 0\right\} = \left\{\frac{1}{2}, -\frac{3}{2}\right\}$, enthält also keine ganzzahligen Elemente.

## 9.2    Relationen zwischen Mengen

Die wichtigsten Relationen (Beziehungen) zwischen Mengen sind die Gleichheit und das Enthaltensein.

---

**Definition 9.1:**  Zwei Mengen $M_1$ und $M_2$ heißen *gleich*,
$M_1 = M_2$,
wenn jedes Element der Menge $M_1$ auch Element der Menge $M_2$ ist und umgekehrt jedes Element von $M_2$ auch Element von $M_1$.

---

Gleiche Mengen enthalten also die gleichen Elemente.

**Beispiel:**
$M_1 = \{x \mid (x + 1)(x + 2)(x + 3) = 0\}$,
$M_2 = \{-1, -2, -3\}$.
Es ist $M_1 = M_2$.

---

**Definition 9.2:**  Eine Menge $M_1$ heißt *Teilmenge (Untermenge)* einer Menge $M_2$, bzw. $M_1$ ist in $M_2$ enthalten,
$M_1 \subseteq M_2$,
wenn jedes Element der Menge $M_1$ auch Element von $M_2$ ist.

---

Das Enthaltensein einer Menge $M_1$ in einer Menge $M_2$ schließt die Gleichheit mit ein. Soll die Gleichheit ausgeschlossen werden, so spricht man von echtem Enthaltensein.

---

**Definition 9.3:**  Eine Menge $M_1$ heißt *echte Teilmenge* einer Menge $M_2$,
$M_1 \subset M_2$,
wenn $M_1 \subseteq M_2$ gilt und wenigstens ein Element von $M_2$ nicht zu $M_1$ gehört.

---

**Beispiele:**

1. $M_1 = \{-1, 1\}$ ist echt enthalten in $M_2 = \{-1, 0, 1\}$.

2. Die Menge aller Quadrate ist eine echte Teilmenge der Menge aller Vierecke.

3. Bild 9.1 zeigt zwei Punktmengen in der Ebene, für die gilt $M_1 \subset M_2$.

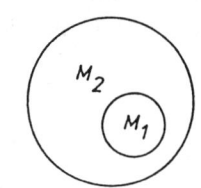

Bild 9.1

Die leere Menge ist in jeder Menge enthalten. Jede Menge ist in sich selbst (unecht) enthalten.

Eigenschaften der Gleichheit und des Enthaltenseins:

a) Reflexivität

Reflexiv heißen Beziehungen, die eine wahre Aussage ergeben, wenn sie zwischen einem Objekt und sich selbst aufgestellt werden.

Gleichheit und Enthaltensein sind reflexive Beziehungen: $M = M$; $M \subseteq M$. Das echte Enthaltensein jedoch ist keine reflexive Beziehung: $M \not\subset M$.

b) Symmetrie

Symmetrisch heißen Beziehungen, deren Bezugsobjekte vertauscht werden dürfen. Die Gleichheit ist eine symmetrische Beziehung, aus $M_1 = M_2$ folgt $M_2 = M_1$. Das Enthaltensein ist keine symmetrische Beziehung: Ist $M_1 \subseteq M_2$, so kann die Beziehung $M_2 \subseteq M_1$ falsch sein, nämlich dann, wenn $M_1 \neq M_2$ ist.

c) Transitivität

Transitivität bedeutet Übertragbarkeit der Beziehungen.

Aus $M_1 = M_2$ und $M_2 = M_3$ folgt $M_1 = M_3$.

Aus $M_1 \subseteq M_2$ und $M_2 \subseteq M_3$ folgt $M_1 \subseteq M_3$.

Die Gleichheit und das Enthaltensein sind transitive Beziehungen.

## 9.3    Operationen mit Mengen

Die wichtigsten Operationen mit Mengen, die jeweils zwei Mengen eine dritte zuordnen, sind die Vereinigung, der Durchschnitt und die Differenz.

---

**Definition 9.4:**  Unter der *Vereinigung*  M zweier Mengen $M_1$ und $M_2$

$M = M_1 \cup M_2$

(gelesen: $M_1$ vereinigt mit $M_2$) versteht man die Menge aller Elemente, die wenigstens einer der beiden Mengen $M_1$ und $M_2$ angehören.

---

Jedes Element der Vereinigung $M_1 \cup M_2$ ist also Element von $M_1$ oder $M_2$ (im Sinne des nicht ausschließenden oder, vgl. Abschnitt 7.2), gehört also der Menge $M_1$ oder der Menge $M_2$ oder beiden an.

**Beispiele:**

1. In einer Gruppe Jugendlicher sei $M_1$ die Menge aller Jugendlichen mit Abitur, $M_2$ die Menge aller Jugendlichen mit Facharbeiterabschluß. Dann ist $M_1 \cup M_2$ die Menge aller Jugendlichen, die das Abitur oder den Facharbeiterabschluß oder beides besitzen.
2. $M_1 = \{k, a, r, l\}$, $M_2 = \{u, r, s, e, l\}$,
   $M_1 \cup M_2 = \{k, a, r, u, s, e, l\}$.
3. Bild 9.2 zeigt zwei Punktmengen in der Ebene, die a) punktfremd sind, b) gemeinsame Punkte enthalten, c) die Beziehung $M_1 \subset M_2$ erfüllen. $M_1 \cup M_2$ ist jeweils die durch die Schraffur gekennzeichnete Punktmenge.

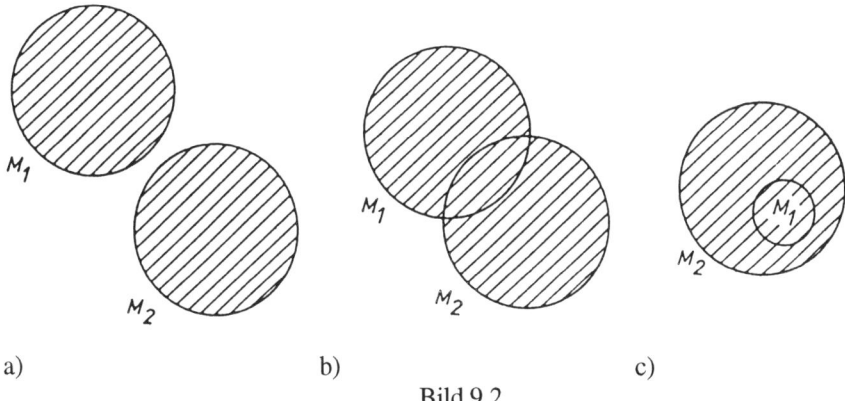

a)                          b)                          c)

Bild 9.2

Für die Vereinigung gelten das Kommutativgesetz,

$$M_1 \cup M_2 = M_2 \cup M_1,$$

d. h., die Reihenfolge der zu vereinigenden Mengen ist vertauschbar, und das Assoziativgesetz,

$$(M_1 \cup M_2) \cup M_3 = M_1 \cup (M_2 \cup M_3) = M_1 \cup M_2 \cup M_3,$$

d. h., bei der Vereinigung von mehr als zwei (z. B. drei) Mengen ist die Reihenfolge der Vereinigungen beliebig.

---

**Definition 9.5:**  Unter dem *Durchschnitt* M zweier Mengen $M_1$ und $M_2$,
   $M = M_1 \cap M_2$,
(gelesen: $M_1$ geschnitten mit $M_2$) versteht man die Menge aller Elemente, die zugleich beiden Mengen $M_1$ und $M_2$ angehören.

---

Jedes Element des Durchschnitts $M_1 \cap M_2$ ist also Element von $M_1$ und $M_2$ (im Sinne von sowohl - als auch, vgl. Abschnitt 7.2).

**Beispiele:**

1. In einer Gruppe Jugendlicher sei $M_1$ die Menge aller Jugendlichen mit Abitur, $M_2$ die Menge aller Jugendlichen mit Facharbeiterabschluß. Dann ist $M_1 \cap M_2$ die Menge aller Jugendlichen, die sowohl das Abitur als auch den Facharbeiterabschluß besitzen.

2. $M_1 = \{k, a, r, l\}$, $M_2 = \{u, r, s, e, l\}$,
   $M_1 \cap M_2 = \{r, l\}$.

3. Bild 9.3 zeigt zwei Punktmengen in der Ebene, die a) punktfremd sind, b) gemeinsame Punkte enthalten, c) die Beziehung $M_1 \subset M_2$ erfüllen. $M_1 \cap M_2$ ist jeweils die durch die Schraffur gekennzeichnete Punktmenge.

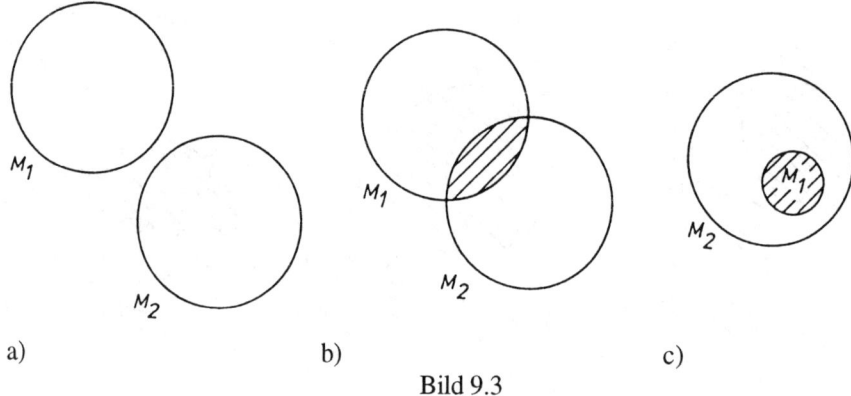

a)                              b)                              c)

Bild 9.3

Zwei Mengen, deren Durchschnitt die leere Menge ist, $M_1 \cap M_2 = \emptyset$ (vgl. Beispiel 3a) heißen *disjunkt*.

Für den Durchschnitt gelten, ebenso wie für die Vereinigung, das Kommutativgesetz,

$$M_1 \cap M_2 = M_2 \cap M_1,$$

und das Assoziativgesetz,

$$(M_1 \cap M_2) \cap M_3 = M_1 \cap (M_2 \cap M_3) = M_1 \cap M_2 \cap M_3.$$

Für die Mengenoperationen Vereinigung und Durchschnittsbildung gelten beide Distributivgesetze:

$$M_1 \cup (M_2 \cap M_3) = (M_1 \cup M_2) \cap (M_1 \cup M_3),$$
$$M_1 \cap (M_2 \cup M_3) = (M_1 \cap M_2) \cup (M_1 \cap M_3).$$

(Für die Rechenoperationen mit Zahlen, Addition und Multiplikation, gilt nur ein Dis-

tributivgesetz. Es ist
$a_1 \cdot (a_2 + a_3) = a_1 a_2 + a_1 a_3$, aber i. allg. nicht $a_1 + (a_2 a_3) = (a_1 + a_2) \cdot (a_1 + a_3)$. )

---

**Definition 9.6:**  Unter der *Differenz* M zweier Mengen $M_1$ und $M_2$,
$$M = M_1 \setminus M_2,$$
(gelesen: Differenzmenge aus $M_1$ und $M_2$) versteht man die Menge aller Elemente, die zu $M_1$, aber nicht zu $M_2$ gehören.

---

Die Differenzmenge $M_1 \setminus M_2$ ist also die Menge der Elemente, die von $M_1$ übrig bleibt, wenn man aus $M_1$ alle Elemente entfernt, die zu $M_1$ und $M_2$ gehören.

**Beispiele:**
1. In einer Seminargruppe sei $M_1$ die Menge der männlichen Studenten, $M_2$ die Menge der Studenten (beiderlei Geschlechts) mit der Note 1 im Fach Mathematik. Dann ist $M_1 \setminus M_2$ die Menge aller männlichen Studenten mit einer der Noten 2, 3, 4, 5, 6 in Mathematik und $M_2 \setminus M_1$ die Menge aller weiblichen Studenten, die im Fach Mathematik die Note 1 haben. Gibt es in der Seminargruppe nur männliche Studenten, so ist $M_2 \setminus M_1 = \varnothing$.

2. $M_1 = \{k, a, r, l\}$,    $M_2 = \{u, r, s, e, l\}$,
   $M_1 \setminus M_2 = \{k, a\}$,    $M_2 \setminus M_1 = \{u, s, e\}$.

3. Bild 9.4 zeigt zwei Punktmengen in der Ebene, die a) punktfremd sind, b) gemeinsame Punkte enthalten, c) die Beziehung $M_2 \subset M_1$ erfüllen. $M_1 \setminus M_2$ ist jeweils die durch die Schraffur gekennzeichnete Punktmenge.

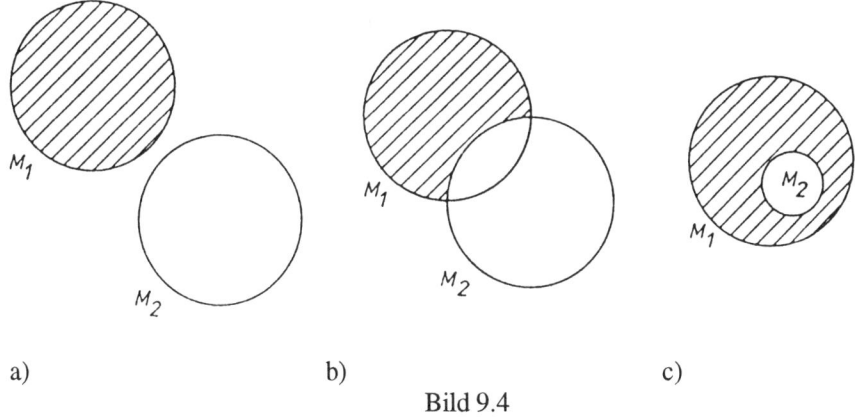

a)                           b)                           c)

Bild 9.4

Wie die Definition der Differenz und die Beispiele zeigen, ist i. allg. nicht
$$M_1 \setminus M_2 = M_2 \setminus M_1.$$

## 9.4    Abbildungen

In diesem Abschnitt definieren wir zunächst den Begriff des Mengenprodukts und unter Verwendung des Produktbegriffs die Abbildung.

---

**Definition 9.7:**    Unter dem *Produkt* (auch Kreuzprodukt M) zweier Mengen $M_1$ und $M_2$,

$$M = M_1 \times M_2,$$

versteht man die Menge aller geordneten Paare $(x, y)$ von Elementen $x \in M_1$, $y \in M_2$.

---

**Beispiele:**

1. $M_1 = \{a, b\}$,        $M_2 = \{1, 2, 3\}$,
   $M_1 \times M_2 = \{(a, 1), (a, 2), (a, 3), (b, 1), (b, 2), (b, 3)\}$,
   $M_2 \times M_1 = \{(1, a), (1, b), (2, a), (2, b), (3, a), (3, b)\}$.
   Wegen der geforderten Ordnung der Paare ist die Produktbildung nicht kommutativ, d. h., im allgemeinen gilt nicht
   $M_1 \times M_2 = M_2 \times M_1$.

2. **R** sei die Menge aller reellen Zahlen, geometrisch die Menge aller Punkte der Zahlengeraden. Dann ist **R** $\times$ **R** die Menge aller Paare reeller Zahlen, geometrisch die Menge aller Punkte der Ebene.

---

**Definition 9.8:**    Unter einer *Abbildung* F versteht man eine Teilmenge des Produkts $M_1 \times M_2$ zweier Mengen, also eine Menge geordneter Paare von gewissen Elementen $x \in M_1$ mit einem oder mehreren Elementen $y \in M_2$.

---

Man sagt auch: Gewissen Elementen von $M_1$ sind ein oder mehrere Elemente von $M_2$ zugeordnet. Ist $(x, y) \in F \subset M_1 \times M_2$, so heißt x Originalelement und y Bildelement. Die Menge aller Originalelemente heißt Definitionsbereich D und die Menge aller Bildelemente Wertebereich W der Abbildung.

**Beispiele:**

1. $M_1 = \{a, b, c, d\}$    $M_2 = \{1, 2, 3, 4, 5\}$,
   Zuordnung von Elementen aus $M_1$ zu Elementen aus $M_2$ als Tabelle:

| Originalelemente | Bildelemente |
|---|---|
| a | 1, 2, 5 |
| b | 4 |
| c | 3, 4 |
| d | 2, 3, 4, 5 |

Bild 9.5 zeigt das Schema der Zuordnung.

Abbildung:

$F = \{(a, 1), (a, 2), (a, 5), (b, 4), (c, 3), (c, 4), (d, 2), (d, 3), (d, 4), (d, 5)\}$,

$F \subset M_1 \times M_2$ (Menge aller Paare der Elemente aus $M_1$ mit Elementen aus $M_2$).

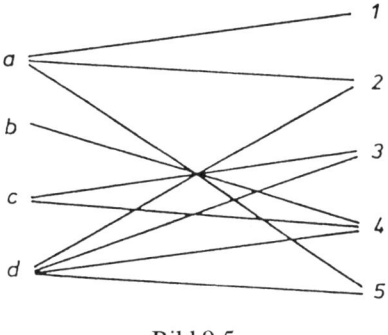

Bild 9.5

2. Es sei $M_1 = M_2 = \mathbf{R}$ die Menge der Punkte der Zahlengeraden. Dann ist $M_1 \times M_2 = \mathbf{R} \times \mathbf{R}$ die Menge aller Punkte der Ebene. Eine Teilmenge der Menge aller Punkte der Ebene (siehe Bild 9.6, schraffiert) ist dann eine Abbildung F.

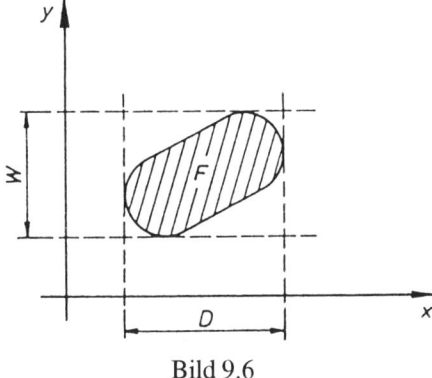

Bild 9.6

3. Jeder natürlichen Zahl a werde ihr Zweifaches, b = 2a, zugeordnet. Die so definierte Abbildung ist auch darstellbar in der Form
$F = \{(a, b) \mid a \in \mathbf{N} \wedge b = 2a\}$
($\mathbf{N}$ Menge der natürlichen Zahlen).
Der Definitionsbereich ist die Menge aller natürlichen Zahlen, der Wertebereich die Menge aller geraden natürlichen Zahlen.

4. Es sei $M_1$ die Menge aller Lehrer einer Schule, $M_2$ die Menge der Spezialklassen dieser Schule. Die Zuordnung der Lehrer zu den Klassen, in denen sie unterrichten, ist dann eine Abbildung.

Wir unterscheiden vier Abbildungsarten.

Ist $D = M_1$ und $W = M_2$, kommen also sowohl alle Elemente von $M_1$ als auch alle Elemente von $M_2$ in den die Abbildung F bildenden Paaren vor, wie im ersten Beispiel, so spricht man von einer *Abbildung von* $M_1$ *auf* $M_2$.

Ist $D \subset M_1$ und $W \subset M_2$, wie im zweiten Beispiel, so spricht man von einer *Abbildung aus* $M_1$ *in* $M_2$.

Ist $D = M_1$ und $W \subset M_2$, so spricht man von einer *Abbildung von* $M_1$ *in* $M_2$. Das dritte Beispiel ist eine Abbildung von **N**, der Menge der natürlichen Zahlen, in **N**.

Ist $D \subset M_1$ und $W = M_2$, so spricht man von einer *Abbildung aus* $M_1$ *auf* $M_2$. Das vierte Beispiel ist unter der Voraussetzung, daß nicht alle Lehrer der Schule in den Spezialklassen unterrichten, eine Abbildung aus $M_1$ auf $M_2$.

**Beispiel 9.5:** Wir betrachten durch Gleichungen beschriebene Kurven in der Ebene als Teilmengen des Mengenprodukts **R** × **R**
(**R** Menge der reellen Zahlen, Punkte der Zahlengeraden).
Es ist
a) $y = 2x$
   eine Abbildung von **R** auf **R**; denn
   es gilt $D = W = $ **R**
   (Bild 9.7),

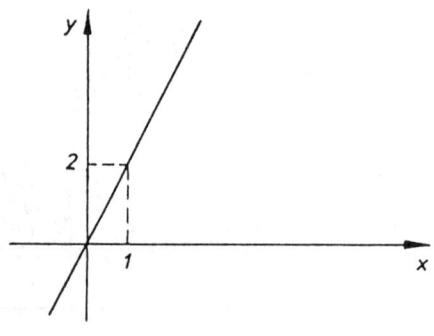

Bild 9.7

b) $y = x^2$
   eine Abbildung von **R** in **R**; denn es
   gilt $D = $ **R**, $W = [0, \infty)$
   (Bild 9.8),

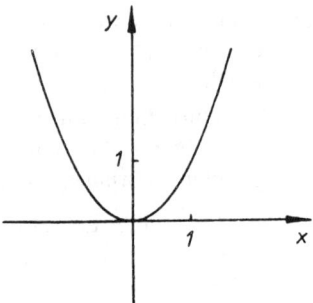

Bild 9.8

c) $y = \lg x$

eine Abbildung aus **R** auf **R**; denn
es gilt $D = (0, \infty)$, $W = \mathbf{R}$
(Bild 9.9),

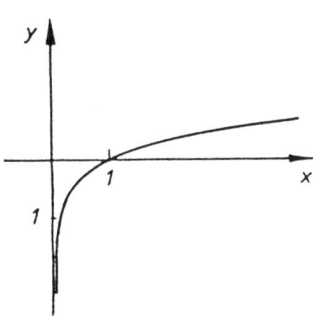

Bild 9.9

d) $y = +\sqrt{x}$

eine Abbildung aus **R** in **R**; denn es
gilt $D = W = [0, \infty)$
(Bild 9.10).

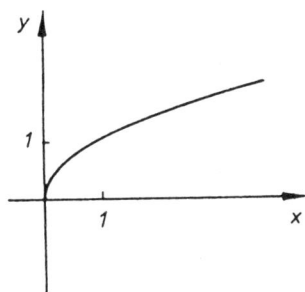

Bild 9.10

**Definition 9.9:**    Eine Abbildung F heißt *eindeutig*, wenn jedem $x \in D$ genau ein
$y \in W$ entspricht, d. h., wenn jedes $x \in D$ genau einmal in den geordneten Paaren
auftritt. Eine eindeutige Abbildung heißt *Funktion*.

**Beispiel 9.6:**
Die in den Beispielen 9.5a bis 9.5d dargestellten Abbildungen sind sämtlich Funktionen. Dagegen ist die durch die Gleichung

$$x^2 + y^2 = 1$$

(Einheitskreis, Bild 9.11)
dargestellte Abbildung aus **R** in **R**
$(D = W = [-1, 1])$ keine Funktion,
da dem Original x zwei Bilder
$y = +\sqrt{1 - x^2}$ und $y = -\sqrt{1 - x^2}$
entsprechen.

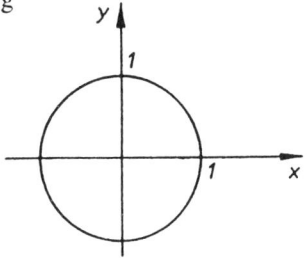

Bild 9.11

Vertauscht man in den geordneten Paaren, den Elementen der Abbildung, die Reihenfolge der Elemente, so kommt man zur inversen Abbildung.

---

**Definition 9.10:** Die zu F *inverse Abbildung* $F^{-1}$ ist die Menge aller Paare (y, x) mit (x, y) $\in$ F.

---

**Definition 9.11:** Eine Abbildung F heißt *eineindeutig*, wenn F und $F^{-1}$ eindeutig sind, d. h., wenn jedes x $\in$ D und jedes y $\in$ W genau einmal in den geordneten Paaren auftreten.

---

Die in den Beispielen 5a, 5c, 5d dargestellten Abbildungen sind eineindeutig, Beispiel 5b stellt keine eineindeutige Abbildung dar.

## 9.5    Übungsaufgaben

1.    Stellen Sie die folgenden Mengen durch Aufzählen ihrer Elemente dar!

   a) $\{x \mid x$ ist Primzahl und $x < 20\}$,
   b) $\{x \mid x^2 + x - 6 = 0\}$,
   c) $\{x \mid x^2 + x - 6 = 0$ und $x > 0\}$,
   d) $\{x \mid x$ reell und $x^2 + 1 = 0\}$.

2.    Untersuchen Sie die Zugehörigkeit der Elemente x, y, z zur Menge M!

   a) M  Menge der Primzahlen,
      $x = 4, y = 5, z = 6$;
   b) M  Menge der Lösungen der Gleichung
      $x^3 + x^2 - 6x = 0$,
      $x = 0, y = 2, z = 3$;
   c) M  Menge der rationalen Zahlen, die im Intervall [−3, 3] liegen,
      $x = -2, y = \sqrt{2}, z = \frac{1}{3}$;
   d) M  Menge der reellen Zahlen, die im Intervall [−3, 3] liegen,
      $x = -4, y = \sqrt{2}, z = 3$.

3.    Welche Relationen bestehen zwischen den folgenden Mengen?

   a) $M_1$ Menge aller geraden Zahlen,
      $M_2$ Menge aller ganzen Zahlen;
   b) $M_1$ Menge aller Lösungen der Gleichung $x^2 + 2x - 3 = 0$,
      $M_2$ $\{-3, 1\}$;
   c) $M_1$ Menge aller durch 6 teilbaren Zahlen,
      $M_2$ Menge aller durch 3 teilbaren Zahlen,
      $M_3$ Menge aller durch 12 teilbaren Zahlen.

4.    Geben Sie alle Teilmengen der Menge $\{a, u, t, o\}$ an!

5. Bilden Sie Vereinigung, Durchschnitt und beide Differenzmengen aus den folgenden zwei Mengen!

   a) $M_1 = \{k, a, m, e, l\}$, $\qquad M_2 = \{m, a, u, l, t, i, e, r\}$;
   b) $M_1 = \{2, 4, 6, \ldots\}$, $\qquad M_2 = \{3, 6, 9, \ldots\}$;
   c) $M_1 = \{x \mid x^2 + x - 2 = 0\}$ $M_2 = \{x \mid x^2 - 3x + 2 = 0\}$.

6. Bilden Sie Vereinigung, Durchschnitt und Differenz aus einer Menge M und der leeren Menge!

7. Bilden Sie Vereinigung, Durchschnitt und Differenz aus einer Menge M und sich selbst!

8. Es sei $M_1 = \{4, 8, 12\}$, $\qquad M_2 = \{3, 6, 9\}$,
   $\qquad\qquad M_3 = \{0, 2, 4, 6\}$, $\qquad M_4 = \{6, 12, 18\}$.
   Bilden Sie $M = [(M_1 \cup M_2) \cap M_3] \setminus M_4$!

9. Bilden Sie
   a) $M_1 \cup (M_1 \cap M_2)$, $\qquad$ c) $M \setminus \emptyset$,
   b) $M_1 \cap (M_1 \cup M_2)$, $\qquad$ d) $\emptyset \setminus M$.

10. Es sei
    $M_1 \cup M_2 = \{1, 2, 3, 4, 5\}$,
    $M_1 \cap M_2 = \{1, 3, 5\}$,
    $M_1 \setminus M_2 = \{2, 4\}$, $M_2 \setminus M_1 = \emptyset$.
    Bestimmen Sie $M_1$ und $M_2$!

11. Es sei
    a) $M_1 \cap M_2 = \emptyset$, $\qquad$ b) $M_1 \subset M_2$.
    Bestimmen Sie $M_1 \setminus M_2$!

12. Es seien $M_1$, $M_2$ die Punktmengen der (halboffenen) Intervalle, $M_1 = [-3, 3)$, $M_2 = [1, 7)$. Bestimmen Sie
    a) $M_1 \cup M_2$, b) $M_1 \cap M_2$, c) $M_1 \setminus M_2$, d) $M_2 \setminus M_1$, e) $M_1 \times M_2$.

13. Es seien $M_1 = \{1, 2, 3\}$, $M_2 = \{a, b\}$.
    a) Bilden Sie das Produkt $M_1 \times M_2$!
    b) Welcher Art sind die Abbildungen
       $F_1 = \{(1, a), (1, b)\}$,
       $F_2 = \{(1, a), (3, a)\}$,
       $F_3 = \{(1, a), (2, b), (3, b)\}$,
       $F_4 = \{(1, a), (2, a), (3, a)\}$,
       $F_5 = \{(1, a), (2, b)\}$?
       Geben Sie in allen Fällen D und W an!
    c) Geben Sie die inversen Abbildungen an!
    d) Welche der Abbildungen $F_1$ bis $F_5$ sind eindeutig, welche sogar eineindeutig?

# 10 Kombinatorik - Binomischer Satz

In den Abschnitten 10.1 und 10.2 werden als mathematische Hilfsmittel zur Formulierung des binomischen Satzes (Abschnitt 10.3) und für die Kombinatorik (Abschnitt 10.4) die Begriffe Fakultät und Binomialkoeffizient eingeführt.

## 10.1 Die Fakultät

---

**Definition 10.1:** Unter dem Symbol n! (gelesen "*n - Fakultät*") versteht man das Produkt der natürlichen Zahlen von 1 bis n:

$$n! = 1 \cdot 2 \cdot 3 \cdot \ldots \cdot (n-2) \cdot (n-1) \cdot n.$$

Zusätzlich wird definiert $0! = 1$.

---

Wie aus der Definition der Fakultät hervorgeht, gilt $(n+1)! = n! \cdot (n+1)$.

**Beispiele:**

1. Es ist n! für $n = 5$: $5! = 1 \cdot 2 \cdot 3 \cdot 4 \cdot 5 = 120$.

2. Es ist $0! \cdot 2! \cdot 4! = 1 \cdot (1 \cdot 2) \cdot (1 \cdot 2 \cdot 3 \cdot 4) = 48$.

3. Es ist $\dfrac{5!}{3!} = \dfrac{1 \cdot 2 \cdot 3 \cdot 4 \cdot 5}{1 \cdot 2 \cdot 3} = 4 \cdot 5 = 20$.

4. Es ist $\dfrac{(n+2)!}{(n-1)!} = \dfrac{1 \cdot 2 \cdot 3 \cdot \ldots \cdot (n-1) \cdot (n) \cdot (n+1) \cdot (n+2)}{1 \cdot 2 \cdot 3 \cdot \ldots \cdot (n-1)} = n \cdot (n+1) \cdot (n+2)$.

5. Es ist $2 \cdot n! = 2 \cdot (1 \cdot 2 \cdot 3 \cdot \ldots \cdot n)$,
   $(2n)! = 1 \cdot 2 \cdot 3 \cdot \ldots \cdot n \cdot (n+1) \cdot \ldots \cdot 2n$.

## 10.2 Binomialkoeffizienten

---

**Definition 10.2:** Unter dem Symbol $\dbinom{n}{k}$ (gelesen: "n über k") versteht man den folgenden Bruch aus zwei Produkten zu je k Faktoren:

$$\binom{n}{k} = \frac{n(n-1)(n-2)\ldots(n-k+2)(n-k+1)}{k!}.$$

Zusätzlich legt man fest: $\dbinom{n}{0} = 1$, $\dbinom{n}{1} = n$.

---

Die Zahl k ist eine natürliche Zahl, sie gibt die Anzahl der Faktoren im Zähler bzw. Nenner an. Im Nenner steht das Produkt der ersten k natürlichen Zahlen.

Die Zahl n ist eine reelle Zahl, sie gibt den ersten Faktor im Zähler an, der zweite Faktor heißt $n - 1$, der dritte $n - 2$ usw. bis zum k-ten Faktor $n - k + 1$.

Die Symbole $\binom{n}{k}$ wurden von Euler[*)] eingeführt und werden deshalb *Eulersche Symbole* genannt (vgl. Abschnitt 10.3). Berechnet man die Potenzen eines Binoms (Abschnitt 10.3), so erhält man die Symbole $\binom{n}{k}$ als Koeffizienten vor den einzelnen Summanden, weshalb man sie auch *Binomialkoeffizienten* nennt.

**Beispiele:**

1. $\binom{8}{3} = \dfrac{8 \cdot 7 \cdot 6}{1 \cdot 2 \cdot 3} = 56.$

2. $\binom{7,5}{4} = \dfrac{7,5 \cdot 6,5 \cdot 5,5 \cdot 4,5}{1 \cdot 2 \cdot 3 \cdot 4} = 50{,}2734375.$

3. $\binom{2}{5} = \dfrac{2 \cdot 1 \cdot 0 \cdot (-1) \cdot (-2)}{1 \cdot 2 \cdot 3 \cdot 4 \cdot 5} = 0.$

4. $\binom{-1,2}{3} = \dfrac{(-1,2) \cdot (-2,2) \cdot (-3,2)}{1 \cdot 2 \cdot 3} = -1{,}408.$

5. $\binom{\frac{1}{3}}{2} = \dfrac{\frac{1}{3} \cdot \left(-\frac{2}{3}\right)}{1 \cdot 2} = -\dfrac{1}{9}.$

6. $\binom{2}{\frac{1}{3}}$ ist nicht definiert, da $\dfrac{1}{3}$ keine natürliche Zahl ist.

Eigenschaften der Binomialkoeffizienten

1. Für $n \in \mathbf{N}$, $n < k$ gilt $\binom{n}{k} = 0$.

   Ist nämlich n eine natürliche Zahl und kleiner als k, so ist null einer der Faktoren im Zähler.

2. Für $n \in \mathbf{N}$, $n > k$ gilt
   $$\binom{n}{k} = \frac{n!}{k!(n-k)!} = \binom{n}{n-k}.$$

   **Beweis:** Man erhält durch Erweitern des Bruches $\binom{n}{k}$ mit $(n-k)!$
   $$\binom{n}{k} = \frac{n \cdot (n-1) \cdot \ldots \cdot (n-k+1)}{k!} \cdot \frac{(n-k)!}{(n-k)!} = \frac{n!}{k!(n-k)!}.$$

   Man erhält daraus weiter, wenn man k durch n − k ersetzt,

---

[*)] Leonhard Euler (1707 - 1783), Schweizer Mathematiker, Physiker und Astronom

$$\binom{n}{n-k} = \frac{n!}{(n-k)!(n-n+k)!} = \frac{n!}{(n-k)!k!}.$$

3. Es ist

$$\binom{n}{k} + \binom{n}{k+1} = \binom{n+1}{k+1}.$$

**Beweis**: Man erhält aus der Summe auf der linken Seite, indem man die Binomial-koeffizienten als Brüche schreibt, die Brüche addiert, gemeinsame Faktoren der Summanden im Zähler ausklammert und den Rest vereinfacht:

$$\binom{n}{k} + \binom{n}{k+1} = \frac{n(n-1)\cdot\ldots\cdot(n-k+1)}{k!} + \frac{n(n-k)\cdot\ldots\cdot(n-k+1)(n-k)}{(k+1)!}$$

$$= \frac{n(n-1)\cdot\ldots\cdot(n-k+1)(k+1) + n(n-k)\cdot\ldots\cdot(n-k+1)(n-k)}{(k+1)!}$$

$$= \frac{n(n-1)\cdot\ldots\cdot(n-k+1)[k+1+n-k]}{(k+1)!}$$

$$= \frac{n(n-1)\cdot\ldots\cdot(n-k+1)(n+1)}{(k+1)!}.$$

Dieser Ausdruck definiert aber, schreibt man den letzten Faktor des Zählers als ersten, den Binomialkoeffizienten $\binom{n+1}{k+1}$.

## 10.3  Der binomische Satz

Unter einem Binom versteht man eine Summe aus zwei Gliedern: a + b. Der binomische  Satz gibt an, wie Potenzen eines Binoms $(a + b)^n$ mit natürlichen Zahlen n als Exponenten in Summen entwickelt werden können. Berechnet man die Potenzen des Binoms a + b für die Exponenten n = 0, 1,2, 3, 4, 5, 6, so erhält man das folgende Ergebnis:

$$(a + b)^0 = \qquad\qquad 1$$
$$(a + b)^1 = \qquad\qquad a + b$$
$$(a + b)^2 = \qquad\qquad a^2 + 2ab + b^2$$
$$(a + b)^3 = \qquad\qquad a^3 + 3a^2 b + 3a b^2 + b^3$$
$$(a + b)^4 = \qquad\qquad a^4 + 4a^3 b + 6a^2 b^2 + 4a b^3 + b^4$$
$$(a + b)^5 = \qquad a^5 + 5a^4 b + 10a^3 b^2 + 10a^2 b^3 + 5a b^4 + b^5$$
$$(a + b)^6 = a^6 + 6a^5 b + 15a^4 b^2 + 20a^3 b^3 + 15a^2 b^4 + 6ab^5 + b^6$$
. . .

In diesen Summenentwicklungen erkennt man Gesetzmäßigkeiten. Die Anzahl der Summanden ist um eins größer als der Exponent des Binoms. Alle Summanden enthalten Produkte aus Potenzen von a und b, wobei die Summe der Exponenten von a und  b gleich n ist und bei Anordnung der Summanden nach fallenden Potenzen von a (steigenden Potenzen von b) die Exponenten bei a der Reihe nach n, n − 1, . . . , 1, 0, die Exponenten bei b    0, 1, . . . , n − 1, n sind. Die Koeffizienten der Potenzen des Binoms bilden das sog. Pascalsche[*] Zahlendreieck:

$$
\begin{array}{ccccccccccccc}
 & & & & & & 1 & & & & & & \\
 & & & & & 1 & & 1 & & & & & \\
 & & & & 1 & & 2 & & 1 & & & & \\
 & & & 1 & & 3 & & 3 & & 1 & & & \\
 & & 1 & & 4 & & 6 & & 4 & & 1 & & \\
 & 1 & & 5 & & 10 & & 10 & & 5 & & 1 & \\
1 & & 6 & & 15 & & 20 & & 15 & & 6 & & 1 \\
\end{array}
$$
. . .

In ihm ist jede Zahl die Summe der beiden schräg darüberstehenden Zahlen, weshalb es mühelos für weitere Exponenten n = 7, 8, . . . fortgesetzt werden könnte. Für sehr große Exponenten n ist diese Art der Ermittlung der Binomialkoeffizienten trotzdem recht mühsam.    Leonhard Euler erkannte durch kombinatorische Überlegungen die einheitliche Struktur dieser Koeffizienten. Der in der n-ten Zeile (n Exponent des Binoms) an k-ter Stelle, k = 0, 1, 2, . . . , n, stehende Koeffizient ist von der Form $\binom{n}{k}$ (weshalb im Abschnitt 10.2 die sog. Eulerschen Symbole als Binomialkoeffizienten eingeführt wurden).

Schreibt man das Pascalsche Zahlendreieck unter Verwendung der Eulerschen Symbole auf, so erhält man

$$
\begin{array}{ccccccccccccc}
 & & & & & & \binom{0}{0} & & & & & & \\[6pt]
 & & & & & \binom{1}{0} & & \binom{1}{1} & & & & & \\[6pt]
 & & & & \binom{2}{0} & & \binom{2}{1} & & \binom{2}{2} & & & & \\[6pt]
 & & & \binom{3}{0} & & \binom{3}{1} & & \binom{3}{2} & & \binom{3}{3} & & & \\[6pt]
 & & \binom{4}{0} & & \binom{4}{1} & & \binom{4}{2} & & \binom{4}{3} & & \binom{4}{4} & & \\[6pt]
 & \binom{5}{0} & & \binom{5}{1} & & \binom{5}{2} & & \binom{5}{3} & & \binom{5}{4} & & \binom{5}{5} & \\[6pt]
\binom{6}{0} & & \binom{6}{1} & & \binom{6}{2} & & \binom{6}{3} & & \binom{6}{4} & & \binom{6}{5} & & \binom{6}{6} \\
\end{array}
$$
. . .

Auf Grund der im Abschnitt 10.2 bewiesenen Eigenschaft 2 für Binomialkoeffizienten stimmen die symmetrisch zur Mittelachse des Pascalschen Dreiecks stehenden Koef-

[*] Blaise Pascal (1623 - 1662), französischer Mathematiker

fizienten überein. Daß jeder Koeffizient die Summe der schräg darüberstehenden ist, wurde als Eigenschaft 3 bewiesen (vgl. hierzu auch die Übungsaufgabe 10.4.).

Unter Verwendung der Eulerschen Symbole läßt sich die Summenentwicklung der Potenz eines Binoms $(a + b)^n$ für eine beliebige natürliche Zahl n aufschreiben.

---

**Satz 10.1 (Binomischer Satz):**

$$(a + b)^n = \binom{n}{0} a^n + \binom{n}{1} a^{n-1}b + \binom{n}{2} a^{n-2}b^2 + \ldots + \binom{n}{n-1} ab^{n-1} + \binom{n}{n} b^n$$

$$= \sum_{i=0}^{n} \binom{n}{i} a^{n-i}b^i .$$

---

**Beweis** durch vollständige Induktion:

Induktionsanfang (n = 0):

$$(a + b)^0 = \binom{0}{0}a^0 = 1.$$

Induktionsvoraussetzung (n = k):

$$(a + b)^k = \binom{k}{0}a^k + \binom{k}{1}a^{k-1}b + \binom{k}{2}a^{k-2}b^2 + \ldots + \binom{k}{k-1}a\,b^{k-1} + \binom{k}{k}b^k.$$

Induktionsbehauptung (n = k + 1):

$$(a + b)^{k+1} = \binom{k+1}{0}a^{k+1} + \binom{k+1}{1}a^k b + \binom{k+1}{2}a^{k-1}b^2 + \ldots + \binom{k+1}{k}ab^k$$

$$+ \binom{k+1}{k+1}b^{k+1}.$$

Induktionsbeweis:
$$(a + b)^{k+1} = (a + b)^k (a + b)$$

$$= \binom{k}{0}a^{k+1} + \binom{k}{1}a^k b + \binom{k}{2}a^{k-1}b^2 + \ldots + \binom{k}{k-1}a^2 b^{k-1} + \binom{k}{k}ab^k$$

$$+ \binom{k}{0}a^k b + \binom{k}{1}a^{k-1}b^2 + \binom{k}{2}a^{k-2}b^3 + \ldots + \binom{k}{k-1}ab^k + \binom{k}{k}b^{k+1}.$$

Faßt man nun die (schräg untereinander stehenden) gleichen Potenzprodukte unter Verwendung der Summeneigenschaft der Eulerschen Symbole,

$$\binom{k}{1} + \binom{k}{0} = \binom{k+1}{1}, \qquad \binom{k}{2} + \binom{k}{1} = \binom{k+1}{2}, \quad \ldots \quad , \binom{k}{k} + \binom{k}{k-1} = \binom{k+1}{k},$$

zusammen und schreibt man die Koeffizienten des ersten und letzten Summanden um,

$$\binom{k}{0}=\binom{k+1}{0}, \quad \binom{k}{k}=\binom{k+1}{k+1},$$

so erhält man die behauptete Beziehung.

Aus dem binomischen Satz folgt wegen $(a - b) = a + (- b)$ für die n-te Potenz einer Differenz:

$$(a - b)^n = \binom{n}{0} a^n - \binom{n}{1} a^{n-1}b + \binom{n}{2} a^{n-2}b^2 - \binom{n}{3} a^{n-3}b^3 + \dots \pm \binom{n}{n} b^n$$

$$= \sum_{i=0}^{n} \binom{n}{i} a^{n-1}(-b)^i .$$

**Beispiele:**

1. $(a + b)^5 = \binom{5}{0}a^5 + \binom{5}{1}a^4 b + \binom{5}{2}a^3 b^2 + \binom{5}{3}a^2 b^3 + \binom{5}{4}a b^4 + \binom{5}{5}b^5$

$\qquad\qquad = a^5 + 5a^4 b + 10a^3 b^2 + 10a^2 b^3 + 5a b^4 + b^5$

$\quad (a - b)^5 = a^5 - 5a^4 b + 10a^3 b^2 - 10a^2 b^3 + 5a b^4 - b^5$

$\quad (- a + b)^5 = -a^5 + 5a^4 b - 10a^3 b^2 + 10a^2 b^3 - 5a b^4 + b^5$

$\quad (- a - b)^5 = - (a + b)^5 .$

2. $(x + y)^{10} = \binom{10}{0}x^{10} + \binom{10}{1}x^9 y + \binom{10}{2}x^8 y^2 + \binom{10}{3}x^7 y^3$

$\qquad\qquad + \binom{10}{4}x^6 y^4 + \binom{10}{5}x^5 y^5 + \binom{10}{6}x^4 y^6 + \binom{10}{7}x^3 y^7$

$\qquad\qquad + \binom{10}{8}x^2 y^8 + \binom{10}{9}x y^9 + \binom{10}{10}y^{10}$

$\qquad\qquad = x^{10} + 10x^9 y + 45x^8 y^2 + 120x^7 y^3 + 210x^6 y^4 + 252x^5 y^5 + 210x^4 y^6$

$\qquad\qquad + 120x^3 y^7 + 45x^2 y^8 + 10x y^9 + y^{10} .$

3. $(2a + 3b)^4 = \binom{4}{0}(2a)^4 + \binom{4}{1}(2a)^3 \cdot 3b + \binom{4}{2}(2a)^2 (3b)^2 + \binom{4}{3} \cdot 2a(3b)^3 + \binom{4}{4}(3b)^4$

$\qquad\qquad = 16a^4 + 96a^3b + 216a^2b^2 + 216ab^3 + 81b^4 .$

## 10.4 Kombinatorik

Die Kombinatorik beschäftigt sich mit den Gesetzen der Zusammenstellungen und möglichen Anordnungen von endlich vielen Elementen einer Menge. Es können Zusammenstellungen aller oder eines Teils dieser Elemente betrachtet werden, die Anordnung der Elemente in den Zusammenstellungen kann eine Rolle spielen oder nicht, und es können Wiederholungen der Elemente in den Zusammenstellungen zugelassen werden oder nicht. Deshalb unterscheidet man drei Arten von Zusammenstellungen (auch genannt Komplexionen), nämlich Permutationen, Variationen, Kombinationen, die in den folgenden Abschnitten aufeinanderfolgend behandelt und in einer abschließenden Tabelle überblicksmäßig dargestellt werden.

## 10.4.1 Permutationen

---

**Definition 10.3:**    Eine *Permutation*[*] von n Elementen (ohne Wiederholung) ist jede Zusammenstellung, in der die n Elemente in irgend einer Anordnung nebeneinander stehen. Unterschiedliche Anordnungen der n Elemente bedeuten stets verschiedene Permutationen.

---

**Beispiele:**
1. Permutationen aus den zwei Elementen
   a) 1, 2 sind:        12         21
   b) a, m sind:        am         ma

2. Permutationen aus den drei Elementen

   a) 1, 2, 3 sind:     123        213        312
                        132        231        321

   b) a, m, s sind:     ams        mas        sam
                        asm        msa        sma

3. Permutationen aus den vier Elementen

   a) 1, 2, 3, 4 sind:  1234       2134       3124       4123
                        1243       2143       3142       4132
                        1324       2314       3214       4213
                        1342       2341       3241       4231
                        1423       2413       3412       4312
                        1432       2431       3421       4321

   b) a, m, s, u sind:  amsu       masu       samu       uams
                        amus       maus       saum       uasm
                        asmu       msau       smau       umas
                        asum       msua       smua       umsa
                        aums       muas       suam       usam
                        ausm       musa       suma       usma

Ein Hilfsmittel beim Aufschreiben aller Permutationen, z. B. der insgesamt 24 Permutationen aus vier Elementen, ist die lexikografische Anordnung, d.h. die Anordnung analog den Wörtern des Lexikons unter Zugrundelegung einer natürlichen Reihenfolge der Elemente (bei Buchstaben das Alphabet, bei Zahlen die natürliche Aufeinanderfolge). Zum Beispiel sind die 24 Permutationen der Elemente a, m, s, u in lexikografischer Anordnung angegeben. Die aus diesen Elementen (Buchstaben) gebil-

---

[*] permutare (lat.) = vertauschen

deten Permutationen (Worte) maus bzw. saum stehen in dieser Anordnung an 8. Stelle bzw. an 14. Stelle.

**Satz 10.2:**    Die Anzahl $P_n$ der Permutationen aus n voneinander verschiedenen Elementen ist

$P_n = n!$

**Beweis** durch vollständige Induktion:

Induktionsanfang (n = 1): $P_1 = 1! = 1$.

Induktionsvoraussetzung (n = k): $P_k = k!$

Induktionsbehauptung (n = k + 1): $P_{k+1} = (k + 1)!$

Induktionsbeweis: Zu den k Elementen in den k! Permutationen kommt ein (k + 1)-tes Element hinzu. Dieses (k + 1)-te Element kann in allen Permutationen an erster bis (k+1)-ter Stelle stehen, so daß durch Hinzufügen des (k + 1)-ten Elements aus jeder Permutation von k Elementen k + 1 Permutationen aus k + 1 Elementen werden. Damit gilt

$$P_{k+1} = P_k \cdot (k + 1) = k! \cdot (k + 1) = (k + 1)!$$

**Beispiel:** In wieviel verschiedenen Reihenfolgen können sich zehn Studenten in eine Liste eintragen?
Lösung: $P_{10} = 10! = 3628800$.

**Definition 10.4:**    Jede Anordnung von k Elementen, von denen das i-te Element $n_i$-mal auftritt, i = 1, 2, . . . , k, heißt *Permutation mit Wiederholung*. Die Anzahl der Elemente in der Permutation ist dann $n = n_1 + n_2 + \ldots + n_k$.

**Beispiele:**
1. Die Permutationen der zwei Elemente a, b, in denen das Element a einmal, das Element b zweimal auftritt (k = 2, $n_1 = 1$, $n_2 = 2$, $n = n_1 + n_2 = 1 + 2 = 3$), sind:

    abb        bab        bba

2. Die Permutationen der Elemente a, b, in denen das Element a zweimal, das Element b dreimal auftritt (k = 2, $n_1 = 2$, $n_2 = 3$, $n = n_1 + n_2 = 2 + 3 = 5$), sind:

    aabbb    ababb    abbab    abbba
    baabb    babab    babba
    bbaab    bbaba    bbbaa

**Satz 10.3:**    Die Anzahl $P_n^{(n_1, n_2, \ldots, n_k)}$ der Permutationen von k Elementen, von denen das i-te Element $n_i$-mal auftritt, ist $P_n^{(n_1, n_2, \ldots, n_k)} = \dfrac{n!}{n_1! \cdot n_2! \cdot \ldots \cdot n_k!}$ .

**Beweis**: Wären die $n = n_1 + n_2 + \ldots + n_k$ Elemente in den Permutationen voneinander verschieden, so gäbe es n! Permutationen. Tritt das i-te Element $n_i$-mal auf, so fallen, da für $n_i$ Elemente $n_i$! Permutationen existieren, $n_i$! Permutationen zu einer zusammen, d. h., die Anzahl n! ist durch $n_i$! zu teilen (i = 1, 2, ..., k).

**Beispiele:**

1. Die Anzahl der Permutationen aus k = 2 verschiedenen Elementen, unter denen das erste ($n_1 = 1$)-mal, das zweite ($n_2 = 2$)-mal auftritt, ist

$$P_3^{(1,2)} = \frac{(1+2)!}{1! \cdot 2!} = \frac{3!}{1! \cdot 2!} = 3.$$

2. Die Anzahl der Permutationen aus k = 2 verschiedenen Elementen, unter denen das erste ($n_1 = 2$)-mal, das zweite ($n_2 = 3$)-mal auftritt, ist

$$P_5^{(2,3)} = \frac{5!}{2! \cdot 3!} = 10.$$

## 10.4.2 Variationen

**Definition 10.5:**  Eine *Variation*[*)] von n Elementen zur k-ten Klasse (zu je k Stück, $k \leq n$) ist jede aus k Elementen bestehende Zusammenstellung, die sich aus den n Elementen unter Berücksichtigung der Reihenfolge bilden läßt.

**Beispiele:**

1. Die Variationen der drei Elemente a, b, c zur zweiten Klasse sind:

| | | |
|---|---|---|
| ab | ba | ca |
| ac | bc | cb |

2. Die Variationen der vier Elemente a, b, c, d zur zweiten Klasse sind:

| | | | |
|---|---|---|---|
| ab | ba | ca | da |
| ac | bc | cb | db |
| ad | bd | cd | dc |

Die Variationen der vier Elemente a, b, c, d zur dritten Klasse sind:

| | | | |
|---|---|---|---|
| abc | bac | cab | dab |
| abd | bad | cad | dac |
| acb | bca | cba | dba |
| acd | bcd | cbd | dbc |
| adb | bda | cda | dca |
| adc | bdc | cdb | dcb |

3. Die Variationen der fünf Elemente 1, 2, 3, 4, 5 zur zweiten Klasse sind:

| | | | | |
|---|---|---|---|---|
| 12 | 21 | 31 | 41 | 51 |
| 13 | 23 | 32 | 42 | 52 |
| 14 | 24 | 34 | 43 | 53 |
| 15 | 25 | 35 | 45 | 54 |

---

[*)] variieren (lat.) = abändern

Die Variationen von n Elementen zur n-ten Klasse stimmen überein mit den Permutationen aus n Elementen.

---

**Satz 10.4:** Die Anzahl $V_n^{(k)}$ der Variationen von n Elementen zur k-ten Klasse ist

$$V_n^{(k)} = n\,(n-1) \cdot \ldots \cdot (n-k+1) = \frac{n!}{(n-k)!}.$$

---

**Beweis** durch vollständige Induktion (die Induktion bezieht sich auf k, n ist fest):

Induktionsanfang (k = 1):

$$V_n^{(1)} = \frac{n!}{(n-1)!} = n \quad \text{ist richtig, denn aus n Elementen lassen sich n Variationen, be-}$$

stehend aus je einem Element, bilden.

Induktionsvoraussetzung ($k = k_0$):

$$V_n^{(k_0)} = \frac{n!}{(n-k_0)!}.$$

Induktionsbehauptung ($k = k_0 + 1$):

$$V_n^{(k_0+1)} = \frac{n!}{(n-k_0-1)!}.$$

Induktionsbeweis:

Für jede Variation $k_0$-ter Ordnung beträgt die Anzahl der restlichen, nicht in dieser Variation vorkommenden Elementen $n - k_0$. Setzt man nun der Reihe nach je eines dieser $n - k_0$ Elemente an das Ende einer der $V_n^{(k_0)}$ Variationen $k_0$-ter Klasse , so erhält man daraus $n - k_0$ Variationen der Klasse $k_0 + 1$, und macht man das bei allen $V_n^{(k_0)}$ Variationen, so erhält man $\dfrac{n!}{(n-k_0)!}(n-k_0) = \dfrac{n!}{(n-k_0-1)!}$ Variationen.

(Wenn man eines der $n - k_0$ Elemente zusätzlich noch an einen anderen Platz setzte, so erhielte man eine Variation der Klasse $k_0 + 1$, die schon vorhanden ist. Man kann sich das am Beispiel 2 (n = 4, k = 2, k = 3) gut veranschaulichen).

**Beispiele:**

1. Die Anzahl der Variationen von drei Elementen zur zweiten Klasse ist

$$V_3^{(2)} = \frac{3!}{(3-2)!} = 6.$$

2. Die Anzahl der Variationen von vier Elementen zur zweiten Klasse ist

$$V_4^{(2)} = \frac{4!}{(4-2)!} = 12.$$

Die Anzahl der Variationen von vier Elementen zur dritten Klasse ist

$$V_4^{(3)} = \frac{4!}{(4-3)!} = 24.$$

3. Die Anzahl der Variationen von fünf Elementen zur zweiten Klasse ist

$$V_5^{(2)} = \frac{5!}{(5-2)!} = 20.$$

---

**Definition 10.6:**  Variationen von n Elementen zur k-ten Klasse, bei denen sich die einzelnen Elemente bis zu k-mal wiederholen, heißen *Variationen mit Wieder-holung*.

---

**Beispiele:**

1. Die Variationen der drei Elemente a, b, c zur zweiten Klasse mit Wiederholung
   sind:    aa        ba        ca
            ab        bb        cb
            ac        bc        cc

2. Die Variationen der vier Elemente a, b, c, d zur zweiten Klasse mit Wiederholung
   sind:    aa        ba        ca        da
            ab        bb        cb        db
            ac        bc        cc        dc
            ad        bd        cd        dd

3. Die Variationen der drei Elemente 1, 2, 3 zur dritten Klasse mit Wiederholung
   sind:    111       211       311
            112       212       312
            113       213       313
            121       221       321
            122       222       322
            123       223       323
            131       231       331
            132       232       332
            133       233       333

---

**Satz 10.5:**  Die Anzahl $V_{w_n}^{(k)}$ der Variationen von n Elementen zur k-ten Klasse mit Wiederholung ist $V_{w_n}^{(k)} = n^k$ .

---

**Beweis** durch vollständige Induktion über k:

Induktionsanfang (k = 1):

$\quad V_{w_n}^{(1)} = n^1 = n$ ist richtig, denn aus n Elementen lassen sich n Variationen, bestehend
$\qquad\qquad$ aus je einem Element, bilden.

Induktionsvoraussetzung (k = $k_0$):

$\quad V_{w_n}^{(k_0)} = n^{k_0}$ .

Induktionsbehauptung (k = $k_0 + 1$):

$$V_{w_n}^{(k_0+1)} = n^{k_0+1}.$$

Induktionsbeweis: Die Variationen $(k_0 + 1)$-ter Ordnung ergeben sich aus den $n^{k_0}$ Variationen $k_0$-ter Ordnung, indem man zu jeder von ihnen der Reihe nach je eines der n Elemente am Ende hinzufügt (man vergleiche die entsprechende Bemerkung bei den Variationen ohne Wiederholung). Daher beträgt ihre Anzahl $n^{k_0} \cdot n = n^{k_0+1}$ Variationen.

**Beispiele:**

1. Die Anzahl der Variationen von drei Elementen zur zweiten Klasse mit Wiederholung beträgt $V_{w_3}^{(2)} = 3^2 = 9$.

2. Die Anzahl der Variationen von vier Elementen zur zweiten Klasse mit Wiederholung beträgt $V_{w_4}^{(2)} = 4^2 = 16$.

3. Die Anzahl der Variationen von drei Elementen zur dritten Klasse mit Wiederholung beträgt $V_{w_3}^{(3)} = 3^3 = 27$.

4. Die Morsezeichen setzen sich aus zwei Elementen Punkt und Strich zusammen. Die Anzahl der aus einem, zwei, drei und vier Elementen gebildeten Zeichen ist
$$V_{w_2}^{(1)} + V_{w_2}^{(2)} + V_{w_2}^{(3)} + V_{w_2}^{(4)} = 2^1 + 2^2 + 2^3 + 2^4 = 30.$$

## 10.4.3 Kombinationen

> **Definition 10.7:** Eine *Kombination*[*)] von n Elementen zur k-ten Klasse ($k \leq n$) ist jede aus k Elementen bestehende Zusammenstellung, die sich aus den n Elementen ohne Berücksichtigung der Anordnung bilden läßt.

Die Kombination geht aus der Variation hervor, wenn man die Anordnung nicht beachtet.

**Beispiele:**

1. Die Kombinationen der drei Elemente a, b, c zur zweiten Klasse sind:
   ab          bc
   ac

2. Die Kombinationen der vier Elemente a, b, c, d zur zweiten Klasse sind:
   ab          bc          cd
   ac          bd
   ad

---

[*)] kombinieren (lat.) = verbinden, verknüpfen

Die Kombinationen dieser vier Elemente zur dritten Klasse sind:

abc          bcd
abd
acd

3. Die Kombinationen aus den fünf Elemente 1, 2, 3, 4, 5 zur dritten Klasse sind:

123      234      345
124      235
125      245
134
135
145

---

**Satz 10.6:** Die Anzahl $C_n^{(k)}$ der Kombinationen von n Elementen zur k-ten Klasse

ist $\quad C_n^{(k)} = \binom{n}{k}$.

---

**Beweis**: Die Anzahl der Variationen von n Elementen zur k-ten Klasse war

$$V_n^{(k)} = \frac{n!}{(n-k)!} \, .$$

Die Kombinationen unterscheiden sich von den Variationen dadurch, daß die Anordnung nicht berücksichtigt wird, das bedeutet, es fallen alle k! Permutationen der k Elemente in einer Kombination zu einer zusammen.
Deshalb gilt

$$C_n^{(k)} = \frac{V_n^{(k)}}{k!} = \frac{n!}{(n-k)! \cdot k!} = \binom{n}{k} \, .$$

**Beispiele:**

1. Die Anzahl der Kombinationen von drei Elementen zur zweiten Klasse ist

$$C_3^{(2)} = \binom{3}{2} = 3 \, .$$

2. Die Anzahl der Kombinationen von vier Elementen zur zweiten Klasse ist

$$C_4^{(2)} = \binom{4}{2} = 6 \, .$$

Die Anzahl der Kombinationen von vier Elementen zur dritten Klasse ist

$$C_4^{(3)} = \binom{4}{3} = 4 \, .$$

3. Die Anzahl der Kombinationen von fünf Elementen zur dritten Klasse ist

$$C_5^{(3)} = \binom{5}{3} = 20 \, .$$

4. Im Lotto (6 aus 49) ist die Anzahl der Möglichkeiten für

a) einen Sechser $\qquad C_{49}^{(6)} = \binom{49}{6} = 13\,983\,816,$

b) einen Vierer $\qquad C_6^{(4)} \cdot C_{43}^{(2)} = \binom{6}{4}\binom{43}{2} = 13\,545.$

Die 6 getippten Zahlen setzen sich zusammen aus einer Gruppe von 4 Zahlen unter den gezogenen 6 Zahlen (4 Richtige) und zwei Zahlen (2 Restzahlen).

---

**Definition 10.8:** Kombinationen von n Elementen zur k-ten Klasse, bei denen sich die einzelnen Elemente bis zu k-mal wiederholen, heißen *Kombinationen mit Wiederholung.*

---

**Beispiele:**

1. Die Kombinationen der drei Elemente a, b, c zur zweiten Klasse mit Wiederholung sind:

   aa
   ab          bb
   ac          bc          cc

2. Die Kombinationen der vier Elemente a, b, c, d zur zweiten Klasse mit Wiederholung sind:

   aa
   ab          bb
   ac          bc          cc
   ad          bd          cd          dd

3. Die Kombinationen der drei Elemente 1, 2, 3 zur dritten Klasse mit Wiederholung sind:

   111         221         331
   112         222         332
   113         223         333
   123

---

**Satz 10.7:** Die Anzahl $C_{w_n}^{(k)}$ der Kombinationen von n Elementen zur k-ten Klasse mit Wiederholung ist $C_{w_n}^{(k)} = \binom{n+k-1}{k}.$

---

Auf den Beweis dieser Formel (durch vollständige Induktion über k) soll hier verzichtet werden.

**Beispiele:**

1. Die Anzahl der Kombinationen von drei Elementen zur zweiten Klasse mit Wiederholung ist $C_{w_3}^{(2)} = \binom{3+2-1}{2} = 6.$

2. Die Anzahl der Kombinationen von vier Elementen zur zweiten Klasse mit Wiederholung ist $C_{w_4}^{(2)} = \binom{4+2-1}{2} = 10$.

3. Die Anzahl der Kombinationen von drei Elementen zur dritten Klasse mit Wiederholung ist $C_{w_3}^{(3)} = \binom{3+3-1}{3} = 10$.

4. Die Anzahl der mit vier Würfeln möglichen verschiedenen Würfe beträgt:

$$C_{w_6}^{(4)} = \binom{6+4-1}{4} = 126.$$

## 10.4.4 Zusammenfassende Darstellung der Permutationen, Variationen, Kombinationen

| | Zusammenstellung aller betrachteten Elemente | | Zusammenstellung eines Teils der betrachteten Elemente |
|---|---|---|---|
| | Berücksichtigung der Anordnung | | Vernachlässigung der Anordnung |
| | **Permutationen** | **Variationen** | **Kombinationen** |
| alle Elemente voneinander verschieden | Anzahl der Permutationen von n Elementen: $P_n = n!$ | Anzahl der Variationen von n Elementen zur k-ten Klasse: $V_n^{(k)} = \dfrac{n!}{(n-k)!}$ | Anzahl der Kombinationen von n Elementen zur k-ten Klasse: $C_n^{(k)} = \binom{n}{k}$ |
| mit Wiederholung | Anzahl der Permutationen von k Elementen mit $n_i$ Elementen in der i-ten Gruppe: $P_n^{(n_1, n_2, \ldots, n_k)}$ $= \dfrac{n!}{n_1! \cdot n_2! \cdot \ldots \cdot n_k!}$ | Anzahl der Variationen von n Elementen zur k-ten Klasse mit Wiederholung: $V_{w_n}^{(k)} = n^k$ | Anzahl der Kombinationen von n Elementen zur k-ten Klasse mit Wiederholung: $C_{w_n}^{(k)} = \binom{n+k-1}{k}$ |

# 10.5  Übungsaufgaben

1.    Berechnen Sie die nachstehenden Fakultäten!

a)    $7!$          b) $3! \cdot 5!$      c) $\dfrac{6!}{4! \cdot 0!}$

2.    Vereinfachen Sie die folgenden Quotienten!

a) $\dfrac{(n+1)!}{(n-2)!}$    b) $\dfrac{(2n)!}{n!}$    c) $\dfrac{n!}{2n!}$

3.  Berechnen Sie die folgenden Ausdrücke!

a) $\dbinom{6}{4}$    b) $\dbinom{1,5}{3}$    c) $\dbinom{-1}{6}$    d) $\dbinom{4}{1}$    e) $\dbinom{4}{0}$

f) $\dbinom{8}{8}$    g) $\dbinom{5}{4}\cdot 4!$    h) $\dbinom{7}{6}\cdot 3!$    i) $\dbinom{6}{7}\cdot 3!$    j) $\dfrac{\dbinom{7}{6}}{3!}$

4.  Berechnen Sie die nachstehenden Summen!

a) $\dbinom{2}{1}+\dbinom{2}{2}$    b) $\dbinom{3}{1}+\dbinom{3}{2}$    c) $\dbinom{3}{2}+\dbinom{3}{3}$

d) $\dbinom{4}{1}+\dbinom{4}{2}$    e) $\dbinom{4}{2}+\dbinom{4}{3}$    f) $\dbinom{4}{3}+\dbinom{4}{4}$

5.  Berechnen Sie die folgenden Ausdrücke unter Verwendung der binomischen Formel!

a) $(x+y)^7$    b) $(a-b)^6$    c) $(5a+4b)^3$

d) $(\frac{1}{2}x-\frac{1}{3}y)^4$    e) $(2\sqrt{a}+3\sqrt{b})^2$    f) $(x^2+y^2)^3$

6.  Vereinfachen Sie die nachstehenden Ausdrücke!

a) $(-1+a)^2-(1-a)^2$    b) $(a^2+b^2)^2-(a^2-b^2)^2$
c) $(\sqrt{ab}-1)(-a-\sqrt{ab})+ab$

7.  Zerlegen Sie in ein Produkt von Binomen!

a) $25a^2+10ab+b^2$    b) $49a^2-42a+9$
c) $169a^2-130ab+25b^2$    d) $2x+2\cdot\sqrt{6xy}+3y$

8.  a) Schreiben Sie alle Permutationen der Elemente 1, 2, 3, 4 in lexikografischer Anordnung auf!
    b) An wievielter Stelle unter den Permutationen von a, e, f, h, n stehen "fahne" und "hafen"?

9.  a) In wieviel unterschiedlichen Sitzordnungen können sechs Personen an einem Tisch sitzen?
    b) Wieviel fünfziffrige Zahlen lassen sich mit den Ziffern 0, 1, 2, 3, 4 schreiben, wenn Zahlen, die mit 0 beginnen, weggelassen werden?
    c) Wieviel Permutationen der Elemente a, b, c, d, e, f beginnen mit c, mit de, mit cdef?

10. a) Schreiben Sie alle Permutationen der Elemente a, b, c, in denen die Elemente a und b je einmal, das Element c zweimal auftreten, auf!
    b) Berechnen Sie die Anzahl dieser Permutationen!

11.  Wieviel geordnete Paare kann man aus den 26 Buchstaben des Alphabets bilden?

12.  Wieviel verschiedene Variationen vierter Klasse
     a) ohne,
     b) mit Wiederholungen gibt es von den Elementen 0, 2, 4, 6, 8?

13.  Eine Lochkarte besteht aus 80 Lochspalten zu je zehn Lochstellen. Wieviel Zusammenstellungen von Lochungen sind möglich, wenn jede Spalte genau einmal gelocht wird?

14.  Wie groß ist die Anzahl der Kombinationen aus sechs Elementen zur vierten Klasse und zur fünften Klasse
     a) ohne Wiederholung,
     b) mit Wiederholung?

15.  Wieviel verschiedene Möglichkeiten gibt es beim Skatspiel für die zwei Karten im Skat? Wieviel Möglichkeiten gibt es, zwei Buben im Skat zu haben?

16.  Wieviel verschiedene Stichprobenmöglichkeiten gibt es, wenn bei einer Produktionsserie von 1000 Stück die Stichprobe einen Umfang von 20 Stück hat?

17.  Polizeiliche Kennzeichen für Kraftfahrzeuge sind u. a. wie folgt zusammengesetzt: Einer den Ort kennzeichnenden Gruppe von Kennbuchstaben folgt eine Vierergruppe, bestehend aus den Ziffern 0 bis 9. Wieviel Kennzeichen zu festen Kennbuchstaben sind möglich?

18.  Wieviel Rohre unterschiedlicher Abmessungen und Rohstoffzusammensetzungen lassen sich durch Farbmarkierungen unter Verwendung von vier Farben kennzeichnen?

19.  Bei einem Laufwettbewerb befinden sich sechs Läufer im Endlauf. Wieviel Einlaufmöglichkeiten gibt es?

20.  Auf wieviel Arten lassen sich
     a) acht verschiedene Perlen,
     b) drei rote, vier blaue, eine grüne
     anordnen?

21.  Wieviel Fernsprechanschlüsse lassen sich einrichten, wenn nur fünfstellige Rufnummern verwendet werden?
     Wieviel Fernsprechanschlüsse sind bei sechsstelligen Rufnummern möglich, wenn Rufnummern, die mit 0 beginnen, nicht erlaubt sind?

22.  Wieviel verschiedene Würfe mit drei Würfeln sind möglich, bei denen alle Würfel verschiedene Augenzahlen zeigen?
     Wieviel verschiedene Würfe mit drei Würfeln sind möglich?

# 11 Lineare Algebra

Der vorliegende Hauptabschnitt ist der Lösung von Systemen aus m linearen Gleichungen mit n Unbekannten gewidmet, wobei die Anzahl m der Gleichungen gleich der Anzahl n der Unbekannten oder kleiner oder größer als die Anzahl n der Unbekannten sein kann.

Im Abschnitt 11.1 werden Gleichungssysteme mit zwei Unbekannten behandelt, was eine Wiederholung von Schulstoff darstellt. Hier werden aber auch Gleichungssysteme mit unbestimmten Koeffizienten betrachtet, wobei Fallunterscheidungen nötig sind.

Diese Betrachtungen werden im Abschnitt 11.2 auf drei und im Abschnitt 11.3 auf beliebig viele Unbekannte ausgedehnt. In allen Abschnitten wird schrittweise der Begriff der Determinante sowie der des Gaußschen Algorithmus herausgearbeitet.

Der Abschnitt 11.4 enthält speziell die Lösung homogener Gleichungssysteme.

## 11.1 Lineare Gleichungssysteme mit zwei Unbekannten

### 11.1.1 Eine lineare Gleichung mit zwei Unbekannten

Eine solche Gleichung kann dargestellt werden durch

$$ax + by = c. \tag{11.1}$$

Hierin können die unbekannten Größen x und y beliebige reelle Zahlen sein, die in der angegebenen Weise miteinander verknüpft sind. Mit anderen Worten: x und y sind Variable; die Gl. (11.1) stellt eine lineare Funktionsgleichung dar, deren Bild eine Gerade im x,y-Koordinatensystem ist (vgl. Abschnitt 16).

Die Sonderfälle a = 0 oder b = 0 beschreiben insbesondere Geraden, die parallel zur y- bzw. x-Achse verlaufen.

Faßt man die Gl. (11.1) als Bestimmungsgleichung für die beiden Unbekannten x und y auf, so erhebt sich die Frage, was man unter der Lösung dieser Gleichung verstehen will.

Die Lösung von Gl. (11.1) ist offenbar die Menge aller Wertepaare (x, y), die die Gl. (11.1) erfüllen.

Betrachtet man den *Hauptfall* a, b ≠ 0, so kann man Gl. (11.1) nach y auflösen:

$$y = - \frac{a}{b} x + \frac{c}{b}. \tag{11.2}$$

Man kann x völlig beliebig wählen und hat dann y nach Formel (11.2) zu ermitteln. Man erhält also unendlich viele Lösungen, nämlich die Lösungsmenge

$$L = \left\{ (x, y) \mid y = - \frac{a}{b} x + \frac{c}{b}, \ x \text{ beliebig} \right\}. \tag{11.3}$$

Man schreibt dafür auch kurz:     Lösung von Gl. (11.1): $y = - \frac{a}{b} x + \frac{c}{b}$, x beliebig.

Selbstverständlich kann man auch nach x auflösen und y beliebig wählen, also

Lösung von Gl. (11.1):   $x = -\dfrac{b}{a}\, y + \dfrac{c}{a}$ ,   y beliebig.

Da wir im folgenden zu drei und mehr Unbekannten übergehen wollen, ist es zweckmäßig, die Unbekannten nicht mit x, y, z, ... zu bezeichnen, sondern mit $x_1$, $x_2$, $x_3$, ..

Mit diesen Bezeichnungen kann zusammenfassend festgestellt werden:

Die folgende Gleichung mit den zwei Unbekannten $x_1$ und $x_2$

$$a_1\, x_1 + a_2\, x_2 = b \tag{11.4}$$

hat für $a_1 \neq 0$ die $\infty^1$ Lösungen[1]

$$x_1 = -\frac{a_2}{a_1} x_2 + \frac{b}{a_1} , \quad x_2 \text{ beliebig,} \tag{11.5}$$

für $a_2 \neq 0$ die $\infty^1$ Lösungen

$$x_2 = -\frac{a_2}{a_2} x_1 + \frac{b}{a_2} , \quad x_1 \text{ beliebig,} \tag{11.6}$$

für $a_1 = a_2 = b = 0$    $(0 \cdot x_1 + 0 \cdot x_2 = 0)$ die $\infty^2$ Lösungen[1]

$$x_1 \text{ beliebig,} \quad x_2 \text{ beliebig.} \tag{11.7}$$

Für $a_1 = a_2 = 0$, $b \neq 0$ $(0 \cdot x_1 + 0 \cdot x_2 = b \neq 0$, Widerspruch!) gibt es keine Lösung.

## 11.1.2 Zwei lineare Gleichungen mit zwei Unbekannten

Ein System von zwei Gleichungen mit zwei Unbekannten hat die allgemeine Gestalt

$$I \quad a_{11}\, x_1 + a_{12}\, x_2 = a_1 \tag{11.8}$$

$$II \quad a_{21}\, x_1 + a_{22}\, x_2 = a_2$$

Diese Bestimmungsgleichungen können als Funktionsgleichungen mit den Veränderlichen $x_1$ und $x_2$ aufgefaßt und im $x_1$,$x_2$-Koordinatensystem als Geraden dargestellt werden. Schneiden sich diese Geraden in einem Punkt, so sind die Koordinaten dieses Schnittpunktes die einzige Lösung des Gleichungssystems (11.8).

Fallen die beiden Geraden zusammen, so bedeutet dies, daß die Gleichung II die gleiche Gerade darstellt wie die Gleichung I. Man braucht dann nur die Gleichung I oder II entsprechend Abschnitt 11.1.1 zu lösen. Es existieren $\infty^1$ Lösungen.

Es können formal aber auch $\infty^2$ Lösungen auftreten, wenn nämlich alle $a_{ik}$ und alle $a_i$ gleich null sind. Diesen "ausgearteten" Fall werden wir im folgenden ausschließen.

Dagegen behandeln wir den Fall, wo keine Lösung existiert. Dieser tritt dann ein, wenn die durch I und II dargestellten Geraden parallel verlaufen, aber nicht zusammenfallen.

---

[1] $\infty^i$ (i = 1, 2, ... ) bedeutet, daß für i Unbekannte beliebige Werte eingesetzt werden können.

Bei zwei Gleichungen mit zwei Unbekannten können also folgende vier Fälle auftreten:

1. Es existiert eine eindeutig bestimmte Lösung (Hauptfall).
2. Es existiert keine Lösung (das System enthält Widersprüche).
3. Es existieren $\infty^1$ Lösungen (die II. Gleichung ist gleich der I. bzw. ein Vielfaches davon).
4. Es existieren $\infty^2$ Lösungen ("ausgearteter" Fall: alle $a_{ik} = 0$, alle $a_i = 0$).

Bei zwei Gleichungen mit zwei Unbekannten kann man am Gleichungssystem relativ leicht erkennen, welcher Fall vorliegt.

Bei Systemen mit drei und mehr Unbekannten sind die entsprechenden Fälle im allgemeinen nicht mehr leicht zu erkennen. Hier muß dann formal vorgegangen werden. Zur Vorbereitung auf solche Probleme wollen wir hier die einzelnen Fälle durch "formales Lösen" des Gleichungssystems herausarbeiten. Dabei sollen die drei elementaren Lösungsmethoden eines Gleichungssystems wiederholt werden:

1. Das *Gleichsetzungsverfahren*: Man löst beide Gleichungen nach der gleichen Unbekannten (z. B. $x_2$) auf, setzt sie gleich und erhält dabei eine Gleichung mit einer Unbekannten (z. B. $x_1$).

2. Das *Einsetzungsverfahren*: Man löst eine Gleichung nach einer Unbekannten (z. B. $x_2$) auf und setzt das Ergebnis in die andere Gleichung ein. Dann erhält man eine Gleichung mit der anderen Unbekannten (z. B. $x_1$).

3. Das *Additionsverfahren*: Man addiert ein bestimmtes (evtl. auch negatives) Vielfaches der II. Gleichung zu einem bestimmten Vielfachen der I. Gleichung derart, daß eine Unbekannte nicht mehr auftritt. Mit dem Ergebnis ermittelt man die andere Unbekannte. Das kann man für beide Unbekannte tun. Dieses Verfahren ist die Grundlage für die Lösung von Gleichungssystemen mittels Determinanten.

Die drei Verfahren sollen nun auf drei spezielle Gleichungssysteme angewendet werden. Dabei wird für alle vier Koeffizienten $a_{ik} \neq 0$ vorausgesetzt. Wäre nämlich ein $a_{ik} = 0$ (z. B. $a_{21} = 0$), so läge ein System mit Dreiecksstruktur vor:

$$\text{I} \quad a_{11} x_1 + a_{12} x_2 = a_1, \quad a_{11} \neq 0 \qquad\qquad (11.9)$$
$$\text{II} \qquad\qquad a_{22} x_2 = a_2, \quad a_{22} \neq 0.$$

Man könnte hier $x_2$ aus II direkt ermitteln, das Ergebnis in I einsetzen und $x_1$ berechnen. An dieser Stelle wollen wir schon darauf hinweisen, daß beim Anwenden des Gaußschen Algorithmus ein gegebenes Gleichungssystem auf Dreiecksgestalt zu bringen ist.

Die drei konkreten Gleichungssysteme sind:

System 1:  I    $2x_1 + 3x_2 = 4$
$\qquad\qquad$ II    $x_1 - 2x_2 = -5$

Dieses System hat eine eindeutig bestimmte Lösung. Gleichung II hat keinen Bezug zu Gleichung I.

System 2:  I   $2x_1 + 3x_2 = 4$
           II  $4x_1 + 6x_2 = 8$

Es ist leicht zu erkennen, daß die Gleichung II nur die mit 2 multiplizierte Gleichung I ist. Beide Gleichungen stellen die gleiche Gerade dar. Es gibt $\infty^1$ Lösungen.

System 3:  I   $2x_1 + 3x_2 = 4$
           II  $4x_1 + 6x_2 = 10$

Man sieht hier sofort, daß beide Gleichungen einander widersprechen. Das Zweifache der Gleichung I ist $4x_1 + 6x_2 = 8$, es kann nicht außerdem auch II gelten. Das System hat demnach keine Lösung.

**Beispiel 11.1:** Das System 1 ist mit den drei o. a. Verfahren zu lösen.

a) Gleichsetzungsverfahren

I': $x_1 = 2 - \dfrac{3}{2}x_2$ $\qquad\qquad\qquad$ II': $x_1 = 2x_2 - 5$

$$2 - \frac{3}{2}x_2 = 2x_2 - 5$$

$$-\frac{7}{2}x_2 = -7$$

$$x_2 = 2$$

aus I': $\qquad\qquad\qquad\qquad x_1 = 2 - \dfrac{3}{2} \cdot 2$

$$x_1 = -1$$

b) Einsetzungsverfahren: II wird nach $x_1$ aufgelöst und in I eingesetzt.

II': $x_1 = 2x_2 - 5$ $\qquad 2(2x_2 - 5) + 3x_2 = 4$

$$4x_2 - 10 + 3x_2 = 4$$

$$7x_2 = 14$$

$$x_2 = 2$$

aus II': $\qquad\qquad\qquad\qquad x_1 = 2 \cdot 2 - 5$

$$x_1 = -1$$

c) Additionsverfahren: Man eliminiert $x_1$, indem man das $(-2)$-fache von II zu I addiert.

$$
\begin{array}{ll}
\text{I} & 2x_1 + 3x_2 = \phantom{-}4 \\
(-2) \cdot \text{II} & -2x_1 + 4x_2 = 10 \\
\hline
\text{I} - 2 \cdot \text{II} & \phantom{-2x_1 +}7x_2 = 14 \\
& \phantom{-2x_1 + 3}x_2 = \phantom{1}2
\end{array}
$$

(Man könnte nun z. B. aus II $x_1$ berechnen: $x_1 = 2x_2 - 5 = 4 - 5 = -1$).
Bei konsequenter Anwendung des Additionsverfahrens eliminiert man noch $x_2$, indem man das Dreifache von II zum Zweifachen von I addiert.

$$
\begin{array}{ll}
2 \cdot \text{I} & 4x_1 + 6x_2 = \phantom{-1}8 \\
3 \cdot \text{II} & 3x_1 - 6x_2 = -15 \\
\hline
2 \cdot \text{I} + 3 \cdot \text{II} & 7x_1 \phantom{+ 6x_2} = -7 \\
& \phantom{7}x_1 = -1
\end{array}
$$

**Beispiel 11.2:** Das System 2 ist mit den drei o. a. Verfahren zu lösen.

a) Gleichsetzungsverfahren:

I': $x_1 = 2 - \dfrac{3}{2} x_2$ $\qquad\qquad\qquad$ II': $x_1 = 2 - \dfrac{3}{2} x_2$

$$
2 - \frac{3}{2} x_2 = 2 - \frac{3}{2} x_2
$$

$$
0 \cdot x_2 = 0
$$

$$
x_2 \text{ beliebig.}
$$

Aus I' erhält man die $\infty^1$ Lösungen

$$
x_1 = 2 - \frac{3}{2} x_2, \quad x_2 \text{ beliebig.}
$$

b) Einsetzungsverfahren:

I': $x_1 = 2 - \dfrac{3}{2} x_2$, eingesetzt in II: $\qquad$ II': $4 \cdot \left(2 - \dfrac{3}{2} x_2\right) + 6x_2 = 8$

$$
8 - 6x_2 + 6x_2 = 8
$$

$$
0 \cdot x_2 = 0
$$

$$
x_2 \text{ beliebig.}
$$

Aus II' folgt damit

$$
x_1 = 2 - \frac{3}{2} x_2, \quad x_2 \text{ beliebig.}
$$

c) Additionsverfahren:

$$
\begin{array}{ll}
2 \cdot \text{I} & 4x_1 + 6x_2 = \phantom{-}8 \\
\text{II} & 4x_1 + 6x_2 = \phantom{-}8 \\
\hline
\text{II} - 2 \cdot \text{I} : & 0 \cdot x_1 + 0 \cdot x_2 = 0.
\end{array}
$$

Betrachtet man nur diese Gleichung, so ließen sich $x_1$ und $x_2$ beliebig wählen. Da aber zwischen $x_1$ und $x_2$ ein durch I bzw. II gegebener Zusammenhang besteht, läßt sich nur eine der beiden Unbekannten beliebig wählen. So ist die Lösung

$$x_1 = 2 - \frac{3}{2}x_2, \; x_2 \text{ beliebig} \quad \text{bzw.} \quad x_2 = \frac{4}{3} - \frac{2}{3}x_1, \; x_1 \text{ beliebig.}$$

**Beispiel 11.3:** Das System 3 ist mit den drei o. a. Verfahren zu lösen.

a) Gleichsetzungsverfahren:

$$I': \; x_1 = 2 - \frac{3}{2}x_2 \qquad\qquad II': \; x_1 = \frac{5}{2} - \frac{3}{2}x_2$$

$$2 - \frac{3}{2}x_2 = \frac{5}{2} - \frac{3}{2}x_2$$

$$0 \cdot x_2 = \frac{1}{2}$$

Das ist ein Widerspruch, denn keine reelle Zahl $x_2$ kann diese Gleichung erfüllen. Demnach gibt es keine Lösung.

b) Einsetzungsverfahren:

$$I': \quad x_1 = 2 - \frac{3}{2}x_2, \text{ eingesetzt in II:} \qquad II': \; 4 \cdot (2 - \frac{3}{2}x_2) + 6x_2 = 10$$

$$8 - 6x_2 + 6x_2 = 10$$

$$0 \cdot x_2 = 2$$

Das ist ein Widerspruch, es gibt also keine Lösung.

c) Additionsverfahren:

$$\begin{array}{ll} 2 \cdot I & 4x_1 + 6x_2 = 8 \\ II & 4x_1 + 6x_2 = 10 \\ \hline 2 \cdot I - II: & 0 \cdot x_1 + 0 \cdot x_2 = -2. \end{array}$$

Das ist ein Widerspruch, es gibt keine Lösung.

Mit den folgenden Beispielen wollen wir Hinweise zum Lösen einiger Übungsaufgaben verbinden.

**Beispiel 11.4:** Gegeben sei ein Gleichungssystem in der Form

$$I \qquad \frac{x}{a+b} + \frac{y}{a-b} = 1$$

$$II \qquad \frac{x}{a-b} + \frac{y}{a+b} = 1.$$

Es hat nur einen Sinn, wenn $b \neq a$ und $b \neq -a$, also $|a| \neq |b|$ ist.
Man kann dieses Gleichungssystem nach einem der angegebenen Verfahren unmittelbar, aber auch erst nach vorangegangener Umformung lösen.
Zunächst wenden wir das Additionsverfahren an.

Nach Multiplikation von I mit $\frac{1}{a+b}$ und II mit $-\frac{1}{a-b}$ erhält man:

$$\frac{x}{(a+b)^2} + \frac{y}{a^2-b^2} = \frac{1}{a+b}$$

$$-\frac{x}{(a-b)^2} - \frac{y}{a^2-b^2} = -\frac{1}{a-b}$$

Dadurch haben die beiden Koeffizienten von y entgegengesetztes Vorzeichen und heben sich beim Addieren auf. Somit liegt dann eine Gleichung mit einer Unbekannten vor:

$$\frac{x}{(a+b)^2} - \frac{x}{(a-b)^2} = \frac{1}{a+b} - \frac{1}{a-b}$$

$$\frac{(a-b)^2 - (a+b)^2}{(a+b)^2(a-b)^2} x = \frac{a-b-(a+b)}{a^2-b^2}$$

$$\frac{a^2 - 2ab + b^2 - a^2 - 2ab - b^2}{(a^2-b^2)^2} x = \frac{a-b-a-b}{a^2-b^2}$$

$$-\frac{4ab}{a^2-b^2} x = -2b$$

$$2abx = b(a^2-b^2) \quad (*)$$

$$x = \frac{a^2-b^2}{2a} \quad \text{für } ab \neq 0.$$

Multipliziert man I mit $\frac{1}{a-b}$ und II mit $-\frac{1}{a+b}$ kann man y in analoger Weise errechnen:

$$\frac{x}{a^2-b^2} + \frac{y}{(a-b)^2} = \frac{1}{a-b}$$

$$-\frac{x}{a^2-b^2} - \frac{y}{(a+b)^2} = -\frac{1}{a+b}$$

$$\frac{y}{(a-b)^2} - \frac{y}{(a+b)^2} = \frac{1}{a-b} - \frac{1}{a+b}$$

$$\frac{(a+b)^2 - (a-b)^2}{(a-b)^2(a+b)^2} y = \frac{a+b-(a-b)}{a^2-b^2}$$

$$\frac{a^2 + 2ab + b^2 - a^2 + 2ab - b^2}{(a^2-b^2)^2} y = \frac{a+b-a+b}{a^2-b^2}$$

$$\frac{4ab}{a^2-b^2} y = 2b$$

$$2aby = b(a^2-b^2) \quad (*)$$

$$y = \frac{a^2-b^2}{2a} \quad \text{für } ab \neq 0.$$

Hier liegt der Sonderfall vor, daß beide Unbekannte gleich sind, was jedoch für unsere Betrachtungen ohne Bedeutung ist.

Da die für x, y errechneten Werte nur für $ab \neq 0$ gelten, ist zu untersuchen, welche Fallunterscheidungen bei Gleichungssystemen für $ab = 0$ zu machen sind. Hierzu betrachten wir die Gleichungen (*) und unterscheiden drei Fälle:

1. $a = 0, \ b \neq 0$

   Die Gleichungen (*) lauten dann

   $0 \cdot x = -2b^3,$

   $0 \cdot y = -2b^3.$

   In diesem Falle hat das Gleichungssystem keine Lösung.
   (Es liegt ein Widerspruch vor.)

2. $a \neq 0, b = 0$

   Die Gleichungen (*) lauten in diesem Falle

   $0 \cdot x = 0,$

   $0 \cdot y = 0.$

   (Hier liegt kein Widerspruch vor.) Sowohl aus I als auch aus II folgt

   $\dfrac{x}{a} + \dfrac{y}{a} = 1$ bzw. $x + y = a.$

   Wählt man y frei, so ist    $x = a - y,$   y beliebig,

   anderenfalls ist           $y = a - x,$   x beliebig.

3. $a = b = 0$

   Dieser Fall ist laut Voraussetzung ausgeschlossen.

**Beispiel 11.5:**    $\dfrac{11}{2x - 3y} + \dfrac{18}{3x - 2y} = 13$

$\dfrac{27}{3x - 2y} - \dfrac{2}{2x - 3y} = 1$

Formt man dieses System durch Multiplikation mit $(3x - 2y)(2x - 3y)$ um, so erhält man

$$69x - 76y = 78x^2 - 169xy + 78y^2$$
$$48x - 77y = 6x^2 - 13xy + 6y^2$$

und erkennt, daß man auf diesem Wege kein lineares Gleichungssystem für x und y erhält. Da in dem angegebenen Gleichungssystem jeweils zwei Nenner gleich sind, kann man neue Unbekannte u, v einführen, diese berechnen und danach die Größen x, y ermitteln. Wir setzen    $u = \dfrac{1}{2x - 3y},$    $v = \dfrac{1}{3x - 2y}$    und erhalten

$11u + 18v = 13$         bzw.     $11u + 18v = 13$

$27v - 2u = 1$                     $-2u + 27v = 1$

Wir wenden das Additionsverfahren an:

$$33u + 54v = 39$$
$$\underline{4u - 54v = -2}$$
$$37u \qquad = 37$$

$$u = 1 \qquad \text{und weiterhin } v = \frac{1}{9}.$$

Damit können $x$ und $y$ berechnet werden:

$$1 = \frac{1}{2x - 3y} \qquad \text{bzw.} \quad 2x - 3y = 1$$

$$\frac{1}{9} = \frac{1}{3x - 2y} \qquad\qquad 3x - 2y = 9$$

Daraus erhält man die gesuchte Lösung $x = 5$, $y = 3$.

## 11.1.3 Determinanten zweiter Ordnung und Cramersche Regel

Wendet man das Additionsverfahren formal auf das allgemeine System (11.8) an, so erhält man bei der Elimination von $x_2$: $I' = a_{22} \cdot I - a_{12} \cdot II$:

$$(a_{11} a_{22} - a_{12} a_{21}) x_1 = (a_1 a_{22} - a_{12} a_2), \tag{11.10}$$

und bei der Elimination von $x_1$: $II' = a_{11} \cdot II - a_{21} \cdot I$:

$$(a_{11} a_{22} - a_{12} a_{21}) x_2 = (a_{11} a_2 - a_1 a_{21}). \tag{11.11}$$

Ist $(a_{11} a_{22} - a_{12} a_{21}) \neq 0$, so erhält man daraus die eindeutig bestimmte Lösung

$$x_1 = \frac{a_1 a_{22} - a_{12} a_2}{a_{11} a_{22} - a_{12} a_{21}}, \qquad x_2 = \frac{a_{11} a_2 - a_1 a_{21}}{a_{11} a_{22} - a_{12} a_{21}}. \tag{11.12}$$

Man kann durch Einsetzen in (11.8) bestätigen, daß (11.12) tatsächlich Lösung von (11.8) ist. Durch (11.10) bis (11.12) wird man in natürlicher Weise zum Begriff der Determinante zweiter Ordnung geführt.

---

**Definition 11.1:** Unter einer *Determinante 2. Ordnung* eines geordneten Systems von zweimal zwei reellen Zahlen $a_{ik}$ (i, k = 1, 2) versteht man die Zahl

$$D = \begin{vmatrix} a_{11} & a_{12} \\ a_{21} & a_{22} \end{vmatrix} = a_{11} a_{22} - a_{12} a_{21}. \tag{11.13}$$

(Produkt der Elemente der *Hauptdiagonalen* minus Produkt der Elemente der *Nebendiagonalen*.)

---

In (11.13) stehen die Koeffizienten der $x_i$ so, wie sie im System (11.8) stehen. Man nennt die Determinante (11.13) daher Koeffizientendeterminante des Systems (11.8). Ersetzt man in (11.13) die erste Spalte (die Koeffizienten, die zu $x_1$ gehören) durch die rechte Seite (Absolutglieder) des Gleichungssystems (11.8) $a_1$, $a_2$, so entsteht eine (zu $x_1$ gehörende) Determinante

$$D_1 = \begin{vmatrix} a_1 & a_{12} \\ a_2 & a_{22} \end{vmatrix} = a_1\,a_{22} - a_{12}\,a_2. \tag{11.14}$$

Ersetzt man in entsprechender Weise die zweite Spalte von (11.13), so erhält man die zu $x_2$ gehörende Determinante

$$D_2 = \begin{vmatrix} a_{11} & a_1 \\ a_{21} & a_2 \end{vmatrix} = a_{11}\,a_2 - a_1\,a_{21}. \tag{11.15}$$

Vergleicht man (11.10) bis (11.12) mit (11.13) bis (11.15), so erhält man den

---

**Satz 11.1 (Cramersche Regel):** Gilt für die *Koeffizientendeterminante* in (11.13)

$$D = \begin{vmatrix} a_{11} & a_{12} \\ a_{21} & a_{22} \end{vmatrix} \neq 0, \tag{11.16}$$

so besitzt das Gleichungssystem (11.8) die eindeutig bestimmte Lösung

$$x_1 = \frac{D_1}{D}, \qquad x_2 = \frac{D_2}{D}, \tag{11.17}$$

wobei $D_1$ und $D_2$ nach (11.14) und (11.15) zu berechnen sind.

---

Es gilt weiter wegen (11.10) und (11.11)

---

**Satz 11.2:** Gilt für die Koeffizientendeterminante D in (11.13)

$$D = 0, \tag{11.18}$$

und gilt für mindestens eine der Determinanten $D_1$ oder $D_2$ in (11.14) oder (11.15)

$$D_1 \neq 0 \text{ oder } D_2 \neq 0, \tag{11.19}$$

so hat das System (11.8) keine Lösung, seine Gleichungen widerprechen einander.

---

**Satz 11.3:** Gilt

$$D = D_1 = D_2 = 0, \tag{11.20}$$

so ist eine der beiden Gleichungen I bzw. II überflüssig (beide Gleichungen sind abhängig voneinander), und man hat die Methode aus Abschnitt 11.1.1 anzuwenden.

---

Als Lehrbeispiele werden nun die in den Beispielen 11.1 bis 11.3 (Abschnitt 11.1.2) behandelten Systeme 1, 2 und 3 mit Determinanten gelöst.

**Beispiel 11.6:** Für das System 1 gilt

$$D = \begin{vmatrix} 2 & 3 \\ 1 & -2 \end{vmatrix} = -4 - 3 = -7 \neq 0.$$

Es existiert also eine eindeutig bestimmte Lösung. Es gilt weiter

$$D_1 = \begin{vmatrix} 4 & 3 \\ -5 & -2 \end{vmatrix} = -8 + 15 = 7, \qquad D_2 = \begin{vmatrix} 2 & 4 \\ 1 & -5 \end{vmatrix} = -10 - 4 = -14.$$

Daher gilt

$$x_1 = \frac{D_1}{D} = \frac{7}{-7} = -1, \qquad\qquad x_2 = \frac{D_2}{D} = \frac{-14}{-7} = 2.$$

**Beispiel 11.7:** Für das System 2 gilt

$$D = \begin{vmatrix} 2 & 3 \\ 4 & 6 \end{vmatrix} = 12 - 12 = 0, \text{ und weiter}$$

$$D_1 = \begin{vmatrix} 4 & 3 \\ 8 & 6 \end{vmatrix} = 24 - 24 = 0, \qquad D_2 = \begin{vmatrix} 2 & 4 \\ 4 & 8 \end{vmatrix} = 16 - 16 = 0.$$

Daher existieren unendlich viele Lösungen (siehe Beispiel 11.2).

**Beispiel 11.8:** Für das System 3 gilt

$$D = \begin{vmatrix} 2 & 3 \\ 4 & 6 \end{vmatrix} = 12 - 12 = 0, \text{ und weiter } \quad D_1 = \begin{vmatrix} 4 & 3 \\ 10 & 6 \end{vmatrix} = 24 - 30 \neq 0.$$

Schon hier ist klar, daß keine Lösung existiert (auf das Berechnen von $D_2 = 4 \neq 0$ kann also verzichtet werden).

**Beispiel 11.9:** Wir wollen nunmehr das im Beispiel 11.4 angegebene Gleichungs-system mittels Determinanten lösen und berechnen hierzu zunächst D, $D_1$ und $D_2$.

$$D = \begin{vmatrix} \dfrac{1}{a+b} & \dfrac{1}{a-b} \\ \dfrac{1}{a-b} & \dfrac{1}{a+b} \end{vmatrix} = \frac{1}{(a+b)^2} - \frac{1}{(a-b)^2} = \frac{(a-b)^2 - (a+b)^2}{(a+b)^2 (a-b)^2}$$

$$= \frac{a^2 - 2ab + b^2 - a^2 - 2ab - b^2}{(a^2 - b^2)^2} = -\frac{4ab}{(a^2 - b^2)^2},$$

$$D_1 = \begin{vmatrix} 1 & \dfrac{1}{a-b} \\ 1 & \dfrac{1}{a+b} \end{vmatrix} = \frac{1}{a+b} - \frac{1}{a-b} = \frac{a-b-(a+b)}{(a+b)(a-b)} = -\frac{2b}{a^2-b^2} ,$$

$$D_2 = \begin{vmatrix} \dfrac{1}{a+b} & 1 \\ \dfrac{1}{a-b} & 1 \end{vmatrix} = \frac{1}{a+b} - \frac{1}{a-b} = \frac{a-b-(a+b)}{(a+b)(a-b)} = -\frac{2b}{a^2-b^2} .$$

Fall 1: $ab \neq 0$.

Hier ist $D \neq 0$, und das Gleichungssystem hat die eindeutig bestimmte Lösung

$$x = \frac{D_1}{D} = \left(-\frac{2b}{a^2-b^2}\right) : \left(-\frac{4ab}{(a^2-b^2)^2}\right) = \frac{2b}{a^2-b^2} \cdot \frac{(a^2-b^2)^2}{4ab} = \frac{a^2-b^2}{2a} ,$$

$$y = \frac{D_2}{D} = \frac{a^2-b^2}{2a} \quad \text{(wegen } D_1 = D_2 \text{)}.$$

Fall 2.1: $a = 0$, $b \neq 0$.

Hier ist $D = 0$ aber $D_1 = D_2 \neq 0$, und das Gleichungssystem hat keine Lösung.

Fall 2.2: $a \neq 0$, $b = 0$.

Hier ist $D = D_1 = D_2 = 0$, und es existieren $\infty^1$ Lösungen, die schon beim Beispiel 11.4 ermittelt wurden.

Fall 2.3: $a = b = 0$.

Hier hat das Gleichungssystem keinen Sinn (Division durch null).

Eine empfehlenswerte Übung ist es, das gegebene Gleichungssystem nach erfolgter Umformung

$$(a-b)x + (a+b)y = a^2 - b^2$$
$$(a+b)x + (a-b)y = a^2 - b^2$$

mit verschiedenen Methoden zu lösen und die Lösungswege miteinander zu vergleichen.

## 11.1.4 Der Gaußsche Algorithmus

Betrachtet man die im Abschnitt 11.1.2 behandelten Verfahren (Gleichsetzungs-, Einsetzungs- und Additionsverfahren) genauer, so stellt man fest, daß mit ihrer Hilfe das allgemeine System (11.8)

$$a_{11} x_1 + a_{12} x_2 = a_1$$
$$a_{21} x_1 + a_{22} x_2 = a_2$$

auf ein *System mit Dreiecksstruktur*

$$a_{11} x_1 + a_{12} x_2 = a_1$$
$$a_{22} x_2 = a_2$$

zurückgeführt wird, welches dann sehr einfach gelöst werden kann:

1. Ist $a_{22} \neq 0$, so erhält man:

   a)  $x_2 = \dfrac{a_2}{a_{22}}$ .

   b)  Ist außerdem $a_{11} \neq 0$, so erhält man  $x_1 = \dfrac{a_1}{a_{11}} - \dfrac{a_{12}}{a_{11}} x_2 = \dfrac{a_1}{a_{11}} - \dfrac{a_{12}}{a_{11}} \cdot \dfrac{a_2}{a_{22}}$ .

2. Ist $a_{22} = 0$ und $a_2 \neq 0$, so existiert keine Lösung.

3. Ist  $a_{22} = 0$ und $a_2 = 0$, so ist die 2. Gleichung überflüssig, und man hat die 1. Gleichung  nach den Methoden aus Abschnitt 11.1.1 zu lösen.

Damit reduziert sich das Problem der Lösung von System (11.8) darauf, dieses System auf Dreiecksgestalt zu bringen. Ein Algorithmus, der das in jedem Falle kann, ist der *Gaußsche Algorithmus*. Entweder hat das System (11.8) schon Dreiecksgestalt oder alle $a_{ik}$ sind ungleich null.

Im folgenden soll das System (11.8) sowohl in der üblichen Schreibweise als auch schematisiert angegeben werden:

|     |                               | $x_1$    | $x_2$    | RS    |
|-----|-------------------------------|----------|----------|-------|
| I   | $a_{11} x_1 + a_{12} x_2 = a_1$ | $a_{11}$ | $a_{12}$ | $a_1$ |
| II  | $a_{21} x_1 + a_{22} x_2 = a_2$ | $a_{21}$ | $a_{22}$ | $a_2$ |

(RS bedeutet "rechte Seite" des Gleichungssystems).

Wenn man I stehenläßt und  das  $\dfrac{a_{11}}{a_{21}}$ - fache der Gleichung II von der Gleichung I subtrahiert, so erhält man

|      |                                                                              | $x_1$    | $x_2$                              | RS                             |
|------|------------------------------------------------------------------------------|----------|------------------------------------|--------------------------------|
| I    | $a_{11} x_1 + a_{12} x_2 = a_1$                                               | $a_{11}$ | $a_{12}$                           | $a_1$                          |
| II'  | $0 \cdot x_1 + (a_{12} - \dfrac{a_{11}}{a_{21}} a_{22}) x_2 = a_1 - \dfrac{a_{11}}{a_{21}} a_2$ | $0$      | $a_{12} - \dfrac{a_{11}}{a_{21}} a_{22}$ | $a_1 - \dfrac{a_{11}}{a_{21}} a_2$ |

Schreibt man II' kürzer in der Form

|      |                  | $x_1$ | $x_2$    | RS    |
|------|------------------|-------|----------|-------|
| II'  | $b_{22} x_2 = b_2$, | $0$   | $b_{22}$ | $b_2$ |

so erhält das Gesamtsystem die Gestalt

|  | $x_1$ | $x_2$ | RS |
|---|---|---|---|
| I   $a_{11} x_1 + a_{12} x_2 = a_1$ | $a_{11}$ | $a_{12}$ | $a_1$ |
| II'   $b_{22} x_2 = b_2$ | | $b_{22}$ | $b_2$ |

Es sind wieder mehrere Fälle zu unterscheiden:

- Ist $b_{22} \neq 0$, so erhält man $x_2$ aus II' und $x_1$ aus I.
- Ist $b_{22} = 0$, $b_2 \neq 0$, so existiert keine Lösung.
- Ist $b_{22} = b_2 = 0$, so existieren unendlich viele Lösungen, die aus I entsprechend Abschnitt 11.1.1 zu ermitteln sind.

Die Systeme 1, 2 und 3 werden mit dem Gaußschen Algorithmus behandelt.

**Beispiel 11.10:** Das System 1 lautet ausgeschrieben und schematisiert

|  | $x_1$ | $x_2$ | RS |
|---|---|---|---|
| I   $2x_1 + 3x_2 = 4$ | 2 | 3 | 4 |
| II   $x_1 - 2x_2 = -5$ | 1 | $-2$ | $-5$ |

Um die gewünschte Dreiecksgestalt zu erhalten, läßt man I stehen und subtrahiert das $\frac{1}{2}$ - fache von I von II:

|  | $x_1$ | $x_2$ | RS |
|---|---|---|---|
| I   $2x_1 + 3x_2 = 4$ | 2 | 3 | 4 |
| II'   $0 \cdot x_1 - \frac{7}{2} x_2 = -7$ | 0 | $-\frac{7}{2}$ | $-7$ |

Aus II' folgt $x_2 = 2$ und aus I $x_1 = 2 - \frac{3}{2} x_2 = -1$.

**Beispiel 11.11:** Es sollen hier das System 2 und das System 3 nur noch in schematischer Form behandelt werden. Dabei wird das Doppelte der ersten Zeile von der zweiten subtrahiert.

| | System 2 | | | | System 3 | | |
|---|---|---|---|---|---|---|---|
| | $x_1$ | $x_2$ | RS | | $x_1$ | $x_2$ | RS |
| I | 2 | 3 | 4 | I | 2 | 3 | 4 |
| II | 4 | 6 | 8 | II | 4 | 6 | 10 |
| II' = II - 2 · I | 0 | 0 | 0 | II' = II - 2 · I | 0 | 0 | 2 |

Beim System 2 erkennt man, daß die zweite Gleichung gegenüber der ersten nichts Neues aussagt (0 = 0, kein Widerspruch). Daher liegt nur eine Gleichung (z. B. I) vor, die entsprechend Abschnitt 11.1.1 bzw. Beispiel 11.2 zu behandeln ist.

Beim System 3 erkennt man den Widerspruch "0 = 2". Es existiert keine Lösung.

**Beispiel 11.12:** Es soll das System 1 mit vier Varianten nach dem Gaußschen Algorithmus behandelt werden.

Variante 1

|  | $x_1$ | $x_2$ | RS |
|---|---|---|---|
| I | $\boxed{2}$ | 3 | 4 |
| II | 1 | $-2$ | $-5$ |
| $II' = II - \dfrac{1}{2} \cdot I$ | 0 | $\boxed{-\dfrac{7}{2}}$ | $-7$ |
| 1. |  | 2 |  |
| 2. | $-1$ |  |  |

Variante 2

|  | $x_1$ | $x_2$ | RS |
|---|---|---|---|
| I | 2 | $\boxed{3}$ | 4 |
| II | 1 | $-2$ | $-5$ |
| $II' = II + \dfrac{2}{3} \cdot I$ | $\boxed{\dfrac{7}{3}}$ | 0 | $-\dfrac{7}{3}$ |
| 1. | $-1$ |  |  |
| 2. |  | 2 |  |

Variante 3

|  | $x_1$ | $x_2$ | RS |
|---|---|---|---|
| I | 2 | 3 | 4 |
| II | 1 | $\boxed{-2}$ | $-5$ |
| $I' = I + \dfrac{3}{2} \cdot II$ | $\boxed{\dfrac{7}{2}}$ | 0 | $-\dfrac{7}{2}$ |
| 1. | $-1$ |  |  |
| 2. |  | 2 |  |

Variante 4

|  | $x_1$ | $x_2$ | RS |
|---|---|---|---|
| I | 2 | 3 | 4 |
| II | $\boxed{1}$ | $-2$ | $-5$ |
| $I' = I - 2 \cdot II$ | 0 | $\boxed{7}$ | 14 |
| 1. |  | 2 |  |
| 2. | $-1$ |  |  |

Dabei bedeutet die Umrahmung einer Zahl, daß die über ihr stehende Unbekannte aus der Gleichung berechnet wird, die zu der Zeile gehört, in der die umrahmte Zahl steht. Das bedeutet im einzelnen:

**Variante 1:**
a) Aus I soll $x_1$ berechnet werden.     b) Aus II' soll $x_2$ berechnet werden.
c) In 1. wird $x_2$ aus II' berechnet: $x_2 = \dfrac{-7}{-\dfrac{7}{2}} = 2$.

d) In 2. wird $x_1$ aus I berechnet: $x_1 = \dfrac{1}{2}(4 - 3 \cdot 2) = -1$.

**Variante 2:**
a) Aus I soll $x_2$ berechnet werden.     b) Aus II' soll $x_1$ berechnet werden.
c) Aus II': $x_1 = -1$.     d) Aus I: $x_2 = 2$.

**Variante 3:**
a) Aus II soll $x_2$ berechnet werden.     b) Aus I' soll $x_1$ berechnet werden.
c) Aus I': $x_1 = -1$.     d) Aus II: $x_2 = 2$.

**Variante 4:**

a) Aus II soll $x_1$ berechnet werden.

c) Aus I': $x_2 = \dfrac{14}{7} = 2$.

b) Aus I' soll $x_2$ berechnet werden.

d) Aus II: $x_1 = -5 + 2 \cdot 2 = -1$.

Alle vier Varianten sind gleichwertig, aber da man in der vierten Variante nur mit ganzen Zahlen zu rechnen hat, wird man diese vorziehen.

## 11.1.5 Mehr als zwei Gleichungen mit zwei Unbekannten

Hat man mehr als zwei Gleichungen mit zwei Unbekannten zu lösen, so ist im allgemeinen festzustellen, daß die ersten beiden Gleichungen eine Lösung $x_1$, $x_2$ haben. Setzt man diese aber in die übrigen Gleichungen ein, gelangt man zu einem Widerspruch. Mehr als zwei Gleichungen mit zwei Unbekannten haben also im allgemeinen keine Lösung. Nur in speziellen Fällen kann ein solches System eine Lösung haben. Zur Illustration behandeln wir zwei Systeme zunächst klassisch, dann mit dem Gaußschen Algorithmus.

**Beispiel 11.13:** Gegeben sind die beiden Systeme

a)
$$\begin{array}{ll} \text{I} & x_1 + 2x_2 = 3 \\ \text{II} & 2x_1 - x_2 = 1 \\ \text{III} & 3x_1 + x_2 = 2 \end{array}$$

b)
$$\begin{array}{ll} \text{I} & x_1 + 2x_2 = 3 \\ \text{II} & 2x_1 - x_2 = 1 \\ \text{III} & 3x_1 + x_2 = 4 \end{array}$$

Aus I und II erhält man mit den bekannten Methoden in beiden Systemen zunächst die eindeutig bestimmte Lösung

a), b) $x_1 = x_2 = 1$.    Setzt man diese Werte in III ein, so erhält man

a) $3 \cdot 1 + 1 \cdot 1 = 4 \neq 2$,

b) $3 \cdot 1 + 1 \cdot 1 = 4$.

Das System a) hat also keine Lösung, das System b) die eindeutig bestimmte Lösung $x_1 = x_2 = 1$.

**Beispiel 11.14:** Die Systeme a) und b) aus Beispiel 11.13 werden nun mit dem Gaußschen Algorithmus behandelt.

| a) | $x_1$ | $x_2$ | RS |
|---|---|---|---|
| I | $\boxed{1}$ | 2 | 3 |
| II | 2 | −1 | 1 |
| III | 3 | 1 | 2 |
| II' = II − 2 · I | 0 | $\boxed{-5}$ | −5 |
| III' = III − 3 · I | 0 | −5 | −7 |
| III" = III' − II' | 0 | 0 | −2 |

| b) | $x_1$ | $x_2$ | RS |
|---|---|---|---|
| I | $\boxed{1}$ | 2 | 3 |
| II | 2 | −1 | 1 |
| III | 3 | 1 | 4 |
| II' = II − 2 · I | 0 | $\boxed{-5}$ | −5 |
| III' = III − 3 · I | 0 | −5 | −5 |
| III" = III' − II' | 0 | 0 | 0 |

Bei a) erkennt man den Widerspruch (III": $0 \cdot x_1 + 0 \cdot x_2 = -2$). Es existiert also keine Lösung.

Bei b) liegt kein Widerspruch vor (III": $0 \cdot x_1 + 0 \cdot x_2 = 0$). Man erhält aus II' $x_2 = 1$ und aus I $x_1 = 3 - 2 \cdot 1 = 1$.

# 11.2 Lineare Gleichungssysteme mit drei Unbekannten

## 11.2.1 Eine Gleichung mit drei Unbekannten

Wir betrachten eine Gleichung mit drei Unbekannten:

$$a_{11} x_1 + a_{12} x_2 + a_{13} x_3 = a_1. \tag{11.21}$$

Es sind zwei "ausgeartete" Fälle 1. und 2. und der Normalfall 3. möglich:

1. $a_{11} = a_{12} = a_{13} = a_1 = 0.$ \hfill (11.22)

   Hier können $x_1$, $x_2$ und $x_3$ völlig unabhängig voneinander gewählt werden. Man sagt, es liegen $\infty^3$ Lösungen vor ($x_1$ beliebig, $x_2$ beliebig, $x_3$ beliebig).

2. $a_{11} = a_{12} = a_{13} = 0, a_1 \neq 0.$ \hfill (11.23)

   Hier liegt der Widerspruch
   $0 \cdot x_1 + 0 \cdot x_2 + 0 \cdot x_3 = a_1 \neq 0$
   vor. Es existiert keine Lösung.

3. Für mindestens ein Koeffizientenpaar i, k gilt $a_{ik} \neq 0$ (ohne Einschränkung der Allgemeinheit möge gelten $a_{11} \neq 0$). Dann kann man $x_2$ und $x_3$ beliebig wählen

   ($\infty^2$ Lösungen), und man erhält

   $$x_1 = \frac{1}{a_{11}}(a_1 - a_{12} x_2 - a_{13} x_3), \quad x_2 \text{ beliebig, } x_3 \text{ beliebig.} \tag{11.24}$$

## 11.2.2 Zwei Gleichungen mit drei Unbekannten

Bei dem folgenden System von zwei Gleichungen mit drei Unbekannten

$$\begin{aligned} a_{11} x_1 + a_{12} x_2 + a_{13} x_3 &= a_1 \\ a_{21} x_1 + a_{22} x_2 + a_{23} x_3 &= a_2 \end{aligned} \tag{11.25}$$

lassen wir die "ausgearteten" Fälle, wo für alle i, k gilt $a_{ik} = 0$, weg. Ferner wird auch der Fall nicht behandelt, wo die zweite Gleichung nichts anderes aussagt als die erste ($\infty^2$ Lösungen) oder wo die zweite Gleichung im Widerspruch zur ersten steht (keine Lösung). Alle diese Fälle sind leicht erkennbar. Wir behandeln an einem Beispiel nur den "Hauptfall", wo eine Unbekannte (z. B. $x_3$) beliebig gewählt werden kann und die beiden anderen Unbekannten ($x_1$ und $x_2$) sich dann eindeutig ergeben ($\infty^1$ Lösungen).

**Beispiel 11.15:**

| | | | | $x_1$ | $x_2$ | $x_3$ | RS |
|---|---|---|---|---|---|---|---|
| I | $x_1 +$ | $x_2 +$ | $x_3 =$ | 3 | 1 | 1 | 1 | 3 |
| II | $x_1 +$ | $2x_2 +$ | $3x_3 =$ | 6 | 1 | 2 | 3 | 6 |
| II' = II − I: | $0 \cdot x_1 +$ | $x_2 +$ | $2x_3 =$ | 3 | 0 | 1 | 2 | 3 |

Aus II' erhält man $x_2 = 3 - 2\,x_3$.

Aus I erhält man wegen $x_1 = 3 - x_2 - x_3 = 3 - (3 - 2x_3) - x_3$   $x_1 = x_3$ und somit $x_1 = x_3$, $x_2 = 3 - 2x_3$, $x_3$ beliebig.

### 11.2.3 Determinanten dritter Ordnung und Cramersche Regel

Es werden nun drei Gleichungen mit drei Unbekannten betrachtet.

$$
\begin{array}{ll}
\text{I} & a_{11}\,x_1 + a_{12}\,x_2 + a_{13}\,x_3 = a_1 \\
\text{II} & a_{21}\,x_1 + a_{22}\,x_2 + a_{23}\,x_3 = a_2 \\
\text{III} & a_{31}\,x_1 + a_{32}\,x_2 + a_{33}\,x_3 = a_3
\end{array}
\tag{11.26}
$$

Auf dieses System können das Gleichsetzungs- und das Einsetzungsverfahren von Abschnitt 11.1.2 in einfacher Weise übertragen werden. Das Additionsverfahren erfordert etwas mehr Überlegungen und führt in natürlicher Weise zum Begriff der Determinante dritter Ordnung sowie zur Cramerschen Regel für das System (11.26).

---

**Definition 11.2:** Unter der *Determinante dritter Ordnung* eines geordneten Systems von drei mal drei reellen Zahlen $a_{ik}$ (i, k = 1, 2, 3),

$$
D = \begin{vmatrix} a_{11} & a_{12} & a_{13} \\ a_{21} & a_{22} & a_{23} \\ a_{31} & a_{32} & a_{33} \end{vmatrix},
\tag{11.27}
$$

versteht man folgende reelle Zahl:

$$
D = \begin{vmatrix} a_{11} & a_{12} & a_{13} \\ a_{21} & a_{22} & a_{23} \\ a_{31} & a_{32} & a_{33} \end{vmatrix} = a_{11}\begin{vmatrix} a_{22} & a_{23} \\ a_{32} & a_{33} \end{vmatrix} - a_{12}\begin{vmatrix} a_{21} & a_{23} \\ a_{31} & a_{33} \end{vmatrix} + a_{13}\begin{vmatrix} a_{21} & a_{22} \\ a_{31} & a_{32} \end{vmatrix}
\tag{11.28}
$$

$$
= a_{11}(a_{22}\,a_{33} - a_{23}\,a_{32}) - a_{12}(a_{21}\,a_{33} - a_{23}\,a_{31}) + a_{13}(a_{21}\,a_{32} - a_{22}\,a_{31}).
$$

---

Damit ist die Berechnung einer Determinante dritter Ordnung auf die Berechnung von drei Unterdeterminanten zweiter Ordnung zurückgeführt. Die Definition 11.2, insbesondere die Formel (11.28), soll durch die folgende Definition näher erläutert werden.

---

**Definition 11.3:**     Unter einer *Unterdeterminante* $A_{ik}$ der Determinante D in (11.27) versteht man diejenige Determinante zweiter Ordnung, die übrigbleibt, wenn man in D die i-te Zeile und k-te Spalte streicht. Das heißt zum Beispiel:

$$A_{11} = \begin{vmatrix} a_{11} & a_{12} & a_{13} \\ a_{21} & a_{22} & a_{23} \\ a_{31} & a_{32} & a_{33} \end{vmatrix} = \begin{vmatrix} a_{22} & a_{23} \\ a_{32} & a_{33} \end{vmatrix}$$

$$A_{12} = \begin{vmatrix} a_{11} & a_{12} & a_{13} \\ a_{21} & a_{22} & a_{23} \\ a_{31} & a_{32} & a_{33} \end{vmatrix} = \begin{vmatrix} a_{21} & a_{23} \\ a_{31} & a_{33} \end{vmatrix}$$

$$A_{13} = \begin{vmatrix} a_{11} & a_{12} & a_{13} \\ a_{21} & a_{22} & a_{23} \\ a_{31} & a_{32} & a_{33} \end{vmatrix} = \begin{vmatrix} a_{21} & a_{22} \\ a_{31} & a_{32} \end{vmatrix}$$

---

Damit kann die Definition 11.2 auch in folgender Form geschrieben werden:

---

**Definition 11.4:** Unter einer Determinante dritter Ordnung  D in (11.27) versteht man die Zahl

$$D = a_{11} A_{11} - a_{12} A_{12} + a_{13} A_{13}.$$

---

Durch das Additionsverfahren, das hier aufwendiger ist als bei Gleichungen mit zwei Unbekannten, erhält man aus (11.26)

$$Dx_1 = D_1, \qquad Dx_2 = D_2, \qquad Dx_3 = D_3, \tag{11.29}$$

wobei man die $D_i$ dadurch erhält, daß man in der Koeffizientendeterminante (11.28) die i-te Spalte durch die rechte Seite von (11.26) ersetzt:

$$D_1 = \begin{vmatrix} a_1 & a_{12} & a_{13} \\ a_2 & a_{22} & a_{23} \\ a_3 & a_{32} & a_{33} \end{vmatrix} \qquad D_2 = \begin{vmatrix} a_{11} & a_1 & a_{13} \\ a_{21} & a_2 & a_{23} \\ a_{31} & a_3 & a_{33} \end{vmatrix} \qquad D_3 = \begin{vmatrix} a_{11} & a_{12} & a_1 \\ a_{21} & a_{22} & a_2 \\ a_{31} & a_{32} & a_3 \end{vmatrix} \tag{11.30}$$

Wir geben dieses Resultat hier ohne Beweis an.

Aus (11.29) folgen die Sätze:

**Satz 11.4 (Cramersche Regel):**    Gilt für die Koeffizientendeterminante (11.27) bzw. (11.28) von (11.26)

$$D \neq 0, \tag{11.31}$$

so besitzt das Gleichungssystem (11.26) die eindeutig bestimmte Lösung

$$x_1 = \frac{D_1}{D}, \qquad\qquad x_2 = \frac{D_2}{D}, \qquad\qquad x_3 = \frac{D_3}{D}. \tag{11.32}$$

---

**Satz 11.5:**    Gilt $D = 0$, aber $D_i \neq 0$ für mindestens ein i (i = 1, 2, 3), so hat das System (11.26) keine Lösung (Widerspruch in (11.29)).

---

**Satz 11.6:**    Gilt

$$D = D_1 = D_2 = D_3 = 0,$$

so ist mindestens eine der drei Gleichungen in (11.26) überflüssig, und das System (11.26) kann mit Methoden von Abschnitt 11.2.2 behandelt werden (zu empfehlen ist jedoch der Gaußsche Algorithmus nach Abschnitt 11.2.4).

**Beispiel 11.16:**  Beim System

$$
\begin{array}{llll}
\text{I} & x_1 & & -x_3 = -2 \\
\text{II} & x_1 & +x_2 & -x_3 = 0 \\
\text{III} & 2\,x_1 & -x_2 & = 0
\end{array}
$$

ist

$$D = \begin{vmatrix} 1 & 0 & -1 \\ 1 & 1 & -1 \\ 2 & -1 & 0 \end{vmatrix} = 1 \cdot \begin{vmatrix} 1 & -1 \\ -1 & 0 \end{vmatrix} - 0 \cdot \begin{vmatrix} 1 & -1 \\ 2 & 0 \end{vmatrix} + (-1) \cdot \begin{vmatrix} 1 & 1 \\ 2 & -1 \end{vmatrix} = -1 - 0 - 1 \cdot (-1-2) = 2,$$

$$D_1 = \begin{vmatrix} -2 & 0 & -1 \\ 0 & 1 & -1 \\ 0 & -1 & 0 \end{vmatrix} = -2 \cdot \begin{vmatrix} 1 & -1 \\ -1 & 0 \end{vmatrix} - 0 \cdot \begin{vmatrix} 0 & -1 \\ 0 & 0 \end{vmatrix} - 1 \cdot \begin{vmatrix} 0 & 1 \\ 0 & -1 \end{vmatrix} = 2,$$

$$D_2 = \begin{vmatrix} 1 & -2 & -1 \\ 1 & 0 & -1 \\ 2 & 0 & 0 \end{vmatrix} = 1 \cdot \begin{vmatrix} 0 & -1 \\ 0 & 0 \end{vmatrix} - (-2) \cdot \begin{vmatrix} 1 & -1 \\ 2 & 0 \end{vmatrix} - 1 \cdot \begin{vmatrix} 1 & 0 \\ 2 & 0 \end{vmatrix} = 4,$$

$$D_3 = \begin{vmatrix} 1 & 0 & -2 \\ 1 & 1 & 0 \\ 2 & -1 & 0 \end{vmatrix} = 1 \cdot \begin{vmatrix} 1 & 0 \\ -1 & 0 \end{vmatrix} - 0 \cdot \begin{vmatrix} 1 & 0 \\ 2 & 0 \end{vmatrix} - 2 \cdot \begin{vmatrix} 1 & 1 \\ 2 & -1 \end{vmatrix} = 6.$$

Also existiert die eindeutig bestimmte Lösung

$$x_1 = \frac{D_1}{D} = \frac{2}{2} = 1, \qquad x_2 = \frac{D_2}{D} = \frac{4}{2} = 2, \qquad x_3 = \frac{D_3}{D} = \frac{6}{2} = 3.$$

**Beispiel 11.17:** Beim System

$$
\begin{array}{llll}
\text{I} & x_1 & + x_2 & + x_3 = 0 \\
\text{II} & x_1 & & - x_3 = 0 \\
\text{III} & 2\,x_1 & + x_2 & = 1
\end{array}
$$

ist

$$D = \begin{vmatrix} 1 & 1 & 1 \\ 1 & 0 & -1 \\ 2 & 1 & 0 \end{vmatrix} = \begin{vmatrix} 0 & -1 \\ 1 & 0 \end{vmatrix} - \begin{vmatrix} 1 & -1 \\ 2 & 0 \end{vmatrix} + \begin{vmatrix} 1 & 0 \\ 2 & 1 \end{vmatrix} = 1 - 2 + 1 = 0,$$

$$D_1 = \begin{vmatrix} 0 & 1 & 1 \\ 0 & 0 & -1 \\ 1 & 1 & 0 \end{vmatrix} = 0 \cdot \begin{vmatrix} 0 & -1 \\ 1 & 0 \end{vmatrix} - \begin{vmatrix} 0 & -1 \\ 1 & 0 \end{vmatrix} + \begin{vmatrix} 0 & 0 \\ 1 & 1 \end{vmatrix} = -1 \neq 0.$$

Daher existiert keine Lösung.

## 11.2.4 Der Gaußsche Algorithmus

Der Gaußsche Algorithmus wird zunächst für das System (11.26) mit drei Gleichungen für drei Unbekannte behandelt. Er ist aber auch übertragbar auf zwei Gleichungen mit drei Unbekannten und auf mehr als drei Gleichungen mit drei Unbekannten.

Das Ziel des Gaußschen Algorithmus besteht darin, das System (11.26) durch äquivalente Umformungen auf die Dreiecksgestalt

$$
\begin{array}{lll}
\text{I} & a_{11}\,x_1 + a_{12}\,x_2 + a_{13}\,x_3 = a_1 & \qquad\qquad (11.34)\\
\text{II} & \phantom{a_{11}\,x_1 +} b_{22}\,x_2 + b_{23}\,x_3 = b_2 \\
\text{III} & \phantom{a_{11}\,x_1 + b_{22}\,x_2 +} c_{33}\,x_3 = c_3
\end{array}
$$

zu bringen.

Ist $a_{11} \neq 0$, $b_{22} \neq 0$, $c_{33} \neq 0$ (Hauptfall), so kann man nacheinander aus III $x_3$, aus II $x_2$ und aus I $x_1$ berechnen. Aber auch Spezialfälle sind in (11.34) zu erkennen:

- Gilt $c_{33} = 0$, $c_3 \neq 0$, so liegt ein Widerspruch vor; es existiert keine Lösung.

- Gilt $c_{33} = c_3 = 0$, so ist III überflüssig, man hat nur noch I und II zu behandeln.

- Gilt $c_{33} = c_3 = 0$ und weiter $a_{11} \neq 0$, $b_{22} \neq 0$, so kann $x_3$ beliebig gewählt werden und dann $x_2$ aus II und $x_1$ aus I in Abhängigkeit von $x_3$ berechnet werden ($\infty^1$ Lösungen).

- Gilt weiter $b_{22} = b_{23} = 0$, $b_2 \neq 0$, so existiert keine Lösung.

- Gilt aber außer $c_{33} = c_3 = 0$ auch $b_{22} = b_{23} = b_2 = 0$, so ist auch II überflüssig und bei $a_{11} \neq 0$ können $x_2$ und $x_3$ beliebig gewählt werden, und $x_1$ erhält man aus I in Abhängigkeit von $x_2$ und $x_3$ ($\infty^2$ Lösungen).

- Sind alle Koeffizienten und rechten Seiten gleich null, so erhält man $\infty^3$ Lösungen.

Der Gaußsche Algorithmus für drei Gleichungen mit drei Unbekannten (11.26) besteht aus zwei Schritten:

**1. Schritt:** Man setzt voraus, daß in (11.26) gilt $a_{11} \neq 0$. Das ist - außer im "ausgearteten" Falle (alle $a_{ik} = 0$) - durch Umnumerierung der Gleichungen immer zu erreichen. Man läßt I unverändert und subtrahiert von II das $\dfrac{a_{21}}{a_{11}}$ -fache von I und von III das $\dfrac{a_{31}}{a_{11}}$ -fache von I.

Dann entsteht ein System

$$
\begin{array}{ll}
\text{I} & a_{11}\, x_1 + a_{12}\, x_2 + a_{13}\, x_3 = a_1 \\
\text{II'} & \qquad\qquad b_{22}\, x_2 + b_{23}\, x_3 = b_2 \\
\text{III'} & \qquad\qquad b_{32}\, x_2 + b_{33}\, x_3 = b_3
\end{array}
\tag{11.35}
$$

**2. Schritt:** Unter der Voraussetzung $b_{22} \neq 0$ wird auf II', III' der Gaußsche Algorithmus entsprechend Abschnitt 11.1.4 angewendet: Man lasse II' unverändert und subtrahiere von III' das $\dfrac{b_{32}}{b_{22}}$ - fache von II'. Dann entsteht

$$
\begin{array}{ll}
\text{I} & a_{11}\, x_1 + a_{12}\, x_2 + a_{13}\, x_3 = a_1 \\
\text{II'} & \qquad\qquad b_{22}\, x_2 + b_{23}\, x_3 = b_2 \\
\text{III''} & \qquad\qquad\qquad\qquad c_{33}\, x_3 = c_3
\end{array}
\tag{11.36}
$$

Die Formalisierung mit dem Gauß-Schema hat dann die Gestalt:

| | $x_1$ | $x_2$ | $x_3$ | RS |
|---|---|---|---|---|
| I | $\boxed{a_{11}}$ | $a_{12}$ | $a_{13}$ | $a_1$ |
| II | $a_{21}$ | $a_{22}$ | $a_{23}$ | $a_2$ |
| III | $a_{31}$ | $a_{32}$ | $a_{33}$ | $a_3$ |
| II' = II $- \dfrac{a_{21}}{a_{11}} \cdot$ I | | $\boxed{b_{22}}$ | $b_{23}$ | $b_2$ |
| III' = III $- \dfrac{a_{31}}{a_{11}} \cdot$ I | | $b_{32}$ | $b_{33}$ | $b_3$ |
| III'' = III' $- \dfrac{b_{32}}{b_{22}} \cdot$ II' | | | $\boxed{c_{33}}$ | $c_3$ |

$$x_3 = \frac{c_3}{c_{33}}$$

$$x_2 = \frac{1}{b_{22}}(b_2 - b_{23}\, x_3)$$

$$x_1 = \frac{1}{a_{11}}(a_1 - a_{12}\, x_2 - a_{13}\, x_3)$$

**Beispiel 11.18:** Das System  (vgl. Beispiel 11.16)

|      |        |        |        |        |
|------|--------|--------|--------|--------|
| I    | $x_1$  |        | $-x_3$ | $= -2$ |
| II   | $x_1$  | $+x_2$ | $-x_3$ | $= 0$  |
| III  | $2x_1$ | $-x_2$ |        | $= 0$  |

wird mit dem Gaußschen Algorithmus wie folgt gelöst:

|                        | $x_1$ | $x_2$ | $x_3$ | RS  |
|------------------------|-------|-------|-------|-----|
| I                      | $\boxed{1}$ | 0  | $-1$  | $-2$ |
| II                     | 1     | 1     | $-1$  | 0   |
| III                    | 2     | $-1$  | 0     | 0   |
| II' = II − I           | 0     | $\boxed{1}$ | 0 | 2   |
| III' = III − 2 · I     | 0     | $-1$  | 2     | 4   |
| III'' = III' + II'     |       | 0     | $\boxed{2}$ | 6 |

$$x_3 = \frac{6}{2} = 3$$

$$x_2 = 2$$

$$x_1 = -2 + x_3 = -2 + 3 = 1$$

**Beispiel 11.19:** (vgl. Beispiel 11.17)  Das System

|      |        |        |        |        |
|------|--------|--------|--------|--------|
| I    | $x_1$  | $+x_2$ | $-x_3$ | $= 0$  |
| II   | $x_1$  |        | $-x_3$ | $= 0$  |
| III  | $2x_1$ | $+x_2$ |        | $= 1$  |

wird mit dem Gaußschen Algorithmus wie folgt gelöst:

|     | $x_1$ | $x_2$ | $x_3$ | RS  |
|-----|-------|-------|-------|-----|
| I   | $\boxed{1}$ | 1 | 1 | 0   |
| II  | 1     | 0     | $-1$  | 0   |
| III | 2     | 1     | 0     | 1   |

| | | | | |
|---|---|---|---|---|
| II' = II – I | 0 | $\boxed{-1}$ | –2 | 0 |
| III' = III – 2 · I | 0 | –1 | –2 | 1 |
| III" = III' – II' | 0 | 0 | $\boxed{0}$ | 1 |

"0 = 1" Widerspruch, das System hat keine Lösung!

**Beispiel 11.20:** Das System  (vgl. Beispiel 11.17)

$$
\begin{array}{lllll}
\text{I} & x_1 & + x_2 & + x_3 & = 3 \\
\text{II} & x_1 & + 2x_2 & + 3x_3 & = 6 \\
\text{III} & 2x_1 & + 3x_2 & + 4x_3 & = 9
\end{array}
$$

wird mit dem Gaußschen Algorithmus wie folgt gelöst:

| | $x_1$ | $x_2$ | $x_3$ | RS |
|---|---|---|---|---|
| I | $\boxed{1}$ | 1 | 1 | 3 |
| II | 1 | 2 | 3 | 6 |
| III | 2 | 3 | 4 | 9 |
| II' = II – I | 0 | $\boxed{1}$ | 2 | 3 |
| III' = III – 2 · I | 0 | 1 | 2 | 3 |
| III" = III' – II' | 0 | 0 | $\boxed{0}$ | 0 |

$$x_3 = \text{beliebig}$$
$$x_2 = 3 - 2x_3$$
$$x_1 = 3 - x_2 - x_3 = 3 - (3 - 2x_3) - x_3 = x_3$$

## 11.3   Beliebig viele Gleichungen mit beliebig vielen Unbekannten

Wir geben hier eine Einführung in die Behandlung von allgemeinen linearen Gleichungssystemen (m Gleichungen mit n Unbekannten).

$$
\begin{aligned}
a_{11} x_1 + a_{12} x_2 + \ldots + a_{1n} x_n &= a_1 \\
a_{21} x_1 + a_{22} x_2 + \ldots + a_{2n} x_n &= a_2 \\
\vdots \\
a_{m1} x_1 + a_{m2} x_2 + \ldots + a_{mn} x_n &= a_m
\end{aligned}
\tag{11.37}
$$

Dabei wird offen gelassen, ob die Anzahl m der Gleichungen gleich der, größer oder kleiner als die Anzahl n der Unbekannten ist. Bei den konkreten Aufgaben werden wir hier jedoch nicht über vier Unbekannte hinausgehen.

Wir behandeln auch nur die beiden folgenden Methoden:
Cramersche Regel für den Hauptfall bei n Gleichungen mit n Unbekannten und den Gaußschen Algorithmus.

## 11.3.1 Determinanten n-ter Ordnung und Cramersche Regel

**Definition 11.5:**   Unter der Determinante n-ter Ordnung eines geordneten System von $n \cdot n$ reellen Zahlen $a_{ik}$,

$$
D = \begin{vmatrix}
a_{11} & a_{12} & a_{13} & a_{14} & \cdots & a_{1n} \\
a_{21} & a_{22} & a_{23} & a_{24} & \cdots & a_{2n} \\
a_{31} & a_{32} & a_{33} & a_{34} & \cdots & a_{3n} \\
a_{41} & a_{42} & a_{43} & a_{44} & \cdots & a_{4n} \\
\vdots & \vdots & \vdots & \vdots & \cdots & \vdots \\
a_{n1} & a_{n2} & a_{n3} & a_{n4} & \cdots & a_{nn}
\end{vmatrix}, \tag{11.38}
$$

versteht man folgende reelle Zahl:
$$
D = a_{11} A_{11} - a_{12} A_{12} + a_{13} A_{13} - a_{14} A_{14} + \ldots \pm a_{1n} A_{1n}. \tag{11.39}
$$

Dabei ist die zum Element $a_{ik}$ gehörende Unterdeterminante $A_{ik}$ die Determinante (n − 1)-ter Ordnung, die übrig bleibt, wenn man in D die i-te Zeile und k-te Spalte (Zeile und Spalte, in denen $a_{ik}$ steht) streicht.

Damit ist die Berechnung von Determinanten n-ter Ordnung zurückgeführt auf die Berechnung von n Determinanten (n − 1)-ter Ordnung.

Speziell erhält man für die Determinante vierter Ordnung

$$
D = \begin{vmatrix}
a_{11} & a_{12} & a_{13} & a_{14} \\
a_{21} & a_{22} & a_{23} & a_{24} \\
a_{31} & a_{32} & a_{33} & a_{34} \\
a_{41} & a_{42} & a_{43} & a_{44}
\end{vmatrix} = a_{11} A_{11} - a_{12} A_{12} + a_{13} A_{13} - a_{14} A_{14}, \tag{11.40}
$$

$$
A_{11} = \begin{vmatrix}
a_{22} & a_{23} & a_{24} \\
a_{32} & a_{33} & a_{34} \\
a_{42} & a_{43} & a_{44}
\end{vmatrix}, \qquad
A_{12} = \begin{vmatrix}
a_{21} & a_{23} & a_{24} \\
a_{31} & a_{33} & a_{34} \\
a_{41} & a_{43} & a_{44}
\end{vmatrix} \text{ usw.} \tag{11.41}
$$

Liegen n Gleichungen mit n Unbekannten vor (in (11.37) gilt m = n), so erhält man mit Hilfe des Additionsverfahrens für solche Systeme das folgende Ergebnis:

$$Dx_1 = D_1, \qquad Dx_2 = D_2, \; \ldots \;, Dx_n = D_n, \tag{11.42}$$

wobei man die Determinante $D_i$ dadurch erhält, daß man in der Koeffizientendeterminante (11.38) die i-te Spalte durch die rechte Seite des Gleichungssystems ersetzt.

Für ein System mit vier Gleichungen und vier Unbekannten heißt das zum Beispiel (vgl. (11.40))

$$D_1 = \begin{vmatrix} a_1 & a_{12} & a_{13} & a_{14} \\ a_2 & a_{22} & a_{23} & a_{24} \\ a_3 & a_{32} & a_{33} & a_{34} \\ a_4 & a_{42} & a_{43} & a_{44} \end{vmatrix}, \qquad D_2 = \begin{vmatrix} a_{11} & a_1 & a_{13} & a_{14} \\ a_{21} & a_2 & a_{23} & a_{24} \\ a_{31} & a_3 & a_{33} & a_{34} \\ a_{41} & a_4 & a_{43} & a_{44} \end{vmatrix} \qquad \text{usw.} \tag{11.43}$$

Aus (11.42) folgt

---

**Satz 11.7 (Cramersche Regel):**    Gilt für die Koeffizientendeterminante (11.38) eines Systems von n Gleichungen mit n Unbekannten ((11.37) mit m = n)

$$D \neq 0 \text{ (Hauptfall)}, \tag{11.44}$$

so hat dieses Gleichungssystem die eindeutig bestimmte Lösung

$$x_1 = \frac{D_1}{D}, \qquad x_2 = \frac{D_2}{D}, \; \ldots \;, x_n = \frac{D_n}{D}. \tag{11.45}$$

Gilt dagegen D = 0, aber $D_i \neq 0$ für mindestens ein i, so hat das System keine Lösung.
Ist $D = D_1 = D_2 = \ldots = D_n = 0$, so ist mindestens eine Gleichung überflüssig (hier ist der Gaußsche Algorithmus zu empfehlen).

---

**Beispiel 11.21:** Das folgende System ist zu lösen.

$$
\begin{array}{llllll}
\text{I} & x_1 & & + x_3 & & = 0 \\
\text{II} & 2x_1 & + x_2 & & + 2x_4 & = 0 \\
\text{III} & & x_2 & & - x_4 & = 4 \\
\text{IV} & x_1 & -x_2 & - x_3 & + x_4 & = -2
\end{array}
$$

$$D = \begin{vmatrix} 1 & 0 & 1 & 0 \\ 2 & 1 & 0 & 2 \\ 0 & 1 & 0 & -1 \\ 1 & -1 & -1 & 1 \end{vmatrix} = \begin{vmatrix} 1 & 0 & 2 \\ 1 & 0 & -1 \\ -1 & -1 & 1 \end{vmatrix} + \begin{vmatrix} 2 & 1 & 2 \\ 0 & 1 & -1 \\ 1 & -1 & 1 \end{vmatrix} = -3 - 3 = -6,$$

$$D_1 = \begin{vmatrix} 0 & 0 & 1 & 0 \\ 0 & 1 & 0 & 2 \\ 4 & 1 & 0 & -1 \\ -2 & -1 & -1 & 1 \end{vmatrix} = \begin{vmatrix} 0 & 1 & 2 \\ 4 & 1 & -1 \\ -2 & -1 & 1 \end{vmatrix} = -\begin{vmatrix} 4 & -1 \\ -2 & 1 \end{vmatrix} + 2 \cdot \begin{vmatrix} 4 & 1 \\ -2 & -1 \end{vmatrix} = -2 - 4 = -6,$$

$$D_2 = \begin{vmatrix} 1 & 0 & 1 & 0 \\ 2 & 0 & 0 & 2 \\ 0 & 4 & 0 & -1 \\ 1 & -2 & -1 & 1 \end{vmatrix} = \begin{vmatrix} 0 & 0 & 2 \\ 4 & 0 & -1 \\ -2 & -1 & 1 \end{vmatrix} + \begin{vmatrix} 2 & 0 & 2 \\ 0 & 4 & -1 \\ 1 & -2 & 1 \end{vmatrix} = 2 \cdot \begin{vmatrix} 4 & 0 \\ -2 & -1 \end{vmatrix} + 2 \cdot \begin{vmatrix} 4 & -1 \\ -2 & 1 \end{vmatrix} + 2 \cdot \begin{vmatrix} 0 & 4 \\ 1 & -2 \end{vmatrix}$$

$$= 2 \cdot (-4) + 2 \cdot 2 + 2 \cdot (-4) = -12,$$

$$D_3 = \begin{vmatrix} 1 & 0 & 0 & 0 \\ 2 & 1 & 0 & 2 \\ 0 & 1 & 4 & -1 \\ 1 & -1 & -2 & 1 \end{vmatrix} = \begin{vmatrix} 1 & 0 & 2 \\ 1 & 4 & -1 \\ -1 & -2 & 1 \end{vmatrix} = \begin{vmatrix} 4 & -1 \\ -2 & 1 \end{vmatrix} + 2 \cdot \begin{vmatrix} 1 & 4 \\ -1 & -2 \end{vmatrix} = 4 - 2 + 2(-2 + 4) = 6,$$

$$D_4 = \begin{vmatrix} 1 & 0 & 1 & 0 \\ 2 & 1 & 0 & 0 \\ 0 & 1 & 0 & 4 \\ 1 & -1 & -1 & -2 \end{vmatrix} = \begin{vmatrix} 1 & 0 & 0 \\ 1 & 0 & 4 \\ -1 & -1 & -2 \end{vmatrix} + \begin{vmatrix} 2 & 1 & 0 \\ 0 & 1 & 4 \\ 1 & -1 & -2 \end{vmatrix} = \begin{vmatrix} 0 & 4 \\ -1 & -2 \end{vmatrix} + 2 \cdot \begin{vmatrix} 1 & 4 \\ -1 & -2 \end{vmatrix} + \begin{vmatrix} 0 & 4 \\ 1 & -2 \end{vmatrix}$$

$$= 4 + 2 \cdot 2 - (-4) = 12,$$

$$x_1 = \frac{-6}{-6} = 1, \qquad x_2 = \frac{-12}{-6} = 2, \qquad x_3 = \frac{6}{-6} = -1, \qquad x_4 = \frac{12}{-6} = -2.$$

## 11.3.2 Der Gaußsche Algorithmus

Auch bei allgemeinen linearen Systemen besteht - wie in den Abschnitten 11.1.4 und 11.2.4 - der *Gaußsche Algorithmus* darin, aus einem gegebenen Gleichungssystem ein System mit *Dreiecksstruktur* zu erzeugen, bei dem man dann erkennt, welcher Lösungsfall vorliegt.
Das wird an den folgenden Beispielen demonstriert.

**Beispiel 11.22:** Behandelt man das System in Beispiel 11.21 mit dem Gaußschen Algorithmus, so ergibt sich das folgende Schema:

|     | $x_1$ | $x_2$ | $x_3$ | $x_4$ | RS |
|-----|:---:|:---:|:---:|:---:|:---:|
| I | $\boxed{1}$ | 0 | 1 | 0 | 0 |
| II | 2 | 1 | 0 | 2 | 0 |
| III | 0 | 1 | 0 | −1 | 4 |
| IV | 1 | −1 | −1 | 1 | −2 |
| II' = II − 2 · I | 0 | $\boxed{1}$ | −2 | 2 | 0 |
| III' = III | 0 | 1 | 0 | −1 | 4 |
| IV' = IV − I | 0 | −1 | −2 | 1 | −2 |
| III'' = III' − II' | 0 | 0 | $\boxed{2}$ | −3 | 4 |
| IV'' = IV' + II' | 0 | 0 | −4 | 3 | −2 |
| IV''' = IV'' + 2 · III'' | 0 | 0 | 0 | $\boxed{-3}$ | 6 |

$$x_4 = -2$$
$$x_3 = \frac{1}{2}(4 + 3 \cdot (-2)) = -1$$
$$x_2 = 0 + 2 \cdot (-1) - 2(-2) = 2$$
$$x_1 = -(-1) = 1$$

**Beispiel 11.23:** Das Gleichungssystem

| I   | $x_1$  | $+ x_2$ | $+ x_3$ | $+ x_4$ | $= 4$ |
|-----|--------|---------|---------|---------|-------|
| II  | $x_1$  | $- x_2$ | $- x_3$ | $+ x_4$ | $= 0$ |
| III | $3x_1$ | $- x_2$ | $- x_3$ | $+ 3x_4$ | $= 2$ |

hat keine Lösung, wie man am Gaußschen Schema erkennt:

|     | $x_1$ | $x_2$ | $x_3$ | $x_4$ | RS |
|-----|:---:|:---:|:---:|:---:|:---:|
| I | $\boxed{1}$ | 1 | 1 | 1 | 4 |
| II | 1 | −1 | −1 | 1 | 0 |
| III | 3 | −1 | −1 | 3 | 2 |
| II' = II − I | 0 | $\boxed{-2}$ | −2 | 0 | −4 |
| III' = III − 3 · I | 0 | −4 | −4 | 0 | −10 |
| III'' = III' − 2 · II' | 0 | 0 | 0 | 0 | −2 |

III'' enthält den Widerspruch "0 = −2".

**Beispiel 11.24:** Das folgende System von 5 Gleichungen mit 4 Unbekannten

| I   | $x_1$  | $+ x_2$ | $+ x_3$ | $+ x_4$ | $= 4$ |
|-----|--------|---------|---------|---------|-------|
| II  | $x_1$  | $- x_2$ | $- x_3$ | $+ x_4$ | $= 0$ |
| III | $3x_1$ | $- x_2$ | $- x_3$ | $+ 3x_4$ | $= 4$ |

IV        $x_1$   $+ 2x_2$   $+ 3x_3$   $+ 4x_4$   $= 10$
V        $3x_1$   $+ x_2$   $+ x_3$   $+ 3x_4$   $= 8$

hat $\infty^1$ Lösungen.

|  | $x_1$ | $x_2$ | $x_3$ | $x_4$ | RS |
|---|---|---|---|---|---|
| I | $\boxed{1}$ | 1 | 1 | 1 | 4 |
| II | 1 | $-1$ | $-1$ | 1 | 0 |
| III | 3 | $-1$ | $-1$ | 3 | 4 |
| IV | 1 | 2 | 3 | 4 | 10 |
| V | 3 | 1 | 1 | 3 | 8 |
| II' = II − I | 0 | $-2$ | $-2$ | 0 | $-4$ |
| III' = III − 3 · I | 0 | $-4$ | $-4$ | 0 | $-8$ |
| IV' = IV − I | 0 | $\boxed{1}$ | 2 | 3 | 6 |
| V' = V − 3 · I | 0 | $-2$ | $-2$ | 0 | $-4$ |
| II" = II' + 2 · IV' | 0 | 0 | $\boxed{2}$ | 6 | 8 |
| III" = III' + 4 · IV' | 0 | 0 | 4 | 12 | 16 |
| V" = V' + 2 · IV' | 0 | 0 | 2 | 6 | 8 |
| III"' = III" − 2 · II" | 0 | 0 | 0 | 0 | 0 |
| V"' = V" − II" | 0 | 0 | 0 | 0 | 0 |

III"' und V"' enthalten keinen Widerspruch. Man kann $x_4$ beliebig wählen und erhält aus II" $x_3 = 4 - 3x_4$ , aus IV' $x_2 = 6 - 2(4 - 3x_4) - 3x_4 = -2 + 3x_4$ und aus I $x_1 = 4 - x_2 - x_3 - x_4 = 4 - (-2 + 3x_4) - (4 - 3x_4) - x_4 = 2 - x_4$.

Also:  $x_1 = 2 - x_4$       $x_4$ beliebig
          $x_2 = -2 + 3x_4$       $x_4$ beliebig
          $x_3 = 4 - 3x_4$       $x_4$ beliebig

Man kann übrigens schon im zweiten Block des Gauß-Schemas erkennen, daß die Gleichungen, die zu III' und V' gehören, nichts anderes ausdrücken, als die zu II' gehörende. Man hätte also die Zeilen III' und V' streichen können. Der dritte Block hätte dann nur aus Zeile II" bestanden, und der Gaußsche Algorithmus wäre beendet gewesen.

# 11.4  Homogene Gleichungssysteme

Man nennt ein System von n Gleichungen mit n Unbekannten, dessen Absolutglieder alle verschwinden, *homogenes Gleichungssystem*.
Für n = 3 heißt das zum Beispiel

I        $a_{11} x_1 + a_{12} x_2 + a_{13} x_3 = 0$
II        $a_{21} x_1 + a_{22} x_2 + a_{23} x_3 = 0$          (11.46)
III        $a_{31} x_1 + a_{32} x_2 + a_{33} x_3 = 0$

Ein solches homogenes System hat immer die *"triviale Lösung"*

$$x_1 = x_2 = x_3 = \ldots = x_n = 0. \tag{11.47}$$

Gilt für die Koeffizientendeterminante in (11.38) $D \neq 0$, so existiert nach Satz 11.7 nur die "triviale Lösung". Es gilt der

---

**Satz 11.8:**   Ein homogenes Gleichungssystem hat genau dann *nichttriviale Lösungen*, wenn gilt
   $D = 0$.

---

**Beispiel 11.25** Das homogene Gleichungssystem

$$
\begin{array}{lllll}
\text{I} & x_1 & & + x_3 & = 0 \\
\text{II} & x_1 & - x_2 & & = 0 \\
\text{III} & x_1 & + x_2 & + x_3 & = 0
\end{array}
$$

hat wegen

$$D = \begin{vmatrix} 1 & 0 & 1 \\ 1 & -1 & 0 \\ 1 & 1 & 1 \end{vmatrix} = \begin{vmatrix} -1 & 0 \\ 1 & 1 \end{vmatrix} + \begin{vmatrix} 1 & -1 \\ 1 & 1 \end{vmatrix} = -1 + (1+1) = 1 \neq 0$$

nur die triviale Lösung $x_1 = x_2 = x_3 = 0$.

**Beispiel 11.26** Das homogene Gleichungssystem

$$
\begin{array}{lllll}
\text{I} & x_1 & & + x_3 & = 0 \\
\text{II} & x_1 & - x_2 & & = 0 \\
\text{III} & & x_2 & + x_3 & = 0
\end{array}
$$

hat wegen

$$D = \begin{vmatrix} 1 & 0 & 1 \\ 1 & -1 & 0 \\ 0 & 1 & 1 \end{vmatrix} = \begin{vmatrix} -1 & 0 \\ 1 & 1 \end{vmatrix} + \begin{vmatrix} 1 & -1 \\ 0 & 1 \end{vmatrix} = -1 + 1 = 0$$

auch nichttriviale Lösungen. Sie ergeben sich aus dem Gaußschen Algorithmus in folgender Weise:

| | $x_1$ | $x_2$ | $x_3$ | RS |
|---|---|---|---|---|
| I | 1 | 0 | 1 | 0 |
| II | 1 | −1 | 0 | 0 |
| III | 0 | 1 | 1 | 0 |
| II' = II − I | 0 | −1 | −1 | 0 |
| III' = III | 0 | 1 | 1 | 0 |
| II'' = II' + III' | 0 | 0 | 0 | 0 |

II" enthält keinen Widerspruch. Man wählt $x_3$ beliebig und erhält aus III'
$x_2 = -x_3$   und aus I $x_1 = -x_3$.

Also     $x_1 = -x_3$ ,                    $x_3$ beliebig,
         $x_2 = -x_3$ ,                    $x_3$ beliebig.

# 11.5  Übungsaufgaben

Für die Unbekannten werden die von der Schule her bekannten Bezeichnungen x, y, ..., aber auch $x_1, x_2, \ldots$ gewählt.

1.       Lineare Gleichungssysteme mit zwei Unbekannten

   Es ist zu empfehlen, bei der Lösung der Aufgaben jeweils mehrere Verfahren anzuwenden, einmal, um diese zu üben, zum anderen als Kontrollrechnung. Dabei sollte das Additionsverfahren bzw. der Gaußsche Algorithmus bevorzugt werden und das Berechnen mittels Determinanten als weiterer Lösungsweg Anwendung finden.

1.1.     Gleichungssysteme mit bestimmten Koeffizienten

1.1.1. a)  $2x_1 + 3x_2 = 8$          b)  $x_1 = 3x_2 - 14$
           $3x_1 - 6x_2 = -30$             $x_2 = 3x_1 - 22$

   c)  $51x - \dfrac{3}{20y} = 3$     d)  $\dfrac{1}{x} + \dfrac{2}{y} = 3$

       $48x - \dfrac{1}{10y} = 2$         $\dfrac{5}{x} - \dfrac{1}{y} = 4$

1.1.2.  a) $5(x_2 + 2) - 3(x_1 + 1) = 23$     b)  $3(2x_1 - x_2) + 4(x_1 - 2x_2) = 87$

        $3(x_2 - 2) = 19 - 5(x_1 - 1)$           $2(3x_1 - x_2) - 3(x_1 - x_2) = 82$

   c) $4 - \dfrac{1}{3}\left(2x - y - \dfrac{9}{2}\right) = \dfrac{1}{8}(3x - 6 - 4y)$   d)  $3y - \dfrac{3(4x - 3y)}{2} = 2x - 3y - 1$

       $4 - \dfrac{x - \dfrac{1}{2}y + 3}{3} = \dfrac{2y - x - 6}{8}$           $3x - \dfrac{3(3x - 2y)}{5} = 5x - 3y - 1$

1.1.3.  a) $\dfrac{1}{\dfrac{7}{2}x - 3} = \dfrac{1}{4y - 3}$     b)  $\dfrac{1}{3x - 5} = \dfrac{4}{7y - 13}$

        $\dfrac{1}{\dfrac{5}{2}x + 4} = \dfrac{1}{3y + 1}$           $\dfrac{1}{y - x} = \dfrac{8}{3x + y}$

c) $\dfrac{1}{y-10} = \dfrac{25}{12x+19}$  d)  $4+y = x$

$\dfrac{1}{45-x} = \dfrac{8}{15y+1}$  $\dfrac{2}{5-3x} = \dfrac{3}{7-2y}$

1.1.4.  a)  $(x-1)(2y+5) = (y+1)(2x-1)$
$(2x+7)(y-2) = (2y-3)(x+2)$

b)  $4(5y-3)(2x+1) = (10x+7)(4y-3)$
$2(2y+1)(x+4) = (2x+5)(2y+3)$

c)  $\dfrac{1}{x}+\dfrac{1}{y} = \dfrac{1}{2}$  d)  $\dfrac{3}{x}+\dfrac{8}{y} = 3$

$\dfrac{1}{x}-\dfrac{1}{y} = \dfrac{1}{6}$  $\dfrac{15}{x}-\dfrac{4}{y} = 4$

1.1.5.  a)  $\dfrac{9x_1}{2}+\dfrac{3x_2}{2} = 3$  b)  $\dfrac{2x_2-5x_1}{6}+\dfrac{x_1}{6} = \dfrac{x_2-2x_1}{3}$

$3x_1 + x_2 = 2$  $\dfrac{5-3x_1}{3}-\dfrac{4x_2-1}{4} = \dfrac{6x_1+23}{12}-\dfrac{3x_1-4x_2}{2}$

c)  $\dfrac{12}{4x_1+3x_2} - \dfrac{1}{3(3x_1-2x_2)} = \dfrac{1}{6}$  d)  $3(x_1-2)+4(2x_2+\dfrac{3}{2}) = 0$

$\dfrac{5}{3x_1-2x_2} + \dfrac{6}{4x_1+3x_2} = 5{,}25$  $5(x_1+3)-3(x_2-\dfrac{1}{3}) = 16$

1.1.6.  a)  $3x_1 + 4x_2 = 8$  b)  $6x_1 - x_2 = 1$
$\phantom{a)\ }5x_1 - 2x_2 = 9$  $\phantom{b)\ }9x_1 + 2x_2 = 5$
$\phantom{a)\ }7x_1 - 8x_2 = 10$  $\phantom{b)\ }3x_1 - x_2 = 1$

c)  $5x_1 - 3x_2 = -3$  d)  $2x_1 - 3x_2 = 10$

$\phantom{c)\ }3x_1 + 5x_2 = 5$  $-\dfrac{1}{3}x_1+\dfrac{1}{2}x_2 = -\dfrac{5}{3}$

$\phantom{c)\ }3x_1 -1{,}8x_2 = -1{,}8$  $x_1 - 1{,}5x_2 = 5$
$\phantom{c)\ }0{,}9x_1 + 1{,}5x_2 = 1{,}5$  $0{,}5x_1 - 0{,}75x_2 = 2{,}5$

1.2.   Gleichungssysteme mit unbestimmten Koeffizienten

1.2.1.  a)  $x_1 + x_2 = a$  b)  $3x_1 - 2x_2 = 5a$
$\phantom{a)\ }ax_1 - x_2 = b$  $\phantom{b)\ }2x_1 - 3x_2 = 5b$

c) $10x + 6y = 4a + b$
   $6x + 10y = 4a - b$

d) $14x - 15y = 24a$
   $10x - 21y = 24b$

1.2.2. a) $\dfrac{x_1}{2a+b} - \dfrac{x_2}{2a-b} = \dfrac{8ab}{b^2-4a^2}$

$\dfrac{x_1}{2a+b} + \dfrac{x_2}{2a-b} = \dfrac{8a^2+2b^2}{4a^2-b^2}$

b) $-(a+b)x_1 + (a-b)x_2 = 0$

$(a-b)x_1 + (a+b)x_2 - 4ab = 0$

c) $\left(\dfrac{a^2+b^2}{2b}\right)^2 \cdot x - \left(\dfrac{b^2-a^2}{2b}\right)^2 \cdot y = a^2$

$\dfrac{a^2+b^2}{2b} \cdot x + \dfrac{b^2-a^2}{2b} \cdot y = b$

d) $\dfrac{x}{b+c} - \dfrac{y}{a+c} = a - c$

$\dfrac{x}{a+b} - \dfrac{y}{b+c} = b - a$

1.2.3. a) $x + y = \dfrac{2(a^2+b^2)}{a^2-b^2}$

$x - y = \dfrac{4ab}{a^2-b^2}$

b) $x + y = \dfrac{a^2+b^2}{a^2-b^2}$

$2x + 3y = \dfrac{2a^2+ab+3b^2}{a^2-b^2}$

c) $ax + by = 2a$
   $a^2 x - b^2 y = a^2 + b^2$

d) $ax + by = a^3 + 2a^2b + b^3$
   $bx + ay = a^3 + 2ab^2 + b^3$

1.2.4. a) $ax + by = 2a$

$x + y = \dfrac{a^2+b^2}{ab}$

b) $(a-b)x + (a+b)y = a + b$

$\dfrac{x}{a+b} - \dfrac{y}{a-b} = \dfrac{1}{a+b}$

c) $\dfrac{x-a}{y-a} = \dfrac{a-b}{a+b}$

$\dfrac{x}{y} = \dfrac{a^3-b^3}{a^3+b^3}$

d) $(a-b)x + y = \dfrac{a+b+1}{a+b}$

$x + (a+b)y = \dfrac{a-b+1}{a-b}$

## 1.3.    Sachaufgaben

1.3.1.   Welche zwei Zahlen haben folgende Eigenschaften? Vergrößert man jede um 5, so wird die Differenz ihrer Quadrate um 100 größer, während ihr Produkt um 325 zunimmt.

1.3.2.   Die Summe zweier Zahlen ist so groß wie die Differenz ihrer Quadrate. Wenn man 4 zur ersten Zahl addiert und von der zweiten subtrahiert, ergibt die Differenz ihrer Quadrate 99. Wie heißen die beiden Zahlen?

1.3.3.   Vergrößert man jede von zwei Zahlen um 2, so verhalten sich die Zahlen wie 3 : 4. Subtrahiert man dagegen von jeder der beiden Zahlen 3, haben die so erhaltenen Zahlen das Verhältnis 2 : 3. Wie heißen die beiden Zahlen?

1.3.4.  Die Summe zweier Zahlen beträgt 999. Teilt man die erste Zahl durch 9, die zweite durch 6, so ist die Summe der Quotienten 138. Wie groß ist jede der beiden Zahlen?

1.3.5.  Die Summe zweier Zahlen beträgt 1000. Multipliziert man die erste Zahl mit 2, die zweite mit 3, so ist die Summe der Produkte 2222. Wie groß ist jede der beiden Zahlen?

1.3.6.  Von zwei Zahlen ist die eine um 0,909 größer als die andere, ihre Summe beträgt 3,191. Wie heißen die beiden Zahlen?

1.3.7.  Schaltet man zwei Widerstände hintereinander, ergeben sie einen Gesamtwiderstand von 300 Ω, während der Gesamtwiderstand bei Parallelschaltung $66\frac{2}{3}$ Ω beträgt. Wie groß sind die Einzelwiderstände?

1.3.8.  Die Summe der Längen zweier Seiten eines Dreiecks betrage 8,4 cm, ihre Projektionen auf die dritte Seite des Dreiecks 4 cm und 1,6 cm. Wie groß sind die Seiten des Dreiecks?

1.3.9.  Die beiden Vororte X und Y einer Großstadt bilden mit deren Zentrum Z ein Dreieck. Von X über Z nach Y beträgt die Entfernung 12 km, Y liegt 2 km weiter vom Zentrum entfernt als X. Wie weit sind die beiden Vororte X und Y vom Stadtzentrum Z entfernt?

1.3.10.  Die ein Fußballfeld umgebende rechteckförmige Holzbarriere von insgesamt 420 m Länge soll durch einen Zaun aus Drahtgeflecht ersetzt werden. Dabei wird die eine Seite um 5 m verkürzt, die andere um 10 m verlängert. Hierbei nimmt die Größe der einzuzäunenden Fläche um 100 m$^2$ zu. Wie groß sind die Rechteckseiten?

1.3.11.  Der Kühler eines Pkw faßt 8 l Kühlwasser und hat zwei Abflußstutzen. Er kann geleert werden, wenn man z. B. den ersten 5 min und den zweiten 2 min öffnet oder den zweiten 6 min und den ersten 3 min. Welche Wassermenge pro Minute fließt durch jeden der beiden Abflußstutzen?

1.3.12.  Ein Vater ist 36 Jahre älter als sein Sohn. In 5 Jahren wird der Vater um $\frac{1}{4}$ mehr als dreimal so alt wie sein Sohn sein. Wie alt sind gegenwärtig Vater und Sohn?

1.3.13.  Bei der Saftherstellung werden zwei Arten von Säften gemischt. Nimmt man 3 Flaschen vom ersten und 7 Flaschen vom zweiten, errechnet sich der Preis einer Flasche zu 2 DM. Mischt man aber umgekehrt 7 Flaschen der ersten Saftart und 3 Flaschen der zweiten, kostet eine Flasche 2,40 DM. Wieviel kostet eine Flasche der verwendeten Säfte?

1.3.14.  Ein Wasserbehälter von $450 m^3$ kann durch zwei Röhren gefüllt werden. Wenn die erste Röhre 3 min und die zweite 1 min geöffnet ist, so fließen 40 $m^3$ in den Behälter. Ist aber die erste Röhre 1 min, die zweite 7 min offen, so fließen $60 m^3$ zu. Wieviel Kubikmeter liefert jede Röhre in einer Minute? Wie lange müssen beide Röhren gleichzeitig geöffnet sein, wenn der Behälter voll werden soll?

1.3.15.  Zwei Arbeiter bekommen Ausschachtungsarbeiten übertragen. Wenn beide zusammen arbeiten, benötigen sie 12 Tage. Arbeitet der erste 2 Tage und der zweite 3 Tage, so schaffen sie in dieser Zeit nur $\frac{1}{5}$ der Arbeit. Wie lange würde jeder allein für die Arbeit benötigen?

1.3.16.  Auf dem 100 m langen Umfang eines Kreises bewegen sich zwei Körper. Sie begegnen sich aller 20 s, wenn sie sich in derselben Richtung bewegen, und aller 4 s, wenn sie sich in entgegengesetzter Richtung bewegen. Wieviel Meter legt jeder der beiden Körper in der Sekunde zurück?

1.3.17  Zwei Körper bewegen sich auf dem 999 m langen Umfang eines Kreises in derselben Richtung und begegnen sich aller 37 s. Wie groß ist die Geschwindigkeit der beiden Körper, wenn die des ersten viermal so groß wie die des zweiten ist?

2.       Lineare Gleichungssysteme mit drei Unbekannten

2.1.     Gleichungssysteme mit bestimmten Koeffizienten

a) $x + y = 14$
   $x + z = 15$
   $y + z = 16$

b) $x_1 - x_2 = 4$
   $x_1 + x_3 = 18$
   $x_2 - x_3 = 6$

c) $x_1 + x_2 = 6,6$
   $x_1 - x_3 = 2,6$
   $x_2 - x_3 = 2$

d) $x + y + z = 25$
   $3x - 2z = 1$
   $20y - 16z = 0$

e) $2x + 3z = 13$
   $3x - 4y = 3$
   $5y - 6z = 9$

f) $12x + 24y - 42z = 30$
   $4x + 8y - 14z = 10$
   $6x + 12y - 21z = 15$

g) $5x + 3y + 2z = 207$
   $5x - 3y = 37$
   $3y - 2z = 19$

h) $x_1 + x_2 - x_3 = 17$
   $x_1 - x_2 + x_3 = 13$
   $-x_1 + x_2 + x_3 = 14$

i) $x_1 - 5x_2 + 2x_3 = 11$
   $2x_1 - 3x_2 + x_3 = 6$
   $6x_1 - 16x_2 + 10 x_3 = 39$

j) $4x + 4\frac{1}{2}y - 6\frac{3}{4}z = 20$
   $2\frac{1}{5}x - 2\frac{1}{3}y + 1\frac{1}{2}z = 5\frac{2}{3}$
   $1\frac{2}{3}x + 1\frac{3}{4}y - 4\frac{1}{2}z = 3\frac{1}{3}$

k) $\frac{2}{5}x - y = 0$
   $\frac{2}{3}x - z = 1$
   $-\frac{2}{3}y + z = 2$

## 2.2. Gleichungssysteme mit unbestimmten Koeffizienten

a) $x_1 + x_2 = 2c$
$x_1 + x_3 = 2b$
$x_2 + x_3 = 2a$

b) $x_1 + x_2 = 2(a + b)$
$x_1 + x_3 = 2(a + c)$
$x_2 + x_3 = 2(b + c)$

c)  $ax + by - cz = c$
$ax - by + cz = b$
$-ax + by + cz = a$

d) $ax + by - cz = 2ab$

$-ax + by + cz = 2bc$

$ax - by + cz = 2ac$

e) $\dfrac{1}{y} + \dfrac{1}{z} = 2a$

$\dfrac{1}{x} + \dfrac{1}{z} = 2b$

$\dfrac{1}{x} + \dfrac{1}{y} = 2c$

f)  $-\dfrac{1}{x} + \dfrac{1}{y} + \dfrac{1}{z} = \dfrac{2}{a}$

$\dfrac{1}{x} - \dfrac{1}{y} + \dfrac{1}{z} = \dfrac{2}{b}$

$\dfrac{1}{x} + \dfrac{1}{y} - \dfrac{1}{z} = \dfrac{2}{c}$

g)  $x + \dfrac{y}{b} - \dfrac{z}{c} = a$

$y + \dfrac{z}{c} - \dfrac{x}{a} = b$

$z + \dfrac{x}{a} - \dfrac{y}{b} = c$

h)  $\dfrac{x}{b+c} + \dfrac{y}{c-a} = a + b$

$\dfrac{y}{c+a} + \dfrac{z}{a-b} = b + c$

$\dfrac{z}{a+b} + \dfrac{x}{b-c} = c + a$

3.    Beliebig viele Gleichungen mit beliebig vielen Unbekannten

a) $2x_1 - 3x_2 - 2x_3 + 4x_4 = 7$
$x_1 + x_2 + x_3 + x_4 = 7$
$0{,}5x_1 + x_2 + 1{,}5x_3 - 0{,}5x_4 = 3$
$3x_1 - x_2 + x_3 + 2x_4 = 10$

b)    $3x_1 - x_2 + 2x_3 + x_4 = 6$
$x_1 + 0{,}5\,x_2 + x_3 = 1$
$7x_1 + x_2 + 6x_3 + x_4 = 10$
$6x_1 + 0{,}5x_2 + 5x_3 + x_4 = 9$

c) $x_1 + 3x_2 + x_3 - 2x_4 - 2x_5 = 1$
$-2x_1 - 2x_2 + x_3 + 3x_4 + x_5 = 3$
$-2x_1 + x_2 + 3x_3 + x_4 - 2x_5 = 5$
$3x_1 + x_2 - 2x_3 - 2x_4 + x_5 = 2$
$x_1 - 2x_2 - 2x_3 + x_4 + 3x_5 = 4$

d)    $x_1 + x_2 + x_3 + x_4 + x_5 + x_6 = 21$
$x_1 - x_2 - x_3 + x_4 - x_5 + x_6 = 1$
$6x_1 - 5x_2 + 4x_3 - 3x_4 + 2x_5 - x_6 = 0$
$x_1 + 2x_2 + 3x_3 + 4x_4 + 5x_5 - 6x_6 = 19$
$2x_1 - 3x_2 + 4x_3 - 5x_4 + 6x_5 - 7x_6 = -24$
$-x_1 + x_2 - x_3 + x_4 - x_5 + x_6 = 3$

4.    Homogene Gleichungssysteme

a) $3x_1 - 4x_2 + 7x_3 = 0$
$-x_1 + 3x_2 - 2x_3 = 0$
$-2x_1 + 5x_2 + 3x_3 = 0$

b) $-x_1 + 2x_2 - 4x_3 = 0$
$5x_1 - 3x_2 + 6x_3 = 0$
$3x_1 - x_2 + 2x_3 = 0$

c) $20x_1 - 10x_2 + 15x_3 = 0$
$-12x_1 + 6x_2 - 9x_3 = 0$
$8x_1 - 4x_2 + 6x_3 = 0$

d) $6x_1 - 3x_2 + 4x_3 = 0$
$9x_1 - 5x_2 + 6x_3 = 0$

# 12 Algebraische Gleichungen

## 12.1 Nichtlineare Gleichungen

Alle Gleichungen, die nicht zur Normalform der linearen Gleichung

$$A \cdot x = a \tag{12.1}$$

äquivalent sind, heißen *nichtlineare Gleichungen*. Ihre allgemeine Form lautet

$$F(x) = 0, \tag{12.2}$$

wobei $F(x)$ irgendein nichtlinearer Ausdruck in x ist. Die Gleichung (12.2) lösen heißt, alle Werte x zu bestimmen, für die (12.2) gilt. Dabei ist es wichtig festzulegen, ob man nur reelle Lösungen x sucht oder ob man auch komplexe Werte für die Lösung zuläßt.

So hat zum Beispiel die nichtlineare Gleichung

$$x^2 - x - 2 = 0$$

die beiden reellen Lösungen

$$x_1 = -1, \quad x_2 = 2,$$

wie man durch Einsetzen bestätigen kann.

Dagegen hat die Gleichung

$$x^2 + 1 = 0$$

keine reelle Lösung (vgl. Abschnitt 5), sondern die imaginären Lösungen

$$x_1 = i, \quad x_2 = -i.$$

Zur Klarstellung sei hier auf den Zusammenhang zwischen Gleichungen und Funktionen, die im Abschnitt 15 gesondert behandelt werden, hingewiesen: Die Beziehung $y = F(x)$ nennt man Funktionsgleichung und x dabei (unabhängige) Variable. Dagegen ist (12.2) eine Bestimmungsgleichung und x dort eine Unbekannte.

Die Lösung einer Gleichung (12.2) nennt man auch *Nullstelle* von $F(x)$ oder *Wurzel* der Gleichung $F(x) = 0$.

Gleichungen, die nicht in der Form (12.2) gegeben sind, können durch Umformen auf diese Form gebracht werden. So erhält man zum Beispiel für die Gleichungen

$$f(x) = g(x) \quad \text{und} \quad \frac{f(x)}{g(x)} = a, \quad g(x) \neq 0,$$

die Normalform in folgender Weise:

$$F(x) = f(x) - g(x) = 0 \quad \text{und} \quad F(x) = f(x) - a \cdot g(x) = 0.$$

Eine abgeschlossene Theorie wie für die linearen Gleichungen gibt es für die nicht-linearen Gleichungen nicht. Insbesondere kann man im allgemeinen keine Formeln mehr angeben, mit denen man die Nullstellen exakt berechnen kann. Man muß sie also gegebenenfalls mit numerischen Methoden näherungsweise ermitteln.

Die nichtlinearen Gleichungen werden in zwei Klassen, die algebraischen und die transzendenten, eingeteilt, von denen in diesem und im nächsten Abschnitt bestimmte Unterklassen behandelt werden, die sich explizit lösen lassen.

In den Abschnitten 12.2 bis 12.4 werden *algebraische Gleichungen* behandelt. Das sind Gleichungen, die auf die folgende *Normalform* zurückgeführt werden können:

$$x^n + a_{n-1}x^{n-1} + a_{n-2}x^{n-2} + \ldots + a_2x^2 + a_1x + a_0 = 0. \tag{12.3}$$

Hier liegt also die nichtlineare Funktion F(x) in (12.2) als ein *Polynom n-ten Grades* vor. Wir lassen in (12.3) als Koeffizienten $a_i$ nur reelle Zahlen zu, obwohl das Folgende im wesentlichen auch für komplexe Koeffizienten gilt.

Das in (12.3) links stehende Polynom n-ten Grades

$$F(x) = P_n(x) = x^n + a_{n-1}x^{n-1} + \ldots + a_1x + a_0 \tag{12.4}$$

nennt man auch *ganzrationale Funktion*, weil es durch Anwendung der rationalen Rechenoperationen Addition, Subtraktion und Multiplikation, aber nicht durch die Anwendung der Division auf die Variable x und reelle Koeffizienten $a_i$ entsteht. Die allgemeine Gleichung

$$b_nx^n + b_{n-1}x^{n-1} + \ldots + b_1x + b_0 = 0, \quad b_n \neq 0, \tag{12.5}$$

kann durch Division durch $b_n \neq 0$ auf die Normalform (12.3) gebracht werden.

Wenn die nichtlineare Funktion F(x) in (12.2) durch Anwendung aller rationalen Rechenoperationen einschließlich der Division auf die Variable x und reelle Parameter gebildet wird, so spricht man von einer *gebrochen rationalen Funktion*. Sie ist immer in Form eines Quotienten zweier Polynome bzw. ganzrationaler Funktionen darstellbar:

$$F(x) = R(x) = \frac{P_n(x)}{Q_m(x)} = \frac{b_nx^n + b_{n-1}x^{n-1} + \ldots + b_1x + b_0}{c_mx^m + c_{m-1}x^{m-1} + \ldots + c_1x + c_0}. \tag{12.6}$$

Die Gleichung

$$F(x) = \frac{P_n(x)}{Q_m(x)} = 0 \tag{12.7}$$

ist immer auf die Gleichung (12.5) bzw. (12.3) zurückführbar. Man hat allerdings zu berücksichtigen, daß nur solche Lösungen von (12.3) in Frage kommen, für die $Q_m(x) \neq 0$ gilt.

Wenn zur Bildung der nichtlinearen Funktion F(x) die algebraischen Rechenoperationen zugelassen sind (diese enthalten neben den rationalen Rechenoperationen einschließlich des Potenzierens auch das Radizieren), so spricht man von *algebraischen Funktionen*, und die Gleichung (12.2) heißt algebraische Gleichung. Auch solche algebraischen Gleichungen lassen sich auf die Form (12.3) bringen.

Jede n-te Wurzel $\sqrt[n]{G(x)}$ aus einem Ausdruck $G(x)$ läßt sich beseitigen, indem man sie auf eine Seite der Gleichung bringt und beide Seiten der Gleichung zur n-ten Potenz erhebt. Das wird im Abschnitt 12.4 an konkreten Beispielen demonstriert.

Mit dem genannten Vorgehen reduziert sich die Behandlung algebraischer Gleichungen auf die Untersuchung von Gleichungen der Form (12.3). Diese Normalform der algebraischen Gleichungen heißt auch Gleichung n-ten Grades.

Im Abschnitt 12.2 werden zunächst die quadratischen Gleichungen behandelt. Der Abschnitt 12.3 ist den Gleichungen dritten Grades gewidmet.

Der Abschnitt 12.4 behandelt schließlich Probleme, die bei Wurzelgleichungen auftreten.

Alle nichtlinearen Gleichungen, die keine algebraischen Gleichungen sind, heißen *transzendente Gleichungen*. Drei Typen dieser transzendenten Gleichungen - die Exponentialgleichungen, die logarithmischen Gleichungen und die goniometrischen Gleichungen - werden im Abschnitt 13 behandelt.

## 12.2 Quadratische Gleichungen

### 12.2.1 Quadratische Gleichungen in Normalform

Die einfachste nichtlineare algebraische Gleichung ist die *quadratische Gleichung*. Sie hat die allgemeine Form

$$b_2 x^2 + b_1 x + b_0 = 0, \quad b_2 \neq 0. \tag{12.8}$$

Die Division durch $b_2$ liefert die äquivalente Normalform

$$x^2 + a_1 x + a_0 = 0 \quad (a_1 = \frac{b_1}{b_2}, a_0 = \frac{b_0}{b_2}). \tag{12.9}$$

Zu ihrer Lösung macht man von der quadratischen Ergänzung Gebrauch, die auf den binomischen Formeln (siehe Abschnitt 1.2.2) beruht:

$$\left(x + \frac{a_1}{2}\right)^2 = x^2 + a_1 x + \frac{a_1^2}{4}. \tag{12.10}$$

Damit kann die Ausgangsgleichung (12.9) in folgender Weise umgeformt werden:

$$x^2 + a_1 x + a_0 = \left(x + \frac{a_1}{2}\right)^2 + a_0 - \frac{a_1^2}{4} = 0$$

bzw.

$$\left(x + \frac{a_1}{2}\right)^2 = \frac{a_1^2}{4} - a_0. \tag{12.11}$$

Gilt

$$\frac{a_1^2}{4} - a_0 > 0 \quad \text{bzw.} \quad a_1^2 - 4a_0 > 0 \quad \text{bzw.} \quad a_1^2 > 4a_0, \tag{12.12}$$

so hat man zwei Möglichkeiten, die Gleichung (12.11) zu erfüllen: Es gilt

$$x + \frac{a_1}{2} = \sqrt{\frac{a_1^2}{4} - a_0} \tag{12.13}$$

oder

$$x + \frac{a_1}{2} = -\sqrt{\frac{a_1^2}{4} - a_0} \; ; \tag{12.14}$$

denn durch Quadrieren beider Seiten erhält man sowohl aus (12.13) als auch aus (12.14) die ursprüngliche Gleichung (12.12) und damit (12.9) zurück. (Man hat hierzu zu berücksichtigen, daß unter $\sqrt{a}$ nach Hauptabschnitt 2 immer die nichtnegative Zahl zu verstehen ist, die quadriert a ergibt.) Man erhält aus (12.13) und (12.14) zwei reelle Lösungen,

$$x_1 = -\frac{a_1}{2} + \sqrt{\frac{a_1^2}{4} - a_0}, \quad x_2 = -\frac{a_1}{2} - \sqrt{\frac{a_1^2}{4} - a_0} \tag{12.15}$$

und schreibt dafür auch

$$x_{1;2} = -\frac{a_1}{2} \pm \sqrt{\frac{a_1^2}{4} - a_0}. \tag{12.16}$$

Durch Einsetzen von (12.15) bzw. (12.16) in (12.9) kann man bestätigen, daß beide Werte, $x_1$ und $x_2$, auch tatsächlich die quadratische Gleichung (12.9) erfüllen. Im Falle

$$\frac{a_1^2}{4} - a_0 = 0 \quad \text{bzw.} \quad a_1^2 - 4a_0 = 0 \quad \text{bzw.} \quad a_1^2 = 4a_0 \tag{12.17}$$

erhält man nach (12.16) genau eine reelle Lösung:

$$x_{1;2} = x_1 = x_2 = -\frac{a_1}{2} \pm 0 = -\frac{a_1}{2}. \tag{12.18}$$

Man zählt hier in Anlehnung an (12.15) bzw. (12.16) diese einzige Lösung doppelt und spricht von einer reellen Doppellösung (12.18).
Gilt nun

$$\frac{a_1^2}{4} - a_0 < 0 \quad \text{bzw.} \quad a_1^2 - 4a_0 < 0 \quad \text{bzw.} \quad a_1^2 < 4a_0, \tag{12.19}$$

so hat (12.11) bzw. (12.9) keine reelle Lösung. Rechnet man aber mit komplexen Zahlen, so erhält man nach Abschnitt 5

$$x + \frac{a_1}{2} = \sqrt{a_0 - \frac{a_1^2}{4}} \, i \quad \text{und} \quad x + \frac{a_1}{2} = -\sqrt{a_0 - \frac{a_1^2}{4}} \, i$$

und damit das Paar konjugiert komplexer Lösungen

$$x_{1;2} = -\frac{a_1}{2} \pm \sqrt{a_0 - \frac{a_1^2}{4}} \, i. \tag{12.20}$$

Auch hier kann man durch Einsetzen in (12.9) bestätigen, daß beide Werte, $x_1$ und $x_2$, die Ausgangsgleichung erfüllen.

Beachtet man im Falle (12.19) die Festlegung

$$\pm \sqrt{\frac{a_1^2}{4} - a_0} = \pm \sqrt{a_0 - \frac{a_1^2}{4}} \, i, \tag{12.21}$$

so kann man zusammenfassend den folgenden Satz formulieren:

---

**Satz 12.1 (Lösungsformel für quadratische Gleichungen):**
Die quadratische Gleichung

$$x^2 + a_1 x + a_0 = 0$$

hat genau zwei Lösungen

$$x_{1;2} = -\frac{a_1}{2} \pm \sqrt{\frac{a_1^2}{4} - a_0}.$$

Im Falle $a_1^2 > 4a_0$ sind das zwei verschiedene reelle Lösungen, im Falle $a_1^2 = 4a_0$ ist das eine reelle Doppellösung, und im Falle $a_1^2 < 4a_0$ erhält man ein Paar konjugiert komplexer Lösungen.

---

In sehr einfacher Weise kann auch der folgende Satz von Vieta für quadratische Gleichungen bewiesen werden:

---

**Satz 12.2 (Satz von Vieta):** Sind $x_1$ und $x_2$ die beiden Lösungen der quadratischen Gleichung (12.9) bzw. (12.8), so gilt

$$a_0 = \frac{b_0}{b_1} = x_1 \cdot x_2, \tag{12.22}$$

$$a_1 = \frac{b_1}{b_2} = -(x_1 + x_2). \tag{12.23}$$

**Beweis:** Die Formel (12.23) ergibt sich sofort in allen drei Fällen aus

$$-(x_1 + x_2) = \left(\frac{a_1}{2} - \sqrt{\frac{a_1^2}{4} - a_0}\right) + \left(\frac{a_1}{2} + \sqrt{\frac{a_1^2}{4} - a_0}\right) = a_1.$$

Zur Bestätigung der Formel (12.22) wird von der dritten binomischen Formel und von $i^2 = -1$ Gebrauch gemacht.

Im Falle (12.12) gilt

$$x_1 \cdot x_2 = \left(-\frac{a_1}{2} + \sqrt{\frac{a_1^2}{4} - a_0}\right) \cdot \left(-\frac{a_1}{2} - \sqrt{\frac{a_1^2}{4} - a_0}\right) = \frac{a_1^2}{4} - \left(\sqrt{\frac{a_1^2}{4} - a_0}\right)^2$$

$$= \frac{a_1^2}{4} - \frac{a_1^2}{4} + a_0 = a_0.$$

Im Falle (12.17) erhält man

$$x_1 \cdot x_2 = \left(-\frac{a_1}{2} + 0\right) \cdot \left(-\frac{a_1}{2} - 0\right) = \frac{a_1^2}{4} = a_0,$$

und im Falle (12.19) gilt

$$x_1 \cdot x_2 = \left(-\frac{a_1}{2} + \sqrt{a_0 - \frac{a_1^2}{4}}\, i\right)\left(-\frac{a_1}{2} - \sqrt{a_0 - \frac{a_1^2}{4}}\, i\right) = \frac{a_1^2}{4} - \left(\sqrt{a_0 - \frac{a_1^2}{4}}\right)^2 i^2$$

$$= \frac{a_1^2}{4} - \left(a_0 - \frac{a_1^2}{4}\right) \cdot (-1) = \frac{a_1^2}{4} + a_0 - \frac{a_1^2}{4} = a_0.$$

Mit Hilfe des Satzes von Vieta kann auch der folgende Satz bestätigt werden:

---

**Satz 12.3:** Ein Polynom zweiten Grades kann in folgender Weise in ein Produkt von zwei *Linearfaktoren* aufgespalten werden:

$$x^2 + a_1 x + a_0 = (x - x_1)(x - x_2) \tag{12.24}$$

bzw.

$$b_2 x^2 + b_1 x + b_0 = b_2(x - x_1)(x - x_2), \tag{12.25}$$

wobei $x_1$ und $x_2$ die beiden Lösungen der quadratischen Gleichung (12.9) bzw. (12.8) sind.

---

**Beweis:** Es gilt mit (12.22), (12.23) bei Beachtung von (12.9) bzw. (12.8)

$$(x - x_1)(x - x_2) = x^2 - (x_1 + x_2)x + x_1 x_2 = x^2 + a_1 x + a_0$$

$$= \frac{1}{b_2}(b_2 x^2 + b_1 x + b_0).$$

Vor allem durch den Satz 12.3 wird dazu angeregt, im Falle (12.17) von einer reellen Doppellösung zu sprechen. Es gilt wegen $x_1 = x_2$

$$x^2 + a_1 x + a_0 = (x - x_1)^2, \quad a_1^2 = 4a_0. \tag{12.26}$$

Die drei Fälle (12.12), (12.17) und (12.19) können mit Hilfe der Bilder (Graphen) der Funktion

$$y = P_2(x) = x^2 + a_1 x + a_0$$

veranschaulicht werden.

Diese Bilder stellen grundsätzlich Parabeln dar, die nach oben geöffnet sind; denn sowohl wenn x immer kleiner wird (x gegen $-\infty$ geht) als auch wenn x immer größer wird (x gegen $+\infty$ geht) wächst y, weil $x^2$ stärker wächst als x, über alle Grenzen (y geht gegen $+\infty$).

Die strenge Definition derartiger Grenzwerte findet man im Abschnitt 19.

Im Falle (12.12) wird die x-Achse an den beiden reellen Stellen $x_1$ und $x_2$ geschnitten; im Falle (12.17) an der Stelle $x_1 = x_2$ berührt und im Falle (12.19) nicht erreicht (vgl. Bild 12.1).

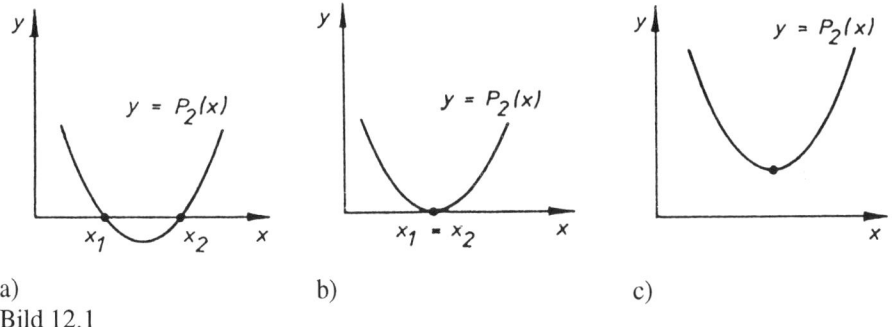

a)                        b)                        c)

Bild 12.1

Die Sätze 12.1 bis 12.3 sollen nun an drei einfachen, den Fällen (12.12), (12.17), (12.19) entsprechenden Beispielen erläutert werden.

**Beispiel 12.1:** Bei der Gleichung $x^2 - x - 6 = 0$ ist $a_1 = -1$, $a_0 = -6$, und wegen $a_1^2 - 4a_0 = 1 + 24 = 25 > 0$ liegt der Fall (12.12) vor.

Die beiden verschiedenen reellen Nullstellen erhält man nach Satz 12.1 in der Form

$$x_{1;2} = \frac{1}{2} \pm \sqrt{\frac{1}{4} + 6} = \frac{1}{2} \pm \sqrt{\frac{1}{4} + \frac{24}{4}} = \frac{1}{2} \pm \sqrt{\frac{25}{4}} = \frac{1}{2} \pm \frac{5}{2}, \quad \text{also } x_1 = 3, x_2 = -2.$$

Der Satz 12.2 wird wie folgt bestätigt:

$$a_0 = -6 = x_1 \cdot x_2 = 3 \cdot (-2) = -6,$$

$$a_1 = -1 = -(x_1 + x_2) = -(3-2) = -1.$$

Nach Satz 12.3 ist

$$x^2 - x - 6 = (x-3)(x+2).$$

**Beispiel 12.2:** Bei der Gleichung $x^2 - 4x + 4 = 0$ ist $a_1 = -4, a_0 = 4$, und wegen $a_1^2 - 4a_0 = 16 - 4 \cdot 4 = 0$ liegt der Fall (12.17) vor.

Die reelle Doppellösung erhält man nach dem Satz 12.1 in der Form

$$x_{1;2} = 2 \pm \sqrt{4-4} = 2, \quad \text{also } x_1 = x_2 = 2.$$

Der Satz 12.2 wird wie folgt bestätigt:

$$a_0 = 4 = x_1 \cdot x_2 = 2 \cdot 2 = 4,$$
$$a_1 = -4 = -(x_1 + x_2) = -(2+2) = -4.$$

Nach Satz 12.3 ist

$$x^2 - 4x + 4 = (x-2)^2.$$

**Beispiel 12.3:** Bei der Gleichung $x^2 - 4x + 13 = 0$ ist $a_1 = -4, a_0 = 13$, und wegen $a_1^2 - 4a_0 = 16 - 52 = -36$ liegt der Fall (12.19) vor.

Das Paar konjugiert komplexer Lösungen erhält man nach Satz 12.1 in der Form

$$x_{1;2} = 2 \pm \sqrt{4-13} = 2 \pm \sqrt{-9} = 2 \pm 3i, \quad \text{also } x_1 = 2+3i, x_2 = 2-3i.$$

Entsprechend Satz 12.2 gilt

$$a_0 = -4 = -(x_1 + x_2) = -(2+3i+2-3i) = -4,$$
$$a_1 = 13 = x_1 \cdot x_2 = (2+3i)(2-3i) = 4 - 9i^2 = 4+9 = 13,$$

und nach Satz 12.3 ist

$$x^2 - 4x + 13 = (x-2-3i)(x-2+3i).$$

Die Lösung einer quadratischen Gleichung (12.8) bzw. (12.9) vereinfacht sich wesentlich, wenn einer der Koeffizienten $a_0$ oder $a_1$ verschwindet:

Für $a_0 = 0$ gilt:
$$x^2 + a_1 x = 0,$$
$$x(x+a_1) = 0, \qquad x_1 = 0, x_2 = -a_1.$$

Für $a_1 = 0$ gilt:
$$x^2 + a_0 = 0,$$
$$x^2 = -a_0, \qquad x_{1;2} = \pm\sqrt{-a_0}.$$

### 12.2.2 Quadratische Gleichungen, die nicht in der Normalform vorliegen

Liegt eine quadratische Gleichung nicht in der Normalform (12.9) vor, so muß sie erst auf diese Normalform gebracht werden, bevor man Satz 12.1 anwenden kann.

**Beispiel 12.4:** $2x - (x+2)^2 = (x-2)^2 - 4(x+1),$

$$2x - x^2 - 4x - 4 = x^2 - 4x + 4 - 4x - 4,$$
$$-x^2 - 2x - 4 = x^2 - 8x,$$
$$-2x^2 + 6x - 4 = 0,$$
$$x^2 - 3x + 2 = 0,$$
$$x_{1;2} = \frac{3}{2} \pm \sqrt{\frac{9}{4} - 2} = \frac{3}{2} \pm \sqrt{\frac{9}{4} - \frac{8}{4}} = \frac{3}{2} \pm \sqrt{\frac{1}{4}} = \frac{3}{2} \pm \frac{1}{2},$$
$$x_1 = 2, x_2 = 1.$$

Tritt die Unbekannte x im Nenner auf, so ist auf die Unzulässigkeit der Division durch null zu achten.

**Beispiel 12.5:** Die Gleichung $\dfrac{x^2 + 2x}{2x^2 + 2x - 4} = 1$ hat nur einen Sinn, wenn

$2x^2 + 2x - 4 \neq 0$ gilt. Es wird zunächst die gegebene Gleichung gelöst und dann überprüft, ob die Bedingung für den Nenner erfüllt ist.

$$x^2 + 2x = 2x^2 + 2x - 4,$$
$$-x^2 = -4.$$
$$x_{1;2} = \pm 2, \qquad x_1 = 2, \ x_2 = -2.$$

Für $x = x_1 = 2$ gilt im Nenner $2x^2 + 2x - 4 = 8 + 4 - 4 = 8 \neq 0$, und für $x = x_2 = -2$ gilt im Nenner $2x^2 + 2x - 4 = 8 - 4 - 4 = 0$. Daher ist nur $x_1 = 2$ Lösung der Ausgangsgleichung.

### 12.2.3 Spezielle Gleichungen n-ten Grades, die sich auf quadratische Gleichungen zurückführen lassen

Einige Spezialfälle der Gleichung n-ten Grades (12.3) lassen sich mit Hilfe einer quadratischen Gleichung lösen. Ein solcher Spezialfall liegt vor, wenn

$$a_0 = a_1 = \ldots = a_{n-3} = 0 \tag{12.27}$$

gilt. Dann lautet die Gleichung n-ten Grades

$$x^n + a_{n-1}x^{n-1} + a_{n-2}x^{n-2} = 0 \tag{12.28}$$

bzw.

$$x^{n-2}(x^2 + a_{n-1}x + a_{n-2}) = 0. \tag{12.29}$$

Daraus folgt

$$x^{n-2} = 0 \quad \text{oder} \quad x^2 + a_{n-1}x + a_{n-2} = 0. \tag{12.30}$$

Die zweite dieser beiden Gleichungen ist eine quadratische Gleichung, die nach Satz 12.1 die folgenden beiden Lösungen hat:

$$x_{1;2} = -\frac{a_{n-1}}{2} \pm \sqrt{\frac{a_{n-1}^2}{4} - a_{n-2}} \; . \tag{12.31}$$

Die erste Gleichung hat die Lösung $x = 0$, die hier $(n-2)$-fach auftritt:

$$x_3 = x_4 = \ldots = x_n = 0.$$

**Beispiel 12.6:** Die Gleichung $x^6 + 2x^5 - 3x^4 = 0$ hat wegen

$$x^6 + 2x^5 - 3x^4 = x^4(x^2 + 2x - 3) = 0 \quad \text{und} \quad x_{1;2} = -1 \pm \sqrt{1+3} = -1 \pm 2$$

die Lösungen $\quad x_1 = 1, x_2 = -3, x_3 = x_4 = x_5 = x_6 = 0.$

Noch einfacher ist der Fall, wo auch $a_{n-2} = 0$ gilt:

$$x^n + a_{n-1}x^{n-1} = 0, \qquad x^{n-1}(x + a_{n-1}) = 0,$$

$$x_1 = -a_{n-1}, \quad x_2 = x_3 = \ldots = x_n = 0. \tag{12.32}$$

Ein weiterer Spezialfall liegt vor, wenn der Grad $n$ der Gleichung (12.3) gerade ist, also

$$n = 2k \tag{12.33}$$

und nur die Koeffizienten $a_0$ und $a_k$ nicht gleich null sind:

$$x^{2k} + a_k x^k + a_0 = 0. \tag{12.34}$$

Hier setzt man

$$y = x^k \tag{12.35}$$

und erhält für $y$ die quadratische Gleichung

$$y^2 + a_k y + a_0 = 0 \tag{12.36}$$

mit den Lösungen (vgl. Satz 12.1)

$$y_{1;2} = -\frac{a_k}{2} \pm \sqrt{\frac{a_k^2}{4} - a_0} \; . \tag{12.37}$$

Dann hat man wegen (12.35) noch die sämtlichen Lösungen der beiden Gleichungen

$$x^k = y_1 \quad \text{und} \quad x^k = y_2 \tag{12.38}$$

zu bestimmen, was für $k = 1$ trivial ist, für $k = 2$ (*biquadratische Gleichung*) bei reellen $y_1$ und $y_2$ mit den bisher bekannten Methoden immer möglich ist. Weitere Fälle sind gemessen am Anliegen dieses Buches im allgemeinen zu schwierig.

**Beispiel 12.7:** Die folgende biquadratische Gleichung $x^4 + 5x^2 - 36 = 0$ wird mit der Substitution $y = x^2$ auf die quadratische Gleichung $y^2 + 5y - 36 = 0$ zurückgeführt. Nach Satz 12.1 gilt

$$y_{1;2} = -\frac{5}{2} \pm \sqrt{\frac{25}{4} + 36} = -\frac{5}{2} \pm \sqrt{\frac{25}{4} + \frac{144}{4}} = -\frac{5}{2} \pm \sqrt{\frac{169}{4}} = -\frac{5}{2} \pm \frac{13}{2},$$

also
$$y_1 = 4, \, y_2 = -9.$$

Die beiden Gleichungen, die man durch Rücksubstitution erhält,
$$x^2 = 4, \quad x^2 = -9,$$
haben die Lösungen
$$x_1 = 2, \, x_2 = -2, \, x_3 = 3i, \, x_4 = -3i.$$

## 12.2.4  Gleichungssysteme, die sich auf quadratische Gleichungen zurückführen lassen

Eine Reihe von nichtlinearen Gleichungssystemen können auf quadratische Gleichungen zurückgeführt werden. Dazu sollen zwei einfache Beispiele angegeben werden.

**Beispiel 12.8:**    $x + y = 1,$ \hfill (12.39)

$\qquad\qquad\quad x^2 + y^2 = 13.$ \hfill (12.40)

Die erste Gleichung wird nach y aufgelöst, $y = 1 - x$, und in die zweite Gleichung eingesetzt:

$$x^2 + (1-x)^2 = 13,$$
$$x^2 + 1 - 2x + x^2 = 13,$$
$$2x^2 - 2x - 12 = 0,$$
$$x^2 - x - 6 = 0,$$
$$x_{1;2} = \frac{1}{2} \pm \sqrt{\frac{1}{4} + 6} = \frac{1}{2} \pm \sqrt{\frac{25}{4}} = \frac{1}{2} \pm \frac{5}{2},$$

also
$$x_1 = 3, \, x_2 = -2.$$

Dazu gehören nach (12.40) die y-Werte
$$y_1 = -2, \, y_2 = 3.$$

Das nichtlineare Gleichungssystem (12.40) hat also die beiden Lösungen
$$x_1 = 3, \; y_1 = -2$$
und
$$x_2 = -2, \; y_2 = 3.$$

**Beispiel 12.9:** Bei dem Gleichungssystem     $ax + y = 1, \quad \dfrac{1}{x} + \dfrac{1}{y} = 1,$     (12.41)

das nur für  $x \neq 0, y \neq 0$  einen Sinn hat, wird die zweite Gleichung durch  Multiplikation mit xy umgeformt:

$$y + x = xy. \tag{12.42}$$

Die erste Gleichung wird nach y aufgelöst:

$$y = 1 - ax \tag{12.43}$$

und in (12.42) eingesetzt:

$$1 - ax + x = x(1 - ax) = x - ax^2,$$
$$ax^2 - ax + 1 = 0. \tag{12.44}$$

Im Falle a = 0 liefert (12.44) den Widerspruch "1 = 0", und es existiert keine Lösung.

Für $a \neq 0$ folgt aus (12.44)

$$x^2 - x + \frac{1}{a} = 0 \quad \text{und nach Satz 12.1} \qquad x_{1;2} = \frac{1}{2} \pm \sqrt{\frac{1}{4} - \frac{1}{a}} \ .$$

Für

$$\frac{1}{4} - \frac{1}{a} > 0 \quad \text{bzw.} \quad \frac{1}{a} < \frac{1}{4} \tag{12.45}$$

liegt der Fall (12.12) vor. Es müssen zwei Unterfälle berücksichtigt werden:

Für a > 0 folgt aus (12.45)  a > 4, und für a < 0 folgt aus (12.45)  a < 4. Daher existieren für

$$a > 4 \quad \text{und} \quad a < 0 \tag{12.46}$$

zwei verschiedene reelle Lösungen von (12.44):

$$x_1 = \frac{1}{2} + \sqrt{\frac{1}{4} - \frac{1}{a}} \ , \quad x_2 = \frac{1}{2} - \sqrt{\frac{1}{4} - \frac{1}{a}} \ . \tag{12.47}$$

Dazu gehören nach (12.43) die beiden y-Werte

$$y_1 = 1 - \frac{a}{2} - a \cdot \sqrt{\frac{1}{4} - \frac{1}{a}} \ , \quad y_2 = 1 - \frac{a}{2} + a \cdot \sqrt{\frac{1}{4} - \frac{1}{a}} \ . \tag{12.48}$$

Man hat noch zu überprüfen, daß im Falle (12.46) $x_1, x_2, y_1, y_2$ (alle) ungleich null sind. Es ist immer $x_1 > \dfrac{1}{2}$ . Wäre  $x_2 = 0$,  so würde gelten

$$\frac{1}{2} = \sqrt{\frac{1}{4} - \frac{1}{a}} \ , \quad \frac{1}{4} = \frac{1}{4} - \frac{1}{a} \ .$$

Das aber ist für kein a möglich. Daher ist  $x_2 \neq 0$.

Wäre  $y_1 = 0$  oder  $y_2 = 0$, so würde gelten

$$1 - \frac{a}{2} = \pm a \cdot \sqrt{\frac{1}{4} - \frac{1}{a}}, \quad 1 - a + \frac{a^2}{4} = a^2 \left( \frac{1}{4} - \frac{1}{a} \right), \quad 1 - a + \frac{a^2}{4} = \frac{a^2}{4} - a, \quad "1 = 0".$$

Auch das ist nicht möglich. Also gilt auch $y_1 \neq 0$, $y_2 \neq 0$.

Im Falle (12.46) existieren also zwei verschiedene reelle Lösungen $x_1, y_1$ und $x_2, y_2$ von (12.41) gemäß (12.47), (12.48).
Für

$$\frac{1}{4} - \frac{1}{a} = 0 \quad \text{bzw.} \quad a = 4 \tag{12.49}$$

liegt der Fall (12.17) vor, und die Gleichung (12.44) hat die reelle Doppellösung

$$x_1 = x_2 = \frac{1}{2}. \tag{12.50}$$

Dazu gehört nach (12.43) der doppelt zu zählende y-Wert

$$y_1 = y_2 = 1 - 4 \cdot \frac{1}{2} = -1.$$

Im Falle (12.49) existiert also eine reelle, doppelt zu zählende Lösung

$$x_1 = x_2 = \frac{1}{2}, \quad y_1 = y_2 = -1 \tag{12.51}$$

von (12.41). Für

$$\frac{1}{4} - \frac{1}{a} < 0 \text{ bzw.} \frac{1}{a} > \frac{1}{4} \tag{12.52}$$

liegt der Fall (12.19) vor. Für $a > 0$ ist (12.52) identisch mit $a < 4$ und für $a < 0$ mit $a > 4$ (Widerspruch!). Es gilt also (12.52) für

$$0 < a < 4. \tag{12.53}$$

In diesem Falle hat (12.44) das Paar konjugiert komplexer Lösungen:

$$x_1 = \frac{1}{2} + \sqrt{\frac{1}{a} - \frac{1}{4}} \, i, \quad x_2 = \frac{1}{2} - \sqrt{\frac{1}{a} - \frac{1}{4}} \, i. \tag{12.54}$$

Nach (12.43) gehören dazu die y-Werte

$$y_1 = 1 - \frac{a}{2} - a \cdot \sqrt{\frac{1}{a} - \frac{1}{4}} \, i, \quad y_2 = 1 - \frac{a}{2} + a \cdot \sqrt{\frac{1}{a} - \frac{1}{4}} \, i. \tag{12.55}$$

Keiner dieser Werte kann null werden.

Zusammenfassend gilt also:

Das Gleichungssystem (12.41) hat für $a = 0$ keine Lösung, für $a < 0$ bzw. $a > 4$ die beiden reellen Lösungen (12.47), (12.48), für $a = 4$ die reelle, doppelt zu zählende Lösung (12.51) und für $0 < a < 4$ die zwei konjugiert komplexen Lösungen (12.54), (12.55).

## 12.3   Gleichungen dritten Grades

Im vorliegenden Abschnitt sollen ähnliche Sätze wie für quadratische Gleichungen für Gleichungen dritten Grades angegeben werden, um den Übergang zu Gleichungen beliebigen (n-ten) Grades zu erleichtern.

Die Normalform der *Gleichung dritten Grades* lautet gemäß (12.3)

$$x^3 + a_2 x^2 + a_1 x + a_0 = 0. \tag{12.56}$$

Das Polynom

$$y = P_3(x) = x^3 + a_2 x^2 + a_1 x + a_0 \tag{12.57}$$

hat die folgende grundlegende Eigenschaft: Wenn x sehr groß wird, also gegen unendlich geht $(x \to +\infty)$, so geht auch y gegen $+\infty$; denn der Wert von $x^3$ wächst wesentlich stärker als der von $x^2$ und erst recht als der von x. Auch wenn $a_1$ und $a_2$ negativ sind, wird y für große x-Werte positiv. Da $x^3$ für negative x-Werte kleiner als null ist, gilt entsprechend $y \to -\infty$ für $x \to -\infty$.
Strenge Definitionen für derartige "Grenzwerte" findet man im Abschnitt 19.
Es gibt also einen (eventuell sehr kleinen) x-Wert, für den $y < 0$ ist und einen (eventuell sehr großen) x-Wert, für den $y > 0$ ist. Zwischen beiden Werten muß eine reelle Lösung von (12.56) liegen.

In den meisten der folgenden Beispiele kann man diese Lösung mit Hilfe einer Wertetabelle durch "Probieren" leicht finden. Im allgemeinen muß man sie jedoch berechnen.
Dazu einige Beispiele:

**Beispiel 12.10a:**   Bei dem Polynom   $y = x^3 - 3x^2 - 4x + 12$ $\qquad$ (12.58)
erhält man die Wertetabelle

| x | 0 | 1 | −1 | 2 |
|---|---|---|----|---|
| y | 12 | 6 | 12 | 0 |

Damit hat man eine reelle Nullstelle gefunden:

$$x_1 = 2. \tag{12.59}$$

Im Abschnitt 15 wird mit dem Hornerschema eine Methode angegeben, mit deren Hilfe man ohne zu potenzieren die Funktionswerte von Polynomen leicht berechnen kann.

**Beispiel 12.11a:**   Die Gleichung   $2x^3 + 11x^2 + 12x - 9 = 0$ $\qquad$ (12.60)
hat die Normalform

$$x^3 + \frac{11}{2} x^2 + 6x - \frac{9}{2} = 0. \tag{12.61}$$

Die Wertetabelle zum Finden oder Einschließen einer Nullstelle sollte man aber für die Gleichung (12.60) aufstellen, weil dort keine Brüche auftreten:

| x | 0 | 1 | $\frac{1}{2}$ |
|---|---|---|---|
| y | −9 | 16 | 0 |

Es ist also

$$x_1 = \frac{1}{2} \qquad\qquad (12.62)$$

eine reelle Nullstelle von (12.60) bzw. (12.61).

**Beispiel 12.12a:**   Für die Gleichung   $x^3 - 9x^2 + 27x - 27 = 0$ $\qquad$ (12.63)
erhält man mit der Wertetabelle

| x | 0 | 1 | −1 | 2 | −2 | 3 |
|---|---|---|---|---|---|---|
| y | −27 | −8 | −64 | −1 | −125 | 0 |

die reelle Nullstelle

$$x_1 = 3. \qquad\qquad (12.64)$$

**Beispiel 12.13a:**   Für die Gleichung   $x^3 - 9x^2 + 27x - 27 = 0$ $\qquad$ (12.65)
erhält man mit

| x | 0 | 1 |
|---|---|---|
| y | −3 | 0 |

die Nullstelle

$$x_1 = 1. \qquad\qquad (12.66)$$

Es kann allgemein festgestellt werden, daß es für eine Gleichung dritten Grades (12.56) immer eine reelle Lösung $x_1$ gibt. Es ist eine Tatsache, die hier nicht bewiesen wird, daß man das Polynom (12.57) dann ohne Rest durch den Linearfaktor $(x - x_1)$ dividieren kann und ein Polynom zweiten Grades erhält:

$$(x^3 + a_2 x^2 + a_1 x + a_0) : (x - x_1) = x^2 + b_1 x + b_0 .$$

Daher gilt

---

**Satz 12.4:**   Jede Gleichung dritten Grades (12.56) hat mindestens eine reelle Lösung $x_1$, und es gilt

$$P_3(x) = x^3 + a_2 x^2 + a_1 x + a_0 = (x - x_1)(x^2 + b_1 x + b_0). \qquad (12.67)$$

---

Indem man die quadratische Gleichung

$$x^2 + b_1 x + b_0 = 0$$

löst, erhält man zwei weitere Lösungen, $x_2$ und $x_3$, der Gleichung dritten Grades (12.56), und mit den Sätzen 12.1 und 12.3 kann der folgende Satz formuliert werden:

**Satz 12.5:**   Jede Gleichung dritten Grades hat drei Lösungen, $x_1$, $x_2$ und $x_3$, und es gilt

$$x^3 + a_2 x^2 + a_1 x + a_0 = (x - x_1)(x - x_2)(x - x_3). \qquad (12.68)$$

Dabei sind folgende Fälle möglich:

1. Es existieren drei verschiedene reelle Lösungen $x_1, x_2, x_3$.

2. Es existiert eine reelle Lösung $x_1$ und eine weitere, davon verschiedene reelle Doppellösung $x_2 = x_3$.

3. Es existiert eine reelle Dreifachlösung $x_1 = x_2 = x_3$.

4. Es existiert eine reelle Lösung $x_1$ und ein Paar konjugiert komplexer Lösungen $x_2 = \overline{x}_3$.

Das Bild 12.2 zeigt den typischen Verlauf der ganzrationalen Funktion (12.57) in den vier Fällen des Satzes 12.5.

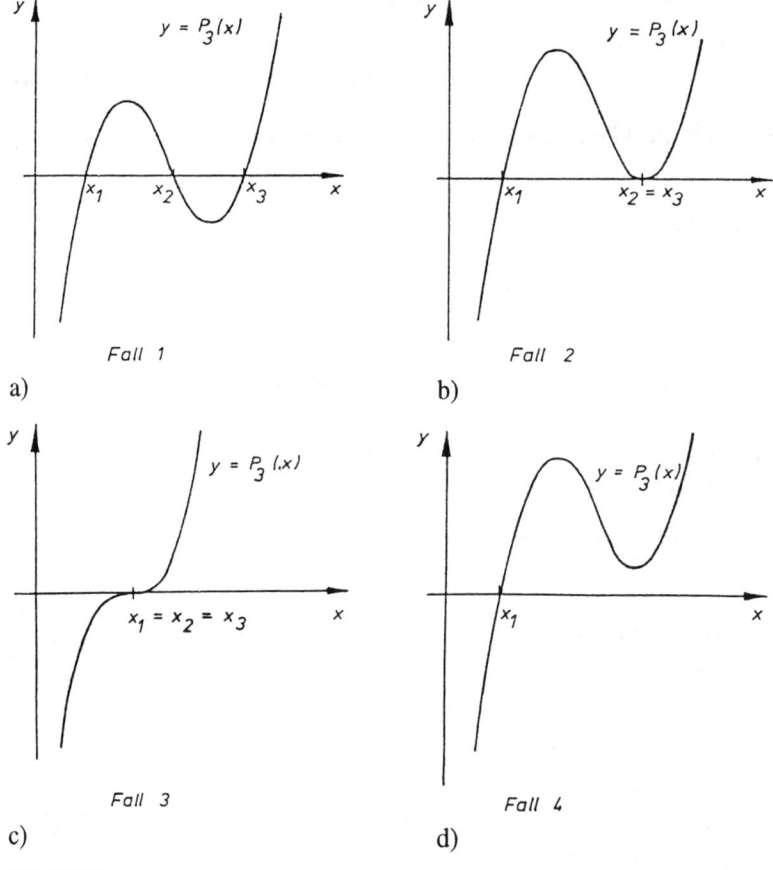

a)    Fall 1    b)    Fall 2

c)    Fall 3    d)    Fall 4

Bild 12.2

Mit Hilfe der Formel (12.68) kann durch Ausmultiplizieren der rechten Seite und Koeffizientenvergleich der Satz von Vieta für Polynome dritten Grades bestätigt werden, der dem Satz 12.2 entspricht.

---

**Satz 12.6:** Sind $x_1$, $x_2$ und $x_3$ die Lösungen der Gleichung dritten Grades (12.56), so gilt

$$a_0 = -x_1 \cdot x_2 \cdot x_3 \, , \tag{12.69}$$
$$a_1 = x_1 x_2 + x_1 x_3 + x_2 x_3 \, , \tag{12.70}$$
$$a_2 = -(x_1 + x_2 + x_3) \, . \tag{12.71}$$

---

Mit Hilfe von Satz 12.4 sollen nun für die Beispiele 12.10a bis 12.13a die beiden weiteren Lösungen $x_2$ und $x_3$ ermittelt werden.

**Beispiel 12.10b:** Die Gleichung (12.58) hat nach (12.59) die Lösung $x_1 = 2$. Man erhält durch Partialdivision entsprechend Abschnitt 1.2.4

$$(x^3 - 3x^2 - 4x + 12) : (x - 2) = x^2 - x - 6$$

$$\underline{x^3 - 2x^2}$$
$$-x^2 - 4x + 12$$
$$\underline{-x^2 + 2x}$$
$$-6x + 12$$
$$\underline{-6x + 12}$$

Aus $x^2 - x - 6 = 0$ erhält man weiter

$$x_{2;3} = \frac{1}{2} \pm \sqrt{\frac{1}{4} + 6} = \frac{1}{2} \pm \sqrt{\frac{1}{4} + \frac{24}{4}} = \frac{1}{2} \pm \frac{5}{2}, \quad \text{also} \quad x_2 = 3, x_3 = -2.$$

Es liegt also der Fall 1 von Satz 12.5 mit drei verschiedenen reellen Lösungen vor,

$$x_1 = 2, x_2 = 3, x_3 = -2,$$

und es gilt $x^3 - 3x^2 - 4x + 12 = (x - 2)(x - 3)(x + 2)$.

**Beispiel 12.11b:** Die Gleichung (12.60) hat nach (12.62) die Lösung $x_1 = \frac{1}{2}$.

Hier gilt $(2x^3 + 11x^2 + 12x - 9) : \left(x - \frac{1}{2}\right) = 2x^2 + 12x + 18$.

Aus $2x^2 + 12x + 18 = 0$ bzw. $x^2 + 6x + 9 = 0$ erhält man

$$x_{2;3} = -3 \pm \sqrt{9 - 9} = -3, \quad \text{also} \quad x_2 = x_3 = -3.$$

Es liegt also der Fall 2 von Satz 12.5 mit einer reellen und einer weiteren, davon verschiedenen reellen Doppellösung vor,

$$x_1 = \frac{1}{2}, x_2 = x_3 = -3,$$

und es gilt $x^3 + \frac{11}{2}x^2 + 6x - \frac{9}{2} = \left(x - \frac{1}{2}\right)(x+3)^2$.

**Beispiel 12.12b:** Die Gleichung (12.63) hat nach (12.64) die Lösung $x_1 = 3$.
Hier gilt $(x^3 - 9x^2 + 27x - 27) : (x - 3) = x^2 - 6x + 9$.
Aus $x^2 - 6x + 9 = 0$ erhält man

$$x_{2;3} = 3 \pm \sqrt{9-9} = 3.$$

Es liegt also der Fall 3 von Satz 12.5 mit einer reellen Dreifachlösung vor,
$x_1 = x_2 = x_3 = 3$,
und es gilt $x^3 - 9x^2 + 27x - 27 = (x-3)^3$.

**Beispiel 12.13b:** Die Gleichung (12.65) hat nach (12.66) die Lösung $x_1 = 1$.
Hier gilt $(x^3 - 5x^2 + 17x - 13) : (x - 1) = x^2 - 4x + 13$.
Aus $x^2 - 4x + 13 = 0$ erhält man

$$x_{2;3} = 2 \pm \sqrt{4-13} = 2 \pm \sqrt{-9} = 2 \pm 3i.$$

Es liegt also der Fall 4 von Satz 12.5 mit einer reellen Lösung und einem Paar konjugiert komplexer Wurzeln vor,
$x_1 = 1,\ x_2 = 2 + 3i,\ x_3 = 2 - 3i$,
und es gilt $x^3 - 5x^2 + 17x - 13 = (x-1)(x-2-3i)(x-2+3i)$

$$= (x-1)(x^2 - 4x + 13).$$

# 12.4 Wurzelgleichungen

Im Abschnitt 12.1 wurde der Begriff der Wurzelgleichung erklärt. Ferner wurde kurz darauf eingegangen, wie man Wurzelgleichungen auf rationale Gleichungen und damit auf Gleichungen n-ten Grades zurückführen kann. Das soll hier an Hand von Beispielen geschehen. Es werden nur reelle Lösungen gesucht.

**Beispiel 12.14:**  Die Wurzelgleichung  $7 + 3\sqrt{2x+4} = 16$       (12.72)

kann sehr leicht in eine lineare Gleichung überführt werden:
$$3\sqrt{2x+4} = 9;\ \sqrt{2x+4} = 3;\ 2x+4 = 9;\ 2x = 5;$$
$$x = \frac{5}{2}. \qquad\qquad (12.73)$$
Setzt man zur Probe (12.73) in (12.72) ein, so zeigt sich, daß dieser x-Wert die vorgegebene Gleichung tatsächlich erfüllt:
$$7 + 3\sqrt{5+4} = 7 + 3 \cdot 3 = 16.$$

**Beispiel 12.15:**  Die Wurzelgleichung  $\sqrt{2x+19} + 5 = 0$       (12.74) kann ebenso leicht umgeformt werden:

$\sqrt{2x+19} = -5$;   $2x + 19 = 25$;

x = 3. $\qquad\qquad\qquad\qquad\qquad\qquad\qquad\qquad\qquad\qquad$ (12.75)

Setzt man zur Probe (12.75) in die Ausgangsgleichung (12.74) ein, so ergibt sich:

$\sqrt{6+19} + 5 = 10 \neq 0$.

Der Wert x = 3 ist also keine Lösung von (12.74), infolgedessen hat die Ausgangsgleichung keine Lösung. (Das konnte auch nicht sein, da stets $\sqrt{2x+19} \geq 0$ ist.)

Schon dieses einfache Beispiel zeigt, daß man bei Wurzelgleichungen immer eine
Probe durchführen muß, indem man die errechneten Werte in die Ausgangsgleichung
einsetzt und überprüft, ob sie diese erfüllen. Das ist nicht nur eine Kontrolle dafür, ob
man richtig gerechnet hat, sondern logisch notwendig.

Es gilt allgemein: Formt man eine Gleichung

$f(x) = g(x)$ $\qquad\qquad\qquad\qquad\qquad\qquad\qquad\qquad\qquad\qquad$ (12.76)

um in eine neue Gleichung

$F(x) = G(x)$, $\qquad\qquad\qquad\qquad\qquad\qquad\qquad\qquad\qquad\qquad$ (12.77)

indem man auf beiden Seiten das gleiche addiert oder subtrahiert oder indem man
beide Seiten mit dem gleichen Ausdruck multipliziert oder durch den gleichen Ausdruck dividiert (wobei man beachten muß, daß die Division durch null nicht möglich
ist) oder indem man beide Seiten zur gleichen Potenz erhebt, so sind alle Lösungen
der Ausgangsgleichung (12.76) auch Lösungen der umgeformten Gleichung (12.77),
aber nicht umgekehrt. Die umgeformte Gleichung (12.77) kann mehr Lösungen haben
als die Ausgangsgleichung (12.76). Das wird auch am folgenden Beispiel deutlich.

**Beispiel 12.16:**   Die Wurzelgleichung   $\sqrt{x} - \sqrt{x-1} = \sqrt{2x-1}$ $\qquad\qquad$ (12.78)

wird durch Quadrieren auf die Form

$x + (x-1) - 2\sqrt{x(x-1)} = 2x - 1$, also $\sqrt{x(x-1)} = 0$   gebracht.

Durch weiteres Quadrieren erhält man die quadratische Gleichung

$x(x-1) = 0$ $\qquad\qquad\qquad\qquad\qquad\qquad\qquad\qquad\qquad\qquad$ (12.79)

mit den Lösungen

$x_1 = 0$, $x_2 = 1$. $\qquad\qquad\qquad\qquad\qquad\qquad\qquad\qquad\qquad\qquad$ (12.80)

Das sind Lösungen von (12.79), aber es muß überprüft werden, ob sie auch Lösungen
von (12.78) sind.

Für x = 0 sind zwei Wurzeln in (12.78) nicht definiert, also ist x = 0 keine Lösung von
(12.78).

Für x = 1 erhält man     $\sqrt{1} - \sqrt{0} = \sqrt{1}$ .

Daher ist x = 1 die einzige Lösung der Ausgangsgleichung (12.78).

**Beispiel 12.17:** Die Wurzelgleichung

$$\sqrt{x} \cdot \sqrt{x-3} - \sqrt{x^2 - 4x + 3} - \sqrt{2x^2 - 7x + 3} = 0 \qquad (12.81)$$

kann in ähnlicher Weise wie (12.78) umgeformt werden:

$$\sqrt{x} \cdot \sqrt{x-3} = \sqrt{x^2 - 4x + 3} + \sqrt{2x^2 - 7x + 3}$$

$$x(x-3) = (x^2 - 4x + 3) + (2x^2 - 7x + 3) + 2\sqrt{(x^2 - 4x + 3)(2x^2 - 7x + 3)}$$

$$-2\sqrt{(x^2 - 4x + 3)(2x^2 - 7x + 3)} = 2x^2 - 8x + 6$$

$$(x^2 - 4x + 3)(2x^2 - 7x + 3) = (x^2 - 4x + 3)^2. \qquad (12.82)$$

Diese Gleichung ist erfüllt, wenn $x^2 - 4x + 3 = 0$ gilt, also für

$$x_{1;2} = 2 \pm \sqrt{4-3} = 2 \pm 1, \quad x_1 = 3, x_2 = 1. \qquad (12.83)$$

Für alle anderen $x$ ist $(x^2 - 4x + 3) \neq 0$, und (12.82) kann durch diesen Faktor dividiert werden:

$$2x^2 - 7x + 3 = x^2 - 4x + 3$$
$$x^2 - 3x = 0$$
$$x(x-3) = 0$$
$$x_3 = 0, x_4 = x_1 = 3.$$

Nun ist durch Einsetzen in (12.81) zu überprüfen, welche von den Werten $x_1 = 3$, $x_2 = 1$, $x_3 = 0$ die Ausgangsgleichung erfüllen.

Für $x_1 = 3$ gilt: $\sqrt{3}\sqrt{0} - \sqrt{9 - 12 + 3} - \sqrt{18 - 21 + 3} = 0$.

Daher ist $x = 3$ Lösung von (12.81). Für $x_2 = 1$ und $x_3 = 0$ sind Wurzeln nicht definiert. Also ist

$$x = 3 \qquad (12.85)$$

die einzige Lösung der Wurzelgleichung (12.81).

## 12.5  Übungsaufgaben

1.    Quadratische Gleichungen

1.1.    Quadratische Gleichungen mit bestimmten Koeffizienten

1.1.1.  a)  $x^2 - 4 = 0$          b)  $3x^2 + 27 = 0$
        c)  $x^2 - 9x = 0$          d)  $5x^2 = 125\,x$

1.1.2.  a)  $(x + \frac{1}{3})(x - \frac{1}{3}) = \frac{7}{12}$          b)  $(x + \frac{1}{2})(x - \frac{1}{2}) = \frac{5}{16}$
        c)  $(x - 6)(x + 5) = 0$          d)  $(x - \sqrt{7})(x - \sqrt{5}) = 0$

1.1.3.  a) $x^2 - 6x + 8 = 0$

b) $x^2 + 4x + 2 = 0$

c) $x^2 + \frac{1}{2}x + \frac{3}{2} = 0$

d) $x^2 + 27\frac{1}{12} = 10\frac{7}{12}x$

1.1.4.  a) $3x^2 - 20 = x$

b) $7x^2 + 23x = 84$

c) $(43 + 10x)^2 + (66 + 10x)^2 = (79 + 14x)^2$

d) $(3x - 5)^2 - (2x + 5)^2 = 0$

1.1.5.  a) $\dfrac{8 - x}{2} - \dfrac{2x - 11}{x - 3} = \dfrac{x - 2}{6}$

b) $3x - \dfrac{3x - 10}{9 - 2x} = 2 + \dfrac{6x^2 - 40}{2x - 1}$

c) $\dfrac{5x - 1}{6x - 9} - \dfrac{9x - 4}{8x + 12} - \dfrac{3x + 8}{4x^2 - 9} = \dfrac{1}{2}$

d) $\dfrac{3}{x - 2} - \dfrac{8}{4 - 3x} = \dfrac{19}{2x + 1}$

1.2.    Quadratische Gleichungen mit unbestimmten Koeffizienten

1.2.1.  a) $x^2 - a^2 = 0$

b) $x^2 - ax = 0$

c) $x^2 + \frac{4}{3}ax + \frac{1}{3}a^2 = 0$

d) $x^2 + \frac{1}{2}bx - \frac{1}{2}b^2 = 0$

1.2.2.  a) $8x^2 - 10bx - 3b^2 = 0$

b) $12x^2 - 34ax + 10a^2 = 0$

c) $16x^2 - 8ax + a^2 - b^2 = 0$

d) $ax^2 + bx + c = 0$

1.2.3.  a) $a^2 - x^2 = (a - x)(b + c - x)$

b) $(x - a + b)(x - a + c) = (a - b)^2 - x^2$

c) $(a + bx)^2 + (ax - b)^2 = 2(a^2 x^2 + b^2)$

d) $(x + a + b)(x - a + b) + (x + a - b)(x - a - b) = 0$

1.2.4.  a) $ax^2 - (a^2 + 1)x + a = 0$

b) $abx^2 - (a^2 + b^2)x + ab = 0$

c) $a^2(a - x)^2 = b^2(b - x)^2$

d) $(a - x)^2 - (a - x)(x - b) + (x - b)^2 = (a - b)^2$

1.2.5.  a) $x + \dfrac{1}{x} = \dfrac{a - b}{a + b} + \dfrac{a + b}{a - b}$

b) $x - \dfrac{1}{x} = \dfrac{a}{b} - \dfrac{b}{a}$

c) $\dfrac{a + x}{b + x} + \dfrac{b + x}{a + x} = \dfrac{5}{2}$

d) $\left(\dfrac{a - x}{x - b}\right)^2 = 8\left(\dfrac{a - x}{x - b}\right) - 15$

1.3.    Gleichungssysteme, die auf quadratische Gleichungen führen

1.3.1.  a) $3x + 2y = 3$
            $xy = 3$

b) $10x + y = 10$
   $5x(15x + y) = 75$

c) $3x + 7y = 21$
   $3x^2 - 7y = \dfrac{21}{2}$

d) $x^2 + xy + y^2 = 1372$
   $2x - y = 2$

1.3.2.  a)   $x + y = a$                    b)   $xy = a$

$xy = b$                              $\dfrac{x}{y} = b$

c)   $x^2 + y^2 = c^2$              d)   $ax^2 - \dfrac{b}{y^2} = 2(a^2 - b^2)$

$\dfrac{x}{y} = \dfrac{a}{b}$                          $bx^2 - \dfrac{a}{y^2} = a^2 - b^2$

1.4.    Spezielle Gleichungen n-ten Grades, die sich auf quadratische Gleichungen zurückführen lassen

1.4.1.    Biquadratische Gleichungen mit bestimmten Koeffizienten

a)   $x^4 - 13x^2 + 36 = 0$              b)   $(x^2 - 5)^2 + (x^2 - 1)^2 = 40$

c)   $(x^2 - 10)(x^2 - 3) = 78$          d)   $10x^4 - 21 = x^2$

1.4.2.    Biquadratische Gleichungen mit unbestimmten Koeffizienten

a)   $x^4 + a^4 + b^4 = 2a^2x^2 + 2b^2x^2 + 2a^2b^2$

b)   $(a^2x^2 + b^4)(x^2 - a^2) = b^2(x^4 - a^4)$

c)   $\dfrac{a^2b^2x^2}{a^3b + ab^3x^2} + \dfrac{ab - x^2}{x^2 - 1} = \dfrac{a^2b^2}{a^2 + b^2x^2}$

d)   $\dfrac{(a-b)x^4}{a^2 - b^2} + \dfrac{4x^2}{a+b} = x^2 + 4$

1.4.3.    Gleichungen n-ten Grades mit   $a_0 = a_1 = \ldots = a_{n-3} = 0$

a)   $x^{10} + 6x^9 + 5x^8 = 0$              b)   $\dfrac{5}{2}x^5 + 7x^4 = -20x^3$

c)   $abx^8 - (a^2 + b^2)x^7 = -abx^6$        d)   $ax^{22} - a^2x^{11} + a^2 - a = 0$

1.5.    Lösen Sie die folgenden Gleichungen sowohl nach x als auch nach a auf!

a)   $x^2 + \sqrt{a}\,x - a = 0$              b)   $x^2 - 2bx + 2(ab - \dfrac{1}{2}a^2) = 0$

c)   $x^2 + 9ab = (a + b)(x + 2a + 2b)$   d)   $(x + b)(x - b) = a(2x - a)$

1.6.    Sachaufgaben

1.6.1.  a)   Zwei Zahlen verhalten sich wie  1 : 3, während die Summe ihrer Quadrate 2560 beträgt. Wie heißen diese Zahlen?

b)   Das Quadrat der größten von drei aufeinanderfolgenden ganzen Zahlen ist gleich der Summe der Quadrate der beiden kleineren. Wie heißen diese Zahlen ?

c) Von welcher positiven Zahl ist das Zehnfache um 999 kleiner als ihr Quadrat?

d) Zerlegen Sie den Bruch $\frac{1}{4}$ so in zwei Faktoren a und b, daß deren Summe $\frac{a^2+b^2}{a^2-b^2}$ ergibt!

1.6.2. a) In einem Gleichstromkreis wird der Widerstand um 30 Ω vergrößert, wobei die Stromstärke bei gleichbleibender Spannung von 220 V um 1,65 A absinkt. Wie groß sind Widerstand und Stromstärke?

b) Zwei Drähte, deren Widerstände sich um 60 Ω unterscheiden, haben bei Parallelschaltung einen Gesamtwiderstand von 22,5 Ω. Wie groß sind die beiden Teilwiderstände?

1.6.3. a) Die 225 km lange Etappe eines Radrennens wird von einem Materialwagen in einer um $3\frac{1}{2}$ Stunden kürzeren Zeit und mit einer um $26\frac{1}{4}\frac{km}{h}$ höheren Durchschnittsgeschwindigkeit zurückgelegt als von den Radsportlern. Wie groß sind Fahrzeit und Geschwindigkeit von Materialwagen und Radsportlern?

b) Bei einem Sportfest wird ein Sportler, der mit einer Geschwindigkeit von $5\frac{km}{h}$ von A nach B läuft, $1\frac{1}{2}$ Stunden nach seinem Start von einem Radsportler überholt, der $\frac{1}{2}$ Stunde nach dieser Begegnung in B ankommt, dort sofort umkehrt und zur gleichen Zeit in A ankommt, zu der der Läufer in B eintrifft. Wie lang ist die Strecke $\overline{AB}$?

c) Zwei Motorradfahrer fahren auf zwei sich senkrecht schneidenden Wegen in Richtung Kreuzung. Die Geschwindigkeit des ersten beträgt $5\frac{m}{s}$, die des zweiten $4\frac{m}{s}$. Sie haben nach 3 s eine gegenseitige Entfernung von 35 m. Welche Entfernung hatten sie ursprünglich von der Kreuzung, wenn ihr der erste 4 m näher war als der zweite?

d) Eine Eisenbahnlinie verläuft parallel zum ersten Teil einer Rennstrecke. Zum Zeitpunkt des Startes einer Rennmaschine befindet sich eine Lokomotive eines entgegenkommenden Zuges 225 m entfernt. Wann sind beide Fahrzeuge auf gleicher Höhe, wenn der Rennfahrer eine gleichmäßig beschleunigte Bewegung ausführt und seine Beschleunigung $10\frac{m}{s^2}$ beträgt, während der Eisenbahnzug mit einer konstanten Geschwindigkeit von $72 \frac{km}{h}$ fährt?

e)  Ein mit einer durchschnittlichen Geschwindigkeit von $v_m = 18 \frac{km}{h}$ um 6.00 Uhr von Leipzig nach Dessau fahrender Radfahrer begegnet um 8.00 Uhr einem anderen Radfahrer, der zur gleichen Zeit wie er in Dessau startete und nach Leipzig fährt. Ersterer kommt 100 Minuten früher in Dessau an als der andere in Leipzig. Welche Länge hat die Straße zwischen Leipzig und Dessau?

1.6.4. a)  In einem rechtwinkligen Dreieck verhalten sich die Katheten wie 3 : 4, die Hypotenuse ist 50 cm lang. Wie lang sind die Katheten?

b)  Wie groß sind die Seiten eines rechtwinkligen Dreiecks, wenn die Summe beider Katheten 17 cm, die Summe aus einer Kathete und der Hypotenuse 18 cm ist?

c)  Wie groß sind die Katheten eines rechtwinkligen Dreiecks, wenn ihre Summe 42 cm, der Flächeninhalt des Dreiecks 216 cm$^2$ beträgt?

d)  Die Diagonale eines Rechtecks ist 35 cm lang. Vergrößert man die lange Seite des Rechtecks um 8 cm und die kurze Seite um 6 cm, nimmt die Länge der Diagonalen um 10 cm zu. Wie groß sind die Rechteckseiten?

e)  Verlängert man die eine Seite eines Quadrates um 7 cm und verkürzt die andere Seite um diesen Wert, haben Quadrat und Rechteck zusammen einen Flächeninhalt von 4951 cm$^2$. Wie lang ist die Seite des Quadrates?

f)  Der Radius eines Kreises beträgt 16 cm. Wie groß ist die Seite des dem Kreis einbeschriebenen Quadrates?

g)  Wie groß muß der Durchmesser eines Kreises sein, wenn die Seite des dem Kreis einbeschriebenen Quadrates 1 cm größer sein soll als der Kreisradius?

h)  Vergrößert man den Durchmesser eines Kreises um 3 cm, verdoppelt sich der Flächeninhalt des Kreises. Wie groß ist der ursprüngliche Durchmesser des Kreises?

i)  Wie groß sind die Durchmesser einer Hohlkugel, wenn ihre Wandstärke 3 cm und der Hohlraum 5016 cm$^3$ betragen?

2.    Gleichungen dritten und vierten Grades

2.1. a)  $x^3 + 2x^2 - x - 2 = 0$        b)  $x^3 + 8x^2 - 5x - 84 = 0$

c)  $3x^3 - x^2 - 9x + 3 = 0$        d)  $x^3 + x - 2 = 0$

2.2.  a)  $4x^4 - 12x^3 + 7x^2 + 3x - 2 = 0$  b)  $x^4 - 2x^3 - 5x^2 + 6x = 0$

  c)  $x^4 - 4x^3 + 4x^2 + 4x - 5 = 0$  d)  $6x^4 + 5x^3 - 38x^2 + 5x + 6 = 0$

3.  Wurzelgleichungen

Berechnen Sie alle Werte x, die Lösung der folgenden Gleichungen sind! Führen Sie für jede Aufgabe die Probe durch!

3.1.  Wurzelgleichungen mit bestimmten Koeffizienten

3.1.1.  a)  $\sqrt{x} = 3$  b)  $\frac{3}{2}\sqrt{x} - \frac{2}{3}\sqrt{x} + 7 = 2\sqrt{x}$

  c)  $\frac{5}{3}\sqrt{15x} - \frac{3}{5}\sqrt{15x} - 11 = \frac{1}{3}\sqrt{15x}$

  d)  $\sqrt[3]{x} = 5$

3.1.2.  a)  $(3\sqrt{x} - 5)(5\sqrt{x} - 3) = 5(3x - 31)$

  b)  $(5\sqrt{x} - 2)^2 + (12\sqrt{x} - 9)^2 = (13\sqrt{x} - 9)^2$

  c)  $\frac{5\sqrt{x} + 12}{7\sqrt{x} + 15} = \frac{4}{5}$  d)  $\frac{2\sqrt{x} + 3}{2\sqrt{x} - 3} = 7$

3.1.3.  a)  $\frac{\sqrt{x} - 3}{7} - \frac{\sqrt{x} - 25}{5} = 7 - \frac{2 + \sqrt{x}}{4}$  b)  $\frac{16 - \sqrt{x}}{2} - \frac{10 - \sqrt{x}}{3} = \sqrt{x}$

  c)  $\sqrt{x} + \sqrt{2x} = 1$  d)  $2\sqrt{x} - \sqrt{2x} = 2 + \sqrt{2}$

3.1.4.  a)  $10 - \sqrt{x - 2} = 3$  b)  $\sqrt{3x - 5} + 4 = 5$

  c)  $\sqrt[3]{7x - 6} + 6 = 10$  d)  $4\sqrt[3]{5x - 8} = 3\sqrt[3]{9x + 1}$

3.1.5.  a)  $9\sqrt{5x + 1} = 20 + 4\sqrt{5x + 1}$  b)  $\sqrt{7x + 2} = \frac{5x + 6}{\sqrt{7x + 2}}$

  c)  $3\sqrt{4x - 3} - \frac{10x}{\sqrt{4x - 3}} = \frac{1}{\sqrt{4x - 3}}$  d)  $\frac{9x}{\sqrt{10x - 9}} - \sqrt{10x - 9} = \frac{2}{\sqrt{10x - 9}}$

3.1.6.  a)  $\sqrt{9x^2 - 10x - 55} = 3x - 5$  b)  $x + 1 = \sqrt{2x^2 + \frac{1}{2}x + \frac{3}{2}}$

  c)  $17 - 4\sqrt{\frac{3x + 5}{x - 7}} = 1$  d)  $24 - 7 \cdot \sqrt[3]{\frac{4x - 1}{x - 6}} = 3$

3.1.7.  a)  $\sqrt{52 - 3\sqrt{5x + 6}} = 2\sqrt{10}$  b)  $\sqrt{x + 1 - \sqrt{2x + 3}} = 1$

  c)  $\sqrt{37 - 7\sqrt{5x + 4}} = 4$  d)  $\sqrt[4]{19 - 3\sqrt[3]{5x - 9}} = 2$

3.1.8. a) $\sqrt{9x-17} - 3\sqrt{x-4} = 1$      b) $2\sqrt{9x+4} - 3\sqrt{4x-11} = 1$

c) $\sqrt{x+9} - \sqrt{x+2} = \sqrt{4x-27}$      d) $\sqrt{9x+10} - \sqrt{x-1} = \sqrt{4x+9}$

3.1.9. a) $\sqrt{x+4} - \sqrt{x-8} + \sqrt{x-3} - \sqrt{x+13} = 0$

b) $\sqrt{x+9} + \sqrt{x-12} = \sqrt{x} + \sqrt{x-7}$

c) $\sqrt[3]{9x+10} - \sqrt{3x+4} = 0$      d) $\left|\sqrt{3x+7}\right| + \left|\sqrt{4-x}\right| = 3$

3.1.10. a) $\dfrac{1}{1+\sqrt{1-x}} + \dfrac{1}{1-\sqrt{1-x}} = \dfrac{2x}{9}$      b) $\sqrt[3]{76+x} + \sqrt[3]{76-x} = 8$

c) $\left(\sqrt[3]{x}-1\right)^2 + \sqrt[3]{x^2} = \sqrt[3]{x}$      d) $\sqrt[4]{x^3} - 2\sqrt{x} + x = 0$

## 3.2. Wurzelgleichungen mit unbestimmten Koeffizienten

3.2.1. a) $\sqrt{x} = a$      b) $\sqrt[3]{x} = b$

c) $a - \sqrt[3]{x} = b$      d) $a\sqrt{x} - b = c\sqrt{x} - d$

3.2.2. a) $\sqrt{x-a} = b$      b) $\sqrt[3]{a-x} = b$

c) $\sqrt[4]{a^4 + x} = a$      d) $\sqrt[6]{a^6 - x} = b$

3.2.3. a) $(\sqrt{ax} + \sqrt{b})(\sqrt{ax} - \sqrt{b}) = (a+1)(a-1)b$

b) $(a - \sqrt{x})(b - \sqrt{x}) = (c + \sqrt{x})(d + \sqrt{x})$

c) $\dfrac{\sqrt{ax} - b}{\sqrt{ax} + b} = \dfrac{3\sqrt{ax} - 2b}{3\sqrt{ax} + 5b}$      d) $\dfrac{2a + 3\sqrt{bx}}{3a + 2\sqrt{bx}} = \dfrac{3b + 2\sqrt{ax}}{2b + 3\sqrt{ax}}$

3.2.4. a) $\sqrt{x} + \dfrac{\sqrt{b} - \sqrt{a}}{\sqrt{b}} = \dfrac{1}{\sqrt{x}} + \dfrac{\sqrt{a} - \sqrt{b}}{\sqrt{a}}$      b) $\dfrac{\sqrt{a} + \sqrt{x}}{\sqrt{a} - \sqrt{x}} = \dfrac{2\sqrt{x}}{\sqrt{a} + \sqrt{x}} - \left|\dfrac{(x+a)^2}{a(x-a)}\right|$

c) $\dfrac{a + b\sqrt{x}}{a + b} = \dfrac{c + d\sqrt{x}}{c + d}$      d) $\dfrac{a + b\sqrt{x}}{a\sqrt{x} + b} = \dfrac{c + d\sqrt{x}}{c\sqrt{x} + d}$

3.2.5. a) $x + \sqrt{x^2 - a^2} = a$      b) $x - \sqrt{ax(1+x) + 1 - x} = 1$

c) $\sqrt{x+a} = a - \sqrt{x}$      d) $\sqrt{x+a^2} - \sqrt{x} = b$

3.2.6. a) $\sqrt{a-x} + \sqrt{b-x} = \dfrac{b}{\sqrt{b-x}}$      b) $\sqrt{x+a} - \sqrt{5x - 3a - 4b} = \dfrac{2b}{\sqrt{x+a}}$

c) $\sqrt{x+a} - \sqrt{x-a} = \dfrac{x+a-b}{\sqrt{x+a}}$

d) $\sqrt{3a-2b+2x} - 2\sqrt{3a-2b-2x} = \dfrac{a+2b+2x}{\sqrt{3a-2b+2x}}$

3.2.7. a) $\dfrac{\sqrt{1+x^2}+\sqrt{1-x^2}}{\sqrt{1+x^2}-\sqrt{1-x^2}} = \dfrac{a}{b}$    b) $\dfrac{\sqrt{3x^2-1}+\sqrt{3-x^2}}{\sqrt{3x^2-1}-\sqrt{3-x^2}} = \dfrac{a}{b}$

c) $\sqrt[3]{a+x} + \sqrt[3]{a-x} = \sqrt[3]{2a}$    d) $\sqrt[3]{a+x} + \sqrt[3]{a-x} = \sqrt[3]{c}$

3.3.    Gleichungssysteme, die Wurzelgleichungen enthalten

3.3.1  a) $\begin{aligned} \sqrt{x}+\sqrt{y} &= 8 \\ \sqrt{xy} &= 15 \end{aligned}$    b) $\begin{aligned} x+y &= 58 \\ \sqrt{x}+\sqrt{y} &= 10 \end{aligned}$

c) $\begin{aligned} \sqrt{x-5}+\sqrt{y+2} &= 5 \\ x+y &= 16 \end{aligned}$    d) $\begin{aligned} \sqrt{5-3x+x^2}+\sqrt{5-3y+y^2} &= 6 \\ x+y &= 3 \end{aligned}$

3.3.2  a) $\begin{aligned} \dfrac{\sqrt{x}+\sqrt{y}}{\sqrt{x}-\sqrt{y}} &= \dfrac{a}{b} \\ xy &= (a^2-b^2)^2 \end{aligned}$    b) $\begin{aligned} \dfrac{x\sqrt{x}+y\sqrt{y}}{x\sqrt{x}-y\sqrt{y}} &= \dfrac{a}{b} \\ x^3-c^3 &= c^3-y^3 \end{aligned}$

c) $\begin{aligned} x\sqrt{x+y} &= a \\ y\sqrt{x+y} &= b \end{aligned}$    d) $\begin{aligned} x\sqrt[3]{x^2+y^2} &= a \\ y\sqrt[3]{x^2+y^2} &= b \end{aligned}$

# 13    Transzendente Gleichungen

Es wurde bereits im Abschnitt 12.1 darauf hingewiesen, daß hier nur einige Typen transzendenter Gleichungen behandelt werden, die sich auf algebraische Gleichungen zurückführen lassen. Da die Zurückführung auf algebraische Gleichungen wie bei den Wurzelgleichungen mit relativ beliebigen Umformungen verbunden ist, gilt wie dort:

Bei den Umformungen geht keine Lösung der Ausgangsgleichung verloren, aber die umgeformte Gleichung kann mehr Lösungen haben als die Ausgangsgleichung. Daher müssen alle Lösungen der umgeformten Gleichung in die Ausgangsgleichung eingesetzt werden, um zu überprüfen, welche davon Lösungen der Ausgangsgleichung sind.

Es werden wie bei den Wurzelgleichungen nur die reellen Lösungen gesucht.

## 13.1    Logarithmische Gleichungen

Zur Ermittlung von Lösungen logarithmischer Gleichungen und von Exponentialgleichungen ist es oft notwendig, den Logarithmus einer Zahl a zu einer Basis b,

$$x = \log_b a, \quad a > 0, \quad b > 0, \quad b \neq 1, \tag{13.1}$$

zu bestimmen. Für die Basis b = 10, (lg a) und die Basis b = e, (ln a) kann man (13.1) direkt mit dem Taschenrechner ermitteln. Dagegen muß man für $e \neq b \neq 10$ auf die Formel

$$x = \log_b a = \frac{\lg a}{\lg b} = \frac{\ln a}{\ln b} \tag{13.2}$$

zurückgreifen.

Einer der einfachsten Typen einer logarithmischen Gleichung ist

$$\log_b x = c. \tag{13.3}$$

Diese Gleichung ist nach (3.1), (3.2), siehe Abschnitt 3, identisch mit

$$x = b^c. \tag{13.4}$$

Dieser Ausdruck kann ebenfalls mit dem Taschenrechner bestimmt werden.

**Beispiel 13.1:** $\log_2 x = 1{,}5$; $x = 2^{1,5} = 2{,}8284$.

Relativ einfach ist auch die Lösung der folgenden Verallgemeinerung des Typs (13.3),

$$\log_b f(x) = c, \tag{13.5}$$

wobei f(x) ein algebraischer Ausdruck ist. Mit (13.5) identisch ist die algebraische Gleichung

$$f(x) = b^c.$$                                                                                (13.6)

Alle Lösungen von (13.6) sind auch Lösungen von (13.5).

**Beispiel 13.2:** Die logarithmische Gleichung $\log_2 (x^2 + x + 6) = 3$ ist identisch mit

$x^2 + x + 6 = 2^3 = 8$ bzw. $x^2 + x - 2 = 0$ und hat die Lösungen

$$x_{1;2} = -\frac{1}{2} \pm \sqrt{\frac{1}{4} + \frac{8}{4}} = -\frac{1}{2} \pm \frac{3}{2} \; ; \quad x_1 = -2, \quad x_2 = 1.$$

Eine Gleichung vom Typ (13.5) liegt auch vor, wenn auf ihrer linken Seite eine rationale Linearkombination von Logarithmen algebraischer Ausdrücke steht:

$$r_1 \cdot \log_b g_1 (x) + r_2 \cdot \log_b g_2 (x) + r_3 \cdot \log_b g_3 (x) + \ldots = c.$$        (13.7)

Dabei sind die Koeffizienten $r_i$ rationale Zahlen. Durch Anwendung der Logarithmengesetze (3.7) und (3.9), siehe Abschnitt 3, erhält man daraus (13.5) mit

$$f(x) = \{g_1(x)\}^{r_1} \cdot \{g_2(x)\}^{r_2} \cdot \{g_3(x)\}^{r_3} \cdot \ldots$$        (13.8)

**Beispiel 13.3:** Aus $\log_3 (x - 1) + \frac{1}{2} \log_3 x - \frac{1}{2} \log_3 (x - 1) = 2$ erhält man zunächst

$$\log_3 \frac{(x-1)\, x^{\frac{1}{2}}}{(x-1)^{\frac{1}{2}}} = 2 \quad \text{und daraus die Wurzelgleichung} \quad \sqrt{x}\sqrt{x-1} = 9, \text{ aus der}$$

durch Quadrieren folgt

$$x(x-1) = 81, \text{ also } x^2 - x - 81 = 0 \quad \text{mit den Lösungen}$$

$$x_{1;2} = \frac{1}{2} \pm \sqrt{\frac{1}{4} + \frac{324}{4}} = \frac{1}{2} \pm \sqrt{\frac{325}{4}} = \frac{1}{2} \pm \frac{1}{2} \cdot 18{,}03 \; ;$$

$$x_1 = 9{,}515, \quad x_2 = -8{,}515.$$

Nur $x_1 = 9{,}515$ erfüllt die Ausgangsgleichung. Für $x = x_2 < 0$ sind sowohl $\log x$ als auch $\log (x - 1)$ nicht definiert.

**Beispiel 13.4:** Aus $\log_b (2x + 3) = \log_b (x - 1) + 1$ erhält man $\log_b \frac{2x+3}{x-1} = 1$

und weiter $\frac{2x+3}{x-1} = b^1 = b$, also

$$2x + 3 = bx - b,$$

$$b + 3 = x(b - 2),$$

$$x = \frac{b+3}{b-2}.$$

Die Ausgangsgleichung hat nur einen Sinn für $x > 1$, also $\frac{b+3}{b-2} > 1$.

Für $b > 2$ bzw. $b - 2 > 0$ folgt daraus $b + 3 > b - 2$, $3 > -2$.
Das ist für alle b erfüllt.
Für $b \leq 2$ folgt $b + 3 \leq b - 2$, $3 \leq -2$. Das gilt für kein b. Daher hat die Ausgangsgleichung nur für $b > 2$ die angegebene Lösung. Für $b \leq 2$ existiert keine Lösung. Auch die logarithmischen Gleichungen des folgenden Typs können auf algebraische Gleichungen zurückgeführt werden:

$$F (\log_b f(x)) = 0, \qquad (13.9)$$

wobei sowohl F als auch f algebraische Ausdrücke sind.

Man substituiert

$$y = \log_b f(x) \qquad (13.10)$$

und löst zunächst die algebraische Gleichung

$$F (y) = 0. \qquad (13.11)$$

Setzt man deren Lösungen $y_1$, $y_2$, $y_3$, ... in (13.10) ein, so erhält man für jedes $y_i$ eine logarithmische Gleichung des Typs (13.5):

$$\log_b f(x) = y_i, \ i = 1, 2, 3, \ldots \qquad (13.12)$$

Daraus erhält man die algebraischen Gleichungen

$$f(x) = b^{y_i}. \qquad (13.13)$$

Alle Lösungen dieser Gleichungen müssen in die Ausgangsgleichung (13.9) eingesetzt werden, um zu überprüfen, ob sie diese auch erfüllen.

**Beispiel 13.5:** Die Gleichung $\lg^2 x - \lg x - 2 = 0$ geht mit der Substitution $y = \lg x$ über in die quadratische Gleichung $y^2 - y - 2 = 0$ mit den Lösungen $y_1 = 2$, $y_2 = -1$.
Aus $\lg x = 2$ und $\lg x = -1$ folgt $x_1 = 10^2 = 100$, $x_2 = 10^{-1} = \dfrac{1}{10}$.
Beide Werte sind Löungen der Ausgangsgleichung.

**Beispiel 13.6:** Die Gleichung $\dfrac{6}{\lg x + 1} + \dfrac{8}{\lg x - 1} = 3$ $(x > 0$, aber $x \neq \dfrac{1}{10}$, $x \neq 10)$

ergibt, mit dem Hauptnenner $(\lg x + 1) (\lg x - 1)$ multipliziert,

$$6 (\lg x - 1) + 8 (\lg x + 1) = 3 (\lg^2 x - 1),$$

$$6 \lg x - 6 + 8 \lg x + 8 = 3 \lg^2 x - 3,$$

$$0 = 3 \lg^2 x - 14 \lg x - 5$$

und führt mit der Substitution $y = \lg x$ zu der quadratischen Gleichung

$$3y^2 - 14 y - 5 = 0, \qquad\qquad y^2 - \frac{14}{3} y - \frac{5}{3} = 0$$

mit den Lösungen

$$y_{1;2} = \frac{7}{3} \pm \sqrt{\frac{49}{9} + \frac{15}{9}} = \frac{7}{3} \pm \frac{8}{3} \, ; \quad y_1 = \lg x_1 = 5, \qquad y_2 = \lg x_2 = -\frac{1}{3}$$

$$x_1 = 10^5, \qquad x_2 = 10^{-\frac{1}{3}} = \frac{1}{10^{\frac{1}{3}}} = \frac{1}{\sqrt[3]{10}}.$$

Beide Werte erfüllen die Ausgangsgleichung.

Treten in einer Gleichung Logarithmen mit verschiedenen Basen b auf, so können sie mit Hilfe von (13.2) in Logarithmen der gleichen Basis überführt werden.

**Beispiel 13.7:** Aus $\log_2 (x-1) + \log_4 (x-1) - 1 = 0$ erhält man mit

$$\log_4 (x-1) = \frac{\log_2 (x-1)}{\log_2 4} = \frac{1}{2} \log_2 (x-1),$$

$$\log_2 (x-1) + \frac{1}{2} \log_2 (x-1) - 1 = 0, \; \log_2 (x-1) = \frac{2}{3}, \; x - 1 = 2^{\frac{2}{3}} = \sqrt[3]{2^2} = \sqrt[3]{4},$$

$$x = 1 + \sqrt[3]{4}.$$

Dieser Wert ist auch Lösung der Ausgangsgleichung:

$$\log_2 \sqrt[3]{4} + \log_4 \sqrt[3]{4} - 1 = \frac{1}{3} \log_2 4 + \frac{1}{3} \log_4 4 - 1 = \frac{1}{3} \cdot 2 + \frac{1}{3} - 1 = 0.$$

# 13.2  Exponentialgleichungen

Die einfachste Exponentialgleichung,

$$a^x = b, \; a > 0, \; a \neq 1, \; b > 0, \tag{13.14}$$

kann durch Logarithmieren sofort gelöst werden:

$$x = \log_a b = \frac{\lg b}{\lg a} = \frac{\ln b}{\ln a}. \tag{13.15}$$

Die folgende Gleichung kann sehr leicht auf eine Gleichung des Typs (13.14) zurückgeführt werden.

**Beispiel 13.8:** $\quad 2^x + 3^{x+2} - 2^{x+2} - 3^{x+1} = 0.$

$$2^x (1 - 2^2) + 3^x (3^2 - 3) = 0, \; \text{bzw.} \; 6 \cdot 3^x = 3 \cdot 2^x, \; \text{bzw.} \; \left(\frac{2}{3}\right)^x = 2,$$

$$x = \frac{\lg 2}{\lg \frac{2}{3}} = \frac{\lg 2}{\lg 2 - \lg 3} = -1{,}7095.$$

Steht in (13.14) im Exponenten ein algebraischer Ausdruck f(x), also

$$a^{f(x)} = b, \quad a > 0, \ a \neq 1, \ b > 0, \tag{13.16}$$

so erhält man durch Logarithmieren eine algebraische Gleichung,

$$f(x) = \log_a b, \tag{13.17}$$

deren Lösungen auch Lösungen von (13.16) sind.

**Beispiel 13.9:** Die Gleichung $2^{x^2+x-4} = 4$ führt auf die quadratische Gleichung $(x^2 + x - 4) = \log_2 4 = 2$ bzw. $x^2 + x - 6 = 0$ mit den Lösungen $x_1 = 2$, $x_2 = -3$, die auch Lösungen der Ausgangsgleichung sind.

**Beispiel 13.10:** In der Gleichung $\left(\frac{3}{2}\right)^{x+1} = \left(\frac{2}{3}\right)^3$ ist die Basis der einen Potenz der Kehrwert der Basis der anderen Potenz. Demnach gilt $\left(\frac{3}{2}\right)^{x+1} = \left(\frac{3}{2}\right)^{-3}$, woraus folgt

$$x + 1 = -3, \quad x = -4.$$

**Beispiel 13.11:** Bei der Gleichung $16^{\left(3^x\right)} = 4^{\left(6^x\right)}$ kann man die Unbekannte durch zweimaliges Logarithmieren aus dem Exponenten herauslösen:

$$3^x \cdot \lg 16 = 6^x \cdot \lg 4 \quad \text{bzw.} \quad \left(\frac{3}{6}\right)^x = \frac{\lg 4}{\lg 16} \quad \text{bzw.} \quad x \cdot \lg 0{,}5 = \lg \frac{\lg 4}{\lg 16} = \lg \frac{2\lg 2}{4\lg 2},$$

$$x \cdot \lg 0{,}5 = \lg 0{,}5 \qquad \text{oder} \quad \left(\frac{1}{2}\right)^x = \frac{1}{2},$$

$$x = 1 \qquad\qquad\qquad x = 1.$$

**Beispiel 13.12:** $7 \sqrt[x]{22} - 15 \sqrt[x]{25} = 0$ ist eine Gleichung des Typs (13.16); denn es gilt $\dfrac{\sqrt[x]{22}}{\sqrt[x]{25}} = \dfrac{15}{7}$ bzw. $\sqrt[x]{\dfrac{22}{25}} = \dfrac{15}{7}$ bzw. $\left(\dfrac{22}{25}\right)^{\frac{1}{x}} = \dfrac{15}{7}$ und daher

$$\frac{1}{x} = \frac{\lg \frac{15}{7}}{\lg \frac{22}{25}} \quad \text{bzw.} \quad x = \frac{\lg 22 - \lg 25}{\lg 15 - \lg 7} = 0{,}1677.$$

Auch wenn auf der linken Seite der Gleichung Produkte und Quotienten von Exponentialausdrücken mit verschiedenen Basen und verschiedenen algebraischen Exponenten stehen, kann man durch Logarithmieren eine algebraische Gleichung erzeugen.

Aus

$$\frac{a_1^{f_1(x)} \cdot a_2^{f_2(x)} \cdot \ldots}{b_1^{g_1(x)} \cdot b_2^{g_2(x)} \cdot \ldots} = c \tag{13.18}$$

folgt

$$f_1(x) \lg a_1 + f_2(x) \lg a_2 + \ldots - g_1(x) \lg b_1 - g_2(x) \lg b_2 - \ldots = \lg c. \tag{13.19}$$

Liegt eine Gleichung vor, bei der ein algebraischer Ausdruck F eines Exponential-ausdruckes mit algebraischem Exponenten f(x) vorkommt,

$$F\left(a^{f(x)}\right) = 0 , \tag{13.20}$$

so substituiert man

$$y = a^{f(x)} . \tag{13.21}$$

Für alle Lösungen $y_1, y_2, y_3, \ldots$ der Gleichung

$$F(y) = 0 \tag{13.22}$$

muß dann

$$a^{f(x)} = y_i ; \; i = 1, 2, 3, \ldots \tag{13.23}$$

bzw.

$$f(x) = \log_a y_i ; \; i = 1, 2, 3, \ldots \tag{13.24}$$

gelöst werden.

**Beispiel 13.13:** Die Gleichung $3^{2x} + 3^x = 2$ kann mit der Substitution

$y = 3^x$ ($y^2 = 3^{2x}$) auf die quadratische Gleichung $y^2 + y - 2 = 0$ zurückgeführt werden. Man erhält

$$y_{1;2} = -\frac{1}{2} \pm \sqrt{\frac{1}{4} + \frac{8}{4}} = -\frac{1}{2} \pm \frac{3}{2} , \qquad y_1 = 3^{x_1} = 1 \text{ und } y_2 = 3^{x_2} = -2 .$$

Daraus folgt:

$x_1 \cdot \lg 3 = \lg 1 = 0, \; x_1 = 0;$

$x_2 \cdot \lg 3 = \lg(-2)$ hat keine Lösung!

**Beispiel 13.14:** Bei der Gleichung

$$\sqrt{e^{x^2-1}} - \sqrt{e^{x^2-1} - 1} = \sqrt{2e^{x^2-1} - 1} \tag{13.25}$$

substituiert man

$$y = e^{x^2-1}$$

(13.26)

und erhält

$$\sqrt{y} - \sqrt{y-1} = \sqrt{2y-1}.$$

(13.27)

Daraus folgt durch Quadrieren

$$y + y - 1 - 2\sqrt{y(y-1)} = 2y - 1 \quad \text{bzw.} \quad -2\sqrt{y(y-1)} = 0 \quad \text{bzw.} \quad y(y-1) = 0,$$

$$y_1 = 0, \quad y_2 = 1.$$

Nur $y_2 = 1$ erfüllt (13.27). Daher ist noch

$$e^{x^2-1} = 1$$

(13.28)

zu lösen. Durch Logarithmieren folgt $x^2 - 1 = \ln 1 = 0$,

$$x_1 = 1, \quad x_2 = -1.$$

Für beide Werte ist die Ausgangsgleichung (13.25) erfüllt.

Es sei noch bemerkt, daß mit den in den Abschnitten 13.1 und 13.2 dargelegten Methoden auch eine ganze Reihe von Gleichungen gelöst werden kann, bei denen Exponentialausdrücke und Logarithmen gleichzeitig auftreten.

**Beispiel 13.15:** Aus $2^{(\ln^2 x - \ln x + 1)} = 8$ erhält man zum Beispiel durch Logarithmieren zur Basis 2

$$\ln^2 x - \ln x + 1 = \log_2 8 = 3.$$

Setzt man $y = \ln x$, so erhält man die quadratische Gleichung

$$y^2 - y - 2 = 0 \quad \text{mit den Lösungen} \quad y_1 = -1, y_2 = 2 \quad \text{und daraus wiederum}$$

$$\ln x = -1, \ln x = 2 \text{, also}$$

$$x_1 = e^{-1} = \frac{1}{e} \quad , \quad x_2 = e^2.$$

## 13.3  Goniometrische Gleichungen

Die einfachsten goniometrischen Gleichungen haben die Gestalt

| | | |
|---|---|---|
| $\sin x = a,$ | $\cos x = a,$ | (13.29) |
| $\tan x = a,$ | $\cot x = a.$ | (13.30) |

Dabei haben die ersten beiden Gleichungen (13.29) nur Lösungen, falls $-1 \le a \le 1$ gilt, andere Werte können $\sin x$ und $\cos x$ nicht annehmen (vgl. Abschnitt 4.3). Mit dem Taschenrechner erhält man durch die Tastenfolgen

| a | F | sin |
|---|---|-----|

| a | F | cos |
|---|---|-----|

für (13.29) und

| a | F | tan |
|---|---|-----|

| a | $\dfrac{1}{x}$ | F | tan |
|---|---|---|-----|

für (13.30)

eine Lösung von (13.29) bzw. (13.30). Wegen der Tatsache, daß tan x und cot x die Periode $\pi$ bzw. $180°$ haben und in einem Intervall der Länge $\pi$ bzw. $180°$ nur eine Lösung von (13.30) liegt, gilt der

> **Satz 13.1:** Ist $x_0$ eine Lösung von (13.30) (die man z. B. mit dem Taschenrechner ermittelt hat), so erhält man alle Lösungen von (13.30) in der Form
>
> $$x_k = x_0 + k\,\pi = x_0 + k \cdot 180° ; \quad k = \ldots -3, -2, -1, 0, 1, 2, 3, \ldots \qquad (13.31)$$

Es sei hier nochmals auf die Festlegung des Abschnitts 4 zur Angabe von Winkeln hingewiesen, wonach "Winkel im Gradmaß = Winkel im Bogenmaß" gesetzt werden. In (13.31) gilt also zum Beispiel

$$x_k = \frac{\pi}{6} + k\,\pi = 30° + k \cdot 180°.$$

Die Winkelfunktionen sin x und cos x haben die Periode $2\pi = 360°$. Die Gleichungen (13.29) haben in einem Intervall dieser Länge zwei Lösungen. Hat man mit dem Taschenrechner eine Lösung $x_0$ ermittelt, so ist auch $x = \pi - x_0$ im Falle sin x = a und $x = -x_0$ im Falle cos x = a eine weitere Lösung. Es gilt also der

> **Satz 13.2:** Ist $x_0$ eine Lösung von (13.29), die man zum Beispiel mit dem Taschenrechner ermittelt hat, so erhält man alle Lösungen von sin x = a in der Form
>
> $$x_k = x_0 + 2k\pi = x_0 + k \cdot 360° ; \quad k = \ldots -3, -2, -1, 0, 1, 2, 3, \ldots \qquad (13.32)$$
>
> $$\bar{x}_k = \pi - x_0 + 2k\pi = 180° - x_0 + k \cdot 360° \qquad (13.33)$$
>
> und alle Lösungen von cos x = a in der Form
>
> $$x_k = x_0 + 2k\pi = x_0 + k \cdot 360° ; \quad k = \ldots -3, -2, -1, 0, 1, 2, 3, \ldots \qquad (13.34)$$
>
> $$\bar{x}_k = -x_0 + 2k\pi = -x_0 + k \cdot 360°. \qquad (13.35)$$

**Beispiel 13.16:** Für die Gleichung sin x = 0,23910 erhält man mit dem Taschenrechner die Lösung $x_0 = 13,833427°$ (in Gradmaß) = $3,833427 \cdot 0,017453$ = 0,24143 (in Bogenmaß).

Wegen (13.32), (13.33) sind sämtliche Lösungen gegeben durch

$$x_k = 13,833427° + k \cdot 360° = 0,24143 + k \cdot 6,28318,$$

$$\overline{x}_k = 166{,}16657° + k \cdot 360° = 2{,}9001 + k \cdot 6{,}28318.$$

**Beispiel 13.17:** Zur Lösung der Gleichung $\cos x = -0{,}682000$ findet man mit dem Taschenrechner

$$x_0 = 133{,}00013° \approx 133° = 2{,}32125.$$

Nach (13.34) und (13.35) erhält man sämtliche Lösungen in der Form

$$x_k = 133° + k \cdot 360° = 2{,}32125 + k \cdot 6{,}28318,$$

$$\overline{x}_k = -133° + k \cdot 360° = -2{,}32125 + k \cdot 6{,}28318.$$

**Beispiel 13.18:** Zur Lösung der Gleichung $\tan x = -\sqrt{3} = -1{,}73205$ ermittelt man mit dem Taschenrechner

$$x_0 = -59{,}999988° \approx -60° = -1{,}04718.$$

Daher erhält man nach (13.31) sämtliche Lösungen in der Form

$$x_k = -60° + k \cdot 180° = -1{,}04718 + k \cdot 3{,}14159.$$

**Beispiel 13.19:** Als Lösung der Gleichung $\cot x = 4{,}843000$ erhält man mit dem Taschenrechner

$$x_0 = 11{,}666677° \approx 11{,}67° = 0{,}203675.$$

Daher erhält man nach (13.31) sämtliche Lösungen in der Form

$$x_k = 11{,}67° + k \cdot 180° = 0{,}203675 + k \cdot 3{,}14159.$$

**Beispiel 13.20:** Die Gleichung $\sin x = \sqrt{2}$ hat wegen $\sqrt{2} > 1$ keine Lösung.

Weitere Typen goniometrischer Gleichungen, die mit den bereits bekannten Methoden lösbar sind, haben die Gestalt

| | | |
|---|---|---|
| $\sin f(x) = a,$ | $\cos f(x) = a,$ | (13.36) |
| $\tan f(x) = a,$ | $\cot f(x) = a.$ | (13.37) |

Dabei möge $f(x)$ ein algebraischer oder einfacher transzendenter Ausdruck sein.

Substituiert man

$$y = f(x), \qquad (13.38)$$

so erhält man die Gleichungen

$$\sin y = a, \quad \cos y = a, \qquad (13.39)$$

$$\tan y = a, \quad \cot y = a. \qquad (13.40)$$

Sie können gemäß den Sätzen 13.1 und 13.2 gelöst werden. Ihre Lösungen seien $y_1$, $y_2$, $y_3$, ... Man hat dann entsprechend (13.37) sämtliche Lösungen von

$f(x) = y_i$ ; $i = 1, 2, 3, \ldots$                                              (13.41)

zu ermitteln. Dazu soll nun ein Beispiel angegeben werden.

**Beispiel 13.21:**   $\sin \dfrac{x - 120^\circ}{3} = \dfrac{1}{2}$ .

Durch die Substitution   $y = \dfrac{x - 120^\circ}{3}$   erhält man   $\sin y = \dfrac{1}{2}$   mit den Lösungen

$y_k = 30^\circ + k \cdot 360^\circ$ ; $k = \ldots -3, -2, -1, 0, 1, 2, 3, \ldots$

$\overline{y}_k = 150^\circ + k \cdot 360^\circ$.

Als Lösungen von   $\dfrac{x - 120^0}{3} = y_k$ ,   $\dfrac{x - 120^\circ}{3} = \overline{y}_k$

erhält man dann

$x_k = 3y_k + 120^\circ = 90^\circ + 3k \cdot 360^\circ + 120^\circ = 210^\circ + 3k \cdot 360^\circ$,

$\overline{x}_k = 3\overline{y}_k + 120^\circ = 450^\circ + 3k \cdot 360^\circ + 120^\circ = 570^\circ + 3k \cdot 360^\circ$.

Ein weiterer Typ goniometrischer Gleichungen hat die Form

$f(\sin x, \cos x, \tan x, \cot x, \sin 2x, \cos 2x, \tan 2x, \cot 2x,$
$\sin 3x, \cos 3x, \tan 3x, \cot 3x, \ldots ) = 0.$                               (13.42)

Substituiert man hier zum Beispiel

$y = \sin x$,                                                                     (13.43)

so kann man mit Hilfe der trigonometrischen Formeln aus Abschnitt 4.5 alle anderen in (13.42) auftretenden Winkelfunktionen durch y ausdrücken:

$\cos x = \pm \sqrt{1 - \sin^2 x} = \pm \sqrt{1 - y^2}$ ,

$\tan x = \dfrac{\sin x}{\cos x} = \dfrac{y}{\pm \sqrt{1 - y^2}}$ ,           $\cot x = \dfrac{1}{\tan x} = \dfrac{\pm \sqrt{1 - y^2}}{y}$ ,          (13.44)

$\sin 2x = 2\sin x \cos x = \pm 2y\sqrt{1 - y^2}$ ,   $\cos 2x = \cos^2 x - \sin^2 x = 1 - 2y^2$   usw.

Damit verwandelt sich (13.42) in eine Gleichung von y:

$F(y) = 0$.                                                                       (13.45)

Sie möge mit den entsprechenden Methoden lösbar sein und die Lösungen $y_1, y_2, y_3, \ldots$ haben. Dann hat man entsprechend (13.43)

$\sin x = y_i$, $i = 1, 2, 3, \ldots$                                            (13.46) zu lösen und bei allen Lösungen durch Einsetzen in die Ausgangsgleichung (13.42) zu überprüfen, ob sie auch diese erfüllen.

In (13.42) kann an die Stelle von x auch ein Ausdruck g(x) treten:

$$f(\sin g(x), \cos g(x), \ldots) = 0. \tag{13.47}$$

Dann substituiert man

$$y = \sin g(x). \tag{13.48}$$

Zur Erläuterung der oben angegebenen Methode werden zwei einfache Beispiele angegeben.

**Beispiel 13.22:**  Die Gleichung    $\sin x + \cos x = 1$    (13.49)

verwandelt sich mit (13.43), (13.44) in die Wurzelgleichung

$$y \pm \sqrt{1 - y^2} = 1 \quad \text{bzw.} \quad \pm\sqrt{1 - y^2} = 1 - y \quad \text{bzw.} \quad 1 - y^2 = 1 + y^2 - 2y \tag{13.50}$$

bzw. $0 = 2y^2 - 2y = 2y(y - 1)$,

$$y_1 = 0, \quad y_2 = 1. \tag{13.51}$$

Es ist nun zu bemerken, daß für $y_2 = 1$ die Gleichung (13.50) und damit auch (13.49) immer erfüllt ist. Dagegen ist $y_1$ nur Lösung von (13.50), wenn vor der Wurzel das Pluszeichen steht. Das ist aber nur der Fall, wenn $\cos x > 0$ ist. Das bemerkt man auch, wenn man mit (13.51) die Gleichungen (13.46) löst und die Lösung in (13.49) einsetzt:

$$\sin x = y_1 = 0, \quad x_k = k\pi; \qquad k = \ldots -3, -2, -1, 0, 1, 2, 3, \ldots \tag{13.52}$$

$$\sin x = y_2 = 1, \quad \overline{x}_k = \frac{\pi}{2} + 2k\pi; \quad k = \ldots -3, -2, -1, 0, 1, 2, 3, \ldots \tag{13.53}$$

Setzt man (13.52) in (13.49) ein, so erhält man

$$\sin x_k + \cos x_k = \sin k\pi + \cos k\pi = 0 + \begin{cases} 1 \text{ für geradzahliges } k, \\ -1 \text{ für ungeradzahliges } k. \end{cases}$$

Es sind also nur geradzahlige Vielfache von $\pi$ Lösungen der Ausgangsgleichung ($x_k = 2k\pi$). Setzt man (13.53) in (13.49) ein, so erhält man

$$\sin \overline{x}_k + \cos \overline{x}_k = \sin\left(\frac{\pi}{2} + 2k\pi\right) + \cos\left(\frac{\pi}{2} + 2k\pi\right) = \sin\frac{\pi}{2} + \cos\frac{\pi}{2} = 1 + 0 = 1.$$

Demnach erfüllen alle $\overline{x}_k$ die Ausgangsgleichung.

Sämtliche Lösungen von (13.49) erhält man also in der Form

$$x_k = 2k\pi, \quad \overline{x}_k = \frac{\pi}{2} + 2k\pi; \qquad k = \ldots -3, -2, -1, 0, 1, 2, 3, \ldots. \tag{13.54}$$

**Beispiel 13.23:** Bei der Gleichung $\qquad \cos x + \cos 2x = 0$ (13.55)

kann man eine Wurzelgleichung umgehen, wenn man

$$y = \cos x \tag{13.56}$$

substituiert. Wegen

$$\cos 2x = \cos^2 x - \sin^2 x = y^2 - (1 - y^2) = 2y^2 - 1 \tag{13.57}$$

erhält man aus (13.55) die quadratische Gleichung

$$2y^2 + y - 1 = 0 \tag{13.58}$$

mit den Lösungen $y_{1;2} = -\dfrac{1}{4} \pm \sqrt{\dfrac{1}{16} + \dfrac{8}{16}} = -\dfrac{1}{4} \pm \dfrac{3}{4}$,

$$y_1 = \frac{1}{2} \ , \ \ y_2 = -1. \tag{13.59}$$

Durch Einsetzen in (13.56) erhält man

$$\cos x = y_1 = \frac{1}{2} \ , \ \ x_k = 60° + k \cdot 360° = \frac{\pi}{3} + 2k\pi,$$

$$\overline{x}_k = 300° + k \cdot 360° = \frac{5\pi}{3} + 2k\pi, \tag{13.60}$$

$$\cos x = y_2 = -1, \ \ \overline{\overline{x}}_k = 180° + k \cdot 360° = \pi + 2k\pi, \tag{13.61}$$

$$x = \left\{\begin{matrix} 60° \\ 180° \\ 300° \end{matrix}\right\} + k \cdot 360° = \left\{\begin{matrix} \frac{\pi}{3} \\ \pi \\ \frac{5\pi}{3} \end{matrix}\right\} + 2k\pi. \tag{13.62}$$

# 13.4  Übungsaufgaben

Berechnen Sie alle Werte x, die die folgenden Gleichungen erfüllen! Beachten Sie, daß bei jeder Aufgabe die Probe notwendig ist!

1.  Logarithmische Gleichungen

1.1. a) $\log_4 (x + 1) = -3$        b) $4 - 3\lg 2x = 10$

     c) $\lg \sqrt{2x} = 1{,}314$        d) $\ln (x - 1)^2 = 2$

1.2. a) $\lg (2x + 5) - \lg (3x + 1) = 2$        b) $\lg 4x + \lg 2x + \lg x = 6$

     c) $\dfrac{1}{3}\ln x^6 = \dfrac{1}{2}\ln 81$        d) $\lg (x - 1)^2 = 6 \lg 2$

1.3. a) $\lg (x - 1) + \lg 3 = \lg (x^2 - 1)$

     b) $\lg (x + 1)^2 = \lg 2 + \lg (x + 1) + \lg (x - 1)$

c) $\lg x - \lg 4 = \lg 35 - \lg (x + 4)$

d) $\lg (x - 2) - \frac{1}{2} \lg 4 = \frac{1}{3} \lg 125 - \lg (x + 1)$

1.4.  a) $\lg x + \lg (x + 1) + \lg (x - 1) = \lg 24$

  b) $\lg 3 + 2 \lg x = \lg (4 + x^3)$        c) $\lg (152 + x^3) - 3 \lg (x + 2) = 0$

  d) $2 \lg^2 x^3 - 3\lg x - 1 = 0$

1.5.  a) $\lg x + \lg (a - \frac{1}{a}) = \lg (1 - \frac{1}{a}) + \lg (1 + \frac{1}{a})$

  b) $\lg (ax) - \lg a + \lg \frac{b}{a} = \lg b + \lg \frac{x}{a}$

  c) $\lg x - \lg \frac{x}{abx - 1} = \lg (a - 1) + \lg (a + 1)$

  d) $\log_a (2x + 1) = \log_a (x - 1) + 1$

1.6.  a) $\dfrac{10}{\lg x - 2} - \dfrac{5}{\lg x + 1} = 4$        b) $\dfrac{1}{\lg x + 1} - \dfrac{3}{\lg x - 3} = 2$

  c) $\dfrac{2}{\log_2 x + 1} - \dfrac{1}{\log_2 x - 5} = 1$        d) $\dfrac{1}{5 - \lg x} + \dfrac{2}{1 + \lg x} = 1$

1.7.  a) $\lg (x^2 + 1) = 2 \lg^{-1} (x^2 + 1) - 1$    b) $(\log_5 x - 2) \log_5 x = 25^{\log_5 \sqrt{3}}$

  c) $\lg^2 x^3 - 10 \lg x + 1 = 0$        d) $\sqrt{\lg(1 - x)} + 5 \lg (1 - x) = 6$

1.8.  a) $2\lg \lg x = \lg (3 - 2 \lg x)$        b) $\log_2 (x - 14) = 1 + \frac{1}{2} \log_2 (3x - 26)$

  c) $4 \log_3^3 5x - 7 \log_3 15 x + 7 = 0$    d) $3 \lg^2 x^2 - \lg x - 1 = 0$

1.9.  a) $x^{\lg x + 2} = 1000$            b) $x = 10^{1 - 0,25 \lg x}$

  c) $x^{\log_5 (5x) - 4} = 625$          d) $x^{\log_a x} = a^2 x$

1.10. a) $x \lg \sqrt[5]{5^{2x - 8}} - \lg 25 = 0$        b) $\log_2 (4 \cdot 3^x - 6) - \log_2 (9^x - 6) = 1$

  c) $\log_2 (9 - 2^x) = 10^{\lg (3 - x)}$        d) $x (\lg 5 - 1) = \lg (2^x + 1) - \lg 6$

1.11. a) $\log_2 [2 + \log_3 (x + 3)] = 0$        b) $\log_5 [\log_2 (\log_4 x)] = 0$

  c) $2 \log_x 27 - 3 \log_{27} x = 1$        d) $\dfrac{\lg x}{\lg (x + 1)} = -1$

2.    Exponentialgleichungen

2.1.  a) $(a^{x-2})^{x+2} = (a^{x+3})^{x-4}$        b) $a(a^{x-3})^{x+2} = a^{3x+5}(a^x)^{x-6}$

c) $\sqrt[3]{a^{2x+9}} = \sqrt[4]{a^{3x+5}}$  d) $\sqrt[x-2]{a^{11-x}} = \sqrt[9-x]{a^{x+3}}$

2.2. a) $10^{5x} = 3^{10}$  b) $0{,}375^x = 2576$

c) $\sqrt[x]{6{,}325} = 1500$  d) $\sqrt[x]{10{,}27} = \sqrt[4]{5}$

2.3. a) $\left(\dfrac{3}{4}\right)^{2x-3} = \left(\dfrac{4}{3}\right)^{3x+5}$  b) $\left(\dfrac{6}{7}\right)^{3x+10} = \left(\dfrac{7}{6}\right)^{2x-3}$

c) $\left(\dfrac{3}{5}\right)^{2x+1} = \left(\dfrac{5}{8}\right)^{3x+4}$  d) $16 \cdot \left(\dfrac{1}{2}\right)^{3x-1} = 27 \cdot \left(\dfrac{2}{3}\right)^{x+1}$

2.4. a) $\left(\dfrac{1}{100}\right)^{\frac{1}{x}} = 24{,}24^{\frac{1}{10}}$  b) $\sqrt[2x]{3^{3x+2}} = \sqrt[3x]{2^{2x+3}}$

c) $3^{(2^x)} = 2^{(3^x)}$  d) $8^{(5^x)} = 4^{(7^x)}$

2.5. a) $4^{x^2-x+1} = 8^x$  b) $3^{9x+1} = 9^{3x-1}$

c) $\sqrt{9^{x(x-1)-0{,}5}} = \sqrt[4]{3}$  d) $\sqrt[3]{\sqrt[x-1]{3^{10x+5}}} = \sqrt[3x-9]{27^{3x-7}}$

e) $2^{x^2-6x-2{,}5} = 16\sqrt{2}$  f) $2^{x^2-7{,}7x+16{,}5} = 8\sqrt{2}$

g) $5^{(x^2+x-2)(3-x)} = 1$  h) $4^{\sqrt{x+1}} = 64 \cdot 2^{\sqrt{x+1}}$

2.6. a) $7^{2x+1} - 3^{x-1} = 7^{2x+3} - 3^{x+1}$  b) $2^{x+1} - 3^x = 2^{x+3} - 3^{x+2}$

c) $3^{2x-1} - 5^{3x-2} = 3^{2x+1} - 5^{3x+2}$  d) $5^{2x} - 3 \cdot 5^x + 2 = 0$

e) $5^{4\sqrt{x}} - 6 \cdot 5^{2\sqrt{x}} + 5 = 0$  f) $2^{\frac{3}{\sqrt{x}}} - 2^{\frac{2}{\sqrt{x}}+1} + 2^{\frac{1}{\sqrt{x}}} - 2 = 0$

g) $3^{x+1} - 2 = 9^x$

h) $3^{x+1} + 3^{x-1} + 3^{x-2} = 5^x + 5^{x-1} + 5^{x-2}$

i) $2 \cdot 3^{x+3} + 7 \cdot 3^{x-2} = 493$  j) $3^{\sqrt{x}} - 3^{1-\sqrt{x}} = \dfrac{26}{3}$

k) $33 \cdot 2^{x-1} - 4^{x+1} = 2$  l) $3^x + 3^{x+1} + 3^{x+2} = 5^x$

2.7. a) $5^{x-3} + 2 \cdot 5^{x-2} = 5{,}08$  b) $5^{\sqrt{x}} - 5^{3-\sqrt{x}} = 20$

c) $9^{\sqrt{x^2+3x}} + 0{,}5 + 9 = 28 \cdot 3^{\sqrt{x^2+3x}}$   d) $2^{-2x} - 17 \cdot 2^{-(x+2)} + 1 = 0$

e) $2^{x^2} + 2^{1-x^2} = \dfrac{9}{2}$   f) $12^{2x}\sqrt{3} - \sqrt[x]{3} = 27$

g) $4^{\sqrt{3x^2-2x+1}} + 2 = 9 \cdot 2^{\sqrt{3x^2-2x}}$   h) $\sqrt{3^{x-56}} - 7 \cdot \sqrt{3^{x-60}} = 162$

i) $9^{x^2-1} - 36 \cdot 3^{x^2-3} + 3 = 0$

2.8.  a) $\dfrac{3^x + 3^{-x}}{3^{x+1} - 1} = \dfrac{5}{12}$   b) $\dfrac{2^x + 1}{2^x - 4^x} = 6$

c) $4 + \dfrac{2}{3^x - 1} = \dfrac{5}{3^{x-1}}$   d) $\dfrac{2^x + 10}{4} = \dfrac{9}{2^{x-2}}$

e) $x^x = x$

3.     Goniometrische Gleichungen

3.1.  a) $\tan x = \dfrac{1}{2}$   b) $\sin x = \dfrac{1}{2}\sqrt{2}$   c) $\cot x = \dfrac{2}{5}$   d) $\tan x = -1$

3.2.  a) $\sin (2x - \dfrac{\pi}{2}) = 0{,}309$   b) $\cos (2x - \dfrac{\pi}{3}) = 0{,}342$

c) $\sin (\dfrac{x}{2} + \dfrac{\pi}{10}) = 0{,}809$   d) $\cos (x + \dfrac{\pi}{3}) = 0{,}471$

3.3.  a) $5 \sin^2 x - 10 \cos^2 x - 1 = 0$   b) $\cos^2 x + \dfrac{1}{3} \sin x \cos x + \dfrac{2}{3} \sin^2 x = 1$

c) $\cos^2 x + 2 \cos x - \sin^2 x + 1 = 0$   d) $2 \cos^2 x + \sin x - 1 = 0$

e) $\sin^2 x + 5 \sin x \cos x + 8 \cos^2 x = 0$  f) $\sin^2 x - \cos^2 x - 3 \sin x + 2 = 0$

g) $\sin^2 x - 2 \cos x + 2 = 0$   h) $\sqrt{1 + \cos x} = \sin x$

i) $\sqrt{1 + \sin x} + \cos x = 0$   j) $\sin^4 x = 2 \cos^2 x - 1$

k) $\sqrt{\cos x} + \sqrt[4]{2} \sin x = 0$   l) $1 - \cos x = \sin x$

3.4.  a) $\sin 2x = \sqrt{3} \sin x$   b) $\cos 2x = \cos x$

c) $\sin 2x \cdot \tan x = 1$   d) $\cos 2x + 3 \cos x = 1$

e) $\cos \dfrac{x}{2} - \cos x = 1$   f) $2 \sin \dfrac{x}{2} - \cos x + 1 = 0$

g) $\cos x + \cos 2x = \sin x + \sin 2x$

h) $2 \sin x \cos 2x - 1 + 2 \cos 2x - \sin x = 0$

i) $3(1 - \sin x) = 1 + \cos 2x$   j) $\sin 2x + 2 \cot x = 0$

k) $3 \cos 2x - 20 \sin x = 9$                l)  $\cos 2x + 2 \cos x + 1 = 0$

3.5.  a) $2 \sin^2 \frac{x}{2} + \cos 2x = 0$                b) $2 \cos^2 \frac{x}{2} + \cos 2x = 1$

c) $\tan x - \sin x = 2 \sin^2 \frac{x}{2}$                d) $\sin^2 x - \cos^2 x = \cos \frac{x}{2}$

e) $2 \sin^2 x + \sin^2 2x = 2$                f) $3 - 2 \sin^2 2x = 2 \sin^2 x$

g) $5 \cos 2x + 16 \sin x + 14 \sin^2 x + 7 = 0$

h) $3 \cos 2x - 6 \cos x + 4 \sin^2 x = -3$

i)  $2 \cos x + 3 = 4 \cos \frac{x}{2}$                j) $2 \sin^2 x + \sin^2 2x = 0$

k) $\tan x + \tan 2x - \tan 3x = 0$

3.6.  a) $\cos x \cos 2x = \cos 3x$                b) $\sin 5x \cos 3x = \frac{1}{2} \sin 8x - 0{,}5$

c) $\sin^2 x + \cos^2 2x = \sin^2 3x + \cos^2 4x$ d) $(\cos 8x)^2 \cdot 2 + \sin 16\,x = 1$

e) $2 \cos^2 4x + \sin 10x = 1$                f) $2 - 6 \sin x \cos x = \cos 4x$

g) $\cos 4x + 2 \cos^2 x = 1$                h) $\sin x \cos 5x = \sin 9x \cos 3x$

i) $\sin \frac{7x}{2} \cos \frac{3x}{2} = \sin \frac{9x}{2} \cos \frac{x}{2}$                j) $\cos \frac{7x}{2} \cos \frac{x}{2} = \cos \frac{9x}{2} \cos \frac{3x}{2}$

k) $\sin x - \sin 3x + \sin 5x - \sin 7x = 0$ l)  $\cos x + \cos 3x = \cos 5x + \cos 7x$

3.7.  a) $2 \sin^3 x - 3 \sin x \cos x = 0$                b) $4 \sin^3 x - 8 \sin^2 x - \sin x + 2 = 0$

c) $\tan^3 x + \tan^2 x \ 3 \tan x - 3 = 0$                d) $\tan^3 x - \tan^2 x + \tan x = 1$

3.8.  a) $\sqrt{3} \sin x + 3 \cos x = 0$                b) $\sqrt{3} \sin x + \cos x = \sqrt{3}$

c) $\sqrt{3} \sin 3x + \cos 3x = 1$                d) $\sqrt{2 \sin 2x} + 2 \sin x = 0$

e) $1 - \sin x = \sin^2 (\frac{\pi}{4} - \frac{x}{2})$                f) $2 \sin^2 \frac{x}{2} = \cos (\frac{3\pi}{2} + \frac{x}{2})$

g) $1 - \cos 2x + \cos 6x - \cos 8x = 0$ h) $\cos x - 2 \cos 3x + \cos 5x = 0$

i) $\cos 4x + 2 \cos^2 x = 0$                j) $1 - \sin x \cos x + \sin x - \cos x = 0$

k) $\cos 3x + \sin 3x = \cos x + \sin x$ l)  $\sin x \cos x - \sin^2 x - \cos x + \sin x = 0$

m) $\sin x + \cos x = \dfrac{1}{\cos x}$                n) $(\cos x)^{\sin x} = 1$

o) $\dfrac{1 + \cos 2x}{2 \cos x} = \dfrac{\sin 2x}{1 - \cos 2x}$

# 14 Rechnen mit Ungleichungen und Beträgen

## 14.1 Ungleichungen

### 14.1.1 Grundbegriffe und Rechenregeln

Eine Ungleichung entsteht, wenn zwei Terme $T_1$ und $T_2$ durch ein Relationszeichen $<$, $\leq$, $>$ oder $\geq$ verbunden werden.

Im folgenden werden Ungleichungen mit einer oder zwei reellen Variablen als Unbekannte behandelt. Eine Ungleichung mit Variablen stellt eine Aussageform im Sinne der Aussagenlogik dar, wobei die Variablen alle Werte annehmen können, für die die Terme $T_1$ und $T_2$ erklärt sind. Eine Lösung ist jeder Wert bzw. jedes Wertepaar der Variablen, nach dessen Einsetzen die Ungleichung in eine wahre Aussage übergeht. Die Gesamtheit aller Lösungen wird zur *Lösungsmenge* L zusammengefaßt.

Im vorliegenden Abschnitt wird oft die Symbolik der Aussagenlogik (Unterabschnitt 7.2) und die Symbolik der Mengenoperationen (Unterabschnitt 9.3) verwendet. Mit der Bedeutung dieser Symbolik sollte man sich nochmals vertraut machen.

Beim Rechnen mit Ungleichungen sind die folgenden Regeln zu beachten (vgl. Abschnitt 1). Es seien a, b, c und d reelle Zahlen. Dann gilt

$$a < b \iff a \pm c < b \pm c, \tag{14.1}$$

$$a < b \wedge c > 0 \implies \begin{cases} a \cdot c < b \cdot c, \\ a : c < b : c, \end{cases} \tag{14.2}$$

$$a < b \wedge c < 0 \implies \begin{cases} a \cdot c > b \cdot c, \\ a : c > b : c, \end{cases} \tag{14.3}$$

$$a < b \wedge c = 0 \implies a \cdot c = b \cdot c. \tag{14.4}$$

Im Vergleich zum Rechnen mit Gleichungen ist hier die Regel (14.3) besonders zu beachten. Bei der Multiplikation mit einer negativen Zahl oder der Division durch eine negative Zahl kehrt sich das Relationszeichen der Ungleichung um. Zum Beispiel gilt
$$3 < 4, \quad \text{aber} \quad -3 > -4.$$

Alle angegebenen Rechenregeln gelten in analoger Weise für Ungleichungen mit dem Relationszeichen $\leq$, d. h. für $a \leq b$. Da bekanntlich das Produkt und der Quotient zweier reeller Zahlen genau dann positiv sind, wenn beide Zahlen dasselbe Vorzeichen haben, und negativ, wenn beide Zahlen verschiedene Vorzeichen haben, gelten folgende Beziehungen:

$$\left.\begin{matrix} a \cdot b > 0 \\ a : b > 0 \end{matrix}\right\} \iff (a > 0 \wedge b > 0) \vee (a < 0 \wedge b < 0), \tag{14.5}$$

$$\left.\begin{matrix} a \cdot b < 0 \\ a : b < 0 \end{matrix}\right\} \iff (a > 0 \wedge b < 0) \vee (a < 0 \wedge b > 0). \tag{14.6}$$

Bei Einbeziehung der Gleichheit ist speziell für den Quotienten die Voraussetzung $b \neq 0$ zu berücksichtigen, so daß die unterschiedlichen Bedingungen für das Produkt und den Quotienten zu beachten sind. Es gilt zum Beispiel:

$$a \cdot b \geq 0 \Leftrightarrow (a \geq 0 \wedge b \geq 0) \vee (a \leq 0 \wedge b \leq 0), \qquad (14.7)$$

$$a : b \geq 0 \Leftrightarrow (a \geq 0 \wedge b > 0) \vee (a \leq 0 \wedge b < 0). \qquad (14.8)$$

Bei der Angabe der Lösungsmengen wird die folgende Darstellung von *Intervallen auf der Zahlengeraden* verwendet:

Abgeschlossenes Intervall:           $[a, b] = \{ x \mid a \leq x \leq b \}$,

halboffenes Intervall:                $(a, b] = \{ x \mid a < x \leq b \}$,

halboffenes Intervall:                $[a, b) = \{ x \mid a \leq x < b \}$,

offenes Intervall:                    $(a, b) = \{ x \mid a < x < b \}$,

rechts abgeschlossenes unendliches Intervall: $(-\infty, b] = \{ x \mid x \leq b \}$,

links abgeschlossenes unendliches Intervall: $[a, \infty) = \{ x \mid x \geq a \}$,

rechts offenes unendliches Intervall: $(-\infty, b) = \{ x \mid x < b \}$,

links offenes unendliches Intervall:  $(a, \infty) = \{ x \mid x > a \}$,

unendliches Intervall:                $(-\infty, \infty) = \{ x \mid x \text{ ist Punkt der Zahlengeraden} \}$.

## 14.1.2 Ungleichungen mit einer Unbekannten

Die Rechenregeln sollen zunächst auf Ungleichungen mit einer Unbekannten angewendet werden, deren Lösungsmengen sich im allgemeinen durch Intervalle darstellen lassen. Regel (14.1) erlaubt die Addition und Subtraktion beliebiger Terme wie bei Gleichungen.

**Beispiel 14.1:** $\quad 5x - 6 < 4 + 9x \quad | \; -9x + 6,$

$\qquad\qquad\qquad -4x < 10 \qquad | : (-4).$

Wegen (14.3) folgt $x > -\dfrac{5}{2}$ .

Lösungsmenge: $L = (-\dfrac{5}{2}, \infty)$.

Ist bei einer erforderlichen Multiplikation oder Division der Multiplikator bzw. Divisor ein variabler Term, dann muß nach (14.2) bis (14.4) in Abhängigkeit von dem Vorzeichen dieses Terms eine Fallunterscheidung vorgenommen werden.

Bei der Ermittlung der einzelnen Lösungsmengen ist in jedem der Fälle zu berücksichtigen, daß nur diejenigen aus der Ungleichung berechneten x-Werte Lösungen sind, die gleichzeitig die jeweils vorausgesetzten Bedingungen erfüllen.

So läßt sich jede Teillösungsmenge als Durchschnittsmenge des den jeweiligen Fall repräsentierenden Teilbereichs der Variablen und der Menge der aus der Ungleichung berechneten Variablenwerte bilden. Die Durchschnittsbildung kann durch die graphische Darstellung der einzelnen Mengen am Zahlenstrahl erleichtert werden. Die gesamte Lösungsmenge der Ungleichung ist die Vereinigungsmenge aller Teillösungmengen der einzelnen Fälle.

**Beispiel 14.2:**    $(3x - 5)(x - 2) \leq 4 (x - 2)$.

Will man durch $(x - 2)$ dividieren, dann muß man unter Berücksichtigung der Bedingungen

$$(x - 2) \begin{cases} > 0 & \text{für } x > 2, \\ = 0 & \text{für } x = 2, \\ < 0 & \text{für } x < 2 \end{cases}$$

die Ungleichung in drei Teilbereichen getrennt voneinander lösen:

**1. Fall:** $x > 2 \Leftrightarrow x \in (2, \infty)$. Hier ergeben sich folgende äquivalente Umformungen der vorliegenden Ungleichung:

$3x - 5 \leq 4 \Leftrightarrow 3x \leq 9 \Leftrightarrow x \leq 3 \Leftrightarrow x \in (-\infty, 3]$.

Von diesen x-Werten sind aber nur diejenigen Lösung der vorgegebenen Ungleichung, die im 1. Fall betrachtet werden, also nur die x mit $x \in (2, \infty)$. Deshalb gehört zum 1. Fall die Lösungsmenge

$L_1 = (2, \infty) \cap (-\infty, 3] = (2, 3]$.

**2. Fall:** $x = 2 \Leftrightarrow x \in \{2\}$. Hier darf nicht durch $(x - 2)$ dividiert werden. Durch Einsetzen von $x = 2$ erhält man die wahre Aussage $0 \leq 0$ und somit

$L_2 = \{2\}$.

**3. Fall:** $x < 2 \Leftrightarrow x \in (-\infty, 2)$. Wegen $x - 2 < 0$ ergeben sich nach (14.3) folgende äquivalente Umformungen der vorgegebenen Ungleichung:

$3x - 5 \geq 4 \Leftrightarrow 3x \geq 9 \Leftrightarrow x \geq 3 \Leftrightarrow x \in [3, \infty)$.

Von diesen x-Werten ist keiner im 3. Fall betrachtet worden:

$L_3 = (-\infty, 2) \cap [3, \infty) = \emptyset$.

Die Vereinigung der Teillösungen ergibt die gesamte Lösungsmenge

$L = L_1 \cup L_2 \cup L_3 = (2, 3] \cup \{2\} \cup \emptyset = [2, 3]$.

Lösungen sind diejenigen x mit $2 \leq x \leq 3$.

In den folgenden Beispielen werden nun nicht mehr so viele Erläuterungen gegeben.

**Beispiel 14.3:**    $\dfrac{3x - 1}{2x + 4} < 2$.

Wegen der Bedingung $2x + 4 \neq 0$, d. h. $x \neq -2$, braucht man hier bei einer Multiplikation mit dem Nenner gemäß $\quad (2x + 4) \begin{cases} > 0 & \text{für } x > -2, \\ < 0 & \text{für } x < -2 \end{cases}$ nur zwei Fälle zu unterscheiden:

**1. Fall:** $x > -2 \Leftrightarrow x \in (-2, \infty)$,
$3x - 1 < 4x + 8 \Leftrightarrow x > -9 \Leftrightarrow x \in (-9, \infty)$,

$L_1 = (-2, \infty) \cap (-9, \infty) = (-2, \infty)$     (Bild 14.1a).

**2. Fall:** $x < -2 \Leftrightarrow x \in (-\infty, -2)$,
$3x - 1 > 4x + 8 \Leftrightarrow x < -9 \Leftrightarrow x \in (-\infty, -9)$,

$L_2 = (-\infty, -2) \cap (-\infty, -9) = (-\infty, -9)$     (Bild 14.1b).

Lösungsmenge: $L = L_1 \cup L_2 = (-\infty, -9) \cup (-2, \infty) = \mathbf{R} \setminus [-9, -2]$.

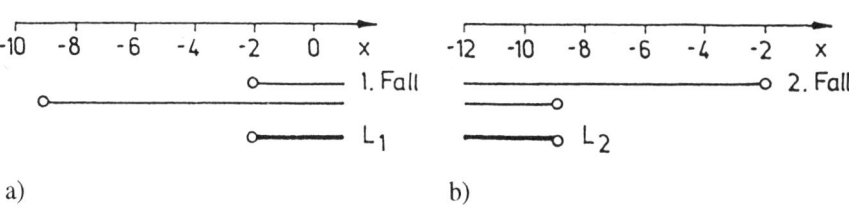

a)                                      b)

Bild 14.1

Eine spezielle Form von Ungleichungen läßt sich vorteilhaft durch eine Vorzeichenbetrachtung in Anwendung der Beziehungen (14.5) bis (14.8) lösen.

**Beispiel 14.4:** $\dfrac{1}{3-x} \geq \dfrac{2}{x+6}$, $x \neq -6 \wedge x \neq 3$.

Bei der Multiplikation mit dem Hauptnenner $(3 - x)(x + 6)$ ist wieder dessen Vorzeichen zu beachten. Die Bedingung, unter welcher der Hauptnenner positiv ist, kann mittels (14.5) gefunden werden:

$(3 - x)(x + 6) > 0 \Leftrightarrow (3 - x > 0 \wedge x + 6 > 0) \vee (3 - x < 0 \wedge x + 6 < 0)$

$\Leftrightarrow (x < 3 \wedge x > -6) \vee (x > 3 \wedge x < -6) \Leftrightarrow -6 < x < 3$.

(14.6) ermöglicht die Ermittlung des Bereiches, in dem der Hauptnenner negativ ist:

$(3 - x)(x + 6) < 0 \Leftrightarrow (3 - x > 0 \wedge x + 6 < 0) \vee (3 - x < 0 \wedge x + 6 > 0)$

$\Leftrightarrow (x < 3 \wedge x < -6) \vee (x > 3 \wedge x > -6) \Leftrightarrow x < -6 \vee x > 3$.

Somit folgt unter Berücksichtigung von (14.2) und (14.3) die Rechnung:

**1. Fall:** $-6 < x < 3 \Leftrightarrow x \in (-6, 3)$.

Bei der Multiplikation mit dem positiven Faktor $(3 - x)(x + 6)$ bleibt das Relationszeichen erhalten:

$x + 6 \geq 6 - 2x \Leftrightarrow x \geq 0 \Leftrightarrow x \in [0, \infty),$

$L_1 = (-6, 3) \cap [0, \infty) = [0, 3)$ \hfill (Bild 14.2a).

**2. Fall:** $(x < -6 \vee x > 3) \Leftrightarrow x \in (-\infty, -6) \cup (3, \infty).$

Da hier der Hauptnenner negativ ist, bewirkt die Multiplikation eine Umkehrung des Relationszeichens:

$x + 6 \leq 6 - 2x \Leftrightarrow x \leq 0 \Leftrightarrow x \in (-\infty, 0],$

$L_2 = \left[(-\infty, -6) \cup (3, \infty)\right] \cap (-\infty, 0] = (-\infty, -6)$ \quad (Bild 14.2b).

Lösungsmenge: $L = L_1 \cup L_2 = [0, 3) \cup (-\infty, -6) = (-\infty, -6) \cup [0, 3).$

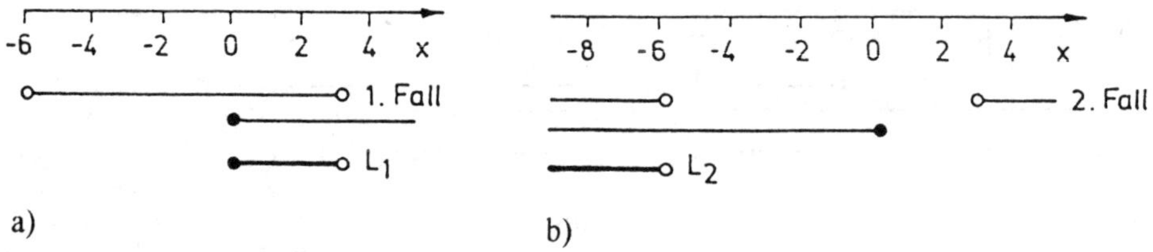

a) \hfill b)

Bild 14.2

Zum Lösen einer quadratischen Ungleichung kann die Produktdarstellung eines quadratischen Terms benutzt werden.

**Beispiel 14.5:** \quad $-2x^2 + 9x - 4 < 0.$

Zunächst wird unter Beachtung von (14.3) durch den negativen Koeffizienten vor $x^2$ dividiert:

$x^2 - \dfrac{9}{2}x + 2 > 0.$

Um diese Ungleichung in Produktform schreiben zu können, berechnet man die Lösungen der quadratischen Gleichung, die nach dem Ersetzen des Relationszeichens durch ein Gleichheitszeichen entsteht:

$x^2 - \dfrac{9}{2}x + 2 = 0 \implies x_1 = 4, \ x_2 = \dfrac{1}{2}.$

Damit folgt die Lösung der Ungleichung in Anwendung von (14.5):

$x^2 - \dfrac{9}{2}x + 2 > 0 \Leftrightarrow (x - 4)\left(x - \dfrac{1}{2}\right) > 0 \Leftrightarrow \left(x > 4 \ \wedge \ x > \dfrac{1}{2}\right) \vee \left(x < 4 \ \wedge \ x < \dfrac{1}{2}\right)$

$\Leftrightarrow x > 4 \ \vee \ x < \dfrac{1}{2}.$

Lösungsmenge: $L = \left(-\infty, \frac{1}{2}\right) \cup (4, \infty) = \mathbf{R} \setminus \left[\frac{1}{2}, 4\right]$.

Des weiteren sei darauf hingewiesen, daß sich eine Ungleichung dieser Form auch anhand des bekannten Kurvenverlaufs einer quadratischen Funktion lösen läßt, insbesondere dann, wenn die entsprechende quadratische Gleichung keine reellen Lösungen besitzt.

Schließlich soll noch ein Beispiel zur Vorzeichenbetrachtung eines Quotienten vorgeführt werden.

**Beispiel 14.6:** $\quad \dfrac{x+5}{3x-2} \leq 0, \ x \neq \dfrac{2}{3}$.

Die Lösung erfolgt analog (14.8):

$\dfrac{x+5}{3x-2} \leq 0 \ \Leftrightarrow \ (x \geq -5 \ \wedge \ x < \dfrac{2}{3}) \ \vee \ (x \leq -5 \ \wedge \ x > \dfrac{2}{3}) \ \Leftrightarrow \ -5 \leq x < \dfrac{2}{3}$.

Lösungsmenge: $L = [-5, \dfrac{2}{3})$.

Auf diese Weise kann man auch die im Beispiel 14.3 angegebene Ungleichung nach der Subtraktion der rechten Seite und anschließendem Zusammenfassen der linken Seite zu einem einzigen Bruch lösen.

## 14.1.3 Systeme von Ungleichungen mit einer Unbekannten

Die Lösungsmenge L eines Systems von Ungleichungen ist die Durchschnittsmenge der Lösungsmengen der einzelnen Ungleichungen. Es ist zweckmäßig, die Ungleichungen wie bei einem Gleichungssystem zu numerieren, um sie zunächst einzeln zu lösen.

**Beispiel 14.7:** $\quad 5 - 2x \geq 3 - x,$
$\qquad\qquad\qquad\quad x^2 - 5x - 6 < 0.$

I. $5 - 2x \geq 3 - x \ \Leftrightarrow \ x \leq 2 \ \Rightarrow \ L_I = (-\infty, 2]$.

II. $x^2 - 5x - 6 < 0 \ \Leftrightarrow \ (x+1)(x-6) < 0 \ \Leftrightarrow \ -1 < x < 6 \ \Rightarrow \ L_{II} = (-1, 6)$.

Lösungsmenge des Systems: $L = L_I \cap L_{II} = (-\infty, 2] \cap (-1, 6) = (-1, 2]$.

**Beispiel 14.8:** $\quad -2 < \dfrac{4x-10}{x-1} < 3, \ x \neq 1$.

Eine solche Ungleichungskette ist gleichbedeutend mit dem System der beiden Ungleichungen:

I. $-2 < \dfrac{4x-10}{x-1}$, $\quad$ II. $\dfrac{4x-10}{x-1} < 3$.

Die bei der Multiplikation mit demselben Faktor $(x-1)$ erforderliche Fallunterscheidung kann in übersichtlicher Form für beide Ungleichungen parallel durchgeführt werden:

|  | I. | II. |
|---|---|---|
| 1. Fall:<br>$x \in (1, \infty)$ | $-2x + 2 < 4x - 10$<br>$\Leftrightarrow x > 2 \Leftrightarrow x \in (2, \infty)$.<br>$L_{I_1} = (1, \infty) \cap (2, \infty) = (2, \infty)$ | $4x - 10 < 3x - 3$<br>$\Leftrightarrow x < 7 \Leftrightarrow x \in (-\infty, 7)$.<br>$L_{II_1} = (1, \infty) \cap (-\infty, 7) = (1, 7)$ |
| 2. Fall<br>$x \in (-\infty, 1)$ | $-2x + 2 > 4x - 10$<br>$\Leftrightarrow x < 2 \Leftrightarrow x \in (-\infty, 2)$.<br>$L_{I_2} = (-\infty, 1) \cap (-\infty, 2) = (-\infty, 1)$ | $4x - 10 > 3x - 3$<br>$\Leftrightarrow x > 7 \Leftrightarrow x \in (7, \infty)$.<br>$L_{II_2} = (-\infty, 1) \cap (7, \infty) = \varnothing$ |
| Lösungs-<br>mengen | $L_I = L_{I_1} \cup L_{I_2}$<br>$= (-\infty, 1) \cup (2, \infty)$ | $L_{II} = L_{II_1} \cup L_{II_2}$<br>$= (1, 7)$ |

Zum Bilden der Durchschnittsmenge von $L_I$ und $L_{II}$ läßt sich wiederum die Veranschaulichung der einzelnen Lösungsmengen am Zahlenstrahl nutzen (Bild 14.3).

Lösungsmenge des Systems:  $L = L_I \cap L_{II} = (2, 7)$ .

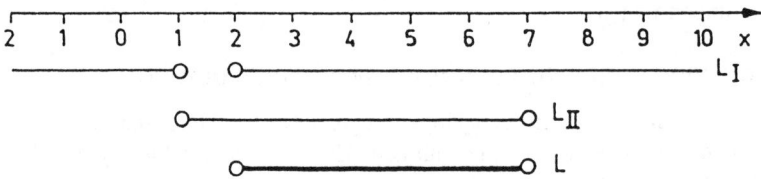

Bild 14.3

### 14.1.4 Ungleichungen mit zwei Unbekannten

Die Lösungsmenge einer Ungleichung oder eines Systems von Ungleichungen mit zwei Unbekannten ist eine Teilmenge der Produktmenge $\mathbf{R}^2 = \mathbf{R} \times \mathbf{R}$, die als Ebene veranschaulicht werden kann. Deshalb ist die graphische Darstellung als Punktmenge in einem kartesischen Koordinatensystem günstig. In diesem Abschnitt werden nur lineare Ungleichungen der Form

$$ax + by + c > 0 \quad (\text{bzw.} \geq 0, < 0, \leq 0) \tag{14.9}$$

mit den reellen Variablen x, y und den konstanten Koeffizienten a, b, c $\in$ **R** unter der Bedingung $a \neq 0 \vee b \neq 0$ betrachtet.

Ersetzt man das Relationszeichen durch ein Gleichheitszeichen, so erhält man die Gleichung einer Geraden $ax + by + c = 0$, welche die Koordinatenebene in zwei Halbebenen teilt. Die Ungleichung (14.9) gilt in genau einer dieser Halbebenen, was am nachfolgenden Beispiel 14.9 gezeigt wird. Die Lösungsmenge wird durch Schraffur gekennzeichnet. Ist in der Ungleichung keine Gleichheit zugelassen, dann gehört die begrenzende Gerade nicht zur Lösungsmenge und darf nur als unterbrochene Linie gezeichnet werden, wie es bei der graphischen Darstellung von Mengen üblich ist. Falls die Gleichheit eingeschlossen ist, wird die Gerade als Bestandteil der Lösungsmenge durchgehend gezeichnet.

**Beispiel 14.9:**   $2x + 5y - 10 > 0$.

Löst man die Ungleichung nach y auf, so erhält man die dazu äquivalente Ungleichung $y > -\frac{2}{5}x + 2$, welche bei festem  x offensichtlich für größere y-Werte erfüllt ist als die entsprechende Gleichung. Deshalb bilden alle Punkte der Halbebene oberhalb der Geraden  $y = -\frac{2}{5}x + 2$ die Lösungsmenge L  (Bild 14.4).

Die im Beispiel 14.9 beschriebene Vorgehensweise setzt die Bedingung b ≠ 0 in der Ungleichung (14.9) voraus. Allgemeiner anwendbar ist die Methode, durch Einsetzen der Koordinaten eines beliebig gewählten Punktes, der nicht auf der Geraden ax + by + c = 0 liegt, zu überprüfen, ob die Ungleichung in der betreffenden Halbebene gilt oder nicht. Wenn möglich, wählt man der einfachen Rechnung halber den speziellen Punkt (0; 0). So ergibt im Beispiel 14.9 das Einsetzen dieses Punktes die falsche Aussage −10 > 0 und bestätigt damit die bereits ermittelte Lage der Lösungsmenge.

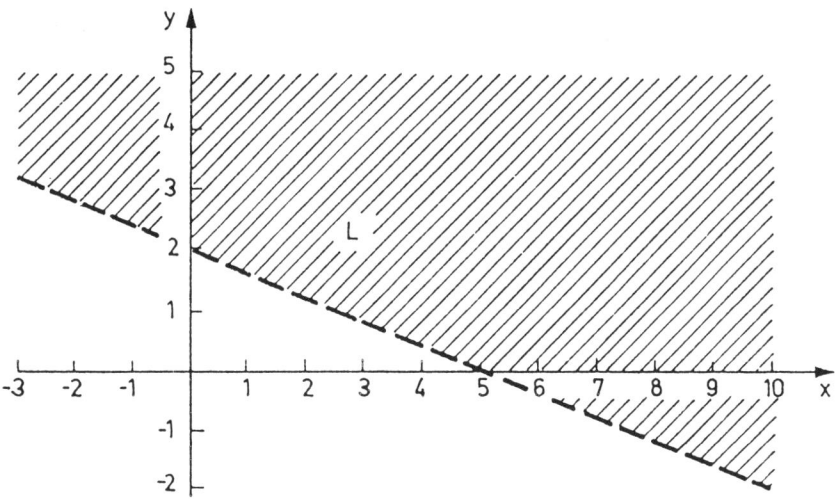

Bild 14.4

Bei einem System von Ungleichungen mit zwei Unbekannten ist wiederum jede Ungleichung einzeln graphisch zu lösen und anschließend die Durchschnittsmenge der einzelnen Lösungsmengen zu bilden.

**Beispiel 14.10:**  I.  $2x + y \leq 6$,

II. $4x - y \geq 0$.

$(0, 0)$ erfüllt die Ungleichung I und liegt damit in der zugehörigen Lösungsmenge $L_I$. Da in der Ungleichung II für $(0, 0)$ gerade die Gleichheit gilt, muß hier ein anderer Punkt, zum Beispiel $(0, 1)$, eingesetzt werden, der zu einem Widerspruch führt und deshalb nicht zur Lösungsmenge $L_{II}$ gehört (Bild 14.5a). Bild 14.5b zeigt die Lösungsmenge L des Systems, die von zwei Halbgeraden begrenzt wird.

Es ist empfehlenswert, bei der selbständigen Bearbeitung der entsprechenden Übungsaufgaben die gesuchte Lösungsmenge L als Durchschnittsmenge der einzelnen Halbebenen einschließlich des Randes farbig hervorzuheben, so daß ein einziges Koordinatensystem zur Darstellung genügt.

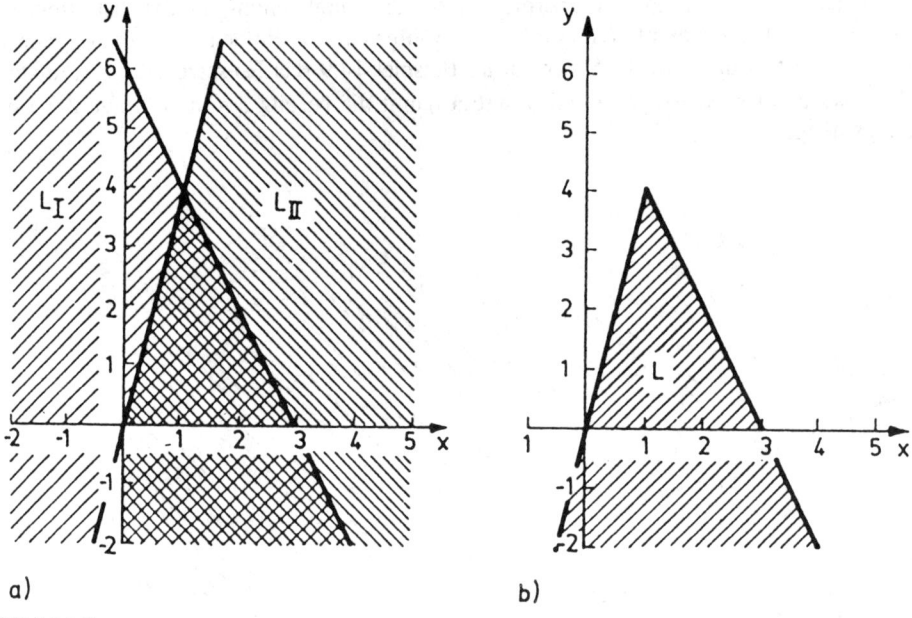

a)                                                b)

Bild 14.5

**Beispiel 14.11:**  I.  $x - 3y - 6 < 0$,

II. $-x + y + 1 < 0$,

III.    $x - 6 < 0$.

Die Lösungsmenge L ist im Bild 14.6 dargestellt.

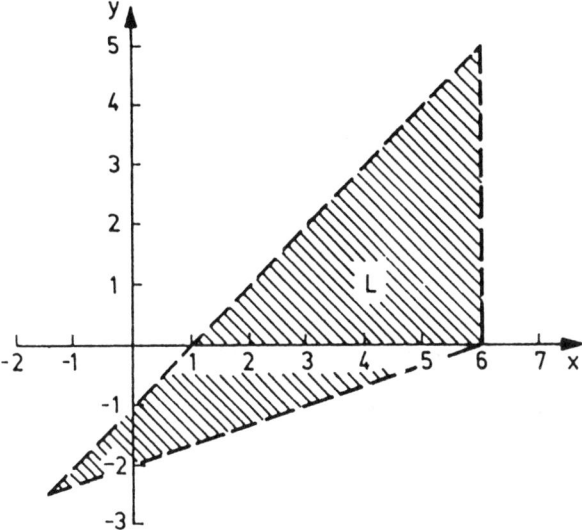

Bild 14.6

# 14.2 Gleichungen und Ungleichungen mit Beträgen

### 14.2.1 Rechnen mit Beträgen

Treten in einer Gleichung oder Ungleichung Beträge von Termen mit einer reellen Variablen als Unbekannte auf, so muß vor der Auflösung nach der Unbekannten eine betragsfreie Form hergestellt werden. Da der Betrag einer reellen Zahl nach der aus Abschnitt 1 bekannten Definition in Abbängigkeit von dem Vorzeichen der Zahl unterschiedlich gebildet wird, sind bei der Darstellung des Betrages eines Terms ohne Betragszeichen prinzipiell zwei Fälle zu unterscheiden. Es gilt:

$$|T(x)| = \begin{cases} T(x) & \text{für } T(x) \geq 0, \\ -T(x) & \text{für } T(x) < 0. \end{cases} \tag{14.10}$$

Ist also der Betragsinhalt größer oder gleich Null, dann können die Betragszeichen wegfallen bzw. bei Verknüpfung mit anderen Termen einfach durch Klammern ersetzt werden. Falls der Betragsinhalt negativ ist, ersetzt man die Betragszeichen durch Klammern und multipliziert diesen Klammerausdruck mit (−1). Die Punktmengen, die die beiden in (14.10) in Form von Ungleichungen angegebenen Bedingungen erfüllen, lassen sich in der Regel durch Intervalle angeben, welche disjunkte Teilmengen des Variablenbereiches sind, für den T(x) erklärt ist. Die Vereinigungsmenge beider Teilbereiche muß wiederum den gesamten Variablenbereich ergeben, was man zur Kontrolle überprüfen sollte. An dieser Stelle seien noch Rechenregeln für den Betrag eines Produkts oder eines Quotienten angegeben, die bei Umformungen nützlich sein können. Sind a und b reelle Zahlen, dann gilt:

$|a \cdot b| = |a| \cdot |b|,$

$|a : b| = |a| : |b|$ für $b \neq 0.$

## 14.2.2 Gleichungen mit Beträgen

Beim Lösen einer Betragsgleichung nach der beschriebenen Fallunterscheidung muß in jedem einzelnen Fall überprüft werden, ob die jeweils berechnete Lösung in dem vorausgesetzten Intervall liegt oder als sogenannte Scheinlösung auftritt. Die einzelnen Lösungen werden zu der Lösungsmenge L zusammengefaßt. Zum Vergleich ist die graphische Lösung der Gleichung möglich, indem jede Seite als Zuordnungsvorschrift einer Funktion aufgefaßt und in einem x,y-Koordinatensystem dargestellt wird. Die x-Koordinaten der Schnittpunkte beider Funktionsbilder sind gleichzeitig die Lösungen der Gleichung.

**Beispiel 14.12:**  $|x + 1| = \dfrac{x}{2} + 2.$

Es gilt  $(x + 1) \begin{cases} \geq 0 & \text{für } x \geq -1, \\ < 0 & \text{für } x < -1. \end{cases}$  Damit folgt nach (14.10):

$$|x + 1| = \begin{cases} x + 1 & \text{für } x \geq -1, \\ -x - 1 & \text{für } x < -1. \end{cases} \tag{14.11}$$

**1. Fall:**  $x \in [-1, \infty),$

$|x + 1| = \dfrac{x}{2} + 2 \Leftrightarrow x + 1 = \dfrac{x}{2} + 2 \Leftrightarrow x = 2 \in [-1, \infty),$

Lösung  $x_1 = 2.$

**2. Fall:**  $x \in (-\infty, -1),$

$|x + 1| = \dfrac{x}{2} + 2 \Leftrightarrow -x - 1 = \dfrac{x}{2} + 2 \Leftrightarrow x = -2 \in (-\infty, -1),$

Lösung  $x_2 = -2.$

Lösungsmenge der Gleichung: $L = \{-2, 2\}.$

Während die graphische Darstellung der rechten Seite,  $y = \dfrac{x}{2} + 2$ , der gegebenen Gleichung bekanntermaßen eine Gerade ist, setzt sich die linke Seite, $y = |x + 1|$, mit (14.11) aus zwei Halbgeraden zusammen.

Die Lösung kann man im Bild 14.7 ablesen.

Enthält eine Gleichung mehrere Beträge linearer Terme, so ist es günstig, zunächst den Zahlenstrahl an denjenigen Stellen zu unterteilen, an denen das Vorzeichen der Terme innerhalb der Betragszeichen wechselt, und die Darstellung der einzelnen Beträge in den so erhaltenen Teilintervallen übersichtlich zusammenzustellen.

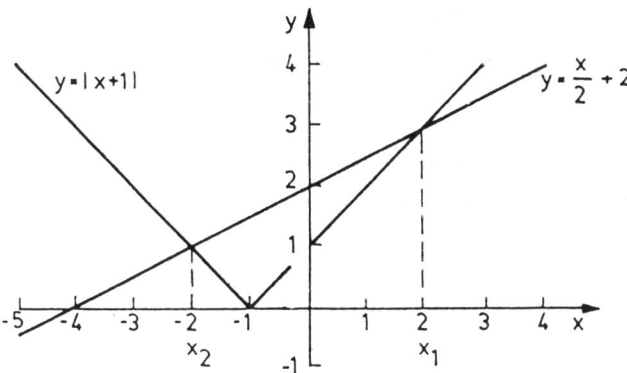

Bild 14.7

**Beispiel 14.13:**   $|1 - x| - |2x + 3| = 1$.

Nach (14.10) folgt:

$$|1-x| = \begin{cases} 1-x & \text{für } x \le 1, \\ -1+x & \text{für } x > 1 \end{cases} \quad \text{und} \quad |2x+3| = \begin{cases} 2x+3 & \text{für } x \ge -\frac{3}{2}, \\ -2x-3 & \text{für } x < -\frac{3}{2}. \end{cases}$$

Zusammengefaßt ergibt sich folgende Übersicht:

|  | $x < -\frac{3}{2}$ | $-\frac{3}{2} \le x \le 1$ | $x > 1$ |
|---|---|---|---|
| $|1 - x| =$ | $1 - x$ | $1 - x$ | $-1 + x$ |
| $|2x + 3| =$ | $-2x - 3$ | $2x + 3$ | $2x + 3$ |

Somit sind beim Lösen der gegebenen Gleichung drei Fälle zu unterscheiden. Das Minuszeichen vor dem zweiten Betragsausdruck muß zusätzlich berücksichtigt werden:

**1. Fall:** $x \in (-\infty, -\frac{3}{2})$,

$1 - x - (-2x - 3) = 1 \Leftrightarrow x + 4 = 1 \Leftrightarrow x = -3 \in (-\infty, -\frac{3}{2})$,

Lösung $x_1 = -3$.

**2. Fall:** $x \in [-\frac{3}{2}, 1]$,

$1 - x - (2x + 3) = 1 \Leftrightarrow -3x - 2 = 1 \Leftrightarrow x = -1 \in [-\frac{3}{2}, 1]$,

Lösung $x_2 = -1$.

**3. Fall:** $x \in (1, \infty)$,

$$-1 + x - (2x + 3) = 1 \Leftrightarrow -x - 4 = 1 \Leftrightarrow x = -5 \notin (1, \infty).$$

Im letzten Fall widerspricht der berechnete Wert der Voraussetzung, so daß $x_3 = -5$ nur eine Scheinlösung ist.

Lösungsmenge: $L = \{-3; -1\}$.

Das Zustandekommen einer Scheinlösung läßt sich anhand des graphischen Lösungsweges demonstrieren. Die betragsfreie Darstellung der linken Seite kann man stückweise der vorangegangenen Rechnung in den einzelnen Fällen entnehmen. Somit folgt:

$$\left| 1 - x \right| - \left| 2x + 3 \right| = \begin{cases} x + 4 & \text{für} \quad x < -\dfrac{3}{2}, \\ -3x - 2 & \text{für} \quad -\dfrac{3}{2} \le x \le 1, \\ -x - 4 & \text{für} \quad x > 1. \end{cases}$$

Die rechte Seite ist die konstante Funktion $y = 1$. Im Vergleich mit den zuvor berechneten Lösungen zeigt Bild 14.8, daß sich beide Kurven tatsächlich für $x < -\dfrac{3}{2}$ und für $-\dfrac{3}{2} \le x \le 1$ je einmal, aber für $x > 1$ nicht schneiden. Im 3. Fall liefert der Schnittpunkt der Verlängerung des betreffenden Geradenstückes $y = -x - 4$ mit der Geraden $y = 1$ außerhalb des vorausgesetzten Intervalls die Scheinlösung.

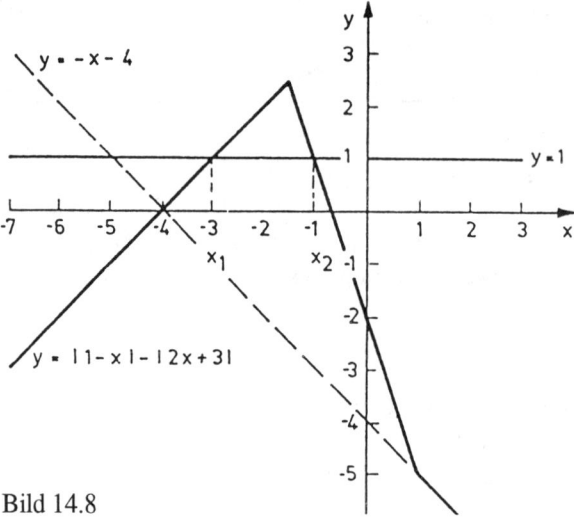

Bild 14.8

Sollen die Betragszeichen bei einem quadratischen Term beseitigt werden, dann kann zu der erforderlichen Untersuchung des Vorzeichens die im Abschnitt 14.1.2 behandelte Lösungsmethode für quadratische Ungleichungen genutzt werden (vgl. Beispiel 14.5).

**Beispiel 14.14:** $|x^2 - 6x + 5| = 3$.

Mit $x^2 - 6x + 5 \geq 0 \Leftrightarrow (x-1)(x-5) \geq 0 \Leftrightarrow x \leq 1 \vee x \geq 5$

und $x^2 - 6x + 5 < 0 \Leftrightarrow (x-1)(x-5) < 0 \Leftrightarrow 1 < x < 5$  ergibt sich

$$|x^2 - 6x + 5| = \begin{cases} x^2 - 6x + 5 & \text{für } x \leq 1 \vee x \geq 5, \\ -x^2 + 6x - 5 & \text{für } 1 < x < 5. \end{cases} \tag{14.12}$$

**1. Fall:** $x \in (-\infty, 1] \cup [5, \infty)$,

$x^2 - 6x + 5 = 3 \Leftrightarrow x^2 - 6x + 2 = 0$,

$L \Rightarrow x_1 = 3 + \sqrt{7} \approx 5{,}65 \in [5, \infty)$, $x_2 = 3 - \sqrt{7} \approx 0{,}35 \in (-\infty, 1]$.

**2. Fall:** $x \in (1; 5)$,

$-x^2 + 6x - 5 = 3 \Leftrightarrow x^2 - 6x + 8 = 0$,

$L \Rightarrow x_3 = 4 \in (1, 5)$, $x_4 = 2 \in (1, 5)$.

Lösungsmenge: $L = \{3 - \sqrt{7}; 2; 4; 3 + \sqrt{7}\}$.

Bild 14.9 zeigt die Lösung der Gleichung auf graphischem Wege. Die linke Seite, $y = |x^2 - 6x + 5|$, setzt sich wegen (14.12) aus Parabelbögen zusammen.

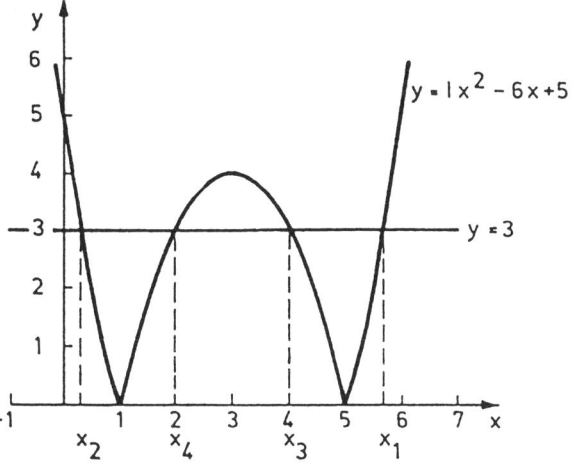

Bild 14.9

Allgemein hat man beim Lösen einer Gleichung, in der n verschiedene Betragsausdrücke $|T_i(x)|$, $i = 1, 2, \ldots, n$, vorkommen, $2^n$ Fälle zu unterscheiden. Das ist die Anzahl der Möglichkeiten, die es gibt, von dem Term $T_i(x)$ entweder $T_i(x) \geq 0$ oder $T_i(x) < 0$ zu fordern, also die Anzahl der Variationen von zwei Elementen zur n-ten Klasse (vgl. 10.4.2).

Durch Beseitigung der Betragszeichen entsprechend der Regel (14.10) entstehen $2^n$ Gleichungen, die insgesamt die Lösungen $x_1, x_2, x_3, \ldots$ haben mögen. Man hat nur zu überprüfen, ob diese $x_i$ die Ausgangsgleichung erfüllen oder nicht.

Nach dieser allgemeinen Vorgehensweise hat man beim Beispiel 14.13 mit $T_1(x) = 1 - x$, $T_2(x) = 2x + 1$ die folgenden $2^2 = 4$ Fälle zu behandeln:

1. $T_1(x) \geq 0 \wedge T_2(x) \geq 0$:  $(1 - x) - (2x + 3) = 1 \Rightarrow x_1 = -1$.

2. $T_1(x) \geq 0 \wedge T_2(x) < 0$:  $(1 - x) + (2x + 3) = 1 \Rightarrow x_2 = -3$.

3. $T_1(x) < 0 \wedge T_2(x) \geq 0$: $-(1 - x) - (2x + 3) = 1 \Rightarrow x_3 = -5$.

4. $T_1(x) < 0 \wedge T_2(x) < 0$: $-(1 - x) + (2x + 3) = 1 \Rightarrow x_4 = -\frac{1}{3}$.

Die Ausgangsgleichung wird erfüllt für $x_1 = -1$ und $x_2 = -3$, nicht aber für $x_3$ und $x_4$.

### 14.2.3  Ungleichungen mit Beträgen

Treten Beträge in Ungleichungen auf, so sind zunächst wie im Unterabschnitt 14.2.2 die Fallunterscheidungen vorzunehmen, die für die Darstellung ohne Betragszeichen erforderlich sind. Innerhalb der entsprechenden Teilbereiche der Variablen sind dann die unterschiedlichen Ungleichungen gemäß 14.1 zu lösen, wobei wiederum Fallunterscheidungen nötig sein können.

**Beispiel 14.15:**  $|7 - 3x| \geq 2$.

**1. Fall:**    $7 - 3x \geq 0 \Leftrightarrow x \in (-\infty, \frac{7}{3}]$,

$7 - 3x \geq 2 \Leftrightarrow x \in (-\infty, \frac{5}{3}]$,

$L_1 = (-\infty, \frac{7}{3}] \cap (-\infty, \frac{5}{3}] = (-\infty, \frac{5}{3}]$.

**2. Fall:**    $7 - 3x < 0 \Leftrightarrow x \in (\frac{7}{3}, \infty)$,

$-7 + 3x \geq 2 \Leftrightarrow x \in [3, \infty)$,

$L_2 = (\frac{7}{3}, \infty) \cap [3, \infty) = [3, \infty)$.

Lösungsmenge: $L = L_1 \cup L_2 = (-\infty, \frac{5}{3}] \cup [3, \infty) = \mathbf{R} \setminus (\frac{5}{3}, 3)$.

**Beispiel 14.16:**  $|x - 5| < |x + 1|$.

Die Darstellung der einzelnen Terme ohne Betragszeichen,

$$|x-5| = \begin{cases} x-5 & \text{für } x \geq 5, \\ -x+5 & \text{für } x < 5 \end{cases} \quad \text{und} \quad |x+1| = \begin{cases} x+1 & \text{für } x \geq -1, \\ -x-1 & \text{für } x < -1, \end{cases}$$

wird wieder in einer Übersicht zusammengestellt:

|           | $x < -1$  | $-1 \leq x < 5$ | $x \geq 5$ |
|-----------|-----------|-----------------|------------|
| $|x-5| =$ | $-x + 5$  | $-x + 5$        | $x - 5$    |
| $|x+1| =$ | $-x - 1$  | $x + 1$         | $x + 1$    |

**1. Fall:**    $x \in (-\infty, -1)$,

$|x-5| < |x+1| \Leftrightarrow -x+5 < -x-1 \Leftrightarrow 0 < -6$.

Für jedes $x < -1$ führt die Ungleichung zu einer falschen Aussage, so daß es in diesem Fall keine Lösung gibt, d. h. $L_1 = \emptyset$.

**2. Fall:**    $x \in [-1, 5)$,

$|x-5| < |x+1| \Leftrightarrow -x+5 < x+1 \Leftrightarrow x > 2 \Leftrightarrow x \in (2, \infty)$,
$L_2 = [-1, 5) \cap (2, \infty) = (2, 5)$.

**3. Fall:**    $x \in [5, \infty)$,

$|x-5| < |x+1| \Leftrightarrow x-5 < x+1 \Leftrightarrow 0 < 6$.
Jedes $x \geq 5$ erfüllt die Ungleichung, d. h. $L_3 = [5, \infty)$.
Lösungsmenge:  $L = L_1 \cup L_2 \cup L_3 = (2, 5) \cup [5, \infty) = (2, \infty)$.

**Beispiel 14.17:**  $|x^2 - 4x - 21| < 24$.

Mit  $x^2 - 4x - 21 \geq 0 \Leftrightarrow x \leq -3 \vee x \geq 7$
und  $x^2 - 4x - 21 < 0 \Leftrightarrow -3 < x < 7$ ergibt sich

$$|x^2 - 4x - 21| = \begin{cases} x^2 - 4x - 21 & \text{für } x \leq -3 \vee x \geq 7, \\ -x^2 + 4x + 21 & \text{für } -3 < x < 7. \end{cases}$$

**1. Fall:**    $x \in (-\infty, -3] \cup [7, \infty)$,

$|x^2 - 4x - 21| < 24 \Leftrightarrow x^2 - 4x - 21 < 24 \Leftrightarrow x^2 - 4x - 45 < 0$
$\Leftrightarrow -5 < x < 9 \Leftrightarrow x \in (-5, 9)$,
$L_1 = [(-\infty, -3] \cup [7, \infty)] \cap (-5, 9) = (-5, -3] \cup [7, 9)$.

**2. Fall:**    $x \in (-3, 7)$,

$|x^2 - 4x - 21| < 24 \Leftrightarrow -x^2 + 4x + 21 < 24 \Leftrightarrow x^2 - 4x + 3 > 0$
$\Leftrightarrow x < 1 \vee x > 3 \Leftrightarrow x \in (-\infty, 1) \cup (3, \infty)$,
$L_2 = (-3, 7) \cap [(-\infty, 1) \cup (3, \infty)] = (-3, 1) \cup (3, 7)$.

Lösungsmenge:  $L = L_1 \cup L_2 = (-5, 1) \cup (3, 9)$.

An einem weiteren Beispiel soll die Lösung einer Ungleichung vorgeführt werden, in der die Unbekannte sowohl in einem Betragsausdruck als auch im Nenner eines Bruches auftritt.

**Beispiel 14.18:** $\dfrac{|1+2x|}{1-x} \le 1$, $x \ne 1$.

Bei der Beseitigung der Betragszeichen nach (14.10) und bei der Multiplikation der Ungleichung mit dem variablen Nenner nach (14.2) und (14.3) ist jeweils das Vorzeichen des betreffenden Terms zu berücksichtigen. Es gilt:

$$|1+2x| = \begin{cases} 1+2x & \text{für } x \ge -\dfrac{1}{2}, \\ -1-2x & \text{für } x < -\dfrac{1}{2} \end{cases} \quad \text{und} \quad (1-x)\begin{cases} >0 & \text{für } x < 1, \\ <0 & \text{für } x > 1. \end{cases}$$

Auch hier braucht man den Zahlenstrahl nur an den beiden sogenannten Übergangsstellen zu unterteilen, so daß bei der weiteren Rechnung lediglich drei Fälle zu unterscheiden sind.

|  | $x < -\dfrac{1}{2}$ | $-\dfrac{1}{2} \le x < 1$ | $x > 1$ |
|---|---|---|---|
| $\|1+2x\|$ = | $-1-2x$ | $1+2x$ | $1+2x$ |
| $1-x$ | $>0$ | $>0$ | $<0$ |

**1. Fall:**  $x \in (-\infty, -\dfrac{1}{2})$,

$-1-2x \le 1-x \Leftrightarrow x \ge -2 \Leftrightarrow x \in [-2, \infty)$,

$L_1 = (-\infty, -\dfrac{1}{2}) \cap [-2, \infty) = [-2, -\dfrac{1}{2})$.

**2. Fall:**  $x \in [-\dfrac{1}{2}, 1)$,

$1+2x \le 1-x \Leftrightarrow x \le 0 \Leftrightarrow x \in (-\infty, 0]$,

$L_2 = [-\dfrac{1}{2}, 1) \cap (-\infty, 0] = [-\dfrac{1}{2}, 0]$.

**3. Fall:**  $x \in (1, \infty)$,

$1+2x \ge 1-x \Leftrightarrow x \ge 0 \Leftrightarrow x \in [0, \infty)$,

$L_3 = (1, \infty) \cap [0, \infty) = (1, \infty)$.

Lösungsmenge: $L = L_1 \cup L_2 \cup L_3 = [-2; 0] \cup (1, \infty)$.

Auch zur Ermittlung der Lösungsmenge einer Betragsungleichung mit zwei Unbekannten ist zunächst die Beseitigung der Betragszeichen erforderlich. Entsprechend (14.10) gilt speziell für den Betrag eines linearen Terms mit den Variablen x und y:

$$|ax+by+c| = \begin{cases} ax+by+c & \text{für } ax+by+c \ge 0, \\ -(ax+by+c) & \text{für } ax+by+c < 0. \end{cases} \tag{14.13}$$

Unter der Voraussetzung $a \ne 0 \vee b \ne 0$ sind die beiden rechtsstehenden Bedingungen Ungleichungen der im Abschnitt 14.1.4 behandelten Form (14.9). Demnach muß eine Ungleichung mit dem Betragsausdruck (14.13) in jeder der beiden durch die Gerade ax + by + c = 0 voneinander getrennten Halbebenen der x,y-Ebene gesondert gelöst werden.

**Beispiel 14.19:** $|-x - y + 1| > x - 2y - 4$.

Nach Beziehung (14.13) gilt: $|-x - y + 1| = \begin{cases} -x - y + 1 & \text{für } -x - y + 1 \geq 0, \\ x + y - 1 & \text{für } -x - y + 1 < 0. \end{cases}$

**1. Fall:** $-x - y + 1 \geq 0$,

$|-x - y + 1| > x - 2y - 4 \Leftrightarrow -x - y + 1 > x - 2y - 4 \Leftrightarrow -2x + y + 5 > 0$,

$L_1 = \{(x, y) \mid -x - y + 1 \geq 0 \wedge -2x + y + 5 > 0\}$.

**2. Fall:** $-x - y + 1 < 0$,

$|-x - y + 1| > x - 2y - 4 \Leftrightarrow x + y - 1 > x - 2y - 4 \Leftrightarrow 3y + 3 > 0 \Leftrightarrow y > -1$,

$L_2 = \{(x; y) \mid -x - y + 1 < 0 \wedge y > -1\}$.

Damit sind $L_1$ und $L_2$ jeweils die Durchschnittsmenge der Lösungsmengen zweier Ungleichungen, und sie lassen sich wie die Lösungsmenge eines Ungleichungssystems (vgl. Beispiel 14.10) graphisch darstellen (Bild 14.10a). Die Lösungsmenge L der gegebenen Ungleichung ist wiederum die Vereinigungsmenge der beiden Teillösungsmengen (Bild 14.10b).

Treten in einer Ungleichung zwei Betragsausdrücke der Form (14.13) auf, dann sind unter Berücksichtigung der Betragszeichen insgesamt vier Fälle zu unterscheiden.

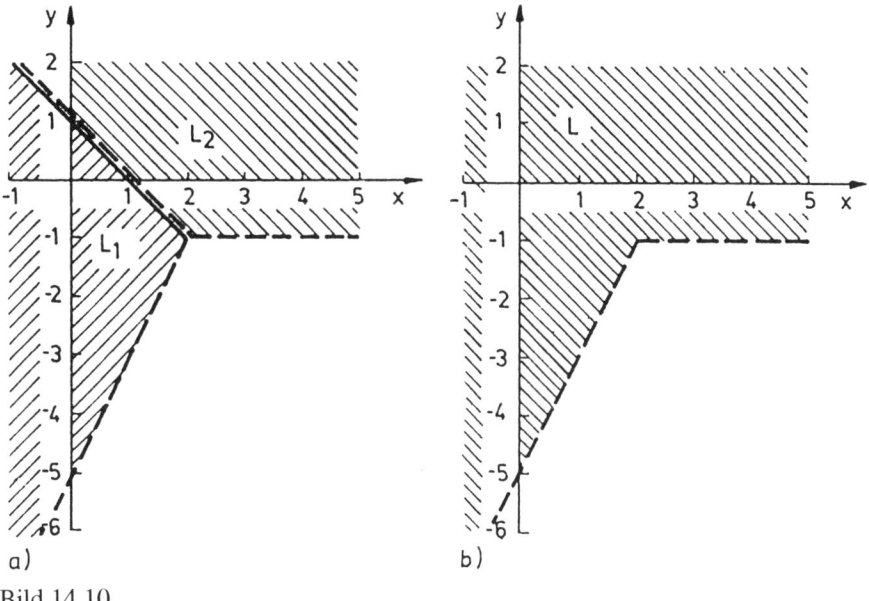

a)    b)

Bild 14.10

## 14.3  Übungsaufgaben

Bestimmen Sie die Lösungsmengen der folgenden Ungleichungen!

1.  a)  $8x - 3 < 2x + 9$

    b)  $5 - 7x \le 3x - 10$

    c)  $\dfrac{x}{2} - \dfrac{2}{3} > \dfrac{1}{2} + \dfrac{x}{9}$

    d)  $3(3x - 2) \ge 4(3 - 2x)$

    e)  $\dfrac{8x - 5}{5} \le \dfrac{2x + 5}{3}$

    f)  $\dfrac{3}{4} - \dfrac{2}{3}x > \dfrac{5}{4}x + \dfrac{1}{6}$

    g)  $\dfrac{8}{9} + 6x \ge 2(\dfrac{5}{6} + 3x)$

    h)  $\dfrac{1}{3}(\dfrac{x}{8} - 6) < \dfrac{x}{6} - \dfrac{x}{8} + 1$

2.  a)  $(3x + 1)(2x - 1) < (5x - 3)(2x - 1)$

    b)  $(8x - 9)(3x + 2) \ge (2 + 7x)(2 + 3x)$

    c)  $(7x - 3)(5 - 7x) > (3 - 7x)(5x + 3)$

    d)  $(5 + 2x)(7 - 5x) \le (10 + 4x)(2 - 3x)$

    e)  $x^2 - x - 6 \le 2x + 4$

    f)  $x^2 + 5x - 6 > 3 - 3x$

    g)  $x^2 + 3x \ge -2x - 6$

    h)  $x^2 - 4x + 4 < 4x - 8$

3.  a)  $\dfrac{3}{2x - 4} \le 2$

    b)  $\dfrac{3x - 4}{2 - 3x} \ge 4$

    c)  $\dfrac{2x - 2}{2x + 2} < 2$

    d)  $\dfrac{5x + 3}{x} < -2$

    e)  $\dfrac{4x + 1}{3x - 2} > 5$

    f)  $\dfrac{9 - 3x}{x - 3} > -3$

    g)  $\dfrac{4x + 6}{2x + 3} < 3$

    h)  $\dfrac{3(4x - 1)}{x - 1} \ge 12 - \dfrac{2(4x - 5)}{x - 1}$

4.  a)  $\dfrac{3}{4x - 4} \le \dfrac{2}{x - 6}$

    b)  $\dfrac{1}{5 - 3x} > \dfrac{1}{5x + 4}$

    c)  $\dfrac{x + 1}{x - 3} < \dfrac{x - 1}{x + 2}$

    d)  $\dfrac{4x - 3}{2x + 1} \le \dfrac{2x + 3}{x + 2}$

    e)  $\dfrac{2x - 1}{2x + 1} + \dfrac{3x + 1}{x - 2} > 4$

    f)  $\dfrac{x - 3}{1 - 6x} - \dfrac{2x + 1}{4x + 3} \ge -\dfrac{2}{3}$

    g)  $\dfrac{2x + 1}{2x - 2} + \dfrac{2x - 3}{3x - 3} \ge 1$

    h)  $\dfrac{2 - 5x}{3 - x} - \dfrac{2 - 6x}{1 - 3x} < \dfrac{3}{8} \cdot 27^{\log_3 2}$

5.  a)  $(2x - 3)(3x - 2) < 0$

    b)  $(x + 3)(7 - x) \le 0$

    c)  $x^2 + 4x + 3 \ge 0$

    d)  $x^2 - 8x + 7 \le 0$

    e)  $x^2 + 4x + 5 < 0$

    f)  $x^2 - 6x + 10 > 0$

g)  $x^2 - 2x + 1 > \dfrac{5}{2}x - 1$            h)  $2x^2 - 3x - 3 < 3(x - 1)$

6.  a)  $(x^2 - 6x + 5)(x^2 + 1) < 0$        b)  $(x^2 - 4x + 5)(x^2 + 1) \leq 0$

    c)  $(x^2 - 2x + 2)(x^2 + 4) > 0$        d)  $(9 - x^2)(x^2 + 3x + 2) \geq 0$

    e)  $(x^2 + 4x - 5)(x^2 - 4) > 0$        f)  $2x^4 - x^3 + 10x^2 - 5x > 0$

    g)  $-x^3 - 3x^2 + 16x + 48 \leq 0$        h)  $\dfrac{x^3}{\sqrt{2}} - \sqrt{2}\,x^2 - \dfrac{\sqrt{2}}{2}x + \sqrt{2} < 0$

7.  a)  $\dfrac{x + 4}{x + 3} > 0$            b)  $\dfrac{x + 3}{x - 7} < 0$

    c)  $\dfrac{2x + 3}{3x - 4} \leq 0$            d)  $\dfrac{x - 2}{5x + 1} \geq 0$

    e)  $\dfrac{6 + 9x}{4 + 6x} < 0$            f)  $\dfrac{2x - 1}{8x - 4} > 0$

    g)  $\dfrac{3x - 12}{x^2 - 4x} \geq 0$            h)  $\dfrac{x^2 - 25}{2x + 10} \leq 0$

8.  a)  $x - 8 + \dfrac{7}{x} < 0$            b)  $x + 3 - \dfrac{4}{x + 3} > 0$

    c)  $8(x - 2) \geq \dfrac{20}{x + 1} + 3(x - 7)$        d)  $\dfrac{3x - 24}{4} - (2x - 6) > -\dfrac{5}{x}$

Bestimmen Sie die Lösungsmengen der folgenden Systeme von Ungleichungen!

9.  a)  $2 + x \geq 2x - 7$            b)  $x + 6 < 14 - 3x$
        $5(x - 3) \geq 2(x - 3)$            $6 + 7x \geq 3x + 5$

    c)  $\dfrac{2}{3} - \dfrac{x}{2} > \dfrac{x}{3} + \dfrac{1}{6}$        d)  $x + \dfrac{1}{3} \leq 2x - \dfrac{7}{6}$
        $\dfrac{1}{2} + \dfrac{3}{4}x < \dfrac{8 - x}{3}$            $5(x - \dfrac{3}{2}) \leq 2x - 3$

10.  a)  $x^2 - 3x < 0$            b)  $x^2 + 6x + 8 < 0$
        $2(x + 2) < 4x - 1$            $2(x + 2) > x + 3$

    c)  $x^2 - 9 < 0$            d)  $x^2 - 3x + 3 > 0$
        $x + 2 > 2(x - 1)$            $4(x - 1) < 2(x + 1)$

11.  a)  $x^2 - 4x - 5 \leq 0$            b)  $x^2 + 2x - 8 < 0$
        $x^2 + 6x - 16 < 0$            $x^2 - 3x - 4 > 0$

    c)  $x^2 - 5x > 0$            d)  $x^2 - 6x + 5 < 0$
        $x^2 - 9 > 0$            $x^2 + 8x + 15 < 0$

12.  a)   $3x + 2 > 2x + 1 > 3(x - 4)$      b)   $-1 < \dfrac{7x - 3}{8x - 5} < 1$

    c)   $2 < \dfrac{5x + 1}{2x - 1} < 5$      d)   $1 < \dfrac{x^2 + 4x + 5}{x + 1} < 4$

13.  a)   $3 - x < 2 - 4x$      b)   $x + 5 > \dfrac{7}{2}x + \dfrac{3}{2}$

        $x + 3 < \dfrac{1}{2}(x + 1)$              $4(x - 1) < 13 - \dfrac{1}{4}x$

        $\dfrac{x}{2} > x + \dfrac{1}{2}$              $2x - 1 > x + 6$

Stellen Sie die Lösungsmengen der folgenden Ungleichungen bzw. Ungleichungssysteme in einem kartesischen Koordinatensystem graphisch dar!

14.  a)   $y \geq -\dfrac{3}{2}x + 3$      b)   $y < -\dfrac{2}{3}x + 2$

    c)   $x < 2y + 2$      d)   $x > -y + 3$

    e)   $4x - 5y > 12$      f)   $-3x - 8y \leq 24$

    g)   $2(y - 3) \leq 6(x - 1)$      h)   $5x - y + 2 > 3y - 3x - 10$

15.  a)   $2x + 3y > -6$      b)   $3x - y > 3$
        $x - y < 2$              $x + y > 4$

    c)   $x > 1$      d)   $x - 4y - 6 \leq 0$
        $x + 2y < 4$              $2x + y - 3 \leq 0$
        $y + 3 > x$              $y - 5 \leq 0$

16.  a)   $-2 < x + y < 2$      b)   $x > 2$
        $-2 < x - y < 2$              $-3 < y < 2 + x$
                       $x + y < 5$

    c)   $x^2 - y^2 \leq 0$      d)   $(2x + y + 1)(3y - x - 1) > 0$

Ermitteln Sie die Lösungsmengen der folgenden Gleichungen rechnerisch sowie auf graphischem Wege!

17.  a)   $|x - 3| = 5$      b)   $|x + 2| = 7$

    c)   $\left|1 - \dfrac{x}{2}\right| = x + \dfrac{5}{2}$      d)   $|x + 3| = |3x - 4|$

    e)   $|x - 4| = |2x + 3|$      f)   $|9 - 3x| - |2x - 1| = 4 - 2x$

    g)   $|2 - 3x| - |x + 1| + |2x + 2| = 3$      h)   $|x - 3| - |3x - 4| + |2x + 1| = 6$

18.  a)   $|x^2 - 2x - 8| = 7$      b)   $|8 - 2x^2| = 6$

c)   $|2x - x^2| = 8$                          d)   $|x^2 + 6x + 5| = 5$

e)   $|x^2 - 4x + 3| = 1$                       f)   $|x^2 - 2x - 3| = 1$

g)   $|4x^2 + 4x + 4| = 3$                      h)   $|x^2 - 3x + 7| = 4$

19.   a)   $\left|\dfrac{2x+4}{x-3}\right| = 1$                 b)   $\left|\dfrac{2x-4}{x+3}\right| = 2$

Bestimmen Sie die Lösungsmengen der folgenden Ungleichungen!

20.   a)   $|x - 2| < 3$                        b)   $|2 - 4x| \geq 1$

c)   $2 - |1 - x| \geq 1 + x$               d)   $|2x - 3| < x + 3$

e)   $|3x - 5| > 2|x + 2|$                  f)   $|3x + 3| \geq \left|\dfrac{1}{2}x - 1\right|$

g)   $|x - 4| + |2 - x| \leq 2$             h)   $|3 - x| < 2 - |x - 5|$

21.   a)   $|x^2 + 2x - 3| \leq 12$            b)   $|x^2 - 6x + 8| \geq 3$

c)   $|x^2 + 4x - 5| > 2$                   d)   $|15 + 2x - x^2| < 7$

e)   $|x^2 - 6x + 11| < 1$                  f)   $|x^2 + 4x + 7| > 2$

g)   $|3 + 6x + 3x^2| > 0$                  h)   $|x^2 + 4x| < 4$

22.   a)   $\left|\dfrac{x+3}{1-x}\right| > 3$                  b)   $\left|\dfrac{1-4x}{2-x}\right| > 4$

c)   $\dfrac{2x+3}{|x+4|} \leq 1$                     d)   $\dfrac{\frac{2}{3}x - \frac{3}{2}}{\left|\frac{3}{4} + \frac{x}{2}\right|} \leq \dfrac{5}{6}$

e)   $\dfrac{|3x-2|}{x+2} \geq 2$                     f)   $\dfrac{|x-1|}{2x+2} \geq 1$

Stellen Sie die Lösungsmenge der folgenden Ungleichungen in einem kartesischen Koordinatensystem graphisch dar!

23.   a)   $x + y < |3x + 2|$                  b)   $y + |x + 2| \leq 4$

c)   $x + |y - 2| < 3$                      d)   $|2x + y - 3| \geq 2y - 3x + 4$

e)   $|x + 3| + |y - 5| \leq 3$             f)   $|x + y - 2| > |y - x + 1|$

g)   $|x + y + 1| \leq |x - y - 1|$         h)   $|x - y| > |x - 2y - 2|$

# 15 Funktionen

## 15.1 Funktionsbegriff und Darstellung von Funktionen

> **Definition 15.1:** Eine *reellwertige Funktion einer reellen Veränderlichen* (kurz: Funktion) ist eine eindeutige Abbildung einer Menge $D \subseteq \mathbf{R}$ in die Menge der reellen Zahlen. D heißt *Definitionsbereich*. Die Menge aller Werte, die y annehmen kann, wenn x den Definitionsbereich durchläuft, heißt *Wertebereich* W. Gemäß einer Vorschrift f wird jedem $x \in D$ eindeutig ein $y \in W$ zugeordnet:
> $$y = f(x),$$
> x heißt *unabhängige Variable*, y *abhängige Variable*.

Man unterscheidet verschiedene Darstellungsarten von Funktionen.

Die *Wortdarstellung* ist eine verbale, auf mathematische Symbolik verzichtende, dafür umständliche Beschreibung der Funktion.

**Beispiel 15.1:** Jeder reellen Zahl wird ihr um 1 vermehrter zweiter Teil zugeordnet.

**Beispiel 15.2:** Jeder negativen reellen Zahl wird ihr Betrag, jeder positiven reellen Zahl und der Null wird ihr Quadrat zugeordnet.

Die *analytische Darstellung* ist eine Beschreibung der Funktion unter Verwendung mathematischer Symbolik. Dabei sind x und y mit weiteren reellen Zahlen durch die Grundrechenoperationen Addition, Subtraktion, Multiplikation, Division und die elementaren Funktionen verknüpft (vgl. Abschnitt 15.4).

*Zu Beispiel 15.1:* $y = \dfrac{x}{2} + 1$ , $D = \mathbf{R}$ , $W = \mathbf{R}$.

*Zu Beispiel 15.2:* $y = \begin{cases} |x| & \text{für } x < 0 \\ x^2 & \text{für } x \geq 0, \end{cases}$ $D = \mathbf{R}$ , $W = [0, \infty)$ .

Die analytische Darstellung nennt man *explizit*, wenn die Funktionsgleichung (wie in den Beispielen 15.1 und 15.2 ) in einer nach y aufgelösten Form vorliegt: *y = f(x)*. Ist das nicht der Fall, hat die analytische Darstellung also die Form *F(x, y) = 0*, so heißt sie *implizit*. Es wäre beispielsweise $2y - x - 1 = 0$, $D = \mathbf{R}$, $W = \mathbf{R}$ eine implizite Darstellung des Beispiels 15.1. Nicht jede implizite Form der analytischen Darstellung einer Funktion kann in die explizite Form überführt werden, z. B. ist $x + y + y^5 - 1 = 0$ nicht explizit nach y auflösbar.

Eine besondere Form der analytischen Darstellung einer Funktion ist die *Parameterdarstellung*. Dabei wird die Zuordnung durch eine Hilfsvariable t, den sogenannten Parameter, vermittelt. Jedem Parameterwert (aus einem Parameterbereich) wird durch $x = \varphi(t)$ , $y = \psi(t)$ ein Wertepaar x, y zugeordnet.

*Zu Beispiel 15.1*: $x = 2t$,  $y = t + 1$;  $-\infty < t < \infty$  wäre eine Parameterdarstellung,

$$x = t, \quad y = \frac{t}{2}+1 \; ; \; -\infty < t < \infty \quad \text{eine andere.}$$

Die *tabellarische Darstellung* ist eine Zusammenstellung endlich vieler diskreter Paare von Werten der Variablen x und y, also die Darstellung durch eine Wertetabelle. Man erhält nur einen Ausschnitt der Funktionen, und das Erkennen ihrer Eigenschaften ist schwierig. Aber vielfach sind Funktionen nur als Tabelle gegeben (Meßreihen).

*Zu Beispiel 15.1*:

| x | ... | −2 | −1 | 0 | 1 | 2 | ... |
|---|-----|----|----|---|---|---|-----|
| y | ... | 0 | 0,5 | 1 | 1,5 | 2 | ... |

*Zu Beispiel 15.2*:

| x | ... | −3 | −2 | −1 | 0 | 1 | 2 | 3 | ... |
|---|-----|----|----|----|---|---|---|---|-----|
| y | ... | 3 | 2 | 1 | 0 | 1 | 4 | 9 | ... |

Die *graphische Darstellung* ist die Darstellung (eines Ausschnittes) der Funktion durch eine Kurve im x,y-Koordinatensystem; Variablenpaaren werden eineindeutig Punkte der x,y-Ebene zugeordnet (Bilder 15.1 und 15.2).

*Zu Beispiel 15.1*:                    *Zu Beispiel 15.2*:

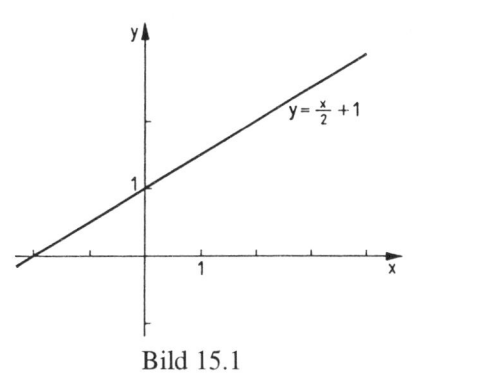          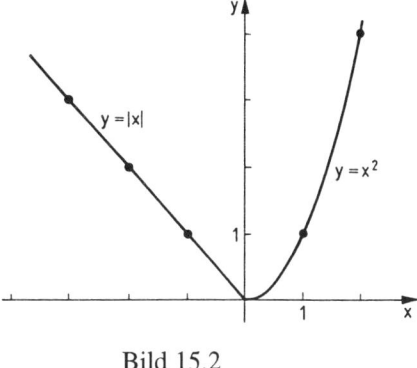

Bild 15.1                              Bild 15.2

# 15.2  Eigenschaften von Funktionen

**Definition 15.2:**  $y = f(x)$ heißt in einem Intervall $[a, b] \subseteq D$ *monoton steigend* ( *monoton fallend* ) genau dann, wenn für zwei beliebige Werte $x_1 \in [a, b]$, $x_2 \in [a, b]$ mit $x_1 < x_2$ gilt:
  $f(x_1) \le f(x_2)$     $\bigl(f(x_1) \ge f(x_2)\bigr)$.
Gilt das Gleichheitszeichen nicht, so spricht man von strenger Monotonie.

*Zu Beispiel 15.1:*  $y = \frac{1}{2}x + 1$   ist (streng) monoton steigend in  $D = \mathbf{R}$.

*Zu Beispiel 15.2:*  $y = \begin{cases} |x| & \text{für } x < 0 \\ x^2 & \text{für } x \geq 0 \end{cases}$

ist monoton fallend in $(-\infty, 0]$ und monoton steigend in $[0, \infty)$.

---

**Definition 15.3:**   Eine in einem Intervall $[-a, a]$ definierte Funktion $y = f(x)$ heißt *gerade oder symmetrisch (ungerade oder antisymmetrisch)* genau dann, wenn gilt:
$f(-x) = f(x)$    $(f(-x) = -f(x))$.

---

Die Bilder gerader Funktionen verlaufen axialsymmetrisch zur y-Achse (Bild 15.3), die ungerader Funktionen verlaufen zentralsymmetrisch zum Ursprung (Bild 15.4).

**Beispiel 15.3:**
Die Funktion $y = x^2$, $D = \mathbf{R}$, ist eine gerade Funktion: $(-x)^2 = x^2$.

**Beispiel 15.4:**
Die Funktion $y = x^3$, $D = \mathbf{R}$, ist eine ungerade Funktion:
$(-x)^3 = -x^3$.

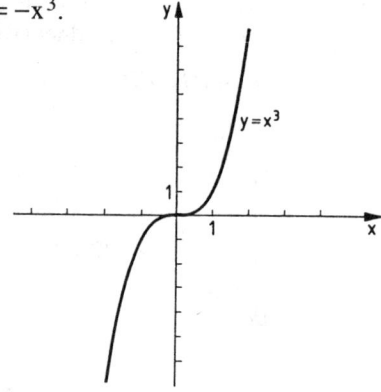

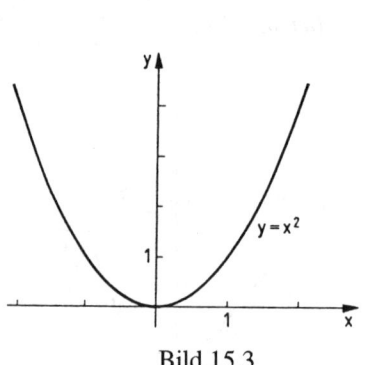

Bild 15.3                                Bild 15.4

Die Funktionen der Beispiele 15.1 und 15.2 sind weder gerade noch ungerade.

---

**Definition 15.4:**   $y = f(x)$ heißt über D *beschränkt* genau dann, wenn ein $k > 0$ derart existiert, daß gilt:
$|f(x)| \leq k$   $\forall x \in D$.

---

**Beispiel 15.5:**  Die Funktion  $y = \sqrt{r^2 - x^2}$,
$D = [-r, r]$, ist beschränkt; denn es ist
$|f(x)| = \left|\sqrt{r^2 - x^2}\right| \leq r$  (Bild 15.5).

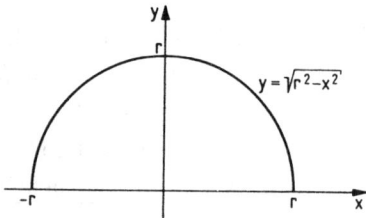

Bild 15.5

**Definition 15.5:** $y = f(x)$ heißt *periodisch* mit der Periode p, wenn gilt: $f(x + p) = f(x)$.

Typische Beispiele periodischer Funktionen sind die trigonometrischen Funktionen (vgl. Abschnitt 15.3).

**Definition 15.6:** Alle $x \in D$ mit $f(x) = 0$ nennt man *Nullstellen* der Funktion $f(x)$.

Die Nullstellen einer Funktion ermittelt man durch das Lösen der Gleichung $f(x) = 0$. Sie sind die Abszissen der Schnittpunkte der Funktionskurve mit der x-Achse.

*Zu Beispiel 15.1*:

Die Nullstelle der Funktion

$y = \frac{1}{2}x + 1$, Lösung der Gleichung

$\frac{x}{2} + 1 = 0$, ist $x = -2$   (Bild 15.1).

**Beispiel 15.6:**

Die Funktion $y = x^2 - 4$ hat zwei Nullstellen:
$x^2 - 4 = 0 \Leftrightarrow x_1 = 2, x_2 = -2$.
Die Funktion $y = x^2 + 4$ hat keine Nullstellen   (Bild 15.6).

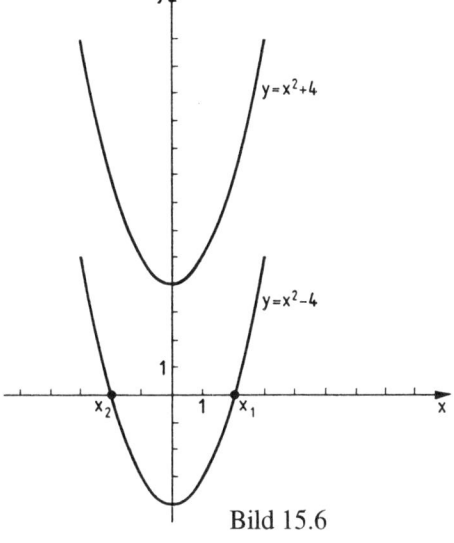

Bild 15.6

**Definition 15.7:** $y = f(x)$, $x \in D$, $y \in W$ heißt *eineindeutig*, wenn zu jedem $y \in W$ nur ein $x \in D$ gehört, für das $f(x) = y$ gilt. Eine eineindeutige Funktion ist *umkehrbar*, d. h., sie definiert eine Funktion $x = g(y)$, die *Umkehrfunktion*. Vertauscht man darin die Bezeichnungen der Variablen, so erhält man als Umkehrfunktion $y = g(x)$.
Man schreibt für die Umkehrfunktion von $y = f(x)$ auch $y = f^{-1}(x)$.

Die Funktion $y = x$ ist mit ihrer Umkehrfunktion identisch.

Das grafische Bild der Umkehrfunktion $y = f^{-1}(x)$ ist das Spiegelbild von $y = f(x)$ an der Geraden $y = x$.

*Zu Beispiel 15.1*:    Die Umkehrfunktion der Funktion    $y = f(x) = \frac{x}{2} + 1$    ist

$y = f^{-1}(x) = 2x - 2$.   (Man löse $y = \frac{x}{2} + 1$ nach x auf: $x = 2y - 2$ und vertausche anschließend x und y (Bild 15.7a)).

*Zu Beispiel 15.3:* Die Funktion $y = x^2$, $x \in D = \mathbf{R}$, (Bild 15.3) ist nicht umkehrbar. Zu jedem $y \in W = [0, \infty)$ gehören zwei $x \in D = (-\infty, \infty)$, nämlich $x = +\sqrt{y}$ und $x = -\sqrt{y}$. $y = x^2$ ist jedoch streng monoton steigend (und damit eineindeutig) für $x \geq 0$ und streng monoton fallend für $x < 0$. Die Umkehrfunktion zu $y = x^2$, $x \geq 0$, ist $y = +\sqrt{x}$, und die Umkehrfunktion zu $y = x^2$, $x < 0$, ist $y = -\sqrt{x}$ (Bild 15.7b).

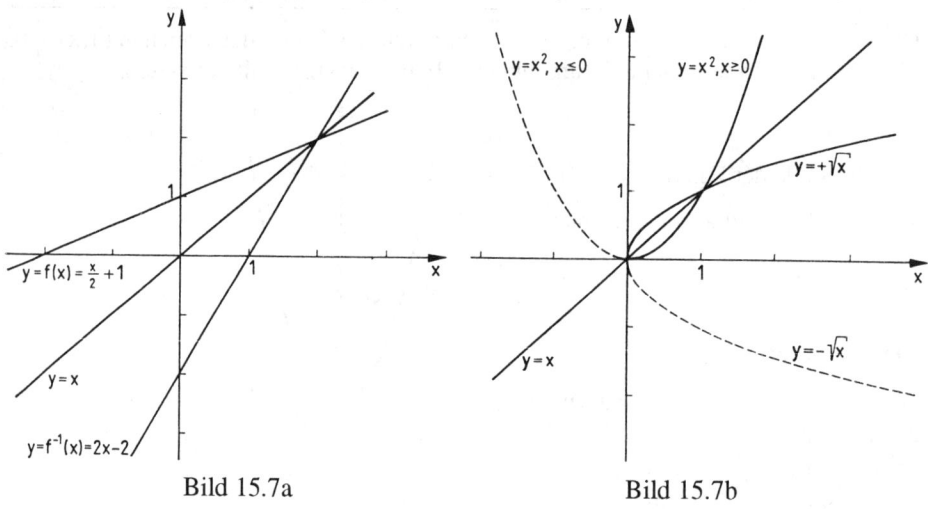

Bild 15.7a                    Bild 15.7b

Allgemein gilt der folgende Satz :

**Satz 15.1:** Ist $y = f(x)$ streng monoton steigend (fallend), so existiert die Umkehrfunktion $y = f^{-1}(x)$ und ist ebenfalls streng monoton steigend (fallend).

## 15.3  Elementare Funktionen

In diesem Abschnitt werden die elementaren Funktionen definiert. Es sind das die ganzrationalen Funktionen, die gebrochen rationalen Funktionen, die Potenzfunktionen, die Exponential- und Logarithmusfunktion, die trigonometrischen und zyklometrischen Funktionen. Diese elementaren Funktionen werden hinsichtlich ihrer Eigenschaften untersucht. Im Abschnitt 15.4 werden dann Funktionen von Funktionen (verkettete bzw. mittelbare Funktionen) betrachtet.
Die Untersuchungen der Funktionen hinsichtlich ihrer charakteristischen Eigenschaften werden fortgesetzt, wenn die Hilfsmittel der Differentialrechnung zur Verfügung stehen (Abschnitt 20.4).

**Definition 15.8:** Die Funktion

$$y = a_n x^n + a_{n-1} x^{n-1} + \ldots + a_2 x^2 + a_1 x + a_0; \; n \in \mathbf{N}^*; a_i \in \mathbf{R}; a_n \neq 0 \qquad (15.1)$$

ist für alle $x \in \mathbf{R}$ definiert und heißt *ganzrationale Funktion n-ten Grades.*

Eine einfache ganzrationale Funktion ist die 1. Grades (n = 1) oder *lineare Funktion*:

$$y = mx + n. \tag{15.2}$$

Dabei entsprechen m und n den Parametern $a_1$ und $a_0$ in (15.1).

Das Bild (der Graph) der linearen Funktion ist eine *Gerade*, die bei y = n die y-Achse schneidet (x = 0) und den *Anstieg* m = tan α hat (Bild 15.8).

Der Anstieg ist das Verhältnis der Änderung des y-Wertes zur Änderung des x-Wertes: $m = \dfrac{\Delta y}{\Delta x}$ .

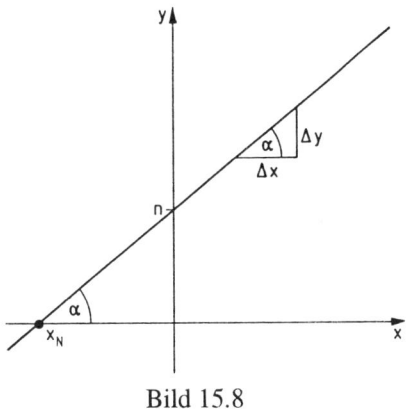

Bild 15.8

Die Gerade steigt, falls m > 0 ist, sie fällt, falls m < 0 ist und sie verläuft für m = 0 parallel zur x-Achse. Die Gerade hat, m ≠ 0 vorausgesetzt, genau eine *Nullstelle* (y = 0): $x_N = -\dfrac{n}{m}$.

Besteht die Aufgabe, die Gleichung einer Geraden durch zwei Punkte $(x_1, y_1)$ und $(x_2, y_2)$, die nicht senkrecht übereinander liegen, zu ermitteln, so bestimmt man deren Anstieg m und deren Schnittstelle n auf der y-Achse aus dem Gleichungssystem $y_1 = x_1 m + n$, $y_2 = x_2 m + n$ und erhält

$$\frac{y - y_1}{x - x_1} = \frac{y_2 - y_1}{x_2 - x_1}.$$

Wir betrachten als nächstes die ganzrationale Funktion 2. Grades oder *quadratische Funktion* ($a_2 = a$, $a_1 = b$, $a_0 = c$ in (15.1)):

$$y = ax^2 + bx + c, \quad a \neq 0. \tag{15.3}$$

Das Bild (der Graph) der quadratischen Funktion ist eine *Parabel*, deren Symmetrieachse parallel zur y-Achse verläuft. Die Koeffizienten a, b, c bestimmen die Form und die Lage des Scheitels der Parabel.

Wir betrachten einige Spezialfälle der quadratischen Funktion.

1. $y = x^2$ (a = 1, b = c = 0) $\hfill$ (15.4)
   *Normalparabel*, Scheitelkoordinaten: $x_S = 0$, $y_S = 0$ (Bild 15.9).

2. $y = x^2 + px + q$   (a = 1, b = p, c = q) $\hfill$ (15.5)
   Durch Hinzufügen der quadratischen Ergänzung zu $x^2 + px$ erhält man

$$y = x^2 + px + \left(\frac{p}{2}\right)^2 + q - \left(\frac{p}{2}\right)^2 = \left(x + \frac{p}{2}\right)^2 + q - \frac{p^2}{4}.$$

(15.5) ist also eine gegenüber (15.4) um $-\frac{p}{2}$ in x-Richtung und um $q - \frac{p^2}{4}$ in y- Richtung verschobene Normalparabel, d.h. die durch (15.5) dargestellte Parabel hat den Scheitel

$$x_S = -\frac{p}{2}, \ y_S = q - \frac{p^2}{4}.$$

**Beispiel 15.7:** $y = x^2 + 6x + 10, \quad x_S = -\frac{6}{2} = -3, \ y_S = 10 - \frac{6^2}{4} = 1$ (Bild 15.9).

3. $y = ax^2 \ (a \neq 0, b = c = 0)$

Scheitelkoordinaten: $x_S = 0, y_S = 0.$

Die Parabel ist für $|a| > 1$ gestreckt, für $|a| < 1$ gestaucht, für $a > 0$ nach oben geöffnet, für $a < 0$ nach unten geöffnet.

**Beispiel 15.8:** $y = 2x^2, \quad y = \frac{1}{2}x^2, \quad y = -2x^2$ (Bild 15.10).

4. $y = ax^2 + bx + c = a\left(x^2 + \frac{b}{a}x + \frac{c}{a}\right)$

Als Scheitelkoordinaten erhält man (entsprechend der Vorgehensweise bei (15.5)):

$$x_S = -\frac{b}{2a}, y_S = a\left(\frac{c}{a} - \frac{b^2}{4a^2}\right) = c - \frac{b^2}{4a}.$$

**Beispiel 15.9:** $y = -\frac{1}{2}x^2 + x + 4 \quad (a = -\frac{1}{2}, b = 1, c = 4)$

Scheitelkoordinaten: $x_S = -\dfrac{1}{2 \cdot \left(-\frac{1}{2}\right)} = 1, \ y_S = 4 - \dfrac{12}{4 \cdot \left(-\frac{1}{2}\right)} = \dfrac{9}{2}.$

$a = -\frac{1}{2}$: Die Parabel ist gestaucht und nach unten geöffnet (Bild 15.11).

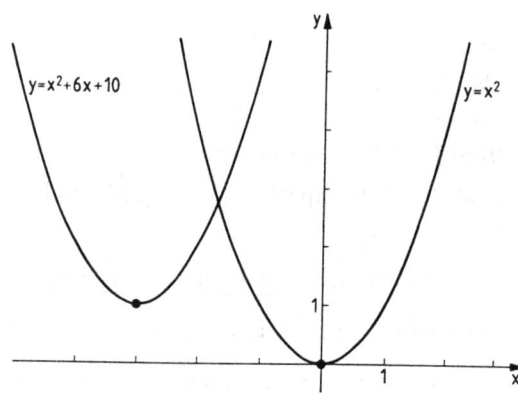

Bild 15.9

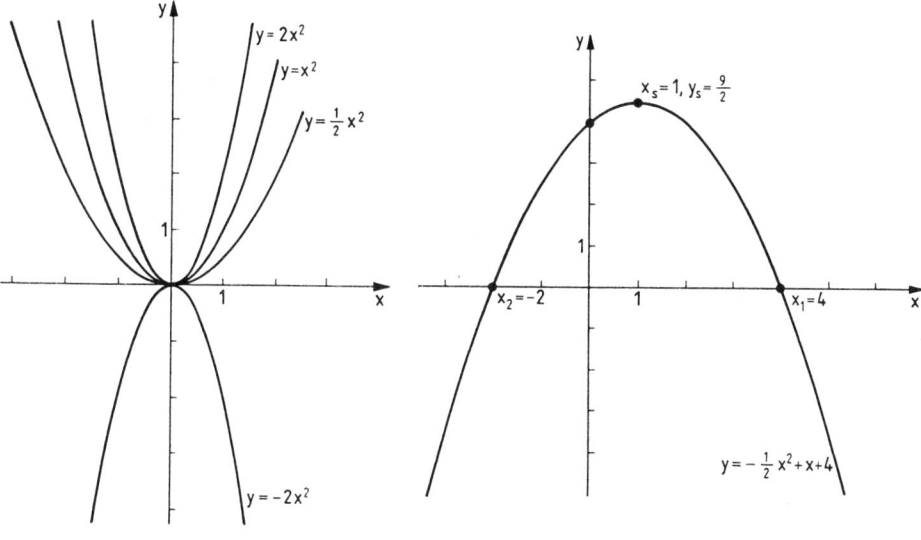

Bild 15.10                                Bild 15.11

Die Nullstellen der Funktion

$y = ax^2 + bx + c$ sind die Lösungen der Gleichung $ax^2 + bx + c = 0$.

*Zu Beispiel 15.9* (Bild 15.11):

Die Nullstellen ergeben sich aus $-\dfrac{1}{2}x^2 + x + 4 = 0$ zu $x_1 = 4$, $x_2 = -2$.

*Zu Beispiel 15.7* (Bild 15.9):

Wegen $x^2 + 6x + 10 = 0$, also $x_{1;\,2} = -3 \pm \sqrt{9-10} = -3 \pm \sqrt{-1} = -3 \pm i$, folgt, daß es keine reellen Nullstellen gibt.

Die Funktion $y = x^2$ hat eine Doppelnullstelle bei $x_{1;\,2} = 0$.

Für ganzrationale Funktionen 3. und höheren Grades wird am Beispiel der *ganzrationalen Funktion 3. Grades*

$$y = a_3 x^3 + a_2 x^2 + a_1 x + a_0 \quad (a_3 \neq 0) \tag{15.6}$$

eine besondere, übersichtliche Form der Funktionswertberechnung, das *Hornerschema*, vorgestellt. Dazu wird (15.6) umgeformt:

$$y = \left[a_3 x^2 + a_2 x + a_1\right]x + a_0 = \left[(a_3 x + a_2)x + a_1\right]x + a_0.$$

Der zu einem gegebenen Argument $x_1$ gehörige Funktionswert $y_1 = f(x_1)$ kann damit in folgender Weise berechnet werden: $a_3$ mit $x_1$ multiplizieren, dazu $a_2$ addieren, Summe mit $x_1$ multiplizieren, dazu $a_1$ addieren, Summe mit $x_1$ multiplizieren, dazu $a_0$ addieren.

Diese Operationsfolge läßt sich nach folgendem Schema (dem Hornerschema) übersichtlich durchführen:

| Koeffizienten | $a_3$ | $a_2$ | $a_1$ | $a_0$ |

Zwischenprodukte    $a_3x_1$    $\left(a_3x_1+a_2\right)x_1$    $\left[\left(a_3x_1+a_2\right)x_1+a_1\right]x_1$

Zwischensummen    $a_3$    $a_3x_1+a_2$    $\left(a_3x_1+a_2\right)x_1+a_1$    $\left[\left(a_3x_1+a_2\right)x_1+a_1\right]x_1+a_0$

$$= f(x_1)$$

**Beispiel 15.10:** Für die Funktion $y = x^3 - 2x^2 - 14x - 5$ berechne man die Funktionswerte zu den Argumenten $x_1 = -2$ und $x_2 = 5$!
Lösung:

|  |  | 1 | $-2$ | $-14$ | $-5$ |
|---|---|---|---|---|---|
| $x_1 = -2$ |  |  | $-2$ | 8 | 12 |
|  |  | 1 | $-4$ | $-6$ | $7 = f(-2)$ |
| $x_2 = 5$ |  |  | 5 | 15 | 5 |
|  |  | 1 | 3 | 1 | $0 = f(5)$ |

Es ist $f(-2) = 7$ und $f(5) = 0$ (Nullstelle).

Hat man eine Nullstelle der ganzrationalen Funktion 3.Grades, so kann man durch Polynomdivision den entsprechenden Linearfaktor abspalten (vgl. Abschn. 12, Satz 12.4).

*Zu Beispiel 15.10*: $(x^3 - 2x^2 - 14x - 5):(x-5) = x^2 + 3x + 1$, daher ist
$$y = x^3 - 2x^2 - 14x - 5 = (x^2 + 3x + 1)(x - 5).$$

Die Koeffizienten des Quotientenpolynoms, nämlich 1 (bei $x^2$), 3 (bei $x$ ) und 1 stehen in der letzten Zeile des Hornerschemas. Bei Nullstellenberechnung mittels Hornerschema wird nämlich die Polynomdivision gleichzeitig durchgeführt; es ist
$$\left(a_3x^3 + a_2x^2 + a_1x + a_0\right):(x-x_1) = a_3x^2 + \left(a_3x_1 + a_2\right)x + \left[\left(a_3x_1 + a_2\right)x_1 + a_1\right] \quad \text{und}$$
$f(x_1) = 0$, wie man beim Multiplizieren dieser Gleichung mit $(x - x_1)$ leicht bestätigen kann.
Die restlichen zwei Nullstellen erhält man durch Lösen der quadratischen Gleichung
$$x^2 + 3x + 1 = 0: \quad x_{2;3} = -\frac{3}{2} \pm \sqrt{\frac{9}{4} - 1} = -\frac{3 \pm \sqrt{5}}{2}.$$
Damit läßt sich die Funktion 3. Grades als Produkt dreier Linearfaktoren schreiben (vgl. Abschnitt 12, Satz 12.5):
$$y = x^3 - 2x^2 - 14x - 5 = (x - 5)\left(x - \frac{-3+\sqrt{5}}{2}\right)\left(x - \frac{-3-\sqrt{5}}{2}\right)$$

Die Aussagen des Satzes 12.5 lassen sich allgemein für ganzrationale Funktionen n-ten Grades machen.
Es gilt der folgende Satz.

**Satz 15.2:** Jede ganzrationale Funktion n-ten Grades hat n Nullstellen. Sie können alle voneinander verschieden sein oder auch mehrfach auftreten, reell oder paarweise konjugiert komplex sein.

Sind $x_1, x_2, \ldots, x_n$ die n Nullstellen der Funktion

$$y = a_n x^n + a_{n-1} x^{n-1} + \ldots + a_2 x^2 + a_1 x + a_0,$$

so läßt sie sich als Produkt von n Linearfaktoren schreiben:

$$y = (x - x_1)(x - x_2) \cdot \ldots \cdot (x - x_n) \cdot a_n.$$

Bei Verwendung des Hornerschemas ist dabei noch folgendes zu beachten:
Fehlt in einem Polynom n-ten Grades eine x-Potenz, so ist in der Koeffizientenzeile für den entsprechenden Koeffizienten eine Null einzutragen.

**Beispiel 15.11:** Die ganzrationale Funktion 5. Grades  $y = 2x^5 - 6x^3 - 20x^2 - 8x + 80$ hat die drei Nullstellen $x_1 = x_2 = 2, x_3 = -2$. Man ermittle die übrigen Nullstellen und schreibe die Funktion als Produkt von Linearfaktoren.

Lösung: Die fortlaufende Polynomdivision mittels Hornerschema ergibt ein Restpolynom zweiten Grades:

|  | 2 | 0 | −6 | −20 | −8 | 80 |
|---|---|---|---|---|---|---|
| $x_1 = 2$ |  | 4 | 8 | 4 | −32 | −80 |
|  | 2 | 4 | 2 | −16 | −40 | $0 = f(2)$ |
| $x_2 = 2$ |  | 4 | 16 | 36 | 40 |  |
|  | 2 | 8 | 18 | 20 | $0 = f(2)$ |  |
| $x_3 = -2$ |  | −4 | −8 | −20 |  |  |
|  | 2 | 4 | 10 | $0 = f(-2)$ |  |  |

Das Restpolynom  $2x^2 + 4x + 10 = 2(x^2 + 2x + 5)$  hat wegen  $x^2 + 2x + 5 = 0$  für $x_{4;5} = -1 \pm \sqrt{1 - 5} = -1 \pm 2i$  die Produktform  $2x^2 + 4x + 10 = 2(x + 1 - 2i)(x + 1 + 2i)$.

Damit kann man die gegebene Funktion schreiben in der Form

$$y = 2(x - 2)^2 (x + 2)(x + 1 - 2i)(x + 1 + 2i).$$

Um sich von ganzrationalen Funktionen 3. und höheren Grades ein Bild machen zu können, werden außer den Nullstellen noch weitere charakteristische Punkte mit Hilfe der Differentialrechnung ermittelt (Abschnitt 20.4).

Ohne Zuhilfenahme der Differentialrechnung lassen sich noch Aussagen zu ihrem *Verhalten im Unendlichen* machen. Wir benutzen dabei in anschaulicher Weise den Begriff des Grenzwertes einer Funktion, der im Abschnitt 19 exakt definiert wird.

Dabei bedeutet zum Beispiel $\lim_{x \to \infty} f(x) = g$, daß sich $f(x)$ immer mehr dem Wert g nähert, wenn x nach ∞ strebt.

Für (15.1) gilt:

$$\lim_{x\to\pm\infty} y = \lim_{x\to\pm\infty} x^n \cdot \lim_{x\to\pm\infty}\left(a_n + \frac{a_{n-1}}{x} + \ldots + \frac{a_1}{x^{n-1}} + \frac{a_0}{x^n}\right) = a_n \cdot \lim_{x\to\pm\infty} x^n.$$

Da $x^n \to \infty$ für $x \to \pm\infty$ falls n gerade ist
und $x^n \to \pm\infty$ für $x \to \pm\infty$ falls n ungerade ist, folgt daraus:

Ist n gerade und $a_n$ positiv,    so gilt    $\lim_{x\to\infty} y = \infty, \quad \lim_{x\to-\infty} y = \infty.$

(Die Kurve geht von $+\infty$ nach $+\infty$ ).

Ist n gerade und $a_n$ negativ,    so gilt    $\lim_{x\to\infty} y = -\infty, \quad \lim_{x\to-\infty} y = -\infty.$

(Die Kurve geht von $-\infty$ nach $-\infty$ ).

Ist n ungerade und $a_n$ positiv,    so gilt    $\lim_{x\to\infty} y = \infty, \quad \lim_{x\to-\infty} y = -\infty.$

(Die Kurve geht von $-\infty$ nach $+\infty$ ).

Ist n ungerade und $a_n$ negativ,    so gilt    $\lim_{x\to\infty} y = -\infty, \quad \lim_{x\to-\infty} y = \infty.$

(Die Kurve geht von $+\infty$ nach $-\infty$ ).

---

**Definition 15.9:**   Die Funktion

$$y = \frac{P_n(x)}{Q_m(x)} = \frac{a_n x^n + a_{n-1}x^{n-1} + \ldots + a_1 x + a_0}{b_m x^m + b_{m-1}x^{m-1} + \ldots + b_1 x + b_0}, \tag{15.7}$$

$n, m \in \mathbf{N}^*; a_k, b_i \in \mathbf{R}; Q_m(x) \neq 0$ ,

heißt *gebrochen rationale Funktion* und ist für alle x mit $Q_m(x) \neq 0$ definiert.

---

Die Funktion (15.7) heißt *echt gebrochen*, falls n < m ist und *unecht gebrochen* für n ≥ m. Jede unecht gebrochene Funktion läßt sich durch Polynomdivision zerlegen in eine Summe aus einem ganzrationalen und einem echt gebrochenen Anteil.

**Beispiel 15.12:** Die Funktion    $y = \dfrac{2x^4 - 3x^3 - 6x^2 + 13x - 6}{x^3 - 4x}$    ist unecht gebrochen
(n = 4, m = 3). Die Division der Zählerfunktion durch die Nennerfunktion ergibt
$(2x^4 - 3x^3 - 6x^2 + 13x - 6):(x^3 - 4x) = 2x - 3$  mit dem Rest  $2x^2 + x - 6$ , also gilt

$$y = 2x - 3 + \frac{2x^2 + x - 6}{x^3 - 4x}.$$

Die Funktion (15.7) hat für $x = x_0$ eine *Nullstelle*, wenn für $x = x_0$ gilt: $P_n(x_0) = 0$ aber $Q_m(x_0) \neq 0$.

Sie hat für $x = x_L$ eine *Lücke*, wenn gilt: $P_n(x_L) = 0$ und $Q_m(x_L) = 0$.

Sie hat für $x = x_P$ einen *Pol*, wenn gilt:   $P_n(x_P) \neq 0$ aber $Q_m(x_P) = 0$.

**Beispiel 15.13:** Die Funktion $y = \dfrac{2x^2 + x - 6}{x^3 - 4x}$ läßt sich nach Zerlegung der Zähler-funktion und der Nennerfunktion in Linearfaktoren schreiben in der Form

$$y = \frac{2(x - \frac{3}{2})(x + 2)}{x(x + 2)(x - 2)}.$$

Der Zähler ist null, aber der Nenner ungleich null für $x = x_0 = \dfrac{3}{2}$ (Nullstelle).

Zähler und Nenner sind null für $x = x_L = -2$ (Lücke).

Der Nenner ist null, aber der Zähler ungleich null für $x = x_{P_1} = 0$ und $x = x_{P_2} = 2$

(Pole).

Nähert man sich mit x einer Polstelle, so geht y gegen unendlich, d.h. an der Polstelle (auch genannt Unendlichkeitsstelle) $x_P$ nähert sich die Kurve asymptotisch der Gera-den $x = x_P$.

Im Falle einer Lücke $x_L$ nimmt die gebrochene Funktion den unbestimmten Ausdruck $\dfrac{0}{0}$ an, sie ist daher für $x = x_L$ nicht definiert.

Zum *Verhalten im Unendlichen*:

Für die echt gebrochene Funktion (n < m) ergibt sich bei Division von Zähler und Nenner durch die höchste vorkommende Potenz von x, nämlich $x^m$:

$$\lim_{x \to \pm\infty} y = \lim_{x \to \pm\infty} \frac{\dfrac{a_n}{x^{-n+m}} + \dfrac{a_{n-1}}{x^{-n+1+m}} + \ldots + \dfrac{a_1}{x^{-1+m}} + \dfrac{a_0}{x^m}}{b_m + \dfrac{b_{m-1}}{x} + \ldots + \dfrac{b_1}{x^{m-1}} + \dfrac{b_0}{x^m}} = \lim_{x \to \pm\infty} \frac{0}{b_m} = 0,$$

weil alle Exponenten bei x positiv sind und damit alle Potenzen von x gegen $\pm\infty$ gehen. Das Bild der echt gebrochenen Funktion nähert sich für $x \to \pm\infty$ der x-Achse.

Die unecht gebrochene Funktion verhält sich für $x \to \pm\infty$, da ihr echt gebrochener Anteil gegen null geht, wie ihr ganzrationaler Anteil.

Das Bild der unecht gebrochenen Funktion nähert sich für $x \to \pm\infty$ ihrem ganzrationa-len Anteil.

**Beispiel 15.14:**

a) $y = \dfrac{x}{x^2 + 1}$ hat eine Nullstelle bei $x_0 = 0$, keine Lücken, keine Pole ($x^2 + 1 = 0$ hat keine reellen Lösungen) und für $x \to \pm\infty$ die x-Achse ($y = 0$) zur Asymptote (Bild 15.12).

b) $y = \dfrac{x^2 + 2x - 3}{x + 2} = x - \dfrac{3}{x + 2}$ hat Nullstellen $(x^2 + 2x - 3 = 0)$ bei $x_1 = -3$, $x_2 = 1$,

keine Lücken, einen Pol bei $x_3 = -2$, d.h. $x = -2$ ist Asymptote, und für $x \to \pm\infty$ wird die Funktion $y = x$ zur Asymptote (Bild 15.13).

(Den Begriff der Asymptote findet man auch in Abschnitt 16.4).

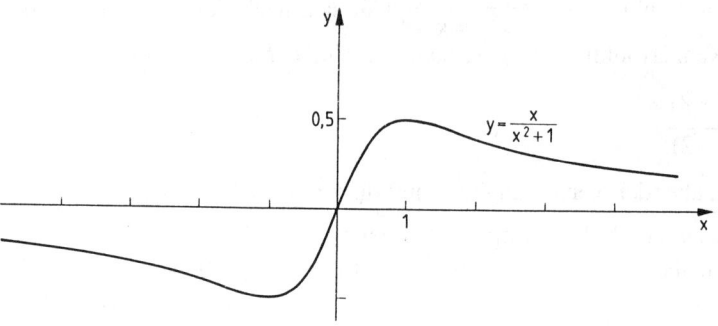

Bild 15.12

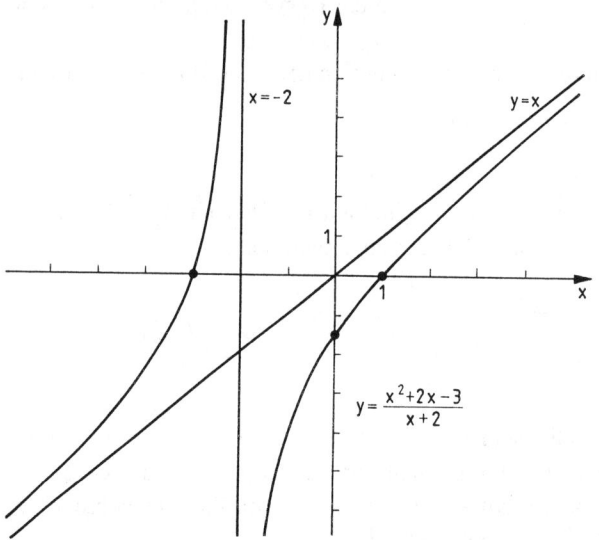

Bild 15.13

Wir betrachten im folgenden gesondert spezielle ganz bzw. gebrochen rationale Funktionen.

Die Funktion

$$y = x^n, \quad n \in \mathbf{Z} \setminus \{0; 1\} \tag{15.8a}$$

ist eine *spezielle Potenzfunktion* (Begriff der Potenz siehe Definition 2.1).

(15.8a) ist für positives ganzzahliges $n$ eine ganzrationale Funktion. Dabei haben für geradzahliges $n$ alle Kurven den Definitionsbereich $D = (-\infty, \infty)$, den Wertebereich

W = [0, ∞) und die gemeinsamen Punkte (−1, 1), (0, 0), (1, 1) (Bild 15.14a).
Für ungeradzahliges n ist D = (−∞, ∞), W = (−∞, ∞), und gemeinsame Punkte sind
(−1, −1), (0, 0), (1, 1) (Bild 15.14b).

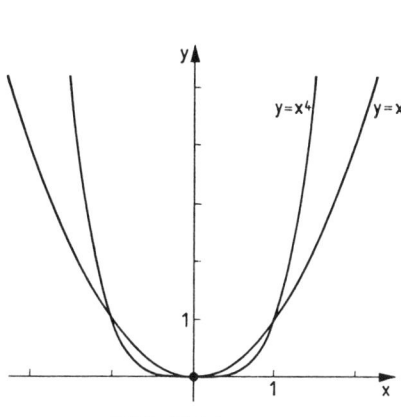
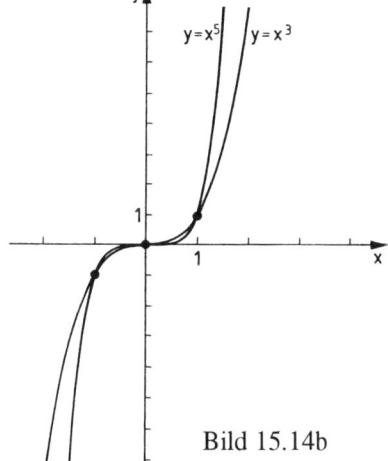

Bild 15.14a                        Bild 15.14b

(15.8a) ist für negatives ganzzahliges n eine gebrochen rationale Funktion mit einem
Pol bei x = 0 und y = 0 als Asymptote. Dabei haben für geradzahliges (negatives) n
alle Kurven den Definitionsbereich D = (−∞, ∞) \ { 0 }, den Wertebereich W = (0, ∞)
und die gemeinsamen Punkte (−1, 1), (1, 1) (Bild 15.15a).
Für ungeradzahliges (negatives) n ist D = (−∞, ∞) \ { 0 }, W = (−∞, ∞) \ {0 }, und die
gemeinsamen Punkte sind (−1, −1), (1, 1) (Bild 15.15b).

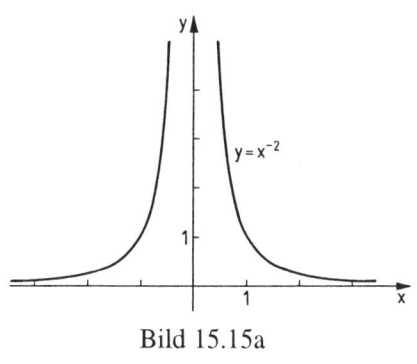
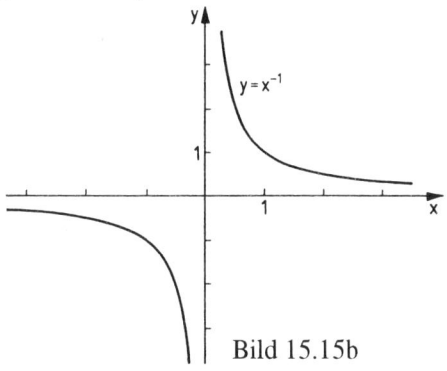

Bild 15.15a                        Bild 15.15b

Für die Umkehrung der Potenzfunktion sind ihre Monotonieintervalle zu beachten
(man vergleiche dazu Beispiel 15.3).
Die Umkehrung der Funktion    $y = x^n$, $n \in \mathbf{N^*}\backslash\{1\}$, $D = [0, \infty)$, $W = [0, \infty)$  ist

$$y = \sqrt[n]{x}, n \in \mathbf{N^*}\backslash\{1\}, D = [0, \infty), W = [0, \infty) \qquad (15.8b)$$

und heißt *Wurzelfunktion* (Wurzelbegriff siehe Definition 2.2).

Man kann Potenzfunktionen auf rationale Exponenten ausdehnen (es ist $\sqrt[n]{x} = x^{\frac{1}{n}}$, $\left(\sqrt[n]{x}\right)^m = x^{\frac{m}{n}}$, vgl. Abschnitt 2). Betrachtet man die Potenzfunktion für rationale Exponenten,

$$y = x^a, a \in \mathbf{Q}, x > 0, \tag{15.8c}$$

so ist die Wurzelfunktion (15.8b) als Potenzfunktion zu verstehen. Die Umkehrung der Potenzfunktion (15.8c) ist wieder eine Potenzfunktion.

Die allgemeine Potenzfunktion ist für reelle Exponenten definiert (Begriff der reellen Zahlen siehe Abschnitt 1.1.4).

---

**Definition 15.10:** Die Funktion

$$y = x^\alpha, \quad \alpha \in \mathbf{R}, \ x > 0 \tag{15.8d}$$

heißt *Potenzfunktion*.

---

**Beispiel 15.15:**

Die Funktion $y = x^{\frac{3}{2}} = \sqrt{x^3}$, $x \geq 0$ hat die Umkehrfunktion

$y = x^{\frac{2}{3}} = \sqrt[3]{x^2}$, $x \geq 0$ (Bild 15.16a).

Die Funktion $y = x^{-\frac{1}{2}} = \dfrac{1}{\sqrt{x}}$, $x > 0$

hat die Umkehrfunktion

$y = x^{-2} = \dfrac{1}{x^2}$, $x > 0$ (Bild 15.16b).

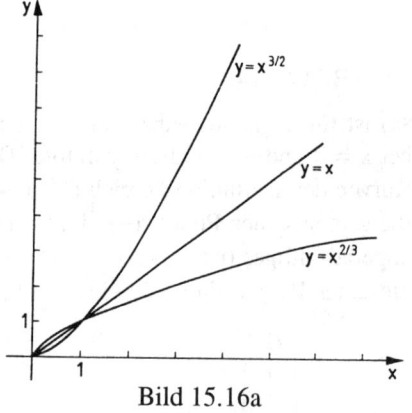

Bild 15.16a

Bemerkung: In Definition 2.2 wurde zum Ausdruck gebracht, daß Wurzeln nur aus nichtnegativen Radikanden gezogen werden dürfen. Dieser Tatbestand ist beim Bilden der Umkehrfunktion zusätzlich zur Monotonieforderung zu beachten. Beispielsweise ist die Funktion $y = x^3$ im gesamten Definitionsbereich monoton steigend, und daher als Ganzes umkehrbar; $y = \sqrt[3]{x}$ ist aber die Umkehrfunktion von $y = x^3$ mit $D = [0, \infty)$, während die Umkehrfunktion von $y = x^3$ mit $D = (-\infty, 0]$ durch $y = -\sqrt[3]{-x} = -\sqrt[3]{|x|}$ gegeben ist (Bild 15.17).

---

**Definition 15.11:** Die Funktion

$$y = a^x, \quad a > 0, \quad a \neq 1 \tag{15.9}$$

heißt *Exponentialfunktion*.

---

(Begriff des Exponenten siehe Definition 2.1).

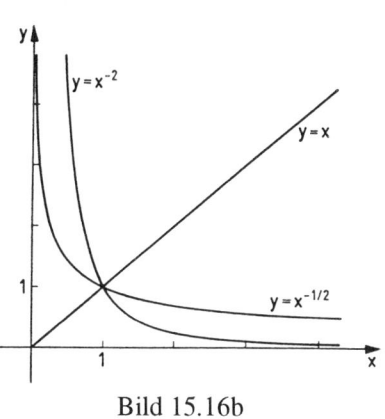

Bild 15.16b

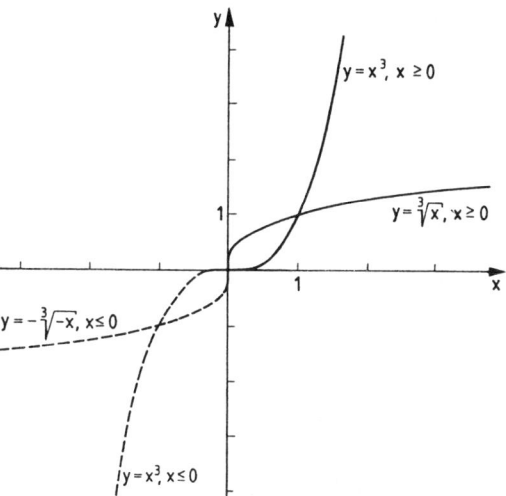

Bild 15.17

Die Funktion (15.9) hat den Definitionsbereich $D = (-\infty, \infty)$ und den Wertebereich $W = (0, \infty)$. Wegen $a^0 = 1$ ist der Punkt $(0, 1)$ gemeinsamer Punkt aller Kurven.

Für $a > 0$ ist (15.9) streng monoton steigend und nähert sich mit $x \to -\infty$ asymptotisch der x-Achse. Für $0 < a < 1$ ist (15.9) streng monoton fallend und nähert sich mit $x \to \infty$ asymptotisch der x-Achse. Einige Beispiele der Exponentialfunktion

$(a = 2;\ e;\ 10;\ \dfrac{1}{2}; \dfrac{1}{e}; \dfrac{1}{10}$ ) sind in Bild 15.18 dargestellt .

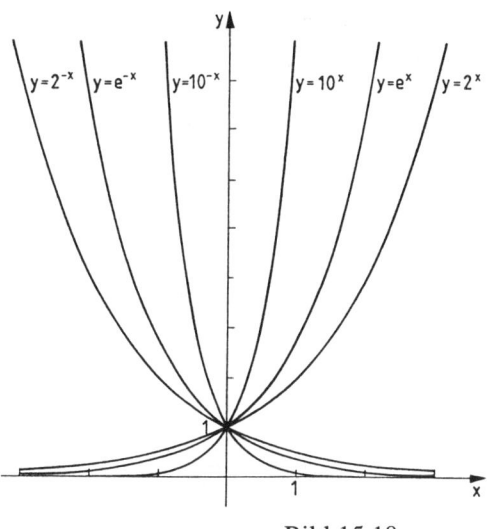

Bild 15.18

---

**Definition 15.12:** Die Umkehrfunktion der Exponentialfunktion ist
$$y = \log_a x ,\quad a > 0, a \neq 1 \qquad (15.10)$$
und heißt *Logarithmusfunktion*.

---

(Begriff des Logarithmus siehe Definition 3.1).

Die Funktion (15.10) hat den Definitionsbereich D = (0, ∞) und den Wertebereich
W = (−∞, ∞). Die Kurven von y = log$_a$ x sind das Spiegelbild von y = a$^x$ an der
Geraden y = x. Der Punkt (1, 0) ist gemeinsamer Punkt aller Kurven. Für a > 1 ist

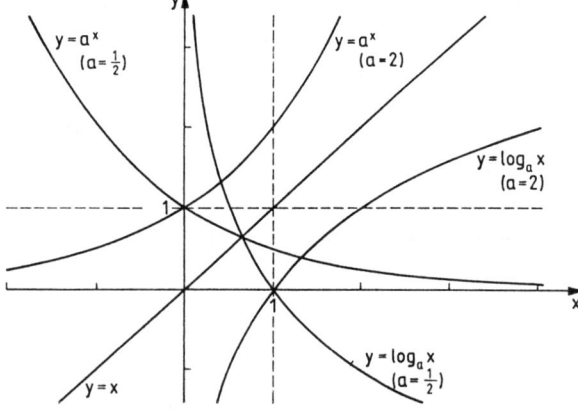

(15.10) streng monoton
steigend und nähert sich für
x→ 0 asymptotisch der ne-
gativen y-Achse.
Für 0 < a < 1 ist (15.10)
streng monoton fallend und
nähert sich für x→ 0 asymptotisch der positiven y-Achse. In Bild 15.19 sind y = a$^x$
und die Umkehrungen
y = log$_a$ x für

a = 2 und a = $\frac{1}{2}$ dargestellt.

Speziell schreibt man

y = log$_{10}$ x = lg x,  y = log$_e$x = ln x.       Bild 15.19

---

**Definition 15.13:** Als *trigonometrische Funktionen* bzw. *Winkelfunktionen* (vgl.
Abschnitt 4.3) bezeichnet man die Funktionen

| | | | |
|---|---|---|---|
| y = sin x, | D = **R** , | W = [−1, 1] | (15.11a) |
| y = cos x, | D = **R** , | W = [−1, 1] | (15.11b) |
| y = tan x = $\frac{\sin x}{\cos x}$, | D = **R** \ $\left\{\frac{\pi}{2}+k\pi\right\}$, | W = **R**, k ∈ **Z** | (15.11c) |
| y = cot x = $\frac{\cos x}{\sin x}$, | D = **R** \ {k$\pi$}, | W = **R**, k ∈ **Z** | (15.11d) |

Ihr Kurvenverlauf ist in den Bildern 15.20a und 15.20b dargestellt.

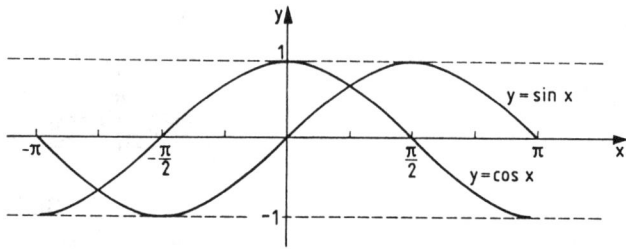

Bild 15.20a, Sinus-und Kosinusfunktion

Die trigonometrischen Funktionen y = sin x, y = tan x und y = cot x sind *ungerade*
Funktionen, y = cos x ist eine *gerade* Funktion.

Die trigonometrischen Funktionen sind *periodische Funktionen* (vgl. Definition 15.5).

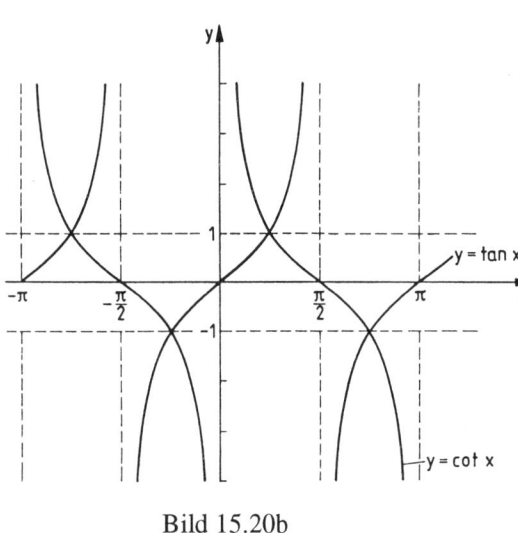

Die Funktionen
y = sin x und y = cos x
haben die Periode $2\pi$, d.h. es gilt:

$\sin(x + 2k\pi) = \sin x,$
$\cos(x + 2k\pi) = \cos x, k \in \mathbf{Z}.$

Die Funktionen
y = tan x und y = cot x
haben die Periode $\pi$, d. h. es gilt:

$\tan(x + k\pi) = \tan x,$
$\cot(x + k\pi) = \cot x, k \in \mathbf{Z}.$

Die Nullstellen der trigonometrischen Funktionen sind

$x_k = k\pi, k \in \mathbf{Z}$ für
y = sin x , y = tan x und

$x_k = \frac{\pi}{2} + k\pi, k \in \mathbf{Z}$ für
y = cos x , y = cot x.

Bild 15.20b

Tangens- und Kotangensfunktion

Die Tangens- und die Kotangensfunktion haben *Polstellen* (Unendlichkeitsstellen),
und zwar y = tan x bei $x_k = \frac{\pi}{2} + k\pi, k \in \mathbf{Z}$ ,

$\quad$ y = cot x  bei $x_k = k\pi, k \in \mathbf{Z}.$

Für die Umkehrung der trigonometrischen Funktionen sind ihre *Monotonieeigen-*
*schaften* zu beachten. Die Funktion y = sin x  z. B. ist steigend im Intervall $\left[-\frac{\pi}{2}, \frac{\pi}{2}\right]$
und fallend im Intervall $\left[\frac{\pi}{2}, \frac{3\pi}{2}\right]$, und diese Monotonieintervalle wiederholen sich im
Abstand von jeweils der vollen Periode. Also kann man sagen:

y = sin x  ist steigend für $-\frac{\pi}{2} + 2k\pi \le x \le \frac{\pi}{2} + 2k\pi,$

$\quad$ fallend für $\quad \frac{\pi}{2} + 2k\pi \le x \le \frac{3\pi}{2} + 2k\pi,$ $\quad$ und entsprechend

y = cos x ist steigend für $-\pi + 2k\pi \le x \le 0 + 2k\pi,$

$\quad$ fallend für $\quad 0 + 2k\pi \le x \le \pi + 2k\pi,$

y = tan x ist steigend für $-\frac{\pi}{2} + k\pi < x < \frac{\pi}{2} + k\pi,$

y = cot x ist fallend für $0 + k\pi < x < \pi + k\pi, k \in \mathbf{Z}.$

Bei Tangens- und Kotangensfunktion liegen zwischen den Monotonieintervallen die
Polstellen, daher sind diese Monotonieintervalle offene Intervalle.

Die Sinusfunktion findet zum Beispiel Verwendung bei der Darstellung zeitlich periodischer Vorgänge (Schwingungen). Dabei wird im allgemeinen die unabhängige Variable mit t bezeichnet.
Die Funktion

$$y = a \sin(\omega t + \varphi) \qquad (15.11e)$$

heißt *harmonische Funktion.*

Bemerkung: (15.11e) ist eine mittelbare Funktion im Sinne von Definition 15.15. Wir untersuchen, wie sich der Faktor a vor der Sinusfunktion, der Faktor ω vor der unabhängigen Variablen t und der Summand φ im Argument der Sinusfunktion auf das Kurvenbild auswirken.

1. Der Faktor a in der Funktion $y = a \cdot \sin t$ bewirkt eine Streckung ($|a| > 1$) bzw. eine Stauchung ($|a| < 1$) der Funktionswerte von $y = \sin t$.

Die Funktionswerte von $y = a \cdot \sin t$ sind das a-fache der Funktionswerte von $y = \sin t$, wobei für $a < 0$ noch eine Spiegelung an der t-Achse erfolgt (Bild 15.21a, $a = 2$, $a = \frac{1}{2}$). a heißt *Amplitude*; sie beeinflußt die *Schwingungsweite*.

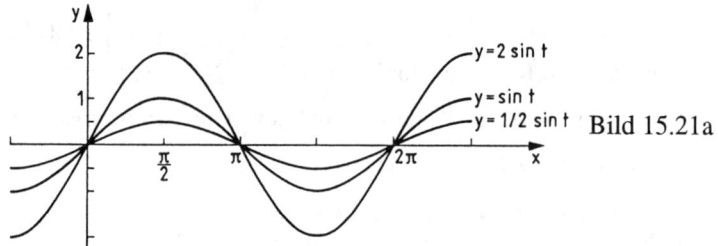

Bild 15.21a

2. Der Faktor ω in der Funktion $y = \sin \omega t$ bewirkt eine zeitliche Streckung ($|\omega| < 1$) bzw. Stauchung ($|\omega| > 1$) von $y = \sin t$, wobei für $\omega < 0$ noch eine Spiegelung an der y-Achse erfolgt.    Für ein bestimmtes Argument $t = t_0$ erhält man bei der Funktion $y = \sin \omega t$ einen Funktionswert, den $y = \sin t$ erst für das ω-fache des Argumentes, also für $t = \omega \cdot t_0$, annimmt (Bild 15.21b, $\omega = 2$, $\omega = \frac{1}{2}$). ω ($\omega > 0$) heißt *Kreisfrequenz*, sie beeinflußt die Periode. $y = \omega t$ hat die Periode $p = \frac{2\pi}{\omega}$.

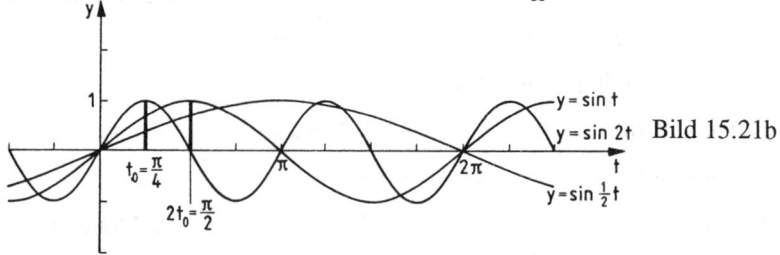

Bild 15.21b

3. Der Summand $\varphi$ in der Funktion $y = \sin(t + \varphi)$ bewirkt eine Verschiebung von $y = \sin t$ um $|\varphi|$ nach links ($\varphi > 0$) bzw. nach rechts ($\varphi < 0$). Für ein bestimmtes Argument $t = t_0$ erhält man bei der Funktion $y = \sin(t + \varphi)$ einen Funktionswert, den $y = \sin t$ um $\varphi$ verschoben, also für $t = t_0 + \varphi$ annimmt (Bild 15.21c, $\varphi = \dfrac{\pi}{2}$, $\varphi = -\dfrac{\pi}{2}$).

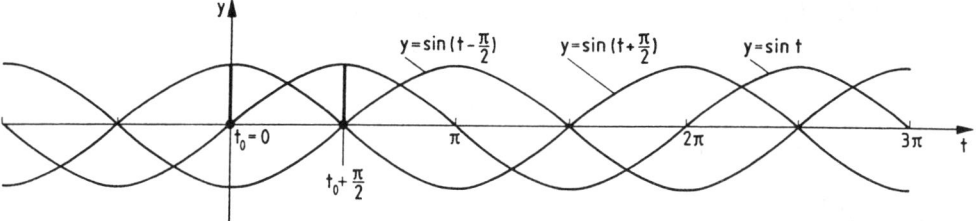

Bild 15.21c

In der Funktion $y = a \cdot \sin(\omega t + \varphi) = a \cdot \sin\omega\,(t + \dfrac{\varphi}{\omega})$ bewirkt $\varphi$, genannt die *Phase*, eine *Verschiebung* der Kurve $y = a \cdot \sin \omega t$ um $\dfrac{\varphi}{\omega}$. In Bild 15.21d ist die harmonische Funktion $y = 2\sin(3t + \dfrac{\pi}{2})$ dargestellt. Sie hat die Amplitude $a = 2$, die Periode $p = \dfrac{2\pi}{\omega} = \dfrac{2}{3}\pi$ und ist um $\dfrac{\varphi}{\omega} = \dfrac{\pi}{6}$ gegenüber $\sin t$ nach links verschoben.

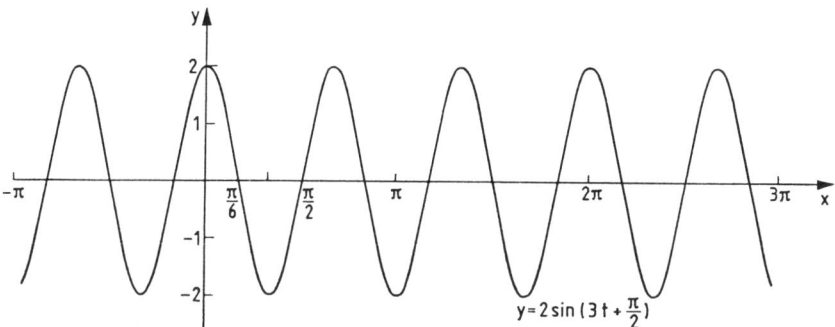

Bild 15.21d

Zur (eindeutigen) Umkehrung der trigonometrischen Funktionen bezieht man sich auf spezielle Monotonieintervalle gemäß der folgenden Definition.

**Definition 15.14:** Die Umkehrfunktionen der Funktionen

1. $y = \sin x$,     $D = \left[ -\dfrac{\pi}{2}, \dfrac{\pi}{2} \right]$, $W = [-1, 1]$     (15.12a)

2. $y = \cos x$,     $D = [0, \pi]$ ,     $W = [-1, 1]$     (15.12b)

3. $y = \tan x$,     $D = \left( -\dfrac{\pi}{2}, \dfrac{\pi}{2} \right)$, $W = \mathbf{R}$     (15.12c)

4. $y = \cot x$,     $D = (0, \pi)$ ,     $W = \mathbf{R}$     (15.12d)

sind die *zyklometrischen Funktionen (Arkusfunktionen)* :

1. $y = \text{Arc}\sin x$,     $D = [-1, 1]$ ,     $W = \left[ -\dfrac{\pi}{2}, \dfrac{\pi}{2} \right]$     (15.13a)

2. $y = \text{Arc}\cos x$,     $D = [-1, 1]$ ,     $W = [0, \pi]$     (15.13b)

3. $y = \text{Arc}\tan x$,     $D = \mathbf{R}$ ,         $W = \left( -\dfrac{\pi}{2}, \dfrac{\pi}{2} \right)$     (15.13c)

4. $y = \text{Arc}\cot x$,     $D = \mathbf{R}$ ,         $W = (0, \pi)$     (15.13d)

Die Ausschnitte der trigonometrischen Funktionen in Monotonieintervallen (15.12a)
bis (15.12d) und ihre Umkehrungen (15.13a) bis (15.13d) sind in den Bildern 15.22
bis 15.25 dargestellt.

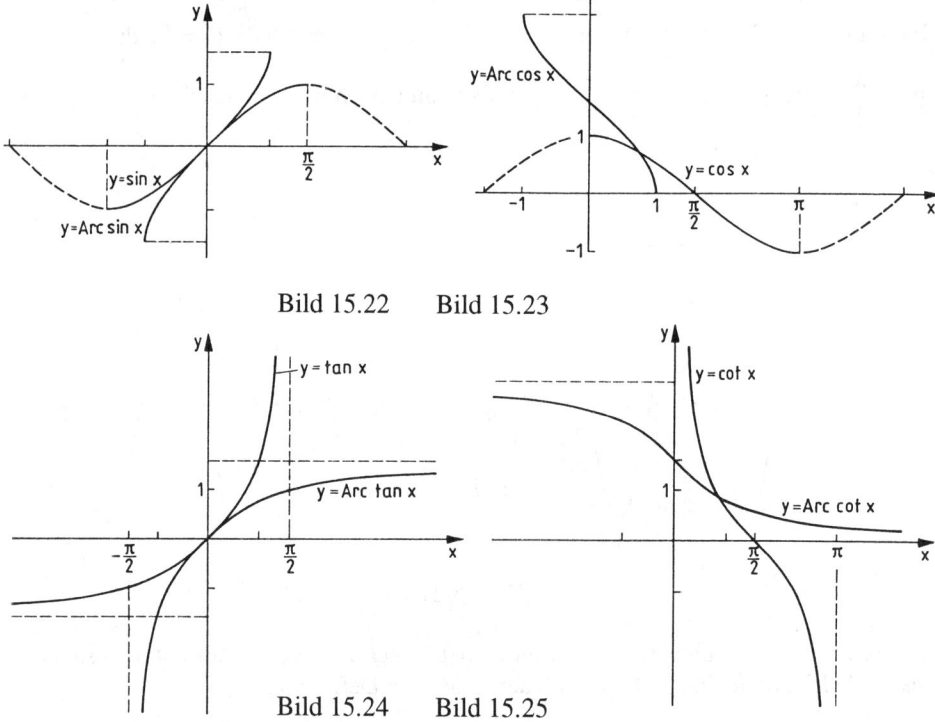

Bild 15.22    Bild 15.23

Bild 15.24    Bild 15.25

## 15.4 Mittelbare Funktionen

---

**Definition 15.15:** Ist für $x \in D$ eine Funktion $z = g(x)$ mit dem Wertebereich $W$ gegeben und ferner für $z \in W$ eine Funktion $y = f(z)$, dann heißt

$$y = f(g(x)), \quad x \in D \tag{15.14}$$

*mittelbare (verkettete) Funktion* von $x$.

---

**Bemerkung**: Eine mittelbare Funktion kann auch durch mehrfache Verkettung entstehen: Gilt zum Beispiel $z = g(x)$ für $x \in D$, $z \in W$ und $w = h(z)$ für $z \in W$, $w \in W^*$ und $y = f(w)$ für $w \in W^*$, so ist $y = f[h(g(x))]$, $x \in D$ ebenfalls mittelbare Funktion von x.

**Beispiel 15.16:**

a) Mit $z = 2x + 4$ und $y = e^z$ erhält man die mittelbare Funktion $y = e^{2x+4}$.

b) In der mittelbaren Funktion $y = \sin x^2$ ist $z = x^2$ die innere Funktion und $y = \sin z$ die äußere Funktion.

   In der mittelbaren Funktion $y = \sin^2 x = (\sin x)^2$ ist $z = \sin x$ die innere und $y = z^2$ die äußere Funktion.

c) Mit $z = 2x + 4$, $w = \sqrt{z}$, $y = \cos w$ erhält man die mittelbare Funktion $y = \cos\sqrt{2x+4}$.

d) In der mittelbaren Funktion $y = \text{Arc} \tan \dfrac{1}{x-1}$ ist $z = x - 1$ die innere, $w = \dfrac{1}{z}$ die mittlere, $y = \text{Arctan } w$ die äußere Funktion.

**Bemerkung**: Bei der Berechnung von Funktionswerten mittelbarer Funktionen für gegebene x-Werte beginnt man " innen ".

*Zu Beispiel 15.16*:

b) Für $x = 0{,}5$ ist $z = x^2 = 0{,}5^2 = 0{,}25$ ; $y = \sin x^2 = \sin z = \sin 0{,}25 = 0{,}24740$ und $z = \sin x = \sin 0{,}5 = 0{,}47942$ ; $\quad y = \sin^2 x = z^2 = 0{,}47942^2 = 0{,}22984$.

d) Für $x = 2$ ist $z = x - 1 = 2 - 1 = 1$ ; $w = \dfrac{1}{z} = \dfrac{1}{1} = 1$ ; $y = \text{Arc} \tan w = \text{Arc} \tan 1 = \dfrac{\pi}{4}$ .

---

**Erklärung:** $y = f(x)$ heißt *analytischer Ausdruck*, wenn f(x) aus reellen Zahlen und elementaren Funktionen mittels der Operationen Addition, Subtraktion, Multiplikation, Division mittelbar oder unmittelbar gebildet wird.

---

Dabei ist zum Beispiel zu beachten, daß in einem Nenner stehende Funktionen ungleich null zu sein haben, ein Radikand bzw. die Basis einer Potenz nicht negativ sein dürfen, eventuell sogar positiv sein müssen, der Numerus eines Logarithmus positiv sein muß und Arc sin f(x) bzw. Arc cos f(x) nur für $f(x) \in [-1, 1]$ definiert sind.

**Beispiel 15.17:** Für die folgenden analytischen Ausdrücke werden die Definitionsbereiche ermittelt.

a) $y = \sqrt{x^2 - 3}$

Der Radikand darf nicht negativ sein, was bedeutet:

$x^2 - 3 \geq 0$  bzw.  $x^2 \geq 3$  bzw.  $|x| \geq \sqrt{3}$    ($x \geq \sqrt{3}$ oder $x \leq -\sqrt{3}$).

Also ist $D = (-\infty, -\sqrt{3}] \cup [\sqrt{3}, \infty)$.

b) $y = \lg(x + 2) + \dfrac{1}{3 + 2x - x^2}$

Im ersten Summanden muß der Numerus $> 0$ sein, was bedeutet: $x + 2 > 0$ bzw. $x > -2$, also $D_1 = (-2, \infty)$. Im zweiten Summanden muß der Nenner $\neq 0$ sein. Die Nullstellen des Nenners ergeben sich aus $3 + 2x - x^2 = 0$ und sind $x_1 = 2$, $x_2 = -1$, also ist $D_2 = \mathbf{R} \setminus \{2; -1\}$.

Der Definitionsbereich der Summe muß sowohl Definitionsbereich des ersten als auch des zweiten Summanden sein, also der Durchschnitt aus $D_1$ und $D_2$:

$D = D_1 \cap D_2 = (-2, \infty) \setminus \{2; -1\}$.

c) $y = \text{Arc} \sin \dfrac{x - 1}{5}$

Unter Beachtung des Definitionsbereichs der Arcsin-Funktion muß gelten

$-1 \leq \dfrac{x - 1}{5} \leq 1$  bzw.  $-5 \leq x - 1 \leq 5$  bzw.  $-4 \leq x \leq 6$, also ist $D = [-4, 6]$.

d) $y = \dfrac{1}{\sqrt{x^2 - 4}}$

Der Radikand muß $\geq 0$ und der Nenner $\neq 0$ sein, was bedeutet:

$x^2 - 4 > 0$ bzw. $x^2 > 4$ bzw. $x > 2$ oder $x < -2$.

Also ist $D = (-\infty, -2) \cup (2, \infty)$.

## 15.5  Übungsaufgaben

1.  Geben Sie die explizite Darstellung der folgenden implizit definierten Funktionen $y = f(x)$ an:

a) $6x - 10y = 15$              b) $x + \dfrac{y}{3} = 5$

c) $2x^2 - 3y + 3 = 0$          d) $x^2 - 4x + 2y - 8 = 0$.

2.  Gegeben sind die folgenden Funktionen in Parameterdarstellung:

a) $x = 2t \quad y = -t^2 + 3t$          b) $x = \sqrt{t} \quad y = 2t + 1$

c) $x = \dfrac{1}{t} \quad y = 2(t - 3)$          d) $x = \dfrac{1}{2}t - 1 \quad y = t^2$.

Eliminieren Sie den Parameter und geben Sie damit $y = f(x)$ an !

3.  Untersuchen Sie die folgenden Funktionen auf Monotonie und zerlegen Sie gegebenenfalls die Definitionsbereiche in Monotonieintervalle:

a) $y = 2x - 3$        b) $y = -2x + 3$        c) $y = x^2$

d) $y = -2x^2$        e) $y = 2x^2 + 1$        f) $y = |x|$.

4.    Entscheiden Sie, ob die folgenden Funktionen gerade, ungerade oder keines von beiden sind:

     a) $y = x$        b) $y = x + 1$        c) $y = x - 1$

     d) $y = 2x^2$        e) $y = 2x^2 + 1$        f) $y = (x - 1)^2$

     g) $y = \frac{1}{2}x^4$        h) $y = x^5$        i) $y = |x|$.

5.    Ermitteln Sie die Nullstellen der folgenden Funktionen:

     a) $y = -2x + 3$        b) $y = (x - 1)(x + 2)$        c) $y = x^2 - x - 2$

     d) $y = 2x^2 - 12x + 18$        e) $y = x^2 + 1$        f) $y = x^3$.

6.    Bilden Sie die Umkehrfunktionen zu folgenden Funktionen:

     a) $y = -2x + 3$              b) $y = x^2 + 1$, $D = [0, \infty)$, $W = [1, \infty)$

     c) $y = (x + 1)^2, D = [-1, \infty), W = [0, \infty)$    d) $y = \frac{1}{2}x^3$, $D = [0, \infty)$, $W = [0, \infty)$.

7.    Gegeben sind die folgenden linearen Funktionen:

     a) $y = 0{,}4x - 1{,}6$        b) $y = -x + 1$        c) $y = \frac{1}{5}(3x + 1{,}5)$

     d) $y = 2$        e) $3x - 3y - 7 = 0$        f) $4y + x = -1$.

     Man skizziere die Geraden, bestimme den Anstiegswinkel $\alpha$ und berechne die Nullstelle $x_N$ !

8.    Welche Gerade geht durch die zwei Punkte

     a) $(2, 3)$ und $(5, 5)$        b) $(1, 1)$ und $(3, 7)$    c) $(-1, 0)$ und $(-2, -3)$?

9.    Gegeben sind die folgenden quadratischen Funktionen:

     a) $y = x^2 - 4x + 3$        b) $y = x^2 - 8x + 16$        c) $y = x^2 - 6x + 10$

     d) $y = (x - 5)(x - 1)$        e) $y = 2x^2 - 10x + 12$        f) $y = 3x^2 + 6x$

     g) $y = -\frac{1}{2}x^2 + x + 4$        h) $y = \frac{1}{4}x^2 + x + 2$        i) $y = 5x^2 + 45$.

     Man bestimme die Scheitelkoordinaten, berechne die Nullstellen und skizziere die Parabeln !

10.    Für die folgenden ganzrationalen Funktionen sind zu den angegebenen x-Werten die Funktionswerte unter Verwendung des Hornerschemas zu berechnen. Die Funktionen sind in Produktform darzustellen.

     a) $y = f(x) = x^3 - 6x + 5$;    $x_1 = 1$    $x_2 = -1$

b) $y = f(x) = \frac{1}{2}x^3 - x^2 - \frac{13}{2}x - 5$;   $x_1 = \frac{1}{5}$   $x_2 = 5$

c) $y = f(x) = x^3 + 2x^2 + 2x$;   $x_1 = -2$   $x_2 = 0,2$

d) $y = f(x) = x^4 - x^3 - 28x^2 + 32x + 40$;   $x_1 = 2$   $x_2 = 5$

e) $y = f(x) = 2x^4 - 3x^3 - 6x^2 + 5x + 6$;   $x_1 = 1,5$   $x_2 = 2$.

11.    Gegeben sind die gebrochen rationalen Funktionen:

a) $y = \dfrac{x^2 + x - 2}{x^2 + 2x - 3}$

b) $y = \dfrac{x^4 - 3x^3 - 4x^2}{x^2 + 5x + 6}$

c) $y = \dfrac{x^3 + 2x^2 + x}{x^4 - 13x^2 + 36}$

d) $y = \dfrac{x}{(x^3 + 6x^2 + 9x)(x^2 - 4x + 4)}$

e) $y = \dfrac{2x^3 - x^2 + 6x - 3}{x^2 + 3}$.

Untersuchen Sie sie hinsichtlich Nullstellen, Pole, Lücken und Verhalten für $x \to \pm\infty$ !

12.    Bilden Sie die Umkehrfunktionen zu den folgenden Funktionen:

a) $y = 2^{x-1}$,   $D = \mathbf{R}$, $W = (0, \infty)$   b) $y = 2^x - 1$,   $D = \mathbf{R}$,   $W = (-1, \infty)$

c) $y = \log_3 x$, $D = (0, \infty)$, $W = \mathbf{R}$   d) $y = \ln(x - 1)$, $D = (1, \infty)$, $W = \mathbf{R}$.

13.    Geben Sie zu den folgenden Funktionen die Monotonieintervalle und die Teilumkehrfunktionen an :

a) $y = (x - 1)^2$

b) $y = x^2 - 1$

c) $y = (x + 1)^2 + 1$

d) $y = x^2 - 4x + 5$

e) $y = 4x^2$

f) $y = \frac{1}{4}x^2 + \frac{1}{2}x + 1$.

14.    Die mittelbaren Funktionen $y = f\big[h(g(x))\big]$ sind in äußere und innere Funktionen $y = f(w)$, $w = h(z)$, $z = g(x)$ zu zerlegen (auf die Angabe der Definitions- und Wertebereiche kann verzichtet werden).

a) $y = e^{(x+1)^2}$

b) $y = \left(e^{x+1}\right)^2$

c) $y = \lg\sqrt{2x - 3}$

d) $y = \sqrt{\lg(2x - 3)}$

e) $y = \tan\sqrt{x - 3}$

f) $y = \sqrt{\tan(x - 3)}$

g) $y = \sqrt{\tan x - 3}$

h) $y = \tan\sqrt{x} - 3$

i) $y = \operatorname{Arc}\sin x^2 + 4$

j) $y = \left[\operatorname{Arc}\cos(3x - 2)\right]^{\frac{1}{2}}$

k) $y = \ln\sin\frac{x}{3}$

l) $y = \sin\ln\left(x + \frac{1}{3}\right)$

m) $y = \sqrt{\dfrac{1}{\sin x}}$

n) $y = \dfrac{1}{\sqrt{\sin x}}$

o) $y = \dfrac{1}{\sin\sqrt{x}}$

p) $y = \operatorname{Arc}\cot e^{2x+1}$.

15. Die mittelbaren Funktionen $y = f\left[h\{g(k(x))\}\right]$ sind in äußere und innere Funktionen $y = f(v)$, $v = h(w)$, $w = g(z)$, $z = k(x)$ zu zerlegen (auf die Angabe der Definitions- und Wertebereiche kann verzichtet werden).

a) $y = \left[\text{Arc cot}\left(e^x + 1\right)\right]^{\frac{1}{2}}$     b) $y = e^{\text{Arc cot}(2x+1)^{\frac{1}{2}}}$     c) $y = \sin\left[\cos\frac{x-4}{3}\right]^2$

d) $y = \sqrt{5 - \tan\sqrt{x}}$     e) $y = \cos\left[\ln\left(x^2 - 1\right) + 1\right]$  f) $y = \log_3\left[\sqrt{2^x + 1}\right]$

g) $y = e^{\tan\sqrt{7x-1}}$     h) $y = \tan e^{\sqrt{7x-1}}$.

16. Für die folgenden analytischen Ausdrücke sind die Definitionsbereiche zu ermitteln:

a) $y = \sqrt{x - 3}$     b) $y = \sqrt{3 - x^2}$     c) $y = \sqrt{x^2 - 9}$

d) $y = \dfrac{1}{\sqrt{x^2 - 9}}$     e) $y = \dfrac{1}{x^2 + x - 6}$     f) $y = \ln(2x + 5)$

g) $y = \text{Arc}\cos(2x - 4)$     h) $y = \sqrt{x} + \dfrac{1}{x}$     i) $y = \ln x + \dfrac{1}{x-1}$.

# 16 Analytische Geometrie der Ebene

Im vorliegenden Abschnitt 16 werden einige ausgewählte Probleme der analytischen Geometrie behandelt. Dabei wird die grundlegende Vorgehensweise der analytischen Geometrie vermittelt, nämlich die Darstellung geometrischer Gebilde durch analytische Ausdrücke und die Untersuchung der Eigenschaften dieser geometrischen Gebilde an ihrer analytischen Darstellung.

## 16.1 Die Gerade

Es gibt verschiedene Möglichkeiten, eine Gerade durch geometrische Bestimmungsstücke eindeutig festzulegen. Demzufolge gibt es auch verschiedene Formen der Geradengleichung.

Eine Gerade ist bestimmt durch einen Punkt und ihre Richtung. Es sei $P_1(x_1, y_1)$ dieser Punkt, $\alpha \neq \pm\frac{\pi}{2}$ der Steigungswinkel, der die Richtung der Geraden bestimmt (Bild 16.1) und $P(x, y)$ ein variabler Punkt auf der Geraden.

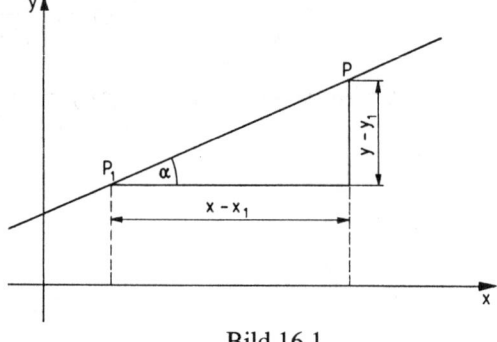

Dann gilt für den *Anstieg* $\tan\alpha = m$ der Geraden

$$m = \frac{y - y_1}{x - x_1},$$

woraus folgt

Bild 16.1

$$y - y_1 = m(x - x_1), \tag{16.1}$$
*Punktrichtungsgleichung der Geraden.*

Wählt man den Punkt $P_1$ auf der y-Achse mit den Koordinaten $x_1 = 0$, $y_1 = b$, so folgt aus (16.1): $y - b = m(x - 0)$ bzw.

$$y = mx + b, \tag{16.2}$$
*Normalform der Geradengleichung.*

Eine Gerade ist bestimmt durch zwei Punkte.
Es seien $P_1(x_1, y_1)$ und $P_2(x_2, y_2)$ mit $x_1 \neq x_2$ diese zwei Punkte (Bild 16.2).

Dann gilt für den Anstieg $\tan\alpha = m$ :

$$m = \frac{y - y_1}{x - x_1} \quad \text{und} \quad m = \frac{y_1 - y_2}{x_1 - x_2} = \frac{y_2 - y_1}{x_2 - x_1}, \text{ woraus folgt}$$

$$\frac{y - y_1}{x - x_1} = \frac{y_2 - y_1}{x_2 - x_1}, \tag{16.3}$$

*Zweipunktegleichung der Geraden.*

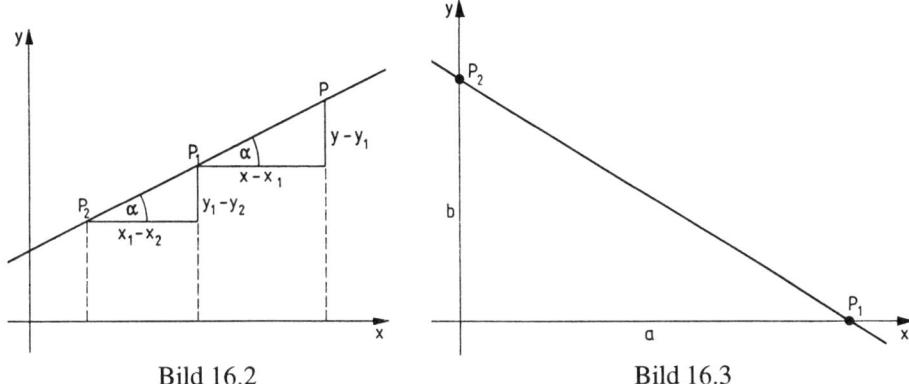

Bild 16.2                                    Bild 16.3

Wählt man den Punkt $P_1$ auf der x-Achse mit den Koordinaten $x_1 = a \neq 0$, $y_1 = 0$ und den Punkt $P_2$ auf der y-Achse mit den Koordinaten $x_2 = 0$, $y_2 = b \neq 0$ (Bild 16.3), so folgt aus (16.3) :

$$\frac{y - 0}{x - a} = \frac{b - 0}{0 - a} \text{ , und daraus}$$

$$\frac{x}{a} + \frac{y}{b} = 1, \tag{16.4}$$

*Abschnittsgleichung der Geraden.*

Die vier Formen der Geradengleichung sind sämtlich linear in x und y, also allgemein Gleichungen der Form:

$$Ax + By + C = 0, \tag{16.5}$$

*allgemeine Form der Geradengleichung.*

Diese Form enthält insbesondere auch die Gleichungen $y = y_0$ ($A = 0$, $B \neq 0$) und $x = x_0$ ($A \neq 0$, $B = 0$) der zur x-Achse bzw. zur y-Achse parallelen Geraden, wobei die zweite bisher noch nicht behandelt wurde.

**Beispiel 16.1:** Die Gleichung der Geraden durch den Punkt $P_1(-2, 3)$ mit dem Steigungswinkel $\alpha = 30^\circ$ lautet wegen $m = \tan\alpha = \frac{1}{3}\sqrt{3}$ gemäß (16.1):

$$y - 3 = \frac{1}{3}\sqrt{3}(x + 2),$$

und ihre Normalform ist

$$y = \frac{1}{3}\sqrt{3}\, x + \left(3 + \frac{2}{3}\sqrt{3}\right).$$

**Beispiel 16.2:** Die Gleichung der Geraden durch die Punkte $P_1(\frac{3}{2}, -2)$, $P_2(1, -4)$ lautet gemäß (16.3):

$$\frac{y+2}{x-\frac{3}{2}} = \frac{-4+2}{1-\frac{3}{2}}.$$

Daraus folgt $y + 2 = \dfrac{-2}{-\frac{1}{2}}\left(x - \frac{3}{2}\right)$, also die Normalform $y = 4x - 8$.

**Beispiel 16.3:** Die Gerade mit der Gleichung $y = -\frac{3}{2}x + 1$ schneidet die y-Achse im Punkt $P_1(0, 1)$ und hat den Anstieg $-\frac{3}{2}$, d.h. bei Änderung des x-Wertes um 1 ändert sich der y-Wert um $-\frac{3}{2}$; es ergibt sich also als zweiter Geradenpunkt z. B.

$$P_2(0+1, 1-\frac{3}{2}) = P_2(1, -\frac{1}{2}) \text{ (Bild 16.4).}$$

**Beispiel 16.4:** Zur allgemeinen Form der Geradengleichung $x - 2y - 6 = 0$ erhält man die Abschnittsform

$$\frac{x}{6} - \frac{y}{3} = 1.$$

Die Gerade schneidet die Koordinatenachsen in den Punkten $P_1(6, 0)$, $P_2(0, -3)$.

Der Abstand zweier Punkte $P_1(x_1, y_1)$ und $P_2(x_2, y_2)$ auf einer Geraden (die Länge der Strecke $\overline{P_1P_2} = d$) ergibt sich nach dem Satz des Pythagoras (Bild 16.5). Es gilt

$$\boxed{\begin{aligned} d = \sqrt{(x_2 - x_1)^2 + (y_2 - y_1)^2}\,, \\ \textit{Abstand zwischen den Punkten } P_1 \textit{ und } P_2. \end{aligned}} \qquad (16.6)$$

**Beispiel 16.5:** Die Seiten des Dreiecks ABC mit den Eckpunkten $A(3, -1)$, $B(-1, 1)$, $C(2, 5)$ haben die Längen

$$a = \overline{BC} = \sqrt{(2+1)^2 + (5-1)^2} = \sqrt{25} = 5,$$
$$b = \overline{AC} = \sqrt{(2-3)^2 + (5+1)^2} = \sqrt{37} = 6{,}08\,,$$
$$c = \overline{AB} = \sqrt{(-1-3)^2 + (1+1)^2} = \sqrt{20} = 4{,}47.$$

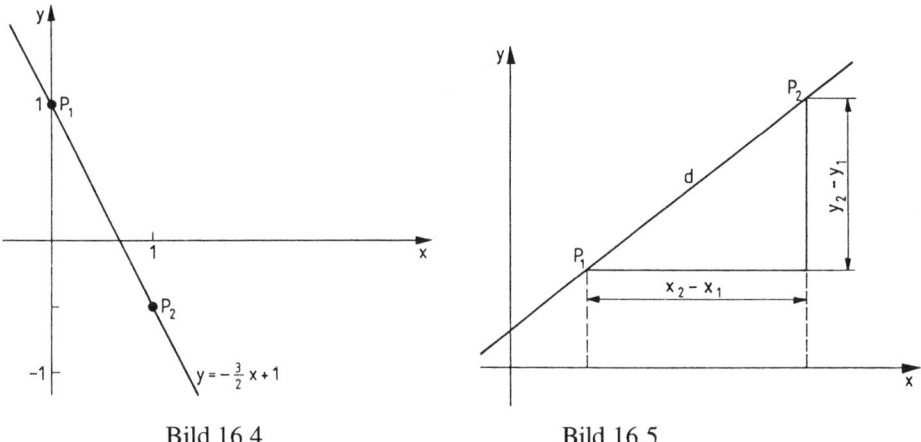

Bild 16.4                    Bild 16.5

Zwei (nicht identische) Geraden haben, falls sie nicht parallel verlaufen, genau einen *Schnittpunkt*. Da der Schnittpunkt auf beiden Geraden liegt, müssen seine Koordinaten beiden Geradengleichungen genügen. In diesem Fall erhält man die Schnittpunktkoordinaten als eindeutig bestimmte Lösung eines Systems von zwei linearen Gleichungen mit zwei Unbekannten.

Allgemein gilt: Hat das Gleichungssystem, bestehend aus den Gleichungen zweier Geraden, eine eindeutig bestimmte Lösung, so schneiden sich die beiden Geraden in diesem Punkt.

Existieren unendlich viele Lösungen, so stellen beide Gleichungen die gleiche Gerade dar.

Existiert keine Lösung, so sind die Geraden parallel (vgl. Abschnitt 11.1.2).

**Beispiel 16.6:**    Es ist die Lage der Geraden $g_1$: $y = 3x - 2$ zu den Geraden

a) $g_2$: $-2x + y = 1$,   b) $g_3$: $3x - y = 5$,   c) $g_4$: $-x + \frac{1}{3}y = -\frac{2}{3}$   zu untersuchen.

Lösung: Die Gleichung von $g_1$ wird umgeformt: $3x - y = 2$.

a) Das Gleichungssystem   $3x - y = 2$
$\phantom{Das Gleichungssystem \quad} -2x + y = 1$

hat genau eine Lösung: $x_1 = 3$, $y_1 = 7$.

Der Punkt $S(3, 7)$ ist der Schnittpunkt der Geraden $g_1$ und $g_2$.

b) Das Gleichungssystem   $3x - y = 2$
$\phantom{Das Gleichungssystem \quad} 3x - y = 1$

hat keine Lösung. Die Gleichungen widersprechen sich. Die Geraden $g_1$ und $g_3$

laufen parallel zueinander.

c) Das Gleichungssystem  $3x - y = 2$

$$-x + \frac{1}{3}y = -\frac{2}{3}$$

hat unendlich viele Lösungen. Die Gleichungen sind identisch (man multipliziere die zweite Gleichung mit (−3)). Die Geraden $g_1$ und $g_4$ sind identisch.

Um den **Schnittwinkel** $\varphi$ zweier Geraden

$g_1: y = m_1 x + b_1,$

$g_2: y = m_2 x + b_2$

zu bestimmen, ist die Differenz aus den Steigungswinkeln $\alpha_1$ und $\alpha_2$ beider Geraden zu bilden (Bild 16.6):

$\varphi = \alpha_2 - \alpha_1.$

Aus den Geradengleichungen kennt man

$\tan \alpha_1 = m_1$ und $\tan \alpha_2 = m_2.$

Nach einem Additionstheorem für

$\tan(\alpha_2 - \alpha_1)$ (vgl. Abschnitt 4.5)

gilt

$$\tan \varphi = \tan(\alpha_2 - \alpha_1) = \frac{\tan \alpha_2 - \tan \alpha_1}{1 + \tan \alpha_1 \cdot \tan \alpha_2},$$

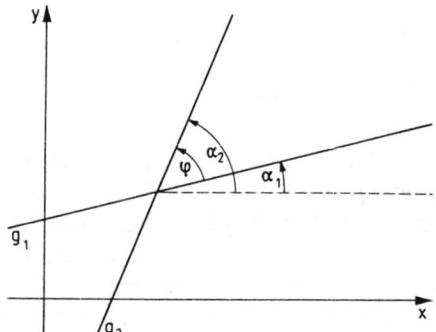

woraus mit $\tan \alpha_1 = m_1$ und $\tan \alpha_2 = m_2$ folgt:        Bild 16.6

$$\tan \varphi = \frac{m_2 - m_1}{1 + m_1 \cdot m_2}, \qquad\qquad (16.7)$$

*Schnittwinkel zweier Geraden.*

Je nachdem, ob $\tan \varphi > 0$ oder $\tan \varphi < 0$ gilt, ist der gemäß Bild 16.6 orientierte Winkel $\varphi$ spitz oder stumpf.

**Beispiel 16.7:** Für den Schnittwinkel $\varphi$ zwischen den Geraden $g_1: y = x - 1$ und

$g_2: \quad y = \frac{7}{4}x + 1$ erhält man gemäß (16.7):

$$\tan \varphi = \frac{\dfrac{7}{4} - 1}{1 + 1 \cdot \dfrac{7}{4}} = \frac{3}{11}, \qquad \varphi = 15{,}255^\circ.$$

Der stumpfe Winkel zwischen $g_1$ und $g_2$ ist dann $180^\circ - \varphi = 164{,}745^\circ.$

Sonderfälle der Lage zweier Geraden zueinander:

1. Die Geraden verlaufen parallel. Dann ist

$$\varphi = 0° \text{ oder } \varphi = 180°, \text{ also } \tan\varphi = \frac{m_2 - m_1}{1 + m_1 \cdot m_2} = 0,$$

was zutrifft für $m_2 - m_1 = 0$, also $m_2 = m_1$. (Es gilt hier $m_1 \cdot m_2 = m_1^2 \neq -1$).

2. Die Geraden stehen senkrecht aufeinander. Dann ist

$$\varphi = 90° , \text{ also } \tan\varphi = \frac{m_2 - m_1}{1 + m_1 \cdot m_2} = \infty,$$

was zutrifft für $1 + m_1 \cdot m_2 = 0$, also für $m_2 = -\frac{1}{m_1}$, $(m_1 \neq 0, m_2 \neq 0)$.

Auf der Geraden $y = y_0$ $(m_1 = 0)$ steht die Gerade $x = x_0$ $(m_2 = \infty)$ senkrecht.

| | |
|---|---|
| Bedingung für *Parallelität*: $m_2 = m_1$, | (16.8) |
| Bedingung für *Orthogonalität*: $m_2 = -\dfrac{1}{m_1}$ . | (16.9) |

**Beispiel 16.8:** Zu bestimmen ist die Gleichung der Geraden $g_2$ durch den Punkt $P(2, -1)$, die zur Geraden $g_1$: $y = -2x + 1$ a) parallel und b) orthogonal verläuft.
Lösung:
a) Der Anstieg von $g_2$ ist $m_2 = m_1 = -2$. Gemäß (16.1) gilt für die Gleichung der Geraden $g_2$: $y + 1 = -2(x - 2)$ bzw. $y = -2x + 3$.

b) Der Anstieg von $g_2$ ist $m_2 = -\dfrac{1}{m_1} = \dfrac{1}{2}$. Gemäß (16.1) ist die Gleichung der Geraden $g_2$: $y + 1 = \dfrac{1}{2}(x - 2)$ bzw. $y = \dfrac{1}{2}x - 2$.

**Beispiel 16.9:** Zu bestimmen ist die Gleichung der Geraden, die durch den Punkt $P_1(\frac{1}{3}, -\frac{1}{6})$ hindurchgeht und senkrecht auf der Geraden durch die Punkte $P_2(-1, 1)$ und $P_3(-2, -1)$ steht.
Lösung: Die Gerade durch die Punkte $P_2$, $P_3$ hat gemäß (16.3) die Gleichung

$$\frac{y - 1}{x + 1} = \frac{-1 - 1}{-2 + 1} = 2 \text{ bzw. } y = 2x + 3.$$

Der Anstieg der auf dieser Geraden senkrecht stehenden Geraden ist

$$m_2 = -\frac{1}{m_1} = -\frac{1}{2}.$$

Die Gleichung der Geraden durch $P_1$ mit dem Anstieg $m_2$ ist gemäß (16.1)

$$y + \frac{1}{6} = -\frac{1}{2}(x - \frac{1}{3}) \text{ bzw. } y = -\frac{1}{2}x.$$

**Beispiel 16.10:** Wie groß ist der Abstand des Schnittpunktes $S$ der Geraden $g_1$: $2x - y - 1 = 0$ und $g_2$: $3x + 2y = 5$ vom Punkt $P(6, 13)$ und wie lautet die Gleichung der Geraden durch den Ursprung des Koordinatensystems, die auf der Geraden durch S und P senkrecht steht?

Lösung: Die Koordinaten des Schnittpunktes S erhält man als Lösung des Gleichungssystems $2x - y = 1$
$$3x + 2y = 5,$$

nämlich $x_S = 1, y_S = 1$.

Der Abstand zwischen S und P ist gemäß (16.6)

$$d = \sqrt{(1-6)^2 + (1-13)^2} = 13.$$

Die Gerade durch S und P hat gemäß (16.3) die Gleichung

$$\frac{y-1}{x-1} = \frac{13-1}{6-1} \quad \text{bzw.} \quad y = \frac{12}{5}x - \frac{7}{5}, \quad \text{(Anstieg: } m_1 = \frac{12}{5} \text{ )}.$$

Die auf der Geraden durch S und P senkrecht stehende Gerade hat den Anstieg

$$m_2 = -\frac{1}{m_1} = -\frac{5}{12}.$$

Die Gerade durch $P_0(0, 0)$ mit dem Anstieg $m_2$ hat gemäß (16.1) die Gleichung

$$y - 0 = -\frac{5}{12}(x - 0) \quad \text{bzw.} \quad y = -\frac{5}{12}x.$$

## 16.2    Der Kreis

Der *Kreis* ist die Menge aller Punkte, die von einem festen Punkt, dem *Mittelpunkt* M, gleichen Abstand haben. Der Abstand ist der *Radius* des Kreises und wird mit r bezeichnet.

Befindet sich der Mittelpunkt des Kreises im Ursprung des Koordinatensystems (Bild 16.7), so gilt für einen beliebigen Kreispunkt P(x, y) (Satz des Pythagoras):

$$x^2 + y^2 = r^2,$$ (16.10)

Mittelpunktsgleichung des Kreises mit dem Mittelpunkt M(0, 0) und dem Radius r.

Hat der Mittelpunkt M die Koordinaten $(x_M, y_M)$ (Bild 16.8), so gilt für einen beliebigen Kreispunkt P(x, y) :

$$(x - x_M)^2 + (y - y_M)^2 = r^2,$$ (16.11)

Mittelpunktsgleichung des Kreises mit dem Mittelpunkt $M(x_M, y_M)$ und dem Radius r.

Berechnet man in (16.11) die Quadrate der Binome, und multipliziert die Kreisgleichung noch mit einem Faktor $A \neq 0$ (was man tun kann, ohne den Kreis zu verändern), so erkennt man, daß die Kreisgleichung quadratische Glieder in x und y mit gleichem Faktor A, lineare Glieder in x und y und Absolutglieder ( die man zu einem Glied zusammenfassen kann) enthält. Sie hat also die allgemeine Struktur

$$Ax^2 + Ay^2 + Cx + Dy + E = 0, \quad A \neq 0, \qquad (16.12)$$
allgemeine Form der Kreisgleichung.

Ist die Gleichung eines Kreises in allgemeiner Form gegeben und sind sein Mittelpunkt und sein Radius zu ermitteln, so überführt man die Kreisgleichung in die Mittelpunktsform. Dies geschieht durch Bildung quadratischer Ergänzungen.

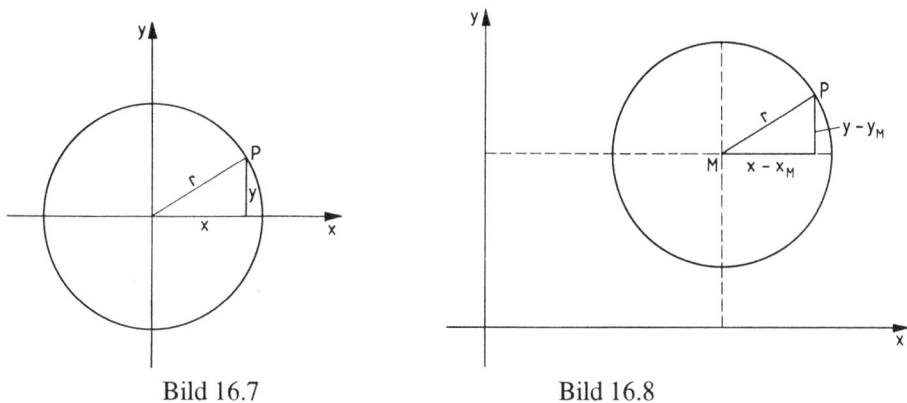

Bild 16.7                    Bild 16.8

**Beispiel 16.11:** Die Gleichung eines Kreises (allgemeine Form) sei
$2x^2 + 2y^2 + 8x - 12y - 6 = 0$.
Daraus erhält man
$x^2 + y^2 + 4x - 6y - 3 = 0$ (Division durch 2),
$x^2 + 4x + 4 + y^2 - 6x + 9 = 3 + 4 + 9$ (quadratische Ergänzung),
$(x + 2)^2 + (y - 3)^2 = 16$ (Darstellung mittels Quadraten von Binomen).
Der Kreis hat den Mittelpunkt M(−2, 3) und den Radius r = 4.

**Beispiel 16.12:**   Wie lautet die Gleichung des Kreises mit dem Mittelpunkt M(2; 0), auf dem der Punkt P(6, $4\sqrt{3}$) liegt?

Lösung : Mit M(2, 0) lautet (16.11)
$(x - 2)^2 + y^2 = r^2$.

Der Punkt P genügt der Kreisgleichung
$(6 - 2)^2 + (4\sqrt{3})^2 = r^2$.

Daraus erhält man den Radius des Kreises: r = 8, und damit die Kreisgleichung
$(x - 2)^2 + y^2 = 64$.

*Kreis und Gerade* können drei verschiedene Lagen zueinander haben:

1. Die Gerade schneidet den Kreis, ist also *Sekante*.
2. Die Gerade berührt den Kreis, ist also *Tangente*.
3. Die Gerade liegt vollständig außerhalb des Kreises.

Die Schnittpunktkoordinaten müssen der Kreis- und der Geradengleichung genügen. Man setzt die (nach y oder x aufgelöste) Geradengleichung in die Kreisgleichung ein und erhält eine quadratische Gleichung in x oder y, die bekanntlich (vgl. Abschnitt 12.2) zwei reelle Lösungen, eine reelle Doppellösung oder keine reelle Lösung haben kann, was den Fällen 1., 2., 3. entspricht.

**Beispiel 16.13:** Welche Lage haben der Kreis k: $(x-2)^2 + (y-3)^2 = 5$

und die Geraden     $g_1: 2x + y = 4$,   $g_2: 2x + y = 12$,   $g_3: -x + \dfrac{y}{2} = 3$   zueinander?

Lösung: $g_1: y = -2x + 4$ eingesetzt in die Kreisgleichung ergibt
$$(x-2)^2 + (-2x+4-3)^2 = 5 \quad \text{bzw.} \quad 5x^2 - 8x = 0$$
mit den Lösungen  $x_1 = 0$, $y_1 = 4$ und $x_2 = \dfrac{8}{5}$, $y_2 = \dfrac{4}{5}$.  $g_1$ ist Sekante.

$g_2: y = -2x + 12$ eingesetzt in die Kreisgleichung ergibt
$$(x-2)^2 + (-2x+12-3)^2 = 5 \quad \text{bzw.} \quad x^2 - 8x + 16 = 0$$
mit der Doppellösung  $x_{1;2} = 4$, $y_{1;2} = 4$.  $g_2$ ist Tangente.

$g_3: y = 2x + 6$ eingesetzt in die Kreisgleichung ergibt
$$(x-2)^2 + (2x+6-3)^2 = 5 \quad \text{bzw.} \quad 5x^2 + 8x + 8 = 0.$$
Diese quadratische Gleichung hat keine reelle Lösung. $g_3$ liegt außerhalb k.

Gesucht ist die *Gleichung der Tangente*

im Punkt $P_0(x_0, y_0)$ mit $x_0^2 + y_0^2 = r^2 > 0$ an den Kreis $x^2 + y^2 = r^2$ (Bild 16.9). Die Tangente steht senkrecht auf dem Berührungsradius. Der Berührungsradius hat den Anstieg $\tan \varphi = \dfrac{y_0}{x_0}$, und daher ist gemäß (16.9) der *Anstieg der Tangente*

$$m = -\frac{1}{\tan \varphi} = -\frac{x_0}{y_0}. \qquad (16.13)$$

Die Tangentengleichung erhält man dann gemäß (16.1):   $y - y_0 = -\dfrac{x_0}{y_0}(x - x_0)$

bzw.

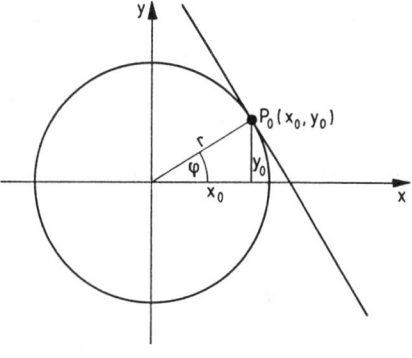

Bild 16.9

$$xx_0 + yy_0 = x_0^2 + y_0^2 = r^2.$$

$$xx_0 + yy_0 = r^2, \tag{16.14}$$
*Gleichung der Kreistangente* im Punkt $P_0(x_0, y_0)$ an den Kreis $x^2 + y^2 = r^2$.

(Die Fälle $P_0(\pm r, 0)$ und $P_0(0, \pm r)$ sind in (16.14) enthalten.)

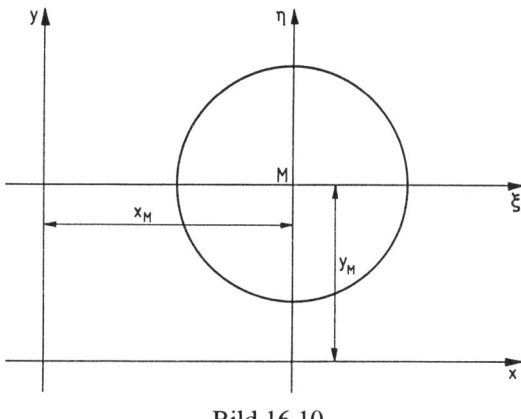

Bild 16.10

**Beispiel 16.14:** Wie lauten die Gleichungen der zwei Tangenten vom Punkt $P_1(-12, 4)$ an den Kreis mit der Gleichung $x^2 + y^2 = 16$ ?

Lösung: Zunächst sind die Berührungspunkte der beiden Tangenten zu ermitteln. Sie müssen der Kreisgleichung genügen. Der Punkt $P_1$ muß auf den Tangenten liegen, also der Tangentengleichung (16.14) genügen. Damit gilt

$$x_0^2 + y_0^2 = 16 \text{ und } -12x_0 + 4y_0 = 16.$$

Löst man die lineare Gleichung nach $y_0$ auf und setzt in die quadratische Gleichung ein, so erhält man eine quadratische Gleichung in $x_0$:

$$x_0^2 + (3x_0 + 4)^2 = 16 \text{ bzw. } 5x_0^2 + 12x_0 = 0 \text{ mit den Lösungen } x_{01} = 0, \ x_{02} = -\frac{12}{5}.$$

Dazu gehören $y_{01} = 4, y_{02} = -\frac{16}{5}$.

Die Gleichungen der Tangenten an den Kreis in den Punkten $P_{01}(0, 4)$ und $P_{02}(-\frac{12}{5}, -\frac{16}{5})$ sind dann gemäß (16.14)

$$0 \cdot x + 4y = 16 \text{ bzw. } y = 4 \text{ und}$$

$$-\frac{12}{5}x - \frac{16}{5}y = 16 \text{ bzw. } y = -\frac{3}{4}x - 5.$$

Die Gleichung des Kreises (16.11) mit dem Mittelpunkt $M(x_M, y_M)$ hat in einem $\xi,\eta$-Koordinatensystem, dessen Ursprung in M liegt (Bild 16.10), die Form
$$\xi^2 + \eta^2 = r^2.$$
Die Gleichung der Tangente im Punkt $P_0(\xi_0, \eta_0)$ lautet

$$\xi\xi_0 + \eta\eta_0 = r^2. \tag{16.15}$$

Das $\xi,\eta$-Koordinatensystem ist eine *Parallelverschiebung des x,y-Koordinatensystems*, und zwischen den Koordinaten beider Systeme besteht der Zusammenhang

$$\xi = x - x_M, \eta = y - y_M. \tag{16.16}$$

Setzt man die Gleichungen (16.16) in die Tangentengleichung (16.15) ein, dann transformiert man sie in das x, y-Koordinatensystem:

$$(x - x_M)(x_0 - x_M) + (y - y_M)(y_0 - y_M) = r^2, \tag{16.17}$$

*Gleichung der Kreistangente* im Punkt $P_0(x_0, y_0)$ an den Kreis
$$(x - x_M)^2 + (y - y_M)^2 = r^2.$$

**Beispiel 16.15:** An den Kreis mit der Gleichung $x^2 + y^2 + 16x - 4y + 43 = 0$ sind in den Punkten mit den Abszissen $x_1 = x_2 = -5$ die Tangenten zu legen. Wie lauten ihre Gleichungen?

Lösung: Die Kreisgleichung wird in die Mittelpunktsform (16.11) umgewandelt:
$$x^2 + 16x + 64 + y^2 - 4y + 4 = -43 + 64 + 4$$
$$(x + 8)^2 + (y - 2)^2 = 25,$$
und damit hat man $x_M = -8, y_M = 2, r = 5$.

Die Abszissen $x_1 = x_2 = -5$ der beiden Kreispunkte werden in die Kreisgleichung eingesetzt:
$$(-5 + 8)^2 + (y - 2)^2 = 25.$$

Aus der damit erhaltenen quadratischen Gleichung für y erhält man die Ordinaten der beiden Berührungspunkte: $y_1 = 6, y_2 = -2$.

Gemäß (16.17) ergeben sich dann die Tangentengleichungen
$$(x + 8)(-5 + 8) + (y - 2)(6 - 2) = 25 \quad \text{bzw.} \quad 3x + 4y = 9$$
und
$$(x + 8)(-5 + 8) + (y - 2)(-2 - 2) = 25 \quad \text{bzw.} \quad 3x - 4y = -7.$$

## 16.3  Die Ellipse

Die *Ellipse* ist die Menge aller Punke P, für die die Summe ihrer Abstände von zwei festen Punkten, den *Brennpunkten* $F_1$ und $F_2$ der Ellipse, konstant ist. Wir legen diese Brennpunkte gemäß Bild 16.11 symmetrisch zur y-Achse auf die x-Achse und setzen die konstante Abstandssumme

$\overline{PF_1} + \overline{PF_2} = 2a.$    (16.18)

Der Brennpunktabstand sei

$\overline{F_1 F_2} = 2e\,;$

e heißt lineare Exzentrizität.

Es folgt nach dem Satz des Pythagoras

$\overline{PF_1} = \sqrt{(e+x)^2 + y^2}$   und

$\overline{PF_2} = \sqrt{(e-x)^2 + y^2}$

und damit aus (16.18)

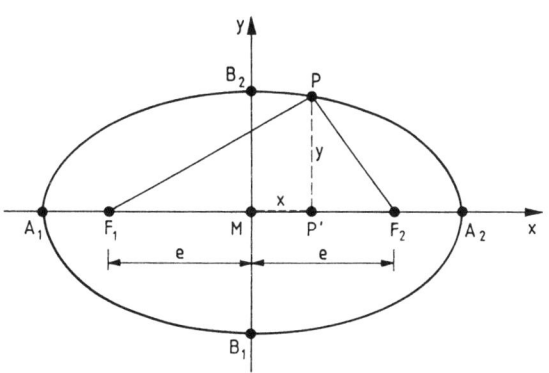

Bild 16.11

$\sqrt{(e+x)^2 + y^2} = 2a - \sqrt{(e-x)^2 + y^2}\,.$

$e^2 + 2ex + x^2 + y^2 = 4a^2 - 4a \cdot \sqrt{(e-x)^2 + y^2} + e^2 - 2ex + x^2 + y^2$ (quadriert),

$ex - a^2 = -a \cdot \sqrt{(e-x)^2 + y^2}$    (Wurzel isoliert),

$e^2 x^2 - 2exa^2 + a^4 = a^2(e^2 - 2ex + x^2 + y^2)$    (quadriert),

$(a^2 - e^2)x^2 + a^2 y^2 = a^2(a^2 - e^2)$    (umgeordnet).

Man setzt

$a^2 - e^2 = b^2$    (16.19)

und erhält

$b^2 x^2 + a^2 y^2 = a^2 b^2$ bzw.

$$\frac{x^2}{a^2} + \frac{y^2}{b^2} = 1,$$    (16.20)

Mittelpunktsgleichung der Ellipse mit dem Mittelpunkt $M(0, 0)$.

Für $y = 0$ ist $x = \pm\,a$, für $x = 0$ ist $y = \pm\,b$. Die Ellipse (Bild 16.11) schneidet also die x-Achse in den Punkten $A_1(-a, 0)$, $A_2(a, 0)$ und die y-Achse in den Punkten $B_1(0, -b)$, $B_2(0, b)$, a und b sind die Längen ihrer beiden Halbachsen. Wie für jeden Ellipsenpunkt, so gilt auch für $B_2$ die Beziehung (16.18):

$\overline{F_1 B_2} + \overline{F_2 B_2} = 2a.$

Wegen

$\overline{F_1 B_2} = \overline{F_2 B_2}$

folgt daraus

$\overline{F_2 B_2} = a$  (Bild 16.12).

Am Dreieck $MF_2 B_2$ erkennt man damit die geometrische Bedeutung der Beziehung (16.19).

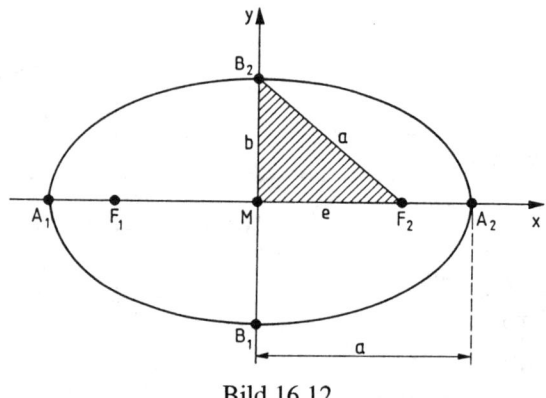

Bild 16.12

Hat der Mittelpunkt M die Koordinaten $x_M$, $y_M$ und laufen die Ellipsenachsen parallel zu den Koordinatenachsen, so gilt für einen beliebigen Ellipsenpunkt P(x, y):

$$\frac{(x - x_M)^2}{a^2} + \frac{(y - y_M)^2}{b^2} = 1, \qquad (16.21)$$

Mittelpunktsgleichung der Ellipse mit dem Mittelpunkt $M(x_M, y_M)$.

Durch Ausmultiplizieren erkennt man die allgemeine Struktur der Ellipsengleichung:

$$Ax^2 + By^2 + Cx + Dy + E = 0, \qquad (16.22)$$

allgemeine Form der Ellipsengleichung.

Im Unterschied zur Kreisgleichung (vgl. 16.12) sind die Koeffizienten von $x^2$ und $y^2$ voneinander verschieden, haben aber gleiches Vorzeichen ($A \cdot B > 0$).

**Beispiel 16.16:** Gesucht sind der Mittelpunkt, die Halbachsen und die Brennpunkte der Ellipse mit der Gleichung $9x^2 + 25y^2 - 54x + 100y - 719 = 0$.

Lösung: Die gegebene Ellipsengleichung wird in die Mittelpunktsform (16.21) umgeformt:

$$9(x^2 - 6x) + 25(y^2 + 4y) = 719,$$

$$9(x^2 - 6x + 9) + 25(y^2 + 4y + 4) = 719 + 9 \cdot 9 + 25 \cdot 4 \quad \text{(quadratische Ergänzung)},$$

$$9(x - 3)^2 + 25(y + 2)^2 = 900,$$

$$\frac{(x - 3)^2}{100} + \frac{(y + 2)^2}{36} = 1 \quad \text{(Division durch 900)}.$$

Aus der erhaltenen Gleichung liest man die Mittelpunktkoordinaten $x_M = 3$, $y_M = -2$ und für die Halbachsen $a^2 = 100$, $a = 10$ und $b^2 = 36$, $b = 6$ ab. Gemäß (16.19) erhält man $e = \sqrt{a^2 - b^2} = \sqrt{100 - 36} = \sqrt{64} = 8$

und damit die Brennpunkte (vgl. Bild 16.11)

$$F_1(x_M - e, y_M) = F_1(-5, -2), \quad F_2(x_M + e, y_M) = F_2(11, -2).$$

**Beispiel 16.17:** Gesucht ist die Gleichung der Ellipse mit dem Mittelpunkt M(−1, 3), auf der die Punkte $P_1(-3, 3)$ und $P_2(0, 3 + \frac{3}{2}\sqrt{3})$ liegen.

Lösung: Gemäß (16.21) mit dem Mittelpunkt M(−1; 3) lautet die Ellipsengleichung

$$\frac{(x+1)^2}{a^2} + \frac{(y-3)^2}{b^2} = 1.$$

Die Punkte $P_1$ und $P_2$ müssen der Ellipsengleichung genügen:

$$\frac{(-3+1)^2}{a^2} + \frac{(3-3)^2}{b^2} = 1, \quad \frac{(0+1)^2}{a^2} + \frac{(3-3-\frac{3}{2}\sqrt{3})^2}{b^2} = 1.$$

Aus der ersten dieser beiden Gleichungen erhält man $\frac{4}{a^2} + 0 = 1$ bzw. $a = 2$ und

damit aus der zweiten $\quad \frac{(0+1)^2}{4} + \frac{(-\frac{3}{2}\sqrt{3})^2}{b^2} = 1 \quad$ bzw. $\quad \frac{\frac{9}{4} \cdot 3}{b^2} = \frac{3}{4} \quad$ bzw. $\quad b = 3$.

Die gesuchte Ellipsengleichung lautet $\quad \dfrac{(x+1)^2}{4} + \dfrac{(y-3)^2}{9} = 1.$

**Beispiel 16.18:** Zu bestimmen sind die Schnittpunkte der Geraden a) $y = x + 2$ und b) $y = x - 2$ mit der Ellipse $9x^2 + y^2 + 54x + 72 = 0$.

Lösung: a) $y = x + 2$ in die Ellipsengleichung eingesetzt, ergibt

$$9x^2 + (x+2)^2 + 54x + 72 = 0 \quad \text{bzw.} \quad 10x^2 + 58x + 76 = 0.$$

Die Lösungen der quadratischen Gleichung, $x_1 = -2$, $x_2 = -3{,}8$, sind die Abszissen der Schnittpunkte; dazu gehören die Ordinaten $y_1 = 0$, $y_2 = -1{,}8$.

b) Die mit $y = x - 2$ entstehende quadratische Gleichung

$$9x^2 + (x-2)^2 + 54x + 72 = 0 \quad \text{bzw.} \quad 10x^2 + 50x + 76 = 0$$

hat keine reellen Lösungen. Die Gerade $y = x - 2$ liegt außerhalb der Ellipse.

# 16.4  Die Hyperbel

Die *Hyperbel* ist die Menge aller Punkte P, für die der Absolutbetrag der Differenz ihrer Abstände von zwei festen Punkten, den Brennpunkten $F_1$ und $F_2$ der Hyperbel, konstant ist. Diese Brennpunkte legen wir wie bei der Ellipse fest (Bild 16.13), setzen die konstante Abstandsdifferenz $\left| \overline{PF_1} - \overline{PF_2} \right| = 2a$ und den Brennpunktabstand $\overline{F_1 F_2} = 2e$ (Bild 16.13),

$$e^2 - a^2 = b^2. \tag{16.23}$$

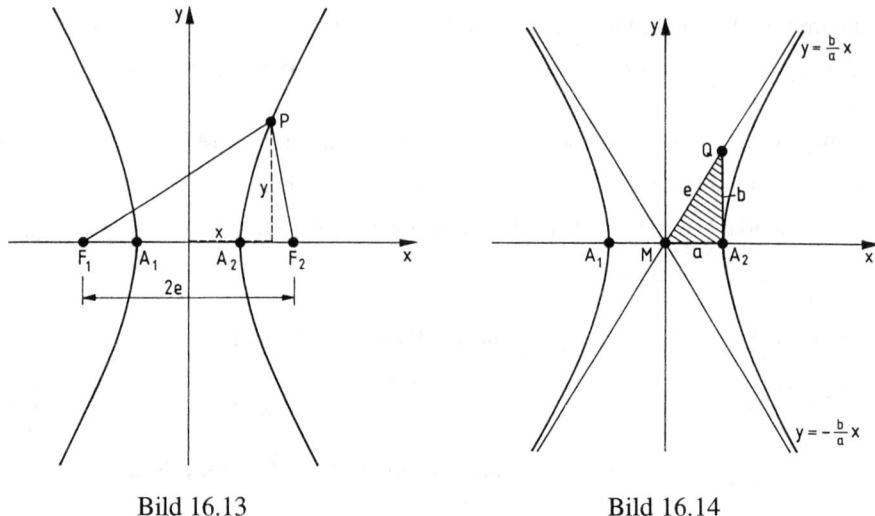

Bild 16.13                    Bild 16.14

Eine analoge Herleitung wie bei der Ellipsengleichung (Abschnitt 16.3) führt zu

$$\frac{x^2}{a^2} - \frac{y^2}{b^2} = 1,$$  (16.24)

Mittelpunktsgleichung der Hyperbel mit dem Mittelpunkt M(0, 0).

Für $y = 0$ ist $x = \pm a$, d.h. die Hyperbel schneidet die x-Achse in den Punkten $A_1(-a, 0)$ und $A_2(a, 0)$. Diese Punkte heißen Scheitelpunkte.

Zum Verhalten im Unendlichen: Löst man (16.24) nach y auf, so erhält man

$$y = \pm b \cdot \sqrt{\frac{x^2}{a^2} - 1} = \pm \frac{b}{a} \cdot x \cdot \sqrt{1 - \frac{a^2}{x^2}} \,.$$

Für $x \to \pm \infty$ verschwindet $-\dfrac{a^2}{x^2}$. Die Hyperbel nähert sich also den Geraden $y = \pm \dfrac{b}{a} x$ (Bild 16.14).

Daher heißen

$$y = \pm \frac{b}{a} x$$  (16.25)

Asymptoten der Hyperbel.

Wegen (16.23) ist $\overline{MQ} = e$.

Hat der Mittelpunkt M die Koordinaten $x_M$, $y_M$ und laufen die Symmetrieachsen parallel zu den Koordinatenachsen, so gilt für einen beliebigen Hyperbelpunkt P(x, y):

$$\frac{(x-x_M)^2}{a^2} - \frac{(y-y_M)^2}{b^2} = 1, \tag{16.26}$$

Mittelpunktsgleichung der Hyperbel mit dem Mittelpunkt $M(x_M, y_M)$.

Durch Ausmultiplizieren erkennt man die allgemeine Struktur der Hyperbelgleichung.

$$Ax^2 + By^2 + Cx + Dy + E = 0, \tag{16.27}$$

allgemeine Form der Hyperbelgleichung.

Dabei haben im Gegensatz zur Ellipsengleichung (vgl. 16.22) die Koeffizienten von $x^2$ und $y^2$ verschiedenes Vorzeichen ($A \cdot B < 0$). Die allgemeine Gleichung kann auch auf die folgende Mittelpunktsgleichung führen

$$\frac{(y-y_M)^2}{b^2} - \frac{(x-x_M)^2}{a^2} = 1, \tag{16.26'}$$

deren Bild eine nach oben und unten geöffnete Hyperbel ist.

**Beispiel 16.19:** Gesucht sind der Mittelpunkt und die Brennpunkte der Hyperbel
$$-25x^2 - 150x + 144y^2 - 288y + 144 = 0.$$
Lösung: Die gegebene Hyperbelgleichung wird in die Mittelpunktsform (16.26) umgeformt:

$$-25(x^2 + 6x) + 144(y^2 - 2y) = -144$$
$$-25(x^2 + 6x + 9) + 144(y^2 - 2y + 1) = -144 - 225 + 144 \quad \text{(quadratische Ergänzung)}$$
$$-25(x+3)^2 + 144(y-1)^2 = -225$$
$$\frac{(x+3)^2}{9} - \frac{(y-1)^2}{\frac{25}{16}} = 1 \quad \text{(Division durch } -225\text{)}.$$

Aus der erhaltenen Gleichung liest man ab
$$x_M = -3, \ y_M = 1, \ a^2 = 9, \ a = 3, \ b^2 = \frac{25}{16}, \ b = \frac{5}{4} \ \text{ und hat damit gemäß (16.23)}$$
$$e = \sqrt{a^2 + b^2} = \sqrt{\frac{144}{16} + \frac{25}{16}} = \frac{13}{4}.$$

Der Mittelpunkt der Hyperbel ist $M(-3, 1)$, die Brennpunkte sind
$$F_1(x_M - e, y_M) = F_1(-\frac{25}{4}, 1) \quad \text{und} \quad F_2(x_M + e, y_M) = F_2(\frac{1}{4}, 1).$$

**Beispiel 16.20:** Welchen Winkel schließen die Asymptoten der Hyperbel
$$9x^2 - 4y^2 = 36 \ \text{miteinander ein ?}$$
Lösung: Die Mittelpunktsform (16.24) der Hyperbelgleichung ist
$$\frac{x^2}{4} - \frac{y^2}{9} = 1 \ \text{ mit } a = 2, b = 3.$$

Die beiden Asymptoten (16.25) sind damit $y = \frac{3}{2} x$ und $y = -\frac{3}{2} x$.

Den Winkel $\varphi$ zwischen der ersten Asymptote und der x-Achse erhält man aus $\tan \varphi = \frac{3}{2}$, $\varphi = 56,31^{\circ}$. Daher gilt für den Winkel $\psi$ zwischen den Asymptoten $\psi = 2\varphi = 112,62^{\circ}$. Dieser Winkel kann als Öffnungswinkel der Hyperbel gedeutet werden.

**Beispiel 16.21:** Gesucht sind die Schnittpunkte der Ellipse $\frac{x^2}{64} + \frac{y^2}{16} = 1$ mit der Hyperbel, die ihren Mittelpunkt im Ursprung, ihre Scheitelpunkte in den Brennpunkten der Ellipse und den gleichen Wert b wie die Ellipse hat.

Lösung: Wir bezeichnen die Halbachsen der Ellipse mit $a_1$, $b_1$, die lineare Exzentrizität mit $e_1$.
Dann gilt $a_1 = 8$, $b_1 = 4$ und gemäß (16.19) ist
$e_1 = \sqrt{a_1^2 - b_1^2} = \sqrt{48} = 4\sqrt{3}$.
Für die Hyperbel benutzen wir die Bezeichnungen $a_2, b_2, e_2$.

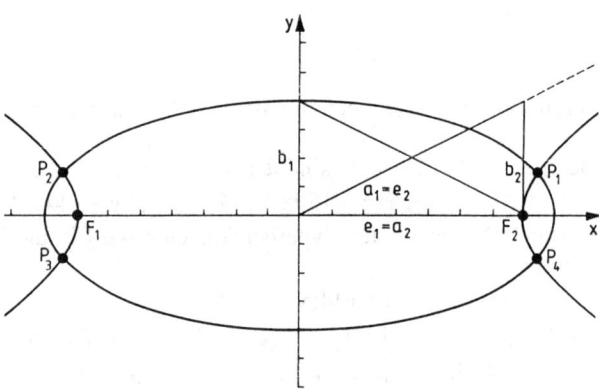

Es gilt (vgl. Bild 16.15):
$b_2 = b_1 = 4, a_2 = e_1 = 4\sqrt{3}$
und gemäß (16.23) ist
$e_2 = \sqrt{a_2^2 + b_2^2} = 8 = a_1$.

Bild 16.15

Die Hyperbelgleichung lautet $\frac{x^2}{48} - \frac{y^2}{16} = 1$.

Die Schnittpunktkoordinaten genügen der Ellipsen- und Hyperbelgleichung. Addiert man beide Gleichungen, so erhält man
$$\left(\frac{1}{64} + \frac{1}{48}\right) \cdot x^2 = 2, \qquad x^2 = \frac{384}{7}, \qquad x_{1;2} = \pm 8\sqrt{\frac{6}{7}}.$$

Aus der Ellipsen- bzw. Hyperbelgleichung erhält man
$$y^2 = 16(1 - \frac{x^2}{64}) = \frac{16}{7} \quad \text{bzw.} \quad y^2 = 16(\frac{x^2}{48} - 1) = \frac{16}{7} \quad \text{und daraus} \quad y_{1;2} = \pm 4\sqrt{\frac{1}{7}}.$$

Die Schnittpunkte beider Kurven sind damit
$$P_1(8\sqrt{\frac{6}{7}}, 4\sqrt{\frac{1}{7}}), \quad P_2(-8\sqrt{\frac{6}{7}}, 4\sqrt{\frac{1}{7}}), \quad P_3(-8\sqrt{\frac{6}{7}}, -4\sqrt{\frac{1}{7}}), \quad P_4(8\sqrt{\frac{6}{7}}, -4\sqrt{\frac{1}{7}}).$$

# 16.5 Die Parabel

Die *Parabel* ist die Menge aller Punkte P, deren Abstände von einem festen Punkt, dem Brennpunkt F der Parabel, und einer festen Geraden, der Leitlinie l der Parabel, gleich sind (Bild 16.16).

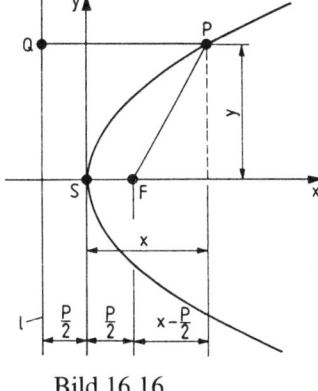

Der Abstand des Brennpunktes von der Leitlinie heißt Halbparameter p, S ist der Scheitelpunkt, die Gerade durch S und F die Parabelachse.

Aus der Definitionsgleichung

$$\overline{PF} = \overline{PQ}$$

folgt

$$\sqrt{(x - \frac{p}{2})^2 + y^2} = x + \frac{p}{2}$$

Bild 16.16

und daraus durch Quadrieren und Zusammenfassen

$$(x - \frac{p}{2})^2 + y^2 = (x + \frac{p}{2})^2, \quad x^2 - px + \frac{p^2}{4} + y^2 = x^2 + px + \frac{p^2}{4}, \quad \text{also}$$

$$y^2 = 2px \tag{16.28}$$
*Scheitelgleichung* der Parabel mit dem Scheitelpunkt S(0, 0), nach rechts geöffnet (x > 0).

Entsprechend ist

$$y^2 = -2px \quad (x < 0) \tag{16.29}$$

die nach links geöffnete Parabel.

Durch Austausch der Variablen erhält man

$$x^2 = 2py \tag{16.30}$$
Scheitelgleichung der Parabel mit dem Scheitelpunkt S(0, 0), nach oben geöffnet (y > 0).

Entsprechend ist

$$x^2 = -2py \quad (y < 0) \tag{16.31}$$

die nach unten geöffnete Parabel.

Hat der Scheitelpunkt S die Koordinaten $x_S$, $y_S$ und verläuft die Parabelachse parallel zur x-Achse bzw. y-Achse, so gilt für einen beliebigen Parabelpunkt

$$(y - y_S)^2 = 2p(x - x_S), \tag{16.32}$$

Scheitelgleichung der Parabel mit dem Scheitelpunkt $S(x_S, y_S)$, nach rechts geöffnet $(x > x_S)$.

$$(x - x_S)^2 = 2p(y - y_S), \tag{16.33}$$

Scheitelgleichung der Parabel mit dem Scheitelpunkt $S(x_S, y_S)$, nach oben geöffnet $(y > y_S)$.

Entsprechend sind

$$(y - y_S)^2 = -2p(x - x_S) \qquad (x < x_S) \tag{16.34}$$

$$(x - x_S)^2 = -2p(y - y_S) \qquad (y < y_S) \tag{16.35}$$

die nach links bzw. nach unten geöffneten Parabeln.

Durch Ausmultiplizieren von (16.32) bzw. (16.33) erkennt man die allgemeine Struktur der Parabelgleichung:

$$Ay^2 + Bx + Cy + D = 0, \quad B \neq 0, \tag{16.36}$$

bzw.

$$Ax^2 + Bx + Cy + D = 0, \quad C \neq 0, \tag{16.37}$$

allgemeine Form der Parabelgleichung.

**Beispiel 16.22:** Man ermittle die Gleichung der Parabel aus dem Scheitelpunkt, dem Halbparameter und der Öffnungsrichtung:

a) $S(0, 0)$, $p = 6$, links,   b) $S(2, 1)$, $p = 0{,}5$, oben,

c) $S(-3, -5)$, $p = 4$, unten,   d) $S(4, -2)$, $p = \dfrac{2}{3}$, rechts.

Lösung:

a) $y^2 = -12x$,   b) $(x - 2)^2 = y - 1$,

c) $(x + 3)^2 = -8(y + 5)$,   d) $(y + 2)^2 = \dfrac{4}{3}(x - 4)$.

**Beispiel 16.23:** Man bestimme die Koordinaten des Scheitelpunktes, den Halbparameter und die Öffnungsrichtung der Parabeln mit folgenden Gleichungen:

a) $x^2 + 4y + 20x + 100 = 0$,   b) $y^2 - 18x + 12y - 36 = 0$.

Lösung: Die allgemeine Form der Parabelgleichung ist in die Scheitelgleichung (16.32) bzw. (16.33) bzw. (16.34) bzw. (16.35) zu überführen (quadratische Ergänzung). Aus der Scheitelgleichung sind Scheitelpunkt, Halbparameter und Öffnungsrichtung ablesbar.

a) $x^2 + 20x + 100 = -4y - 100 + 100$

$\qquad (x + 10)^2 = -4y$

$\qquad\qquad S(-10, 0)$, $p = 2$,   die Parabel ist nach unten geöffnet.

b) $y^2 + 12y + 36 = 18x + 36 + 36$

$\qquad (y + 6)^2 = 18(x + 4)$

$\qquad\qquad\qquad$ S(−4, −6), p = 9, die Parabel ist nach rechts geöffnet.

# 16.6   Zusammenfassung

Die in den Unterabschnitten 16.1 bis 16.5 behandelten ebenen Kurven
- $\quad$ Gerade,
- $\quad$ Kreis,
- $\quad$ Ellipse,
- $\quad$ Hyperbel, $\quad\Big\}\quad$ mit parallel zu den Koordinatenachsen verlaufenden Achsen,
- $\quad$ Parabel,

sind sämtlich darstellbar durch die Gleichung

$\qquad Ax^2 + By^2 + Cx + Dy + E = 0.$ $\qquad\qquad\qquad\qquad\qquad$ (16.38)

Die Faktoren A und B der quadratischen Glieder sind entscheidend für die Art der Kurve. Die Gleichung (16.38) beschreibt für

$A \cdot B > 0$, $A \neq B$, eine Ellipse,

$A = B$, einen Kreis,

$A \cdot B < 0$, eine Hyperbel, $\quad A > 0, B < 0$ nach links und rechts geöffnet,
$\qquad\qquad\qquad\qquad\qquad\quad A < 0, B > 0$ nach oben und unten geöffnet.

$A \cdot B = 0$, $A = 0$, $B \neq 0$, eine Parabel, Achse parallel zur x-Achse,
$\qquad\qquad\quad B = 0$, $A \neq 0$, eine Parabel, Achse parallel zur y-Achse,
$\qquad\qquad\quad A = B = 0$, eine Gerade.

Tritt in (16.38) noch ein gemischtquadratisches Glied x·y auf, so beschreibt diese quadratische Gleichung Kurven, deren Achsen nicht mehr parallel zu den Koordinatenachsen sind.

**Beispiel 16.24:** Welche Kurven werden durch die folgenden Gleichungen dargestellt:

a) $\;x^2 + y^2 + 4x - 8y - 5 = 0$, $\qquad$ b) $3x^2 + 24x + 15y + 138 = 0$,

c) $\;16x^2 + y^2 - 96x = 0$, $\qquad$ d) $2x^2 - 2y^2 + 16x + 10y - \dfrac{105}{2} = 0$ ?

Lösung:

a) $\;A = B = 1$, Kreis, $\qquad$ b) $B = 0$, Parabel mit zur y-Achse paralleler
$\qquad\qquad\qquad\qquad\qquad\qquad\qquad$ Achse,

c) $\;A \cdot B > 0$, $A \neq B$, Ellipse, $\qquad$ d) $A \cdot B < 0$, Hyperbel.

## 16.7   Übungsaufgaben

1.   Bestimmen Sie die Gleichung der Geraden, die durch den Punkt $P_1$ geht und mit der x-Achse den Winkel $\alpha$ bildet:
   a) $P_1(2, -3)$, $\alpha = 30°$,     b) $P_1(-3, 2)$, $\alpha = 45°$,
   c) $P_1(-1, -4)$, $\alpha = 120°$,     d) $P_1(4, 4)$, $\alpha = 0°$,
   e) $P_1(0, 0)$, $\alpha = 150°$,     f) $P_1(1, -1)$, $\alpha = 90°$!

2.   Bestimmen Sie die Gleichung der Geraden, die durch die Punkte $P_1$ und $P_2$ gehen
   a) $P_1(0, 0)$,     $P_2(3, 3)$,     b) $P_1(-3, 3)$, $P_2(0, 0)$,
   c) $P_1(1, 4)$,     $P_2(-3, -4)$,     d) $P_1(1, 2)$,     $P_2(-1, 1)$,
   e) $P_1(0,1, -1)$, $P_2(-0,1, -3)$,     f) $P_1(1, -1)$,     $P_2(4, -2)$!

3.   Bestimmen Sie aus den Achsenabschnitten a, b die Geradengleichung in Normalform sowie den Abstand d  ihrer Schnittpunkte mit den Achsen voneinander:
   a) $a = 5$, $b = 2$,   b) $a = -1$, $b = 3$,   c) $a = 2$, $b = -3$,   d) $a = -3$, $b = -3$!

4.   Ein Dreieck habe die Eckpunkte  $A(-4, -1)$, $B(2, -2)$, $C(1, 3)$.  Wie lauten die Gleichungen der Geraden, auf denen die Dreiecksseiten liegen und wie lang sind die Dreiecksseiten?

5.   Wie lauten die Normalform und die Abschnittsform der folgenden Geradengleichungen:
   a) $3x - 5y + 15 = 0$,     b) $4x - 3y - 18 = 0$,
   c) $-4x + 2y - 10 = 0$,     d) $-3x - 4y + 15 = 0$ ?

6.   Es ist die Lage der Geraden  $y = -\dfrac{12}{5}x + 2$   zu den Geraden
   a) $y + 2{,}4x - 6 = 0$,     b) $28x + 10y = 0$,     c) $8x + 5y = 2$,
   d) $5y + 12x - 10 = 0$,     e) $y + \dfrac{12}{5}x = 3$,     f) $6x + 2{,}5y = 5$
   zu untersuchen.

7.   Bestimmen Sie die Koordinaten der Schnittpunkte und die Schnittwinkel der folgenden Geradenpaare:
   a) $2x + 3y = 7$     b) $y = \dfrac{1}{2}x + 1$     c) $y - x = 7$

   $\quad\ 3x - y = 5$,     $\quad\ y = -2x + 6$,     $\quad\ y = 7$,

   d) $\dfrac{x}{8} - \dfrac{y}{2} = 1$     e) $6x - 2y + 10 = 0$     f) $y = 4x - 1$

   $\quad -\dfrac{x}{2} + \dfrac{y}{3} = 1$,     $\quad\ y = 3x + 6$,     $\quad\ y = -3x + 5$!

8.   Welche Gerade geht durch den Schnittpunkt der Geraden  $x - y = 4$  und $3x + y = 8$ und außerdem durch den Punkt  $P(0, 5)$ ?

9.   Wie groß sind die Innenwinkel des Dreiecks mit den  Eckpunkten  $A(-4, -1)$, $B(2, -2)$, $C(1, 3)$ ?  (Anleitung: Skizzieren Sie das Dreieck!)

10.  Wie heißt die Gleichung des Lotes vom Punkt  $P(2, 0)$  auf die Gerade $y = 2x + 1$ ?

11.  Wie heißt die Gleichung der Senkrechten auf der Geraden  $y = 2x + 1$  im Punkt $P(2, 5)$ ?

12.  Welche Gleichung hat die zur Geraden  $y = 2x + 1$  parallele Gerade durch den Punkt  $P(-1, -3)$ ?

13.  Bestimmen Sie Mittelpunkt und Radius des Kreises mit der  folgenden  Gleichung:
     a)  $x^2 + y^2 = 20$,    b)  $x^2 + y^2 - 2x - 4y + 1 = 0$,
     c)  $x^2 + y^2 + 9y = 0$,    d)  $4x^2 + 4y^2 + 32x - 8y + 67 = 0$,
     e)  $36x^2 + 36y^2 - 36x + 24y - 23 = 0$,  f)  $x^2 + 2x + y^2 + 2y = 16$!

14.  Ermitteln Sie die Gleichung des Kreises,
     a)  der den Mittelpunkt  $M(-2, -1)$  hat und durch den Ursprung verläuft,
     b)  der die  drei  Punkte  $P_1(3, 0)$, $P_2(5, \sqrt{5} - 3)$, $P_3(\sqrt{5} + 3, -1)$ als Peripheriepunkte hat,
     c)  der den Radius  $r = 6$  hat und durch die Punkte  $P_1(-1, 11)$, $P_2(5, 5)$ verläuft,
     d)  der durch den Punkt  $P_1(3, 4)$  geht und die Gerade  $y = -\dfrac{4}{3}x + \dfrac{25}{3}$  im Punkt  $P_2(4, 3)$  berührt,
     e)  der den Mittelpunkt  $M(2, 2)$  hat und die Gerade  $y = -\dfrac{4}{3}x + 13$  berührt,
     f)  dessen Mittelpunkt auf der Geraden  $y = 3x - 19$  liegt und der durch die Punkte  $P_1(7, -2)$, $P_2(11, 2)$  verläuft!

15.  Welche Lage haben der Kreis  $k: x^2 + y^2 - 8x = 0$  und die folgenden Geraden zueinander:
     a)  g: $y = 2x + 1$,    b)  g: $y = x$,    c)  g: $y = x - 1$,
     d)  g: $y = 4$,    e)  g: $y = -x - 3$,    f)  g: $y = x - 3$ ?

16.  Welche Lage hat die Gerade  $3x + 4y = 25$  zum Kreis  $x^2 + y^2 = 25$ ?

17.  Wie lauten die Gleichungen der Tangenten
     a)  im Punkt  $P_0(5, y_0)$  an den Kreis  $x^2 + y^2 = 169$,
     b)  im Punkt  $P_0(x_0, -2)$  an den Kreis  $(x - 1)^2 + (y - 2)^2 = 25$ ?

18. Bestimmen Sie die Mittelpunkte der Kreise mit dem Radius $r = 5$, die die Gerade $3x + 4y = 9$ im Punkt $P_0(-1, 3)$ berühren!

19. Bestimmen Sie die Gleichungen der Tangenten an den Kreis $x^2 + y^2 = \dfrac{25}{4}$, die parallel zur Gerade $y = \dfrac{4}{3}x + 2$ verlaufen!

20. Bestimmen Sie die Gleichung der Ellipse aus

    a) $M(0, 0)$, $a = 11$, $e = 8$,    b) $M(0, 0)$, $b = 4$, $e = 6$,
    c) $M(-3, 7)$, $e = 4$, $b = 5$,    d) $M(4, -5)$, $e = 7$, $a = 10$ !

21. Ermitteln Sie Mittelpunkt, Längen der Halbachsen und Brennpunkte aus der Ellipsengleichung:

    a) $\dfrac{x^2}{100} + \dfrac{y^2}{64} = 1$,    b) $\dfrac{(x+3)^2}{81} + \dfrac{(y-1)^2}{56} = 1$,
    c) $3x^2 + 4y^2 - 24x = 0$,    d) $5x^2 + 9y^2 + 10x - 90y + 50 = 0$,
    e) $4x^2 + 13y^2 - 208 = 0$,    f) $4x^2 + 9y^2 - 16x + 54y - 227 = 0$ !

22. Ermitteln Sie die Gleichung der Ellipse, die

    a) den Mittelpunkt $M(0, 0)$, die lineare Exzentrizität $e = 6$ hat und durch den Punkt $P(10, 0)$ verläuft,
    b) den Mittelpunkt $M(1, 1)$, die lineare Exzentrizität $e = 4$ hat und durch den Punkt $P(1, 4)$ verläuft,
    c) die Halbachsenlängen $a = 9$, $b = 6$ hat und durch die Punkte $P_1(2, 8)$, $P_2(2, -4)$ verläuft,
    d) die Halbachsenlängen $a = 2$, $b = 1$ hat und durch die Punkte $P_1(-1, -4)$, $P_2(-5, -4)$ verläuft !

23. Bestimmen Sie die Schnittpunkte zwischen der Ellipse und der Geraden

    a) $x^2 + 4y^2 - 20 = 0$,    $x + 2y - 6 = 0$,
    b) $3x^2 + 4y^2 - 24x = 0$,    $y = \sqrt{3} \cdot x$,
    c) $\dfrac{(x-3)^2}{9} + \dfrac{(y-1)^2}{4} = 1$,    $y = x + 1$,
    d) $x^2 + 4y^2 + 16y + 12 = 0$,    $y = x - 2$ !

24. Bestimmen Sie die Gleichung der Hyperbel aus
    a) $M(0, 0)$, $a = 4$, $e = 5$,    b) $M(-3, 2)$, $b = 4$, $e = 6$,
    c) $M(1, 1)$ und den Hyperbelpunkten $P_1(-3, 1)$, $P_2(6, \dfrac{7}{4})$,
    d) $a = 3$, $b = 2$, $x_M = -1$ und dem Hyperbelpunkt $P(-4, -2)$ !

25. Ermitteln Sie Halbachsenlängen und Asymptotengleichungen der Hyperbeln

a) $\dfrac{x^2}{144} - \dfrac{y^2}{36} = 1$,  b) $9x^2 - 64y^2 = 576$ !

26. Bestimmen Sie Mittelpunkt und Halbachsenlängen der Hyperbeln

a) $9x^2 - 64y^2 - 36x - 540 = 0$,  b) $x^2 - 9y^2 + 54y - 90 = 0$,

c) $x^2 - 4y^2 + 4x - 8y - 16 = 0$,  d) $x^2 - y^2 - 2x + 10y - 28 = 0$ !

27. Bestimmen Sie die Schnittpunkte der Kurven mit folgenden Gleichungen:

a) $\dfrac{x^2}{25} - \dfrac{y^2}{9} = 1$,  $y = \dfrac{1}{5}x$,

b) $4x^2 - 9y^2 = 144$,  $x^2 - 24y = -28$,

c) $\dfrac{x^2}{9} - \dfrac{y^2}{4} = 1$,  $y = -\dfrac{2}{3}x - 5$,

d) $4x^2 - 9y^2 - 8x + 36y + 68 = 0$,  $9y^2 - 36y - 72x + 8 = 0$,

e) $\dfrac{x^2}{16} - \dfrac{y^2}{4} = 1$,  $x^2 - y^2 = 16$ !

28. Bestimmen Sie die Koordinaten des Scheitelpunktes und des Brennpunktes der folgenden Parabeln:

a) $5y^2 + 4x = 0$,  b) $2y - \dfrac{1}{2}x^2 = 0$,  c) $4y + \dfrac{1}{3}x^2 = 0$,

d) $2y^2 - 12x = 0$,  e) $y^2 - 2y - 10x - 9 = 0$,  f) $x^2 - 7x - y + 12 = 0$,

g) $y^2 - 6y + 6x - 3 = 0$,  h) $x^2 + 4x + 12y + 52 = 0$ !

29. Bestimmen Sie die Gleichung der Parabel aus Scheitelpunkt und Brennpunkt:

a) S(0, 0), F(0, 1),  b) S(0, 0), F(−1, 0),  c) S(1, 1), F(2, 1),

d) S(−1, −1), F(−2, −1), e) S(2, −3), F(2, −2),  f) S(−2, 3), F(−2, 2) !

30. Eine Parabel hat die Scheitelabszisse $x_S = 3$, die Gerade $y = 8$ als Achse und geht durch den Punkt P(7, 4). Wie lautet ihre Gleichung?

31. Eine Parabel hat die Scheitelordinate $y_S = -3$, die Gerade $x = 2$ als Achse und geht durch den Punkt P(4, −4). Wie lautet ihre Gleichung?

32. Welche Lagebeziehungen bestehen zwischen

a) der Parabel $y^2 = -4x$  und der Geraden $y = x - 1$,

b) der Parabel $x^2 = 5y$  und der Geraden $y = x - 4$,

c) der Parabel $x^2 = -3y$  und der Geraden $y = x + \dfrac{5}{12}$,

d) der Parabel $y^2 - 6x - 2y + 7 = 0$ und der Geraden $y = x$,

e) der Parabel $y^2 = 7x$  und der Geraden $9x + 12y + 28 = 0$ ?

Geben Sie Schnittpunkte bzw. Berührungspunkte, soweit vorhanden, an!

# 17 Vektorrechnung und ihre Anwendung in der Geometrie

## 17.1 Definition des Vektors Darstellung im kartesischen Koordinatensystem

Aus Naturwissenschaft und Technik kennt man Größen, die durch die Angabe eines reellen Wertes eindeutig bestimmt sind, wie z. B. die Zeit, die Temperatur, die Masse, die Leistung. Derartige Größen nennt man *Skalare*.

Andere Größen, wie z. B. die Kraft, die Geschwindigkeit, die Beschleunigung, die elektrische oder magnetische Feldstärke, erfordern neben der Angabe eines Wertes (ihres Betrages) noch die Angabe einer Richtung, in der sie wirken. Diese Größen nennt man *Vektoren*.

Auch geometrische Sachverhalte lassen sich durch Vektoren beschreiben. Ein Punkt des Raumes kann durch eine vom Ursprung eines räumlichen kartesischen Koordinatensystems zu diesem Punkt führende gerichtete Strecke (also Betrag und Richtung) beschrieben werden.

---

**Definition 17.1:** Eine Größe **a**, die durch einen *Betrag* $|a|$ (auch genannt Maßzahl der Länge) und eine *Richtung* bestimmt ist, heißt *Vektor*.

---

Ein Vektor kann als eine gerichtete Strecke (Pfeil) im Raum dargestellt werden. Jede gleichlange und dazu gleichgerichtete Strecke stellt aber gemäß Definition 17.1 den gleichen Vektor dar; denn es ist keine Bindung an einen Angriffspunkt vorgesehen.

Man kann auch sagen: Ein Vektor kann im Raum beliebig parallel verschoben werden. Mit solchen *freien Vektoren* werden wir uns hier beschäftigen.

Bei anderen durch Vektoren dargestellten Größen sind neben Betrag und Richtung noch weitere Bestimmungsstücke erforderlich. Eine Kraft z. B. ist nur längs ihrer Wirkungslinie verschiebbar (bei paralleler Verschiebung würde sich ihre Wirkung ändern). Hier spricht man von linienflüchtigen Vektoren. Der einen Punkt darstellende Vektor ist an den Ursprung des Koordinatensystems (Angriffspunkt) gebunden. Solche Vektoren nennt man Ortsvektoren. Manche der im folgenden formulierten Rechenregeln lassen sich auch auf derartige Vektoren ausdehnen.

---

**Definition 17.2:** Zwei Vektoren **a** und **b** heißen *gleich*,
$$a = b,$$
wenn sie in Betrag und Richtung übereinstimmen.

---

Alle gleichlangen und gleichgerichteten Strecken stellen also, wie gesagt, den gleichen Vektor dar (Bild 17.1).

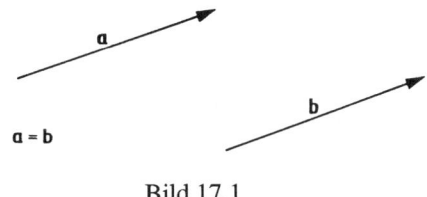

Bild 17.1

**Definition 17.3:**  Ein Vektor **a** mit dem Betrag $|\mathbf{a}| = 0$ heißt *Nullvektor* **o**. Dem Nullvektor ordnet man keine Richtung zu. Ein Vektor $\mathbf{e_a}$, der die Richtung von **a** und den Betrag $|\mathbf{e_a}| = 1$ hat, heißt der zu **a** gehörende *Einheitsvektor*.

**Definition 17.4:**  Zwei Vektoren heißen *orthogonal*, wenn sie aufeinander senkrecht stehen, *kollinear*, wenn sie zu ein- und derselben Geraden parallel sind.
Drei Vektoren heißen *komplanar*, wenn sie zu ein- und derselben Ebene parallel verlaufen.

Für das Rechnen mit Vektoren müssen nun sowohl der Betrag als auch die Richtung des Vektors zahlenmäßig erfaßt werden. Dazu braucht man ein geeignetes Bezugssystem. Man benutzt das räumliche kartesische Koordinatensystem. Der Darstellung von Vektoren im Koordinatensystem liegen die folgenden Erklärungen einer Multiplikation eines Vektors mit einer reellen Zahl und der Summe von Vektoren zugrunde.

**Definition 17.5** (*Multiplikation eines Vektors mit einem Skalar*):
Das Produkt
$$\mathbf{b} = \lambda \cdot \mathbf{a} \quad (\lambda \text{ reelle Zahl})$$
ist ein Vektor, der den $|\lambda|$-fachen Betrag von **a** hat und für $\lambda > 0$ die gleiche Richtung wie **a**, dagegen für $\lambda < 0$ die entgegengesetzte Richtung wie **a** hat.

**Satz 17.1** (*Rechenregeln für das Produkt eines Vektors mit einer reellen Zahl*):

| | |
|---|---|
| $\lambda \cdot \mathbf{a} = \mathbf{a} \cdot \lambda$ | (Kommutativgesetz), |
| $\lambda(\mu \cdot \mathbf{a}) = \mu(\lambda \cdot \mathbf{a}) = \lambda\mu \cdot \mathbf{a}$ | (Assoziativgesetz), |

$$|\lambda \cdot \mathbf{a}| = |\lambda| \cdot |\mathbf{a}|, \qquad 0 \cdot \mathbf{a} = \mathbf{o}, \qquad \lambda \cdot \mathbf{o} = \mathbf{o}.$$

Mit der Definition dieses Produktes wird es möglich, jeden Vektor **a** als Produkt aus einer reellen Zahl (seinem Betrag) und seinem zugeordneten Einheitsvektor $\mathbf{e_a}$ darzustellen:
$$\mathbf{a} = |\mathbf{a}| \cdot \mathbf{e_a}.$$

**Definition 17.6** (*Addition von Vektoren*):
Die Summe $\mathbf{a} + \mathbf{b}$ zweier Vektoren **a** und **b** ist die gerichtete Diagonale des von **a** und **b** aufgespannten Parallelogramms (Bild 17.2).

Die Addition von Vektoren erfolgt also entsprechend der Addition von Kräften. Die folgenden Rechenregeln kann man sich leicht veranschaulichen.

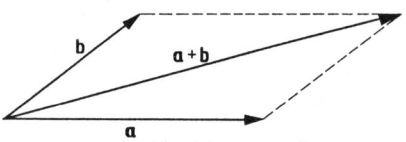

Bild 17.2

**Satz 17.2** (*Rechenregeln für die Summe von Vektoren*):

$\mathbf{a} + \mathbf{b} = \mathbf{b} + \mathbf{a}$ (Kommutativgesetz)

$(\mathbf{a} + \mathbf{b}) + \mathbf{c} = \mathbf{a} + (\mathbf{b} + \mathbf{c})$ (Assoziativgesetz)

$(\lambda + \mu)\mathbf{a} = \lambda\mathbf{a} + \mu\mathbf{a}$ (Distributivgesetz)

$\lambda(\mathbf{a} + \mathbf{b}) = \lambda\mathbf{a} + \lambda\mathbf{b}$ (Distributivgesetz)

$|\mathbf{a} + \mathbf{b}| \leq |\mathbf{a}| + |\mathbf{b}|$.

Mit dieser Summendefinition wird es möglich, jeden Vektor als Summe, z. B. von in Richtung der Koordinatenachsen zeigenden Vektoren darzustellen.
Damit gelingen nun die beiden folgenden für das Rechnen mit Vektoren sinnvollen Darstellungen im Koordinatensystem.

**Definition 17.7:**    Unter der *koordinatenweisen Darstellung* des Vektors **a**,

$$\mathbf{a} = (a_1, a_2, a_3), \tag{17.1}$$

versteht man seine Darstellung im rechtwinkligen $x_1$, $x_2$, $x_3$-Koordinatensystem durch seine vorzeichenbehafteten Projektionen $a_i$, $i = 1, 2, 3$, auf die $x_i$-Achsen (Bild 17.3, Darstellung für zwei Dimensionen).
$a_i$ heißt *i-te Koordinate* von **a**.

Die koordinatenweise Darstellung der *Einheitsvektoren in Richtung der $x_i$-Achsen* ist

$$\mathbf{e}^1 = (1, 0, 0),$$
$$\mathbf{e}^2 = (0, 1, 0), \tag{17.2}$$
$$\mathbf{e}^3 = (0, 0, 1).$$

Unter Verwendung der Koordinaten $a_i$, $i = 1, 2, 3$, des Vektors **a** und der Einheitsvektoren (17.2) ergibt sich auf der Grundlage der Definitionen 17.5 und 17.6 die Darstellung mittels Komponenten.

**Satz 17.3** (*Darstellung des Vektors* **a** *mittels Komponenten*):
Es gilt

$$\mathbf{a} = a_1\mathbf{e}^1 + a_2\mathbf{e}^2 + a_3\mathbf{e}^3. \tag{17.3}$$

(Bild 17.3, Darstellung für zwei Dimensionen).
$a_i\,\mathbf{e}^i$, $i = 1, 2, 3$, heißt i-te Komponente von **a**.

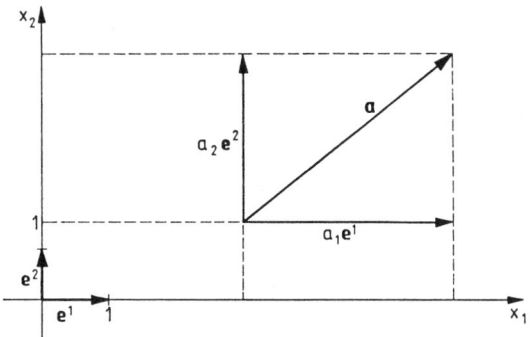

Bild 17.3

Mit Hilfe der Sätze 17.2 und 17.3 kann der folgende Satz hergeleitet werden.

**Satz 17.4:** Die Multiplikation eines Vektors mit einer reellen Zahl sowie die Addition von Vektoren erfolgen koordinatenweise, d. h. es gilt für
$\mathbf{a} = (a_1, a_2, a_3)$, $\mathbf{b} = (b_1, b_2, b_3)$:

$$\lambda \cdot \mathbf{a} = (\lambda a_1, \lambda a_2, \lambda a_3) \qquad (17.4)$$

$$\mathbf{a} + \mathbf{b} = (a_1 + b_1, a_2 + b_2, a_3 + b_3) \qquad (17.5)$$

**Beispiel 17.1:** Für $\mathbf{a} = (-2, 3, -5)$, $\mathbf{b} = (1, -6, 4)$ wird
$2\mathbf{a} + 3\mathbf{b} = 2(-2, 3, -5) + 3(1, -6, 4) = (-1, -12, 2)$.

Das Subtrahieren von Vektoren läßt sich auf das Addieren (Definition 17.6) zurückführen.

**Definition 17.8:** Die *Differenz* $\mathbf{a} - \mathbf{b}$ ist gleich der Summe des Vektors $\mathbf{a}$ und des zu $\mathbf{b}$ entgegengesetzten Vektors $-\mathbf{b} : \mathbf{a} - \mathbf{b} = \mathbf{a} + (-\mathbf{b})$ (Bild 17.4).

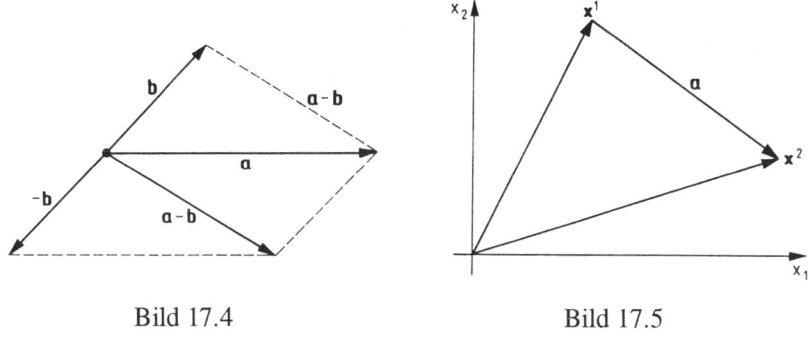

Bild 17.4          Bild 17.5

Aus der Definition 17.8 folgt:

Der *Vektor* **a** *, der von einem Punkt* $\mathbf{x}^1$ *zu einem Punkt* $\mathbf{x}^2$ *zeigt* (Bild 17.5, Darstellung für zwei Dimensionen), ist

$$\mathbf{a} = \mathbf{x}^2 - \mathbf{x}^1 \text{ (Endpunkt minus Anfangspunkt).} \qquad (17.6)$$

**Beispiel 17.2:** Der Vektor, der vom Punkt $\mathbf{x}^1 = (-1, -3, 1)$ zum Punkt $\mathbf{x}^2 = (2, -1, 5)$ weist, ist

$$\mathbf{a} = \mathbf{x}^2 - \mathbf{x}^1 = (2, -1, 5) - (-1, -3, 1) = (3, 2, 4).$$

## 17.2  Das skalare Produkt zweier Vektoren

---

**Definition 17.9:**  Das *skalare Produkt* **a** · **b** zweier Vektoren **a** und **b** ist das Produkt aus den Beträgen beider Vektoren und dem Kosinus des von ihnen eingeschlossenen Winkels $\varphi$:

$\mathbf{a} \cdot \mathbf{b} = |\mathbf{a}| \cdot |\mathbf{b}| \cdot \cos \varphi.$ \qquad (17.7)

Das Ergebnis der skalaren Multiplikation ist ein *Skalar*.

---

Der Faktor $\mathbf{b}' = |\mathbf{b}| \cos \varphi$ in (17.7) bedeutet geometrisch (gemäß Definition der Kosinusfunktion, Abschnitt 4.2) die vorzeichenbehaftete Projektion von **b** auf **a** (Bild 17.6).

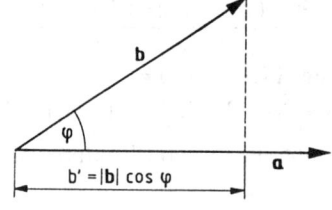

Bild 17.6

Beispiel eines skalaren Produktes in der Physik:

Interpretiert man **a** als Weg entlang dessen die Kraft **b** wirkt, so stellt $A = \mathbf{a} \cdot \mathbf{b}$ (Weglänge multipliziert mit der Projektion der Kraft in Wegrichtung) die dabei verrichtete Arbeit dar.

---

**Satz 17.5**  (*Rechenregeln für das Skalarprodukt*):

| | |
|---|---|
| $\mathbf{a} \cdot \mathbf{b} = \mathbf{b} \cdot \mathbf{a}$ | (Kommutativgesetz) |
| $\mathbf{a}(\mathbf{b} + \mathbf{c}) = \mathbf{a} \cdot \mathbf{b} + \mathbf{a} \cdot \mathbf{c}$ | (Distributivgesetz) |
| $\mathbf{a} \cdot \mathbf{b} = 0$ | (falls **a** und **b** zueinander orthogonal) (17.8) |
| $\mathbf{a} \cdot \mathbf{a} = |\mathbf{a}|^2$ | (17.9) |

---

Erläuterungen zu den Rechenregeln:

Das Kommutativgesetz folgt unmittelbar aus (17.7). Das Distributivgesetz ist im Bild 17.7 veranschaulicht.

Für orthogonale Vektoren gilt:
$\varphi = 90^{o}$, also $\cos \varphi = 0$, und
damit folgt (17.8) aus (17.7).
Ebenso folgt (17.9) aus (17.7)
wegen $\varphi = 0^{o}$
(zwischen **a** und **a**),
$\cos \varphi = 1$.

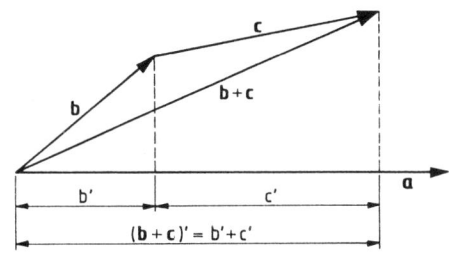

Bild 17.7

---

**Satz 17.6:** Die skalare Multiplikation zweier Vektoren erfolgt koordinatenweise,
d.h., für $\mathbf{a} = (a_1, a_2, a_3)$, $\mathbf{b} = (b_1, b_2, b_3)$ gilt
$$\mathbf{a} \cdot \mathbf{b} = a_1 b_1 + a_2 b_2 + a_3 b_3. \tag{17.10}$$

---

Beweis: Für die Einheitsvektoren (17.2) gilt

$$\mathbf{e}^i \cdot \mathbf{e}^j = \begin{cases} 1 & \text{für } \mathbf{i} = \mathbf{j} \quad \text{gemäß} \quad (17.9), \\ 0 & \text{für } \mathbf{i} \neq \mathbf{j} \quad \text{gemäß} \quad (17.8). \end{cases}$$

Damit wird
$$\mathbf{a} \cdot \mathbf{b} = (a_1\mathbf{e}^1 + a_2\mathbf{e}^2 + a_3\mathbf{e}^3) \cdot (b_1\mathbf{e}^1 + b_2\mathbf{e}^2 + b_3\mathbf{e}^3) = a_1 b_1 + a_2 b_2 + a_3 b_3.$$

**Beispiel 17.3:** Der Vektor $\mathbf{a} = (2, -3, 1)$ ist mit den Vektoren
a) $\mathbf{b}^1 = (3, 1, 4)$,     b) $\mathbf{b}^2 = (3, 2, -2)$,     c) $\mathbf{b}^3 = (3, 3, 3)$ zu multiplizieren.

Lösung: a) $\quad \mathbf{a} \cdot \mathbf{b}^1 = 2 \cdot 3 - 3 \cdot 1 + 1 \cdot 4 = 7$
$\qquad$ b) $\quad \mathbf{a} \cdot \mathbf{b}^2 = 2 \cdot 3 - 3 \cdot 2 + 1 \cdot (-2) = -2$
$\qquad$ c) $\quad \mathbf{a} \cdot \mathbf{b}^3 = 2 \cdot 3 - 3 \cdot 3 + 1 \cdot 3 = 0$, d. h. $\mathbf{a} \perp \mathbf{b}^3$.

---

**Satz 17.7:** $\quad |\mathbf{a}| = \sqrt{a_1^2 + a_2^2 + a_3^2}$ $\hfill (17.11)$

---

Beweis: Gemäß (17.10) ist $\mathbf{a} \cdot \mathbf{a} = a_1^2 + a_2^2 + a_3^2$.

**Beispiel 17.4:** Der Betrag (die Länge) der Vektoren $\mathbf{a} = (2, -3, 1)$, $\mathbf{b} = (3, 0, -4)$ ist
$$|\mathbf{a}| = \sqrt{4 + 9 + 1} = \sqrt{14}, \quad |\mathbf{b}| = \sqrt{9 + 0 + 16} = 5.$$

---

**Satz 17.8:** Der Winkel zwischen den Vektoren **a** und **b** ist

$$\cos \varphi = \frac{\mathbf{a} \cdot \mathbf{b}}{|\mathbf{a}| \cdot |\mathbf{b}|} = \frac{a_1 b_1 + a_2 b_2 + a_3 b_3}{\sqrt{a_1^2 + a_2^2 + a_3^2} \cdot \sqrt{b_1^2 + b_2^2 + b_3^2}}. \tag{17.12}$$

---

Beweis: (17.12) folgt aus (17.7) mit (17.10) und (17.11).

**Beispiel 17.5:** Zu berechnen sind die Winkel zwischen $\mathbf{a}$ und $\mathbf{b}^1$ bzw. $\mathbf{b}^2$ bzw. $\mathbf{b}^3$ des Beispiels 17.4.
Lösung:

$$\varphi_1 = \measuredangle\,(\mathbf{a}, \mathbf{b}^1)\colon\ \cos\varphi_1 = \frac{2\cdot 3 - 3\cdot 1 + 1\cdot 4}{\sqrt{4+9+1}\cdot\sqrt{9+1+16}} = \frac{7}{\sqrt{14}\sqrt{26}} = 0{,}3669, \quad \varphi_1 = 68{,}48°$$

$$\varphi_2 = \measuredangle\,(\mathbf{a}, \mathbf{b}^2)\colon\ \cos\varphi_2 = \frac{2\cdot 3 - 3\cdot 2 + 1\cdot(-2)}{\sqrt{4+9+1}\sqrt{9+4+4}} = \frac{-2}{\sqrt{14}\sqrt{17}} = -0{,}1296, \quad \varphi_2 = 97{,}45°$$

$$\varphi_3 = \measuredangle\,(\mathbf{a}, \mathbf{b}^3)\colon\ \cos\varphi_3 = \frac{2\cdot 3 - 3\cdot 3 + 1\cdot 3}{\sqrt{4+9+1}\sqrt{9+9+9}} = \frac{0}{\sqrt{14}\sqrt{27}} = 0, \quad \varphi_3 = 90°.$$

## 17.3  Das vektorielle Produkt zweier Vektoren

> **Definition 17.10:** Das *vektorielle Produkt* $\mathbf{c} = \mathbf{a} \times \mathbf{b}$ zweier Vektoren $\mathbf{a}$ und $\mathbf{b}$ ist ein Vektor $\mathbf{c}$ mit folgenden Eigenschaften:
> 1. Der Betrag von $\mathbf{c}$ ist
> $$|\mathbf{c}| = |\mathbf{a}| \cdot |\mathbf{b}| \cdot \sin\varphi \qquad\qquad (17.13)$$
> und bedeutet geometrisch den Flächeninhalt des von $\mathbf{a}$ und $\mathbf{b}$ aufgespannten Parallelogramms (Bild 17.8).
> 2. $\mathbf{c}$ ist orthogonal zu $\mathbf{a}$ und $\mathbf{b}$.
> 3. $\mathbf{a}, \mathbf{b}, \mathbf{c}$ bilden ein Rechtssystem, d.h., wenn Daumen und Zeigefinger der rechten Hand in die Richtungen von $\mathbf{a}$ und $\mathbf{b}$ zeigen, so zeigt der angewinkelte Ringfinger in $\mathbf{c}$-Richtung (Bild 17.9).

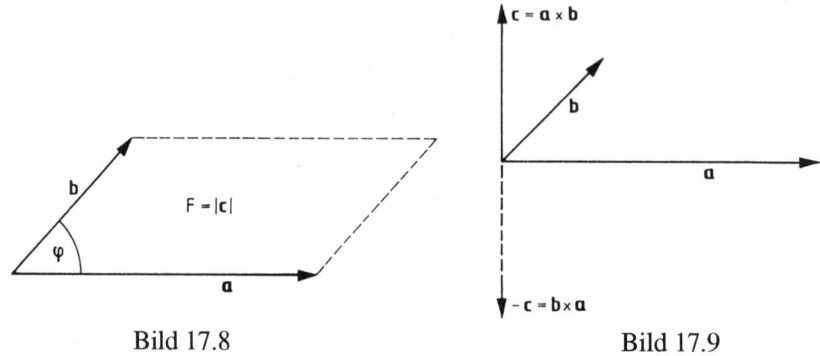

Bild 17.8                                    Bild 17.9

Das vektorielle Produkt ist *nur für den dreidimensionalen Raum* definiert. Beispiel eines vektoriellen Produktes in der Physik: Ist $\mathbf{F}$ eine Kraft, die an einem starren, drehbar gelagerten Körper im Punkt Q am Hebelarm $\mathbf{r}$ unter dem Winkel $\varphi$ zu $\mathbf{r}$ angreift und ihn um den Punkt P dreht (Bild 17.10), so entsteht das Drehmoment

$\mathbf{M} = \mathbf{r} \times \mathbf{F}$ .
Dem Betrag nach ist dieses Drehmo-
ment das Produkt aus der Länge $|\mathbf{r}|$
des Hebelarms und dem Betrag
$F_r = |\mathbf{F}| \cdot \sin \varphi$
der senkrecht auf dem Hebelarm
stehenden Komponente der Kraft:
$|\mathbf{M}| = |\mathbf{r}| \cdot |\mathbf{F}| \cdot \sin \varphi$.

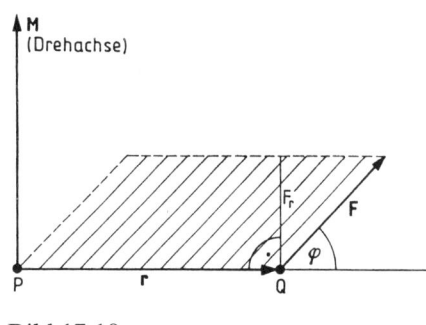

Bild 17.10

---

**Satz 17.9** (*Rechenregeln für das Vektorprodukt*):

$\mathbf{a} \times \mathbf{b} = -\mathbf{b} \times \mathbf{a}$                       (17.14)

$\mathbf{a} \times (\mathbf{b} + \mathbf{c}) = (\mathbf{a} \times \mathbf{b}) + (\mathbf{a} \times \mathbf{c})$       (Distributivgesetz)

$\mathbf{a} \times \mathbf{b} = \mathbf{o}$   für kollineare Vektoren           (17.15)

---

Erläuterungen zu den Rechenregeln:
(17.14) gilt wegen des geforderten Rechtssystems (vgl. Definition 17.10, Bild 17.9).
Für kollineare Vektoren gilt $\varphi = 0^{\circ}$, also ist $\sin \varphi = 0$. Damit folgt (17.15) wegen
(17.13). Auf die Veranschaulichung des Distributivgesetzes (kompliziert) muß hier
verzichtet werden.

Für die Berechnung des Vektorproduktes bei koordinatenweiser Darstellung der Vek-
toren benötigt man die Vektorprodukte der Einheitsvektoren $\mathbf{e}^1$, $\mathbf{e}^2$, $\mathbf{e}^3$. Aus der
Rechenregel (17.15) einerseits und der Definition 17.10 des Vektorproduktes ander-
erseits ergibt sich der folgende Satz.

---

**Satz 17.10** (*Vektorprodukte der Einheitsvektoren*):

$\mathbf{e}^i \times \mathbf{e}^i = \mathbf{o}$ , $i = 1, 2, 3$,                    (17.16)

$\left. \begin{array}{lll} \mathbf{e}^1 \times \mathbf{e}^2 = \mathbf{e}^3, & \mathbf{e}^2 \times \mathbf{e}^3 = \mathbf{e}^1, & \mathbf{e}^3 \times \mathbf{e}^1 = \mathbf{e}^2 \\ \mathbf{e}^2 \times \mathbf{e}^1 = -\mathbf{e}^3, & \mathbf{e}^3 \times \mathbf{e}^2 = -\mathbf{e}^1, & \mathbf{e}^1 \times \mathbf{e}^3 = -\mathbf{e}^2 \end{array} \right\}$    (17.17)

---

Unter Verwendung des Begriffs der Determinante dritter Ordnung (vgl. Definition
11.2), und wenn man Einheitsvektoren als Elemente der Determinante zuläßt, kann
man nun das Vektorprodukt $\mathbf{a} \times \mathbf{b}$ durch die Koordinaten von $\mathbf{a}$ und $\mathbf{b}$ darstellen.

---

**Satz 17.11:** Das vektorielle Produkt der Vektoren $\mathbf{a} = (a_1, a_2, a_3)$, $\mathbf{b} = (b_1, b_2, b_3)$ ist

$$\mathbf{a} \times \mathbf{b} = \begin{vmatrix} \mathbf{e}^1 & \mathbf{e}^2 & \mathbf{e}^3 \\ a_1 & a_2 & a_3 \\ b_1 & b_2 & b_3 \end{vmatrix}$$           (17.18)

**Beweis:** Die gliedweise vektorielle Multiplikation von $\mathbf{a} = (a_1\mathbf{e}^1 + a_2\mathbf{e}^2 + a_3\mathbf{e}^3)$ mit $\mathbf{b} = (b_1\mathbf{e}^1 + b_2\mathbf{e}^2 + b_3\mathbf{e}^3)$ unter Verwendung von Satz 17.10 ergibt

$$\mathbf{a} \times \mathbf{b} = \mathbf{e}^1(a_2b_3 - a_3b_2) - \mathbf{e}^2(a_1b_3 - a_3b_1) + \mathbf{e}^3(a_1b_2 - a_2b_1).$$

Dieses Ergebnis erhält man auch bei Berechnung der Determinante (17.18) gemäß Definition 11.2.

**Beispiel 17.6:** Zu berechnen ist $\mathbf{a} \times \mathbf{b}$, wenn

a) $\mathbf{a} = (-2, \frac{1}{2}, -1)$ , $\mathbf{b} = (\frac{1}{2}, -2, 1)$ ,

b) $\mathbf{a} = \mathbf{e}^1 - 3\mathbf{e}^2 + 2\mathbf{e}^3$, $\mathbf{b} = -\mathbf{e}^1 - 2\mathbf{e}^2 + 3\mathbf{e}^3$ ist !

Lösung a):

$$\mathbf{a} \times \mathbf{b} = \begin{vmatrix} \mathbf{e}^1 & \mathbf{e}^2 & \mathbf{e}^3 \\ -2 & \frac{1}{2} & -1 \\ \frac{1}{2} & -2 & 1 \end{vmatrix} = \mathbf{e}^1\left(\frac{1}{2} \cdot 1 - (-1)(-2)\right) - \mathbf{e}^2\left(-2 \cdot 1 - (-1) \cdot \frac{1}{2}\right) + \mathbf{e}^3\left((-2)(-2) - \frac{1}{2} \cdot \frac{1}{2}\right)$$

$$= -\frac{3}{2}\mathbf{e}^1 + \frac{3}{2}\mathbf{e}^2 + \frac{15}{4}\mathbf{e}^3 = \left(-\frac{3}{2}, \frac{3}{2}, \frac{15}{4}\right).$$

Lösung b):

$$\mathbf{a} \times \mathbf{b} = \begin{vmatrix} \mathbf{e}^1 & \mathbf{e}^2 & \mathbf{e}^3 \\ 1 & -3 & 2 \\ -1 & -2 & 3 \end{vmatrix} = \mathbf{e}^1(-3 \cdot 3 - 2(-2)) - \mathbf{e}^2(1 \cdot 3 - 2(-1)) + \mathbf{e}^3(1 \cdot (-2) - (-3)(-1))$$

$$= -5\mathbf{e}^1 - 5\mathbf{e}^2 - 5\mathbf{e}^3 = (-5, -5, -5).$$

Das vektorielle Produkt eignet sich aufgrund der geometrischen Bedeutung seines Betrages (17.13) zur Berechnung des Flächeninhalts $F_P$ des von $\mathbf{a}$ und $\mathbf{b}$ aufgespannten Parallelogramms bzw. des Flächeninhalts $F_D$ des von $\mathbf{a}$ und $\mathbf{b}$ aufgespannten Dreiecks. Es ist

$$F_P = |\mathbf{a} \times \mathbf{b}| , \qquad F_D = \frac{1}{2} \cdot |\mathbf{a} \times \mathbf{b}| . \qquad (17.19)$$

**Beispiel 17.7:** Die Fläche des Parallelogramms, das von den Vektoren $\mathbf{a} = (1, 1, 0)$, $\mathbf{b} = (2, 0, 1)$ aufgespannt wird, ist wegen

$$\mathbf{a} \times \mathbf{b} = \begin{vmatrix} \mathbf{e}^1 & \mathbf{e}^2 & \mathbf{e}^3 \\ 1 & 1 & 0 \\ 2 & 0 & 1 \end{vmatrix} = (1, -1, -2) \qquad F_P = |\mathbf{a} \times \mathbf{b}| = \sqrt{1^2 + (-1)^2 + (-2)^2} = \sqrt{6}.$$

**Beispiel 17.8:** Man berechne den Flächeninhalt des Dreiecks ABC mit den Eckpunkten $A = (2, 1, 1)$, $B = (4, 0, 0)$, $C = (1, -1, 2)$ .

Lösung: Das Dreieck wird von den Vektoren

$\mathbf{a} = B - C = (3, 1, -2)$  und  $\mathbf{b} = A - C = (1, 2, -1)$

aufgespannt. Das Vektorprodukt aus  $\mathbf{a}$  und  $\mathbf{b}$  ist

$$\mathbf{a} \times \mathbf{b} = \begin{vmatrix} \mathbf{e}^1 & \mathbf{e}^2 & \mathbf{e}^3 \\ 3 & 1 & -2 \\ 1 & 2 & -1 \end{vmatrix} = 3\mathbf{e}^1 + \mathbf{e}^2 + 5\mathbf{e}^3 = (3, 1, 5).$$

Der Flächeninhalt des Dreiecks  ABC  ist

$$F_D = \frac{1}{2} \cdot |\mathbf{a} \times \mathbf{b}| = \frac{1}{2} \cdot \sqrt{3^2 + 1^2 + 5^2} = \frac{1}{2}\sqrt{35}.$$

# 17.4  Das Spatprodukt

**Definition 17.11:** Das *Spatprodukt* [**a**, **b**, **c**] dreier Vektoren ist das Produkt

$$[\mathbf{a}, \mathbf{b}, \mathbf{c}] = (\mathbf{a} \times \mathbf{b}) \cdot \mathbf{c} \qquad\qquad (17.20)$$

Die Vektoren  **a**  und  **b**  werden miteinander vektoriell multipliziert, der Ergebnisvektor wird mit  **c**  skalar multipliziert. Das Ergebnis ist ein *Skalar*.

Das Spatprodukt hat eine anschauliche geometrische Bedeutung. Gemäß Definition des Skalarproduktes (Definition 17.9) gilt

$$[\mathbf{a}, \mathbf{b}, \mathbf{c}] = (\mathbf{a} \times \mathbf{b}) \cdot \mathbf{c} = |\mathbf{a} \times \mathbf{b}| \cdot |\mathbf{c}| \cdot \cos\alpha \,,$$

wobei $\alpha$ der von den Vektoren  $\mathbf{a} \times \mathbf{b}$  und  **c** eingeschlossene Winkel ist (Bild 17.11).

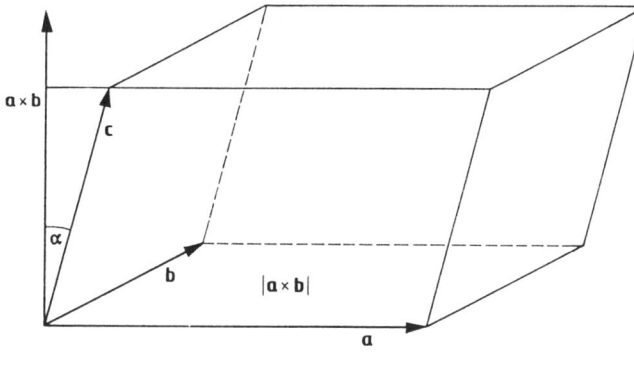

Bild 17.11

Darin bedeutet, gemäß Definition des Vektorproduktes (Definition 17.10), $|\mathbf{a} \times \mathbf{b}|$ den Flächeninhalt des von  **a**  und  **b**  aufgespannten Parallelogramms. Ferner bedeutet  $|\mathbf{c}| \cdot \cos\alpha$  (vgl. Abschnitt 17.2) die Projektion des Vektors  **c**  auf den Vektor $\mathbf{a} \times \mathbf{b}$, stellt also die Höhe des von  **a**, **b** und **c** aufgespannten Spats dar.

Also bedeutet **[a, b, c]** geometrisch das Volumen des von **a**, **b** und **c** aufgespannten Spats.

Am Absolutbetrag des Spatproduktes (Spatvolumen) ändert sich nichts, wenn man die Reihenfolge der Vektoren vertauscht. Das Spatprodukt ist positiv, falls die Vektoren in der festgelegten Reihenfolge ein Rechtssystem bilden, sonst ist es negativ. Es gilt also der folgende Satz:

---

**Satz 17.12:**

$$[\mathbf{a}, \mathbf{b}, \mathbf{c}] = [\mathbf{b}, \mathbf{c}, \mathbf{a}] = [\mathbf{c}, \mathbf{a}, \mathbf{b}] = -[\mathbf{a}, \mathbf{c}, \mathbf{b}] = -[\mathbf{c}, \mathbf{b}, \mathbf{a}] = -[\mathbf{b}, \mathbf{a}, \mathbf{c}] \qquad (17.21)$$

---

Wenn die Vektoren **a**, **b**, **c** in einer Ebene liegen (komplanar sind), entsteht ein Spat mit der Höhe null. Daher gilt der folgende Satz:

---

**Satz 17.13:**

$[\mathbf{a}, \mathbf{b}, \mathbf{c}] = 0$ für komplanare Vektoren. $\qquad (17.22)$

---

Zur Berechnung des Spatproduktes bei koordinatenweiser Darstellung der Vektoren verwendet man wieder die Determinantendarstellung.

---

**Satz 17.14:** Das Spatprodukt

der Vektoren $\mathbf{a} = (a_1, a_2, a_3)$, $\mathbf{b} = (b_1, b_2, b_3)$, $\mathbf{c} = (c_1, c_2, c_3)$ ist

$$[\mathbf{a}, \mathbf{b}, \mathbf{c}] = \begin{vmatrix} a_1 & a_2 & a_3 \\ b_1 & b_2 & b_3 \\ c_1 & c_2 & c_3 \end{vmatrix} \qquad (17.23)$$

---

**Beweis**: Das Vektorprodukt $\mathbf{a} \times \mathbf{b}$ ist gemäß Satz 17.11, Beweis:

$$\mathbf{a} \times \mathbf{b} = (a_2 b_3 - a_3 b_2) \mathbf{e}^1 - (a_1 b_3 - a_3 b_1) \mathbf{e}^2 + (a_1 b_2 - a_2 b_1) \mathbf{e}^3 .$$

Die skalare Multiplikation von $\mathbf{a} \times \mathbf{b}$ mit **c** erfolgt koordinatenweise (Satz 17.6). Also ist

$$(\mathbf{a} \times \mathbf{b}) \cdot \mathbf{c} = \left( a_2 b_3 - a_3 b_2, -(a_1 b_3 - a_3 b_1), a_1 b_2 - a_2 b_1 \right) \cdot \left( c_1, c_2, c_3 \right)$$

$$= c_1 (a_2 b_3 - a_3 b_2) - c_2 (a_1 b_3 - a_3 b_1) + c_3 (a_1 b_2 - a_2 b_1)$$

$$= a_1 (b_2 c_3 - b_3 c_2) - a_2 (b_3 c_1 - b_1 c_3) + a_3 (b_1 c_2 - b_2 c_1).$$

Dieses Ergebnis erhält man auch bei der Berechnung der Determinante (17.23).

**Beispiel 17.9:** Das Spatprodukt **[a, b, c]**

der Vektoren $\mathbf{a} = (0, 1, 2)$, $\mathbf{b} = (2, 0, 1)$, $\mathbf{c} = (1, 1, 0)$ ist

$$[\mathbf{a}, \mathbf{b}, \mathbf{c}] = \begin{vmatrix} 0 & 1 & 2 \\ 2 & 0 & 1 \\ 1 & 1 & 0 \end{vmatrix} = 0(0 - 1 \cdot 1) - 1(0 - 1 \cdot 1) + 2(2 \cdot 1 - 0) = 5.$$

**Beispiel 17.10:** Die Vektoren **a** = (1, 2, 3), **b** = (3, 6, 1), **c** = (0, 0, 1) sind komplanar; denn ihr Spatprodukt ist

$$[\mathbf{a}, \mathbf{b}, \mathbf{c}] = \begin{vmatrix} 1 & 2 & 3 \\ 3 & 6 & 1 \\ 0 & 0 & 1 \end{vmatrix} = 1(6 \cdot 1 - 0) - 2(3 \cdot 1 - 0) + 3(0 - 0) = 0.$$

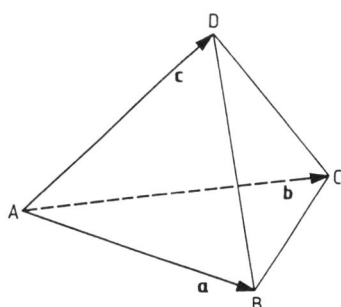

**Beispiel 17.11:** Man berechne das Volumen des Tetraeders (Bild 17.12) mit den Eckpunkten A = (1, −1, 1), B = (2, 0, 1),
   C = (3, −1, 2), D = (1, 0, 3) !

Lösung: Das gesuchte Volumen ist $\frac{1}{6}$ des

Volumens des von den Vektoren

**a** = B − A = (1, 1, 0), **b** = C − A = (2, 0, 1),

**c** = D − A = (0, 1, 2) aufgespannten Spats;

denn das Tetraeder ist eine Pyramide mit dem Volumen :     Bild 17.12

$\frac{1}{3}$ mal Grundfläche mal Höhe.

Die Höhe des Tetraeders ist der des Spats gleich, seine Grundfläche als Dreieck nur die Hälfte der Grundfläche des Spats. Das Spatprodukt der Vektoren **a**, **b**, **c** ist negativ:

$$[\mathbf{a}, \mathbf{b}, \mathbf{c}] = \begin{vmatrix} 1 & 1 & 0 \\ 2 & 0 & 1 \\ 0 & 1 & 2 \end{vmatrix} = -5.$$

Für die Maßzahl des gesuchten Volumens ist also der Betrag zu nehmen:

$$V = \frac{1}{6} \cdot \left| [\mathbf{a}, \mathbf{b}, \mathbf{c}] \right| = \frac{5}{6}.$$

## 17.5 Anwendung von Vektoren in der analytischen Geometrie

In diesem Abschnitt geht es um die vektorielle Behandlung von Problemen der analytischen Geometrie und zwar (im Unterschied zum Abschnitt 16) der analytischen Geometrie des Raumes.

### 17.5.1 Vektorielle Darstellung einer Geraden

Die Lage einer Geraden im Raum ist eindeutig bestimmt durch einen Punkt und ihre Richtung. Der feste Punkt auf der Geraden g sei gegeben durch den Ortsvektor $\mathbf{x}^0$ (der vom Ursprung O des räumlichen Koordinatensystems zu diesem Punkt zeigt), ihre Richtung durch den Vektor **v** (Bild 17.13).

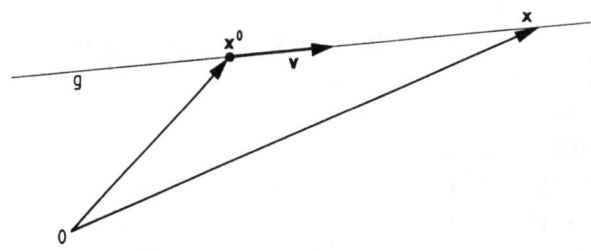

Bild 17.13

Ist $\lambda$ ein Parameter, der die Menge der reellen Zahlen durchläuft, so läßt sich ein beliebiger Punkt $x$ der Geraden $g$ durch Vektoraddition darstellen in der Form:

$$x = x^0 + \lambda \cdot v \,, \quad -\infty < \lambda < \infty. \qquad (17.24)$$

Gleichung der *Geraden* $g$ durch den *Punkt* $x^0$ in *Richtung des Vektors* $v$ (Parameterform).

Wenn der Parameter $\lambda$ die reellen Zahlen durchläuft, so durchläuft $x$ alle Punkte der Geraden. Zu jedem $x \in g$ gehört eindeutig ein $\lambda \in \mathbf{R}$.

Der Vektorgleichung (17.24) entsprechen drei skalare Gleichungen:

$$x_1 = x_1{}^0 + \lambda \cdot v_1 \,, \quad x_2 = x_2{}^0 + \lambda \cdot v_2 \,, \quad x_3 = x_3{}^0 + \lambda \cdot v_3. \qquad (17.25)$$

Ist die *Gerade* $g$ durch *zwei Punkte* $x^0$, $x^1$ gegeben, so ist ihr Richtungsvektor $v = x^1 - x^0$ und daher die Geradengleichung

$$x = x^0 + \lambda(x^1 - x^0). \qquad (17.26)$$

**Beispiel 17.12:** Die Gleichung der Geraden durch die Punkte $x^0 = (1, 2, 3)$, $x^1 = (1, 3, 2)$ lautet wegen $v = x^1 - x^0 = (0, 1, -1)$:
$$x = x^0 + \lambda v = (1, 2, 3) + \lambda(0, 1, -1).$$
Diesem Ergebnis entsprechen die drei skalaren Gleichungen
$$x_1 = 1, \quad x_2 = 2 + \lambda, \quad x_3 = 3 - \lambda.$$

Die Parameterform der Geradengleichung (17.24) enthält den Spezialfall der Geraden in der Ebene; $x$, $x^0$ und $v$ sind dann Vektoren mit je zwei Komponenten.

**Beispiel 17.13:** Der vektoriellen Form der Gleichung einer Geraden in der Ebene, $x = (1, 2) + \lambda(1, -1)$, entsprechen die skalaren Gleichungen $x_1 = 1 + \lambda$, $x_2 = 2 - \lambda$. Aus ihnen kann man den Parameter $\lambda$ eliminieren:
$$\lambda = x_1 - 1, \quad x_2 = 2 - (x_1 - 1) = 3 - x_1.$$

Ersetzt man $x_1$ durch x, $x_2$ durch y, so erhält man $y = -x + 3$ (Normalform der Geradengleichung (16.2)).

Um festzustellen, ob ein gegebener Punkt $\mathbf{x}^1$ auf einer Geraden g liegt, ist zu untersuchen, ob seine Koordinaten die Gleichungen (17.25) erfüllen, d. h. ob für ihn ein entsprechender $\lambda$-Wert existiert.

**Beispiel 17.14:** Liegen die Punkte a) $\mathbf{x}^1 = (-1, 4, 3)$, b) $\mathbf{x}^2 = (2, -2, 1)$ auf der Geraden g: $\mathbf{x} = (1, 0, 1) + \lambda(-1, 2, 1)$ ?
Lösung:
a) Aus der zweiten der drei Gleichungen $-1 = 1 - \lambda$, $4 = 0 + 2\lambda$, $3 = 1 + \lambda$ ergibt sich $\lambda = 2$, und dieser Wert erfüllt sowohl die erste als auch die dritte Gleichung:
$-1 = 1 - 2$, $3 = 1 + 2$. $\mathbf{x}^1$ liegt auf g.
b) Aus der zweiten der drei Gleichungen $2 = 1 - \lambda$, $-2 = 0 + 2\lambda$, $1 = 1 + \lambda$ folgt $\lambda = -1$, und dieser Wert erfüllt zwar die erste, aber nicht die dritte Gleichung. $\mathbf{x}^2$ liegt nicht auf g.

Der Schnittpunkt $\mathbf{x}_S$ zweier Geraden, $g_1$: $\mathbf{x} = \mathbf{x}^1 + \lambda\mathbf{v}$, $g_2$: $\mathbf{x} = \mathbf{x}^2 + \mu\mathbf{w}$, muß, falls er existiert, beide Geradengleichungen erfüllen, d. h. es muß gelten:

$$\mathbf{x}_S = \mathbf{x}^1 + \lambda\mathbf{v} = \mathbf{x}^2 + \mu\mathbf{w}.$$

Dieser Vektorgleichung entsprechen drei skalare Gleichungen. Aus zwei von ihnen kann man die Parameter $\lambda$, $\mu$ berechnen. Erfüllen die erhaltenen Werte die dritte Gleichung, so liegt ein Schnittpunkt vor. Erfüllen die erhaltenen Werte die dritte Gleichung nicht, so liegt kein Schnittpunkt vor. Existieren unendlich viele Lösungen, so fallen die beiden Geraden zusammen.

**Beispiel 17.15:** Man ermittle den Schnittpunkt der Geraden

$$g_1: \mathbf{x} = (1, 1, 0) + \lambda(1, 3, -2) \text{ und } g_2: \mathbf{x} = (1, 2, 2) + \mu(-1, -2, 4) !$$

Lösung: Der Schnittpunkt $\mathbf{x}_S$ muß beide Gleichungen erfüllen:

$$1 + \lambda = 1 - \mu , \quad 1 + 3\lambda = 2 - 2\mu , \quad -2\lambda = 2 + 4\mu.$$

Aus der ersten dieser drei skalaren Gleichungen folgt $\lambda = -\mu$. Damit ergibt sich aus der zweiten Gleichung $\mu = -1$, also ist $\lambda = 1$. Damit ist auch die dritte Gleichung erfüllt. Die Koordinaten des Schnittpunktes erhält man z. B. aus der Gleichung der Geraden $g_1$ mit $\lambda = 1$: $\mathbf{x}_S = (1, 1, 0) + 1 \cdot (1, 3, -2) = (2, 4, -2)$.

## 17.5.2 Vektorielle Darstellung einer Ebene

Die Lage einer Ebene E im Raum ist eindeutig bestimmt durch einen Punkt $\mathbf{x}^0$ und zwei nichtparallele Vektoren $\mathbf{v}$ und $\mathbf{w}$. Die Anfangspunkte der Vektoren $\mathbf{v}$ und $\mathbf{w}$

dürfen in $x^0$ liegend angenommen werden
(Bild 17.14).
Sind $\lambda$, $\mu$ zwei Parameter,
die unabhängig voneinander
die Menge der reellen Zahlen durchlaufen, so läßt sich
ein beliebiger Punkt $x$ der
Ebene E darstellen in der
Form:

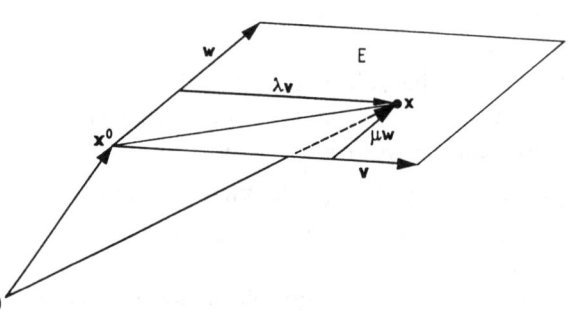

Bild 17.14

$$x = x^0 + \lambda v + \mu w, \quad -\infty < \lambda, \mu < \infty. \qquad (17.27)$$
Gleichung der *Ebene* E durch den *Punkt* $x^0$, aufgespannt von den *Vektoren* v *und* w (Parameterform).

Jedem Wertepaar $\lambda$, $\mu \in \mathbf{R}$ entspricht eineindeutig ein $x \in E$.
Der Vektorgleichung (17.27) entsprechen die drei skalaren Gleichungen
$$x_1 = x_1^0 + \lambda v_1 + \mu w_1, \quad x_2 = x_2^0 + \lambda v_2 + \mu w_2, \quad x_3 = x_3^0 + \lambda v_3 + \mu w_3. \qquad (17.28)$$
Ist die *Ebene* E durch *drei nicht auf einer Geraden liegenden Punkte* $x^0$, $x^1$, $x^2$
gegeben, so kann man die sie aufspannenden Vektoren darstellen durch
$$v = x^1 - x^0, \quad w = x^2 - x^0.$$
Damit lautet die Ebenengleichung
$$x = x^0 + \lambda(x^1 - x^0) + \mu(x^2 - x^0). \qquad (17.29)$$

**Beispiel 17.16:** Die Gleichung der Ebene, die durch die drei Punkte $x^0 = (-1, 2, 5)$,
$x^1 = (2, 3, -6)$, $x^2 = (1, -4, 3)$ gegeben ist, lautet wegen
$v = x^1 - x^0 = (3, 1, -11)$, $w = x^2 - x^0 = (2, -6, -2)$:
$$x = x^0 + \lambda v + \mu w = (-1, 2, 5) + \lambda(3, 1, -11) + \mu(2, -6, -2).$$
Diesem Ergebnis entsprechen die drei skalaren Gleichungen
$$x_1 = -1 + 3\lambda + 2\mu, \quad x_2 = 2 + \lambda - 6\mu, \quad x_3 = 5 - 11\lambda - 2\mu.$$

### 17.5.3 Die Skalarform der Ebenengleichung

Eine Ebene E im Raum ist auch eindeutig bestimmt durch einen Punkt $x^0$ und einem
auf E senkrecht stehenden Vektor $n$, den man *Normalenvektor* nennt (Bild 17.15).
Es sei $x$ ein beliebiger Punkt in der Ebene E. Dann liegt auch der von $x^0$ zu $x$ zeigen-
de Vektor $x - x^0$ in E und die Vektoren $n$ und $x - x^0$ stehen aufeinander senkrecht.

Für aufeinander senkrecht stehende (orthogonale) Vektoren ist aber das aus ihnen gebildete Skalarprodukt gleich null (vgl. (17.8)),    d. h. es gilt:

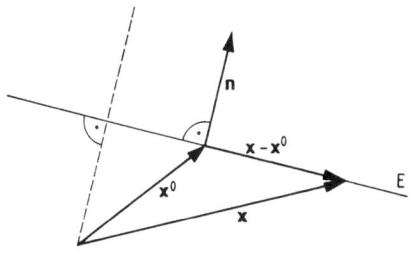

Bild 17.15

$$\mathbf{n}(\mathbf{x} - \mathbf{x}^0) = 0 \quad \text{bzw.} \quad \mathbf{n}\,\mathbf{x} = \mathbf{n}\,\mathbf{x}^0 = c. \tag{17.30}$$
*Skalarform der Ebenengleichung*, $\mathbf{n}$ - Normalenvektor, $\mathbf{x}^0$ - Punkt auf der Ebene.

**Beispiel 17.17:** Die Gleichung einer Ebene E, auf der der Punkt $\mathbf{x}^0 = (2, -1, 5)$ liegt und auf der der Vektor $\mathbf{n} = (2, -2, 1)$ senkrecht steht, ist wegen
$c = \mathbf{n}\,\mathbf{x}^0 = (2, -2, 1)\,(2, -1, 5) = 4 + 2 + 5 = 11$:
$\qquad (2, -2, 1)\,\mathbf{x} = 11 \quad \text{bzw.} \quad 2x_1 - 2x_2 + x_3 = 11.$

Die Umwandlung der Parameterform (17.27) der Ebenengleichung in die Skalarform (17.30) erfolgt durch Eliminieren der Parameter.

**Beispiel 17.18:** Die Gleichung einer Ebene in Parameterform sei
$\qquad \mathbf{x} = (1, -2, 4) + \lambda(0, 1, -1) + \mu(1, -1, 2).$
Dieser Vektorgleichung entsprechen die drei skalaren Gleichungen
$\qquad x_1 = 1 + \mu, \quad x_2 = -2 + \lambda - \mu, \quad x_3 = 4 - \lambda + 2\mu.$
Aus der ersten Gleichung folgt $\mu = x_1 - 1$. Damit lauten die beiden anderen Gleichungen:
$x_2 = -2 + \lambda - x_1 + 1 \quad \text{bzw.} \quad x_1 + x_2 = -1 + \lambda \quad \text{und}$
$x_3 = 4 - \lambda + 2x_1 - 2 \quad \text{bzw.} \quad -2x_1 + x_3 = 2 - \lambda.$
Die Addition der verbliebenen Gleichungen zueinander ergibt $-x_1 + x_2 + x_3 = 1$ bzw. $(-1, 1, 1)\,\mathbf{x} = 1$ (Skalarform der Ebenengleichung).

Um festzustellen, ob ein Punkt $\mathbf{x}^1$ auf einer Ebene E liegt, deren Gleichung in Parameterform gegeben ist, ist zu untersuchen, ob seine Koordinaten die Gleichungen (17.28) erfüllen (ähnlich wie im Beispiel 17.15 für die Gerade). Oder man wandelt die Parameterform in die Skalarform um und hat zu untersuchen, ob die Koordinaten des Punktes dieser Gleichung genügen.

**Beispiel 17.19:** Liegt der Punkt $\mathbf{x}^1 = (2, -2, 5)$
$\qquad\qquad$ auf der Ebene E: $\mathbf{x} = (1, -2, 4) + \lambda(0, 1, -1) + \mu(1, -1, 2)$ ?
Lösung: Aus den ersten beiden der drei Gleichungen

$2 = 1 + 0 \cdot \lambda + \mu$, $-2 = -2 + \lambda - \mu$, $5 = 4 - \lambda + 2\mu$  ergibt sich $\mu = 1$ und $\lambda = 1$.
Diese beiden Werte erfüllen die dritte Gleichung: $5 = 4 - 1 + 2 \cdot 1$, d. h. $\mathbf{x}^1$ liegt auf
E. Hat man die Ebenengleichung in die Skalarform umgewandelt: $-x_1 + x_2 + x_3 = 1$
(siehe Beispiel 17.18), so sind die Koordinaten des Punktes $\mathbf{x}^1$ nur für $x_1, x_2, x_3$ ein-
zusetzen, um festzustellen, daß $\mathbf{x}^1$ auf E liegt: $-2 + (-2) + 5 = 1$.

Der Schnittpunkt $\mathbf{x}_S$ zwischen einer Ebene  E: $\mathbf{n} \cdot \mathbf{x} = c$  und einer Geraden g:
$\mathbf{x} = \mathbf{x}^0 + \lambda \mathbf{v}$ liegt (falls er existiert) sowohl auf E als auch auf g. Daher setzt man für
$\mathbf{x}$ in der Ebenengleichung $\mathbf{x}^0 + \lambda \mathbf{v}$ ein und erhält eine Gleichung für $\lambda$. Hat diese
Gleichung genau eine Lösung, so gibt es einen Schnittpunkt. Existiert keine Lösung,
so läuft g parallel zu E. Existieren unendlich viele Lösungen, so liegt g in E.

**Beispiel 17.20:** Zu bestimmen ist die Lage der Geraden g: $\mathbf{x} = (1, 0, 1) + \lambda(-1, 1, 1)$
zu den Ebenen a) $x_1 + 2x_2 + 3x_3 = -4$,  b) $2x_1 + x_2 + x_3 = 3$,  c) $2x_1 + x_2 + x_3 = 4$ !

Lösung: Weil der gesuchte Schnittpunkt $\mathbf{x}_S$ die Geradengleichung erfüllt, gilt:
$x_1 = 1 - \lambda$,  $x_2 = \lambda$,  $x_3 = 1 + \lambda$.
a) $x_1 + 2x_2 + 3x_3 = (1 - \lambda) + 2\lambda + 3(1 + \lambda) = 4\lambda + 4 = -4$, $\lambda = -2$,
$$\mathbf{x}_S = (1 + 2, -2, 1 - 2) = (3, -2, -1).$$
b) $2x_1 + x_2 + x_3 = 2(1 - \lambda) + \lambda + (1 + \lambda) = 0 \cdot \lambda + 3 = 3$, $\lambda$ beliebig,  g liegt in E.
c) $2x_1 + x_2 + x_3 = 2(1 - \lambda) + \lambda + (1 + \lambda) = 0 \cdot \lambda + 3 = 4$, keine Lösung, g verläuft
parallel zu E.

Die Schnittgerade g zweier Ebenen $E_1$: $\mathbf{n}^1\mathbf{x} = c_1$ und  $E_2$: $\mathbf{n}^2\mathbf{x} = c_2$  erfüllt beide
Ebenengleichungen (das sind zwei Gleichungen mit je drei Unbekannten $x_1, x_2, x_3$).
Man hat zwei Möglichkeiten, die Gerade g (falls sie existiert) zu ermitteln.

1. Man wählt eine Variable beliebig: $x_i = \lambda$ (freier Parameter), ermittelt die beiden anderen $x_j$, $j \neq i$, aus den beiden Ebenengleichungen als Linearausdrücke in $\lambda$ und hat
so die Geradengleichung.

2. Man ermittelt zwei verschiedene spezielle Punkte $\mathbf{x}^0$ und $\mathbf{x}^1$ der Geraden und erhält g: $\mathbf{x} = \mathbf{x}^0 + \lambda(\mathbf{x}^1 - \mathbf{x}^0)$.

**Beispiel 17.21:** Es ist die Schnittgerade g der Ebenen  $E_1$: $x_1 - x_2 + x_3 = 3$  und
$E_2$: $2x_1 - x_2 - 3x_3 = 0$ zu ermitteln.

Lösung 1: $x_1 = \lambda$ beliebig.
$E_1$: $-x_2 + x_3 = 3 - \lambda$,  $E_2$: $-x_2 - 3x_3 = -2\lambda$.
Subtraktion: $4x_3 = 3 + \lambda$,

Einsetzen in $E_1$: $-x_2 + \dfrac{3}{4} + \dfrac{\lambda}{4} = 3 - \lambda$,   $x_2 = \dfrac{5}{4}\lambda - \dfrac{9}{4}$.

Also: $x_1 = \lambda$,   $x_2 = \dfrac{5}{4}\lambda - \dfrac{9}{4}$,   $x_3 = \dfrac{1}{4}\lambda + \dfrac{3}{4}$.

In Vektorschreibweise: $\mathbf{x} = \left(0, -\dfrac{9}{4}, \dfrac{3}{4}\right) + \lambda \cdot \left(1, \dfrac{5}{4}, \dfrac{1}{4}\right)$

bzw. mit $\tilde{\lambda} = \dfrac{1}{4}\lambda$ :    $\mathbf{x} = \left(0, -\dfrac{9}{4}, \dfrac{3}{4}\right) + \tilde{\lambda} \cdot (4, 5, 1)$.

Lösung 2: Setzt man in $E_1$ und $E_2$ $x_3 = 0$, so erhält man $x_1 - x_2 = 3$, $2x_1 - x_2 = 0$ mit der Lösung $x_1 = -3$, $x_2 = -6$, also ist $\mathbf{x}^0 = (-3, -6, 0)$ ein spezieller Punkt der Schnittgeraden.

Setzt man $x_2 = 0$, so ergibt sich aus $x_1 + x_3 = 3$, $2x_1 - 3x_3 = 0$ die Lösung $x_1 = \dfrac{9}{5}$, $x_3 = \dfrac{6}{5}$ und damit ein zweiter Punkt von g: $\mathbf{x}^1 = \left(\dfrac{9}{5}, 0, \dfrac{6}{5}\right)$.

Die Gleichung der Geraden g durch die Punkte $\mathbf{x}^0$, $\mathbf{x}^1$ (vgl. 17.26) lautet:

$$\mathbf{x} = \mathbf{x}^0 + \lambda(\mathbf{x}^1 - \mathbf{x}^0) = (-3, -6, 0) + \lambda \cdot \left(\dfrac{24}{5}, 6, \dfrac{6}{5}\right)$$

bzw. mit $\tilde{\lambda} = \dfrac{6}{5}\lambda$ :   $\mathbf{x} = (-3, 6, 0) + \tilde{\lambda}(4, 5, 1)$.

Das ist nur eine andere Darstellung der bei Lösung 1 gefundenen Geraden g; denn die Richtungsvektoren beider Lösungen stimmen überein: $\mathbf{v} = (4, 5, 1)$, und für $\tilde{\lambda} = -\dfrac{3}{4}$ in Lösung 1 erhält man als Geradenpunkt den Punkt $\mathbf{x}^0$ der Lösung 2:

$$\mathbf{x} = (0, -\dfrac{9}{4}, \dfrac{3}{4}) - \dfrac{3}{4}(4, 5, 1) = (-3, -6, 0).$$

# 7.6   Übungsaufgaben

1.   Gegeben sind die Vektoren   $\mathbf{a} = (1, 0, -2)$,   $\mathbf{b} = (-3, -5, 0)$,   $\mathbf{c} = (4, -1, 7)$. Man bilde

$$-\mathbf{a}, \qquad \mathbf{a} + \mathbf{b}, \qquad \mathbf{a} - \mathbf{c}, \qquad 2\mathbf{a} - \mathbf{b} + 3\mathbf{c} \; !$$

2.   Wie lautet der Vektor $\mathbf{a}$, der vom Punkt $\mathbf{x}^1 = (3, -5, 7)$ zum Punkt $\mathbf{x}^2 = (-2, 4, -1)$ weist ?

3.   Der Vektor $\mathbf{a} = (3, 2, 1)$ habe den Anfangspunkt $\mathbf{x}^1 = (1, 2, 3)$. Welche Koordinaten hat der Endpunkt $\mathbf{x}^2$ ?

4.   Welchen Betrag haben die Vektoren $\mathbf{a} = (4, -3, 12)$, $\mathbf{b} = (\sqrt{3}, \sqrt{3}, \sqrt{3})$, $\mathbf{c} = (3, 3, 3)$ ?

5.  Welche Koordinaten haben die zu $\mathbf{a} = (2, -1, 3)$, $\mathbf{b} = (7, 0, 0)$ gehörigen Einheitsvektoren $\mathbf{e_a}$ und $\mathbf{e_b}$ ?

6.  Man weise die Orthogonalität der folgenden Vektoren nach:
    $\mathbf{a} = (1, 2, 3)$, $\mathbf{b} = (3, 0, -1)$ !

7.  Wie groß müssen $a_1$, $b_2$, und $c_3$ sein, damit die Vektoren $\mathbf{a} = (a_1, 3, 2)$, $\mathbf{b} = (-4, b_2, 2)$ und $\mathbf{c} = (3, -2, c_3)$ auf dem Vektor $\mathbf{d} = (2, 1, -3)$ senkrecht stehen?

8.  Berechnen Sie $\mathbf{a} \cdot \mathbf{b}$ für
    a) $\mathbf{a} = \left(-\dfrac{2}{3}, \dfrac{1}{2}, \dfrac{5}{4}\right)$,     $\mathbf{b} = \left(\dfrac{3}{4}, -\dfrac{1}{3}, \dfrac{2}{3}\right)$,
    b) $\mathbf{a} = \mathbf{e}^1 - \mathbf{e}^2 + 2\mathbf{e}^3$,  $\mathbf{b} = 2\mathbf{e}^1 + \dfrac{1}{2}\mathbf{e}^2 - \dfrac{1}{4}\mathbf{e}^3$ !

9.  Welchen Winkel schließen die Vektoren $\mathbf{a} = (3, -4, 12)$ und $\mathbf{b} = (-6, 8, 0)$ miteinander ein?

10. Wie groß sind die Winkel des Dreiecks mit den Eckpunkten
    $A = (-2, 0, 3)$, $B = (-6, 4, -1)$, $C = (4, -1, 2)$ ?

11. Weisen Sie nach, daß die Vektoren $\mathbf{a} = (2, 4, -6)$ und $\mathbf{b} = (-1, -2, 3)$ kollinear zueinander sind!

12. Berechnen Sie $\mathbf{a} \times \mathbf{b}$ für
    a) $\mathbf{a} = (-4, -1, 3)$,     $\mathbf{b} = (5, -2, 7)$,
    b) $\mathbf{a} = \mathbf{e}^1 - \mathbf{e}^2 + 2\mathbf{e}^3$,  $\mathbf{b} = 2\mathbf{e}^1 + \dfrac{1}{2}\mathbf{e}^2 - \dfrac{1}{4}\mathbf{e}^3$ !

13. Wie groß ist die Fläche des Dreiecks mit den Eckpunkten
    $A = (-2, 0, 3)$, $B = (-6, 4, -1)$, $C = (4, -1, 2)$ ?

14. Wie groß ist die Fläche des Parallelogramms, das von den Vektoren
    $\mathbf{a} = (-3, 2, 1)$ und $\mathbf{b} = (5, -3, 2)$ aufgespannt wird ?

15. Welches Volumen hat der von den Vektoren
    $\mathbf{a} = (-2, 1, -3)$, $\mathbf{b} = (1, -3, 6)$, $\mathbf{c} = (1, 2, -3)$ aufgespannte Spat ? Deuten Sie das Ergebnis geometrisch !

16. Welches Volumen hat das Tetraeder mit den Eckpunkten
    $P_1(2, 1, 4)$, $P_2(0, -1, 2)$, $P_3(-3, 6, 4)$, $P_4(2, 2, 2)$ ?

17. Welche dritte Koordinate $x$ muß der Punkt $P_1(2, 1, x)$ haben, damit er mit den Punkten $P_2(1, 1, 2)$, $P_3(-1, -1, 4)$, $P_4(2, -2, 9)$ in einer Ebene liegt ?

18. Wie lauten die Gleichungen der Geraden
    a) $g_1$ durch die Punkte $\mathbf{x}^0 = (0, 1, 2)$ und $\mathbf{x}^1 = (0, 2, 1)$,

b) $g_2$ durch den Punkt $\mathbf{x}^0 = (0, 1, 2)$ und in Richtung des Vektors $\mathbf{v} = (0, 2, 1)$ ?

19. Es ist zu untersuchen, ob die Punkte
$\mathbf{x}^1 = (-11, 11, -14)$ und $\mathbf{x}^2 = (1, 5, 15)$ auf der Geraden
g: $\mathbf{x} = (-5, 7, 6) + \lambda(3, -2, 10)$ liegen !

20. Wo und unter welchem Winkel schneiden sich die Geraden
$g_1 : \mathbf{x} = (1, -2, 1) + \lambda_1(-3, 5, 4)$ und $g_2 : \mathbf{x} = (1, 4, 9) + \lambda_2(9, -9, -4)$ ?

21. Es ist zu untersuchen, ob sich die Geraden
a) $g_1$: $\mathbf{x} = (1, 1, 1) + \lambda(2, -1, 3)$ und $g_2$: $\mathbf{x} = (1, -1, -1) + \mu(-1, 1, 1)$,
b) $g_1$: $\mathbf{x} = (1, 1, 1) + \lambda(2, -1, 3)$ und $g_2$: $\mathbf{x} = (1, -1, -1) + \mu(1, -1, 1)$
schneiden und gegebenenfalls der Schnittpunkt anzugeben !

22. In welchem Punkt $\mathbf{x}_P$ durchstößt die Gerade g: $\mathbf{x} = (4, 5, 1) + \lambda(2, 2, -1)$
a) die $x_1$, $x_2$-Ebene,          b) die $x_1$, $x_3$-Ebene ?

23. Wie lauten die Gleichungen der Ebenen
a) $E_1$ durch den Punkt $\mathbf{x}^0 = (0, 1, 2)$ und in Richtung der Vektoren
$\mathbf{v} = (0, 2, 1)$, $\mathbf{w} = (2, 3, -5)$,
b) $E_2$ durch die Punkte $\mathbf{x}^0 = (0, 1, 2)$, $\mathbf{x}^1 = (2, -3, 4)$ und $\mathbf{x}^2 = (7, -9, -1)$,
c) $E_3$ durch den Punkt $\mathbf{x}^0 = (0, 1, 2)$ mit dem Normalenvektor $\mathbf{n} = (0, 2, 1)$ ?

24. Wie lauten die Skalarformen der Ebenengleichungen aus den Aufgaben 23a)
und 23b) ?

25. Es ist zu untersuchen, ob die Punkte $\mathbf{x}^1 = (1, 3, -6)$ bzw. $\mathbf{x}^2 = (5, -5, 4)$
auf der Ebene
a) $E_1$: $\mathbf{x} = (0, 2, -1) + \lambda(1, -3, 5) + \mu(2, -2, 0)$,
b) $E_2$ : $2x_1 + x_2 - x_3 = 1$
liegen !

26. Zu bestimmen ist die Lage der Geraden
a) $g_1$: $\mathbf{x} = (1, 1, 1) + \lambda(-2, 3, 1)$,
b) $g_2$: $\mathbf{x} = (-1, 1, 1) + \lambda(-1, -1, 1)$,
c) $g_3$: $\mathbf{x} = (3, -2, 0) + \lambda(-1, -1, 1)$
zur Ebene E: $4x_1 - 3x_2 + x_3 = 18$ !

27. Es ist die Gleichung der Schnittgeraden g der Ebenen
a) $E_1$: $2x_1 + x_2 - x_3 = -1$ und $E_2$ : $-x_1 + 3x_2 - 2x_3 = 4$,
b) $E_1$: $-5x_1 - 2x_2 + 9x_3 = 4$ und $E_2$ : $x_1 - 2x_2 + 3x_3 = -8$
zu ermitteln !

# 18 Zahlenfolgen

## 18.1 Einführung

Die bisherigen Abschnitte behandelten Gebiete der sog. Elementarmathematik. Mit dem vorliegenden Abschnitt beginnt nun die höhere Mathematik. Der wesentliche Grundbegriff, auf dem die höhere Mathematik aufbaut, ist der Begriff des Grenzwertes einer Zahlenfolge.

Es muß jedoch bemerkt werden, daß diese Einteilung in Elementarmathematik und höhere Mathematik nicht exakt ist. Schon der Begriff der reellen Zahl kommt nicht ohne den Grenzwertbegriff aus (Intervallschachtelung). Bei der Behandlung der Elementarmathematik war es notwendig, wichtige Begriffe exakt zu formulieren (z. B. die n-te Wurzel), logisch einwandfrei zu schließen (z. B. Probe bei Gleichungen) und bei der Anwendung mathematischer Gesetze (Rechenregeln) die Voraussetzungen für ihre Anwendung genau zu beachten (z. B. Verbot der Division durch null, Gültigkeit der Potenzgesetze in ihrer allgemeinen Form nur für positive Basen).

Überall dort, wo Grenzwerte eine Rolle spielen, werden besondere Anforderungen an die Exaktheit der Begriffe und Sätze gestellt: Anschaulich scheinbar völlig klare Begriffe sind gar nicht so klar. Anschaulich scheinbar völlig klare Gesetze gelten nur unter strengen Voraussetzungen. Trotzdem ist es auch in der höheren Mathematik für die schöpferische Arbeit nützlich, wenn nicht gar notwendig, mathematische Begriffe mit vertrauten Dingen oder Sachverhalten (Anschauung) zu verbinden. So kann der Differentialquotient mit der Tangente an einer Kurve in Zusammenhang gebracht werden (geometrische Veranschaulichung) oder mit der Momentangeschwindigkeit (physikalische Veranschaulichung). Das Integral läßt sich als der Flächeninhalt eines krummlinig begrenzten Gebietes auffassen usw.

In den nachfolgenden Abschnitten wird daher die folgende Konzeption angestrebt:

1. Anschauliche Einführung der Begriffe,
2. Kritische Analyse der Grenzen der Anschaulichkeit,
3. Exakte mathematische Definition,
4. Beachtung der Voraussetzungen für die Gültigkeit der mathematischen Gesetze,
5. Analyse der Folgen bei Nichtbeachtung der Voraussetzungen,
6. Lösung zahlreicher Aufgaben, insbesondere zum Differenzieren und Integrieren.

Natürlich sind der Verwirklichung dieser Konzeption im Rahmen des vorliegenden Buches vor allem aus Platzgründen enge Grenzen gesetzt.

## 18.2 Begriff der Zahlenfolge

Schreibt man die natürlichen Zahlen $n \geq 1$ in ihrer natürlichen Reihenfolge nacheinander auf,

$$1, 2, 3, 4, \ldots ,$$

so spricht man von der *Folge der natürlichen Zahlen* {n}. Die Punkte sollen andeuten, daß diese Folge fortgesetzt zu denken ist, ohne je abzubrechen. Es liegt also eine unendliche Zahlenfolge vor. Man kann auch aus anderen reellen Zahlen, wenn man eine Reihenfolge festlegt, eine Zahlenfolge bilden:

$$\{a_n\}: \quad a_1, a_2, a_3, a_4, \ldots$$

Hier ist jeder natürlichen Zahl n eindeutig eine reelle Zahl $a_n$ zugeordnet. Es ist also $a_n$ eine Funktion von n:

$$a_n = a(n).$$

Je nach der Zuordnungsvorschrift entstehen verschiedene Zahlenfolgen, auch Folgen genannt.

---

**Definition 18.1:** Wird jeder natürlichen Zahl n = 1, 2, 3, . . . eindeutig eine reelle Zahl $a_n$ zugeordnet, so bilden diese Zahlen in der Reihenfolge $a_1$, $a_2$, $a_3$, . . . eine *Zahlenfolge*, auch kurz Folge genannt, und man schreibt dafür $\{a_n\}$. Die $a_n$ heißen *Glieder* der Folge $\{a_n\}$.

---

Man kann bei einer Zahlenfolge die Numerierung der Glieder natürlich auch mit 0 oder 2 usw., sogar mit −1 oder −2 usw. beginnen, also $a_0$, $a_1$, $a_2$, . . . oder $a_2$, $a_3$, $a_4$, . . . oder $a_{-1}$, $a_0$, $a_1$, . . . .

Um eine Zahlenfolge zu definieren, ist es notwendig, das Bildungsgesetz eindeutig anzugeben. Manchmal schreibt man, um eine Zahlenfolge zu definieren, nur die ersten Glieder auf.

**Beispiel 18.1:** Man schreibt zum Beispiel
$\{a_n\}: 1, 2, 3, 4, \ldots$

und meint damit die Folge der natürlichen Zahlen mit dem Bildungsgesetz $a_n = n$, also
$\{a_n\} = \{n\}$.

$\{a_n\}: 1, 4, 9, 16, 25, \ldots$ soll bedeuten $\{a_n\} = \{n^2\}$.

$\{a_n\}: 1, \dfrac{1}{2}, \dfrac{1}{3}, \dfrac{1}{4}, \dfrac{1}{5}, \ldots$ soll bedeuten $\{a_n\} = \left\{\dfrac{1}{n}\right\}$.

$\{a_n\}: 1, -\dfrac{1}{2}, \dfrac{1}{3}, -\dfrac{1}{4}, \dfrac{1}{5}, -\dfrac{1}{6}, \ldots$ soll bedeuten $\{a_n\} = \left\{\dfrac{(-1)^{n-1}}{n}\right\}$.

$\{a_n\}: 2, \dfrac{3}{2}, \dfrac{4}{3}, \dfrac{5}{4}, \dfrac{6}{5}, \ldots$ soll bedeuten $\{a_n\} = \left\{\dfrac{n+1}{n}\right\}$.

# 18.3 Grenzwerte von Zahlenfolgen

Die Untersuchung des Verhaltens der Glieder $a_n$ einer Folge für ständig wachsende n, man sagt: für n gegen $\infty$ oder kurz für $n \to \infty$, führt auf die Begriffe des Grenzwertes und der Konvergenz. Betrachtet man die Folge $\{a_n\} = \left\{\dfrac{1}{n}\right\}$ für wachsendes n, so bemerkt man, daß die Glieder der Folge der 0 immer näher, ja beliebig nahe kommen. Wenn man eine auch noch so kleine Zahl $\varepsilon > 0$ wählt, liegen von einem bestimmten $n > n_0 (\varepsilon)$ ab ($n_0$ hängt von $\varepsilon$ ab) alle Glieder der Folge in der $\varepsilon$-Umgebung von 0.

$$|a_n| = \frac{1}{n} < \varepsilon \ \ \forall \ n > n_0 (\varepsilon). \tag{18.1}$$

Man kann hier dieses $n_0 (\varepsilon)$ leicht angeben. Es ist wegen (18.1)

$$n_0 (\varepsilon) = \frac{1}{\varepsilon} \ . \tag{18.2}$$

Für $\varepsilon = \dfrac{1}{100}$ ist $n_0 = 100$. Es gilt also $|a_n| < \dfrac{1}{100}$ für alle $n > 100$, also für $n = 101$, 102, 103, . . .
Für $\varepsilon = \dfrac{1}{1000000}$ ist $n_0 (\varepsilon) = 1000000$. Es gilt also $|a_n| < \dfrac{1}{1000000}$ für alle $n > 1000000$ usw.

Man sagt im vorliegenden Falle: Die Folge $\left\{\dfrac{1}{n}\right\}$ ist konvergent. Sie konvergiert gegen den Grenzwert $a = 0$, und man schreibt

$$\lim_{n\to\infty} \frac{1}{n} = 0 \quad \text{oder einfach} \quad \frac{1}{n} \to 0 \tag{18.3}$$

(Limes von $\dfrac{1}{n}$ für n gegen $\infty$ ist gleich 0 oder einfach: $\dfrac{1}{n}$ geht gegen 0).

Bei der Untersuchung der Folge $\{a_n\} = \left\{(-1)^n \left(1+\dfrac{1}{n}\right)\right\}$ stellt man fest:

Für gerades n nähert sich $a_n$ immer mehr der $+1$, für ungerades n nähert sich $a_n$ immer mehr der $-1$. Man spricht hier nicht von zwei Grenzwerten $+1$ und $-1$, sondern von zwei Häufungspunkten der Folge. Die o. a. Folge ist also nicht konvergent, sondern divergent (genauer: unbestimmt divergent).

Auch die Folge $\{a_n\} = \{n^2\}$ ist divergent. Da aber $a_n$ mit größer werdendem n gegen $+ \infty$ geht, also jeden noch so großen Wert K überschreitet, so spricht man von bestimmter Divergenz gegen $+ \infty$.

$$\lim_{n\to\infty} n^2 = + \infty \quad \text{oder} \quad n^2 \to + \infty. \tag{18.4}$$

Nach diesen einführenden Bemerkungen soll nun der Begriff des Grenzwertes streng definiert werden.

**Definition 18.2:**  Eine Folge $\{a_n\}$ hat den *Grenzwert* a,

$$\lim_{n\to\infty} a_n = a \quad \text{bzw.} \quad a_n \to a, \tag{18.5}$$

wenn zu jedem (noch so kleinem) $\varepsilon > 0$ ein $n_0 = n_0\,(\varepsilon)$ derart existiert, daß

$$|a_n - a| < \varepsilon \tag{18.6}$$

gilt für alle n mit

$$n > n_0\,(\varepsilon). \tag{18.7}$$

Man sagt dann, die Folge $\{a_n\}$ ist *konvergent* bzw. die Folge $\{a_n\}$ *konvergiert gegen den Grenzwert* a.

Folgen, die keinen solchen Grenzwert haben, heißen *divergent* (sie divergieren). Falls bei einer divergenten Folge $\{a_n\}$ zu jeder (beliebig großen) Zahl K ein $n_0 = n_0(K)$ derart existiert, daß

$$a_n > K \text{ oder } a_n < -K \tag{18.8}$$

gilt für alle n mit

$$n > n_0(K), \tag{18.9}$$

so nennt man diese Folge bestimmt divergent gegen $+\infty$ bzw. gegen $-\infty$ und schreibt

$$\lim_{n\to\infty} a_n = +\infty \quad \text{bzw.} \quad \lim_{n\to\infty} a_n = -\infty \tag{18.10}$$

oder kurz

$$a_n \to \infty \quad \text{bzw.} \quad a_n \to -\infty. \tag{18.11}$$

Falls eine Folge $\{a_n\}$ divergent, aber nicht bestimmt divergent ist, so heißt sie *unbestimmt divergent*.

**Beispiel 18.2:**  Bei der Folge $\{a_n\} = \left\{\dfrac{n}{n+1}\right\}$

vermutet man wegen der folgenden Umformung

$$a_n = \frac{n}{n+1} = \frac{1}{1+\dfrac{1}{n}} , \quad \text{daß sie den Grenzwert } a = 1 \text{ hat, also} \quad \lim_{n\to\infty} a_n = \lim_{n\to\infty} \frac{n}{n+1} = 1.$$

Das soll nun entsprechend (18.5) bis (18.7) nachgewiesen werden. Es gilt wegen

$$\frac{n}{n+1} < 1: \ |a_n - 1| = \left|\frac{n}{n+1} - 1\right| = 1 - \frac{n}{n+1} = \frac{n+1-n}{n+1} = \frac{1}{n+1} < \varepsilon \ \text{für}$$

$$n + 1 > \frac{1}{\varepsilon} \quad \text{bzw.} \quad n > \frac{1}{\varepsilon} - 1 = n_0(\varepsilon).$$

Für $\varepsilon = \dfrac{1}{100}$ ist $n_0(\varepsilon) = 99$. Für alle $n > 99$ ist also $\left|\dfrac{n}{n+1} - 1\right| = \dfrac{1}{n+1} < \dfrac{1}{100}$.

Daher kann man bestätigen: Zu jedem $\varepsilon > 0$ existiert ein $n_0(\varepsilon) = \dfrac{1}{\varepsilon} - 1$ derart, daß

$$|a_n - 1| < \varepsilon \text{ ist für alle } n > n_0(\varepsilon) = \frac{1}{\varepsilon} - 1.$$

Schon dieses einfache Beispiel weist auf die Problematik der Definition 18.2 hin: Diese Definition ist nicht konstruktiv. Sie sagt nichts darüber aus, wie man einen Grenzwert bestimmt. Man braucht, um die Konvergenz nachzuweisen, zuvor den Grenzwert a. Man muß den Grenzwert also schon kennen oder wenigstens vermuten, bevor man die Konvergenz nachweisen kann. Ferner ist die Berechnung von $n_0(\varepsilon)$ im allgemeinen sehr schwierig. Man braucht also zur praktischen Berechnung von Grenzwerten Verfahren, mit denen man Grenzwerte ermitteln kann, ohne jedesmal die Definition 18.2 anzuwenden. Mit dieser Problematik beschäftigt sich der Abschnitt 18.3.

Manchmal ist es aber schon ausreichend zu wissen, ob eine Folge einen Grenzwert hat (ob sie konvergiert), ohne daß man ihn kennt oder berechnet. Solche reinen Existenzaussagen machen die Konvergenzkriterien, von denen im folgenden eines angegeben werden soll. Es sei hier darauf hingewiesen, daß diese Kriterien die Kenntnis des Grenzwertes nicht voraussetzen.

**Satz 18.1:**    Jede beschränkte monotone Folge $a_n$ ist konvergent.

Anschaulich ist dieses Kriterium klar: Wenn eine Folge ständig wächst (fällt), einen bestimmten endlichen Wert K aber nicht überschreiten (−K nicht unterschreiten) kann, dann müssen sich die $a_n$ irgendwo häufen. Das kann wegen der Monotonie aber nur an einer Stelle geschehen.

Eine Anwendung hat der Satz 18.1 zum Beispiel im Zusammenhang mit der im Abschnitt 3 als Basis des natürlichen Logarithmus eingeführten Zahl e gefunden. Man kann, allerdings mit einigem Aufwand, zeigen, daß gilt

$$\left(1+\frac{1}{n}\right)^n < \left(1+\frac{1}{n+1}\right)^{n+1} < 3.$$

Daher ist die Folge

$$\{a_n\} = \left\{\left(1+\frac{1}{n}\right)^n\right\} \text{ monoton und beschränkt und nach Satz 18.1 konvergent.}$$

Ihr Grenzwert ist   e = 2,71828 . . . (vgl. Abschnitt 3.1)

$$\lim_{n\to\infty}\left(1+\frac{1}{n}\right)^n = e. \tag{18.12}$$

## 18.4    Berechnung von Grenzwerten

Das Ziel des vorliegenden Abschnitts ist es, Regeln anzugeben, mit deren Hilfe man aus dem Konvergenzverhalten bekannter Folgen auf das Konvergenzverhalten anderer Folgen schließen kann bzw. mit deren Hilfe man aus der Kenntnis der Grenzwerte bekannter Folgen die Grenzwerte anderer Folgen berechnen kann.

Der grundlegende Satz zeigt, daß man unter bestimmten Voraussetzungen mit Zahlenfolgen wie mit Zahlen rechnen kann.

**Satz 18.2:** Haben die Folgen $\{a_n\}$ und $\{b_n\}$ die (eigentlichen, endlichen) Grenzwerte a und b,

$$\lim_{n\to\infty} a_n = a, \quad \lim_{n\to\infty} b_n = b, \tag{18.13}$$

so gilt

$$\lim_{n\to\infty} (a_n \pm b_n) = a \pm b, \tag{18.14}$$

$$\lim_{n\to\infty} (a_n \cdot b_n) = a \cdot b, \tag{18.15}$$

$$\lim_{n\to\infty} \left(\frac{a_n}{b_n}\right) = \frac{a}{b}, \quad b_n \neq 0, b \neq 0, \tag{18.16}$$

$$\lim_{n\to\infty} a_n^{b_n} = a^b, \quad a_n > 0, a > 0, \tag{18.17}$$

$$\lim_{n\to\infty} \log a_n = \log a, \quad a_n > 0, a > 0. \tag{18.18}$$

Dieser Satz besagt zweierlei: Bildet man aus den Gliedern $a_n$ und $b_n$ zweier konvergenter Zahlenfolgen durch Addition, Subtraktion, Multiplikation, Division, Potenzieren oder Logarithmieren Glieder einer neuen Folge, so ist diese Folge konvergent. Der Grenzwert der neuen Folge ist entsprechend die Summe, die Differenz, das Produkt, der Quotient, die Potenz oder der Logarithmus der Grenzwerte der Ausgangsfolgen (eventuell unter zusätzlichen Voraussetzungen).

Im folgenden soll nur die Beziehung (18.14) bewiesen werden. Zum Beweis wird die Definition 18.2 des Grenzwertes verwendet:
Die Voraussetzung (18.13) bedeutet, daß zu jedem $\varepsilon > 0$ ein $n_1(\varepsilon)$ und ein $n_2(\varepsilon)$ derart existieren, daß

$$|a_n - a| < \varepsilon \quad \text{für alle } n > n_1(\varepsilon), \quad |b_n - b| < \varepsilon \quad \text{für alle } n > n_2(\varepsilon),$$

also

$$|a_n - a| < \varepsilon \quad \text{und} \quad |b_n - b| < \varepsilon \quad \text{für alle } n > n_0(\varepsilon) = \max\{n_1(\varepsilon), n_2(\varepsilon)\} \text{ gilt.}$$

Es ist nun zu zeigen, daß von einem bestimmten n ab $|(a_n \pm b_n) - (a \pm b)|$ unter jedes $\varepsilon$ herabgedrückt werden können. Es gilt

$$|(a_n \pm b_n) - (a \pm b)| = |(a_n - a) \pm (b_n - b)| \leq |a_n - a| + |b_n - b| < \frac{\varepsilon}{2} + \frac{\varepsilon}{2} = \varepsilon$$

für alle $n > n_0\left(\frac{\varepsilon}{2}\right)$.

Damit ist (18.14) bewiesen.

Man hat bei der Anwendung von Satz 18.2 unbedingt zu beachten, daß neben den zusätzlichen Voraussetzungen in (18.16) bis (18.18) die Folgen $\{a_n\}$ und $\{b_n\}$

eigentliche, endliche Grenzwerte a und b haben müssen. Gilt zum Beispiel $a_n \to \infty$, $b_n \to \infty$, so führt die Formel (nicht erlaubte Anwendung!) (18.14) auf einen sog. unbestimmten Ausdruck $\infty - \infty$,

$$(a_n - b_n) \to \infty - \infty. \tag{18.19}$$

Gilt $a_n \to 0$, $b_n \to \infty$, so erhält man durch die nicht erlaubte Anwendung von (18.15) einen weiteren unbestimmten Ausdruck

$$(a_n \cdot b_n) \to 0 \cdot \infty. \tag{18.20}$$

Die Anwendung von (18.16) führt auf zwei weitere unbestimmte Ausdrücke für $a_n \to 0$, $b_n \to 0$ bzw. $a_n \to \infty$, $b_n \to \infty$,

$$\frac{a_n}{b_n} \to \frac{0}{0} \quad \text{bzw.} \quad \frac{a_n}{b_n} \to \frac{\infty}{\infty} \;. \tag{18.21}$$

Die Anwendung von (18.17) in den Fällen $a_n \to 0$, $b_n \to 0$ bzw. $a_n \to \infty$, $b_n \to 0$ bzw. $a_n \to 1$, $b_n \to \infty$ führt auf drei weitere unbestimmte Ausdrücke:

$$a_n^{b_n} \to 0^0 \quad \text{bzw.} \quad a_n^{b_n} \to \infty^0 \quad \text{bzw.} \quad a_n^{b_n} \to 1^\infty. \tag{18.22}$$

In dem soeben dargelegten Zusammenhang nennt man die folgenden Ausdrücke

$$\infty - \infty, \quad 0 \cdot \infty, \quad \frac{0}{0}, \quad \frac{\infty}{\infty}, \quad 0^0, \quad \infty^0, \quad 1^\infty \tag{18.23}$$

*unbestimmte Ausdrücke.*

Zahlenfolgen, die bei formaler Anwendung von Satz 18.2 auf solche unbestimmte Ausdrücke führen, können divergent oder konvergent mit den unterschiedlichsten Grenzwerten sein. Sie bedürfen jeweils einer besonderen Untersuchung.

Bevor solche Fragen aber untersucht werden, sollen einige typische Folgen behandelt werden, die auf sog. bestimmte Ausdrücke führen, auch wenn die Voraussetzungen von Satz 18.2 nicht erfüllt sind.

Wenn $a_n \to +\infty$ und $b_n \to +\infty$ gilt, so gilt selbstverständlich

$$a_n + b_n \to \infty + \infty = \infty, \tag{18.24}$$

$$a_n \cdot b_n \to \infty \cdot \infty = \infty, \tag{18.25}$$

$$a_n^{b_n} \to \infty^\infty = \infty. \tag{18.26}$$

Die Beziehungen (18.24) und (18.25) gelten entsprechend auch für die uneigentlichen Grenzwerte $-\infty$.

Wenn $a_n \to a$ und $b_n \to \infty$ gilt, so gilt

$$a_n + b_n \to a + \infty = \infty, \tag{18.27}$$

$$a_n \cdot b_n \to a \cdot \infty = \infty, \ a > 0, \tag{18.28}$$

$$a_n \cdot b_n \to a \cdot \infty = -\infty, \ a < 0, \tag{18.29}$$

$$\frac{a_n}{b_n} \to \frac{a}{\infty} = 0, \tag{18.30}$$

$$a_n^{b_n} \to a^\infty = \begin{cases} 0 & \text{für } 0 < a < 1, \\ \infty & \text{für } a > 1, \end{cases} \tag{18.31}$$

$$a_n^{-b_n} \to a^{-\infty} = \begin{cases} \infty & \text{für } 0 < a < 1, \\ 0 & \text{für } a > 1, \end{cases} \tag{18.32}$$

$$b_n^{a_n} \to \infty^a = \infty, \ a > 0. \tag{18.33}$$

Es gilt für

$$a_n \to 0, \ b_n \to b, \tag{18.34}$$

$$\frac{b_n}{a_n} \to \frac{b}{0} = \infty, \ b > 0, a_n > 0, \tag{18.35}$$

$$a_n^{b_n} \to 0^b = \begin{cases} 0 & \text{für } b > 0, \\ \infty & \text{für } b < 0, \ a_n > 0, \end{cases} \tag{18.36}$$

$$\log a_n \to \log 0 = -\infty, \ a_n > 0. \tag{18.37}$$

Für $a_n \to 0$ und $b_n \to \infty$ gilt

$$\frac{a_n}{b_n} \to \frac{0}{\infty} = 0, \ a_n > 0, \tag{18.38}$$

$$\frac{b_n}{a_n} \to \frac{\infty}{0} = \infty, \ a_n > 0, \tag{18.39}$$

$$a_n^{b_n} \to 0^\infty = 0, \ a_n > 0. \tag{18.40}$$

In diesem soeben dargelegten Zusammenhang sind also die folgenden Ausdrücke *bestimmte Ausdrücke* (Voraussetzungen in (18.24) bis (18.40) beachten!):

$$\infty + \infty = \infty, \ a + \infty = \infty, \ \infty \cdot \infty = \infty, \ a \cdot \infty = \infty,$$

$$\frac{a}{\infty} = 0, \ \frac{a}{0} = \infty, \ \frac{0}{\infty} = 0, \ \frac{\infty}{0} = \infty,$$

$$\infty^\infty = \infty, \ a^\infty = \infty \ (a > 1), \ a^\infty = 0 \ (0 < a < 1), \tag{18.41}$$

$$0^\infty = 0, \ 0^a = 0 \ (a > 0), \ 0^a = \infty \ (a < 0),$$

$$\infty^a = \infty \ (a > 0), \ \infty^a = 0 \ (a < 0), \ \log 0 = -\infty.$$

Im nächsten Beispiel werden zunächst einige Zahlenfolgen angegeben, die auf bestimmte Ausdrücke führen:

**Beispiel 18.3:**

$$n^2 = n \cdot n \to \infty \cdot \infty = \infty, \qquad \sqrt{n} = n^{\frac{1}{2}} \to \infty^{\frac{1}{2}} = \infty, \qquad \frac{1}{n^2} \to \frac{1}{\infty} = 0,$$

$$2^n \to 2^\infty = \infty, \qquad \frac{1}{n^n} = \left(\frac{1}{n}\right)^n \to 0^\infty = 0, \qquad \log\frac{1}{n} \to \log 0 = -\infty,$$

$$\frac{n}{\sin\frac{1}{n}} \to \frac{\infty}{\sin 0} = \frac{\infty}{0} = \infty, \qquad n \cdot \log\frac{1}{n} \to \infty \cdot (-\infty) = -\infty.$$

Gewisse Schwierigkeiten bilden Folgen, die auf unbestimmte Ausdrücke (18.23) führen. Sie werden durch geschickte Umformungen auf Folgen zurückgeführt, die auf bestimmte Ausdrücke (18.41) führen bzw. deren Konvergenzverhalten bekannt ist. Zunächst sollen einige spezielle Folgen untersucht werden:

Die Folge mit den Gliedern $\left(1+\frac{1}{n}\right)^n$ führt auf den unbestimmten Ausdruck $1^\infty$ und hat nach (18.12) den Grenzwert e. Man kann nun zeigen (das soll hier aber nicht bewiesen werden), daß dieses Grenzwertverhalten erhalten bleibt, wenn man statt $a_n = \frac{1}{n}$ eine beliebige Nullfolge $a_n \to 0$, $a_n \neq 0$ wählt.

---

**Satz 18.3:** Für jede beliebige Nullfolge $\{a_n\}$,

$$\lim_{n\to\infty} a_n = 0, \quad a_n \neq 0, \tag{18.42}$$

gilt

$$\lim_{n\to\infty} (1+a_n)^{\frac{1}{a_n}} = e. \tag{18.43}$$

---

**Beispiel 18.4:** Mit Hilfe des Satzes 18.3 erhält man zum Beispiel

$$\left(1-\frac{1}{n}\right)^n = \left(1+\left(-\frac{1}{n}\right)\right)^{-n\cdot(-1)} = \left(\left(1+\left(-\frac{1}{n}\right)\right)^{-n}\right)^{-1} \to e^{-1} = \frac{1}{e},$$

$$\left(1+\frac{a}{n}\right)^n = \left(1+\frac{a}{n}\right)^{\frac{n}{a}\cdot a} = \left(\left(1+\frac{a}{n}\right)^{\frac{n}{a}}\right)^a \to e^a, \quad \left(\frac{n+2}{n-3}\right)^n = \left(\frac{1+\frac{2}{n}}{1-\frac{3}{n}}\right)^n = \frac{\left(1+\frac{2}{n}\right)^n}{\left(1-\frac{3}{n}\right)^n} \to \frac{e^2}{e^{-3}} = e^5,$$

$$\left(\frac{n+2}{n-3}\right)^{2n-3} = \frac{\left(1+\frac{2}{n}\right)^{2n-3}}{\left(1-\frac{3}{n}\right)^{2n-3}} = \frac{\left(1+\frac{2}{n}\right)^{-3}\cdot\left(1+\frac{2}{n}\right)^{2n}}{\left(1-\frac{3}{n}\right)^{-3}\cdot\left(1-\frac{3}{n}\right)^{2n}}$$

$$= \frac{\left(1-\frac{3}{n}\right)^3 \left(\left(1+\frac{2}{n}\right)^n\right)^2}{\left(1+\frac{2}{n}\right)^3 \left(\left(1-\frac{3}{n}\right)^n\right)^2} \to \frac{1^3}{1^3} \cdot \frac{(e^2)^2}{(e^{-3})^2} = e^{10},$$

$$\left(1+\frac{1}{n^2}\right)^n = \left(1+\frac{1}{n^2}\right)^{n^2 \cdot \frac{1}{n}} = \left(\left(1+\frac{1}{n^2}\right)^{n^2}\right)^{\frac{1}{n}} \to e^0 = 1,$$

$$\left(1+\frac{1}{n}\right)^{n^2} = \left(1+\frac{1}{n}\right)^{n \cdot n} = \left(\left(1+\frac{1}{n}\right)^n\right)^n \to e^\infty = \infty.$$

Mit $a_n \to 0$ führt die Folge $\frac{\sin a_n}{a_n}$ auf den unbestimmten Ausdruck $\frac{0}{0}$. Es gilt hier der

---

**Satz 18.4:**   Für jede beliebige Nullfolge

$$\lim_{n\to\infty} a_n = 0, a_n \neq 0, \qquad (18.44)$$

gilt

$$\lim_{n\to\infty} \frac{\sin a_n}{a_n} = 1 \quad (a_n \text{ im Bogenmaß}). \qquad (18.45)$$

---

**Beweis:**
Wegen   $\sin(-a_n) = -\sin a_n$   und   daher

$$\frac{\sin(-a_n)}{-a_n} = \frac{\sin a_n}{a_n}$$

braucht (18.45) nur für $a_n > 0$ bewiesen zu werden. Wir machen nun Gebrauch von der Definition der Winkelfunktionen am Einheitskreis (Bild 18.1).

Die Fläche des Dreiecks 0AB: $\frac{1 \cdot \sin a_n}{2}$, ist kleiner als die Fläche des Kreissektors

0AB: $\frac{1^2 \cdot a_n}{2}$, und diese wiederum ist kleiner als die Fläche des Dreiecks OAC, $\frac{1 \cdot \tan a_n}{2}$. Daher gilt

$$\sin a_n < a_n \text{ und } a_n < \tan a_n = \frac{\sin a_n}{\cos a_n}$$

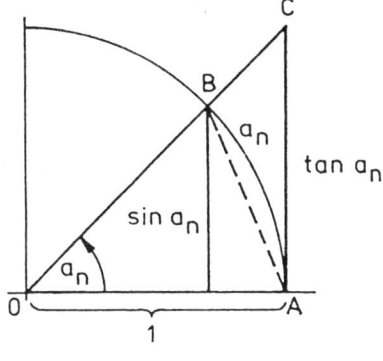

Bild 18.1

und weiter

$$\frac{\sin a_n}{a_n} < 1, \quad \cos a_n < \frac{\sin a_n}{a_n}, \quad \text{also} \quad \cos a_n < \frac{\sin a_n}{a_n} < 1.$$

Wegen $\cos a_n \to 1$ für $a_n \to 0$ bestätigt sich (18.45).

**Beispiel 18.5:** Mit Hilfe von Satz 18.4 erhält man zum Beispiel

$$n \cdot \sin\frac{1}{n} = \frac{\sin\frac{1}{n}}{\frac{1}{n}} \to 1, \qquad n^2 \cdot \sin\frac{1}{n} = n\frac{\sin\frac{1}{n}}{\frac{1}{n}} \to \infty \cdot 1 = \infty,$$

$$\sqrt{n} \cdot \tan\frac{1}{\sqrt{n}} = \frac{\frac{\sin\frac{1}{\sqrt{n}}}{\frac{1}{\sqrt{n}}}}{\cos\frac{1}{\sqrt{n}}} \to \frac{1}{1} = 1.$$

**Beispiel 18.6:** Bei Folgen $\left\{\frac{a_n}{b_n}\right\}$, die auf den unbestimmten Ausdruck $\frac{\infty}{\infty}$ führen, versucht man, Zähler und Nenner durch den gleichen Ausdruck zu dividieren, so daß ein bestimmter Ausdruck entsteht.

$$\frac{3n^2 - n + 1}{2n^2 - 1} = \frac{3 - \frac{1}{n} + \frac{1}{n^2}}{2 - \frac{1}{n^2}} \to \frac{3}{2}, \qquad \frac{6n^3 + n - 1}{7n^4 + n^2 + 1} = \frac{\frac{6}{n} + \frac{1}{n^3} - \frac{1}{n^4}}{7 + \frac{1}{n^2} + \frac{1}{n^4}} \to \frac{0}{7} = 0,$$

$$\frac{6n^3 + n - 1}{2n^2 - 1} = \frac{6n + \frac{1}{n} - \frac{1}{n^2}}{2 - \frac{1}{n^2}} \to \frac{\infty}{2} = \infty, \qquad \frac{\sqrt{n^2 - 1} + n - 1}{n + 1} = \frac{\sqrt{1 - \frac{1}{n^2}} + 1 - \frac{1}{n}}{1 + \frac{1}{n}} \to \frac{2}{1} = 2.$$

**Beispiel 18.7:** Bei Folgen $\{a_n - b_n\}$, die auf den unbestimmten Ausdruck $\infty - \infty$ führen, kann u. a. folgende Umformung vorgenommen werden:

$$a_n - b_n = \frac{(a_n - b_n)(a_n + b_n)}{a_n + b_n} = \frac{a_n^2 - b_n^2}{a_n + b_n} \to \frac{?}{\infty}.$$

Konvergiert der Zähler, so liegt ein bestimmter Ausdruck vor.

$$\sqrt{4n^2 + 5n + 2} - 2n = \frac{4n^2 + 5n + 2 - 4n^2}{\sqrt{4n^2 + 5n + 2} + 2n} = \frac{5 + \frac{2}{n}}{\sqrt{4 + \frac{5}{n} + \frac{2}{n^2}} + 2} \to \frac{5}{4},$$

$$\sqrt{n+1} - \sqrt{2n-1} = \frac{n+1-2n+1}{\sqrt{n+1}+\sqrt{2n-1}} = \frac{\frac{2}{n}-1}{\sqrt{\frac{1}{n}+\frac{1}{n^2}}+\sqrt{\frac{2}{n}-\frac{1}{n^2}}} \rightarrow \frac{-1}{+0} \rightarrow -\infty,$$

$$\sqrt{n+1} - \sqrt{n-1} = \frac{n+1-n+1}{\sqrt{n+1}+\sqrt{n-1}} = \frac{2}{\sqrt{n+1}+\sqrt{n-1}} \rightarrow \frac{2}{\infty} = 0.$$

# 18.5  Übungsaufgaben

1.  Berechnen Sie den Grenzwert a  (falls er existiert) der angegebenen Zahlenfolgen $\{a_n\}$! Bestimmen Sie $n_0(\varepsilon)$ derart, daß für alle $n > n_0(\varepsilon)$ (18.6) gilt!

1.1.  a) $a_n = \dfrac{n+1}{2n}$  b) $a_n = \dfrac{1}{n^2 \sqrt{n}} + \dfrac{1}{n^3}$

   c) $a_n = n \cdot \sqrt{1+\dfrac{1}{n}} - n$  d) $a_n = \dfrac{1}{3}\left(1 - \dfrac{1}{10^n}\right)$

2.  Berechnen Sie den Grenzwert (falls er existiert) nachstehender Zahlenfolgen $\{a_n\}$!

2.1.  a) $a_n = \dfrac{2n+3}{3-4n}$  b) $a_n = \dfrac{4n-3}{2-5n+7n^2}$

   c) $a_n = \dfrac{5n^2-6}{3n+4}$  d) $a_n = \dfrac{3n^3-2n^2+5n-6}{2n^3-4n^2-7n+9}$

   e) $a_n = \left(\dfrac{3n-2}{3-6n}\right)^2$  f) $a_n = \dfrac{(2n-3)^2}{4n+1}$

   g) $a_n = \dfrac{2-\sqrt[3]{n^2}}{n^2+5}$  h) $a_n = \dfrac{3+(-1)^n+2n}{1-3n}$

   i) $a_n = \dfrac{4\sqrt{n}-10n}{n\sqrt{n}}$  j) $a_n = \dfrac{(-1)^n}{1+n^2}$

   k) $a_n = n\left(1-\sqrt[5]{1-\dfrac{1}{n}}\right)$  l) $a_n = n\left(\sqrt[3]{n^2+2}-\sqrt[3]{n^2+1}\right)$

2.2.  a) $a_n = \left(1+\dfrac{4}{n}\right)^n$  b) $a_n = \left(1+\dfrac{1}{2n}\right)^n$

c) $a_n = \left(\dfrac{cn+1}{cn}\right)^n$

d) $a_n = \left(\dfrac{2+n}{n-4}\right)^n$

e) $a_n = \left(\dfrac{\left(1-\dfrac{2}{n}\right)(n+3)}{n+2}\right)^n$

f) $a_n = \left(1-\dfrac{5}{n}\right)^{\frac{n}{4}+3}$

g) $a_n = \sqrt[n]{3}$

h) $a_n = \dfrac{27^{\log_3 n}}{16^{\log_2 n}}$

2.3.   a) $a_n = \left[2n^{-1}\cdot\sin(2n^{-1})\right]$

b) $a_n = n\cdot\sin\dfrac{1}{n}$

c) $a_n = n\cdot\tan\dfrac{1}{n}$

d) $a_n = \sqrt{n}\,\tan\dfrac{1}{\sqrt{n}}$

e) $a_n = 2n^2\cdot\cos\dfrac{1}{n^2}\cdot\tan\dfrac{1}{n^2}$

f) $a_n = \sin\dfrac{1}{n} - n\cdot\cos\dfrac{1}{n}$

# 19 Grenzwerte und Stetigkeit von Funktionen

## 19.1 Grundlegende Begriffe

Zunächst sollen die Begriffe Grenzwert und Stetigkeit einer Funktion $y = f(x)$, $x \in D$, anschaulich eingeführt werden. Anschließend werden diese Begriffe dann streng mathematisch definiert.

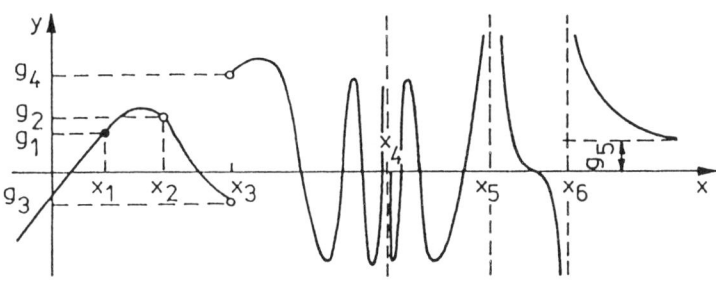

Bild 19.1

Im Bild 19.1 ist der Verlauf einer Funktion $y = f(x)$, $x \in D$, graphisch dargestellt.

Betrachtet man das Bild der Funktion in der Umgebung von $x = x_1$, so stellt man fest, daß die Funktionswerte $f(x)$ immer dem gleichen Wert $g_1$ zustreben, ganz gleich, ob sich x der Stelle $x_1$ von links oder von rechts nähert. In diesem Falle ist insbesondere $g_1$ gleich dem Funktionswert, also $g_1 = f(x_1)$. Man kann diesen Sachverhalt folgendermaßen formulieren: Die Funktion $y = f(x)$, $x \in D$, hat bei $x = x_1$ den *Grenzwert* $g_1$, der insbesondere gleich dem Funktionswert $f(x_1)$ an dieser Stelle ist. Man schreibt

$$\lim_{x \to x_1} f(x) = g_1 = f(x_1). \qquad (19.1)$$

Was ist nun darunter zu verstehen, daß x gegen $x_1$ strebt? Man versteht darunter, daß x eine beliebige Zahlenfolge $\{x_n\}$ durchläuft, die gegen $x_1$ konvergiert, und (19.1) bedeutet, daß dann die Folge $\{y_n\} = \{f(x_n)\}$ der Funktionswerte den Grenzwert $g_1 = f(x_1)$ hat. Also: Für jede beliebige Zahlenfolge $\{x_n\}$ mit $x_n \to x_1$ gilt, daß die Folge $\{y_n\} = \{f(x_n)\}$ der Funktionswerte gegen den Grenzwert $g_1 = f(x_1)$ strebt.

$$\lim_{n \to \infty} f(x_n) = g_1 = f(x_1) \text{ für alle Folgen } x_n \text{ mit } \lim_{n \to \infty} x_n = x_1. \qquad (19.2)$$

Das Bild von $f(x)$ wird bei $x = x_1$ nicht zerrissen. Man nennt die Funktion $f(x)$ dann bei $x_1$ *stetig*.

An der Stelle $x_2$ soll der Kreis $\circ$ bedeuten, daß hier die Funktion $y = f(x)$, $x \in D$, nicht definiert ist (bzw. daß sie einen Wert hat, der außerhalb des Kreises liegt). So sind zum Beispiel die folgenden Funktionen an der Stelle $x_2 = 0$ nicht definiert:

$$y = \sin \frac{1}{x} \; ; \quad y = \frac{\sin x}{x} \; ; \quad y = (1 + x)^{\frac{1}{x}}.$$

Betrachtet man nun die Stelle $x_2$, so stellt man fest (unabhängig davon, wie sich x dieser Stelle nähert, ob von links oder von rechts oder von links nach rechts schwankend, aber dabei die Stelle $x = x_2$ ausgenommen), daß sich der Funktionswert $y = f(x)$ immer mehr dem Grenzwert $g_2$ nähert. In diesem Falle ist allerdings der Grenzwert $g_2$ nicht gleich dem Funktionswert $f(x_2)$. Man schreibt hier

$$\lim_{x \to x_2} f(x) = g_2. \tag{19.3}$$

Will man diesen Sachverhalt, ähnlich wie in (19.2) durch Zahlenfolgen $\{x_n\}$ und $\{f(x_n)\}$ charakterisieren, so muß man hier $x_n \neq x_2$ voraussetzen, weil $f(x_2)$ keinen Sinn hat: Für jede Folge $\{x_n\}$ mit

$$x_n \neq x_2, \quad \lim_{n \to \infty} x_n = x_2 \tag{19.4}$$

gilt

$$\lim_{n \to \infty} f(x_n) = g_2. \tag{19.5}$$

Durch die Zurückführung des Grenzwertes einer Funktion auf den Grenzwert von Zahlenfolgen lassen sich Begriffe und Sätze aus dem Abschnitt 18 weitgehend übertragen. Das trifft insbesondere auch auf den Begriff des unbestimmten Ausdrucks zu. So folgt zum Beispiel aus dem Satz 18.3

$$\lim_{x \to 0} (1 + x)^{\frac{1}{x}} = e. \tag{19.6}$$

Aus Satz 18.4 folgt

$$\lim_{x \to 0} \frac{\sin x}{x} = 1, \quad (x \text{ im Bogenmaß!}). \tag{19.7}$$

Dagegen kann für die Funktion $y = \sin \frac{1}{x}$ für $x \to 0$ kein Grenzwert angegeben werden. Diese Funktion schwankt bei Annäherung an null mit ständig wachsender Frequenz zwischen $y = -1$ und $y = 1$.

Im Bild 19.1 ist das typische Verhalten solcher schwankenden Funktionen, die keinen Grenzwert haben, an der Stelle $x = x_4$ dargestellt.
Betrachtet man den Funktionsverlauf an der Stelle $x = x_3$, so stellt man zunächst fest, daß $y = f(x)$ auch hier keinen Grenzwert hat. Wählt man hier eine Folge $\{x_n\}$, die gegen $x_3$ konvergiert, bei der aber ständig Glieder abwechseln, die kleiner bzw. grö-

ßer als $x_3$ sind, so schwanken die Glieder der Funktionsfolge $\{y_n\} = \{f(x_n)\}$ ständig zwischen Werten in der Nähe von $g_3$ und $g_4$. Daher ist die Folge $\{y_n\}$ divergent. Wählt man aber eine Folge $\{x_n\}$ mit

$$x_n < x_3, \quad \lim_{n \to \infty} x_n = x_3, \tag{19.8}$$

so gilt

$$\lim_{n \to \infty} f(x_n) = g_3. \tag{19.9}$$

Wählt man eine Folge $x_n$ mit

$$x_n > x_3, \quad \lim_{n \to \infty} x_n = x_3, \tag{19.10}$$

so gilt

$$\lim_{n \to \infty} f(x_n) = g_4. \tag{19.11}$$

Die im Bild 19.1 dargestellte Funktion $y = f(x)$, $x \in D$, hat also an der Stelle $x_3$ keinen Grenzwert im eigentlichen Sinne, sie hat aber einen *linksseitigen Grenzwert*

$$\lim_{x \to x_3 - 0} f(x) = g_3 \tag{19.12}$$

und einen *rechtsseitigen Grenzwert*

$$\lim_{x \to x_3 + 0} f(x) = g_4. \tag{19.13}$$

Es ist klar: Hat eine Funktion an einer Stelle $x_0$ einen linksseitigen Grenzwert und einen rechtsseitigen Grenzwert und sind beide gleich, so hat die Funktion einen Grenzwert im eigentlichen Sinne.

**Beispiel 19.1:** Die Funktion $\quad y = f(x) = \dfrac{|x-1|}{(x-1)(x+3)} \tag{19.14}$

hat für $x > 1$ die Form

$$y = f(x) = \frac{1}{x+3} , \quad x > 1, \tag{19.15}$$

und für $x < 1$ die Form

$$y = f(x) = -\frac{1}{x+3} , \quad x < 1. \tag{19.16}$$

Es gilt also

$$\lim_{x \to 1 - 0} \frac{|x-1|}{(x-1)(x+3)} = -\frac{1}{4}, \tag{19.17}$$

$$\lim_{x \to 1 + 0} \frac{|x-1|}{(x-1)(x+3)} = \frac{1}{4}. \tag{19.18}$$

Die vorliegende Funktion hat also bei $x = 1$ keinen Grenzwert, wohl aber einen linksseitigen Grenzwert $-\frac{1}{4}$ und einen davon verschiedenen rechtsseitigen Grenzwert $+\frac{1}{4}$.

Wenn die Funktionswertfolge, wie an der Stelle $x_5$ im Bild 19.1, bestimmt divergiert, so spricht man von einem *uneigentlichen Grenzwert* $+\infty$ bzw. $-\infty$.

$$\lim_{x \to x_5} f(x) = +\infty. \tag{19.19}$$

Ein solches Verhalten zeigt zum Beispiel die Funktion

$$y = \frac{1}{(x-1)^2} \tag{19.20}$$

bei $x = 1$:

$$\lim_{x \to 1} \frac{1}{(x-1)^2} = +\infty. \tag{19.21}$$

An der Stelle $x_6$ hat die im Bild 19.1 dargestellte Funktion einen uneigentlichen linksseitigen Grenzwert $-\infty$ und einen uneigentlichen rechtsseitigen Grenzwert $+\infty$:

$$\lim_{x \to x_6-0} f(x) = -\infty, \qquad \lim_{x \to x_6+0} f(x) = +\infty. \tag{19.22}$$

Ein solches Verhalten zeigt zum Beispiel die Funktion

$$y = \frac{1}{x-1} \tag{19.23}$$

bei $x = 1$.

Man kann nun noch das Grenzverhalten bei Funktionen $y = f(x)$, $x \in D$, für $x \to +\infty$ bzw. $x \to -\infty$ untersuchen. Im Bild 19.1 ist der Fall dargestellt, wo für $x \to +\infty$ die Funktionswerte $y = f(x)$ sich dem Grenzwert $g_5$ nähern.

$$\lim_{x \to +\infty} f(x) = g_5 \tag{19.24}$$

bedeutet dabei: Für alle bestimmt divergierenden Folgen $\{x_n\}$ mit

$$\lim_{n \to \infty} x_n = +\infty \tag{19.25}$$

gilt

$$\lim_{n \to \infty} f(x_n) = g_5. \tag{19.26}$$

Entsprechendes gilt für $x \to -\infty$.

Die Funktion    $y = \frac{1}{x}$ \hfill (19.27)

hat sowohl für $x \to +\infty$ als auch für $x \to -\infty$ den Grenzwert null,

$$\lim_{x \to \infty} \frac{1}{x} = 0, \qquad \lim_{x \to -\infty} \frac{1}{x} = 0. \tag{19.28}$$

Die Funktion    $y = x^3$ (19.29)

hat für $x \to \infty$ den uneigentlichen Grenzwert $+ \infty$ und für $x \to - \infty$ den uneigentlichen Grenzwert $- \infty$,

$$\lim_{x \to \infty} x^3 = + \infty, \quad \lim_{x \to - \infty} x^3 = - \infty. \tag{19.30}$$

Die Funktion    $y = \sin x$ (19.31)

hat weder für $x \to + \infty$ noch für $x \to - \infty$ einen Grenzwert, denn sie schwankt ständig zwischen $y = -1$ und $y = +1$.

An der Stelle $x_2$ hat die Funktion $y = f(x)$, $x \in D$, keinen durchgehenden, ununterbrochenen Verlauf. Es entsteht dort eine Lücke, die Funktion reißt ab. Sie ist daher unstetig. Wenn man den Funktionswert an der Stelle $x_2$ aber so festlegt, daß er gleich dem existierenden eigentlichen Grenzwert $g_2$ ist,

$$f(x_2) = \lim_{x \to x_2} f(x) = g_2, \tag{19.32}$$

so entsteht eine stetige Funktion. Man hat die Funktion $y = f(x)$, $x \in D$, an der Stelle $x_2$ stetig ergänzt. Nur Funktionen, die einen eigentlichen Grenzwert haben, können stetig ergänzt werden.

An der Stelle $x_3$ hat die Funktion $y = f(x)$, $x \in D$, einen Sprung. Sie reißt hier ab und kann auch nicht stetig ergänzt werden. An der Stelle $x_4$ hat die betrachtete Funktion ein völlig unbestimmtes Verhalten. Auch hier ist die Funktion unstetig, wie man den Funktionswert auch definiert.

Auch an den Stellen $x_5$ und $x_6$ kann man keinen endlichen Funktionswert so festlegen, daß ein durchgängiger Verlauf entsteht.

Die hier anschaulich eingeführten Begriffe sollen nun exakt definiert werden.

---

**Definition 19.1:** Eine in einer gewissen (wenn auch noch so kleinen) Umgebung U von $x = x_0$, eventuell mit Ausnahme der Stelle $x = x_0$ selbst, definierte Funktion

$$y = f(x), \ x \in U, \ x \neq x_0, \tag{19.33}$$

hat dort einen *Grenzwert* g,

$$\lim_{x \to x_0} f(x) = g, \tag{19.34}$$

wenn für jede Folge $\{x_n\}$ mit

$$x_n \in U, \ x_n \neq x_0, \ \lim_{n \to \infty} x_n = x_0, \tag{19.35}$$

gilt:

$$\lim_{n \to \infty} f(x_n) = g. \tag{19.36}$$

Dabei kann g auch der uneigentliche Grenzwert $+ \infty$ oder $- \infty$ sein.

---

**Definition 19.2:**   Eine in einer Umgebung von  $x = x_0$  mit Einschluß von $x_0$ selbst definierte Funktion  $y = f(x)$  heißt bei  $x = x_0$  *stetig*, wenn sie für  $x \to x_0$  einen Grenzwert hat und wenn dieser Grenzwert gleich dem Funktionswert ist,

$$\lim_{x \to x_0} f(x) = f(x_0). \tag{19.37}$$

## 19.2   Sätze über Grenzwerte und Stetigkeit

Aus dem Satz 18.2 für Zahlenfolgen kann der folgende Satz über Grenzwerte von Funktionen abgeleitet werden.

**Satz 19.1:**   Haben die Funktionen  $y = f_1(x)$,  $x \in D$, und  $y = f_2(x)$,  $x \in D$, für  $x \to x_0$  eigentliche Grenzwerte,   $f_1(x) \to g_1$, $f_2(x) \to g_2$,        (19.38)
so gilt

$$a \cdot f_1(x) \to ag_1, \tag{19.39}$$

$$f_1(x) \pm f_2(x) \to g_1 \pm g_2, \tag{19.40}$$

$$f_1(x) \cdot f_2(x) \to g_1 \cdot g_2, \tag{19.41}$$

$$\frac{f_1(x)}{f_2(x)} \to \frac{g_1}{g_2}, \; g_2 \neq 0, \tag{19.42}$$

$$f_1(x)^{f_2(x)} \to g_1^{g_2}, \; g_1 > 0. \tag{19.43}$$

Das im Abschnitt 18.3 über bestimmte und unbestimmte Ausdrücke Gesagte kann auf Grenzwerte von Funktionen voll übertragen werden. Es folgt weiter

**Satz 19.2:**     Sind die Funktionen  $y = f_1(x)$, $x \in D$, und  $y = f_2(x)$, $x \in D$, bei  $x = x_0$ stetig, so sind es auch die Funktionen

$$y = a \cdot f_1(x), \tag{19.44}$$

$$y = f_1(x) \pm f_2(x), \tag{19.45}$$

$$y = f_1(x) \cdot f_2(x), \tag{19.46}$$

$$y = \frac{f_1(x)}{f_2(x)} \;, \; f_2(x) \neq 0, \tag{19.47}$$

$$y = f_1(x)^{f_2(x)} \;, \; f_1(x) > 0. \tag{19.48}$$

Es gilt weiter der Satz über die Stetigkeit mittelbar gegebener Funktionen.

**Satz 19.3:**   Ist  $z = g(x)$  bei  $x = x_0$  und  $y = f(z)$  bei  $z = z_0 = g(x_0)$  stetig, so ist auch die mittelbar gegebene Funktion

$$y = f(g(x)) \tag{19.49}$$

bei $x = x_0$ stetig.

# 19.3   Eigenschaften stetiger Funktionen

Die Aussagen zu Grenzwerten und zur Stetigkeit waren lediglich lokale Aussagen für eine Stelle $x = x_0$. Wenn nun eine Funktion $y = f(x)$, $x \in D$, für alle Punkte eines Intervalls stetig ist, so nennt man die Funktion im Intervall stetig. Dabei sind zunächst nur offene Intervalle $(a, b)$: $a < x < b$, zugelassen, weil für jedes $x_0 \in (a, b)$ eine Vollumgebung von $x_0$ existiert, die ganz zum Intervall $(a, b)$ gehört. Im abgeschlossenen Intervall $[a, b]$: $a \leq x \leq b$ hat der Begriff der Stetigkeit für $x = a$ und $x = b$ keinen Sinn, weil dort nur eine Rechtsumgebung von $x = a$ bzw. eine Linksumgebung von $x = b$ zu $[a, b]$ gehört. Man kann hier nur rechtsseitige bzw. linksseitige Stetigkeit verlangen.

---

**Definition 19.3:**   Eine im offenen Intervall $(a, b)$ definierte Funktion $y = f(x)$ heißt dort *stetig*, wenn sie an jeder Stelle $x \in (a, b)$ stetig ist. Eine im abgeschlossenen Intervall $[a, b]$ definierte Funktion $y = f(x)$ heißt dort stetig, wenn sie im offenen Intervall $(a, b)$ stetig, an der Stelle $x = a$ rechtsseitig stetig und an der Stelle $x = b$ linksseitig stetig ist.

---

Der Satz 19.2 läßt sich auf im offenen oder geschlossenen Intervall stetige Funktionen übertragen.

Der Satz 19.3 über die Stetigkeit mittelbarer Funktionen läßt sich in folgender Weise übertragen:

---

**Satz 19.4:**   Ist $z = g(x)$ im abgeschlossenen Intervall $[a, b]$ stetig, so ist der Wertebereich von $z = g(x)$ für $x \in [a, b]$ wiederum ein abgeschlossenes Intervall $[A, B]$: $A \leq z \leq B$. Ist nun $y = f(z)$ im abgeschlossenen Intervall $[A, B]$ stetig, so ist auch die mittelbare Funktion $y = f(g(x))$ im abgeschlossenen Intervall $[a, b]$ stetig.

---

Im abgeschlossenen Intervall $[a, b]$ stetige Funktionen haben besondere Eigenschaften, die unstetige Funktionen im allgemeinen nicht haben. So gilt zum Beispiel der folgende *Zwischenwertsatz*.

---

**Satz 19.5:**   Eine im abgeschlossenen Intervall $[a, b]$ stetige Funktion nimmt dort jeden Wert zwischen $f(a)$ und $f(b)$ mindestens einmal an.

---

Eine solche Eigenschaft brauchen unstetige Funktionen nicht zu haben, weil dort Sprünge auftreten können und unter Umständen ganze Wertebereiche zwischen $f(a)$ und $f(b)$ nicht angenommen werden. Es gilt ferner

---

**Satz 19.6:**   Eine im abgeschlossenen Intervall $[a, b]$ stetige Funktion nimmt dort mindestens an einer Stelle ihren Maximalwert und an mindestens einer Stelle ihren Minimalwert an (sie nimmt dann nach Satz 19.5 sogar alle Werte zwischen dem Maximalwert und dem Minimalwert an).

---

Auch der folgende Satz über die Umkehrfunktion beruht auf der Stetigkeit im abgeschlossenen Intervall.

---

**Satz 19.7:**    Es sei  $y = f(x)$  im abgeschlossenen Intervall [a, b] stetig und streng monoton. Dann ist der Wertebereich das abgeschlossene Intervall [f(a), f(b)] bzw. [f(b), f(a)], und es existiert dort die stetige Umkehrfunktion  $x = f^{-1}(y)$.

---

## 19.4  Die Stetigkeit der elementaren Funktionen

Auf der Grundlage von Satz 19.2 bis 19.4 und Satz 19.7 findet man nacheinander folgende Aussagen:

1.  Es ist selbstverständlich  $y = x$,  $x \in (-\infty, +\infty)$, überall stetig.

2.  Dann ist  $y = x^2, y = x^3, \ldots , y = x^n, x \in (-\infty, +\infty)$, überall stetig.

3.  Dann sind auch die Umkehrfunktionen  $y = \sqrt[n]{x}$  für  $x \geq 0$ stetig.

4.  Es ist jede algebraische Funktion überall dort, wo sie definiert ist, auch stetig.

5.  Es ist die Potenzfunktion  $y = x^a$, a reell, für alle  $x > 0$  stetig.

6.  Es ist auch die Exponentialfunktion  $y = b^x$, $x \in (-\infty, +\infty)$, $b > 0$, $b \neq 1$, überall stetig.

7.  Es ist auch die Umkehrfunktion  $y = \log_b x$  für  $x > 0$  stetig.

8.  Es ist  $y = \sin x, x \in (-\infty, +\infty)$, überall stetig.

9.  Dann ist auch die Umkehrfunktion  $y = \text{Arcsin } x$,  $x \in [-1, 1]$  stetig.

10. Dann sind alle Winkelfunktionen und ihre Umkehrfunktionen stetig, wo sie definiert sind.

11. Dann sind alle Funktionen, die aus x und den Grundfunktionen mit Hilfe der algebraischen Rechenoperationen unmittelbar oder mittelbar gebildet werden, stetig, wo sie definiert sind.

Es gilt also:

---

Jeder aus den bekannten elementaren Funktionen mittelbar oder unmittelbar gebildete noch so komplizierte Ausdruck ist dort, wo er definiert ist, auch stetig (Stetigkeit der analytischen Funktionen).

---

# 19.5 Übungsaufgaben

1.    Grenzwerte von Funktionen

1.1.   Bestimmen Sie folgende Grenzwerte!

1.1.1. a) $\lim\limits_{x \to 1} \dfrac{x^2 - 1}{x - 1}$

b) $\lim\limits_{x \to 2} \dfrac{x^2 - 4}{x - 2}$

c) $\lim\limits_{x \to -\frac{1}{2}} \dfrac{4x^2 - 1}{2x + 1}$

d) $\lim\limits_{x \to 1} \dfrac{1 - x}{1 - \sqrt{x}}$

1.1.2. a) $\lim\limits_{x \to 8} \dfrac{x - 8}{\sqrt[3]{x} - 2}$

b) $\lim\limits_{x \to 3} \dfrac{27 - x^3}{x - 3}$

c) $\lim\limits_{x \to -1} \dfrac{x^4 - 1}{1 + x}$

d) $\lim\limits_{x \to -2} \dfrac{2 + x}{32 + x^5}$

1.1.3. a) $\lim\limits_{x \to 3} \dfrac{x^2 - 4x + 3}{2x - 6}$

b) $\lim\limits_{x \to 2} \dfrac{x^2 - 4}{x^2 - 3x + 2}$

c) $\lim\limits_{x \to 1} \dfrac{x^3 - 3x + 2}{x^4 - 4x + 3}$

d) $\lim\limits_{x \to a} \dfrac{x^2 - (a+1)x + a}{x^3 - a^3}$

1.1.4. a) $\lim\limits_{x \to 0} \dfrac{\sqrt{x^2 + 1} - \sqrt{x + 1}}{1 - \sqrt{x + 1}}$

b) $\lim\limits_{x \to 0} \dfrac{\sqrt{x^2 + 1} - 1}{\sqrt{x^2 + 25} - 5}$

c) $\lim\limits_{x \to 0} \dfrac{\sqrt{1 + x} - \sqrt{1 - x}}{x}$

d) $\lim\limits_{x \to 7} \dfrac{2 - \sqrt{x - 3}}{x^2 - 49}$

1.1.5. a) $\lim\limits_{x \to 0} \dfrac{\sin^2 x}{x}$

b) $\lim\limits_{x \to 0} \dfrac{\tan x}{x}$

c) $\lim\limits_{x \to 0} \dfrac{\sin 3x}{x}$

d) $\lim\limits_{x \to 0} \left( \sin x \dfrac{\cos x}{x} \right)$

e) $\lim\limits_{x \to \frac{\pi}{2}} \dfrac{1 - \sin x}{\cos x}$

f) $\lim\limits_{x \to 0} \dfrac{1 - \cos x}{\sin x}$

g) $\lim\limits_{x \to 0} \dfrac{\sin 5x}{\sin 2x}$

h) $\lim\limits_{x \to 0} \dfrac{1 - \cos x}{x^2}$

i) $\lim\limits_{x \to \frac{\pi}{4}} \dfrac{1 - \tan x}{1 - \cot x}$

j) $\lim\limits_{x \to 0} \dfrac{\tan x - \sin x}{x^3}$

k)  $\lim\limits_{x \to \frac{\pi}{4}} \dfrac{\cos x - \cos \frac{\pi}{4}}{\sin x - \sin \frac{\pi}{4}}$

l)  $\lim\limits_{x \to \frac{\pi}{4}} \dfrac{\sin x - \cos x}{1 - \tan x}$

1.2.  Bestimmen Sie den linksseitigen und den rechtsseitigen Grenzwert der folgenden Funktionen an der angegebenen Stelle!

a)  $f(x) = e^{\frac{1}{x}}$   für  $x = 0$

b)  $f(x) = x \cdot e^{\frac{1}{x}}$   für  $x = 0$

c)  $f(x) = e^{\frac{1}{1-x^2}}$   für  $x = 1$

d)  $f(x) = \dfrac{x}{1 + e^{\frac{1}{x}}}$   für  $x = 0$

e)  $f(x) = \dfrac{e^{\frac{1}{x}} - 1}{e^{\frac{1}{x}} + 1}$   für  $x = 0$

f)  $f(x) = \dfrac{x}{2x + e^{\frac{1}{x-1}}}$   für  $x = 1$

g)  $f(x) = 2^{\frac{1}{x-1}}$   für  $x = 1$

h)  $f(x) = \dfrac{2^{\frac{1}{x}} + 3}{3^{\frac{1}{x}} + 2}$   für  $x = 0$

i)  $f(x) = \dfrac{1}{1 + 3^{\frac{1}{x-1}}}$   für  $x = 1$

j)  $f(x) = \dfrac{1}{1 - x}$   für  $x = 1$

k)  $f(x) = \dfrac{x}{x + 1}$   für  $x = -1$

l)  $f(x) = \dfrac{x + 1}{|x + 1|} \, x$   für  $x = -1$

2.  Stetigkeit von Funktionen

Für welche Werte von x haben die folgenden Funktionen Unstetigkeitsstellen, von welcher Art sind diese, und wie lassen sie sich, falls möglich, beheben?

a)  $y = \dfrac{|x - 1|}{x - 1}$

b)  $y = \dfrac{x + 2}{|x + 2|} \cdot x$

c)  $y = \dfrac{1 - x}{1 - |x|}$

d)  $y = \dfrac{x + 2}{x + 2} + \dfrac{1}{x + 1}$

e)  $y = \dfrac{x - 3}{\sqrt{1 + x} - 2}$

f)  $y = \dfrac{x - 4}{\sqrt{x} - 2}$

g)  $y = \sin \dfrac{1}{x}$

h)  $y = x \cdot \sin \dfrac{1}{x}$

i)  $y = x^2 \sin \dfrac{1}{x}$

j)  $y = \dfrac{\sin x}{x}$

k)  $y = x \cdot 2^{\frac{|x|}{x}}$

l)  $y = \ln 2^{\frac{1}{x-1}}$

# 20 Differentialrechnung

Im vorliegenden Hauptabschnitt wird ein wesentliches Kernstück der höheren Mathematik behandelt. Von grundlegender Bedeutung ist dabei der Begriff des Differentialquotienten bzw. der Ableitung einer Funktion, der im Abschnitt 20.1 eingeführt wird. Es kommt darauf an, diesen Begriff anschaulich in seiner praktischen Bedeutung zu erfassen. Es ist dann auch notwendig, ihn mathematisch abstrakt zu begreifen, um falsche Anwendungen zu vermeiden.

Im Abschnitt 20.2 werden die grundlegenden Differentiationsregeln behandelt, während im Abschnitt 20.3 die Ableitungen der elementaren Funktionen zusammengestellt sind.

Es kommt einerseits darauf an, die formale Anwendung der Differentiationsregeln an vielen Beispielen zu üben, andererseits aber auch darauf, die Voraussetzungen für ihre Anwendung zu beachten.

Die Abschnitte 20.4 und 20.5 sind wichtigen Anwendungen der Differentialrechnung gewidmet. Der Abschnitt 20.4 behandelt Extremwerte und Wendepunkte und damit die Beschreibung von Kurvenverläufen (Kurvendiskussionen). Die Ergebnisse dieses Abschnittes werden im Abschnitt 20.5 auf Optimierungsprobleme angewendet.

## 20.1 Differentialquotient und Ableitung

### 20.1.1 Einführende Bemerkungen

Führt eine Straße geradlinig bergauf, ist ihr Profil also durch eine Gerade darstellbar, so ist die Angabe ihres Anstiegs unproblematisch (vgl. Bild 20.1). Man wählt auf der in einem x,y-System durch die Gleichung $y = ax + b$ dargestellten Geraden zwei beliebige Punkte $(x_0, y_0)$ und $(x_1, y_1)$ und erhält als *Anstieg*

$$\tan \alpha = \frac{\Delta y}{\Delta x} = \frac{y_1 - y_0}{x_1 - x_0} = \frac{f(x_1) - f(x_0)}{x_1 - x_0} = \frac{f(x_0 + \Delta x) - f(x_0)}{\Delta x}$$

$$= \frac{f(x_0 + h) - f(x_0)}{h}. \tag{20.1}$$

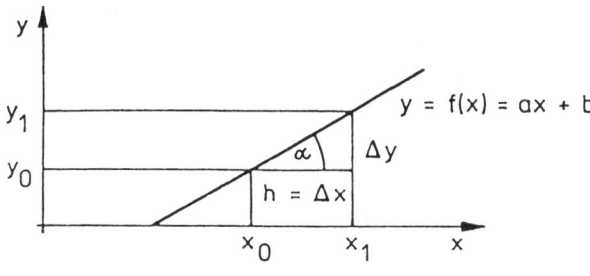

Bild 20.1

(Auf Straßenschildern wird nicht der maximale Anstieg, sondern die maximale *Steigung* sin $\alpha$ angegeben.)

Man kann dem im Bild 20.1 dargestellten Problem aber auch eine physikalische Bedeutung geben, wenn man x als Zeit und y als Weg interpretiert. Dann liegt eine gleichförmige Bewegung vor, und der in (20.1) angegebene Differenzenquotient bedeutet die überall gleiche Geschwindigkeit

$$v = \frac{\Delta y}{\Delta x} . \tag{20.2}$$

Man kann diesen Differenzenquotienten aber auch einfach als Anstieg der Geraden y = f(x) = ax + b oder als den Anstieg der Funktion y = f(x) = ax + b interpretieren. Kommen wir zunächst auf das Problem des Anstiegs einer Straße zurück. Was ist zu tun, wenn die Straße nicht geradlinig, sondern mit wechselnder Steigung nach oben führt (vgl. Bild 20.2), wenn ihr Profil also durch eine nichtlineare Funktion y = f(x) beschrieben wird?

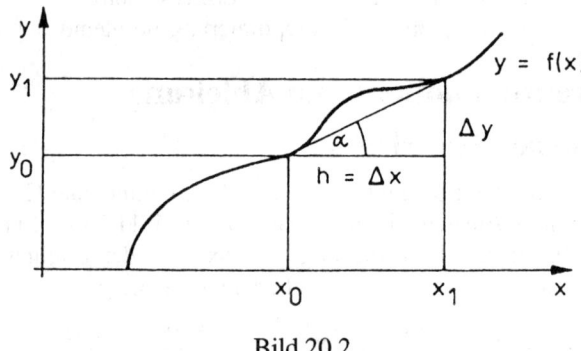

Bild 20.2

Greift man hier zwei Punkte $(x_0, y_0)$, $(x_1, y_1)$ heraus und berechnet den Differenzenquotienten nach (20.1), so erhält man den Anstieg der Sehne durch die beiden Punkte, also den durchschnittlichen Anstieg der Straße zwischen den beiden Punkten. Der Differenzenquotient sagt aber nichts über den Anstieg der Straße in einem bestimmten Punkt, z. B. im Punkt $(x_0, y_0)$, bzw. an der Stelle $x_0$ aus. Dieser Anstieg wechselt ja von Punkt zu Punkt.

Wenn man x als Zeit und y als Weg interpretiert, so erhält man mit dem Differenzenquotienten zwar eine Durchschnittsgeschwindigkeit, nicht aber eine Momentangeschwindigkeit.

Was versteht man nun unter dem Anstieg in einem Punkt $(x_0, y_0)$ bzw. an der Stelle $x_0$ ? Man versteht darunter den Anstieg der Tangente in diesem Punkt bzw. an dieser Stelle (Bild 20.3), also den Anstieg tan $\beta$.

Was versteht man unter der Tangente und ihrem Anstieg? Anschaulich kann man ein Lineal an die Kurve legen. Das ist aber keine mathematisch exakte Definition. Wenn man aber im Bild 20.2 $x_1$ immer näher an $x_0$ heranrückt, so erkennt man, daß dann die Sekante immer mehr die Lage der Tangente erreicht. Das führt auf einen Grenzprozeß, wie er im Abschnitt 19 behandelt wurde:

$$\tan \beta = \lim_{x_1 \to x_0} \tan \alpha = \lim_{\Delta x \to 0} \frac{\Delta y}{\Delta x} = \lim_{x_1 \to x_0} \frac{f(x_1) - f(x_0)}{x_1 - x_0} \qquad (20.3)$$

$$= \lim_{\Delta x \to 0} \frac{f(x_0 + \Delta x) - f(x_0)}{\Delta x} = \lim_{h \to 0} \frac{f(x_0 + h) - f(x_0)}{h} .$$

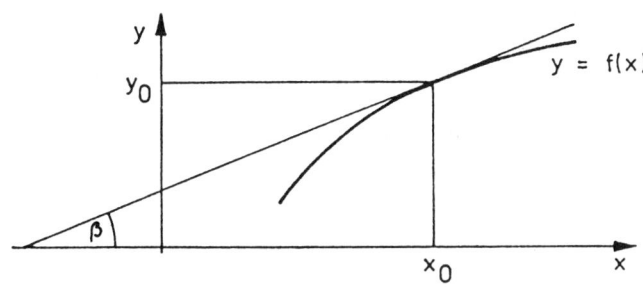

Bild 20.3

Diesen Grenzwert bezeichnet man in Anlehnung an den Differenzenquotienten mit

$$\left(\frac{dy}{dx}\right)_{x=x_0} = \lim_{\Delta x \to 0} \frac{\Delta y}{\Delta x} \qquad (20.4)$$

und nennt ihn Differentialquotient.

Der Differentialquotient $\frac{dy}{dx}$ (gesprochen dy nach dx) hat zwar die Form eines Quotienten, ist aber kein Quotient, sondern nur der Grenzwert eines Quotienten $\frac{\Delta y}{\Delta x}$, bei dem Zähler und Nenner gegen null gehen. Er ist also ein unbestimmter Ausdruck

$$\frac{dy}{dx} = \frac{0}{0} .$$

Weniger Möglichkeiten, den Differentialquotienten mit einem echten Quotienten zu verwechseln, bietet die Bezeichnung Ableitung der Funktion an der Stelle $x_0$ und die Schreibweise

$$\left(\frac{dy}{dx}\right)_{x=x_0} = f'(x_0). \qquad (20.5)$$

Die Schreibweise als Differentialquotient hat aber auch einen entscheidenden Vorteil. Man kann nämlich, natürlich nur unter bestimmten Voraussetzungen, mit dem Differentialquotienten formal wie mit einem echten Quotienten rechnen. Das erleichtert das formale Differenzieren.

Es ist weiter zu beachten, daß der Differentialquotient nur unter bestimmten Voraussetzungen überhaupt existiert und damit einen Sinn hat, nämlich wenn der Grenzübergang (20.4) möglich ist, wenn also der Differenzenquotient einen Grenzwert für $\Delta x \to 0$ hat.

Schon wenn eine Kurve einen Knick hat (Bild 20.4), existiert keine Tangente und damit kein Anstieg und kein Differentialquotient. Differenzierbarkeit ist also wie die Stetigkeit eine besondere Eigenschaft einer Funktion.

Wenn die im Bild 20.4 dargestellte Kurve an der Stelle $x_0$ auch keine eindeutige Tangente und damit keine Ableitung hat, so existieren hier doch wenigstens noch eine linksseitige Tangente $T_l$ und ein linksseitiger Anstieg und eine *linksseitige Ableitung* sowie eine rechtsseitige Tangente $T_r$ und ein rechtsseitiger Anstieg und eine *rechtsseitige Ableitung*. Bei einer unstetigen Funktion ist die Frage nach der Tangente bzw. der Ableitung völlig sinnlos.

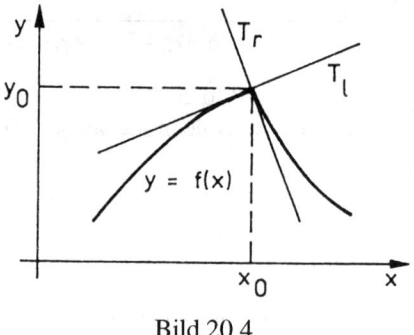

Bild 20.4

Die hier dargelegten Probleme sollen nun mathematisch exakt formuliert werden.

## 20.1.2 Der Differentialquotient

**Definition 20.1:**   Es sei $y = f(x)$ eine in einer Umgebung von $x_0$ und an der Stelle $x_0$ selbst definierte Funktion und x eine beliebige, von $x_0$ verschiedene Stelle dieser Umgebung (Bild 20.5).
Dann existiert der Differenzenquotient (Anstieg der Sekante)

$$\frac{\Delta y}{\Delta x} = \frac{y - y_0}{x - x_0} = \frac{f(x) - f(x_0)}{x - x_0} = \frac{f(x_0 + \Delta x) - f(x_0)}{\Delta x} = \frac{f(x_0 + h) - f(x_0)}{h}. \quad (20.6)$$

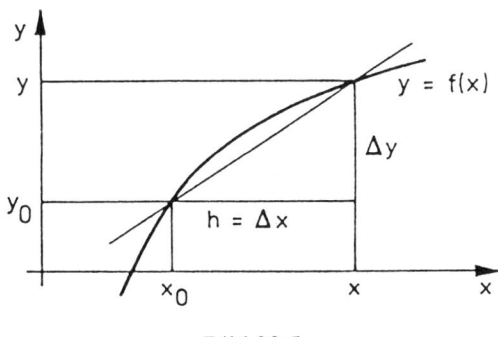

Bild 20.5

Hat nun dieser Differenzenquotient für $x \to x_0$ bzw. $\Delta x \to 0$ bzw. $h \to 0$ einen Grenzwert, so heißt die Funktion $y = f(x)$ an der Stelle $x = x_0$ *differenzierbar*, und man schreibt

$$\left(\frac{dy}{dx}\right)_{x=x_0} = f'(x_0) = \lim_{\Delta x \to 0} \frac{\Delta y}{\Delta x} = \lim_{x \to x_0} \frac{f(x) - f(x_0)}{x - x_0} \qquad (20.7)$$

$$= \lim_{\Delta x \to 0} \frac{f(x_0 + \Delta x) - f(x_0)}{\Delta x} = \lim_{h \to 0} \frac{f(x_0 + h) - f(x_0)}{h}.$$

Man nennt diesen Grenzwert

$$\left(\frac{dy}{dx}\right)_{x=x_0} = f'(x_0) \qquad (20.8)$$

*Differentialquotient* oder *Ableitung* der Funktion $y = f(x)$ an der Stelle $x_0$.

**Definition 20.2:**   Ist eine Funktion $y = f(x)$ an der Stelle $x_0$ differenzierbar, dann nennt man die Gerade durch den Punkt $(x_0, y_0)$ mit dem Anstieg $f'(x_0) = \tan \beta$,

$$\frac{y - y_0}{x - x_0} = f'(x_0) \quad \text{bzw.} \quad y = f'(x_0)\, x + y_0 - f'(x_0)\, x_0, \qquad (20.9)$$

*Tangente* der durch $y = f(x)$ gegebenen Kurve im Punkt $(x_0, y_0)$  (vgl. Bild 20.6).

Im folgenden sollen nun die Ableitungen einiger elementarer Funktionen berechnet werden.

**Beispiel 20.1:**  Die Ableitung einer Konstanten: Es sei
$$y = f(x) = c = \text{konst.} \qquad (20.10)$$
Dann gilt für jede Stelle $x_0$:
$$\frac{\Delta y}{\Delta x} = \frac{f(x) - f(x_0)}{x - x_0} = \frac{f(x_0 + h) - f(x_0)}{h} = \frac{c - c}{h} = 0,$$

$$\left(\frac{dy}{dx}\right)_{x=x_0} = f'(x_0) = 0. \qquad (20.11)$$

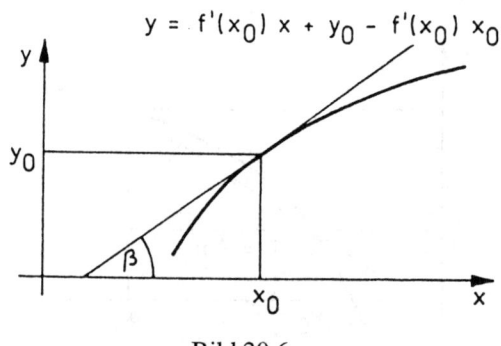

$$y = f'(x_0)\, x + y_0 - f'(x_0)\, x_0$$

Bild 20.6

**Beispiel 20.2:**  Die Ableitung einer Potenz mit natürlichem Exponenten: Es sei

$$y = f(x) = x^n, \quad n = 1, 2, 3, \ldots \tag{20.12}$$

Dann gilt an jeder Stelle $x_0$ wegen des Binomischen Satzes

$$\frac{\Delta y}{\Delta x} = \frac{f(x_0 + h) - f(x_0)}{h} = \frac{(x_0 + h)^n - x_0^n}{h}$$

$$= \frac{\binom{n}{0}x_0^n + \binom{n}{1}x_0^{n-1}h + \binom{n}{2}x_0^{n-2}h^2 + \ldots + \binom{n}{n}h^n - x_0^n}{h}$$

$$= \frac{1}{h}\left(x_0^n + nx_0^{n-1}h + \frac{n(n-1)}{2}x_0^{n-2}h^2 + \ldots + h^n - x_0^n\right)$$

$$= nx_0^{n-1} + \frac{n(n-1)}{2}x_0^{n-2}h + \ldots + h^{n-1} \rightarrow nx_0^{n-1} \quad \text{für } h \rightarrow 0.$$

Die Funktion $y = x^n$ ist an jeder Stelle $x_0$ differenzierbar mit der Ableitung

$$\left(\frac{dy}{dx}\right)_{x=x_0} = f'(x_0) = nx_0^{n-1}. \tag{20.13}$$

**Beispiel 20.3:**  Die Ableitung der Logarithmusfunktion:

Die Funktion $\quad y = f(x) = \log_b x$ $\hspace{4cm}$ (20.14)

ist nur für $x > 0$ definiert. An jeder Stelle $x_0 > 0$ gilt

$$\frac{\Delta y}{\Delta x} = \frac{f(x_0 + h) - f(x_0)}{h} = \frac{\log_b(x_0 + h) - \log_b x_0}{h} = \frac{1}{h}\log_b \frac{x_0 + h}{x_0} = \log_b\left(1 + \frac{h}{x_0}\right)^{\frac{1}{h}}.$$

Es gilt aber wegen (19.6)

$$\left(1+\frac{h}{x_0}\right)^{\frac{1}{h}} = \left(\left(1+\frac{h}{x_0}\right)^{\frac{x_0}{h}}\right)^{\frac{1}{x_0}} \rightarrow e^{\frac{1}{x_0}}$$

und daher

$$\left(\frac{dy}{dx}\right)_{x=x_0} = f'(x_0) = \lim_{h\to 0} \log_b\left(1+\frac{h}{x_0}\right)^{\frac{1}{h}} = \log_b e^{\frac{1}{x_0}} = \frac{1}{x_0}\log_b e. \qquad (20.15)$$

Die Logarithmusfunktion ist also in ihrem gesamten Definitionsbereich differenzierbar mit der in (20.15) angegebenen Ableitung. Es gilt insbesondere

$$\left(\frac{d(\ln x)}{dx}\right)_{x=x_0} = \frac{1}{x_0} \quad . \qquad (20.16)$$

**Beispiel 20.4:** Die Ableitung der Sinusfunktion:

Die Sinusfunktion $\quad y = f(x) = \sin x \qquad (20.17)$

ist für alle x definiert. Wählt man $x_0$ beliebig, so gilt (vgl. Abschnitt 4.5)

$$\frac{\Delta y}{\Delta x} = \frac{f(x_0+h)-f(x_0)}{h} = \frac{\sin(x_0+h)-\sin x_0}{h}$$

$$= \frac{2}{h}\cos\frac{2x_0+h}{2}\cdot\sin\frac{h}{2} = \cos\left(x_0+\frac{h}{2}\right)\cdot\frac{\sin\frac{h}{2}}{\frac{h}{2}} \quad .$$

Es ist aber unter Berücksichtigung von (19.7)

$$\lim_{h\to 0}\left(\cos\left(x_0+\frac{h}{2}\right)\cdot\frac{\sin\frac{h}{2}}{\frac{h}{2}}\right) = \cos x_0. \qquad (20.18)$$

Die Sinusfunktion ist also überall differenzierbar mit der Ableitung

$$\left(\frac{d\sin x}{dx}\right)_{x=x_0} = f'(x_0) = \cos x_0 , \quad (x \text{ im Bogenmaß}). \qquad (20.19)$$

Ebenso kann man zeigen, daß die Kosinusfunktion überall differenzierbar ist mit der Ableitung

$$\left(\frac{d\cos x}{dx}\right)_{x=x_0} = f'(x_0) = -\sin x_0, \quad (x \text{ im Bogenmaß}). \qquad (20.20)$$

**Beispiel 20.5:** Es soll die Gleichung der Tangente an die Kurve $y = x^3$ an der Stelle $x_0 = 1$, also im Punkt $(x_0, y_0) = (1, 1)$ ermittelt werden.

Es gilt nach (20.13)

$$f'(x_0) = f'(1) = 3\,x_0^2 = 3 \cdot 1^2 = 3$$

und daher nach (20.9) für die Gleichung der Tangente

$$y = 3x + 1 - 3 \cdot 1,$$
$$y = 3x - 2.$$

Es wurde bereits im Abschnitt 20.1.1 anschaulich dargelegt, daß die Frage nach der Ableitung an einer Unstetigkeitsstelle $x_0$ sinnlos ist. Das soll hier bewiesen werden. Es ist klar, daß nicht jede stetige Funktion differenzierbar zu sein braucht (z. B. wenn sie eine Ecke hat). Es bedarf aber eines Beweises, daß nur stetige Funktionen differenzierbar sein können, d. h., daß jede differenzierbare Funktion wenigstens stetig sein muß und damit die Differenzierbarkeit die Stetigkeit einschließt. Die Stetigkeit ist eine notwendige Bedingung für die Differenzierbarkeit.

**Satz 20.1:** Ist eine Funktion $y = f(x)$ an der Stelle $x_0$ differenzierbar, so ist sie dort auch stetig.

**Beweis:** Aus der Differenzierbarkeit folgt nach Definition 20.1, daß

$$\lim_{x \to x_0} \frac{f(x) - f(x_0)}{x - x_0} = f'(x_0)$$

existiert. Der Grenzwert kann aber nur existieren, wenn für $x \to x_0$ mit dem Nenner auch der Zähler $f(x) - f(x_0) \to 0$ geht.
Es gilt also

$$f(x) \to f(x_0) \quad \text{für} \quad x \to x_0.$$

Das ist aber die Definition der Stetigkeit (Definition 19.2).

Die Differenzierbarkeit und die Ableitung einer Funktion $y = f(x)$ sind durch die Definition 20.1 zunächst nur lokal an einer Stelle $x = x_0$ definiert. Ebenso wie bei der Stetigkeit im Abschnitt 19.3 kann man auch den Begriff der Differenzierbarkeit und der Ableitung auf ein offenes oder abgeschlossenes Intervall ausdehnen.

**Definition 20.3:** Eine Funktion $y = f(x)$ heißt im offenen Intervall $(a, b)$ differenzierbar mit der Ableitung

$$\frac{dy}{dx} = \frac{df(x)}{dx} = f'(x), \ a < x < b, \tag{20.21}$$

wenn sie an jeder Stelle $x = x_0 \in (a, b)$ differenzierbar ist mit der Ableitung $f'(x_0)$. Sie heißt im abgeschlossenen Intervall $[a, b]$ differenzierbar, wenn sie zusätzlich an der Stelle a rechtsseitig und an der Stelle b linksseitig differenzierbar ist.

**Beispiel 20.6:** Die Potenzfunktion $y = x^n$, $n = 1, 2, 3, \ldots$, ist überall differenzierbar mit der Ableitung

$$\frac{dy}{dx} = \frac{dx^n}{dx} = n\, x^{n-1}. \tag{20.22}$$

Die Sinusfunktion $y = \sin x$ und die Kosinusfunktion $y = \cos x$ sind überall differenzierbar mit den Ableitungen

$$\frac{dy}{dx} = \frac{d\sin x}{dx} = \cos x, \qquad \frac{dy}{dx} = \frac{d\cos x}{dx} = -\sin x. \tag{20.23}$$

Die Ableitung einer in einem offenen Intervall differenzierbaren Funktion $y = f(x)$ ist also selbst wieder eine Funktion $y = f'(x)$, bei der man die Frage nach der Stetigkeit und Differenzierbarkeit stellen kann.

---

**Definition 20.4:**   Eine in einer Umgebung von $x = x_0$ differenzierbare Funktion $y = f(x)$ heißt bei $x = x_0$ *zweimal differenzierbar*, wenn ihre Ableitung $y' = f'(x)$ dort differenzierbar ist. Man nennt diese Ableitung von $f'(x)$ dann die *zweite Ableitung* der Funktion $y = f(x)$ und schreibt

$$\left(\frac{d^2 y}{dx^2}\right)_{x=x_0} = f''(x_0) = \left(\frac{df'(x)}{dx}\right)_{x=x_0}. \tag{20.24}$$

Eine im offenen Intervall differenzierbare Funktion $y = f(x)$ heißt dort zweimal differenzierbar, wenn ihre Ableitung $y' = f'(x)$ in diesem Intervall differenzierbar ist. Man schreibt dann

$$\frac{d^2 y}{dx^2} = f''(x) = \frac{df'(x)}{dx}. \tag{20.25}$$

---

**Beispiel 20.7:** Die Funktionen $y = c$, $y = x^n$, $y = \sin x$ und $y = \cos x$ sind überall zweimal differenzierbar mit den Ableitungen

$$\frac{d^2 c}{dx^2} = 0, \qquad \frac{d^2 x^n}{dx^2} = n(n-1)\, x^{n-2}, \ n \geq 2, \tag{20.26}$$

$$\frac{d^2 \sin x}{dx^2} = -\sin x, \qquad \frac{d^2 \cos x}{dx^2} = -\cos x.$$

Die in Definition 20.4 erklärten Begriffe können in einfacher Weise auch auf beliebige höhere Ableitungen (n-te Ableitung) ausgedehnt werden. So nennt man eine Funktion $y = f(x)$ n-mal differenzierbar, wenn die n-te Ableitung

$$\frac{d^n y}{dx^n} = \frac{d^n f(x)}{dx^n} = f^{(n)}(x) = \frac{df^{(n-1)}(x)}{dx} \tag{20.27}$$

existiert.

## 20.2  Differentiationsregeln

Wenn man die Ableitung gewisser Funktionen $y = f_1(x)$, $y = f_2(x)$, . . . kennt, so erhebt sich die Frage, was man über die Differenzierbarkeit und die Ableitungen von daraus durch Multiplikation mit einer Konstanten, $y = c \cdot f_1(x)$, durch Addition, $y = f_1(x) + f_2(x)$,

durch Multiplikation, $y = f_1(x) \cdot f_2(x)$,

und durch Division, $y = \dfrac{f_1(x)}{f_2(x)}$, zusammengesetzter Funktionen aussagen kann. Aber auch für die mittelbar gegebene Funktion $y = f_1(f_2(x))$ und die Umkehrfunktion $y = f_1^{-1}(x)$ können diese Fragen gestellt werden. Diese Untersuchungen führen auf die sogenannten Differentiationsregeln.

---

**Satz 20.2:** *Multiplikation mit einer Konstanten c*
Ist die Funktion $y = f(x)$ differenzierbar, so ist es auch $y = c \cdot f(x)$, und es gilt

$$(c \cdot f(x))' = c \cdot f'(x). \tag{20.28}$$

---

**Bemerkung:**   Die Aussage des Satzes 20.2 kann sich sowohl auf eine feste Stelle $x = x_0$ als auch auf ein offenes oder abgeschlossenes Intervall beziehen. So sind auch die folgenden Sätze zu verstehen.

**Beweis:**

$$(c \cdot f(x))' = \lim_{h \to 0} \frac{c \cdot f(x+h) - c \cdot f(x)}{h} = c \cdot \lim_{h \to 0} \frac{f(x+h) - f(x)}{h} = c \cdot f'(x).$$

---

**Satz 20.3:** *Summenregel*
Sind $y_1 = f_1(x)$ und $y_2 = f_2(x)$ differenzierbar, so ist es auch die Summe $y = f_1(x) + f_2(x)$ sowie die Differenz $y = f_1(x) - f_2(x)$, und es gilt

$$(f_1(x) + f_2(x))' = f_1'(x) + f_2'(x), \tag{20.29}$$

$$(f_1(x) - f_2(x))' = f_1'(x) - f_2'(x). \tag{20.30}$$

---

Der Beweis ist so einfach, daß er als Übung geführt werden kann.

**Beispiel 20.8:** Es kann nun auch die Ableitung eines Polynoms

$$y = a_n x^n + a_{n-1} x^{n-1} + \ldots + a_1 x + a_0 \tag{20.31}$$

angegeben werden:

$$y' = f'(x) = n a_n x^{n-1} + (n-1) a_{n-1} x^{n-2} + \ldots + 2a_2 x + a_1. \tag{20.32}$$

So ist    $(2x^3 - 4x^2 + 2x)' = 6x^2 - 8x + 2$.

Ferner gilt   $(\sin x + \cos x)' = \cos x - \sin x$.

**Satz 20.4:** *Produktregel*
Sind $y_1 = f_1(x)$ und $y_2 = f_2(x)$ differenzierbar, so ist es auch das Produkt $y = f_1(x) \cdot f_2(x)$, und es gilt

$$(f_1(x) \cdot f_2(x))' = f_1'(x) \cdot f_2(x) + f_1(x) \cdot f_2'(x). \tag{20.33}$$

**Beweis:** $f_1(x + h) \cdot f_2(x + h) - f_1(x) \cdot f_2(x)$
$$= [f_1(x + h) \, f_2(x + h) - f_1(x) \, f_2(x + h)] + [f_1(x) \, f_2(x + h) - f_1(x) \, f_2(x)]$$
$$= f_2(x + h) \, [f_1(x + h) - f_1(x)] + f_1(x) \, [f_2(x + h) - f_2(x)].$$

Dividiert man durch $h$ und läßt $h \to 0$ gehen, so folgt unmittelbar (20.33).

**Beispiel 20.9:** $(\sin x \cdot \cos x)' = \cos x \cdot \cos x + \sin x \cdot (-\sin x) = \cos^2 x - \sin^2 x,$

$\qquad\qquad (x \cdot \sin x)' \quad = 1 \cdot \sin x + x \cdot \cos x = \sin x + x \cdot \cos x,$

$\qquad\qquad (x^2 \cdot \ln x)' \quad = 2x \cdot \ln x + x^2 \cdot \dfrac{1}{x} = x \, (2 \ln x + 1), \;\; x > 0.$

**Satz 20.5:** *Quotientenregel*
Sind $y_1 = f_1(x)$ und $y_2 = f_2(x) \neq 0$ differenzierbar, so ist es auch der Quotient $y = \dfrac{f_1(x)}{f_2(x)},$ und es gilt

$$\left( \frac{f_1(x)}{f_2(x)} \right)' = \frac{f_1'(x) \cdot f_2(x) - f_1(x) \cdot f_2'(x)}{(f_2(x))^2}. \tag{20.34}$$

Auf den Beweis wird verzichtet.

**Beispiel 20.10:** Für die Ableitung von $y = \tan x$ erhält man

$$(\tan x)' = \left( \frac{\sin x}{\cos x} \right)' = \frac{\cos x \cdot \cos x - \sin x \cdot (-\sin x)}{(\cos x)^2} = \frac{\cos^2 x + \sin^2 x}{\cos^2 x}$$

$$= \frac{1}{\cos^2 x} = 1 + \tan^2 x, \;\; x \neq (2k + 1) \cdot \frac{\pi}{2}. \tag{20.35}$$

Nunmehr soll die Differenzierbarkeit einer mittelbaren Funktion $y = f(g(x))$ an einer Stelle $x = x_0$ untersucht werden. Dazu wird vorausgesetzt:

1. Die innere Funktion $z = g(x)$ ist bei $x = x_0$ differenzierbar. Dann muß sie in einer gewissen Umgebung von $x_0$ definiert und dort stetig sein (Satz 20.1).
   Es gilt also
   $g(x_0 + h) \to g(x_0)$ für $h \to 0$ bzw.
   $g(x_0 + h) = g(x_0) + k$ und $k \to 0$ für $h \to 0$.

2. Die äußere Funktion $y = f(z)$ ist bei $z = z_0 = g(x_0)$ differenzierbar.

Der Differenzenquotient von $y = f(g(x))$ kann nun in folgender Weise angegeben und umgeformt werden:

$$\frac{\Delta y}{\Delta x} = \frac{f(g(x_0+h)) - f(g(x_0))}{h} = \frac{f(g(x_0+h)) - f(g(x_0))}{g(x_0+h) - g(x_0)} \cdot \frac{g(x_0+h) - g(x_0)}{h}$$

$$= \frac{f(z_0+k) - f(z_0)}{k} \cdot \frac{g(x_0+h) - g(x_0)}{h}.$$

Läßt man nun $h \to 0$ gehen (dann geht auch $k \to 0$), so geht diese Beziehung über in den Differentialquotienten:

$$\left(\frac{dy}{dx}\right)_{x=x_0} = \left(\frac{df(g(x))}{dx}\right)_{x=x_0} = \left(\frac{df(z)}{dz}\right)_{z=z_0=g(x_0)} \cdot \left(\frac{dg(x)}{dx}\right)_{x=x_0}. \qquad (20.36)$$

Schreibt man für die fixierte Stelle $x = x_0$ wieder einfach $x$, so kann man der Formel (20.36) auch die folgende Kurzform geben:

Für $y = f(z)$, $z = g(x)$ gilt

$$\frac{dy}{dx} = \frac{dy}{dz} \cdot \frac{dz}{dx}. \qquad (20.37)$$

Dabei hat man zu beachten, daß $\dfrac{dy}{dz}$ an der Stelle $z = g(x)$ zu bilden ist.

Die Formel (20.37), die auch Kettenregel genannt wird, und die natürlich nur unter den o. a. Voraussetzungen gültig ist, läßt sich leicht merken, weil die rechte Seite formal aus der linken durch Erweiterung mit $dz$ hervorgeht.

---

**Satz 20.6:** *Kettenregel*

Ist die Funktion $z = g(x)$ bei $x$ und die Funktion $y = f(z)$ bei $z = g(x)$ differenzierbar, so ist auch die mittelbar gegebene Funktion

$$y = f(z) = f(g(x)) \qquad (20.38)$$

bei $x$ differenzierbar, und es gilt

$$\frac{dy}{dx} = \frac{dy}{dz} \cdot \frac{dz}{dx}. \qquad (20.39)$$

Dabei ist $\dfrac{dy}{dz} = \dfrac{df(z)}{dz}$ bei $z = g(x)$ zu bilden.

---

**Beispiel 20.11:** Die Funktion $y = \sin x^2$ ist eine mittelbar gegebene Funktion,

$$y = \sin z, \quad z = x^2,$$

wobei beide Funktionen überall differenzierbar sind. Daher gilt überall

$$\frac{d \sin x^2}{dx} = \frac{d \sin z}{dz} \cdot \frac{dx^2}{dx} = \cos z \cdot 2x = 2x \cdot \cos x^2.$$

**Beispiel 20.12:** Die Funktion $y = \sin^2 x$ ist mittelbar durch $y = z^2$, $z = \sin x$ gegeben, wobei wiederum beide Funktionen überall differenzierbar sind. Es gilt also

überall $\quad \dfrac{d \sin^2 x}{dx} = \dfrac{dz^2}{dz} \cdot \dfrac{d \sin x}{dx} = 2z \cdot \cos x = 2 \sin x \cdot \cos x = \sin 2x.$

Es soll nun die Differenzierbarkeit der Umkehrfunktion untersucht werden. Dazu wird vorausgesetzt: Es sei $y = f(x)$ bei $x = x_0$ differenzierbar mit $f'(x_0) \neq 0$ und in einer Umgebung von $x_0$ streng monoton wachsend $(f'(x_0) > 0)$ oder fallend $(f'(x_0) < 0)$ und daher umkehrbar, $x = f^{-1}(y)$.

Dann erhält man für den Differenzenquotienten der Umkehrfunktion

$$\frac{\Delta x}{\Delta y} = \frac{f^{-1}(y) - f^{-1}(y_0)}{y - y_0} = \frac{x - x_0}{f(x) - f(x_0)} = \frac{1}{\dfrac{f(x) - f(x_0)}{x - x_0}} = \frac{1}{\dfrac{\Delta y}{\Delta x}}.$$

Für $x \to x_0$ geht wegen der Stetigkeit von $f(x)$ auch $y \to y_0$, und es gilt

$$\left(\frac{dx}{dy}\right)_{y = y_0 = f(x_0)} = \left(\frac{df^{-1}(y)}{dy}\right)_{y = y_0 = f(x_0)} = \frac{1}{\left(\dfrac{dy}{dx}\right)_{x = x_0}} = \frac{1}{\left(\dfrac{df(x)}{dx}\right)_{x = x_0}}. \qquad (20.40)$$

Schreibt man für die fixierte Stelle $x = x_0$ wieder einfach x, so kann man für (20.40) folgende Kurzform angeben: Für $y = f(x)$, $x = f^{-1}(y)$ gilt

$$\frac{dx}{dy} = \frac{1}{\dfrac{dy}{dx}}. \qquad (20.41)$$

Unter den o. a. Voraussetzungen kann also wiederum mit dem Differentialquotienten wie mit einem eigentlichen Quotienten gerechnet werden.

---

**Satz 20.7:** *Ableitung der Umkehrfunktion*

Es sei $y = f(x)$ in der Umgebung einer Stelle x umkehrbar mit $x = f^{-1}(y)$ und dort differenzierbar mit $f'(x) \neq 0$, dann ist auch die Umkehrfunktion bei $y = f(x)$ differenzierbar, und es gilt

$$\frac{dx}{dy} = \frac{1}{\dfrac{dy}{dx}}. \qquad (20.42)$$

---

**Beispiel 20.13:** Für die Funktion $y = f(x) = x^n$, $n = 1, 2, 3, \ldots$, existiert, wenn man $x \geq 0$ wählt, die Umkehrfunktion $x = \sqrt[n]{y} = y^{\frac{1}{n}}$, $y \geq 0$.

Es gilt $\dfrac{dy}{dx} = f'(x) = n \cdot x^{n-1} > 0$ für $x > 0$.

Daher existiert die Ableitung der Umkehrfunktion für $y > 0$ und hat nach (20.42) den Wert

$$\frac{dx}{dy} = \frac{d\sqrt[n]{y}}{dy} = \frac{dy^{\frac{1}{n}}}{dy} = \frac{1}{\dfrac{dy}{dx}} = \frac{1}{n \cdot x^{n-1}} = \frac{1}{n} \cdot x^{1-n} = \frac{1}{n} \cdot y^{\frac{1-n}{n}} = \frac{1}{n} \cdot y^{\frac{1}{n} - 1}.$$

Vertauscht man x und y, so erhält man

$$\frac{dx^{\frac{1}{n}}}{dx} = \frac{1}{n} \cdot x^{\frac{1}{n}-1} .$$  (20.43)

**Beispiel 20.14:** Die Funktion $y = x^{\frac{m}{n}}$ mit ganzem m und positivem ganzen n, also mit beliebigem rationalen Exponenten, kann mit Hilfe von (20.43) und der Kettenregel (20.39) differenziert werden.

Für $x > 0$ gilt

$$y = x^{\frac{m}{n}} = z^m , \quad z = x^{\frac{1}{n}},$$

und es gilt

$$\frac{dy}{dx} = \frac{dy}{dz} \cdot \frac{dz}{dx} = m \cdot z^{m-1} \cdot \frac{1}{n} \cdot x^{\frac{1}{n}-1} = \frac{m}{n} \cdot x^{\frac{m-1}{n}} \cdot x^{\frac{1-n}{n}} = \frac{m}{n} \cdot x^{\frac{m-n}{n}} , \text{ also}$$

$$\frac{dx^{\frac{m}{n}}}{dx} = \frac{m}{n} \cdot x^{\frac{m}{n}-1} , \quad x > 0.$$  (20.44)

Damit ist (20.22) auf rationale Exponenten ausgedehnt.

**Beispiel 20.15:** Die Logarithmusfunktion $y = \log_b x$ ist für $x > 0$ streng monoton und umkehrbar sowie differenzierbar. Daher ist nach Satz 20.7 auch die Umkehrfunktion (Exponentialfunktion) $x = b^y$ differenzierbar. Es gilt nach (20.15)

$$\frac{dx}{dy} = \frac{1}{\dfrac{dy}{dx}} = \frac{1}{\dfrac{\log_b e}{x}} = \frac{x}{\log_b e} = \frac{b^y}{\log_b e}$$

und nach Vertauschen von x und y

$$\frac{db^x}{dx} = \frac{1}{\log_b e} b^x , \quad b > 0, \ b \neq 1, \ x > 0,$$  (20.45)

und speziell

$$\frac{de^x}{dx} = e^x, \quad x > 0.$$  (20.46)

**Beispiel 20.16:** Die allgemeine Potenzfunktion $y = x^a$, $x > 0$, kann wegen

$$y = x^a = \left(e^{\ln x}\right)^a = e^{a \cdot \ln x} = e^z , \quad z = a \cdot \ln x,$$

mit (20.46) und der Kettenregel (20.39) differenziert werden:

$$\frac{dy}{dx} = \frac{dy}{dz} \cdot \frac{dz}{dx} = e^z \cdot \frac{a}{x} = x^a \cdot \frac{a}{x} , \text{ also}$$

$$\frac{dx^a}{dx} = a \cdot x^{a-1}, \quad x > 0.$$  (20.47)

Die Formel (20.22) ist demnach auf beliebige reelle Exponenten für $x > 0$ ausgedehnt.

**Beispiel 20.17:** Die Sinusfunktion $y = \sin x$ ist für $-\dfrac{\pi}{2} \le x \le \dfrac{\pi}{2}$ umkehrbar und hat nach (20.23) für $-\dfrac{\pi}{2} < x < \dfrac{\pi}{2}$ die nichtverschwindende Ableitung $\dfrac{dy}{dx} = \cos x$. Daher gilt nach (20.42) für die Umkehrfunktion (vgl. Abschnitt 15)

$$x = \text{Arcsin} y, \quad -1 < y < 1,$$

$$\frac{dx}{dy} = \frac{1}{\dfrac{dy}{dx}} = \frac{1}{\cos x} = \frac{1}{\sqrt{1 - \sin^2 x}} = \frac{1}{\sqrt{1 - y^2}},$$

also nach Vertauschen von $x$ und $y$

$$\frac{d\text{Arc}\sin x}{dx} = \frac{1}{\sqrt{1 - x^2}}, \quad -1 < x < 1. \tag{20.48}$$

In ähnlicher Weise erhält man die Ableitungen der Arkusfunktionen $\text{Arccos } x$, $\text{Arctan } x$ und $\text{Arccot } x$.

## 20.3 Die Ableitungen der elementaren Funktionen

Zunächst werden die Differentiationsregeln der Sätze 20.2 bis 20.7 nochmals als formale Regeln zusammengestellt, ohne die Voraussetzungen anzugeben. Natürlich hat man bei ihrer Anwendung diese Voraussetzungen streng zu beachten. Dabei werden die Funktionen $f(x)$ und $g(x)$ mit $f$ und $g$ abgekürzt.

Tabelle 20.1 *Differentiationsregeln*

| Nr. | Name der Regel | Formel |
|-----|----------------|--------|
| 1 | Multiplikation mit einer Konstanten | $(cf)' = c \cdot f'$ |
| 2 | Summenregel | $(f \pm g)' = f' \pm g'$ |
| 3 | Produktregel | $(f \cdot g)' = f' \cdot g + f \cdot g'$ |
| 4 | Quotientenregel | $\left(\dfrac{f}{g}\right)' = \dfrac{f' \cdot g - f \cdot g'}{g^2}$ |
| 5 | Kettenregel | $y = f(z),\ z = g(x),\ \dfrac{dy}{dx} = \dfrac{dy}{dz} \cdot \dfrac{dz}{dx}$ |
| 6 | Differentiation der Umkehrfunktion | $y = f(x),\ x = f^{-1}(y),\ \dfrac{dx}{dy} = \dfrac{1}{\dfrac{dy}{dx}}$ |

Die Tabelle 20.2 enthält nachfolgend die Ableitungen der elementaren Funktionen. Dabei dient die erste Spalte der Numerierung, in der zweiten Spalte sind die Ausgangsfunktionen $f(x)$ angegeben, deren Ableitungen $f'(x)$ die dritte Spalte enthält. Die vierte Spalte enthält die Voraussetzungen an die auftretenden Parameter und die

Variable x. Falls über Parameter oder die Variable keine Voraussetzungen angegeben sind, so können jene beliebig gewählt werden.

Tabelle 20.2 *Ableitungen der elementaren Funktionen*

| Nr. | f(x) | f '(x) | Voraussetzungen |
|-----|------|--------|-----------------|
| 1 | $c = \text{konst.}$ | $0$ | - |
| 2 | $x^n$ | $n \cdot x^{n-1}$ | $n = 1, 2, 3, \ldots$ |
| 3 | $x^n$ | $n \cdot x^{n-1}$ | $n$ ganz, $x \neq 0$ |
| 4 | $x^r$ | $r \cdot x^{r-1}$ | $r$ rational, $x > 0$ |
| 5 | $\sqrt[n]{x} = x^{\frac{1}{n}}$ | $\frac{1}{n} \cdot x^{\frac{1}{n}-1} = \frac{1}{nx}\sqrt[n]{x}$ | $n = 1, 2, 3, \ldots, x > 0$ |
| 6 | $x^a$ | $a \cdot x^{a-1}$ | $x > 0$, $a$ reell |
| 7 | $a^x$ | $a^x \ln a = \dfrac{a^x}{\log_a e}$ | $a > 0$, $a \neq 1$ |
| 8 | $e^x$ | $e^x$ | - |
| 9 | $\log_a x$ | $\dfrac{1}{x}\log_a e = \dfrac{1}{x \ln a}$ | $a > 0$, $a \neq 1$, $x > 0$ |
| 10 | $\ln x$ | $\dfrac{1}{x}$ | $x > 0$ |
| 11 | $\sin x$ | $\cos x$ | - |
| 12 | $\cos x$ | $-\sin x$ | - |
| 13 | $\tan x$ | $\dfrac{1}{\cos^2 x} = 1 + \tan^2 x$ | $x \neq (2k+1)\dfrac{\pi}{2}$, $k$ ganz |
| 14 | $\cot x$ | $-\dfrac{1}{\sin^2 x} = -(1 + \cot^2 x)$ | $x \neq k\pi$, $k$ ganz |
| 15 | Arcsin x | $\dfrac{1}{\sqrt{1-x^2}}$ | $|x| < 1$ |
| 16 | Arccos x | $-\dfrac{1}{\sqrt{1-x^2}}$ | $|x| < 1$ |
| 17 | Arctan x | $\dfrac{1}{1+x^2}$ | - |
| 18 | Arccot x | $-\dfrac{1}{1+x^2}$ | - |

Mit Hilfe der Ableitungen der elementaren Funktionen in Tabelle 20.2 und der Differentiationsregeln in Tabelle 20.1 können, zumindest formal, die Ableitungen beliebiger analytischer Ausdrücke in analytischer Form gewonnen werden. Allerdings hat man dabei jeweils die Voraussetzungen zu beachten.

**Beispiel 20.18:** Die Summenregel kann mit Hilfe der Regel für die Multiplikation mit einer Konstanten gemischt und auf mehr als zwei Summanden angewandt werden.

Die Funktion $y = f(x) = 3 \sin x + 4 \, e^x - 7 \tan x - 6 \sqrt{x^3}$

$$= 3 \sin x + 4 \, e^x - 7 \tan x - 6 \, x^{\frac{3}{2}}$$

ist wegen $\tan x$ nur für $x \neq (2k + 1)\dfrac{\pi}{2}$ und wegen $\sqrt{x^3}$ nur für $x > 0$ differenzierbar. Unter diesen Einschränkungen gilt:

$$\frac{dy}{dx} = f'(x) = 3 \cos x + 4 \, e^x - 7 - 7 \tan^2 x - 6 \cdot \frac{3}{2} \cdot x^{\frac{3}{2}-1}$$

$$= 3 \cos x + 4 \, e^x - 7 - 7 \tan^2 x - 9\sqrt{x} \, .$$

Während die elementaren Funktionen und alle aus ihnen gebildeten analytischen Ausdrücke überall stetig waren, wo sie definiert waren, sind nach Tabelle 20.2 schon die elementaren Funktionen nur im Inneren ihres Definitionsbereiches differenzierbar. Daran ändert sich auch nichts, wenn man auf die elementaren Funktionen die vier Grundrechenoperationen anwendet.

Es gilt also Satz 20.8.

**Satz 20.8:** Die aus den elementaren Funktionen mit den vier Grundrechenarten gebildeten *analytischen Ausdrücke* sind im Inneren ihres Definitionsbereiches differenzierbar.

Bildet man jedoch mittelbare Funktionen, so muß diese Aussage noch weiter eingeschränkt werden.

**Beispiel 20.19:** Die Funktion $y = \sqrt{(x-1)^2 (x+1)} = (x^3 - x^2 - x + 1)^{\frac{1}{2}}$

ist für $(x-1)^2 (x+1) \geq 0$, also $x + 1 \geq 0$ bzw. für $x \geq -1$ definiert und dort auch stetig (am Rand $x = -1$ natürlich nur rechtsseitig). Sie ist also insbesondere auch für $x = 1$ stetig (vgl. Bild 20.7).

Das Innere des Definitionsbereiches ist $x > -1$, dort ist die Funktion im eigentlichen Sinne stetig. Nun ist die vorliegende Funktion aber mittelbar gegeben,

$$y = f(z) = \sqrt{z} = z^{\frac{1}{2}},$$

$$z = g(x) = (x-1)^2 (x+1) = x^3 - x^2 - x + 1.$$

Die Funktion $z = g(x)$ ist für alle $x$ differenzierbar, die Funktion $y = f(z) = \sqrt{z}$ nur für $z > 0$. Daher gilt die Kettenregel nur für $z > 0$, also für $x > -1, x \neq 1$. Dort gilt

$$\frac{dy}{dx} = \frac{dy}{dz} \cdot \frac{dz}{dx} = \frac{1}{2} z^{-\frac{1}{2}} \cdot (3x^2 - 2x - 1) = \frac{3x^2 - 2x - 1}{2 \cdot \sqrt{(x-1)^2 (x+1)}} \, .$$

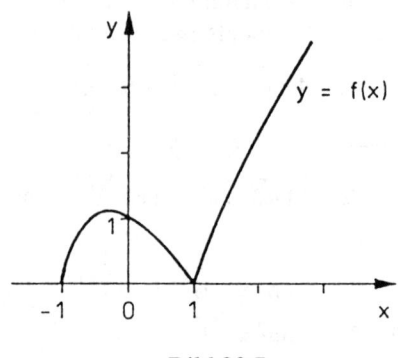

Bild 20.7

Die Differenzierbarkeit einer mittelbar gegebenen Funktion ist also nur gesichert für diejenigen x-Werte, die im Innern des Defitionsbereichs der inneren Funktion liegen und bei denen die Funktionswerte der inneren Funktion im Innern des Definitionsbereichs der äußeren Funktion liegen. Bezeichnet man die Menge dieser x-Werte als eingeschränktes Inneres des Definitionsbereiches, so gilt der Satz 20.9.

**Satz 20.9:** Jeder analytische Ausdruck ist im eingeschränkten Inneren seines Definitionsbereiches differenzierbar.

**Beispiel 20.20:** Die Kettenregel ist auch anwendbar, wenn bei einer mittelbaren Funktion die innere Funktion selbst eine mittelbare Funktion ist. So gilt (unter den entsprechenden Voraussetzungen) für

$$y = f(z), \ z = g(u), \ u = h(x), \tag{20.49}$$

also für

$$y = f(g(h(x))) \tag{20.50}$$

die Kettenregel

$$\frac{dy}{dx} = \frac{dy}{dz} \cdot \frac{dz}{du} \cdot \frac{du}{dx}. \tag{20.51}$$

Die Funktion

$$y = \text{Arcsin}\sqrt{1 - x^2} \tag{20.52}$$

ist eine solche Funktion. Es gilt hier

$$y = f(z) = \text{Arcsin } z, \ z = g(u) = u^{\frac{1}{2}}, \ u = h(x) = 1 - x^2.$$

Hier ist h(x) überall differenzierbar, g(u) nur für $u > 0$, also für $1 - x^2 > 0$ bzw. für $x^2 < 1$ bzw. für $| x | < 1$, und f(z) für $| z | < 1$, also für $\sqrt{1 - x^2} < 1$, also für $1 - x^2 < 1$, d. h. für $x^2 > 0$, also für $| x | > 0$.

Die Differenzierbarkeit ist also nur gesichert für

$$0 < | x | < 1 \text{ bzw. } -1 < x < 0 \text{ und } 0 < x < 1 \text{ bzw. } | x | < 1, x \neq 0. \qquad (20.53)$$

Das Innere des Definitionsbereiches ist $| x | < 1$. Das eingeschränkte Innere des Definitionsbereiches ist (20.53). Die Funktion (20.52) ist nur dort differenzierbar und nach (20.51) gilt

$$
\begin{aligned}
\frac{d\text{Arc}\sin\sqrt{1 - x^2}}{dx} &= \frac{d\text{Arc}\sin z}{dz} \cdot \frac{du^{\frac{1}{2}}}{du} \cdot \frac{d(1 - x^2)}{dx} \\
&= \frac{1}{\sqrt{1 - z^2}} \cdot \frac{1}{2} u^{-\frac{1}{2}} \cdot (-2x) \\
&= \frac{1}{\sqrt{1 - (1 - x^2)}} \cdot \frac{1}{2\sqrt{1 - x^2}} \cdot (-2x) \\
&= -\frac{x}{\sqrt{x^2}\sqrt{1 - x^2}} = -\frac{x}{|x|\sqrt{1 - x^2}} \\
&= \begin{cases} -\dfrac{1}{\sqrt{1 - x^2}} & \text{für } 0 < x < 1, \\[2mm] +\dfrac{1}{\sqrt{1 - x^2}} & \text{für } -1 < x < 0. \end{cases}
\end{aligned}
$$

Es soll nun noch eine weitere Differentiationsregel angegeben werden, die allerdings in den Regeln der Tabelle 20.1 schon indirekt enthalten ist. Es handelt sich um die Differentiation einer Funktion der Gestalt

$$y = f(x)^{g(x)}. \qquad (20.54)$$

Sie kann wegen

$$y = e^{\ln f(x)^{g(x)}} = e^{g(x) \ln f(x)}$$

nach der Kettenregel behandelt werden, $y = e^z$, $z = g(x) \ln f(x)$. Dabei wird die Ableitung von

$$u = \ln f(x) = \ln v, \quad v = f(x)$$

ebenfalls nach der Kettenregel ermittelt. Es gilt

$$u' = \frac{du}{dx} = \frac{du}{dv} \cdot \frac{dv}{dx} = \frac{1}{v} \cdot f'(x) = \frac{f'(x)}{f(x)}$$

und

$$\frac{dy}{dx} = \frac{dy}{dz} \cdot \frac{dz}{dx} = e^z \cdot (g'(x) \ln f(x) + g(x) u')$$

$$= f(x)^{g(x)} \left( g'(x) \ln f(x) + \frac{g(x) f'(x)}{f(x)} \right). \tag{20.55}$$

Unter Beachtung der Voraussetzung für die Anwendbarkeit der Kettenregel erhält man den Satz 20.10

---

**Satz 20.10:**  Sind f(x) und g(x) differenzierbar und ist f(x) > 0, dann ist auch
$$y = f(x)^{g(x)} \tag{20.56}$$
differenzierbar mit der Ableitung
$$\frac{dy}{dx} = f(x)^{g(x)} \left( g'(x) \ln f(x) + \frac{g(x) f'(x)}{f(x)} \right). \tag{20.57}$$

---

**Beispiel 20.21:**  Die Funktion  $y = x^x$  ist für  $x > 0$  differenzierbar. Es ist hier in (20.57)
$f = x$, $g = x$  zu setzen und damit  $f' = 1$, $g' = 1$.
Daher gilt für  $x > 0$

$$\frac{dx^x}{dx} = x^x (\ln x + 1).$$

**Beispiel 20.22:**  Bei der Differentiation von  $y = (x^2 - 1)^{\ln x}$
muß wegen  $g = \ln x$  gefordert werden  $x > 0$, und wegen  $f = (x^2 - 1) > 0$  muß gelten  $x^2 > 1$  bzw.  $|x| > 1$.
Also kann die Formel (20.57) für  $x > 1$  mit  $f = x^2 - 1$  und  $g = \ln x$  angewendet werden:

$$\frac{dy}{dx} = (x^2 - 1)^{\ln x} \cdot \left( \frac{1}{x} \ln(x^2 - 1) + \frac{(\ln x) \cdot (2x)}{x^2 - 1} \right)$$

$$= (x^2 - 1)^{\ln x} \cdot \left( \frac{\ln(x^2 - 1)}{x} + \frac{2x \ln x}{x^2 - 1} \right), \quad x > 1.$$

## 20.4  Extremwerte und Wendepunkte

Im Bild 20.8 ist der Verlauf einer Funktion  $y = f(x)$  nebst ihrer ersten und zweiten Ableitung im Intervall [a, b] dargestellt. Verfolgt man diesen Verlauf von links nach rechts, so kann man folgendes feststellen:

1.  An der Stelle  $x = a$  hat die Funktion  $y = f(x)$  ihren kleinsten Wert. Man sagt, sie hat dort ihr absolutes Minimum (es ist ein Minimum auf dem Rande des Definitionsbereiches).
2.  Die Funktion  $y = f(x)$  steigt monoton an, bis sie an der Stelle  $x = x_1$  ihren bis

dahin höchsten Wert erreicht und dann wieder abfällt. Man spricht hier von einem relativen Maximum der Funktion. Es liegt also ein Maximum nur bezogen auf eine gewisse Umgebung von $x_1$ vor. Im Gesamtintervall [a, b] gibt es noch größere Werte als $f(x_1)$.

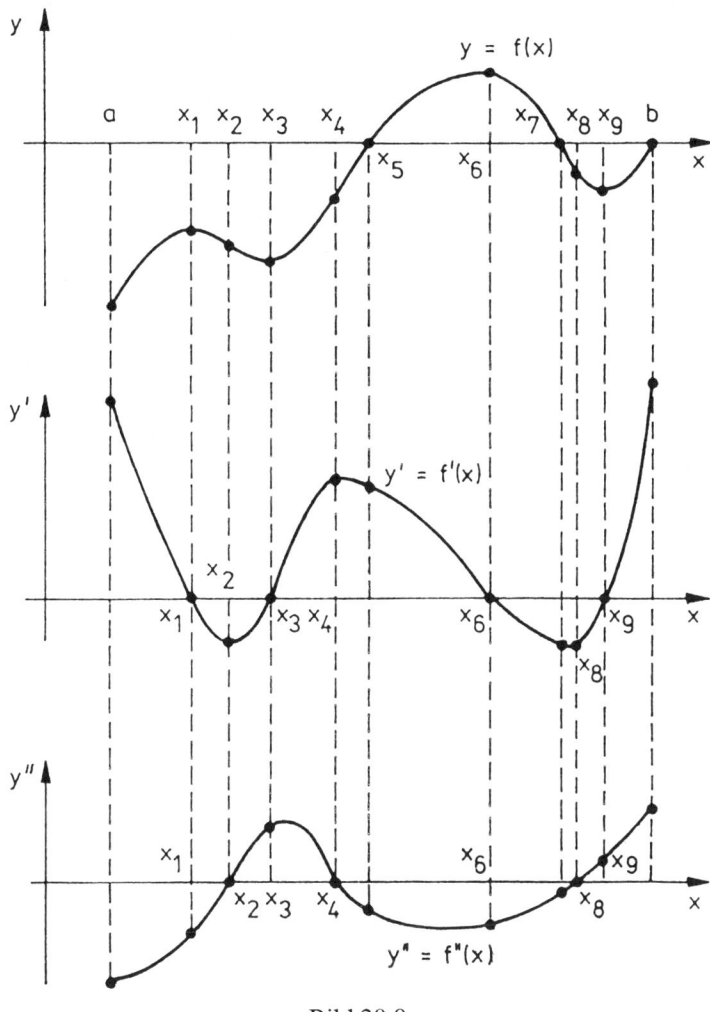

Bild 20.8

Der Anstieg $f'(x)$ der Funktion hat monoton abgenommen und bei $x_1$ den Wert $f'(x_1) = 0$ erreicht. Er fällt nach $x_1$ sogar monoton weiter auf negative Werte. Dieser monotone Abfall von $f'(x)$ drückt sich dadurch aus, daß die zweite Ableitung (der Anstieg von $f'(x)$) negativ ist und zunächst auch bleibt. Insbesondere gilt $f''(x_1) < 0$.

3. Nach $x_1$ fallen die Funktion $f(x)$ und ihr Anstieg $f'(x)$ weiter. An der Stelle $x_2$ erreicht der Anstieg $f'(x)$ seinen kleinsten Wert und steigt danach wieder. $f'(x)$ hat also bei $x = x_2$ ein relatives Minimum. Das drückt sich auch dadurch aus, daß $f''(x_2) = 0$ gilt. An der Stelle $x_2$ liegt ein rechts-links-Wendepunkt der Funktion $f(x)$. Es ist hier $f'''(x_2) > 0$ (positiver Anstieg von $f''(x)$).

4. Nach $x_2$ fällt die Funktion $f(x)$ weiter bis zu einem relativen Minimum bei $x_3$. Der Anstieg $f'(x)$ steigt weiter bis auf $f'(x_3) = 0$. Die zweite Ableitung $f''(x)$ steigt auf $f''(x_3) > 0$.

5. Nach $x_3$ steigt die Funktion $f(x)$ wieder, und auch ihr Anstieg $f'(x)$ nimmt zu. Der Anstieg hat bei $x_4$ ein relatives Maximum, und es gilt dort $f''(x_4) = 0$, $f'''(x_4) < 0$. Man spricht hier von einem links-rechts-Wendepunkt der Funktion $f(x)$.

6. Die Funktion $f(x)$ steigt nach $x_4$ weiter und trifft bei $x_5$ auf die x-Achse. Es ist $f(x_5) = 0$, und $x_5$ heißt Nullstelle von $f(x)$.

7. Während von $x_4$ an und über $x_5$ hinaus die Funktion monoton steigt, fällt $f'(x)$. Die Funktion $f(x)$ erreicht bei $x_6$ ein weiteres Maximum. Das ist sogar das absolute Maximum von $f(x)$ in [a, b]. Es gilt dort $f'(x_6) = 0$, $f''(x_6) < 0$.

8. Die Funktion $f(x)$ fällt nach $x_6$ wieder, erreicht bei $x_7$ eine weitere Nullstelle und fällt auch danach weiter.

9. Während die Funktion $f(x)$ fällt, fällt auch die Ableitung $f'(x)$ bis zu einem relativen Minimum bei $x_8$. Dort gilt $f''(x_8) = 0$, $f'''(x_8) > 0$, und es liegt ein rechts-links-Wendepunkt vor.

10. Nach $x_8$ fällt $f(x)$ weiter, und $f'(x)$ steigt. Bei $x_9$ hat $f(x)$ ein relatives Minimum, und es gilt $f'(x_9) = 0$, $f''(x_9) > 0$.

11. Nach $x_9$ steigen sowohl $f(x)$ als auch $f'(x)$. Die Funktion erreicht bei $x = b$ ein relatives Randmaximum.

Diese Betrachtungen führen in anschaulicher Weise zu folgenden Resultaten, die hier nicht bewiesen werden:

Gilt an der Stelle $x_0$

$$f'(x_0) = 0, \ f''(x_0) > 0, \qquad\qquad (20.58)$$

so liegt ein relatives Minimum vor (Punkte 3. und 9.).

Gilt dagegen

$$f'(x_0) = 0, \ f''(x_0) < 0, \qquad\qquad (20.59)$$

so liegt ein relatives Maximum vor (Punkte 1. und 6.).

Es ist also $f'(x_0) = 0$ charakteristisch für ein Extremum (ein Minimum oder ein Maximum), und das Vorzeichen von $f''(x_0)$ entscheidet darüber, ob ein Minimum oder ein Maximum vorliegt.

Weiter vermutet man: Gilt an der Stelle $x_0$

$$f''(x_0) = 0, \quad f'''(x_0) > 0, \tag{20.60}$$

so liegt ein rechts-links-Wendepunkt vor (Punkte 2 und 8).

Gilt dagegen

$$f''(x_0) = 0, \quad f'''(x_0) < 0, \tag{20.61}$$

so liegt ein links-rechts-Wendepunkt vor (Punkt 4).

Es ist also $f''(x_0) = 0$ charakteristisch für einen Wendepunkt, und das Vorzeichen von $f'''(x_0)$ entscheidet darüber, ob ein rechts-links- oder ein links-rechts-Wendepunkt vorliegt.

Zu den Beziehungen (20.58) bis (20.61) sind folgende Bemerkungen zu machen:

1. Diese Beziehungen haben nur einen Sinn für Stellen $x_0$, die im Inneren des Definitionsbereiches liegen und an denen die Funktion $y = f(x)$ hinreichend oft differenzierbar ist. Randstellen und Stellen, an denen die Funktion $f(x)$ nicht oder nicht oft genug differenzierbar ist, bedürfen besonderer Untersuchungen.

2. Die Bedingung $f'(x_0) = 0$ ist (bei differenzierbaren Funktionen) nur notwendig für ein Extremum (vgl. Abschnitt 7.5). So hat die Funktion $y = f(x) = x^3$ die Ableitung $f'(x) = 3x^2$, und bei $x = x_0 = 0$ gilt $f'(x_0) = f'(0) = 0$, aber $y = x^3$ hat bei $x = 0$ nur einen Wendepunkt, keinen Extremwert.

3. Die Bedingungen $f'(x_0) = 0$ und $f''(x_0) \neq 0$ sind nur hinreichend für ein Extremum, nicht aber notwendig (vgl Abschnitt 7.5). So hat die Funktion $y = f(x) = x^4$ bei $x = x_0 = 0$ ein relatives Minimum, es gilt aber
$$f'(x) = 4x^3, \quad f'(0) = 0,$$
$$f''(x) = 12x^2, \quad f''(0) = 0.$$
Die zweite Ableitung ist also weder größer noch kleiner als null.

4. Die Bedingung $f''(x_0) = 0$ ist nur notwendig für einen Wendepunkt. Bei $y = x^4$ ist $f''(0) = 0$, aber es liegt kein Wendepunkt vor.

5. Die Bedingung $f''(x_0) = 0$ und $f'''(x_0) \neq 0$ sind nur hinreichend für einen Wendepunkt. So hat die Funktion $y = f(x) = x^5$ bei $x = x_0 = 0$ einen Wendepunkt, aber es gilt
$$f'(x) = 5x^4, \quad f'(0) = 0,$$
$$f''(x) = 20x^3, \quad f''(0) = 0,$$
$$f'''(x) = 60x^2, \quad f'''(0) = 0.$$
Die dritte Ableitung $f'''(x)$ ist also weder größer noch kleiner als null.

Bevor eine Reihe von Sätzen über Extremwerte und Wendepunkte formuliert werden, sind diese Begriffe zunächst zu definieren.

---

**Definition 20.5:** Eine in einer Umgebung von $x = x_0$ definierte Funktion $y = f(x)$ hat dort ein *relatives Maximum* bzw. *relatives Minimum*, wenn für alle hinreichend nahe bei $x_0$ liegenden x gilt

$$f(x) \le f(x_0) \quad \text{bzw.} \quad f(x) \ge f(x_0). \tag{20.62}$$

---

Beide Begriffe werden zum Begriff des relativen Extremums zusammengefaßt.

---

**Definition 20.6:** Eine in einer Umgebung von $x = x_0$ differenzierbare Funktion $y = f(x)$ hat dort einen *links-rechts-Wendepunkt* bzw. einen *rechts-links-Wendepunkt*, wenn ihre Ableitung dort ein relatives Maximum bzw. ein relatives Minimum hat.

---

**Satz 20.11:** (*Notwendige Bedingung für ein relatives Extremum*)
Hat eine bei $x_0$ differenzierbare Funktion $y = f(x)$ dort ein relatives Extremum, so gilt

$$f'(x_0) = 0. \tag{20.63}$$

---

Der Satz besagt (vgl. Bemerkung 2.): Wo $f'(x_0) \ne 0$ ist, kann kein Extremum liegen. Nur die Stellen $x_0$ kommen für Extrema in Frage, für die gilt $f'(x_0) = 0$. Für eine Stelle $x_0$, für die $f'(x_0) = 0$ gilt, muß $y = f(x)$ aber nicht notwendig ein Extremum haben.

Durch Anwendung des Satzes 20.11 auf $y = f'(x)$ folgt der Satz 20.12.

---

**Satz 20.12:** (*Notwendige Bedingung für einen Wendepunkt*)
Hat eine bei $x = x_0$ zweimal differenzierbare Funktion $y = f(x)$ dort einen Wendepunkt, so gilt

$$f''(x_0) = 0. \tag{20.64}$$

---

Auch hier gilt (vgl. Bemerkung 4.): Wo $f''(x_0) \ne 0$ ist, kann kein Wendepunkt liegen. Wo $f''(x_0) = 0$ ist, kann ein Wendepunkt liegen, aber es muß dort kein Wendepunkt vorhanden sein.

---

**Satz 20.13:** (*Hinreichende Bedingung für ein Extremum*)
Gilt für eine bei $x = x_0$ zweimal differenzierbare Funktion $y = f(x)$

$$f'(x_0) = 0, \; f''(x_0) \ne 0, \tag{20.65}$$

so hat sie dort ein Extremum. Für

$$f''(x_0) < 0 \tag{20.66}$$

liegt ein Maximum, für

$$f''(x_0) > 0 \tag{20.67}$$

liegt ein Minimum vor.

Durch Anwendung des Satzes 20.13 auf f '(x) erhält man den Satz 20.14.

---

**Satz 20.14:** (*Hinreichende Bedingung für einen Wendepunkt*)
Gilt für eine bei $x = x_0$ dreimal differenzierbare Funktion $y = f(x)$

$$f''(x_0) = 0, \ f'''(x_0) \neq 0, \tag{20.68}$$

so hat sie dort einen Wendepunkt. Für

$$f'''(x_0) < 0 \tag{20.69}$$

liegt ein links-rechts-Wendepunkt, für

$$f'''(x_0) > 0 \tag{20.70}$$

liegt ein rechts-links-Wendepunkt vor.

---

Solche Fälle, wie
$$f'(x_0) = f''(x_0) = f'''(x_0) = 0,$$
werden hier nicht behandelt.

Die zuletzt genannten Sätze sollen nun auf eine Reihe von Beispielen angewendet werden. Dabei werden die Definitionsbereiche, Wertebereiche, Nullstellen, Pole, Lücken, Extrema, Wendepunkte und Asymptoten der vorgegebenen Funktionen ermittelt und darauf aufbauend die Funktionsverläufe gezeichnet. Man nennt diese Untersuchung Kurvendiskussion.

Wir konzentrieren uns hier auf die Ermittlung der Extrema und Wendepunkte und führen die Kurvendiskussion nach folgendem Schema durch:

0.  Vorbereitend werden die Ableitungen von $y = f(x)$ bis zur dritten Ordnung ermittelt. Dann bildet man eine Menge M derjenigen Werte $x_i$, die später (unter Punkt 4.) besonders untersucht werden muß. In die Menge M werden zunächst nur die Abszissen der Randpunkte aufgenommen. Dazu gehören insbesondere auch die möglichen Lücken und Polstellen. Die Menge M wird später eventuell noch durch weitere Werte ergänzt.

1.  Man ermittelt die Menge $M_0$ der Nullstellen $x_i$ aus $f(x) = 0$.

2.  Man ermittelt die Stellen x, wo $y = f(x)$ nicht differenzierbar ist und nimmt sie in die Menge M auf. Dann ermittelt man die Menge $M_1$ aller Werte $x_j$, wo $f'(x) = 0$ gilt (sie kommen für Extremwerte in Frage), und ihre Funktionswerte $y_j = f(x_j)$. Dann überprüft man für alle Werte $x_j \in M_1$ die zweite Ableitung $f''(x_j)$. Die Menge $M_{11}$ aller Werte $x_j \in M_1$, für die $f''(x_j) < 0$ ist, bildet die Menge der Maxima, alle Werte $x_j \in M_1$, für die $f''(x_j) > 0$ ist, bilden die Menge $M_{12}$ der Minima. Die Menge der $x_j \in M_1$, für die die zweite Ableitung nicht existiert, wird in die Menge M der besonders zu untersuchenden Stellen aufgenommen. Die Menge der $x_j \in M_1$, für die $f''(x_j) = 0$ ist, wird unter 3. untersucht.

3.  Man ermittelt alle Werte x, wo $y = f(x)$ nicht zweimal differenzierbar ist, und nimmt sie in M auf. Dann ermittelt man die Menge $M_2$ aller $x_k$, wo $f''(x) = 0$ gilt (sie kommen für Wendepunkte in Frage) und ihre Funktionswerte $y_k = f(x_k)$.

Dann überprüft man für alle $x_k \in M_2$ die dritte Ableitung $f'''(x_k)$. Die Menge $M_{21}$ aller Werte $x_k \in M_2$, für die $f'''(x_k) < 0$ ist, bildet die Menge der Abszissen der links-rechts-Wendepunkte. Die Menge $M_{22}$ aller $x_k \in M_2$. für die $f'''(x_k) > 0$ ist, bildet die Menge der Abszissen der rechts-links-Wendepunkte. Die Menge der $x_k \in M_2$, für die die dritte Ableitung nicht existiert oder für die $f'''(x_k) = 0$ ist, wird in die Menge M aufgenommen.

4.  Untersuchung der Menge M auf Extrema bzw. Wendepunkte gemäß Definition 20.5 bzw 20.6 (hier sind die Sätze 20.13 und 20.14 nicht anwendbar).

Es folgen nun einige Beispiele für die Hauptfälle.

**Beispiel 20.23:**  Die Funktion  $y = f(x) = x^3 - 6x^2 + 9x$  ist überall beliebig oft differenzierbar.

0.  $f'(x) = 3x^2 - 12x + 9,$        $f''(x) = 6x - 12,$        $f'''(x) = 6.$

In die Menge M sind nur  $+\infty$, $-\infty$  aufzunehmen (im Sinne von Grenzübergängen: $M = \{+\infty, -\infty\}$

1.  $f(x) = x^3 - 6x^2 + 9x = x(x^2 - 6x + 9) = 0,$
    $M_0 = \{x_1, x_2\} = \{0, 3\}.$

2.  $f'(x) = 3x^2 - 12x + 9 = 0,$
    $M_1 = \{x_3, x_4\} = \{1, 3\}, \ y_3 = 4, \ y_4 = 0.$
    $f''(x_3) = f''(1) = -6 < 0,$ Maximum,
    $f''(x_4) = f''(3) = 6 > 0,$ Minimum,
    $M_{11} = \{1\}, \ M_{12} = \{3\}.$

3.  $f''(x) = 6x - 12 = 0,$
    $M_2 = \{x_5\} = \{2\}, \ y_5 = 2.$
    $f'''(x_5) = f'''(2) = 6 > 0,$ rechts-links-Wendepunkt,
    $M_{22} = \{2\}.$

4.  $\lim\limits_{x \to -\infty} f(x) = -\infty, \quad \lim\limits_{x \to +\infty} f(x) = +\infty$
Damit erhält man den Kurvenverlauf nach Bild 20.9

**Beispiel 20.24:**  Die Funktion   $y = f(x) = x^4 - 4x^3$  ist überall beliebig oft differenzierbar.

0.  $f'(x) = 4x^3 - 12x^2,$        $f''(x) = 12x^2 - 24x,$    $f'''(x) = 24x - 24.$

In die Menge M sind nur $+\infty$, $-\infty$ aufzunehmen: $M = \{+\infty, -\infty\}$

1.  $f(x) = x^4 - 4x^3 = x^3(x - 4) = 0,$
    $M_0 = \{x_1, x_2\} = \{0, 4\}.$

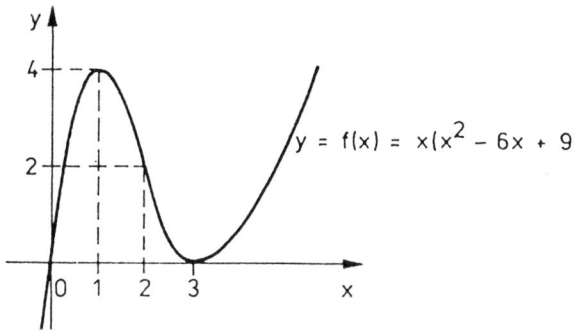

Bild 20.9

2.  $f'(x) = 4x^3 - 12x^2 = 4x^2(x-3) = 0$
    $M_1 = \{x_3\} = \{3\}$, $y_3 = -27$.
    Da für $x = 0$ die zweite Ableitung $f''(0) = 0$ ist, wird dieser Wert unter 3. untersucht.
    $f''(x_3) = f''(3) = 36 > 0$, Minimum,
    $M_{12} = \{3\}$.

3.  $f''(x) = 12x^2 - 24x = 12x(x-2) = 0$,
    $M_2 = \{x_4, x_5\} = \{0, 2\}$, $y_4 = 0$, $y_5 = -16$.
    $f'''(x_4) = f'''(0) = -24 < 0$, links-rechts-Wendepunkt,
    $M_{21} = \{x_4\} = \{0\}$.
    $f'''(x_5) = f'''(2) = 24 > 0$, rechts-links-Wendepunkt,
    $M_{22} = \{x_5\} = \{2\}$.

4.  $\lim\limits_{x \to \pm\infty} f(x) = +\infty$.

Daraus ergibt sich der Kurvenverlauf nach Bild 20.10.

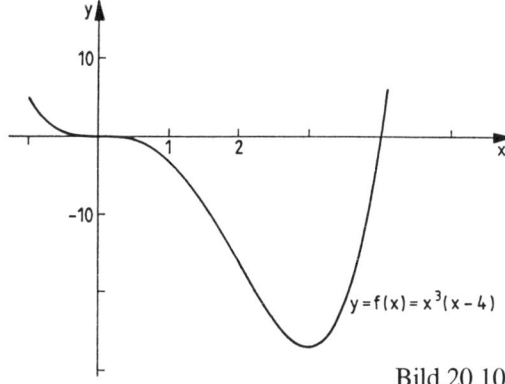

Bild 20.10

**Beispiel 20.25:** Die Funktion $y = f(x) = e^{x^3}$ ist beliebig oft differenzierbar.

0. $f'(x) = 3x^2 e^{x^3}$ ,

   $f''(x) = 3x(3x^3 + 2)e^{x^3}$ ,

   $f'''(x) = 9x^3 e^{x^3}(3x^3 + 2) + 6e^{x^3}(6x^3 + 1)$,

   $M = \{+\infty, -\infty\}$.

1. $y = f(x)$ hat keine Nullstelle.

2. $f'(x) = 3x^2 e^{x^3} = 0$ gilt nur für $x_1 = 0$. Da aber $f''(0) = 0$ ist, wird $x_1 = 0$ unter 3. untersucht.

3. $f''(x) = 3x(3x^3 + 2)e^{x^3} = 0$,

   $M_2 = \{x_2, x_3\} = \left\{0, -\sqrt[3]{\dfrac{2}{3}}\right\}$, $y_2 = 1$, $y_3 = \dfrac{1}{e^{\frac{2}{3}}}$ .

   $f'''(x_2) = f'''(0) = 6 > 0$, rechts-links-Wendepunkt,

   $M_{21} = \{x_2\} = \{0\}$.

   $f'''(x_3) = f'''\left(-\sqrt[3]{\dfrac{2}{3}}\right) = 0 + 6\,e^{-\frac{2}{3}} \cdot \left(-6\dfrac{2}{3} + 1\right) < 0$, links-rechts-Wendepunkt

   $M_{22} = \{x_3\} = \left\{-\sqrt[3]{\dfrac{2}{3}}\right\}$.

4. $\lim\limits_{x \to -\infty} f(x) = \lim\limits_{x \to -\infty} e^{x^3} = 0$, $\lim\limits_{x \to +\infty} f(x) = \lim\limits_{x \to +\infty} e^{x^3} = +\infty$.

Bild 20.11 zeigt den Kurvenverlauf.

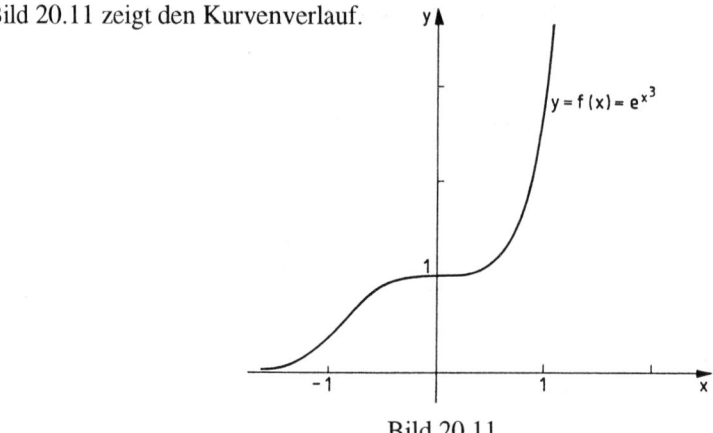

Bild 20.11

**Beispiel 20.26:** Die Funktion $y = f(x) = x + \sqrt[3]{x^2}$ ist für alle $x$ definiert, aber nur für $x \neq 0$ differenzierbar.

0. Für $x \neq 0$ gilt

$$f'(x) = 1 + \frac{2x}{3\sqrt[3]{x^4}},$$

$$f''(x) = -\frac{2}{9\sqrt[3]{x^4}}.$$

$f'''(x)$ wird nicht benötigt werden.

Die Menge M besteht aus $x = \pm\infty$ und $x = 0$:

$M = \{-\infty,\ 0,\ +\infty\}$.

1.  $f(x) = x + \sqrt[3]{x^2} = 0$. Wegen

    $x = -\sqrt[3]{x^2}$, $x^3 = -x^2$, $x^3 + x^2 = x^2(x+1) = 0$

    kommen als Lösung in Frage $x_1 = 0$, $x_2 = -1$. Beide Werte sind, wie die Proben zeigen, Nullstellen:

    $M_0 = \{x_1, x_2\} = \{0, -1\}$.

2.  $f'(x) \quad = 1 + \dfrac{2x}{3\sqrt[3]{x^4}} = 0$.

    Die Lösungen dieser Gleichung erhält man wie folgt:

    $$1 + \frac{2x}{3\sqrt[3]{x^4}} = 0, \quad \frac{2x}{3\sqrt[3]{x^4}} = -1, \quad \frac{8x^3}{27x^4} = -1, \quad \frac{8}{27x} = -1, \quad x = x_3 = -\frac{8}{27},$$

    $$y_3 = f(x_3) = -\frac{8}{27} + \frac{4}{9} = \frac{4}{27}.$$

    $M_1 = \{-\frac{8}{27}\}$.

    $$f''\left(-\frac{8}{27}\right) = -\frac{8}{9^3 x^4} < 0, \text{ Maximum}$$

    $M_{11} = \{-\frac{8}{27}\}$.

3.  $f''(x) \quad = -\dfrac{2}{9\sqrt[3]{x^4}} = 0$ ist für kein x möglich.

4.  $\displaystyle\lim_{x\to-\infty} f(x) = \lim_{x\to-\infty} x\left(1 + \sqrt[3]{\frac{x^2}{x^3}}\right) = -\infty, \quad \lim_{x\to+\infty} f(x) = +\infty.$

Die Stelle $x_1 = 0$, für die $f(x)$ nicht differenzierbar ist und für die gilt $f(0) = 0$, soll nunmehr untersucht werden.

Für $x > 0$ ist $f(x) > 0$.

Für $-1 < x < 0$ gilt (Multiplikation mit $x^2 > 0$) $-x^2 < x^3 < 0$ bzw. $0 < -x^3 < x^2$

und daher $0 < \sqrt[3]{-x^3} < \sqrt[3]{x^2}$, also $0 < -x < \sqrt[3]{x^2}$,

und damit $f(x) = x + \sqrt[3]{x^2} > 0$.

Daher liegt bei $x_1 = 0$ ein relatives Minimum vor.

Somit erhält man den Kurvenverlauf nach Bild 20.12.

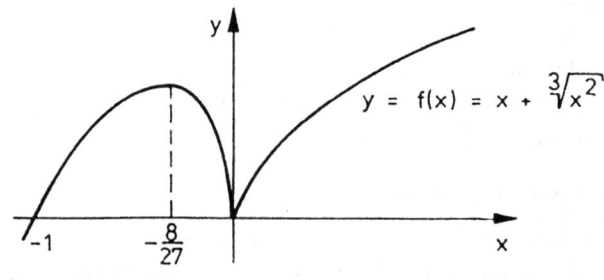

$$y = f(x) = x + \sqrt[3]{x^2}$$

Bild 20.12

Bei dem nachfolgenden Beispiel ist auch ein Wert x mit $f''(x) = f'''(x) = 0$ in die Menge M aufzunehmen.

**Beispiel 20.27:** Die Funktion $y = f(x) = x^4 + x$ ist beliebig oft differenzierbar.

0. $f'(x) = 4x^3 + 1$,
   $f''(x) = 12x^2$,
   $f'''(x) = 24x$,
   $f^{(4)}(x) = 24$,
   $f^{(5)}(x) = f^{(6)}(x) = \ldots = 0$.
   In M sind nur die Abszissen der Randpunkte $\pm \infty$ aufzunehmen:
   $M = \{-\infty, +\infty\}$.

1. $f(x) = x^4 + x = x(x^3 + 1) = 0$, $\qquad M_0 = \{0, -1\}$.

2. $f'(x) = 4x^3 + 1 = 0$,
   $M_1 = \left\{-\dfrac{1}{\sqrt[3]{4}}\right\}$, $y_3 = -\dfrac{3}{4\sqrt[3]{4}}$ .

   $f''\left(-\dfrac{1}{\sqrt[3]{4}}\right) = 12\left(-\dfrac{1}{\sqrt[3]{4}}\right)^2 > 0$, Minimum, $M_{12} = \left\{-\dfrac{1}{\sqrt[3]{4}}\right\}$ .

3. $f''(x) = 12x^2 = 0$, $\qquad\qquad M_2 = \{0\}$.
   $f'''(0) = 0$. $\qquad\qquad\qquad\quad$ $\{0\}$ wird in M aufgenommen.

4. $\lim\limits_{x \to -\infty} f(x) = \lim\limits_{x \to +\infty} f(x) = +\infty$.

Bei x = 0 liegt kein Wendepunkt vor, denn $f'(x)$ hat dort kein Extremum, sondern einen Wendepunkt ($y = x^3$ um 4 gestreckt und um 1 nach oben verschoben).

Das ergibt den Kurvenverlauf nach Bild 20.13.

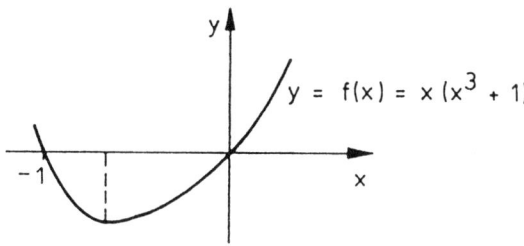
$$y = f(x) = x(x^3 + 1)$$

Bild 20.13

# 20.5  Optimierungsprobleme

Eine außerordentliche praktische Bedeutung haben Optimierungsprobleme, die im folgenden an einigen Beispielen erläutert werden sollen.

Bei nahezu allen Prozessen, die in der Praxis ablaufen, hängt die Effektivität bzw. der Aufwand von bestimmten Größen ab, über die man innerhalb gewisser Grenzen frei verfügen kann.

Wir können hier nur Prozesse betrachten, die von einer Variablen x abhängen. Diese Abhängigkeit wird durch eine Funktion $y = f(x)$, $x \in D$, beschrieben.

Stellt y den Aufwand dar, so möchte man x so bestimmen, daß f(x) minimal wird. Ist y dagegen die Effektivität, so wäre x so zu ermitteln, daß f(x) maximal ist. Die Einflußgröße x ist jedoch in der Regel nicht von $-\infty$ bis $+\infty$ frei wählbar, sondern aus technischen oder technologischen Gründen nur in gewissen Grenzen

$$a \leq x \leq b. \tag{20.71}$$

Daher lauten viele praktisch interessierende Optimierungsprobleme, je nachdem, ob es sich um einen Nutzen oder um einen Aufwand handelt:

$$y = f(x) = \text{Max!} \qquad (a \leq x \leq b), \tag{20.72}$$
$$y = f(x) = \text{Min!} \qquad (a \leq x \leq b). \tag{20.73}$$

Diese Aufgaben hängen sehr eng mit den Problemen des Abschnittes 20.4 zusammen. Hier geht es uns aber besonders um die Herausarbeitung der folgenden Probleme:

1. die Ermittlung des funktionellen Zusammenhangs $y = f(x)$ entsprechend der praktischen Aufgabenstellung (Modellierungsproblem),
2. die Beachtung der technologischen Grenzen (20.71).

Das soll mit Hilfe von zwei Beispielen geschehen.

**Beispiel 20.28:**     Vorhanden ist ein Zaun der Gesamtlänge L. Mit ihm soll ein rechteckiges Flächenstück möglichst großen Flächeninhalts umzäunt werden. Soweit die Aufgabe. Nun zum Modellierungsproblem: Es geht um ein Rechteck. Wie üblich wird die eine Seite mit a, die andere mit b bezeichnet (Bild 20.14).

Das sind zunächst zwei Einflußgrößen a und b. Aber wegen

$$L = 2a + 2b, \qquad b = \frac{L}{2} - a$$

braucht nur eine Einflußgröße, z. B. a = x, berücksichtigt zu werden.

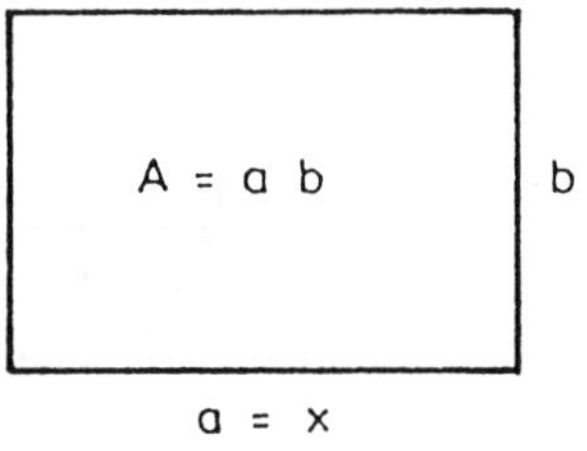

Der Effekt (Flächeninhalt) A ist

$$A = ab = x\left(\frac{L}{2} - x\right).$$

Es ist klar, daß gilt $0 \le x \le \frac{L}{2}$.

Daher lautet das Optimierungsproblem

$$y = f(x) = x\left(\frac{L}{2} - x\right) = \text{Max!} \quad \left(0 \le x \le \frac{L}{2}\right).$$

Wegen $f(0) = f\left(\frac{L}{2}\right) = 0$ muß das Maximum zwischen 0 und $\frac{L}{2}$ liegen.

Notwendig für das Maximum ist

$$y' = f'(x) = \frac{L}{2} - 2x = 0.$$

Für das Maximum kommt nur $x = \frac{L}{4}$ in Frage.     Dafür ist $y'' = f''(x) = -2 < 0$.

Es liegt tatsächlich ein Maximum vor. Die technologischen Grenzen 0 und $\frac{L}{2}$ spielen

hier keine Rolle. Es gilt also $\quad a = b = \frac{L}{4}$.

**Beispiel 20.29:** Ein Unternehmen will ein Produkt in einem bestimmten Zeitraum in einer Gesamtmenge M herstellen und kontinuierlich an die Abnehmer ausliefern. Es hat dabei bestimmte feste Kosten (Fixkosten) F. Es kann dieses Produkt sofort in der Gesamtmenge M herstellen, lagern und kontinuierlich ausliefern. Dabei entstehen Lagerhaltungskosten.[*] Es kann aber auch das Produkt in kleinen Mengen herstellen und sofort ausliefern. Dann hat es keine Lagerhaltungskosten, aber die ständige Umstellung der Produktion auf dieses Produkt verursacht Kosten, die man als Rüstkosten bezeichnet. Welche Menge x (Losgröße) soll man nun produzieren, um möglichst wenig Kosten zu haben? Die Lagerhaltungskosten sind proportional der Losgröße x. Die Rüstkosten sind aber zur Losgröße umgekehrt proportional. Ist x groß, so hat man wenig umzurüsten, ist x klein, so hat man oft umzurüsten. Die Gesamtkosten sind also $y = f(x) = F + Lx + \frac{R}{x}$, wobei F die Fixkosten, L die Lagerhaltungskosten und R die Rüstkosten sind. Die Losgröße x kann nicht größer sein als die Produktionsmenge M. Daher gilt $0 \le x \le M$.

A = a b     b

a = x

Bild 20.14

---

[*] In den Lagerhaltungskosten sollen sämtliche Kosten vereinigt sein, die durch die Lagerung entstehen (auf Einzelheiten muß hier verzichtet werden).

Das vorliegende Optimierungsproblem lautet deshalb

$$y = f(x) = F + Lx + \frac{R}{x} = Min! \quad (0 \le x \le M).$$

Zunächst wird f(x) zweimal differenziert: $\quad f\,'(x) = L - \dfrac{R}{x^2}\,, \qquad f\,''(x) = \dfrac{2R}{x^3}.$

Notwendig für ein Minimum ist $f\,'(x) = 0$, also $\quad x = \sqrt{\dfrac{R}{L}}\,.$

Wegen $x \ge 0$ gilt auch $f\,''(x) \ge 0$, also liegt hier immer ein relatives Minimum vor. Der Kurvenverlauf für $y = f(x)$ ist im Bild 20.15 dargestellt.

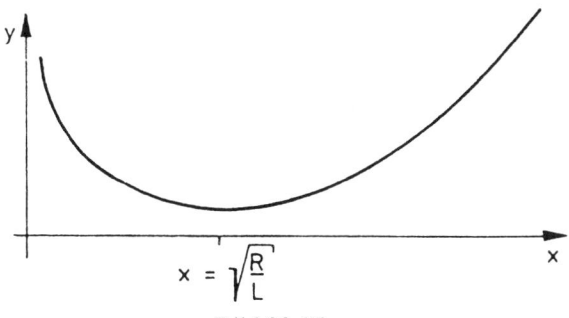

Bild 20.15

Es ist also klar: Wenn $\quad x = \sqrt{\dfrac{R}{L}} \le M\quad$ gilt, so liegt hier das Minimum. Ist jedoch $x = \sqrt{\dfrac{R}{L}} > M$, so liegt das Minimum auf dem Rande $x = M$. Die Ungleichung $x = \sqrt{\dfrac{R}{L}} \le M$ bedeutet $\dfrac{R}{L} \le M^2$ bzw. $R \le M^2 L$.

Es gilt also: Die optimale Losgröße ist $\quad x = \begin{cases} \sqrt{\dfrac{R}{L}} & \text{für } R \le M^2 L, \\ M & \text{für } R > M^2 L\,. \end{cases}$

Also: Wenn die Rüstkosten R die Lagerhaltungskosten L stark übersteigen, so hat man sofort die Gesamtproduktion $x = M$ zu realisieren. Sind die Rüstkosten R klein im Vergleich zu den Lagerhaltungskosten L, so hat man kleine Lose x zu produzieren.

Konkret: Für $M = 10000$, $R = 1000$, $L = 10$ gilt $R = 1000 < M^2 L = 10^8 \cdot 10 = 10^9$.

Die optimale Losgröße ist damit $x = \sqrt{\dfrac{R}{L}} = \sqrt{\dfrac{1000}{10}} = \sqrt{100} = 10$.

Es sind Lose à 10 Einheiten aufzulegen, um die 10000 Einheiten zu produzieren.

Für $M = 10$, $R = 1000$, $L = 1$ gilt $\quad R = 1000 > M^2 L = 100$.

Die optimale Losgröße ist damit $\quad x = M = 10$.

Es ist also nur eine Losgröße aufzulegen.

## 20.6  Übungsaufgaben

1.  Berechnen Sie die Ableitung nachstehender analytischer Ausdrücke an der Stelle $x_0$ und geben Sie den Gültigkeitsbereich der Formeln an !

    a) $y = x^3 - 2x^2 + 1$        b) $y = \sqrt{x}$        c) $y = x\sqrt{x}$

    d) $y = \dfrac{x^2 + 1}{x}$        e) $y = \dfrac{x}{x-1}$        f) $y = \sin\dfrac{x}{2}$

2.  Bei einem senkrechten Wurf nach oben lautet die Weg-Zeit-Gleichung des Körperschwerpunktes des geworfenen Körpers

    $$s = f(t) = v_0 t - \frac{1}{2}gt^2$$

    mit der Anfangsgeschwindigkeit $v_0 = 30 \dfrac{m}{s}$ und der Erdbeschleunigung

    $g = 10 \dfrac{m}{s^2}$. Wann erreicht dieser Körper seine größte Höhe? Wie groß ist sie?

3.  Ein Körper bewege sich gleichmäßig beschleunigt, wobei die Beschleunigung

    $a = 2 \dfrac{m}{s^2}$ sei.

    Setzen Sie in nachfolgender Tabelle für $\{(\Delta t)_n\}$ eine Nullfolge ein (zum Beispiel die in Spalte 1 angegebene) und ergänzen Sie die Tabelle !

    Wie groß ist die Momentangeschwindigkeit des Körpers nach $t_0 = 3\,s$ ?

| $\Delta t\ s$ | $s = \dfrac{a}{2}(t_0 + \Delta t)^2\ m$ | $\Delta s = (s - s_0)\ m$ | $v = \dfrac{\Delta s}{\Delta t}\ \dfrac{m}{s}$ |
|---|---|---|---|
| $\dfrac{1}{10}$ | | | |
| $\dfrac{1}{100}$ | | | |
| $\dfrac{1}{1000}$ | | | |
| $\dfrac{1}{10000}$ | | | |
| $\vdots$ | | | |

4.  Differenzieren Sie nachfolgende analytische Ausdrücke! Überlegen Sie, welche Differentiationsregeln anzuwenden sind!

    a) $y = -\dfrac{1}{2}x^4 + \dfrac{1}{3}x^3 - 2x^2 + \dfrac{1}{x} - 5$        b) $y = a^2 x^3 - \sqrt{b}x^2 + \dfrac{1}{2}cx - 1$

    c) $y = -2x^{-5} + 3x^{-3} - \dfrac{1}{2}x^{-2} + 4$        d) $y = \dfrac{2}{\sqrt{x}} - 3\sqrt[3]{x^2} + \dfrac{6 \cdot \sqrt[3]{x}}{x}$

    e) $y = (\sqrt{x} - 1)(1 + \sqrt{x})$        f) $y = (1 - x^{-4})(x^{-1} + x^2)$

    g) $y = (x^2 + 2x\sqrt{x} + x)(x - \sqrt{x})$        h) $y = (ax^2 - b)^2$

i) $y = \dfrac{x^2 + x}{3x^3}$                                    j) $y = \dfrac{2x^3 - 3}{x^2}$

k) $y = \sqrt[3]{\sqrt{x}}$                                    l) $y = \dfrac{1}{\sqrt[3]{x}} \cdot \left(1 + \sqrt[4]{x}\right)$

5.    Differenzieren Sie die angegebenen analytischen Ausdrücke, und schließen Sie diejenigen Werte aus, für die keine Ableitung existiert!

5.1. a) $y = (x - 1)(1 - x^3)$                      b) $y = (x^3 + 1)(1 - x - x^2)$

   c) $y = \left(\sqrt[3]{x^2} - \sqrt{x}\right)\left(\sqrt[3]{x^4} + \sqrt{x^3}\right)$          d) $y = \left(\dfrac{1}{\sqrt{x}} - \dfrac{1}{x}\right)\left(\sqrt[4]{x} - 2x\right)$

5.2. a) $y = \dfrac{x^3 + 1}{x^2 + x + 1}$        b) $y = 4x + \dfrac{1}{x^2 + 1}$        c) $y = \dfrac{x - 4}{4 - x}$

   d) $y = \dfrac{x^3 - 2x + 1}{2x^3 - 5}$        e) $y = \dfrac{\sqrt{3}\,x - \sqrt{2}}{3x^2 - 2}$        f) $y = \dfrac{1}{1 + x} - \dfrac{1}{1 - x}$

   g) $y = \dfrac{1}{1 - \sqrt{x}}$        h) $y = \dfrac{2x - \sqrt[3]{x}}{x^2 - 2x - 1}$        i) $y = \dfrac{x^3 + 3\sqrt[3]{x}}{2x^2 + x}$

   j) $y = \dfrac{\sqrt{x} - 1}{x - 2\sqrt{x} + 1}$

5.3. a) $y = \sqrt{x}\,\sin x$        b) $y = 2\sin x\,\cos x$        c) $y = 1 - \cos^2 x$

   d) $y = x^3 \cos x$        e) $y = 2\sin x\,(x - \cot x)$        f) $y = \dfrac{\tan x}{\cot x}$

   g) $y = \dfrac{x}{\sin x + \cos x}$        h) $y = \dfrac{x \sin x}{1 + \tan x}$

   i) $y = \tan x - \cot x - 2x$        j) $y = \dfrac{\sin x + \cos x}{\sin x - \cos x}$

5.4. a) $y = \dfrac{x}{e^x}$                      b) $y = \dfrac{e^x + e^{-x}}{2x^2}$

   c) $y = e^x \tan x$                      d) $y = \dfrac{5e^x}{\cos x}$

5.5. a) $y = \dfrac{\ln x}{x}$                      b) $y = \sin x\,\ln x$

   c) $y = x^2 \ln x$                      d) $y = 10\ln e \ln x$

5.6. a) $y = 5^x + 2^x$                      b) $y = 3^x\,x^3$

   c) $y = 2^x - 2x$                      d) $y = \dfrac{4^x}{2^x}$

5.7. a) $y = (2x + 1)^4$                      b) $y = (1 - x^4)^5$

   c) $y = \left(1 - \dfrac{1}{x}\right)^8$                      d) $y = \left(2x^2 - \dfrac{4}{x} + 3\right)^6$

5.8. a) $y = \sqrt{x^2 - 1}$

b) $y = \sqrt{1 - 2x}$

c) $y = \dfrac{1}{\sqrt[4]{(x-1)^3}}$

d) $y = \dfrac{x^2}{\sqrt[3]{x^3 - 1}}$

e) $y = \sqrt{\dfrac{1+x}{1-x}}$

f) $y = \sqrt{\dfrac{a^2 - x^2}{a^2 + x^2}}$

g) $y = \dfrac{\sqrt{1+x} - \sqrt{1-x}}{\sqrt{1+x} + \sqrt{1-x}}$

h) $y = \sqrt{\dfrac{1 + \sqrt{x}}{1 - \sqrt{x}}}$

5.9. a) $y = 5x^2 \sin 2x$

b) $y = \sin^2 x$

c) $y = \sin\sqrt{\dfrac{x}{2}}$

d) $y = \tan x + \dfrac{1}{3}\tan^3 x$

e) $y = \cos \dfrac{1}{1+x}$

f) $y = \dfrac{1}{\cos^2 x}$

g) $y = \cot(1 - 3x)$

h) $y = \cot\sqrt{1 - 2x}$

i) $y = \sqrt{\tan x}$

j) $y = \dfrac{\cos x^2}{\pi x}$

k) $y = \dfrac{1 - \cos^2 x}{1 + \cos^2 x}$

l) $y = \left(3 + \dfrac{2}{\cos^2 x}\right)\dfrac{\sin x}{\cos^2 x}$

m) $y = \left(\dfrac{3}{\sin x} - 5\right)\dfrac{1}{\sin x}$

n) $y = \tan\sqrt[3]{\dfrac{1 - 2x}{x}}$

o) $y = 2\sin\sqrt[3]{\dfrac{3}{x}}$

p) $y = \dfrac{3\tan x - \tan^3 x}{1 - 3\tan^2 x}$

5.10. a) $y = \operatorname{Arcsin}\dfrac{x}{a}$

b) $y = \operatorname{Arccos}\dfrac{a - x}{a}$

c) $y = \operatorname{Arctan}\dfrac{1}{x}$

d) $y = \operatorname{Arccos}\sqrt{1 - x^2}$

e) $y = \dfrac{1}{2}\operatorname{Arctan}\dfrac{2x}{1 - x^2}$

f) $y = \operatorname{Arctan}\sqrt{\dfrac{x}{x+a}}$

g) $y = \operatorname{Arcsin}\dfrac{x}{\sqrt{x^2 + 1}}$

h) $y = \operatorname{Arctan}\dfrac{x}{1 + \sqrt{x^2 + 1}}$

i) $y = \operatorname{Arccot}\dfrac{1+x}{1-x}$

j) $y = \operatorname{Arcsin} 2x\sqrt{1 - x^2}$

k) $y = \operatorname{Arctan}\dfrac{x - 2}{2\sqrt{x^2 + x - 1}}$

l) $y = a \cdot \operatorname{Arc\,cos}\dfrac{a - x}{a} - \sqrt{2ax - x^2}$

5.11. a) $y = x\,e^{\cos x}$

b) $y = e^{\sin x}$

c) $y = x^2 e^{\sqrt{x}}$

d) $y = e^{-x} - e^{-2x}$

e) $y = \dfrac{e^x + e^{-x}}{e^x - e^{-x}}$

f) $y = \dfrac{e^{2x} - 1}{e^{2x} + 1}$

g) $y = \dfrac{e^{-\cos x}}{\sin x}$

h) $y = \sqrt{1 - e^{-x}}$

i) $y = \dfrac{\sin\dfrac{x}{2}}{e^{2x}}$

j) $y = e^x\sqrt{\dfrac{1+x}{1-x}}$

5.12. a) $y = \ln 2x$

b) $y = \ln x^2$

c) $y = (\ln x)^2$

d) $y = \ln\sqrt{x}$

e) $y = \sqrt{\ln x}$

f) $y = \ln\sqrt{1 - x}$

g) $y = \ln \tan x$

h) $y = \ln \ln x$

i) $y = \ln \cot\dfrac{x}{2}$

j) $y = \ln \tan \left( \dfrac{x}{2} + \dfrac{\pi}{4} \right)$     k) $y = \ln \dfrac{\sqrt{1+x}}{\sqrt{1-x}}$

l) $y = \ln \left( x + \sqrt{x^2 - a} \right)$     m) $y = \ln \dfrac{x}{x + \sqrt{x^2 + 1}}$     n) $y = \ln \sqrt{\dfrac{2x-3}{2x+3}}$

o) $y = \ln \left( a + x + \sqrt{2ax + x^2} \right)$     p) $y = \ln \sqrt[4]{\sin^3 x \, \cos^3 x}$

q) $y = \ln \dfrac{\sqrt[3]{(x+2)^2} \cdot \sqrt[5]{(x-2)^3}}{\sqrt[4]{(x^2-4)^5}}$

5.13. a) $y = |x|$     b) $y = \sqrt{|x|}$     c) $y = \ln |x|$

d) $y = \sqrt{|\ln \cos x|}$     e) $y = \ln |\ln |x||$

5.14. a) $y = \sqrt[x]{x}$     b) $y = \left( x^x \right)^x$     c) $y = x^{\left( x^x \right)}$

d) $y = x^{\sin x}$     e) $y = (\cos x)^{\sin x}$     f) $y = a^x \cdot x^a$

g) $y = x^{e^x}$     h) $y = a^{e^x}$     i) $y = (\text{Arc} \tan x)^x$

j) $y = (\tan x)^{\frac{1}{\cos x}}$

6. Welchen Winkel bildet die Tangente im Punkte $P_0(x_0, y_0)$ an die Kurve $y = f(x)$ mit der x-Achse?

a) $y = \sqrt{x}$,     $x_0 = 1$     b) $y = \sqrt[3]{x+1}$,     $x_0 = 0$

c) $y = \left( x^2 - \sqrt[3]{x^2} \right)^2$,     $x_0 = 1$     d) $y = \sqrt{\dfrac{x^2 - 4}{9x^2 - 25}}$,     $x_0 = 0$

e) $y = x\sqrt{x+1}$,     $x_0 = 3$     f) $y = \dfrac{x}{x + \sqrt{x}}$,     $x_0 = 1$

g) $y = \sqrt{x - \sqrt{x}}$,     $x_0 = 1$     h) $y = \sqrt{1 + \sqrt{x}}$,     $x_0 = 1$

i) $y = \sin(2\pi - x)$,     $x_0 = \pi$     j) $y = \sqrt{\sin 2x}$,     $x_0 = \dfrac{\pi}{4}$

k) $y = \sin\sqrt{2x}$,     $x_0 = \dfrac{1}{2}$     l) $y = (x-1)e^x$,     $x_0 = 0$

7. In welchen Kurvenpunkten schneiden die Tangenten an die Kurven $y = f(x)$ die x-Achse unter einem Winkel von 45° bzw. 135°?

a) $y = x^2$     b) $y = x^3$     c) $y = x \cdot |3 - x|$

d) $y = \dfrac{x^2 - 3}{2x}$     e) $y = \dfrac{x^2 + x + 14}{x + 2}$     f) $y = \dfrac{x^2(x-9)}{2(x-6)^3}$

8. Bilden Sie die ersten drei Ableitungen der angegebenen analytischen Ausdrücke! Überprüfen Sie, ob sich die Bereiche der Differenzierbarkeit bei den einzelnen Ableitungen verändern! Stellen Sie die allgemeine Formel für die n-te Ableitung auf, soweit Ihnen dies möglich ist!

a) $y = x^n$

b) $y = \sqrt{x}$

c) $y = \sqrt[4]{x^3}$

d) $y = \sqrt{1 - x^2}$

e) $y = \dfrac{x}{1 - x}$

f) $y = \dfrac{1 + x}{1 - x}$

g) $y = \cos x$

h) $y = \dfrac{1}{2} \sin 2x$

i) $y = \sin(1 - 2x)$

j) $y = x^2 \sin 2x$

k) $y = \tan x$

l) $y = \tan^2 x$

m) $y = e^x \sin x$

n) $y = e^{mx}$

o) $y = e^{-x} + e^{-2x}$

p) $y = \ln x$

q) $y = \ln \sqrt[3]{1 + x^2}$

r) $y = \text{Arcsin } x$

9. Stellen Sie die Gleichungen $y = mx + n$ der Tangenten an $y = f(x)$ auf!

9.1. a) $f(x) = x^2 + 1$, $\qquad$ $P_1(1, y_1)$ bzw. $P_2(-1, y_2)$

b) $f(x) = x^3 - 3x^2 + x + 1$, $\quad$ $P_1(0, y_1)$ bzw. $P_2(2, y_2)$

c) $y^2 = 1 - x$, $\qquad$ $P_0(-3, y_0)$ $\qquad$ d) $y^2 = x - 1$, $\qquad$ $P_0(5, y_0)$

9.2. a) $f(x) = e^{-x}$, $\qquad$ $m = -1$ $\qquad$ b) $f(x) = -x^4 + 3x^2 - 4$, $\quad m = 0$

c) $f(x) = \dfrac{x}{x + 1}$, $\qquad m = 1$ $\qquad$ d) $f(x) = \dfrac{1}{x - 1}$, $\qquad m = -1$

10. Bilden Sie, soweit es Ihnen möglich ist, die Ableitung $\dfrac{dx}{dy}$ der Umkehrfunktion $x = f^{-1}(y)$ nachfolgender Funktionen $y = f(x)$ im Punkt $P_0(x_0, y_0)$!

a) $y = \dfrac{1}{3} x^3 - \dfrac{3}{2} x^2 + 4x + 1$, $\quad x_0 = -1$ $\qquad$ b) $y = x^2 - 2x - 1 + \dfrac{2}{x}$, $\quad x_0 = 1$

c) $y = \dfrac{1}{2x^2 - 5x + 9}$, $\qquad x_0 = \dfrac{5}{4}$ $\qquad$ d) $y = \dfrac{x + 1}{x + 2}$, $\qquad x_0 = -3$

e) $y = \sqrt{1 - x}$, $\qquad x_0 = 1$ $\qquad$ f) $y = \sqrt{\dfrac{x}{a - x}}$, $\qquad x_0 = \dfrac{a}{2}$

g) $y = (x + 1)\sqrt{1 - x}$, $\qquad x_0 = -1$ $\qquad$ h) $y = \sin x$, $\qquad x_0 = 0$

i) $y = \sin(2x + 3\pi)$, $\qquad x_0 = -2\pi$ $\qquad$ j) $y = \sin^2 x$, $\qquad x_0 = \dfrac{\pi}{4}$

k) $y = x \cos x$, $\qquad x_0 = \dfrac{\pi}{2}$ $\qquad$ l) $y = \dfrac{1 + \cos x}{1 - \cos x}$, $\qquad x_0 = \dfrac{3\pi}{2}$

m) $y = e^x \cos x$, $\qquad x_0 = 0$ $\qquad$ n) $y = x\, e^{\cos x}$, $\qquad x_0 = 2\pi$

o) $y = e^x (x^3 - 3x^2 + 6x - 6)$, $\quad x_0 = 1$

p) $y = \ln(x + \sqrt{x^2 + a^2})$, $\qquad x_0 = x \in (-\infty, \infty)$, $a \neq 0$

q) $y = \ln(x + 1)$, $\qquad x_0 > -1$ $\qquad$ r) $y = \ln\sqrt{\dfrac{3x - 4}{3x + 4}}$, $\qquad |x_0| > \dfrac{4}{3}$

s) $y = x^{\frac{1}{x}}$, $\qquad x_0 > 0$, $\quad x_0 \neq e$

11. Untersuchen Sie die nachfolgenden analytischen Ausdrücke auf Stetigkeit und Differenzierbarkeit !

a) $y = \begin{cases} -a & \text{für} \quad x \le 0 \\ +a & \text{für} \quad x > 0 \end{cases}$   b) $y = \begin{cases} -\dfrac{1}{2}x + 1 & \text{für} \quad x \le 2 \\ -2 & \text{für} \quad x > 2 \end{cases}$   c) $y = |x - 1|$

d) $y = |\sin x|$

e) $y = -\dfrac{x^2}{2}$

f) $y = -|x|$

g) $y = \sqrt[3]{x^2}$

h) $y = (x+1)^3 \cdot \sqrt[3]{x^2}$

i) $y = e^{\frac{1}{x}}$

j) $y = e^{\frac{x}{x-1}}$

k) $y = e^{\frac{x^2}{x^2-1}}$

l) $y = \text{Arccot}\,\dfrac{1}{x}$

m) $y = \text{Arcsin}\,(\sin x)$

n) $y = \text{Arctan}\,(\tan x)$

o) $y^2 = \dfrac{x^3}{4-x}$

p) $y^3 = 3x^2 - x^3$

q) $y^2 = \dfrac{1-x}{x}$

12.  Untersuchen Sie die Kurven, die durch nachfolgende Gleichungen gegeben sind, auf lokale Extrema und Wendepunkte!

a) $y = x^2 - 2x + 3$

b) $y = x^3 - 3x^2 + 6x + 7$

c) $y = x^3(8-x)$

d) $y = (x-a)^4 + b$

e) $y = \dfrac{x}{x^2+1}$

f) $y = \dfrac{x^2 - 7x + 6}{x - 10}$

g) $y = x^2 + \dfrac{1}{x^2}$

h) $y = \dfrac{ax^2}{ax+b}$

i) $y = \dfrac{a^2(a-x) + b^2 x}{x(a-x)}$

j) $y = \cos^2 x$

k) $y = \sin x \, \cos x$

l) $y = \sin 2x - 2\sin x$

m) $y = e^x \sin x$

n) $y = x\,e^x$

o) $y = x^n e^{-x}$

p) $y = e^{-x} + e^{2x}$

q) $y = e^{-x} - e^{-2x}$

r) $y = x \ln x$

s) $y = x \ln^2 x$

t) $y = \dfrac{1}{2}\ln x - \text{Arctan}\, x$

13.  Diskutieren Sie die Kurven, die durch nachfolgende Gleichungen gegeben sind!

13.1. a) $y = x^2 - x - 2$

b) $y = -(x+4)^2 + 4$

c) $y = x^3 - x^2$

d) $y = x^3 - 10x$

e) $y = -x(x+3)^2$

f) $y = x^3 - 6x^2 + 9x - 2$

g) $y = -x^3 + 3x^2 + 9x - 2$

h) $y = -x^3 + 6x^2 - 13x + 8$

i) $y = (x+2)(x^2 - 4x + 3)$

j) $y = (1-x)(x^2 + 6x + 8)$

k) $y = |x^3 + 9x^2 - 108|$

l) $y = |-x(x^2 - 16)|$

13.2. a) $y = x^4 - 8x^2 - 9$

b) $y = -x^4 + 5x^2 - 4$

c) $y = x^4 - 10x^2 + 9$

d) $y = (x-2)^2(x-4)(x+3)$

e) $y = \dfrac{1}{24}x(x-1)(x-2)(x-3)$

f) $y = x^4 - 8x^3 + 22x^2 - 24x + 12$

g) $y = x^5 - 5x^4 + 5x^3 + 1$

h) $y = (x+2)^2(x-1)^3$

i) $y = x^2(x^2-1)^2$

j) $y = (x-4)^4(x+3)^3$

13.3. a) $y = \dfrac{1}{1+x^2}$

b) $y = \dfrac{3x-1}{2x+1}$

c) $y = \dfrac{5}{(2x+1)^2}$

d) $y = \dfrac{2x+x^2+25}{1+x^2+2x}$

e) $y = \dfrac{x^2+x+1}{x^2-1}$

f) $y = \dfrac{x^2+2x+1}{2x}$

g) $y = \dfrac{x^2-5x+4}{x-5}$

h) $y = \dfrac{1}{x^2} - \dfrac{1}{x^2-2x+1}$

i) $y = x - \dfrac{4}{x-1}$

j) $y = \dfrac{x^3+2}{2x}$

k) $y = \dfrac{(x-1)^3}{(x+1)^2}$

l) $y = \dfrac{2x^2-6x}{x^3-3x^2+x-3}$

m) $y = \dfrac{x^3}{x^2-2x+1}$

n) $y = \dfrac{5(3x^2-4)-13x}{\frac{1}{8}(2x-1)(4x+7)}$

13.4. a) $y = x\sqrt{9x-x^2}$

b) $y = x^2\sqrt{25-x^2}$

c) $y = x\sqrt{14+8x-x^2}$

d) $y = \sqrt{x^2+1} - \sqrt{x^2-1}$

e) $y = \dfrac{1}{\sqrt{1-x^2}}$

f) $y = \dfrac{1}{\sqrt{x^2-4}} - 2$

g) $y = \sqrt{\dfrac{x}{2-x}}$

h) $y = x\sqrt{\dfrac{1-x}{1+x}}$

i) $y = \sqrt{\dfrac{x^3}{x-1}}$

j) $y = \sqrt{\dfrac{1-x^3}{3x}}$

k) $y = \sqrt{(x+1)^2 - x} - \sqrt{(x-1)^2 + x}$

l) $y = \dfrac{1}{2}\left(\sqrt{(x+1)^2-x} + \sqrt{(x-1)^2+x}\right)$

13.5. a) $y^2 = x^3 + x + 2$

b) $y^2 = x^3 - 3x + 2$

c) $y^2 = x^3 - 2x + 1$

d) $y^2 = x^4(x-1)$

e) $y^2 = x^2[x(1-x)]$

f) $y^2 = \dfrac{1-x}{x}$

g) $y^2 = \dfrac{x^2}{1+x}$

h) $y^2 = \dfrac{x^2}{1-x^2}$

i) $y^2 = \dfrac{x(1-x)}{(x+1)^2}$

13.6. a) $y = 2\sin^2 x$

b) $y = \sin 2x \, \cos x$

c) $y = \sin x \, \cos^2 x$

d) $y = \sin^2 x + 2\cos^2 x$

e) $y = x \sin x$

f) $y = \dfrac{\sin x}{x}$

g) $y = \dfrac{\sin 2x}{\sin x}$

h) $y = x^3 \cos x$

i) $y = \sin x + \dfrac{1}{2}\sin 2x + \dfrac{1}{3}\sin 3x$

j) $y = \sin^3 x + \cos^3 x$

k) $y = \sin x \sin\left(x + \dfrac{\pi}{4}\right)$

l) $y = \cos 2x + 2\cos\left(\dfrac{\pi}{3} - x\right)$

13.7. a) $y = e^{-2x}$

b) $y = xe^{-x}$

c) $y = x\,e^{\sqrt{x}}$

d) $y = (x^2-1)\,e^x$

e) $y = e^{\tan x}$

f) $y = 2\,e^{-x}\sin 2x$

g) $y = e^{2x}\sin 3x$

13.8. a) $y = \ln 3x$

b) $y = \ln(x^2-1)$

c) $y = x^2 \ln x$

d) $y = (\ln x)^2 - \ln x$      e) $y = \ln \dfrac{1+x}{1-x}$      f) $y = \dfrac{x}{\ln x}$

14. Extremwertaufgaben

14.1. a) Zerlegen Sie die reelle Zahl a so in zwei Summanden, daß deren Produkt möglichst groß wird!

b) Zerlegen Sie die Zahl a so in zwei Summmanden, daß das Produkt der m-ten Potenz des einen Summanden und der n-ten Potenz des anderen Summanden möglichst groß wird (m > 0, n > 0, m und n ganz)!

c) Zerlegen Sie die positive Zahl a so in zwei Summanden, daß die Summe aus dem Verhältnis der beiden Zahlen und dessen reziprokem Wert ein Minimum wird!

14.2. a) Bilden Sie aus einer Strecke der Länge a Rechtecke mit möglichst großer Fläche, wobei folgende Fälle zu betrachten sind:
   1. Die Seitenlängen des Rechtecks sind nur durch den Gesamtumfang a beschränkt.
   2. Die Länge der Grundlinie oder Höhe ist zusätzlich begrenzt.
   3. Die Längen von Grundlinie und Höhe sind zusätzlich begrenzt.
   Nennen Sie Anwendungsbeispiele für alle drei Fälle!

b) Verkürzt man die längere Seite eines Rechtecks um den gleichen Betrag wie man die kürzere Seite verlängert, so erhält man ein Rechteck, dessen Flächeninhalt möglichst groß sein soll. Um welchen Wert sind die Seiten des gegebenen Rechtecks zu verändern? Wie groß müssen die Seiten des gesuchten Rechtecks gewählt werden?

c) In einen Kreis mit dem Radius r ist ein Rechteck mit möglichst großem
   1. Flächeninhalt,
   2. Umfang
   einzubeschreiben. Welche Abmessungen müssen die Rechtecke jeweils haben?

d) Einem Halbkreis mit dem Radius r ist ein Rechteck einzubeschreiben, dessen eine Seite mit dem Durchmesser zusammenfällt und dessen Flächeninhalt möglichst groß sein soll. Wie groß müssen die Rechteckseiten sein?

e) Die Summe der Katheten eines rechtwinkligen Dreiecks ergibt k. Wie groß müssen die Katheten gewählt werden, damit die Hypotenuse möglichst klein wird?

f) Der Querschnitt eines Tunnels habe die Form eines Rechtecks mit aufgesetztem Halbkreis. Sein Umfang sei U. Für welchen Halbkreisradius wird der Flächeninhalt des Querschnitts am größten?

g) In ein spitzwinkliges Dreieck mit der Grundlinie c und der Höhe $h_c$ ist ein Rechteck mit möglichst großem Flächeninhalt einzubeschreiben, so daß eine Seite des Rechtecks auf c liegt. Welche Abmessungen muß das Rechteck haben? Wie groß ist sein Flächeninhalt?

14.3. a) Welche Abmessungen muß ein Zylinder mit dem Volumen V haben, wenn seine Oberfläche minimal sein soll? Nennen Sie Anwendungsbeispiele hierfür!

b) Welche Abmessungen muß ein oben offener Quader mit quadratischer Grundfläche und dem Volumen V haben, wenn seine Oberfläche minimal sein soll? Nennen Sie Anwendungsbeispiele hierfür!

c) Einem geraden Kreiskegel soll ein zweiter von möglichst großem Volumen so einbeschrieben werden, daß seine Spitze im Mittelpunkt des Grundkreises des ersten Kegels liegt. Bestimmen Sie seinen Durchmesser und seine Höhe!

d) Bestimmen Sie das Volumen des größten von allen Kegeln, die einer Kugel mit dem Radius r einbeschrieben werden können!

14.4. a) Von einem Dreieck sind die Summe zweier Seiten und der von ihnen eingeschlossene Winkel gegeben. Wie groß müssen diese Seiten sein, wenn der Flächeninhalt des Dreiecks ein Maximum haben soll?

b) Eine oben offene Rinne soll so aus zwei gleichbreiten Brettern gebaut werden, daß sie möglichst viel Wasser hindurchläßt. Wie groß muß der von beiden Brettern eingeschlossene Winkel gewählt werden?

c) Aus drei gleichbreiten Brettern soll eine Wasserrinne mit trapezförmigem Querschnitt hergestellt werden. Für welchen Neigungswinkel der Seitenflächen wird der Querschnitt am größten?

d) Von allen Dreiecken mit gegebener Grundlinie und gegebenem Flächeninhalt ist dasjenige vom kleinsten Umfang zu bestimmen!

14.5. a) Der Körperschwerpunkt eines schräg nach oben geworfenen Körpers genüge der Gleichung $y = f(x) = -\dfrac{x^2}{50} + x + 2$.
Berechnen Sie die Scheitelhöhe der Flugbahn!

b) Auf zwei geradlinig verlaufenden und senkrecht aufeinander stehenden Straßen fahren zwei Fahrzeuge in Richtung Kreuzung, das eine mit einer Geschwindigkeit von $10\dfrac{m}{s}$, und das andere mit $15\dfrac{m}{s}$. Wenn das erste Fahrzeug die Kreuzung passiert, befindet sich das zweite 60 m von der Kreuzung entfernt. Zu welchem Zeitpunkt ist die Annäherung der beiden Fahrzeuge am größten?

c) Gegeben seien eine Gerade g und zwei Punkte A und B auf derselben Seite der Geraden. Es ist ein auf g liegender Punkt P zu bestimmen, so daß die Entfernungssumme $\overline{AP} + \overline{PB}$ möglichst klein ist. Nennen Sie Anwendungsbeispiele hierfür!

# 21 Integralrechnung

## 21.1 Bestimmtes und unbestimmtes Integral

In diesem ersten Unterabschnitt zur Integralrechnung geht es darum, den Integralbegriff zu entwickeln. Zum Integralbegriff kann man über die Flächenberechnung kommen. Das Integrieren stellt sich dann als Umkehroperation zum Differenzieren heraus.

Es sei die Fläche zwischen den Graphen von $y = f(x)$, $y = 0$, $x = a$, $x = b$ ($f(x) \geq 0$) zu berechnen (Bild 21.1).

Zur Lösung dieser Aufgabe teilt man das Intervall $[a, b]$ in n (nicht notwendig gleichbreite) Teilintervalle $[x_{i-1}, x_i]$;

$a = x_0 < x_1 < \ldots < x_{i-1} < x_i < \ldots < x_n = b$;

$x_i - x_{i-1} = \Delta x_i$.

Im Intervall $[x_{i-1}, x_i]$ wählt man $\xi_i \in [x_{i-1}, x_i]$ beliebig.

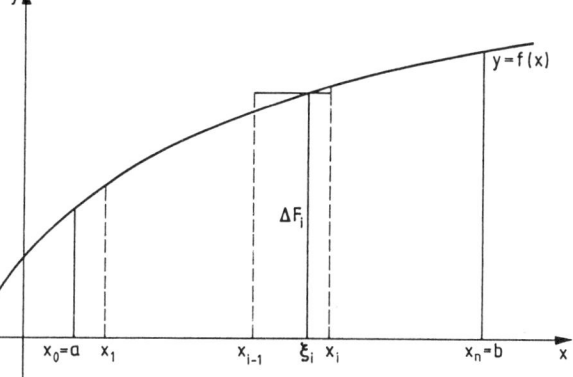

Bild 21.1

Eine Näherung für die Fläche zwischen $y = f(x)$, $y = 0$, $x = x_{i-1}$, $x = x_i$ ist dann die Rechteckfläche

$$\Delta F_i = f(\xi_i) \cdot \Delta x_i. \qquad (21.1)$$

Durch Summieren aller Rechteckflächen (21.1) erhält man für die gesuchte Gesamtfläche näherungsweise

$$F_n = \sum_{i=1}^{n} \Delta F_i = \sum_{i=1}^{n} f(\xi_i) \Delta x_i \ . \qquad (21.2)$$

Diese Näherung wird um so besser, je feiner die Unterteilung des Intervalls $[a, b]$ (max $\Delta x_i \to 0$), je größer damit die Anzahl der Summanden ($n \to \infty$) wird. Hat (21.2) immer den gleichen Grenzwert F, unabhängig davon, wie das Intervall $[a, b]$ aufgeteilt und wie $\xi_i \in [x_{i-1}, x_i]$ gewählt wird, so heißt $f(x)$ im Intervall $[a, b]$ integrierbar. Das ist z. B. für alle stückweise stetigen und beschränkten Funktionen $y = f(x)$ der Fall.

**Definition 21.1**  Der Grenzwert

$$\lim_{n \to \infty} \sum_{i=1}^{n} f(\xi_i) \cdot \Delta x_i = \int_a^b f(x)dx = F \; ; \; (\max \Delta x_i \to 0) \tag{21.3}$$

heißt, falls er existiert, *bestimmtes Integral* von f(x) über [a, b]  (F - Riemann-scher Flächeninhalt). Dabei heißt  a  untere, b  obere *Integrationsgrenze*, [a, b] Integrationsintervall, f(x) *Integrand*, x  Integrationsvariable.

**Bemerkung 1:**   Die Definition 21.1 kann auf den Fall ausgedehnt werden, wo f(x) $\geq$ 0  nicht gilt. Ist  f(x) $\leq$ 0, so wird das bestimmte Integral die negative Fläche unter der x-Achse. Schnei-det die Kurve von  y = f(x) im Integrationsintervall  die x-Achse (Bild 21.2), so gilt formal

$$F = F_1 - F_2 + F_3 - F_4 \dots$$

**Bemerkung 2:**  Die Inte-grationsvariable kann belie-big bezeichnet werden. Es ist

$$\int_a^b f(x)dx = \int_a^b f(t)dt = \int_a^b f(u)du.$$

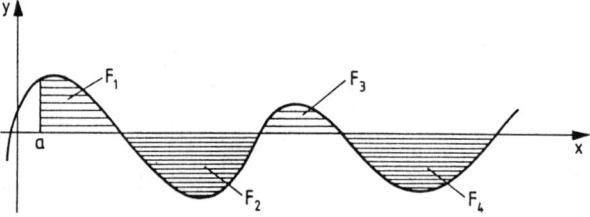

Bild 21.2

Unmittelbar aus der Definition 21.1 folgt der

**Satz 21.1:**   Ist  f(x) über [a, b] integrierbar und  c $\in$ [a, b], so gilt

$$\int_a^b f(x)dx = \int_a^c f(x)dx + \int_c^b f(x)dx. \tag{21.4}$$

Um (21.4) auch auf Werte  c  ausdehnen zu können, die außerhalb von [a, b] liegen, wobei a, b und c  in einem Intervall liegen müssen, in dem  f(x)  integrierbar ist, defi-niert man

**Definition 21.2:**   Ist  f(x) über [a, b] integrierbar, so gilt

$$\int_a^b f(x)dx = -\int_b^a f(x)dx. \tag{21.5}$$

Es gilt nach Definition 21.1 immer    $\int_a^a f(x)dx = 0.$

Um nun den Zusammenhang zwischen dem (bei der Flächenberechnung eingeführten) Integrieren und dem Differenzieren zu erhalten, wird zunächst der Begriff der Stammfunktion definiert.

---

**Definition 21.3:** Die Funktion $y = f(x)$ sei in einem offenen Intervall I definiert. Jede dort existierende differenzierbare Funktion $F(x)$, die der Bedingung

$$F'(x) = f(x) \qquad (21.6)$$

genügt, heißt *Stammfunktion* von $f(x)$.

---

Wie man leicht feststellen kann, gibt es zu einer gegebenen Funktion $f(x)$ nicht nur *eine* Stammfunktion $F(x)$. Beispielsweise haben die Funktionen $F_0(x) = x^2$, $F_1(x) = x^2 + 1$, $F_2(x) = x^2 + 2, \ldots$, allgemein $F(x) = x^2 + C$, alle die gleiche Ableitung $f(x) = 2x$. Die Frage, wie man zu den Stammfunktionen einer (stetigen) Funktion $f(x)$ kommt, beantwortet der folgende Satz.

---

**Satz 21.2:** Die Funktion $y = f(x)$ sei im offenen Intervall I stetig. Dann ist für $a \in I$

$$F_a(x) = \int_a^x f(t)dt \qquad (21.7)$$

eine Stammfunktion von $f(x)$ für $x \in I$. Jede andere Stammfunktion von $f(x)$ hat die Form

$$F(x) = F_a(x) + C, \qquad C \in \mathbf{R}. \qquad (21.8)$$

---

**Beweis:** Wir beweisen zunächst, daß $F_a(x)$ eine Stammfunktion von $f(x)$ ist, und haben dazu zu zeigen, daß für $F_a(x)$ die Bedingung (21.6) gilt. Die Ableitung von $F_a(x)$ für $x \in I$, $x \neq a$ ist

$$F_a'(x) = \lim_{h \to 0} \frac{F_a(x + h) - F_a(x)}{h} \qquad \text{(gemäß (20.7))}$$

$$= \lim_{h \to 0} \frac{1}{h} \cdot \left[ \int_a^{x+h} f(t)dt - \int_a^x f(t)dt \right] \qquad \text{(wegen (21.7))}$$

$$= \lim_{h \to 0} \frac{1}{h} \cdot \int_x^{x+h} f(t)dt \qquad \text{(wegen (21.4))}$$

$$= \lim_{h \to 0} \frac{1}{h} \cdot h \cdot f(\xi), \ \xi \in [x, x + h]$$

$$\qquad \text{(ein solches } \xi \text{ existiert nach dem Zwischenwertsatz 19.5)}$$

$$= f(x). \qquad \qquad (f(\xi) \to f(x) \text{ wegen der Stetigkeit}).$$

Wegen $F'(x) = \left[F_a(x) + C\right]' = F'(a)$ ist auch $F_a(x) + C$ Stammfunktion von f(x). Nun bleibt noch zu zeigen, daß alle Stammfunktionen von f(x) die Form (21.8) haben:

Es seien $F_a(x)$ und $F_b(x)$ zwei Stammfunktionen von f(x). Gemäß Definition 21.3 gilt dann

$F_a'(x) = F_b'(x) = f(x)$ , woraus folgt

$F_a'(x) - F_b'(x) = \left(F_a(x) - F_b(x)\right)' = 0,$

$F_a(x) - F_b(x) = C^*$ , also

$F_b(x) = F_a(x) - C^* = F_a(x) + C$ .

Mit dem Satz 21.1 wurde der Zusammenhang zwischen dem Begriff der Stammfunktion (einer Funktion, deren Ableitung f(x) ist) und dem Integrieren nachgewiesen. Daher ist die folgende Definition sinnvoll.

---

**Definition 21.4:**   Eine Stammfunktion von f(x) bezeichnet man mit

$$F(x) = \int f(x)dx \qquad\qquad (21.9)$$

und nennt diesen Ausdruck *unbestimmtes Integral* .

---

Mit dem Zusammenhang zwischen bestimmtem und unbestimmtem Integral befaßt sich der folgende Satz.

---

**Satz 21.3** (*Berechnung des bestimmten Integrals*):

y = f(x) sei im Intervall I stetig, und F(x) sei dort eine Stammfunktion von f(x). Dann gilt für a, b $\in$ I

$$\int_a^b f(x)dx = F(b) - F(a). \qquad\qquad (21.10)$$

---

**Beweis:** Gemäß Satz 21.2 ist $F(x) = \int_a^x f(t)dt + C$ .

Daraus folgt

$$F(b) = \int_a^b f(t)dt + C \quad \text{und} \quad F(a) = \int_a^a f(t)dt + C = C.$$

Damit wird

$$F(b) - F(a) = \int_a^b f(t)dt + C - C = \int_a^b f(t)dt.$$

## 21.2 Grundintegrale

Auf der Grundlage des Zusammenhangs zwischen dem Integrieren und dem Differenzieren läßt sich eine Tabelle der Grundintegrale aufstellen. Sie stellt eine Umkehrung der Tabelle 20.2 der Ableitungen der elementaren Funktionen dar. Die Integrationsregeln (Abschnitt 21.3) führen grundsätzlich die zu berechnenden Integrale auf derartige Grundintegrale zurück.

| Nr. | $f(x)$ | $F(x) = \int f(x)dx$ | Voraussetzungen |
|---|---|---|---|
| 1 | $x^n$ | $\dfrac{1}{n+1}x^{n+1} + C$ | $n \in \mathbf{Z} \setminus \{-1\}$ |
| 2 | $\dfrac{1}{x}$ | $\ln|x| + C$ | $x \neq 0$ |
| 3 | $x^a$ | $\dfrac{1}{a+1}x^{a+1} + C$ | $a \in \mathbf{R} \setminus \{-1\}, x > 0$ |
| 4 | $a^x$ | $\dfrac{1}{\ln a}a^x + C$ | $a > 0, a \neq 1$ |
| 5 | $e^x$ | $e^x + C$ | |
| 6 | $\sin x$ | $-\cos x + C$ | |
| 7 | $\cos x$ | $\sin x + C$ | |
| 8 | $\dfrac{1}{\sin^2 x}$ | $-\cot x + C$ | $x \neq n \cdot \pi, \quad n \in \mathbf{Z}$ |
| 9 | $\dfrac{1}{\cos^2 x}$ | $\tan x + C$ | $x \neq \dfrac{\pi}{2} + n \cdot \pi, \quad n \in \mathbf{Z}$ |
| 10 | $\dfrac{1}{1+x^2}$ | $\mathrm{Arc\,tan}\,x + C_1 = -\mathrm{Arc\,cot}\,x + C_2$ | |
| 11 | $\dfrac{1}{\sqrt{1-x^2}}$ | $\mathrm{Arc\,sin}\,x + C_1 = -\mathrm{Arc\,cos}\,x + C_2$ | $|x| < 1$ |

T a b e l l e  21.1

**Beispiel 21.1:** Die folgenden Integrale lassen sich durch einfache Umformungen auf Grundintegrale zurückführen und unter Nutzung von Tabelle 21.1 und Satz 21.3 angeben:

a) $\displaystyle\int \frac{1}{x^5}dx = \int x^{-5}dx = -\frac{1}{4}x^{-4} + C,$ \hfill gemäß Nr. 1,

b) $\int \dfrac{\sqrt{x}}{x}dx = \int \dfrac{x^{\frac{1}{2}}}{x}dx = \int x^{-\frac{1}{2}}dx = 2x^{\frac{1}{2}}+C = 2\sqrt{x}+C \quad (x>0),$ gemäß Nr 3,

c) $\int \sqrt[3]{x\cdot\sqrt{x}}\,dx = \int\left(x\cdot x^{\frac{1}{2}}\right)^{\frac{1}{3}}dx = \int x^{\frac{3}{2}\cdot\frac{1}{3}}dx = \int x^{\frac{1}{2}}dx = \dfrac{2}{3}x^{\frac{3}{2}}+C \;(x>0),$ gemäß Nr.3,

d) $\int \dfrac{\sin 2x}{2\sin x}dx = \int\dfrac{2\sin x\cos x}{2\sin x}dx = \int\cos x\,dx = \sin x + C,$ gemäß (4.21) und Nr. 6,

e) $\int \dfrac{\sin^2 x + \cos^2 x}{\cos^2 x}dx = \int\dfrac{1}{\cos^2 x}dx = \tan x + C \quad (x\neq\dfrac{\pi}{2}+n\pi),$

gemäß (4.11) und Nr. 9,

f) $\int\left(1+\cot^2 x\right)dx = \int\dfrac{1}{\sin^2 x}dx = -\cot x + C \quad (x\neq n\pi),$ gemäß (4.12) und Nr. 8,

g) $\int \dfrac{(1+x)(1-x)}{x-x^3}dx = \int\dfrac{1-x^2}{x(1-x^2)}dx = \int\dfrac{dx}{x} = \ln|x|+C \;(x\neq\pm 1, x\neq 0),$ gemäß Nr. 2,

h) $\int\limits_{-1}^{0} e^x dx = e^x\Big|_{-1}^{0} = e^0 - e^{-1} = 1 - \dfrac{1}{e},$ gemäß Nr. 5 und (21.10),

i) $\int\limits_{0}^{\frac{\pi}{4}} \dfrac{1}{1+x^2}dx = \mathrm{Arc}\tan x\Big|_{0}^{\frac{\pi}{4}} = \mathrm{Arc}\tan\dfrac{\pi}{4} - \mathrm{Arc}\tan 0 = 1 - 0 = 1,$

gemäß Nr.10 und (21.10).

## 21.3  Integrationsregeln

Bei den folgenden Integrationsregeln für unbestimmte Integrale werden die Integrationskonstanten weggelassen. Gleichheit bedeutet also Gleichheit bis auf eine additive Konstante C. Diese Regeln können dann gemäß Satz 21.3 auf bestimmte Integrale übertragen werden. Die Regeln können bewiesen werden durch Differentiation auf beiden Seiten gemäß den Definitionen 21.3 und 21.4.

---

**Satz 21.4** (*Multiplikation mit einer Konstanten*):
Ist f(x) in einem Intervall stetig, so gilt dort

$$\int a\cdot f(x)dx = a\cdot\int f(x)dx, \quad a\in\mathbf{R}. \tag{21.11}$$

---

**Satz 21.5** (*Summenregel*):
Sind $f_1(x)$ und $f_2(x)$ in einem Intervall stetig, so gilt dort

$$\int\left(f_1(x)+f_2(x)\right)dx = \int f_1(x)dx + \int f_2(x)dx. \tag{21.12}$$

**Beispiel 21.2:** Die folgenden Integrale lassen sich unter Verwendung der Sätze 21.4, 21.5 und mit einfachen Umformungen auf Grundintegrale zurückführen:

a) $\int \dfrac{dx}{3x^4} = \dfrac{1}{3}\int x^{-4}dx = \dfrac{1}{3}\left(-\dfrac{1}{3}\right)x^{-3} + C = -\dfrac{1}{9x^3} + C,$

b) $\int (3x^2 + 4x - 1)dx = 3\int x^2 dx + 4\int x\, dx - \int dx = 3\cdot\dfrac{1}{3}x^3 + 4\cdot\dfrac{1}{2}x^2 - x + C$

$$= x^3 + 2x^2 - x + C,$$

c) $\int \dfrac{2x^3 - 3x}{\sqrt{x}}dx = 2\int \dfrac{x^3}{\sqrt{x}}dx - 3\int \dfrac{x}{\sqrt{x}}dx = 2\int x^{\frac{5}{2}}dx - 3\int x^{\frac{1}{2}}dx$

$$= 2\cdot\dfrac{2}{7}x^{\frac{7}{2}} - 3\cdot\dfrac{2}{3}x^{\frac{3}{2}} + C = \dfrac{4}{7}x^3\cdot\sqrt{x} - 2x\cdot\sqrt{x} + C,$$

d) $\int \dfrac{3+4x^2}{x^2+x^4}dx = \int \dfrac{3+3x^2+x^2}{x^2(1+x^2)}dx = 3\int \dfrac{1+x^2}{x^2(1+x^2)}dx + \int \dfrac{x^2}{x^2(1+x^2)}dx$

$$= 3\int \dfrac{1}{x^2}dx + \int \dfrac{dx}{1+x^2} = -\dfrac{3}{x} + \operatorname{Arc}\tan x + C,$$

e) $\int -3\tan^2 x\, dx = -3\int \dfrac{\sin^2 x}{\cos^2 x}dx = -3\int \dfrac{1-\cos^2 x}{\cos^2 x}dx$

$$= -3\int \dfrac{1}{\cos^2 x}dx + 3\int dx = -3\tan x + 3x + C,$$

f) $\int\limits_1^2 \dfrac{\sqrt{x}-1}{x}dx = \int\limits_1^2 x^{-\frac{1}{2}}dx - \int\limits_1^2 \dfrac{1}{x}dx = 2x^{\frac{1}{2}}\Big|_1^2 - \ln|x|\,\Big|_1^2$

$$= 2\sqrt{2} - 2\sqrt{1} - \ln 2 + \ln 1 = 2\sqrt{2} - 2 - \ln 2.$$

---

**Satz 21.6** (*Substitutionsregel*):
Unter der Voraussetzung, daß $u = g(x)$ stetig differenzierbar und $y = f(u)$ stetig ist, gilt

$$\int f[g(x)]\,g'(x)dx = \int f(u)du. \tag{21.13}$$

---

**Beweis:** Die Ableitung der rechten Seite von (21.13) ist nach der Kettenregel (Satz 20.6):

$$\dfrac{d}{dx}\int f(u)du = \dfrac{d}{du}\int f(u)du\cdot\dfrac{du}{dx} = f(u)\cdot u' = f[g(x)]\cdot g'(x),$$

stimmt also mit der Ableitung der linken Seite überein.

Die Regel (21.13) eignet sich zur Integration eines Produktes, in dem der eine Faktor eine mittelbare Funktion $f[g(x)]$ und der andere Faktor die Ableitung der inneren

Funktion g'(x) ist. Man ersetzt die innere Funktion durch eine Variable: u = g(x) und
bildet $\dfrac{du}{dx} = g'(x)$  bzw.  $du = g'(x) \cdot dx$.

Nach erfolgter Integration ist die Substitution rückgängig zu machen.

**Beispiel 21.3:** a) $I = \int 2 \cdot \cos(2x-1)dx$.

Substitution: $2x - 1 = u$,        Ableitung: $2 = \dfrac{du}{dx}$  bzw.   $2dx = du$,

$\quad I = \int \cos u\, du = \sin u + C = \sin(2x-1) + C.$

b) $I = \int 3\cos(2x-1)dx$.

Substitution: $2x - 1 = u$,        Ableitung: $2 = \dfrac{du}{dx}$  bzw.   $dx = \dfrac{1}{2}du$,

$\quad I = \int 3\cos u \cdot \dfrac{1}{2}du = \dfrac{3}{2}\int \cos u\, du = \dfrac{3}{2}\sin(2x-1) + C.$

Wie man am Beispiel 21.3 sieht, kann eine mittelbare Funktion mit linearer innerer
Funktion immer unter Verwendung der Substitutionsregel integriert werden, da die
Ableitung der linearen Funktion konstant ist und ein konstanter Faktor gemäß Satz
21.4 vor das Integral gesetzt werden kann.

**Beispiel 21.4:** a) $I = \int \sqrt{-3x+5}\, dx$.

Substitution: $-3x + 5 = u$,      Ableitung: $-3 = \dfrac{du}{dx}$  bzw.   $dx = -\dfrac{1}{3}du$,

$I = \int \sqrt{u} \cdot \left(-\dfrac{1}{3}\right)du = -\dfrac{1}{3}\int u^{\frac{1}{2}}du = -\dfrac{1}{3}\cdot\dfrac{2}{3}\cdot u^{\frac{3}{2}}+C = -\dfrac{2}{9}\cdot\sqrt{(-3x+5)^3}+C.$

b) $I = \int \dfrac{1}{2}e^{-2x-3}dx$.

Substitution: $-2x - 3 = u$,      Ableitung: $-2 = \dfrac{du}{dx}$  bzw.   $dx = -\dfrac{1}{2}du$,

$I = \int \dfrac{1}{2}e^u \cdot \left(-\dfrac{1}{2}\right)du = -\dfrac{1}{4}\int e^u\, du = -\dfrac{1}{4}e^u + C = -\dfrac{1}{4}e^{-2x-3}+C.$

c) $I = \int \dfrac{2dx}{x+2}$.

Substitution: $x + 2 = u$,        Ableitung:    $1 = \dfrac{du}{dx}$  bzw.   $dx = du$,

$I = \int \dfrac{2du}{u} = 2\int \dfrac{du}{u} = 2\ln|u| + C = 2\ln|x+2| + C.$

Bei den Grundintegralen 10 und 11 (Tabelle 21.1) kommt die Variable x nur im Quadrat vor. Deshalb lassen sich solche Integrale, bei denen dort anstelle $x^2$ das Quadrat eines linearen Terms steht, durch lineare Substitution auf die Grundintegrale 10 und 11 zurückführen. Oft ist noch eine Umformung erforderlich, um auf diese Form des Integranden zu kommen.

**Beispiel 21.5:** a) $I = \int \dfrac{dx}{1+2x^2}$ .

Umformung: $2x^2 = \left(\sqrt{2}\, x\right)^2$, d.h.  $I = \int \dfrac{dx}{1+(\sqrt{2}\, x)^2}$ ,

Substitution: $\sqrt{2}\, x = u$ ,  Ableitung: $\sqrt{2} = \dfrac{du}{dx}$  bzw.  $dx = \dfrac{1}{\sqrt{2}} du$ ,

$I = \dfrac{1}{\sqrt{2}} \int \dfrac{du}{1+u^2} = \dfrac{1}{\sqrt{2}} \operatorname{Arc} \tan u + C = \dfrac{1}{\sqrt{2}} \operatorname{Arc} \tan(\sqrt{2}\, x) + C$ .

b) $I = \int \dfrac{dx}{\sqrt{9-36x^2}}$ .

Umformung: $9 - 36x^2 = 9(1-4x^2) = 9(1-(2x)^2)$, d.h.

$I = \int \dfrac{dx}{\sqrt{9(1-(2x)^2)}} = \dfrac{1}{3} \int \dfrac{dx}{\sqrt{1-(2x)^2}}$ ,

Substitution: $2x = u$,  Ableitung: $2 = \dfrac{du}{dx}$  bzw.  $dx = \dfrac{1}{2} du$,

$I = \dfrac{1}{3} \cdot \dfrac{1}{2} \int \dfrac{du}{\sqrt{1-u^2}} = \dfrac{1}{6} \operatorname{Arc} \sin u + C = \dfrac{1}{6} \operatorname{Arc} \sin(2x) + C$ .

Ist die innere Funktion nicht linear, so muß der zweite Faktor des Integranden (bis auf einen konstanten Faktor) die Ableitung der inneren Funktion des ersten Faktors sein, damit man mittels (21.13) auf ein Grundintegral kommt. Man ersetzt wiederum die innere Funktion durch eine neue Variable.

**Beispiel 21.6:** a) $I = \int 4x\sqrt{x^2-1}\ dx$ .

Substitution: $x^2 - 1 = u$ ,  Ableitung: $2x = \dfrac{du}{dx}$  bzw.  $x\, dx = \dfrac{1}{2} du$,

$I = \int 4 \cdot \sqrt{u} \cdot \dfrac{1}{2} du = 2 \int u^{\frac{1}{2}} du = 2 \cdot \dfrac{2}{3} u^{\frac{3}{2}} + C = \dfrac{4}{3} \sqrt{(x^2-1)^3} + C.$

b) $I = \int \sin^3 x \cdot \cos x\, dx$ .

Substitution: $\sin x = u$,     Ableitung: $\cos x = \dfrac{du}{dx}$ bzw. $\cos x\, dx = du$,

$$I = \int u^3\, du = \frac{1}{4} u^4 + C = \frac{1}{4}\sin^4 x + C.$$

c) $I = \int \dfrac{1}{x} \cdot \ln^2 x\, dx.$

Substitution: $\ln x = u$,     Ableitung: $\dfrac{1}{x} = \dfrac{du}{dx}$ bzw. $\dfrac{1}{x} dx = du$,

$$I = \int u^2\, du = \frac{1}{3} u^3 + C = \frac{1}{3}\ln^3 x + C.$$

d) $I = \int \tan x\, dx.$

Umformung: $\tan x = \dfrac{\sin x}{\cos x}$, d.h. $I = \int \dfrac{1}{\cos x} \cdot \sin x\, dx,$

Substitution: $\cos x = u$,     Ableitung: $-\sin x = \dfrac{du}{dx}$ bzw. $\sin x\, dx = -du$,

$$I = -\int \frac{1}{u}\, du = -\ln|u| + C = -\ln|\cos x| + C.$$

e) $I = \displaystyle\int_{0}^{1} \dfrac{2x^2}{2 - x^3}\, dx.$

Substitution: $2 - x^3 = u$,     Ableitung: $-3x^2 = \dfrac{du}{dx}$ bzw. $x^2 dx = -\dfrac{1}{3} du$,

$$I = -\frac{1}{3}\int_{0}^{1} \frac{2\,du}{u} = -\frac{2}{3}\ln|u|\,\Big|_{0}^{1} = -\frac{2}{3}\ln|2 - x^3|\,\Big|_{0}^{1} = -\frac{2}{3}(\ln 1 - \ln 2) = \frac{2}{3}\ln 2.$$

Die Substitutionsregel (21.13) kann auch in umgekehrter Richtung (von rechts nach links) angewendet werden. Das Integral $\int f(x)dx$ kann dadurch auf ein anderes zurückgeführt werden, daß man für $x$ eine "geeignete" Funktion $g(t)$ einsetzt:

$$\int f(x)dx = \int f[g(t)] \cdot \dot{g}(t)dt. \qquad (21.14)$$

Der Ausdruck "geeignete" Funktion soll hier heißen, daß man nach der Substitution ein einfacheres, möglichst ein Grundintegral erhält. Die Anwendung von (21.14) erfolgt in der Regel so, daß man einen in $f(x)$ vorkommenden "unangenehmen" Term $h(x)$ durch $t = h(x)$ wegsubstituiert und dann (falls möglich) nach $x$ auflöst:

$$x = g(t) = h^{-1}(t).$$

**Beispiel 21.7:** a) $I = \int \dfrac{dx}{\sqrt{x}-1}$ .

Substitution: $\sqrt{x}-1 = t$, aufgelöst nach x: $x = (t+1)^2$,   Ableitung: $dx = 2(t+1)dt$,

$$I = \int \frac{2(t+1)}{t} dt = 2 \cdot \left[ \int 1 dt + \int \frac{1}{t} dt \right] = 2(t + \ln|t|) + C = 2(\sqrt{x}-1) + 2\ln\left|\sqrt{x}-1\right| + C.$$

Die "geeignete" Funktion, die das gegebene Integral in die Summe aus zwei Grundintegralen überführt, war hier  $x = g(t) = (t+1)^2$.

b) $I = \int \dfrac{dx}{\sqrt{\sin x \cos^3 x}}$ .

Umformung: $\sin x \cdot \cos^3 x = \dfrac{\sin x}{\cos x} \cdot \cos^4 x = \tan x \cdot \cos^4 x$, also

$$I = \int \frac{dx}{\sqrt{\tan x \cos^4 x}} = \int \frac{1}{\cos^2 x} \cdot \frac{1}{\sqrt{\tan x}} dx,$$

Substitution:   $\tan x = t$,       Ableitung: $\dfrac{1}{\cos^2 x} dx = dt$,

$$I = \int \frac{1}{\sqrt{t}} dt = \int t^{-\frac{1}{2}} dt = 2t^{\frac{1}{2}} + C = 2 \cdot \sqrt{\tan x} + C.$$

---

**Satz 21.7** (*Partielle Integration*):
Unter der Voraussetzung, daß in einem Intervall die Funktionen  u(x)  und   v(x)
stetig differenzierbar sind, gilt dort

$$\int u(x) \cdot v'(x) dx = u(x) \cdot v(x) - \int u'(x) \cdot v(x) dx. \qquad (21.15)$$

---

**Beweis:** Die Ableitung der linken Seite ist  $u \cdot v'$  und stimmt überein mit der Ableitung der rechten Seite: $\left[ u \cdot v - \int u' \cdot v dx \right]' = u'v + uv' - u'v = uv'$.

Mit Hilfe der partiellen (teilweisen) Integration wird das Integral über das Produkt u(x) · v'(x)  auf das Integral über das Produkt  u'(x) · v(x)  zurückgeführt. Die Anwendung dieser Integrationsregel ist dann nützlich, wenn das rechts stehende Integral einfacher zu berechnen ist als das gegebene.

**Beispiel 21.8:** $I = \int x \cos x\, dx$ .

Setzt man  $u = x$, $v' = \cos x$, so erhält man  $u' = 1$, $v = \sin x$  und damit gemäß (21.15)

$$I = x \cdot \sin x - \int 1 \cdot \sin x\, dx = x \cdot \sin x + \cos x + C.$$

Würde man jedoch  $u = \cos x$ , $v' = x$  setzen, so erhielte man  $u' = -\sin x$ , $v = \frac{1}{2}x^2$ und damit auf der rechten Seite von (21.15) ein Integral, das komplizierter ist als das gegebene:

$$I = \frac{1}{2}x^2 \cos x + \frac{1}{2}\int x^2 \cdot \sin x dx.$$

**Beispiel 21.9:** $I = \int x^2 \cdot e^x dx$.

Setzt man  $u = x^2$ , $v' = e^x$ , so erhält man  $u' = 2x$ , $v = e^x$  und damit gemäß (21.15)

$$I = x^2 \cdot e^x - 2\int x \cdot e^x \, dx.$$

Das übriggebliebene (einfachere) Integral ermittelt man erneut durch partielle Integration. Man setzt $u = x$, $v' = e^x$ und erhält $u' = 1$, $v = e^x$ und damit

$$\int xe^x dx = x \cdot e^x - \int 1 \cdot e^x dx = x \cdot e^x - e^x + C.$$

Daher ist

$$I = x^2 \cdot e^x - 2 \cdot \left[xe^x - e^x + C\right] = x^2 \cdot e^x - 2x \cdot e^x + 2e^x + C^*.$$

**Beispiel 21.10:** $I = \int \ln x dx$.

Setzt man  $u = \ln x$, $v' = 1$, so erhält man  $u' = \frac{1}{x}$, $v = x$  und damit gemäß (21.15)

$$I = x \cdot \ln x - \int \frac{1}{x} \cdot x dx = x \cdot \ln x - \int dx = x \cdot \ln x - x + C.$$

**Beispiel 21.11:** $I = \int e^x \cdot \cos x dx$.

Man setzt  $u = e^x$, $v' = \cos x$  und erhält  $u' = e^x$, $v = \sin x$,

$$I = e^x \cdot \sin x - \int e^x \cdot \sin x dx.$$

Für das Restintegral setzt man  $u = e^x$, $v' = \sin x$  und erhält  $u' = e^x$, $v = -\cos x$  und damit

$$I = e^x \cdot \sin x - \left[-e^x \cdot \cos x - \int -e^x \cos x dx\right] = e^x \sin x + e^x \cos x + \int e^x \cos x dx$$

$$= e^x(\sin x + \cos x) - I.$$

Das zu berechnende und das nach zweimaliger partieller Integration verbleibende Integral stimmen überein. Beide werden zusammengefaßt, C ist Integrationskonstante der erfolgten Integrationen:

$$2I = e^x(\sin x + \cos x) + C,$$

$$I = \frac{1}{2}e^x(\sin x + \cos x) + C^*.$$

# 21.4 Anwendungen der Integralrechnung

## 21.4.1 Flächeninhalt ebener Bereiche

Im Abschnitt 21.1 wurde gezeigt, daß das bestimmte Integral

$$\int_a^b f(x)\,dx = F(b) - F(a)$$

den Inhalt A der Fläche darstellt, die begrenzt wird von der Kurve $y = f(x)$, der x-Achse ($y = 0$) und den Geraden $x = a$ und $x = b$ (vgl. Bild 21.1). Dabei wurde davon ausgegangen, daß $y = f(x)$ im Integrationsintervall oberhalb der x-Achse verläuft.

**Beispiel 21.12:**

Der Inhalt der Fläche zwischen

$y = \frac{1}{2}x^2 - 1$, $y = 0$, $x = 2$, $x = 4$

(Bild 21.3) ist

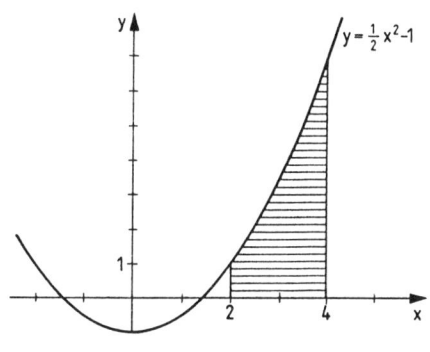

$$A = \int_2^4 \left(\frac{1}{2}x^2 - 1\right) dx = \left(\frac{1}{6}x^3 - x\right)\Big|_2^4$$

$$= \frac{1}{6} \cdot 64 - 4 - \frac{1}{6} \cdot 8 + 2$$

$$= \frac{22}{3}.$$

Bild 21.3

Verläuft die Kurve der Funktion $y = f(x)$ im Integrationsintervall unterhalb der x-Achse, so wird das bestimmte Integral negativ. Um die (stets positive) Maßzahl des Flächeninhalts zu bekommen, nimmt man den Betrag des Integrals, also das negative Integral.

**Beispiel 21.13:**

Der Inhalt der Fläche zwischen $y = \frac{1}{2}x^3 - 5$,

$y = 0$, $x = -1$, $x = 2$ (Bild 21.4), ist

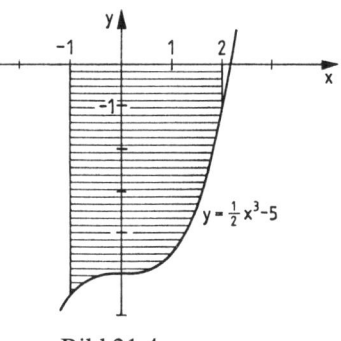

$$A = \left| \int_{-1}^2 \left(\frac{1}{2}x^3 - 5\right) dx \right| = -\int_{-1}^2 \left(\frac{1}{2}x^3 - 5\right) dx$$

$$= \left(-\frac{1}{8}x^4 + 5x\right)\Big|_{-1}^2 = (-2 + 10 + \frac{1}{8} + 5) = \frac{105}{8}.$$

Bild 21.4

**Beispiel 21.14:**

Zu berechnen ist der Inhalt der in den Grenzen $x = -1$ bis $x = 4$ zwischen den Kurven $y = -x^2 + 2x$ und $y = 0$ (oberhalb bzw. unterhalb der x-Achse) liegenden Fläche (in Bild 21.5 schraffiert)!

Lösung: Zwischen den Nullstellen der Funktion $y = -x^2 + 2x$, $x_1 = 0$ und $x_2 = 2$, liegt die gesuchte Fläche oberhalb der x-Achse, sonst unterhalb.

Daher gilt

$$A = -F_1 + F_2 - F_3$$

$$= -\int_{-1}^{0}(-x^2 + 2x)dx + \int_{0}^{2}(-x^2 + 2x)dx - \int_{2}^{4}(-x^2 + 2x)dx \qquad \text{Bild 21.5}$$

$$= -\left(-\frac{1}{3}x^3 + x^2\right)\Big|_{-1}^{0} + \left(-\frac{1}{3}x^3 + x^2\right)\Big|_{0}^{2} - \left(-\frac{1}{3}x^3 + x^2\right)\Big|_{2}^{4} = \frac{28}{3}.$$

Den Inhalt der Fläche zwischen den Kurven $y = f_1(x)$, $y = f_2(x)$ in den Grenzen von $x = a$ bis $x = b$, $f_1(x)$, $f_2(x)$ integrierbar und $f_1(x) \leq f_2(x)$ in $[a, b]$ (Bild 21.6), erhält man, indem man von der Fläche unter $f_2(x)$ die Fläche unter $f_1(x)$ subtrahiert:

$$A = \int_{a}^{b}[f_2(x) - f_1(x)]dx. \qquad (21.16)$$

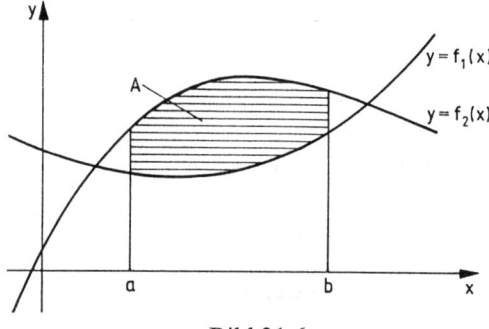

Bild 21.6

Man kann sich leicht davon überzeugen, daß (21.16) gilt unabhängig davon, welche Vorzeichen $f_1(x)$ und $f_2(x)$ in $[a, b]$ annehmen.

**Beispiel 21.15:** Zu berechnen ist der Inhalt der Fläche zwischen den Parabeln

$y = -x^2 + 1$ und $y = x^2 - 1$ (Bild 21.7).

Lösung: Die Integralgrenzen sind die Schnittpunktabszissen:

$$x^2 - 1 = -x^2 + 1$$
$$2x^2 = 2$$
$$x^2 = 1$$
$$x_1 = a = 1, \quad x_2 = b = -1.$$

Im Integrationsintervall $[-1, 1]$ ist $-x^2 + 1 \geq x^2 - 1$.[*]

Daher ist

$$A = \int_{-1}^{1} [-x^2 + 1 - (x^2 - 1)]dx$$
$$= \int_{-1}^{1} (-2x^2 + 2)dx$$
$$= \left(-\frac{2}{3}x^3 + 2x\right)\Bigg|_{-1}^{1} = \frac{8}{3}.$$

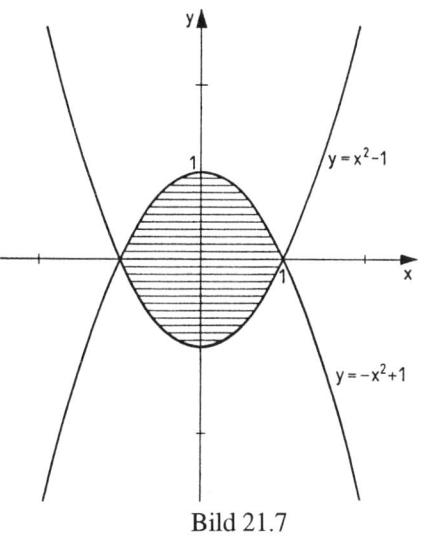

Bild 21.7

**Beispiel 21.16:** Zu berechnen ist der Inhalt der Fläche zwischen $y = (x - 1)^2$, $y = -4x + 4$ und $y = 4$ gemäß Bild 21.8.

Lösung: Die zu berechnende Fläche setzt sich aus zwei Flächen zwischen Kurven, $A_1$ und $A_2$, zusammen. $A_1$ liegt zwischen $y = 4$ und $y = -4x + 4$. Integralgrenzen sind die Abszisse des Schnittpunktes zwischen $y = 4$ und $y = -4x + 4$: $4 = -4x + 4$, $x_1 = 0$ sowie die Abszisse des rechten Schnittpunktes zwischen $y = -4x + 4$ und $y = (x - 1)^2$:
$-4x + 4 = (x - 1)^2$, $x^2 + 2x - 3 = 0$, $x_{2;3} = -1 \pm 2$, $x_3 = 1$.

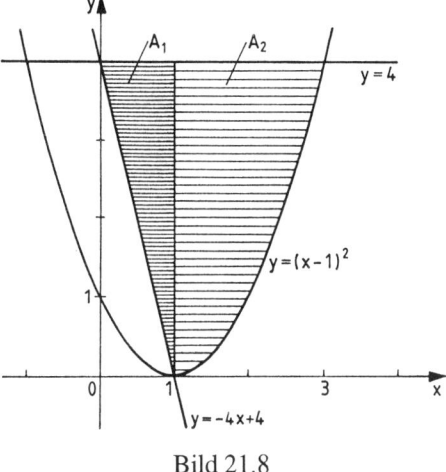

Bild 21.8

---

[*] Berücksichtigt man $f_2(x) \geq f_1(x)$ in $[a, b]$ in (21.16) nicht, so wird das bestimmte Integral negativ und man hat (wie in Beispiel 21.13) den Betrag des Integrals zu nehmen.

$A_2$ liegt zwischen $y = 4$ und $y = (x - 1)^2$ ; Integrationsgrenzen sind $x_3 = 1$ und die Abszisse des rechten Schnittpunktes zwischen $y = 4$ und $y = (x - 1)^2$:

$$4 = (x-1)^2, \quad x^2 - 2x - 3 = 0, \quad x_{4;5} = 1 \pm \sqrt{1+3}, \quad x_5 = 3.$$

Die gesuchte Fläche ist

$$A = A_1 + A_2 = \int_0^1 [4 - (-4x + 4)]dx + \int_1^3 [4 - (x-1)^2] \, dx$$

$$= \int_0^1 4x\,dx + \int_1^3 (-x^2 + 2x + 3)\,dx = 2x^2 \Big|_0^1 + \left(-\frac{1}{3}x^3 + x^2 + 3x\right)\Big|_1^3 = 7\frac{1}{3}.$$

### 21.4.2  Volumen von Rotationskörpern

Die Fläche zwischen
$y = f(x)$, $y = 0$, $x = a$, $x = b$
rotiere um die x-Achse (Bild 21.9). Gesucht ist das Volumen des dadurch entstehenden Rotationskörpers.

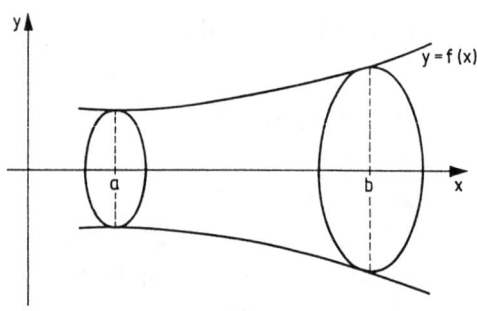

Es gilt der folgende Satz.

Bild 21.9

**Satz 21.8** (*Volumen des Rotationskörpers*):
$y = f(x)$ sei in $[a, b]$ stetig. Das Volumen des Rotationskörpers, der entsteht, wenn die Fläche zwischen $y = f(x)$, $y = 0$, $x = a$, $x = b$ um die x-Achse rotiert, beträgt

$$V = \pi \cdot \int_a^b [f(x)]^2 \, dx. \tag{21.17}$$

**Beweis:** V wird angenähert durch eine Summe von Zylindern mit dem Radius $f(x_i)$ und der Höhe $\Delta x_i$ ; $i = 1, \ldots, n$. (Bild 21.10).
Das Volumen des i-ten Zylinders ist

$$\Delta V_i = \pi \cdot [f(x_i)]^2 \cdot \Delta x_i.$$

Die Summe der Volumina aller n Zylinder ist

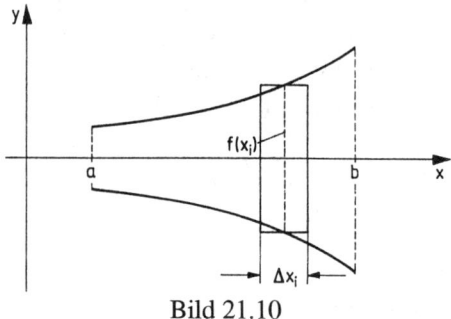

Bild 21.10

$$V_n = \sum_{i=1}^{n} \Delta V_i = \sum_{i=1}^{n} \pi \big[f(x_i)\big]^2 \Delta x_i \cdot$$

Die Grenzwertbildung $(n \to \infty, \; \Delta x_i \to 0)$ liefert entsprechend der Definition des bestimmten Integrals das Volumen (21.17).

**Beispiel 21.17** (Kegelvolumen):

Rotiert das Dreieck zwischen der Geraden $y = \dfrac{r}{h} \cdot x$ (Gerade durch den Ursprung, Anstieg $\dfrac{r}{h}$) und der x-Achse $(y = 0)$ in den Grenzen von $x = 0$ bis $x = h$ (Bild 21.11) um die x-Achse, so entsteht ein Kegel mit dem Radius $r$ und der Höhe $h$.

Sein Volumen ist gemäß (21.17):

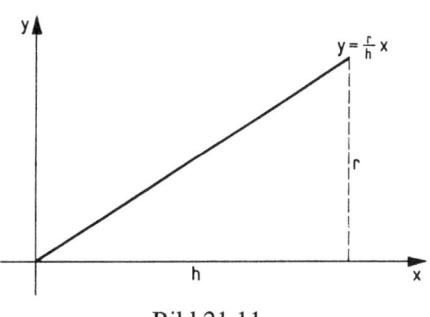

Bild 21.11

$$V = \pi \cdot \int_0^h \left[\frac{r}{h}\, x\right]^2 dx = \pi \cdot \frac{r^2}{h^2} \cdot \frac{x^3}{3}\bigg|_0^h = \frac{1}{3}\pi r^2 h.$$

Das ist ein aus der Elementarmathematik bekanntes Ergebnis.

**Beispiel 21.18:** Die Fläche zwischen $y = \sqrt{2x}$, $y = 0$, $x = 0$, $x = 3$ erzeugt bei Rotation um die x-Achse ein Rotationsparaboloid (Bild 21.12).

Sein Volumen ist

$$V = \pi \cdot \int_0^3 \left[\sqrt{2x}\right]^2 dx$$

$$= 2\pi \cdot \int_0^3 x\, dx$$

$$= 2\pi \cdot \frac{x^2}{2}\bigg|_0^3 = 9\pi.$$

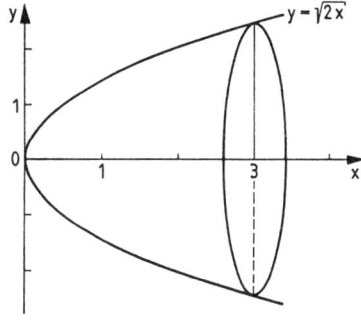

Bild 21.12

# 21.5  Übungsaufgaben

1.  Integrieren Sie unter Verwendung der Tabelle der Grundintegrale:

   a) $\int (x^3 - 5x^2 + 7x - 2)dx$,   b) $\int \dfrac{2}{x^3} dx$,          c) $\int \dfrac{1}{3} \cdot \sqrt[3]{x}\, dx$,

d) $\int \dfrac{\sqrt{x}}{\sqrt[3]{x}}\, dx,$

e) $\int \sqrt{x \cdot \sqrt[3]{x}}\, dx,$

f) $\int (\sqrt[3]{x^4} + 1)\, dx,$

g) $\int \sqrt[3]{x^{-3}}\, dx,$

h) $\int \dfrac{ax^2 + bx + cx^{-1}}{x^4}\, dx,$

i) $\int 3 \cdot 2^x\, dx,$

j) $\int \dfrac{1}{2\sin^2 x}\, dx,$

k) $\int \dfrac{1}{3 + 3x^2}\, dx,$

l) $\int \cos\varphi \cdot s\, ds,$

m) $\int \dfrac{dt}{(2t-3)^{-2}},$

n) $\int \sqrt{t \cdot \sqrt{t \cdot \sqrt{t}}}\, dt,$

o) $\int (1 - u^2)^{-\frac{1}{2}}\, du.$

2. Integrieren Sie nach Zurückführen auf Grundintegrale:

a) $\int \dfrac{x^3 + 2x^2 + x}{x^2(1+x)^2}\, dx,$

b) $\int \dfrac{2\sin 2x}{3\cos x}\, dx,$

c) $\int \dfrac{7\cos 2x}{\cos^2 x - \sin^2 x}\, dx,$

d) $\int \sqrt{\dfrac{1}{4} - \dfrac{1}{4}\cos^2 x}\, dx,$

e) $\int (-2 - 2\tan^2 x)\, dx,$

f) $\int \dfrac{2t^3 - 8t}{(t-2)(t+2)}\, dt.$

3. Berechnen Sie die folgenden bestimmten Integrale:

a) $\displaystyle\int_0^1 \dfrac{1}{2} e^x\, dx,$

b) $\displaystyle\int_\pi^{2\pi} \cos x\, dx,$

c) $2\displaystyle\int_2^3 dt,$

d) $\displaystyle\int_0^\pi \cos\pi \sin x\, dx,$

e) $\displaystyle\int_0^1 \dfrac{4\,du}{1 + u^2},$

f) $\displaystyle\int_{\frac{\pi}{4}}^{\frac{\pi}{2}} \dfrac{\sin^2 x + 1}{\sin^2 x}\, dx,$

g) $\displaystyle\int_{x_1}^{x_2} (2x - 1)\, dx,$

h) $\displaystyle\int_0^8 \left(\sqrt[3]{x^2} + 2\sqrt{x}\right) dx,$

i) $\displaystyle\int_{\ln 2}^{\ln 3} e \cdot e^t\, dt,$

j) $\displaystyle\int_0^1 \dfrac{(u+1)^2}{\sqrt{u}}\, du,$

k) $\displaystyle\int_0^1 \dfrac{x^n}{x^{1-n}}\, dx,$

l) $\displaystyle\int_a^b a^x\, dx.$

4. Integrieren Sie unter Verwendung der Substitutionsregel:

a) $\int \sqrt[3]{2x - 7}\, dx,$

b) $\int \dfrac{dx}{-x + 1},$

c) $\int 2^{3x+6}\, dx,$

d) $\int \sin\left(\dfrac{1}{2} x - \dfrac{1}{3}\right) dx,$

e) $\int \dfrac{dx}{1 + (x+1)^2},$

f) $\int \dfrac{4}{\cos^2(4t - 5)}\, dt,$

g) $\int x \cdot \sqrt[3]{x^2 - 7}\, dx,$

h) $\int \dfrac{3x\,dx}{-x^2 + 1},$

i) $\int x \cdot e^{2x^2 + 3}\, dx,$

j) $\int 7\cos^7 x \sin x\, dx$,

k) $\int (1-2\sin x)^3 \cos x\, dx$, l) $\int \dfrac{\sin x}{\cos^n x}\, dx$,

m) $\int \cot t\, dt$,

n) $\int \dfrac{4x-5}{2x^2-5x+3}\, dx$,

o) $\int \dfrac{\text{Arc}\sin u}{2 \cdot \sqrt{1-u^2}}\, du$,

p) $\int \dfrac{\sqrt{2\ln x+3}}{3x}\, dx$,

q) $\int e^x \cdot \cos e^x\, dx$,

r) $\int e^{\cos x} \cdot \sin x\, dx$.

5.  Integrieren Sie nach gezielter Umformung und Zurückführung auf die Grundintegrale 10 und 11 durch Substitution (Tabelle 21.1):

a) $\int \dfrac{dx}{1+4x^2}$,

b) $\int \dfrac{dx}{2+4x^2}$,

c) $\int \dfrac{dx}{3+5x^2}$,

d) $\int \dfrac{dx}{\sqrt{1-3x^2}}$,

e) $\int \dfrac{dx}{\sqrt{36-9x^2}}$,

f) $\int \dfrac{dx}{\sqrt{2-3x^2}}$,

g) $\int \dfrac{dx}{x^2-10x+34}$,

h) $\int \dfrac{dx}{3x^2-6x+30}$,

i) $\int \dfrac{dx}{\sqrt{-3+4x-x^2}}$.

6.  Berechnen Sie die folgenden bestimmten Integrale:

a) $\displaystyle\int_{-1}^{1} \dfrac{dx}{(4x-1)^3}$,

b) $\displaystyle\int_{-1}^{0} e^{3x}\, dx$,

c) $\displaystyle\int_{0}^{2} 2^{2x+1}\, dx$,

d) $\displaystyle\int_{-1}^{1} \dfrac{4x^2}{(3+2x^3)^5}\, dx$,

e) $\displaystyle\int_{e}^{e^3} \dfrac{1}{x}\ln x\, dx$,

f) $\displaystyle\int_{2}^{4} \dfrac{e^t}{1+e^t}\, dt$,

g) $\displaystyle\int_{\frac{\pi}{2}}^{\pi} e^{\sin x}\cos x\, dx$,

h) $\displaystyle\int_{-\frac{1}{2}}^{\frac{1}{2}} \dfrac{dx}{2+8x^2}$,

i) $\displaystyle\int_{0}^{\frac{\pi}{4}} \sin x \cdot \cos x\, dx$.

7.  Integrieren Sie unter Verwendung von Satz 21.8 (partielle Integration):

a) $\int 0,2x \cdot \sin x\, dx$,

b) $\int 4x^3 \cdot \ln x\, dx$,

c) $\int \cos^2 x\, dx$,

d) $\int \cos x \cdot \sin x\, dx$,

e) $\int x^2 \cdot \sin x\, dx$,

f) $\int x \cdot (\cos x+1)\, dx$,

g) $\int x^3 \cdot e^x\, dx$,

h) $\int \text{Arc}\sin x\, dx$,

i) $\int x^{\frac{1}{3}} \cdot \ln x\, dx$,

j) $\int \text{Arc}\tan x\, dx$.

8.    Berechnen Sie die folgenden bestimmten Integrale:

a) $\displaystyle\int_{-1}^{1} x \cdot e^{x}\, dx,$

b) $\displaystyle\int_{1}^{2} \ln x\, dx,$

c) $\displaystyle\int_{1}^{2} \frac{\ln x}{x^{2}}\, dx,$

d) $\displaystyle\int_{0}^{\pi} e^{x} \cdot \sin x\, dx,$

e) $\displaystyle\int_{0}^{\pi} x^{3} \cdot \sin x\, dx,$

f) $\displaystyle\int_{0}^{\pi} x^{4} \cdot \sin x\, dx.$

9.    Berechnen Sie den Inhalt der Flächen, die von den Kurven mit den angegebenen Gleichungen eingeschlossen werden:

a) $y = e^{0,5x},\quad y = 0,\quad x = -2,\quad x = 2;$

b) $y = \frac{1}{2}x^{3},\quad y = 0,\quad x = -2,\quad x = 2;$

c) $y = \frac{1}{x^{2}},\quad y = 0,\quad y = 9,\quad x = -3,\quad x = 3;$

d) $y = \cos x,\quad y = 0$ zwischen benachbarten Nullstellen;

e) $y = \cos x,\quad y = 0,\quad x = \frac{\pi}{2},\quad x = \frac{5\pi}{6};$

f) $y = \frac{1}{x},\quad y = 0,\quad x = 2,\quad x = 4;$

g) $y = \left(\frac{x^{2}}{4} - 1\right)^{2},\quad y = 0,\quad x = -2,\quad x = 2;$

h) $y = x^{3} + 7,\quad y = 0,\quad x = 1,\quad x = 2;$

i) $y = x^{3} + 7,\quad y = x^{3} - x^{2} + 3x + 5;$

j) $y = 3 - \frac{1}{2}x^{4},\quad y = 3 - 4x;$

k) $y = \frac{1}{x},\quad 3y + 3x = 10;$

l) $y = \cos x,\quad y = \sin x$ zwischen benachbarten Schnittpunkten;

m) $y = \sqrt{3x + 1},\quad y = 1,\quad x = 8;$

n) $y = \frac{x^{2}}{4},\quad y = \frac{8}{4 + x^{2}};$

o) $y = x^{2},\quad x = y^{2};$

p) $y = \frac{1}{6} \cdot \sqrt{x^{3}},\quad y = 0,\quad x = 0,\quad x = 3;$

q) $y = 2 \sin x$, $\quad y = \sqrt{3} \tan x$, $\quad x \in [0, \frac{\pi}{2})$;

r) $y = \tan x$, Gerade durch die auf der Kurve $y = \tan x$ liegenden Punkte $(0, 0)$ und $(\frac{\pi}{4}, 1)$.

10. Die Fläche zwischen den Kurven mit den angegebenen Gleichungen rotiere um die x-Achse. Berechnen Sie das Volumen des entstehenden Rotationskörpers. Man beachte gegebenenfalls: Wird die erzeugende Fläche von zwei Kurven begrenzt, so ist vom Volumen des größeren Rotationskörpers das Volumen des kleineren Rotationskörpers abzuziehen.

a) $y = x^2$, $\quad y = 0$, $\quad x = h$; $\qquad$ b) $y = \sqrt[3]{x^2} + 1$, $\quad y = 0$, $\quad x = -2$, $\quad x = 2$;

c) $y = e^x$, $\quad y = 0$, $\quad x = 0$, $\quad x = 2$; d) $y = \frac{2}{3}\sqrt{x^3}$, $\quad y = 0$, $\quad x = 0$, $\quad x = 2$;

e) $y = 2\sqrt{x}$, $\quad y = 2x$; $\qquad$ f) $y = 4x - x^2$, $\quad y = 0$;

g) $y = \sin x$, $\quad y = 0$, $\quad x \in [0, \pi]$.

11. Das Trapez mit den Eckpunkten $(1, 0)$, $(5, 0)$, $(1, 3)$, $(5, 5)$ rotiere um die x- Achse. Berechnen Sie
   a) den Inhalt der erzeugenden Fläche,
   b) das Volumen des Rotationskörpers !

12. Die Fläche zwischen den Kurven $y = \sqrt{x}$, $y = 0$, $y = -x + 6$ rotiere um die x-Achse. Berechnen Sie
   a) die Abszissen der Schnittpunkte der Kurven,
   b) den Inhalt der Fläche zwischen den Kurven,
   c) das Volumen des Rotationskörpers !

13. Berechnen Sie das Volumen des Rotationskörpers, der entsteht, wenn die im Intervall $[\frac{\pi}{4}, \pi]$ oberhalb der x-Achse gelegene Fläche zwischen $y = \sin x$ und $y = \cos x$ um die x-Achse rotiert !

14. Der Halbkreis $y = \sqrt{9 - x^2}$ rotiere um die x-Achse. Berechnen Sie das Volumen des Kugelabschnittes in den Grenzen von $x_1 = 1$ bis $x_2 = 3$ !

15. Wie groß ist das Volumen des Rotationsellipsoids, das durch Rotation der oberhalb der x-Achse liegenden halben Fläche der Ellipse mit der Begrenzungskurve
$$\frac{x^2}{a^2} + \frac{y^2}{b^2} = 1 \quad \text{um die x-Achse erzeugt wird ?}$$

# Lösungen ausgewählter Übungsaufgaben

## Abschnitt 1

1.      Zahlenarten und -darstellungen

1.1.    Die vier Grundrechenarten sind im Bereich der
a) natürlichen Zahlen,
c) natürlichen Zahlen, ausgenommen die nicht durch null mögliche Division, ausführbar.

1.2.    a) $a > b$, weil

$$\frac{221}{289} > \frac{169}{289} \text{ ist}$$

     c) $a > b$, weil gilt

$$\frac{888 \cdot 911}{901 \cdot 911} = \frac{808968}{911 \cdot 901} > \frac{896 \cdot 901}{911 \cdot 901}$$
$$= \frac{807296}{911 \cdot 901}$$

1.3.    a)   8,14 . . .
        $-1,86\ldots$
        $15,70\ldots$
        $0,628\ldots$
Alle Ergebnisse sind irrationale Zahlen.

     c) $\dfrac{13}{6}$, $-\dfrac{15}{6}$, $1$, $\dfrac{4}{9}$
Alle Ergebnisse sind rationale Zahlen.

1.4.    a) 11 100         c) 1001001

1.5.    a) Es ist
$1,7320506 < \sqrt{3} < 1,7320509$, weil $2,9999992 < 3 < 3,0000003$ ist.
Demzufolge ist $\sqrt{3} = 1,73205\ldots$

     c) $1,414213\ldots + 1,732050\ldots = 3,14626\ldots$

2.      Auflösen additiver und multiplikativer Klammern

2.1.    a) $3b + 2c$         c) $3a + 4b + 3$

2.2.    a) $a^2 - ab + ac$         c) $-4(b - c)$

2.3.    a) $18a^2 - ab - 4b^2$         c) $a^2 - 2ac - b^2 + c^2$

2.4.    a) $a^2 + 54ab - 29b^2$         c) $-2(ad - bc)$

3.      Binomische Formeln

3.1.    a) $a^2 - 6ab + 9b^2$         c) $b^2 - a^2$

3.2.    a) $16a^4 + 16a^2 + 34a - 24$         c) $9a^2 + 12ab - 30ac + 4b^2 - 20bc + 25c^2$

3.3.    a) $(7a + 3)^2$         c) $(13a - 5b)^2$

3.4.    a) $48a^2 - 16ab + b^2$         c) $(2\sqrt{a} + 3\sqrt{b})^2$

3.5.    a) $(a + b)^2 - 1$            c) $(a - b - 1)^2$

3.6.    a) $(2a - 3)^2 + (3b - 4)^2 = 25$     c) $(\sqrt{3}\,a - \sqrt{2}\,)^2 - (\sqrt{2}\,b - \sqrt{3}\,)^2 = -1$

**4.     Ausklammern gemeinsamer Faktoren**

4.1.    a) $a\,(1 + a)$            c) $4b\,(2a + 5b)$

4.2.    a) $(ab + 1)^2$          c) $(a + 1)\,(1 + 4b)$

4.3.    a) $(a - b)\,(7c - 9d)$      c) $(5a + 1)\,(3b - 1)$

4.4.    a) $-2a^3\,(a - 1)^2$        c) $15\,(a^2 - 4b^2)$

4.5.    a) $n^2\,(1 + \dfrac{1}{n} + \dfrac{1}{n^2})$     c) $n^3\,(\dfrac{1}{n} - 2\,)^3$

**5.     Division von Klammerausdrücken**

5.1.    a) Vor.: $a \neq 0$;           c) Vor.: $a \neq 0$;

          $5a - b + 8c$               $-7a^2 + 5a - 8$

5.2.    a) Vor.: $a \neq -b$;         c) $a \neq -\dfrac{5}{3}$ ;

          $3a + 2b$                  $a - 1$

5.3.    a) Vor.: $a \neq -\dfrac{2}{5}b$;      c) Vor.: $a \neq \dfrac{5}{7}b - \dfrac{3}{7}c$ ;

          $7a + 2b - 3c$          $3x - 5y$

5.4.    a) Vor.: $a \neq -b$;         c) Vor.: $a^2 \neq \dfrac{3}{4}\big| b \big|$;

          $a^2 - ab + b^2$         $4a^2 - 3b$

5.5.    a) Vor.: $a \neq -\dfrac{2}{3}b$ ;      c) Vor.: $a \neq -b$;

          $3a^2 - 2ab - b^2 + \dfrac{4b^3}{3a + 2b}$       $a^2 - ab + b^2 - \dfrac{2ab}{a + b}$

5.6.    a) Vor.: $x^2 + 3x + 9 \neq 0$;     c) Vor.: $a \neq -\dfrac{3}{2}b$;

          $x^2 - 4x - 2 + \dfrac{2x + 25}{x^2 + 3x + 9}$     $5a^2 - ab + b^2 + \dfrac{b^3}{2a + 3b}$

**6.     Bruchrechnung**

6.1.    a) $2^2 \cdot 3^2 \cdot 11 \cdot 17 = 6732$      c) $2^3 \cdot 3 \cdot 5 \cdot 19 = 2280$

6.2.    a) $2 \cdot 3^4 = 162$             c) $2^4 \cdot 3 \cdot 5 \cdot 7 \cdot 13 = 21840$

6.3.1. a) $0$                   c) $\dfrac{56}{5}$

6.3.2.  a) Vor.: $a \neq 0$;

$$1 + \frac{1}{a}$$

c) Vor.: $ab \neq 0$;

$$-\frac{1}{ab}$$

6.4.1.  a) $\dfrac{233}{12}$

c) $\dfrac{176}{81}$

6.4.2.  a) $\dfrac{5a + 3b + 20c}{12}$

c) $\dfrac{7a - 24b}{96}$

6.4.3.  a) Vor.: $ab \neq 0$;

$$\frac{(2-a)\,(a^2+b^2)}{2ab} - 1$$

c) Vor.: $abc \neq 0$;

$$\frac{a}{b} + \frac{b}{a}$$

6.5.1.  a) $\dfrac{11}{6},\ \dfrac{13}{12},\ \dfrac{47}{60}$

$$\frac{3a^2 + 6a + 2}{a(a+1)\,(a+2)}$$

für $a \neq 0$, $a \neq -1$, $a \neq -2$

c) $\dfrac{2}{3},\ \dfrac{1}{4},\ \dfrac{2}{15}$

$$\frac{2}{a^2 - 1} \quad \text{für } \left| a \right| \neq 1$$

6.5.2.  a) Vor.: $a \neq \dfrac{1}{4}$;

$$-\frac{1}{4(4a-1)}$$

c) Vor.: $a \neq -1$, $a \neq -\dfrac{2}{3}$ ;

$$-\frac{2a}{(a+1)\,(3a+2)}$$

6.5.3.  a) Vor.: $axy \neq 0$, $\left| x \right| \neq \left| y \right|$;

$$\frac{a-b}{x^2 - y^2}$$

c) Vor.: $a \neq 0$, $\left| a \right| \neq \left| b \right|$;

$$\frac{1}{(a+b)^2}$$

6.5.4.  a) Vor.: $ab \neq 0$, $a \neq -b$;

$$\frac{1}{4\,(a+b)}$$

c) Vor.: $a \neq -2$, $a \neq -3$;

$$\frac{12}{(a+2)\,(a+3)}$$

6.5.5.  a) Vor.: $ab \neq 0$, $a \neq -b$;

$$1$$

c) Vor.: $ab \neq 0$, $a \neq -\dfrac{b}{2}$;

$$\frac{1}{2\,(2a+b)}$$

## 6.6.  Multiplikation von Brüchen

6.6.1.  a) $1$

c) $1$

6.6.2.  a) Vor.: $ab \neq 0$;

$$a^2 + 9b^2$$

c) Vor.: $ab \neq 0$;

$$\frac{4a^2 - 9b^2}{6ab}$$

6.6.3.  a) Vor.: $a \neq 0$, $a \neq \pm \dfrac{3}{2}b$;

$$-\frac{5b + 7}{14a}$$

c) Vor.: $a \neq -1$;

$$\frac{1}{a+1}$$

### 6.7. Division von Brüchen

6.7.1.  a) $\dfrac{2}{9}$

c) $\dfrac{a}{b^2}$  für $b \neq 0$

6.7.2.  a) $\dfrac{b}{a} = \dfrac{1}{c}$  für $abc \neq 0$

c) $\dfrac{ab}{a+b} = \dfrac{1}{c}$  für $abc \neq 0$, $a \neq -b$

6.7.3.  a) Vor.: $ab \neq 0$, $a \neq -2b$;

$\dfrac{(a^2 - 4b^2)(a+2b)}{2a^2 b}$

c) Vor.: $ab \neq 0$, $|\,a\,| \neq |\,b\,|$;

$\dfrac{a^2 + b^2}{a^2 - b^2}$

6.7.4.  a) Vor.: $a \neq 0$, $a \neq 1$;

$a$

c) Vor.: $|\,a\,| \neq |\,b\,|$;

$\dfrac{a^2 + 2ab - b^2}{a^2 - 2ab - b^2}$

6.7.5.  a) Vor.: $ab \neq 0$, $a \neq b$,

$a^2 + ab + b^2 \neq 0$;

$\dfrac{1}{a} - \dfrac{1}{b}$

c) Vor.: $|\,a\,| \neq |\,b\,|$;

$\dfrac{1}{2}$

6.7.6.  a) Vor.: $ab \neq 0$, $ab \neq 1$;

$\dfrac{a^2 b - a - 1}{ab}$

c) Vor.: $a \neq 0$, $a \neq -b$;

$a^2 - a - b \neq 0$, d.h. $a \neq \dfrac{1}{2}(1 \pm \sqrt{1+4b})$;

$\dfrac{a^2}{a^2 - a - b}$

### 6.8. Vereinfachen von Brüchen durch Kürzen

6.8.1.  a) Vor.: $a \neq \dfrac{10}{7}b$;

$5c$

c) Vor.: $a \neq \dfrac{7}{2}c - \dfrac{3}{2}b$;

$17x$

6.8.2.  a) Vor.: $a \neq -b$;

$x + y$

c) Vor.: $a \neq -\dfrac{1}{13}$;

$3a + 7b$

6.8.3.  a) Vor.: $a \neq \dfrac{13}{5}b$;

$\dfrac{1}{5}(5a - 13b)$

c) Vor.: $ab \neq -34$;

$\dfrac{1}{2}ab + 17$

6.8.4.  a) Vor.: $|\,a\,| \neq |\,b\,|$;

$\dfrac{a^2 + b^2}{a + b}$

c) Vor.: $ab \neq 0$, $a \neq -b$;

$-\dfrac{4ab}{a+b}$

6.8.5.  a) Vor.: $a \neq -3b$, $x \neq 3y$;

$\dfrac{1}{2}(\dfrac{1}{3}a + b)(x^2 + 3xy + 9y^2)$

c) Vor.: $ab \neq 4$;

$-5$

6.8.6.  a) Vor.: $a \neq -1$;

$$2(a-1)$$

c) Vor.: $a \neq -(b+1)$;

$$\frac{a-b+1}{a+b+1}$$

6.9.    Rechnen mit $(-1)$

a) $-\dfrac{b-c}{d} = \dfrac{-b+c}{d} = \dfrac{b-c}{-d} = \dfrac{c-b}{d} = \dfrac{c}{d} - \dfrac{b}{d}$ für $d \neq 0$

c) Vor.: $a \neq -b$; $a - b$

# Abschnitt 2

1.    Potenzbegriff, Addition und Subtraktion von Potenzen

1.1.    a) Vor.: $a \neq 0$;

$$a^{-4} = \frac{1}{a^4}$$

c) $(a-b)^3$

1.2.    a) $-\dfrac{1}{81}$

c) $-\dfrac{1}{8}$

1.3.    a) $-10a^2 b$

c) $3(a-b)^2$

2.    Multiplikation und Division von Potenzen mit gleicher Basis

2.1.    a) Vor.: $abx \neq 0$;

$$9a^n x^7$$

c) Vor.: $ab \neq 0$;

$$(ab)^{2(x+1)}$$

2.2.    a) Vor.: $xy \neq 0$;

$$\left(\frac{9}{2}\right)^2 x^{4a-3} y$$

c) Vor.: $abcxyz \neq 0$;

$$\frac{9by^2 z}{10acx}$$

2.3.    a) Vor.: $x \neq 0$;

$$x^{3n} + x^{2n+2} - x^{n+1}$$

c) Vor.: $ab \neq 0$;

$$a^3 + a^2 b + ab^2$$

3.    Potenzieren von Potenzen, Multiplikation und Division von Potenzen mit gleichem Exponenten, Rechnen mit negativen Exponenten

3.1.    a) $\dfrac{9}{16}$

c) Vor.: $a \neq 0$;

$$\frac{1}{-a^{20}}$$

3.2.    a) Vor.: $a > 0$, $b \neq 0$;

$$\frac{4}{3} a$$

c) Vor.: $abxy \neq 0$;

$$\frac{32 \, y^8}{27 \, x^6}$$

3.3.    a) Vor.: $|a| \neq 3 |b|$;

$$\frac{3b-a}{3b+a}$$

c) Vor.: $a \neq 0$, $a \neq \dfrac{2}{3} b$, $a \neq -\dfrac{3}{2} b$;

$$\frac{1}{a^4} (2a-3b)^2 (3a+2b)^2$$

3.4.  a) Vor.: $xyz \neq 0$;       c) Vor.: $c \neq 0, |x| \neq |y|$;

$$\frac{7}{10\,z^2} \qquad\qquad \left(\frac{a}{c(x+y)}\right)^m \cdot \left(\frac{3b}{c(x-y)}\right)^n$$

4.  Unter welchen Bedingungen können folgende Zahlen Radikand einer Quadratwurzel sein?

4.1.  a) $+a$ für $a \geq 0$, $-a$ für $a \leq 0$.    c) $+a^3$ für $a \geq 0$, $-a^3$ für $a \leq 0$.

4.2.  a) $+(a-b)$ für $a \geq b$, $-(a-b)$ für $a \leq b$.    c) $a^2 - b^2$ für $|a| \geq |b|$.

5.  Addition und Subtraktion von Wurzeln

5.1.  a) $-5\sqrt{3}$                c) $-33$

5.2.  a) Vor.: $|r| > |x|$;          c) Vor.: $2x^2 - 2kx + k^2 > 0$;

$$\frac{2x(2x^2 - 3r^2)}{\sqrt{r^2 - x^2}} \qquad\qquad \frac{k^2}{\sqrt{(x-k)^2 + x^2}}$$

5.3.  a) Vor.: $x < 1$;            c) Vor.: $|x| < |a|$;

$$\frac{3-x}{2\sqrt{1-x}} \qquad\qquad \frac{a^2}{\sqrt{(a^2 - x^2)^3}}$$

6.  Multiplikation und Division von Wurzeln

6.1.  a) $105$                c) Vor.: $|a| > |b|$;

$$\sqrt{\frac{a^2 + b^2}{a^2 - b^2}}$$

6.2.  a) $7\sqrt{2}$             c) Vor.: $|x| \geq 1$;

$$6(x-1)\sqrt{x(x+1)}$$

6.3.  a) $\dfrac{7}{16}$            c) Vor.: $a + c > 0$, $b + c > 0$, $a \neq b$;

$$\frac{(\sqrt{a+c} + \sqrt{b+c})^2}{a - b}$$

7.  Radizieren von Potenzen und Wurzeln

7.1.  a) $32 \cdot 10^{-5}$        c) $\sqrt[3]{2} = 1{,}26$

7.2.  a) Vor.: $a \geq 0$, $n = 1, 2, 3, \ldots$     c) Vor.: keine

$a^{2n+1}$                    $|a| \cdot b^2$

7.3.  a) Vor.: $a \geq b$, $a \geq -b$;       c) Vor.: $r > 0$;

$(a^2 - b^2) \cdot \sqrt[3]{a+b}$         $-\dfrac{3\sqrt{3}}{16}\,\pi$

7.4.    a) Vor.: a > 0, b > 0;        c) Vor.: a > 0;

$$\dfrac{1}{\sqrt[12]{\dfrac{a}{b}}}$$

$$\sqrt[8]{a^3}$$

8.    Formen Sie folgende Brüche so um, daß ihre Nenner aus rationalen Zahlen bestehen!

8.1.    a) $\dfrac{\sqrt{3}}{4}$        c) $\dfrac{5}{6}\sqrt{2}$

8.2.    a) Vor.: a > 0;        c) Vor.: xy > 0;

$$\sqrt[3]{a}$$

$$\dfrac{y}{|x|}\sqrt{xy}$$

8.3.    a) $\dfrac{1}{3}(7+\sqrt{10})$        c) $5(3+\sqrt{6})$

8.4.    a) $4(3\sqrt{2}-4)$        c) $2(2\sqrt{2}-\sqrt{5})$

8.5.    a) $\dfrac{1}{2}(7+3\sqrt{5})$        c) $\sqrt{3}$

8.6.    a) $\dfrac{27\sqrt{15}-10}{55}$        c) $\dfrac{1}{7}\sqrt{7(11-6\sqrt{2})}=\dfrac{1}{7}\sqrt{7}\,(3-\sqrt{2})$

# Abschnitt 3

1.    Definition des Logarithmus

1.1.    a) x = 2        c) $x=\dfrac{1}{3}$

1.2.    a) x = −1        c) $x=\dfrac{2}{3}$

1.3.    a) x = 2        c) x = 3

1.4.    a) x = 16        c) x = 10

1.5.    a) x = 3        c) $x=\dfrac{1}{2}$

1.6.    a) x = −3        c) x = −2

1.7.    a) x = 1000        c) x = 64

1.8.    a) $x=e^2$        c) $x=\dfrac{1}{e}$

2.    Anwendung der Logarithmengesetze

2.1.    a) 4 lg 2        c) $\dfrac{1}{2}$

2.2.    a) $\dfrac{3}{2}$        c) $-\dfrac{1}{3}$

2.3.  a) Vor.: a > 0;

$\frac{5}{7}\lg a$

c) Vor.: a > 0, b > 0, c ≠ 0, d > 0;

$\frac{1}{3}(\lg a + 2\lg|c| - \lg b - \lg d)$

2.4.  a) Vor.: a > | b |;

$\lg(a^2 + b^2) + \lg(a + b) + \lg(a - b)$

c) Vor.: a > |b|;

$\lg(a + b) + \lg(a - b) - \lg(a^2 + b^2)$

2.5.  a) Vor.: | a | < 1;

$\frac{1}{2}[\log(1 - a) - \log(1 + a)]$

c) Vor.: a > 0, b ≠ 0, c > 0, d > 0;

$\frac{1}{2}\ln a - 2\ln|b| - \frac{1}{3}\ln c + 3\ln d$

2.6.  a) Vor.: a > | b |;

$\log\sqrt[3]{\dfrac{a + b}{a - b}}$

c) Vor.: a > 0, b > 0, c > 0;

$\lg\dfrac{ac\sqrt[3]{c}}{\sqrt{b}}$

2.7.  a) Vor.: a > 0, a > b, b > 0;

$\lg\sqrt[3]{\dfrac{\sqrt{a^2 - b^2}}{b}}$

c) Vor.: a > 0, b > 0, c > 0, d > 0;

$\lg\dfrac{\sqrt[3]{a}\ bd}{c^2}$

3.    Anwendung logarithmischer Grundformeln

3.1.  a) x = 1                     c) $x = \frac{1}{3}$

3.2.  a) x = 30                    c) x = 2

3.3.  a) x = 0,5321                c) x = 4

# Abschnitt 4

1.    Elementargeometrie

1.1.1. a) $\frac{\pi}{12} = 0,2617$        c) $\frac{7\pi}{12} = 1,8317$

1.1.2. a) 22,5° = 22° 30'          c) 450°

1.1.3. a) 0,07396                  c) 0,5458

1.1.4. a) 297,52° = 297° 31' 12"   c) 132,42° = 132° 25' 12"

1.4.  $\overline{A'B'} = \overline{A'C'} = \overline{B'C'} = \dfrac{\sqrt{2}}{2}(\sqrt{3} - 1)\,\overline{AC}$

1.5.  Bezeichnen wir die Seite des Quadrates mit s, die beiden Katheten mit a und b, die Hypotenusenabschnitte mit u und v, so ist

a) $s = \dfrac{ab}{a + b}$                 b) $s = \dfrac{uv}{\sqrt{u^2 + v^2}}$

2.     Bestimmen von Werten mittels Taschenrechners

2.1.   a) $\sin\alpha = 0,73432$          $\cos\alpha = 0,67880$
       $\tan\alpha = 1,0817939$       $\cot\alpha = 0,9243905$

       c) $\sin\alpha = 0,99755$          $\cos\alpha = 0,069925$
       $\tan\alpha = 14,273816$       $\cot\alpha = 0,070058$

2.2.   a) $\sin\alpha = 0,8290$:
$$\alpha = 55,996° + k \cdot 360° = 0,977 + k \cdot 2\pi,$$
$$\alpha = 124,004° + k \cdot 360° = 2,164 + k \cdot 2\pi,$$

$\cos\alpha = 0,8290$:
$$\alpha = 34,004° + k \cdot 360° = 0,593 + k \cdot 2\pi,$$
$$\alpha = -34,004° + k \cdot 360° = -0,593 + k \cdot 2\pi.$$

$\tan\alpha = 0,8290$:
$$\alpha = 39,659° + k \cdot 180° = 0,692 + k\pi.$$

$\cot\alpha = 0,8290$:
$$\alpha = 50,341° + k \cdot 180° = 0,879 + k\pi.$$

c) Für $a = -2,145$ sind $\sin\alpha$ und $\cos\alpha$ nicht definiert.

$\tan\alpha = -2,145$:
$$\alpha = -65,005° + k \cdot 180° = -1,135 + k\pi.$$

$\cot\alpha = -2,145$:
$$\alpha = -24,995° + k \cdot 180° = -0,436 + k\pi.$$

3.     Berechnungen am rechtwinkligen Dreieck

3.1.   a) $\sin\alpha = 0,6$, $\cos\alpha = 0,8$, $\tan\alpha = 0,75$, $\cot\alpha = 1,33$

3.2.   a) $c = 92,7$ cm         c) $a = 24$ cm
       $\alpha = 32,64°$             $c = 74$ cm
       $\beta = 57,36°$             $\beta = 71,1°$

3.3.   a) $h_c = 11,44$ cm       c) $c = 22,3$ cm
       $\alpha = \beta = 9,98°$         $h_c = 37,27$ cm
       $\gamma = 160,03°$           $\alpha = \beta = 73,35°$
       $A = 743,6$ cm$^2$         $A = 416$ cm$^2$

3.4.   a) Horizontale und vertikale Geschwindigkeitskomponente betragen jeweils $14,14 \frac{m}{s}$.

c) Die Höhe des Baumes beträgt 14,19 m.

4.    Berechnungen am beliebigen Dreieck

4.1.  a) $c = 68,04$ m                  c) $c = 189,56$ m

       $\alpha = 55,7°$                  $\alpha = 53°$

       $\gamma = 18,3°$                  $\beta = 79,5°$

4.2.  a) Die in den beiden Seilen auftretenden Kräfte sind 2627,2 N und 3073,9 N.

    c) Die Entfernung zwischen den beiden Punkten A und B beträgt 76,42 m.

5.    Anwendung trigonometrischer Formeln

5.1.  a) $\cos \alpha = \pm \dfrac{\sqrt{2}}{2}$                  c) $\sin \alpha = \pm \dfrac{\sqrt{3}}{2}$

      $\tan \alpha = \pm 1$                  $\cos \alpha = \pm \dfrac{1}{2}$

      $\cot \alpha = \pm 1$                  $\cot \alpha = \dfrac{\sqrt{3}}{3}$

5.2.  Es werden hierbei nur Gleichungen angegeben, mit denen die Beweisführung vorgenommen werden kann.

5.2.1. a) Vor.: $\alpha \neq \dfrac{\pi}{2} + k\pi$;                  c) wie a)

$$\tan \alpha = \frac{\sin \alpha}{\cos \alpha},$$
$$\sin^2 \alpha + \cos^2 \alpha = 1.$$

5.2.2. a) $\sin^2 \dfrac{\alpha}{2} + \cos^2 \dfrac{\alpha}{2} = 1, \quad \cos \alpha = \cos^2 \dfrac{\alpha}{2} - \sin^2 \dfrac{\alpha}{2}$

    c) Vor.: $\alpha \neq k\pi$;

$$\tan \frac{\alpha}{2} = \frac{\sin \dfrac{\alpha}{2}}{\cos \dfrac{\alpha}{2}},$$

$$\cos \alpha = \cos^2 \frac{\alpha}{2} - \sin^2 \frac{\alpha}{2}, \quad \sin^2 \frac{\alpha}{2} + \cos^2 \frac{\alpha}{2} = 1,$$

$$\sin \alpha = 2 \sin \frac{\alpha}{2} \cos \frac{\alpha}{2}.$$

5.2.3. a) $4 \sin^3 \alpha = 3 \sin^3 \alpha + \sin^3 \alpha$,

    $1 - \sin^2 \alpha = \cos^2 \alpha$,

    $3 \sin \alpha \cos^2 \alpha = 2 \sin \alpha \cos^2 \alpha + \sin \alpha \cos^2 \alpha$,

    $\cos^2 \alpha - \sin^2 \alpha = \cos 2\alpha$,

    $\sin 3\alpha = \sin (2\alpha + \alpha) = \sin 2\alpha \cos \alpha + \cos 2\alpha \sin \alpha$.

c) Vor.: $\alpha \neq \dfrac{\pi}{6} + k\pi,\ \ \alpha \neq \dfrac{11\pi}{6} + k\pi,\ \ \alpha \neq \dfrac{\pi}{2} + k\pi$;

$\tan \alpha = \dfrac{\sin \alpha}{\cos \alpha}$,

$1 - \sin^2 \alpha = \cos^2 \alpha, \qquad 1 - \cos^2 \alpha = \sin^2 \alpha$,

$\sin 3\alpha = 3 \sin \alpha - 4 \sin^3 \alpha$,

$\cos 3\alpha = 4 \cos^3 \alpha - 3 \cos \alpha$.

5.2.4. a) $\cos^2 \alpha - \sin^2 \alpha - \sin^2 \alpha = \cos 2\alpha$.

c) $2 \sin \dfrac{\alpha}{2} \cos \dfrac{\alpha}{2} = \sin \alpha, \qquad 1 - 2 \sin^2 \alpha = \cos 2\alpha$.

5.2.5. a) $\sin 2\alpha = 2 \sin \alpha \cos \alpha$,

$\sin 4\alpha = 2 \sin 2\alpha \cos 2\alpha$.

c) $\sin (\alpha + \dfrac{2}{3}\pi) = \sin \alpha \cos \dfrac{2}{3}\pi + \sin \dfrac{2}{3}\pi \cos \alpha$,

$\sin (\alpha + \dfrac{4}{3}\pi) = \sin (\pi + \alpha + \dfrac{\pi}{3}) = -\sin (\alpha + \dfrac{\pi}{3})$,

$= -\sin \alpha \cos \dfrac{\pi}{3} - \sin \dfrac{\pi}{3} \cos \alpha$.

# Abschnitt 5

1.    Betrag und Darstellung

1.1.   a) $|z| = \sqrt{2}$ \qquad\qquad\qquad c) $|z| = 4$

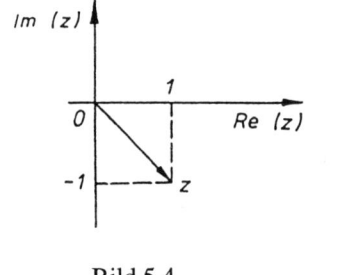

Bild 5.4

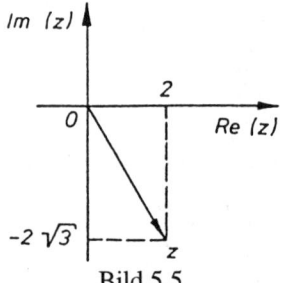

Bild 5.5

1.2.   a) Diese Zahlen $z$ liegen auf einem Kreis um den Nullpunkt der Gaußschen Zahlenebene mit dem Radius $r = \sqrt{2}$ .

c) Diese Zahlen liegen außerhalb des unter a) genannten Kreises.

2.    Addition und Subtraktion

2.1.  a) $3 + 3i$                              c) 2

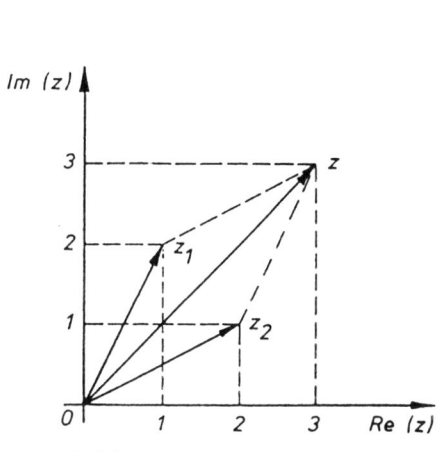

Bild 5.6

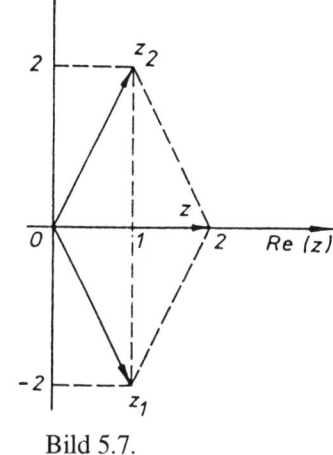

Bild 5.7.

2.2.  a) $2 + 2i$                              c) $4i$

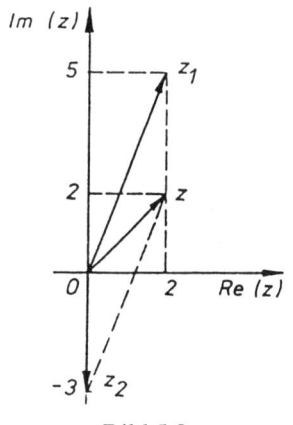

Bild 5.8

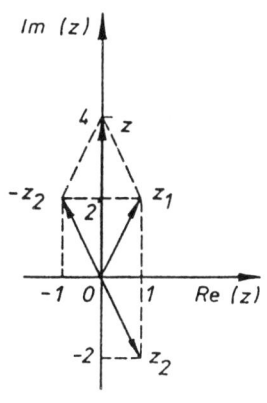

Bild 5.9

3.    Multiplikation und Division

3.1.  a) $(6 + \sqrt{6}) + (3\sqrt{3} - 2\sqrt{2})\,i = 8{,}4435 + 2{,}3677i$

      c) $18 - 72i$

3.2. a) $(2x^2 - y^2) + 3xyi$    c) $(\frac{8}{9}a^2 + 15b^2) - \frac{2}{3}abi$

3.3.1. a) $\frac{1}{5} - \frac{2\sqrt{6}}{5}i$    c) $3 + 4i$

3.3.2. a) $-\sqrt{3} + \sqrt{2}i$    c) $\frac{3}{7}\sqrt{3} + \frac{1}{7}i$

3.3.3. a) Vor.: $ab \neq 0$;  $\dfrac{28a^2 - 21b^2}{16a^2 + 9b^2} + \dfrac{ab}{16a^2 + 9b^2}i$   für $16a^2 \neq -9b^2$

   c) $2a$

4.    Zusammengesetzte Aufgaben

4.1. a) $(\frac{1}{2}\sqrt{3} - \frac{1}{4}) - (\frac{1}{2} + \frac{1}{4}\sqrt{3})i = 0{,}616 - 0{,}933\,i$

   c) $-\frac{1}{4}\sqrt{3} - \frac{1}{4}i$

4.2. a) $1$    c) $-\frac{1}{4}\sqrt{3} + \frac{1}{4}i$

4.3. a) $\frac{1}{2}\sqrt{5}$    c) $(\frac{1}{2}\sqrt{3} - \frac{1}{4}) + (\frac{1}{2} + \frac{\sqrt{3}}{4})i$

4.4. a) $\frac{1}{2}$    c) $\frac{1}{2}$

4.5. a) $x_1 = -2$,  $x_2 = 1 - i$    c) $x_1 = \sqrt{2}\,i$,  $x_2 = -\frac{\sqrt{2}}{2}i$

# Abschnitt 6

1.    Lineare Gleichungen mit einer Unbekannten

1.1.    Gleichungen ohne Brüche

1.1.1. a) $x = 3$    c) $x = -3$

1.1.2. a) $x = c$  für  $a \neq b$    c) $x = -(a + b)$  für  $a \neq b$;
     $x$ bel. für  $a = b$      $x$ bel. für  $a = b$

1.2.    Bruchgleichungen mit bestimmten Koeffizienten und Faktoren im Nenner

1.2.1. a) $x = 7$    c) $x = 0$

1.2.2. a) $x = -\frac{11}{2}$    c) $x = 4$

1.2.3. a) $x = \frac{4}{3}$    c) $x = 10$

1.2.4. a) $x = 2$    c) $x = \frac{14}{13}$

1.3.     Bruchgleichungen mit unbestimmten Koeffizienten und Faktoren im Nenner

1.3.1. a) Vor.:  $abcx \neq 0$;

$$x = \frac{a + b + c}{a^2 + b^2 + c^2} \quad \text{für} \quad a^2 + b^2 + c^2 \neq 0 \quad \text{und}$$

$$a + b + c \neq 0 \quad \text{(entsprechend der Vor.)}$$

c) Vor.:  $ab \neq 0$;

$x = a + b$  für  $a \neq \frac{3}{2}b$;  x bel. für  $a = \frac{3}{2}b$.

1.3.2. a) Vor.:  $a \neq 0$;

$x = \dfrac{a}{a - 1}$  für  $a \neq 1$  und  $b \neq 0$;

x bel. für  $b = 0$ (a bel.);  keine Lösung für  $a = 1$ und $b \neq 0$.

c) Vor.:  $x \neq 0$;

$x = \dfrac{2}{b + 1}$  für  $a \neq 0$  und  $b \neq -1$;

x bel., aber  $x \neq 0$  (entsprechend der Vor.) für  $a = 0$;
keine Lösung für  $b = -1$  und  $a \neq 0$.

1.3.3. a) Vor.:  $ab \neq 0$;
$x = 1$ für  $a^2 + b^2 \neq 0$  (entsprechend Vor.).

c) Vor.:  $b \neq 0$;
$x = 1$ für  $a^3 + 2b + 2c + b^3 \neq 0$;
x bel. für  $a^3 + 2b + 2c + b^3 = 0$.

1.4.     Bruchgleichungen mit bestimmten Koeffizienten und Summen im Nenner

1.4.1. a) $x = 18$     c) $x = 50$

1.4.2. a) $x = \dfrac{3}{8}$     c) $x = 0$     e) $x = -2$     g) $x = \dfrac{5}{2}$     i) $x = \dfrac{5}{2}$

1.4.3. a) $x = 6$     c) $x = 2$     e) $x = \dfrac{5}{2}$     g) $x = 2$

1.4.4. a) $x = 10$     c) $x = 14$     e) $x = 2$     g) $x = \dfrac{1}{2}$

1.4.5. a) $x = 20$     c) $x = 3$

1.5.     Bruchgleichungen mit unbestimmten Koeffizienten und Summen im Nenner

1.5.1. a) Vor.:  $x \neq 2a, \ a \neq b$;
$x = 2b$  für  $a \neq 0$;
x bel., aber  $x \neq 0$ für $a = 0$  (siehe Vor.!).

c) Vor.:  $x \neq \dfrac{a}{2}$, $x \neq \dfrac{b}{2}$;

$x = 0$ für $a \neq b$ und $ab \neq 0$, keine Lösung für $a \neq b$ und $ab = 0$;

x bel., aber $x \neq \dfrac{a}{2}$ und $x \neq \dfrac{b}{2}$ für $a = b$ (siehe Vor.!).

1.5.2. a) Vor.:  $x \neq -b$;

$x = \dfrac{a - 3b}{2}$ für $a \neq b$ (entsprechend der Vor.!).

c) Vor.:  $|a| \neq |b|$;

$x = a^2 - b^2$ für $b \neq 0$;

x bel. für $b = 0$.

e) Vor.:  $ab \neq 0$, $a \neq -b$;

$x = \dfrac{ab}{a + b}$ für $a^2 b + ab^2 - 1 \neq 0$, d. h.

für $a \neq -\dfrac{b}{2} \pm \sqrt{\dfrac{b^3 + 4}{4b}}$ ;

x bel.   für $a = -\dfrac{b}{2} \pm \sqrt{\dfrac{b^3 + 4}{4b}}$ .

g) Vor.:  $ab \neq 0$, $a \neq -b$;

$x = \dfrac{ab}{a + b}$ für $a \neq -b$, (ist laut Vor. stets erfüllt) und $a^2 + a + b + b^2 \neq 0$, d.h.

für $a \neq -\dfrac{1}{2}(1 \mp \sqrt{1 - 4b - 4b^2})$ ;

x bel.   für $a = -\dfrac{1}{2}(1 \mp \sqrt{1 - 4b - 4b^2})$ .

1.5.3. a) Vor.:  $|x| \neq \dfrac{3}{2}|a|$;

$x = 2a$ für $a \neq 0$;

x bel., aber $x \neq 0$ für $a = 0$ (siehe Vor.!).

c) Vor.:  $|x| \neq 2$;

$x = 2ab$ für $a \neq -b$ und $|ab| \neq 1$; keine Lösung für $a \neq -b$ und $|ab| = 1$;

x bel., aber $|x| \neq 2$ für $a = -b$ (siehe Vor.!).

e) Vor.:  $b \neq 0$, $|a| \neq |b|$;

$x = \dfrac{a - b}{a + b}$ für $|a| \neq |b| \neq 0$ (ist laut Vor. stets erfüllt).

1.6.    Bruchgleichungen, die Doppelbrüche enthalten

a) $x = \dfrac{1}{3}$                    c) Vor.: $ax \neq 0$, $x \neq -\dfrac{1}{a}$,

$x = a \neq 0$ (nach Vor.)

1.7.   Sachaufgaben

1.7.1.   Die gesuchte Zahl heißt $\frac{13}{2}$.

1.7.3.   Die gesuchte Zahl heißt 8.

1.7.5.   Die gesuchte Zahl heißt 5.

1.7.7.   Die gesuchte Zahl heißt 5.

1.7.9.   Die Zahl 25 ist in 10 und!15 zu zerlegen.

1.7.11.  Der Bruch ist $\frac{21}{49}$.

1.7.13.  Die Quadratwurzel soll von 223 ermittelt werden.

1.7.15.  Der Angestellte hatte 72 Broschüren zum Verkauf.

1.7.17.  Der Vater ist 36 und der Sohn 8 Jahre alt.

1.7.19.  a) Die Einzelwiderstände betragen $R_1 = R_2 = 150\ \Omega$, $R_3 = 300\ \Omega$,
         $R_4 = 450\ \Omega$
         b) Der hindurchfließende Strom hat eine Stärke von $0,1047\ A \approx 0,105\ A$.
         c) Die Teilspannungen haben die Werte $U_1 = U_2 \approx 15,7\ V$, $U_3 \approx 31,4\ V$,
         $U_4 \approx 47,2\ V$.

1.7.21.  a) Die drei Widerstände müssen die Werte $20\ k\Omega$, $40\ k\Omega$ und $120\ k\Omega$ haben.
         b) Die drei Widerstände müssen die Werte $500\ \Omega$, $1000\ \Omega$ und $3000\ \Omega$
         haben.

1.7.23.  In dem Behälter befinden sich 38,824 Liter Benzin und 1,176 Liter Öl.

1.7.25.  Die Spitzengruppe benötigt 38s zum Überfahren der Brücke.

1.7.27.  Die Zeitdifferenz beträgt 0,62 s.

# Abschnitt 7

(1)

| A | B | $A \wedge B$ | $\overline{(A \wedge B)}$ | $\overline{A}$ | $\overline{B}$ | $(\overline{A} \vee \overline{B})$ |
|---|---|---|---|---|---|---|
| w | w | w | f | f | f | f |
| w | f | f | w | f | w | w |
| f | w | f | w | w | f | w |
| f | f | f | w | w | w | w |

(3)

| A | B | C | B∨C | A∧(B∨C) | A∧B | A∧C | (A∧B)∨(A∧C) |
|---|---|---|---|---|---|---|---|
| w | w | w | w | w | w | w | w |
| w | w | f | w | w | w | f | w |
| w | f | w | w | w | f | w | w |
| w | f | f | f | f | f | f | f |
| f | w | w | w | f | f | f | f |
| f | w | f | w | f | f | f | f |
| f | f | w | w | f | f | f | f |
| f | f | f | f | f | f | f | f |

# Abschnitt 8

1.    a) $a + \dfrac{1}{a} = b$

$$\left(a + \frac{1}{a}\right)^2 = b^2$$

$$a^2 + 2 + \frac{1}{a^2} - 3 = b^2 - 3$$

$$\left(a^2 + \frac{1}{a^2} - 1\right)\left(a + \frac{1}{a}\right) = (b^2 - 3)\,b$$

$$a^3 + \frac{1}{a^3} = b^3 - 3b$$

2.    a) Angenommen, es wäre $\dfrac{3x-4}{2x+4} \le -1$.

Dann würde folgen (wegen $2x + 4 > 0$)

$3x - 4 \le -2x - 4,\qquad 3x \le -2x,\qquad 5x \le 0,\qquad x \le 0,$

was ein Widerspruch zur Voraussetzung $0 < x < \infty$ ist.

3.    a) $n = 1: 1 = \dfrac{(1+1)\cdot 1}{2} = 1.$

$\text{V}: 1 + 2 + \ldots + k = \dfrac{(k+1)\cdot k}{2}.$

$\text{B}: 1 + 2 + \ldots + k + (k+1) = \dfrac{(k+2)\,(k+1)}{2}.$

$$\begin{aligned}
\text{V} \to \text{B}: 1 + 2 + \ldots + k + (k+1) &= \frac{(k+1)\cdot k}{2} + (k+1)\\
&= \frac{(k+1)\cdot k + (k+1)\cdot 2}{2}\\
&= \frac{(k+1)\,(k+2)}{2}.
\end{aligned}$$

b) $n = 1: 1^2 = \dfrac{(2\cdot 1 + 1)(1+1)\cdot 1}{6} = \dfrac{3\cdot 2}{6} = 1.$

$$V: 1^2 + 2^2 + \ldots + k^2 = \frac{(2k+1)(k+1) \cdot k}{6}.$$

$$B: 1^2 + 2^2 + \ldots + k^2 + (k+1)^2 = \frac{(2k+3)(k+2)(k+1)}{6}.$$

$$V \to B: 1^2 + 2^2 + \ldots + k^2 + (k+1)^2 = \frac{(2k+1)(k+1)k}{6} + (k+1)^2$$

$$= (k+1)\,\frac{(2k+1) \cdot k + 6(k+1)}{6}$$

$$= \frac{1}{6}(k+1)\,(2k^2 + 7k + 6)$$

$$= \frac{1}{6}(k+1)\,(2k+3)\,(k+2)$$

c) $n = 0 : 2^0 = 2^{0+1} - 1 = 1.$

$$V: 2^0 + 2^1 + \ldots + 2^k = 2^{k+1} - 1.$$

$$B: 2^0 + 2^1 + \ldots + 2^k + 2^{k+1} = 2^{k+2} - 1.$$

$$V \to B: 2^0 + 2^1 + \ldots + 2^k + 2^{k+1} = 2^{k+1} - 1 + 2^{k+1}$$

$$= 2 \cdot 2^{k+1} - 1$$

$$= 2^{k+2} - 1$$

# Abschnitt 9

1.  a) $\{2, 3, 5, 7, 11, 113, 17, 19\}$      b) $\{-3, 2\}$
    c) $\{2\}$      d) $\varnothing$

2.  b) $x \in M, y \in M, z \notin M$      c) $x \in M, y \notin M, z \in M$
    d) $x \notin M, y \in M, z \in M$

3.  a) $M_1 \subset M_2$      b) $M_1 = M_2$      c) $M_3 \subset M_1 \subset M_2$

4.  $\{a, u, t, o\}, \{a, u, t\}, \{a, u, o\}, \{a, t, o\}, \{u, t, o\},$
    $\{a, u\}, \{a, t\}, \{a, o\}, \{u, t\}, \{u, o\}, \{t, o\},$
    $\{a\}, \{u\}, \{t\}, \{o\}, \varnothing$

5.  b) $M_1 \cup M_2 = \{2, 3, 4, 6, 8, 9, 10, 12, 14, 15, 16, 18, \ldots\}$
    $M_1 \cap M_2 = \{6, 12, 18, \ldots\}$
    $M_2 \setminus M_2 = \{2, 4, 8, 10, 14, 16, \ldots\}$
    $M_2 \setminus M_1 = \{3, 9, 15, \ldots\}$
    c) $M_1 \cup M_2 = \{1, 2, -2\}$
    $M_1 \cap M_2 = \{1\}$
    $M_1 \setminus M_2 = \{-2\}$
    $M_2 \setminus M_1 = \{2\}$

6.    $M \cup \varnothing = M$              7.       $M \cup M = M$
       $M \cap \varnothing = \varnothing$                       $M \cap M = M$
       $M \setminus \varnothing = M$                     $M \setminus M = \varnothing$

8.    $M = \{4\}$

9.    a) $M_1$          b) $M_1$            c) $M$           d) $\varnothing$

10.    $M_1 = \{1, 2, 3, 4, 5\}$,             $M_2 = \{1, 3, 5\}$

11.    a) $M_1 \setminus M_2 = M_1$            b) $M_1 \setminus M_2 = \varnothing$

12.    a) $[-3, 7)$        b) $[1, 2)$         c) $[-3, 1)$      d) $[2, 7)$
       e) $M_1 \times M_2 = \{\, (x, y) \mid x \in [-3, 2) \wedge y \in [1, 7) \,\}$ (Bild 9.1)

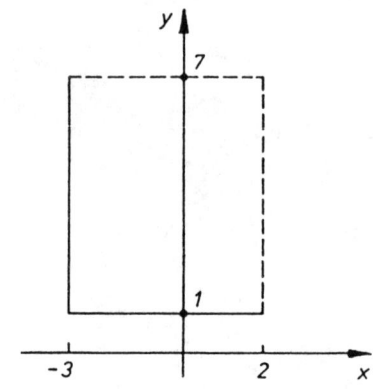

Bild 9.1

13.    b) $F_1$ ist Abbildung aus $M_1$ auf $M_2$,    $D = \{1\}$,    $W = M_2$.
        $F_2$ ist Abbildung aus $M_1$ in $M_2$,     $D = \{1, 3\}, W = \{a\}$.
        $F_3$ ist Abbildung von $M_1$ auf $M_2$,    $D = M_1$,      $W = M_2$.
        $F_4$ ist Abbildung von $M_1$ in $M_2$,     $D = M_1$,      $W = \{a\}$.
        $F_5$ ist Abbildung aus $M_1$ auf $M_2$,    $D = \{1, 2\}, W = M_2$.

       d) $F_2, F_3, F_4, F_5$ sind eindeutig,
         $F_5$ ist eineindeutig.

## Abschnitt 10

1.    b) 720            c) 30

2.    a) $(n-1)\, n\, (n+1)$    b) $(n+1)\, (n+2) \ldots 2n$      c) $\dfrac{1}{2}$

3.    a) 15          b) $-0{,}0625$    c) 1          d) 4           e) 1

f) 1          g) 120          h) 42          i) 0          j) $\dfrac{7}{6}$

4.   a) $\binom{3}{2}$     b) $\binom{4}{2}$     c) $\binom{4}{3}$     d) $\binom{5}{2}$     e) $\binom{5}{3}$     f) $\binom{5}{4}$

5.   d) $\dfrac{1}{16}x^4 - \dfrac{1}{6}x^3 y + \dfrac{1}{6}x^2 y^2 - \dfrac{2}{27}xy^3 + \dfrac{1}{81}y^4$

  e) $4a + 12\sqrt{ab} + 9b$          f) $x^6 + 3x^4 y^2 + 3x^2 y^4 + y^6$

6.   a) 0          c) 1

7.   b) $(7a - 3)^2$     c) $(13a - 5b)^2$     d) $(\sqrt{2x} + \sqrt{3y})^2$

8.   b) fahne 52. Stelle,  hafen 75. Stelle

9.   b) $P_5 - P_4 = 96$
  c) Mit c beginnen     $P_5 = 120$,
     mit de beginnen     $P_4 = 24$,
     mit cdef beginnen   $P_2 = 2$.

10.   b) $P_4^{(1,1,2)} = 12$

11.   $V_{26}^{(2)} = \dfrac{26!}{(26-2)!} = 650$

13.   $V_{w_{10}}^{(80)} = 10^{80}$

14.   a) $C_6^{(4)} = \binom{6}{4} = 15$          b) $C_{w_6}^{(4)} = \binom{6+4-1}{4} = 126$

  $C_6^{(5)} = \binom{6}{5} = 6$          $C_{w_6}^{(5)} = \binom{6+5-1}{4} = 252$

15.   $C_{32}^{(2)} = \binom{32}{2} = 496$          $C_4^{(2)} = \binom{4}{2} = 6$

17.   $V_{w_{10}}^{(4)} = 26 \cdot 10^4 = 260\,000$

19.   $P_6 = 6! = 120$

20.   b) $P_8^{(3,4,1)} = \dfrac{8!}{3! \cdot 4! \cdot 1!} = 280$

21.   $V_{w_{10}}^{(5)} = 10^5$          $V_{w_{10}}^{(6)} - \dfrac{1}{10} \cdot V_{w_{10}}^{(5)} = 900\,000$

22.   $C_6^{(3)} = 20$          $C_{w_6}^{(3)} = 56$

# Abschnitt 11

1.      Lineare Gleichungssystem mit zwei Unbekannten

1.1.    Gleichungssysteme mit bestimmten Koeffizienten

1.1.1.  a) $x_1 = -2$,     $x_2 = 4$          c) $x = 0$,     $y = -\dfrac{1}{20}$

1.1.2.  a) $x_1 = 3$,      $x_2 = 5$          c) $x = 14$,    $y = 10$

1.1.3.  a) $x = 24$,       $y = 21$           c) $x = 13$,    $y = 17$

1.1.4.  a) $x = \dfrac{5}{2}$,    $y = \dfrac{7}{2}$          c) $x = 3$,     $y = 6$

1.1.5.  a) $x_1 = \dfrac{2}{3} - \dfrac{1}{3}x_2$,     $x_2$ beliebig bzw.

$x_2 = 2 - 3x_1$,     $x_1$ beliebig

c) $x_1 = 3$,     $x_2 = 4$

1.1.6.  a) $x_1 = 2$,     $x_2 = \dfrac{1}{2}$          c) $x_1 = 0$,     $x_2 = 1$

1.2.    Gleichungssysteme mit unbestimmten Koeffizienten

1.2.1.  a) $x_1 = \dfrac{a+b}{a+1}$;     $x_2 = \dfrac{a^2-b}{a+1}$          für $a \neq -1$;

für $a = -1$ und $b = 1$ ist $x_1 = -(x_2 + 1)$, $x_2$ beliebig bzw.
$x_2 = -(x_1 + 1)$, $x_1$ beliebig;
für $a = -1$ und $b \neq 1$ gibt es keine Lösungen.

c) $x = \dfrac{a+b}{4}$,          $y = \dfrac{a-b}{4}$     für alle  a, b.

1.2.2.  a) Vor.: $|a| \neq \dfrac{1}{2}|b|$;

$x_1 = 2a - b$,   $x_2 = 2a + b$   für $|a| \neq \dfrac{1}{2}|b|$   (entspr. d. Vor.)

c) Vor.: $b \neq 0$;
$x = 1, y = 1$   für $|a| \neq |b|$;
für $|a| = |b|$ ist $x = 1$, $y$ beliebig.

1.2.3.  a) Vor.: $|a| \neq |b|$;

$x = \dfrac{a+b}{a-b}$,          $y = \dfrac{a-b}{a+b}$     für $|a| \neq |b|$   (entspr. d. Vor.)

c) Wenn $a = 0$ und $b = 0$ sind  x  und  y  beliebig;
für $ab \neq 0$, $a \neq -b$ ist

$x = \dfrac{a+b}{a}$,          $y = \dfrac{a-b}{b}$ ;

für $a = 0$, $b \neq 0$ oder $a \neq 0$, $b = 0$ gibt es keine Lösungen;

für $a = -b \neq 0$ ist $x = y + 2$, $y$ beliebig bzw. $y = x - 2$, $x$ beliebig.

1.2.4.  a) Vor.: $ab \neq 0$;

$x = \dfrac{a + b}{a} = 1 + \dfrac{b}{a}$ , $y = \dfrac{a - b}{b} = \dfrac{a}{b} - 1$ für $a \neq b$;

für $a = b$ ist $x = 2 - y$, $y$ beliebig bzw. $y = 2 - x$, $x$ beliebig.

c) Vor.: $a \neq -b$, $y \neq a$, $y \neq 0$;

$x = \dfrac{a^3 - b^3}{a^2 - b^2} = \dfrac{a^2 + ab + b^2}{a + b}$      $y = \dfrac{a^3 + b^3}{a^2 - b^2} = \dfrac{a^2 - ab + b^2}{a - b}$

für $|a| \neq |b|$ und $ab \neq 0$;      keine Lösung für $|a| = |b|$;

für $a = 0$ und $b \neq 0$ ist $x = -y$, $y$ beliebig;

für $b = 0$ und $a \neq 0$ ist $x = y$, $y$ beliebig.

1.3.     Sachaufgaben

1.3.1.   Die beiden Zahlen heißen 35 und 25.

1.3.3.   Die beiden Zahlen heißen 13 und 18.

1.3.5.   Die beiden Zahlen sind 778 und 222.

1.3.7.   Die beiden Widerstände betragen 100 Ω und 200 Ω.

1.3.9.   X ist 5 km und Y 7 km vom Stadtzentrum entfernt.

1.3.11.  Durch den einen Abflußstutzen fließt eine Wassermenge von $\frac{2}{3}$l pro Minute, durch den anderen eine Wassermenge von $\frac{4}{3}$l pro Minute.

1.3.13.  Der Preis der beiden Saftsorten pro Flasche beträgt 2,70 DM bzw 1,70 DM.

1.3.15.  Würden die beiden Arbeiter allein arbeiten, brauchte der eine 20 Tage und der andere 30 Tage.

1.3.17.  Die Geschwindigkeiten der beiden Körper sind $9\frac{m}{s}$ und $36\frac{m}{s}$.

2.       Drei Gleichungen mit drei Unbekannten

2.1.     Gleichungssysteme mit bestimmten Koeffizienten

a) $x = \dfrac{13}{2}$,      $y = \dfrac{15}{2}$,      $z = \dfrac{17}{2}$

c) $x_1 = 3{,}6$ ,      $x_2 = 3$,      $x_3 = 1$

e) $x = 5$,      $y = 3$,      $z = 1$

g) $x = 20$,      $y = 21$,      $z = 22$

i) $x_1 = -\dfrac{1}{4}$,      $x_2 = -\dfrac{7}{4}$,      $x_3 = \dfrac{5}{4}$

k) $x = \dfrac{15}{2}$,      $y = 3$,      $z = 4$

2.2.     Gleichungssysteme mit unbestimmten Koeffizienten

a) $x_1 = -a + b + c$,     $x_2 = a - b + c$,     $x_3 = a + b - c$
für alle a, b, c.

c) $x = \dfrac{b+c}{2a}$,     $y = \dfrac{a+c}{2b}$,     $z = \dfrac{a+b}{2c}$ für $abc \neq 0$;

für $abc = 0$ existieren weitere Lösungen.

e) Vor.: $xyz \neq 0$;

$x = \dfrac{1}{-a+b+c}$,     $y = \dfrac{1}{a-b+c}$,     $z = \dfrac{1}{a+b-c}$

für $a \neq b + c$,     $a \neq b - c$,     $a \neq -b + c$.

g) Vor.: $abc \neq 0$; für $a + b + c \neq -abc$
$x = a$,     $y = b$,     $z = c$;
sonst weitere Lösungen.

3.     Beliebig viele Gleichungen mit beliebig vielen Unbekannten

a) $x_1 = 1$,     $x_2 = 1$,     $x_3 = 2$,     $x_4 = 3$
c) $x_1 = 4$,     $x_2 = -4$,     $x_3 = 13$,     $x_4 = -6$,     $x_5 = 8$

4.     Homogene Gleichungssysteme

a) $x_1 = x_2 = x_3 = 0$     c) $x_1 = \dfrac{1}{2}x_2 - \dfrac{3}{4}x_3$, $x_2$ beliebig, $x_3$ beliebig.

# Abschnitt 12 (Teilweise werden nicht alle Lösungsfälle behandelt)

1.     Quadratische Gleichungen

1.1.     Quadratische Gleichungen mit bestimmten Koeffizienten

1.1.1.a)     $x_1 = 2$, $x_2 = -2$         c)     $x_1 = 0$, $x_2 = 9$

1.1.2.a)     $x_1 = \dfrac{5}{6}$, $x_2 = -\dfrac{5}{6}$         c)     $x_1 = 6$, $x_2 = -5$

1.1.3.a)     $x_1 = 4$, $x_2 = 2$         c)     $x_{1,2} = -\dfrac{1}{4}(1 \mp \sqrt{23}\,i)$

1.1.4.a)     $x_1 = 2{,}75$, $x_2 = -2{,}42$         c)     $x_1 = 9$, $x_2 = -1$

1.1.5.a)     $x_1 = 6$, $x_2 = \dfrac{1}{2}$         c)     $x_1 = 2$, $x_2 = \dfrac{45}{38}$

1.2     Quadratische Gleichungen mit unbestimmten Koeffizienten

1.2.1.a)     $x_1 = a$, $x_2 = -a$         c)     $x_1 = -\dfrac{a}{3}$, $x_2 = -a$

1.2.2.a)     $x_1 = \dfrac{3}{2}b$, $x_2 = -\dfrac{1}{4}b$         c)     $x_1 = \dfrac{a+b}{4}$, $x_2 = \dfrac{a-b}{4}$

1.2.3.a)     $x_1 = a$, $x_2 = -\dfrac{1}{2}(a-b-c)$         c)     $x_1 = 1$, $x_2 = -1$ für $|a| \neq |b|$

1.2.4.a)     Vor.: $a \neq 0$; $x_1 = a$, $x_2 = \dfrac{1}{a}$     c) $x_1 = \dfrac{a^2+b^2}{a+b}$, $x_2 = a+b$ für $|a| \neq |b|$

1.2.5.a)  Vor.: $|a| \neq |b|$, $x \neq 0$;

$$x_1 = \frac{a+b}{a-b}, \quad x_2 = \frac{a-b}{a+b}$$

für $|a| \neq |b|$ (siehe Vor.!)

c)  Vor.: $x \neq -a$, $x \neq -b$;

$$x_1 = a - 2b, \quad x_2 = b - 2a$$

für $a \neq b$ (siehe Vor.!).

1.3.  Gleichungssysteme, die auf quadratische Gleichungen führen

1.3.1.a)  $x_{1;2} = \frac{1}{2}(1 \pm \sqrt{7}\,i)$

$$y_{1;2} = \frac{6}{1 \pm \sqrt{7}\,i}$$

c)  $x_1 = 2{,}78$, $x_2 = -3{,}78$

$y_1 = 1{,}81$, $y_2 = 4{,}61$

1.3.2.a)  $x_1 = \dfrac{a - \sqrt{a^2 - 4b}}{2}$, $\quad x_2 = \dfrac{a + \sqrt{a^2 - 4b}}{2}$

$y_1 = \dfrac{a + \sqrt{a^2 - 4b}}{2}$, $\quad y_2 = \dfrac{a - \sqrt{a^2 - 4b}}{2}$,

c)  Vor.: $by \neq 0$; für $c = 0$ existiert keine Lösung;

$x_1 = \dfrac{ac}{\sqrt{a^2 + b^2}}$, $\quad x_2 = \dfrac{ac}{-\sqrt{a^2 + b^2}}$   für $a^2 + b^2 > 0$ (ist stets erfüllt),

$y_1 = \dfrac{bc}{\sqrt{a^2 + b^2}}$, $\quad y_2 = \dfrac{bc}{-\sqrt{a^2 + b^2}}$   für $a^2 + b^2 > 0$ und $c \neq 0$.

1.4.  Spezielle Gleichungen n-ten Grades, die sich auf quadratische Gleichungen zurückführen lassen

1.4.1.  Biquadratische Gleichungen mit bestimmten Koeffizienten

a)  $x_1 = 3$, $x_2 = -3$, $x_3 = 2$, $\quad x_4 = -2$

c)  $x_1 = 4$, $x_2 = -4$, $x_3 = \sqrt{3}\,i$, $\quad x_4 = -\sqrt{3}\,i$

1.4.2.  Biquadratische Gleichungen mit unbestimmten Koeffizienten

a)  $x_{1;2} = \pm|a + b|$; $\quad x_{3;4} = \pm|a - b|$

c)  Vor.: $ab \neq 0$, $|x| \neq 1$, $x^2 \neq -\dfrac{a^2}{b^2}$ ;

$x_{1;2} = \pm\sqrt{ab}$   für $ab > 0$, $ab \neq 1$

$x_{3;4} = \pm\sqrt{\dfrac{a(a+b)}{b(a-b)}}$   für $ab > b^2$ und für $ab \leq -a^2$

1.4.3.  Gleichungen n-ten Grades mit $a_0 = a_1 = \ldots = a_{n-3} = 0$

a)  $x_1 = x_2 = \ldots = x_8 = 0$, $x_9 = -1$, $x_{10} = -5$

c)   Vor.:  $ab \neq 0$;

$x_1 = x_2 = \ldots = x_6 = 0$, $x_7 = \dfrac{a}{b}$, $x_8 = \dfrac{b}{a}$   für  $ab \neq 0$  (siehe Vor.!).

1.5. a)   Vor.:  $a \geq 0$;

$$x_1 = \frac{1}{2}(-1 + \sqrt{5})\sqrt{a}\,,\quad x_2 = \frac{1}{2}(-1 - \sqrt{5})\sqrt{a}\,,$$

$$a = \frac{x^2}{2}(3 + \sqrt{5}) \text{ für } x \geq 0, \quad a = \frac{x^2}{2}(3 - \sqrt{5}) \text{ für } x \leq 0.$$

c)   $x_1 = 2a - b$, $x_2 = 2b - a$, $a_1 = \dfrac{b+x}{2}$, $a_2 = 2b - x$.

## 1.6.   Sachaufgaben

1.6.1.   a) Die beiden Zahlen sind 16 und 48 bzw. −16 und −48.
c) Die gesuchte Zahl ist 37.

1.6.2.   a) Der Widerstand beträgt 50 $\Omega$, die Stromstärke 4,4 A.

1.6.3.   a) Die Fahrzeit des Materialwagens beträgt 4 Std., die der Radsportler 7,5 Std. Die Geschwindigkeit des Materialwagens beträgt 56,25 $\dfrac{\text{km}}{\text{h}}$, die der Radsportler 30 $\dfrac{\text{km}}{\text{h}}$.

c) Die beiden Motorradfahrer waren ursprünglich 36 m bzw. 40 m von der Kreuzung entfernt.

e) Die Straßenlänge zwischen Leipzig und Dessau beträgt 60 km.

1.6.4.   a) Die beiden Katheten haben die Länge 30 cm und 40 cm.

c) Die beiden Katheten haben die Länge 18 cm und 24 cm.

e) Die Seitenlänge des Quadrates beträgt 50 cm.

g) Der Durchmesser des Kreises muß 4,82 cm sein.

i) Die Durchmesser der Hohlkugel betragen 21,25 cm und 27,25 cm.

## 2.   Gleichungen dritten und vierten Grades

2.1.   a)   $x_1 = 1$, $x_2 = -1$, $x_3 = -2$          c)   $x_1 = \dfrac{1}{3}$, $x_2 = \sqrt{3}$, $x_3 = -\sqrt{3}$

2.2.   a)   $x_1 = 1$, $x_2 = 2$, $x_3 = \dfrac{1}{2}$, $x_4 = -\dfrac{1}{2}$

c)   $x_1 = -1$, $x_2 = 1$, $x_3 = 2 + i$, $x_4 = 2 - i$

## 3.   Wurzelgleichungen

### 3.1.   Wurzelgleichungen mit bestimmten Koeffizienten

3.1.1. a)   $x = 9$     c)   $x = 15$          3.1.2 a)   $x = 25$     c)   $x = 0$

3.1.3. a)   $x = 100$     c)   $x = 3 - 2\sqrt{2}$     3.1.4 a)   $x = 51$     c)   $x = 10$

3.1.5. a)   $x = 3$     c)   $x = 5$         3.1.6 a)   $x = 4$       c)   $x = 9$

3.1.7. a)   $x = 2$     c)   $x = 1$         3.1.8 a)   $x = 13$      c)   $x = 7$

3.1.9. a)   $x = 12$    c)   $x_1 = -1$, $x_2 = \frac{2}{3}\sqrt{3}$; $x_3 = -\frac{2}{3}\sqrt{3}$ ist keine Lösung!

3.1.10.a)   $x_1 = 3$ ist keine Lösung, $x_2 = -3$

   c)   $x_1 = 1$, $x_2 = \frac{1}{8}$

3.2.      Wurzelgleichungen mit unbestimmten Koeffizienten

3.2.1. a)   Vor.:  $x \geq 0$;               c)   Vor.:  $x \geq 0$;
   $x = a^2$  für  $a \geq 0$.                $x = (a - b)^3$  für  $a \geq b$.

3.2.2. a)   Vor.:  $x \geq a$;               c)   Vor.:  $a^4 + x \geq 0$
   $x = a + b^2$  für  $b \geq 0$.            $x = 0$  für  $a \geq 0$.

3.2.3. a)   Vor.:  $ax \geq 0, b \geq 0$;    c)   Vor.:  $ax \geq 0$, $\sqrt{ax} \neq -b$, $\sqrt{ax} \neq -\frac{5}{3}b$;

   $x = ab$  für  $a \neq 0$.                 $x = \frac{9b^2}{a}$  für  $ab \neq 0$.

3.2.4. a)   Vor.:  $a, b, x > 0$;            c)   Vor.:  $a \neq -b, c \neq -d, x \geq 0$;

   $x_1 = \frac{a}{b}$,                       $x = 1$  für  $ad \neq bc$,  $x$ beliebig nicht-

   $x_2 = \frac{b}{a}$ ist keine Lösung       negativ für  $ad = bc$.

3.2.5. a)   Vor.:  $|x| \geq |a|$;           c)   Vor.:  $x \geq -a, x \geq 0$;

   $x = a$                                    $x = \frac{(a - 1)^2}{4}$  für  $a \geq 1$,

                                              für  $a < 1$  existiert keine Lösung.

3.2.6. a)   Vor.:  $x \leq a, x < b$;        c)   Vor.:  $|x| > |a|$;

   $x = \frac{ab}{a + b}$  für $a \geq 0, b > 0$.   $x = \sqrt{a^2 + b^2}$  für  $b > 0$.

3.2.7.a)   Vor.:  $b \neq 0, |x| \leq 1$, aber  $x \neq 0$;

   $x_{1;2} = \pm \sqrt{\dfrac{2ab}{a^2 + b^2}}$   für $ab > 0$.

   c)   Vor.:  $a \geq 0, x \geq -a, x \leq a$;
   $x_{1;2} = \pm a$.

3.3.      Gleichungssyteme, die Wurzelgleichungen enthalten

3.3.1.a)   $x_1 = 25, x_2 = 9$              c)   $x_1 = 14, x_2 = 9$
   $y_1 = 9, y_2 = 25$                       $y_1 = 2, y_2 = 7$

3.3.2.a)   Vor.:  $b \neq 0$, $x \geq 0$, $y \geq 0$, $x \neq y$;

$\quad\quad\quad x = (a + b)^2$, $y = (a - b)^2$  für  $|a| \geq |b|$.

c)   Vor.:  $x + y \geq 0$;

$\quad\quad\quad x = \dfrac{a}{\sqrt[3]{a+b}}$, $y = \dfrac{b}{\sqrt[3]{a+b}}$  für $a + b > 0$.

# Abschnitt 13

1.      Logarithmische Gleichungen

1.1. a)  $x = -\dfrac{63}{64}$ $\qquad\qquad\qquad$ c)  $x = 212{,}4$

1.2. a)  $x = -0{,}318$ $\qquad\qquad\qquad$ c)  $x_1 = 3$, $x_2 = -3$

1.3. a)  $x_1 = 2$, $x_2 = 1$ ist keine Lösung  c)  $x_1 = 10$, $x_2 = -14$ ist keine Lösung

1.4. a)  $x_1 = 3$ $\qquad\qquad\qquad\qquad$ c)  $x_1 = 4$, $x_2 = -6$ ist keine Lösung

1.5. a)  Vor.: $a > 1$, $x > 0$; $x = \dfrac{1}{a}$ $\qquad$ c)  Vor.: $a > 1$, $b > 0$, $x > 0$, $x > \dfrac{1}{ab}$; $x = \dfrac{a}{b}$

1.6. a)  $x_1 = 10^4$, $x_2 = 10^{-\frac{7}{4}} = \dfrac{1}{10\sqrt[4]{10^3}}$ $\qquad$ c)  $x_1 = 4$, $x_2 = 8$

1.7. a)  $x_1 = -3$, $x_2 = 3$ $\qquad\qquad$ c)  $x_1 = \sqrt[9]{10}$, $x_2 = 10$

1.8. a)  $x_1 = 10$, $x_2 = 10^{-3}$ ist keine Lösung

c)  $x_1 = \dfrac{1}{5}$, $x_2 = \dfrac{1}{5}\, 3^{-\frac{\sqrt{7}}{2}}$, $x_3 = \dfrac{1}{5}\, 3^{+\frac{\sqrt{7}}{2}}$

1.9. a)  $x_1 = 0{,}001$, $x_2 = 10$ $\qquad\qquad$ c)  $x_1 = \dfrac{1}{5}$, $x_2 = 625$

1.10. a)  $x_1 = -1$, $x_2 = 5$ $\qquad\qquad$ c)  $x_1 = 0$, $x_2 = 3$ ist keine Lösung

1.11. a)  $x = -\dfrac{8}{3}$ $\qquad\qquad\qquad$ c)  $x_1 = \dfrac{1}{27}$ , $x_2 = 9$

2.      Exponentialgleichungen

2.1. a)  $x = -8$ $\qquad\qquad\qquad\qquad$ c)  $x = 21$

2.2. a)  $x = 0{,}9542$ $\qquad\qquad\qquad$ c)  $x = 0{,}2522$

2.3. a)  $x = -\dfrac{2}{5}$ $\qquad\qquad\qquad$ c)  $x = -3{,}525$

2.4. a) $x = -14,45$           c) $x = +1,1359$

2.5. a) $x_1 = \frac{1}{2}$, $x_2 = 2$      c) $x_1 = -\frac{1}{2}$, $x_2 = \frac{3}{2}$

     e) $x_1 = -1$, $x_2 = 7$      g) $x_1 = -2$, $x_2 = 1$, $x_3 = 3$

2.6. a) $x = -1,731$        c) $x = -0,85$

     e) $x_1 = \frac{1}{4}$, $x_2 = 0$      g) $x_1 = 0$, $x_2 = \log_3 2 = 0,631$

     i) $x = 2$         k) $x_1 = -3$, $x_2 = 2$

2.7. a) $x = \log_5 \frac{635}{11} = 2,52$   c) $x_1 = -4$, $x_2 = 1$, $x_3 = -\frac{3}{2} + \frac{1}{2}\sqrt{13}$, $x_4 = -\frac{3}{2} - \frac{1}{2}\sqrt{13}$

     e) $x_1 = -\sqrt{2}$, $x_2 = \sqrt{2}$   g) $x_1 = -\frac{1}{3}$, $x_2 = 1$, $x_3 = \frac{1}{3} + \frac{\sqrt{13}}{3}$, $x_4 = \frac{1}{3} - \frac{\sqrt{13}}{3}$

     i) $x_1 = -\sqrt{2}$, $x_2 = -1$, $x_3 = 1$, $x_4 = \sqrt{2}$

2.8. a) $x = 1$         c) $x_1 = \log_3 1,25 = 0,2031$, $x_2 = 1$

     e) $x = 1$

3.       Goniometrische Gleichungen

3.1. a) $x_k = 26,6° + k \cdot 180°$       c) $x_k = 68,2° + k \cdot 180°$

3.2. a) $x_k = \frac{3\pi}{10} + k\pi$, $\bar{x}_k = \frac{7\pi}{10} + k\pi$      c) $x_k = \frac{2\pi}{5} + 4k\pi$, $\bar{x}_k = \frac{6\pi}{5} + 4k\pi$

3.3. a) $x_k = 58,9° + k \cdot 180°$, $\bar{x}_k = 121,1° + k \cdot 180°$

     c) $x_k = \frac{\pi}{2} + k\pi$, $\bar{x}_k = \pi + k \cdot 2\pi$

     e) keine Lösung         g) $x_k = 2\pi k$

     i) $x_k = \pi (2k + 1)$, $\bar{x}_k = \frac{\pi}{2} (4k - 1)$     k) $x_k = \frac{\pi}{4} (8k - 1)$

3.4. a) $x_k = \pi k$, $\bar{x}_k = \frac{\pi}{6} (12k \pm 1)$      c) $\bar{x}_k = \frac{\pi}{4} (2k + 1)$

     e) $x_k = \pi (2k + 1)$, $\bar{x}_k = \frac{2\pi}{3} (6k \pm 1)$

     g) $x_k = \pi (2k + 1)$, $\bar{x}_k = \frac{\pi}{6} (4k + 1)$

     i) $x_k = \frac{\pi}{2} (4k + 1)$, $\bar{x}_k = (-1)^k \frac{\pi}{6} + \pi k$

     k) $x_k = 199,5° + k \cdot 360°$, $\bar{x}_k = 340,5° + k \cdot 360°$

3.5. a) $x_k = \dfrac{\pi}{2}(2k+1), \; \bar{x}_k = \dfrac{\pi}{3}(6k \pm 1)$

c) $x_k = \dfrac{\pi}{4}(4k+1), \; \bar{x}_k = 2\pi k$

e) $x_k = \dfrac{\pi}{4}(2k+1), \; \bar{x}_k = \dfrac{\pi}{2}(2k+1)$

g) $x_k = \dfrac{\pi}{2}(4k-1)$      i) $x_k = \dfrac{2\pi}{3}(6k \pm 1)$

3.6. a) $x_k = \dfrac{\pi}{2}k$      c) $x_k = \dfrac{\pi}{2}k, \; \bar{x}_k = \dfrac{\pi}{10}(2k+1)$

e) $x_k = \dfrac{\pi}{4}(4k-1), \; \bar{x}_k = \dfrac{\pi}{36}(4k-1)$    g) $x_k = \dfrac{\pi}{6}+\dfrac{\pi}{3}k, \; \bar{x}_k = \dfrac{\pi}{2}+\pi k$

i) $x_k = \pi k, \; \bar{x}_k = \dfrac{\pi}{6}(2k+1)$    k) $x_k = \pi k, \bar{x}_k = \dfrac{\pi}{8}(2k+1), \; \bar{\bar{x}}_k = \dfrac{\pi}{4}(2k+1)$

3.7. a) $x_k = \pi k, \; \bar{x}_k = \dfrac{\pi}{3}(6k \pm 1)$    c) $x_k = \dfrac{\pi}{4}(4k-1), \; \bar{x}_k = \dfrac{\pi}{3}(3k \pm 1)$

3.8. a) $x_k = -\dfrac{\pi}{3}+\pi k$      c) $x_k = (-1)^k \dfrac{\pi}{18}-\dfrac{\pi}{18}+\dfrac{\pi}{3}k$

e) $x_k = \dfrac{\pi}{2}(4k+1)$      g) $x_k = \dfrac{\pi}{4}k, \; \bar{x}_k = \dfrac{\pi}{6}(2k+1)$

i) $x_k = \dfrac{\pi}{4}(2k+1), \; \bar{x}_k = \dfrac{\pi}{3}(3k \pm 1)$

k) $x_k = \pi k, \; \bar{x}_k = \dfrac{\pi}{8}(4k+1)$      m) $x_k = \pi k, \; \bar{x}_k = \dfrac{\pi}{4}+k\pi$

o) Die Aufgabe hat keine Lösung, da $x \neq 0$ und $x \neq \dfrac{\pi}{2}$ vorausgesetzt werden muß.

# Abschnitt 14

1. a) $(-\infty, 2)$    c) $(3, \infty)$    e) $(-\infty, \dfrac{17}{7}]$    g) $\emptyset$

2. a) $\mathbf{R} \setminus [\dfrac{1}{2}, 2]$    c) $(\dfrac{3}{7}, 4)$    e) $[-2, 5]$    g) $\mathbf{R} \setminus (-3, -2)$

3. a) $\mathbf{R} \setminus [2, \dfrac{11}{4})$    c) $\mathbf{R} \setminus [-3, -1]$   e) $(\dfrac{2}{3}, 1)$    g) $\mathbf{R} \setminus \left\{-\dfrac{3}{2}\right\}$

4. a) $[-2, 1) \cup (6, \infty)$      c) $(-\infty, -2) \cup (\dfrac{1}{7}, 3)$

e) $(-\dfrac{11}{12}, -\dfrac{1}{2}) \cup (2, \infty)$      g) $\mathbf{R} \setminus (-\dfrac{3}{4}, 1]$

5. a) $(\dfrac{2}{3}, \dfrac{3}{2})$    c) $\mathbf{R} \setminus (-3, -1)$   e) $\emptyset$      g) $\mathbf{R} \setminus [\dfrac{1}{2}, 4]$

6.  a) $(1, 5)$

    e) $(-\infty, -5) \cup (-2, 1) \cup (2, \infty)$

    c) **R**

    g) $[-4, -3] \cup [4, \infty)$

7.  a) **R** $\setminus [-4, -3]$     c) $[-\frac{3}{2}, \frac{4}{3})$

    e) $\varnothing$                g) $(0, \infty) \setminus \{4\}$

8.  a) $(-\infty, 0) \cup (1, 7)$

    c) $[-3, -1) \cup [1, \infty)$

9.  a) $[3, 9]$

    c) $(-\infty, \frac{3}{5})$

10. a) $(\frac{5}{2}, 3)$

    c) $(-3, 3)$

11. a) $[-1, 2)$

    c) **R** $\setminus [-3, 5]$

12. a) $(-1, 13)$

    c) **R** $\setminus [-3, \frac{6}{5}]$

13. a) $(-\infty, -5)$

14. a) siehe Bild 14.12

    e) siehe Bild 14.14

    c) siehe Bild 14.13

    g) siehe Bild 14.15

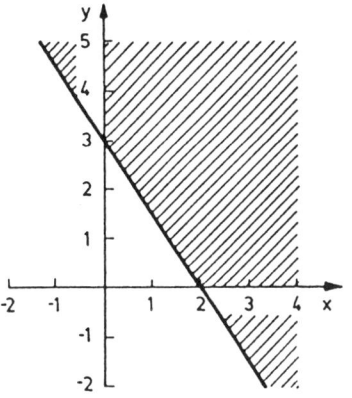

Bild 14.12

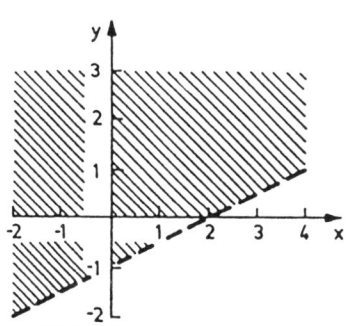

Bild 14.13

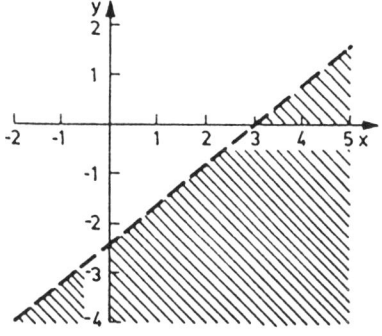

Bild 14.14

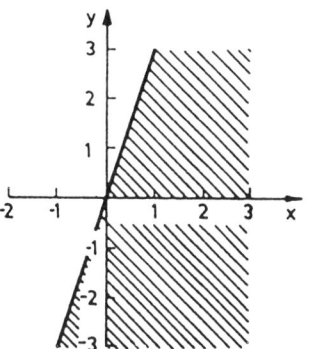

Bild 14.15

15.    a) siehe Bild 14.16              c) siehe Bild 14.17

16.    a) siehe Bild 14.18              c) siehe Bild 14.19

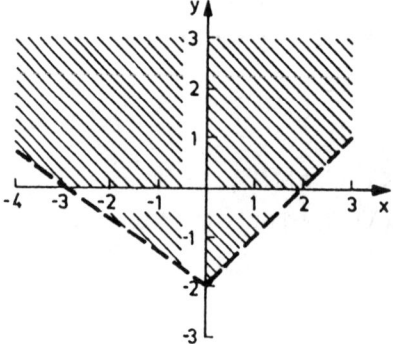

Bild 14.16

Bild 14.17

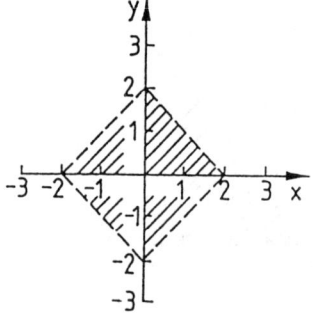

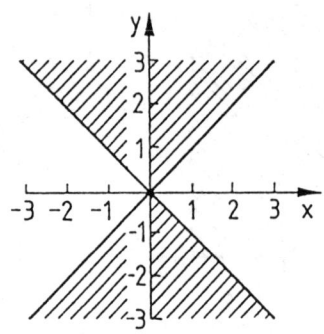

Bild 14.18              Bild 14.19

17.    a) $\{-2, 8\}$          c) $\{-1\}$          e) $\left\{-7, \frac{1}{3}\right\}$          g) $\{0, 1\}$

18.    a) $\{-3, 1-\sqrt{2}, 1+\sqrt{2}, 5\}$          c) $\{-2, 4\}$

       e) $\{2-\sqrt{2}, 2, 2+\sqrt{2}\}$          g) $\left\{-\frac{1}{2}\right\}$

19.    a) $\left\{-7, -\frac{1}{3}\right\}$

20.    a) $(-1, 5)$          c) $(-\infty, 1]$          e) $\mathbf{R} \setminus [\frac{1}{5}, 9]$          g) $[2, 4]$

21.    a) $[-5, 3]$

       c) $(-\infty, -2 -\sqrt{11}) \cup (-2 -\sqrt{7}, -2 + \sqrt{7}) \cup (-2 + \sqrt{11}, \infty)$

       e) $\emptyset$          g) $\mathbf{R} \setminus \{-1\}$

22.    a) $(0, 3) \setminus \{1\}$          c) $(-\infty, 1] \setminus \{-4\}$ e) $(-2, -\frac{2}{5}] \cup [6, \infty)$

23.  a) siehe Bild 14.20          c) siehe Bild 14.21
     e) siehe Bild 14.22          g) siehe Bild 14.23

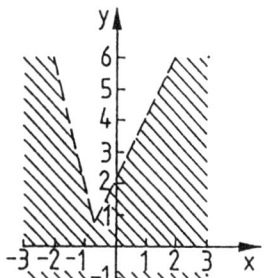

Bild 14.20

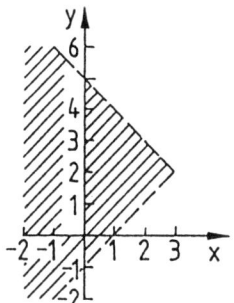

Bild 14.21

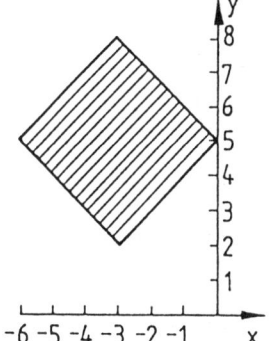

Bild 14.22

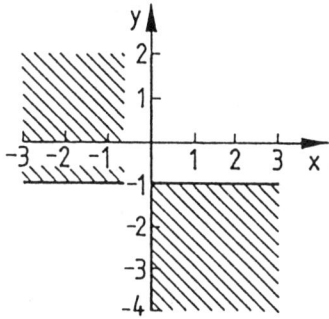

Bild 14.23

# Abschnitt 15

1.  a) $y = 0{,}6x - 1{,}5$, $D = \mathbf{R}$          d) $y = -\frac{1}{2}x^2 + 2x + 4$, $D = \mathbf{R}$

2.  c) $y = \frac{2}{x} - 6$, $D = \mathbf{R} \setminus \{0\}$          d) $y = 4x^2 + 8x + 4$, $D = \mathbf{R}$

3.  a) steigend          b) fallend
    d) steigend für $x \in (-\infty, 0]$          f) fallend für $x \in (-\infty, 0]$
       fallend für  $x \in [0, \infty)$             steigend für $x \in [0, \infty)$

4.  a) ungerade          b) weder gerade noch ungerade
    e) gerade          f) weder gerade noch ungerade
    g) gerade          h) ungerade

5.  a) $x_0 = 1{,}5$          b) $x_1 = 1$, $x_2 = -2$          c) $x_1 = -1$, $x_2 = 2$

    d) $x_{1;2} = 3$          e) keine reellen          f) $x_0 = 0$
                                  Nullstellen

6.  a) $y = -\dfrac{1}{2}x + \dfrac{3}{2}$

    b) $y = \sqrt{x-1}$ , $D = [1, \infty)$, $W = [0, \infty)$

    c) $y = \sqrt{x} - 1$, $D = [0, \infty)$, $W = [-1, \infty)$

    d) $y = \sqrt[3]{2y}$ , $D = [0, \infty)$, $W = [0, \infty)$

7.  a) $\alpha = 21{,}8^{\circ}$ , $x_N = 4$     b) $\alpha = 135^{\circ}$ , $x_N = 1$     d) $\alpha = 0^{\circ}$, keine Nullstelle

8.  a) $y = \dfrac{2}{3}x + \dfrac{5}{3}$          b) $y = 3x - 2$          c) $y = 3x + 3$

9.  a) $x_S = 2$, $y_S = -1$; $x_1 = 1$, $x_2 = 3$     b) $x_S = 4$, $y_S = 0$; $x_1 = x_2 = 4$

    c) $x_S = 3$, $y_S = 1$; $x_{1;2} = 3 \pm i$     d) $x_S = 3$, $y_S = -4$; $x_1 = 5$, $x_2 = 1$

    e) $x_S = \dfrac{5}{2}$, $y_S = -\dfrac{1}{2}$; $x_1 = 3$, $x_2 = 2$     g) $x_S = 1$, $y_S = \dfrac{9}{2}$; $x_1 = -2$, $x_2 = 4$

10. a) $f(x_1) = 0$, $f(x_2) = 10$, $y = (x-1)\left(x - \dfrac{\sqrt{21}-1}{2}\right)\left(x + \dfrac{\sqrt{21}+1}{2}\right)$

    b) $f(x_1) = -6{,}336$, $f(x_2) = 0$, $y = \dfrac{1}{2}(x-5)(x+1)(x+2)$

    c) $f(x_1) = -4$, $f(x_2) = 0{,}488$, $y = x(x^2 + 2x + 2) = x(x+1-i)(x+1+i)$

    e) $f(x_1) = 0$, $f(x_2) = 0$, $y = 2(x+1)^2(x-2)(x-1{,}5)$

11. a) Nullstelle: $x_1 = -2$, Pol: $x_2 = -3$, Lücke: $x_3 = 1$, $y \to 1$ für $x \to \pm\infty$

    b) Nullstellen: $x_1 = x_2 = 0$, $x_3 = -1$, $x_4 = 4$, Pole: $x_5 = -3$, $x_6 = -2$,
       keine Lücken, $y \to x^2$ für $x \to \pm\infty$

    c) Nullstellen: $x_1 = 0$, $x_2 = x_3 = -1$, Pole: $x_4 = 3$, $x_5 = -3$, $x_6 = 2$, $x_7 = -2$,
       keine Lücken, $y \to 0$ für $x \to \pm\infty$

    d) keine Nullstellen, Pole: $x_1 = x_2 = -3$, $x_3 = x_4 = 2$,
       Lücke: $x_5 = 0$, $y \to 0$ für $x \to \pm\infty$

    e) Nullstelle: $x_1 = \dfrac{1}{2}$ , keine Pole, keine Lücken, $y \to 2x - 1$ für $x \to \pm\infty$

12. a) $y = \log_2 x + 1$, $D = (0, \infty)$, $W = \mathbf{R}$     b) $y = \log_2(x + 1)$, $D = (-1, \infty)$, $W = \mathbf{R}$

    c) $y = 3^x$, $D = \mathbf{R}$, $W = (0, \infty)$          d) $y = e^x + 1$, $D = \mathbf{R}$, $W = (1, \infty)$

13. a) fallend für $D_1 = (-\infty, 1]$, steigend für $D_2 = [1, \infty)$

       $y = -\sqrt{x} + 1$,  $D = [0, \infty)$,  $W_1 = (-\infty, 1]$

       $y = \sqrt{x} + 1$,  $D = [0, \infty)$,  $W_2 = [1, \infty)$

c) fallend für $D_1 = (-\infty, -1]$, steigend für $D_2 = [-1, \infty)$

$\quad y = -\sqrt{x-1} - 1, \quad D = [1, \infty), \quad W_1 = (-\infty, -1]$

$\quad y = \sqrt{x-1} - 1, \quad D = [1, \infty), \quad W_2 = [-1, \infty)$

d) fallend für $D_1 = (-\infty, 2]$, steigend für $D_2 = [2, \infty)$

$\quad y = -\sqrt{x-1} + 2, \quad D = [1, \infty), \quad W_1 = (-\infty, 2]$

$\quad y = \sqrt{x-1} + 2, \quad D = [1, \infty), \quad W_2 = [2, \infty)$

f) fallend für $D_1 = (-\infty, -1]$, steigend für $D_2 = [-1, \infty)$

$\quad y = -\sqrt{4x-3} - 1, \quad D = [\frac{3}{4}, \infty), \quad W_1 = (-\infty, -1]$

$\quad y = \sqrt{4x-3} - 1, \quad D = [\frac{3}{4}, \infty), \quad W_2 = [-1, \infty)$

14.    a) $y = e^w, w = z^2, z = x+1$          d) $y = \sqrt{w}, w = \lg z, z = 2x-3$

      e) $y = \tan w, w = \sqrt{z}, z = x-3$       f) $y = \sqrt{w}, w = \tan z, z = x-3$

      g) $y = \sqrt{w}, w = z-3, z = \tan x$       h) $y = w-3, w = \tan z, z = \sqrt{x}$

      j) $y = w^{\frac{1}{2}}, w = \mathrm{Arc}\cos z, z = 3x-2$       k) $y = \ln w, w = \sin z, z = \frac{x}{3}$

      l) $y = \sin w, w = \ln z, z = x + \frac{1}{3}$       p) $y = \mathrm{Arc}\cot w, w = e^z, z = 2x+1$

15.    a) $y = v^{\frac{1}{2}},$      $v = \mathrm{Arc}\cot w,$    $w = z+1,$     $z = e^x$

      c) $y = \sin v,$      $v = w^2,$          $w = \cos z,$    $z = \frac{x-4}{3}$

      d) $y = \sqrt{v},$      $v = 5 - w,$      $w = \tan z,$    $z = \sqrt{x}$

      f) $y = \log_3 v,$    $v = \sqrt{w},$      $w = z+1,$     $z = 2^x$

      g) $y = e^v,$       $v = \tan w,$     $w = \sqrt{z},$      $z = 7x-1$

      h) $y = \tan v,$     $v = e^w,$       $w = \sqrt{z},$      $z = 7x-1$

16.    a) $D = [3, \infty)$             b) $D = [-\sqrt{3}, \sqrt{3}]$       c) $D = (-\infty, -3] \cup [3, \infty)$

      d) $D = (-\infty, -3) \cup (3, \infty)$     e) $D = \mathbf{R} \setminus \{2, -3\}$     f) $D = (-\frac{5}{2}, \infty)$

      g) $D = [\frac{3}{2}, \frac{5}{2}]$           h) $D = (0, \infty)$          i) $D = (0, \infty) \setminus \{1\}$

# Abschnitt 16

1.    b) $y = x + 5$    c) $y = -\sqrt{3}x - (4 + \sqrt{3})$   d) $y = 4$           e) $y = -\frac{1}{3}\sqrt{3}x$

2.    b) $y = -x$      c) $y = 2x + 2$        e) $y = 10x - 2$      f) $y = -\frac{1}{3}x - \frac{2}{3}$

3.    a) $y = -\frac{2}{5}x + 2, \quad d = \sqrt{29}$   b) $y = 3x + 3, \quad d = \sqrt{10}$   d) $y = -x - 3, \quad d = 3\sqrt{2}$

4.  $\overline{BC}: y = -5x + 8, \quad a = \sqrt{26}$ $\qquad$ $\overline{CA}: y = \frac{4}{5}x + \frac{11}{5}, \quad b = \sqrt{41}$

$\overline{AB}: y = -\frac{1}{6}x - \frac{5}{3}, \quad c = \sqrt{37}$

5.  a) $y = \frac{3}{5}x + 3, \quad \frac{x}{-5} + \frac{y}{3} = 1$ $\qquad$ c) $y = 2x + 5, \quad \frac{x}{-\frac{5}{2}} + \frac{y}{5} = 1$

6.  a) parallel $\qquad$ b) $S(-5, 14)$ $\qquad$ c) $S(2, -\frac{14}{5})$ $\qquad$ d) identisch

7.  a) $S(2, 1), \quad \varphi = 105{,}26° \quad (74{,}74°)$ $\qquad$ b) $S(2, 2), \quad \varphi = 90° \quad (m_2 = -\frac{1}{m_1})$

c) $S(0, 7), \quad \varphi = 45° \quad (135°)$ $\quad$ d) $\qquad$ $S(-4, -3), \quad \varphi = 42{,}27° \quad (137{,}73°)$

8.  $y = -2x + 5$ $\qquad\qquad$ 9. $\alpha = 48{,}12°, \quad \beta = 69{,}23°, \quad \gamma = 62{,}65°$

10.  $y = -\frac{1}{2}x + 1$ $\qquad$ 11. $y = -\frac{1}{2}x + 6$ $\qquad$ 12. $y = 2x - 1$

13.  b) $M(1, 2), \quad r = 2$ $\qquad$ c) $M(0, -\frac{9}{2}), \quad r = \frac{9}{2}$

e) $M(\frac{1}{2}, -\frac{1}{3}), \quad r = 1$ $\qquad$ f) $M(-1, -1), \quad r = 3\sqrt{2}$

14.  a) $(x + 2)^2 + (y + 1)^2 = 5$ $\qquad$ b) $(x - 3)^2 + (y + 3)^2 = 9$
c) Es existieren zwei Kreise, die den angegebenen Bedingungen genügen, mit den Gleichungen
$(x + 1)^2 + (y - 5)^2 = 36$ und $(x - 5)^2 + (y - 11)^2 = 36$
d) $x^2 + y^2 = 25$
e) $(x - 2)^2 + (y - 2)^2 = 25$ $\qquad$ f) $(x - 7)^2 + (y - 2)^2 = 16$

15.  a) g liegt außerhalb k $\qquad$ b) g ist Sekante mit $S_1(0, 0), S_2(4, 4)$
d) g ist Tangente im Punkt $P(4, 4)$

f) g ist Sekante mit $S_1\left(\frac{7}{2} + \frac{\sqrt{31}}{2}, \frac{1}{2} + \frac{\sqrt{31}}{2}\right), \quad S_2\left(\frac{7}{2} - \frac{\sqrt{31}}{2}, \frac{1}{2} - \frac{\sqrt{31}}{2}\right)$

16.  Die Gerade berührt den Kreis im Punkt $P(3, 4)$

17.  a) $5x + 12y = 169$ und $5x - 12y = 169$

18.  Die Verbindungsgerade der gesuchten Mittelpunkte $M_1, M_2$ steht senkrecht auf der berührenden Geraden, hat also den Anstieg $\frac{4}{3}$ und geht durch $P_0$,

ihre Gleichung ist $y - 3 = \frac{4}{3}(x + 1)$. Der Kreis um $P_0$ mit dem Radius $r = 5$ schneidet diese Gerade in $M_1(2, 7)$ und $M_2(-4, -1)$.

19. Die auf der gegebenen Geraden senkrecht stehende Gerade (Anstieg $-\frac{3}{4}$) durch den Punkt $M(0,0)$ schneidet den Kreis in den Berührungspunkten $P_1(2,-\frac{3}{2})$, $P_2(-2,\frac{3}{2})$.

Tangentengleichungen: $8x - 6y = 25$, $-8x + 6y = 25$.

20. a) $\dfrac{x^2}{121} + \dfrac{y^2}{57} = 1$  b) $\dfrac{x^2}{52} + \dfrac{y^2}{16} = 1$  c) $\dfrac{(x+3)^2}{41} + \dfrac{(y-7)^2}{25} = 1$

21. b) $M(-3,1)$,  $a = 9$,  $b = \sqrt{56}$,  $F_1(-8,1)$,  $F_2(2,1)$
    c) $M(4,0)$,  $a = 4$,  $b = 2\sqrt{3}$,  $F_1(2,0)$,  $F_2(6,0)$
    d) $M(-1,5)$,  $a = 6$,  $b = 2\sqrt{5}$,  $F_1(-5,5)$,  $F_2(3,5)$
    e) $M(0,0)$,  $a = 2\sqrt{13}$,  $b = 4$,  $F_1(-6,0)$,  $F_2(6,0)$

22. a) $\dfrac{x^2}{100} + \dfrac{y^2}{64} = 1$  b) $\dfrac{(x-1)^2}{25} + \dfrac{(y-1)^2}{9} = 1$
    c) $\dfrac{(x-2)^2}{81} + \dfrac{(y-2)^2}{36} = 1$  d) $\dfrac{(x+3)^2}{4} + \dfrac{(y+4)^2}{1} = 1$

23. a) $S_1(4,1)$, $S_2(2,2)$  b) $S_1(0,0)$, $S_2(\frac{8}{5},\frac{8\sqrt{3}}{5})$  c) $S_1(0,1)$, $S_2(\frac{24}{13},\frac{37}{13})$

24. a) $\dfrac{x^2}{16} - \dfrac{y^2}{9} = 1$  c) $\dfrac{(x-1)^2}{16} - \dfrac{(y-1)^2}{1} = 1$  d) $\dfrac{(x+1)^2}{9} - \dfrac{(y+2)^2}{4} = 1$

25. a) $a = 12$,  $b = 6$,  $y = \pm\frac{1}{2}x$  b) $a = 8$,  $b = 3$,  $y = \pm\frac{3}{8}x$

26. a) $M(2,0)$,  $a = 8$,  $b = 3$  c) $M(-2,-1)$,  $a = 4$,  $b = 2$

27. b) $S_1(10,\frac{16}{3})$,  $S_2(-10,\frac{16}{3})$  c) $S(-4{,}35,-2{,}1)$
    d) $S_1(1,\frac{16}{3})$,  $S_2(1,-\frac{4}{3})$,  $S_3(19,14{,}45)$,  $S_4(19,-10{,}45)$

28. a) $S(0,0)$, $F(-\frac{1}{5},0)$  b) $S(0,0)$, $F(0,1)$  e) $S(-1,1)$, $F(\frac{3}{2},1)$
    f) $S(\frac{7}{2},-\frac{1}{4})$, $F(\frac{7}{2},0)$  g) $S(2,3)$, $F(\frac{1}{2},3)$  h) $S(-2,-4)$, $F(-2,-7)$

29. a) $x^2 = 4y$  e) $(x-2)^2 = 4(y+3)$  f) $(x+2)^2 = -4(y-3)$

30. $(y-8)^2 = 4(x-3)$  31. $(x-2)^2 = -4(y+3)$

32. a) Berührungspunkt $P(-1,-2)$  b) kein Schnittpunkt
    c) Schnittpunkte $P_1(-\frac{1}{2},-\frac{1}{12})$, $P_2(-\frac{5}{2},-\frac{25}{12})$

e) Berührungspunkt $P(\frac{28}{9}, -\frac{14}{3})$

# Abschnitt 17

1. $-\mathbf{a} = (-1, 0, 2)$, $\mathbf{a} + \mathbf{b} = (-2, -5, -2)$, $\mathbf{a} - \mathbf{c} = (-3, 1, -9)$,
   $2\mathbf{a} - \mathbf{b} + 3\mathbf{c} = (17, 2, 17)$

2. $\mathbf{a} = \mathbf{x}^2 - \mathbf{x}^1 = (-5, 9, -8)$     3.     $\mathbf{x}^2 = (4, 4, 4)$

4. $|\mathbf{a}| = 13$, $|\mathbf{b}| = 3$, $|\mathbf{c}| = 3\sqrt{3}$

5. $\mathbf{e_a} = \frac{1}{|\mathbf{a}|} \cdot \mathbf{a} = \left( \frac{2}{\sqrt{14}}, -\frac{1}{\sqrt{14}}, \frac{3}{\sqrt{14}} \right)$, $\mathbf{e_b} = \frac{1}{|\mathbf{b}|} \cdot \mathbf{b} = (1, 0, 0)$

6. $\mathbf{a} \cdot \mathbf{b} = 0$     7.     $a_1 = \frac{3}{2}$, $b_2 = 14$, $c_3 = \frac{4}{3}$

8. a) $\mathbf{a} \cdot \mathbf{b} = \frac{1}{6}$     b) $\mathbf{a} \cdot \mathbf{b} = 1$

9. $112{,}62°$     10.     $\alpha = 124{,}19°$, $\beta = 26{,}14°$, $\gamma = 29{,}67°$

11. $\mathbf{a} \times \mathbf{b} = \mathbf{o}$

12. a) $\mathbf{a} \times \mathbf{b} = (-1, 43, 13)$     b) $\mathbf{a} \times \mathbf{b} = (-\frac{3}{4}, \frac{17}{4}, \frac{5}{2})$

13. $F_D = 17{,}66$     14.     $F_P = \sqrt{171} = 13{,}08$

15. $V = 0$, $\mathbf{a}, \mathbf{b}, \mathbf{c}$ sind komplanar     16.     $V = \frac{1}{6} |[\mathbf{a}, \mathbf{b}, \mathbf{c}]| = \frac{25}{3}$

17. Aus $[\mathbf{a}, \mathbf{b}, \mathbf{c}] = 0$ mit $\mathbf{a} = P_2 - P_1 = (-1, 0, 2 - x)$,
    $\mathbf{b} = P_3 - P_1 = (-3, -2, 4 - x)$, $\mathbf{c} = P_4 - P_1 = (0, -3, 9 - x)$ folgt $x = 3$.

18. a) $g_1$: $\mathbf{x} = (0, 1, 2) + \lambda(0, 1, -1)$     b) $g_2$: $\mathbf{x} = (0, 1, 2) + \lambda(0, 2, 1)$

19. $\mathbf{x}^1$ liegt auf g, $\mathbf{x}^2$ liegt nicht auf g.

20. $\mathbf{x_S} = (-8, 13, 13)$, $\varphi = 158{,}88°$  $(21{,}12°)$

21. a) kein Schnittpunkt     b) $\mathbf{x_S} = (-3, 3, -5)$

22. a) $\mathbf{x_P} = (6, 7, 0)$     b) $\mathbf{x_P} = (-1, 0, \frac{7}{2})$

23. a) $E_1$: $\mathbf{x} = (0, 1, 2) + \lambda (0, 2, 1) + \mu (2, 3, -5)$
    b) $E_2$: $\mathbf{x} = (0, 1, 2) + \lambda (2, -4, 2) + \mu (7, -10, -3)$
    c) $E_3$: $(0, 2, 1)\mathbf{x} = 4$

24.     $E_1$: $13x_1 - 2x_2 + 4x_3 = 6$,              $E_2$: $8x_1 + 5x_2 + 2x_3 = 9$

25.   a) $\mathbf{x^1}$ und $\mathbf{x^2}$ liegen auf $E_1$       b) $\mathbf{x^1}$ liegt nicht auf $E_2$ ,
                                                              $\mathbf{x^2}$ liegt auf $E_2$.

26.   a) Schnittpunkt zwischen $g_1$ und E: $\mathbf{x_S} = (3, -2, 0)$
      b) $g_2$ verläuft Parallel zu E        c) $g_3$ liegt in E

27.   a) g: $\mathbf{x} = (0, 6, 7) + \lambda\,(1, 5, 7)$       b) g: $\mathbf{x} = (0, 7, 2) + \lambda\,(1, 2, 1)$
      (Um zwei Punkte der Geraden zu erhalten, wurden nacheinander $x_1 = 0$,
      $x_1 = 1$ gesetzt).

# Abschnitt 18

1.     Bestimmung von $n_0(\varepsilon)$

1.1.  a) $a = \frac{1}{2}$ , $n_0(\varepsilon) = \frac{1}{2\varepsilon}$       c) $a = \frac{1}{2}$ , $n_0(\varepsilon) = \frac{1}{8\varepsilon}$

2.     Berechnung des Grenzwertes von Zahlenfolgen

2.1.  a) $a = -\frac{1}{2}$            c) bestimmt divergent $(+ \infty)$       e) $a = \frac{1}{4}$

      g) $a = 0$               i) $a = 0$                     k) $a = \frac{1}{5}$

2.2.  a) $a = e^4$                                              c) $a = e^{\frac{1}{c}} = \sqrt[c]{e}$

      e) $a = \frac{1}{e}$                                          g) $a = 1$

2.3.  a) $a = 0$               c) $a = 1$                     e) $a = 2$

# Abschnitt 19

1.     Grenzwerte von Funktionen

1.1.1. a) 2            c) $-2$         1.1.2. a) 12          c) $-4$
1.1.3. a) 1            c) $\frac{1}{2}$         1.1.4. a) 1           c) 1

1.1.5. a) 0            c) 3            e) 0           g) $\frac{5}{2}$
       i) $-1$          k) $-1$

1.2.  a)  0 für $x \to -0$,          $\infty$  für $x \to +0$
      c)  $\infty$ für $x \to 1 - 0$,      0  für $x \to 1 + 0$
      e)  $-1$ für $x \to -0$,        $+1$ für $x \to +0$
      g)  0 für $x \to 1 - 0$,         $\infty$  für $x \to 1 + 0$
      i)  1 für $x \to 1 - 0$,         0  für $x \to 1 + 0$

k)  $+\infty$ für  $x \to -1 - 0,$  $\qquad$  $-\infty$ für  $x \to -1 + 0$

2.   Stetigkeit von Funktionen

a) x = 1, Sprungstelle  $\qquad$  c) x = 1, Lücke, behebbar, f(1) = 1

e) x = 3, Lücke, f(3) = 4  $\qquad$  x = −1, Polstelle

g) x = 0, Sprungstelle  $\qquad$  i)  x = 0, f(0) = 0

k) x = 0, Lücke, f(0) = 0

# Abschnitt 20

1.   a) $f'(x_0) = x_0(3x_0 - 4)$  $\qquad$  c) $f'(x_0) = \dfrac{3}{2}\sqrt{x_0}$ für $x_0 \geq 0$

e) $f'(x_0) = -\dfrac{1}{(x_0 - 1)^2}$ für $x_0 \neq 1$

2.   Der Körper erreicht nach  t = 3 $s$  seine größte Höhe  h = 45 $m$ . Die Anfangsge-
schwindigkeit hat den Wert von  $v_0 = 30\,\dfrac{m}{s}$ .

3.   Aus der vollständigen Tabelle ist ersichtlich, daß  $\lim\limits_{\Delta t \to 0} \dfrac{\Delta s}{\Delta t} = 6\,\dfrac{m}{s}$  ist.

4.   a) $y' = -2x^3 + x^2 - 4x - \dfrac{1}{x^2}$  für  $x \neq 0$

c) $y' = \dfrac{1}{x^3}\left(\dfrac{10}{x^3} - \dfrac{9}{x} + 1\right)$  für  $x \neq 0$

e) $y' = 1$  für  $x \geq 0$

g) $y' = 3x^2 + \dfrac{5}{2}x\sqrt{x} - 2x - \dfrac{3}{2}\sqrt{x}$  für  $x \geq 0$

i) $y' = -\left(\dfrac{1}{3x^2} + \dfrac{2}{3x^3}\right)$  für  $x \neq 0$  k) $y' = \dfrac{1}{6\sqrt[6]{x^5}}$  für  $x > 0$

5.1.  a) $y' = -4x^3 + 3x^2 + 1$  $\qquad$  c) $y' = \dfrac{1}{6}\sqrt[6]{x^5}\,(13\sqrt[3]{x} - 11)$  für  $x \geq 0$

5.2.  a) $y' = 1 - \dfrac{2(2x+1)}{(x^2 + x + 1)^2}$  $\qquad$  c) $y' = 0$  für  $x \neq 4$

e) $y' = \dfrac{-\sqrt{3}}{(\sqrt{3}x + \sqrt{2})^2}$  für  $|x| \neq \sqrt{\dfrac{2}{3}}$

g) $y' = \dfrac{1}{2\sqrt{x}\,(1 - \sqrt{x})^2}$  für  $x > 0,\ x \neq 1$

i) $y' = \dfrac{2(x^4 + x^3 - 5x\sqrt[3]{x} - \sqrt[3]{x})}{x^2(2x+1)^2}$  für  $x > 0$

5.3.   a) $y' = \dfrac{1}{2\sqrt{x}} \sin x + \sqrt{x} \cos x$   für   $x > 0$

c) $y' = \sin 2x$                     e) $y' = 2\,(2\sin x + x \cos x)$   für   $x \neq k\pi$

g) $y' = \dfrac{(1+x)\sin x + (1-x)\cos x}{1 + \sin 2x}$   für   $x \neq \dfrac{3\pi}{4} + k\pi$

i) $y' = \tan^2 x + \cot^2 x$   für   $x \neq k\,\dfrac{\pi}{2}$

5.4.   a) $y' = \dfrac{1-x}{e^x}$                   c) $y' = e^x\,(\tan^2 x + \tan x + 1)$ für $x \neq \dfrac{\pi}{2} + k\pi$

5.5.   a) $y' = \dfrac{1 - \ln x}{x^2}$   für $x > 0$            c) $y' = x\,(2\ln x + 1)$   für  $x > 0$

5.6.   a) $y' = 5^x \ln 5 + 2^x \ln 2$            c) $y' = 2^x \ln 2 - 2$

5.7.   a) $y' = 8\,(2x+1)^3$                c) $y' = \dfrac{8}{x^2}\left(1 - \dfrac{1}{x}\right)^7$   für   $x \neq 0$

5.8.   a) $y' = \dfrac{x}{\sqrt{x^2 - 1}}$   für $|x| > 1$      c) $y' = \dfrac{-3}{4\,(x-1)\sqrt[4]{(x-1)^3}}$   für   $x > 1$

e) $y' = \dfrac{1}{(1-x)\sqrt{1-x^2}}$   für $|x| < 1$   g) $y' = \dfrac{1}{1 - x^2 + \sqrt{1-x^2}}$   für   $|x| < 1$

5.9.   a) $y' = 10x\,(\sin 2x + x \cos 2x)$      c) $y' = \dfrac{\cos\sqrt{\dfrac{x}{2}}}{4 \cdot \sqrt{\dfrac{x}{2}}}$      für  $x > 0$

e) $y' = \dfrac{\sin\dfrac{1}{1+x}}{(1+x)^2}$   für $x \neq -1,\ \ x \neq \dfrac{2}{(2k+1)\pi} - 1$

g) $y' = 3\,[\,1 + \cot^2(1-3x)\,]$   für $x \neq \dfrac{1 - k\pi}{3}$

i) $y' = \dfrac{1 + \tan^2 x}{2\sqrt{\tan x}}$   für $2k\pi < x < (4k+1)\dfrac{\pi}{2}$   und   $(2k+1)\pi < x < \left(\dfrac{3}{2} + 2k\right)\pi$

k) $y' = \dfrac{2\sin 2x}{(1 + \cos^2 x)^2}$            m) $y' = \dfrac{\cos x}{\sin^2 x}\left(5 - \dfrac{6}{\sin x}\right)$   für  $x \neq k\pi$

o) $y' = -\dfrac{2\cos\sqrt[3]{\dfrac{3}{x}}}{x\sqrt[3]{9x}}$   für $x > 0$

5.10. a) $y' = \dfrac{1}{\sqrt{a^2 - x^2}}$   für   $|x| < |a|$,   $a \neq 0$

    c) $y' = -\dfrac{1}{x^2 + 1}$   für   $x \neq 0$      e) $y' = \dfrac{1}{1 + x^2}$   für   $|x| \neq 1$

    g) $y' = \dfrac{1}{x^2 + 1}$   für   $\left|\dfrac{x}{\sqrt{x^2 + 1}}\right| < 1$   i) $y' = -\dfrac{1}{1 + x^2}$   für   $x \neq 1$

    k) $y' = \dfrac{1}{x\sqrt{x^2 + x - 1}}$   für   $x^2 + x - 1 > 0$, $x \neq 0$

5.11. a) $y' = e^{\cos x}(1 - x \sin x)$      c) $y' = x e^{\sqrt{x}}\left(2 + \dfrac{1}{2}\sqrt{x}\right)$   für   $x > 0$

    e) $y' = -\dfrac{4}{(e^x + e^{-x})^2}$   für   $x \neq 0$   g) $y' = e^{-\cos x}\left(1 - \dfrac{\cot x}{\sin x}\right)$   für   $x \neq k\pi$

    i) $y' = e^{-2x}\left(\dfrac{1}{2}\cos\dfrac{x}{2} - 2\sin\dfrac{x}{2}\right)$

5.12. a) $y' = \dfrac{1}{x}$   für   $x > 0$      c) $y' = \dfrac{2}{x}\ln x$   für   $x > 0$

    e) $y' = \dfrac{1}{2x\sqrt{\ln x}}$   für   $x > 1$   g) $y' = \dfrac{2}{\sin 2x}$     für   $2k\pi < x < (4k + 1)\dfrac{\pi}{2}$

    und   $(2k + 1)\pi < x < \left(\dfrac{3}{2} + 2k\right)\pi$

    i) $y' = -\dfrac{1}{\sin x}$    für   $4k\pi < x < (4k + 1)\pi$

    und   $2(2k + 1)\pi < x < (3 + 4k)\pi$   sowie   $x \neq k\pi$

    k) $y' = \dfrac{1}{1 - x^2}$   für   $|x| < 1$

    m) $y' = \dfrac{1}{x(x^2 + x\sqrt{x^2 + 1} + 1}$     für   $x > 0$

    o) $y' = \dfrac{1}{\sqrt{x(2a + x)}}$   für   $x \neq 0$   sowie   $x > 0, a < 0$   und   $x < 0, a > 0$

    q) $y' = -\left(\dfrac{7}{12(x + 2)} + \dfrac{13}{20(x - 2)}\right)$   für   $x > 2$

5.13. a) $y' = 1$,   für   $x > 0$,      c) $y' = \dfrac{1}{x}$   für   $x \neq 0$

    $y' = -1$,   für $x < 0$

    e) $y' = \dfrac{1}{x\ln x}$   für   $x > 0$, aber   $x \neq 1$   $y' = \dfrac{1}{x\ln(-x)}$   für   $x < 0$, aber   $x \neq -1$

5.14. a) $y' = \dfrac{\sqrt[x]{x}}{x^2}(1 - \ln x)$   für $x > 0$

c) $y' = x^{x(x^{x-1}+1)} \left(\ln x\,(\ln x + 1) + \dfrac{1}{x}\right)$   für $x > 0$

e) $y' = (\cos x)^{1 + \sin x}(\ln \cos x - \tan^2 x)$   für $\cos x > 0$

g) $y' = x^{e^x}\,e^x \left(\ln x + \dfrac{1}{x}\right)$   für $x > 0$

i) $y' = (\text{Arc tan } x)^x \left(\ln \text{Arc tan } x + \dfrac{x}{(1 + x^2)\,\text{Arc tan } x}\right)$   für $x > 0$

6.   a) $\varphi = 26{,}6°$          c) $\varphi = 0°$                    e) $\varphi = 70°$
     g) $\varphi = 90°$          i) $\varphi = 45°$                    k) $\varphi = 28{.}4°$

7.   Die Kurvenpunkte, in denen die Tangenten an die Kurve die x-Achse unter einem Winkel von $45°$ [$135°$] schneiden, werden mit $P_1(x_1, y_1)$   bzw. $P_{11}(x_{11}, y_{11})$   und   $P_{12}(x_{12}, y_{12})$ [$P_2(x_2, y_2)$   bzw.   $P_{21}(x_{21}, y_{21})$ und $P_{22}(x_{22}, y_{22})$] bezeichnet.

a) $P_1(\frac{1}{2}, \frac{1}{4})$,  $P_2(-\frac{1}{2}, \frac{1}{4})$

c) $P_{11} = P_{22}$,      $P_{12} = P_{21}$       e) $P_{21}(0{,}82,\ 5{,}49)$
   $P_{11}(1, 2)$,       $P_{12}(2, 2)$           $P_{22}(-4{,}82,\ -11{,}49)$

8.   a) $y' = n\,x^{n-1}$                         e) $y' = \dfrac{1}{(1-x)^2}$

     $y'' = n\,(n-1)\,x^{n-2}$                     $y'' = \dfrac{2}{(1-x)^3}$

     $y''' = n\,(n-1)\,(n-2)\,x^{n-3}$               $y''' = \dfrac{6}{(1-x)^4}$

     $\vdots$                                      $\vdots$

     $y^{(n)} = n!,\ n \geq 1,\ \text{ganz}$          $y^{(n)} = \dfrac{n!}{(1-x)^{n+1}}$   für $x \neq 1$

i) $y' = -2\cos(1 - 2x)$            m) $y' = e^x(\sin x + \cos x)$

   $y'' = -4\sin(1 - 2x)$              $y'' = 2\,e^x \cos x$

   $y''' = 8\cos(1 - 2x)$              $y''' = 2\,e^x(\cos x - \sin x)$

q) $y' = \dfrac{2x}{3(1+x^2)}$ ,        $y'' = \dfrac{2(1-x^2)}{3(1+x^2)^2}$ ,        $y''' = \dfrac{4x(x^2 - 3)}{3(1+x^2)^3}$

9.1. a) $y = 2x$

   $y = -2x$

c) $y = -\dfrac{1}{4}x + \dfrac{5}{4}$

   $y = \dfrac{1}{4}x - \dfrac{5}{4}$

9.2. a) $y = -x + 1$

c) $y = x$

   $y = x + 4$

10. a) $\dfrac{dx}{dy}\bigg|_{y=-\frac{29}{6}} = \dfrac{1}{8}$

c) $f'(x_0) = 0$, $\dfrac{dx}{dy}\bigg|_{y=y_0}$ existiert nicht!

e) $y = f(x)$ ist an der Stelle $x_0 = 1$ nicht differenzierbar.

g) $\dfrac{dx}{dy}\bigg|_{y=0} = \dfrac{\sqrt{2}}{2}$

i) $\dfrac{dx}{dy}\bigg|_{y=0} = -\dfrac{1}{2}$

k) $\dfrac{dx}{dy}\bigg|_{y=0} = -\dfrac{2}{\pi}$

m) $\dfrac{dx}{dy}\bigg|_{y=1} = 1$

o) $\dfrac{dx}{dy}\bigg|_{y=-2e} = \dfrac{1}{e}$

q) $\dfrac{dx}{dy}\bigg|_{y=y_0=\ln(x_0+1)} = x_0 + 1$

s) $\dfrac{dx}{dy}\bigg|_{y=y_0} = \dfrac{x_0^2}{\sqrt[x_0]{x_0}\,(1-\ln x_0)}$ , $x_0 \neq e$

11. a) $y$ ist stetig und differenzierbar für alle $x \neq 0$.
    c) $y$ ist stetig für alle $x$, differenzierbar für $x \neq 1$.
    e) $y$ ist stetig und differenzierbar für alle $x$.
    g) $y$ ist stetig für alle $x$, differenzierbar für $x \neq 0$.
    i) $y$ ist stetig und differenzierbar für $x \neq 0$.
    k) $y$ ist stetig und differenzierbar für $|x| \neq 1$.

    m) $y$ ist stetig und differenzierbar für $|x| < \dfrac{\pi}{2}$.

    o) $y$ ist stetig für $0 \leq x < 4$, differenzierbar für $0 < x < 4$.
    q) $y$ ist stetig für $0 < x \leq 1$, differenzierbar für $0 < x < 1$.

12. Zur Kontrolle werden nur die Extremwertstellen $x_E$ sowie die Abszissen der Wendepunkte $x_W$ angegeben.

    a) $x_E = 1$ (Min.)

    c) $x_E = 6$ (Max.), $x_{W_1} = 0$, $x_{W_2} = 4$.

    e) $x_{E_1} = -1$ (Min.), $x_{E_2} = 1$ (Max.),

    $x_{W_1} = -\sqrt{3}$ , $x_{W_2} = 0$, $x_{W_3} = \sqrt{3}$ .

    g) $x_{E_1} = -1$ (Min.), $x_{E_2} = 1$ (Min.), $x \neq 0$.

i) $x_{E_1} = \dfrac{a^2}{a+b}$,   $x_{E_2} = \dfrac{a^2}{a-b}$,   $x \neq 0, x \neq a, |a| \neq |b|$,

$(a - x_W)^3 + \dfrac{b^2}{a^2} x_W^3 = 0$.   (Die Art der Extrema ist abhängig von den Vorzeichen von a und b.)

k) $x_{E_1} = \dfrac{\pi}{4} + 2k\pi$ (Max.),   $x_{E_2} = \dfrac{3\pi}{4} + 2k\pi$ (Min.),

   $x_{E_3} = \dfrac{5\pi}{4} + 2k\pi$ (Max.),   $x_{E_4} = \dfrac{7\pi}{4} + 2k\pi$ (Min.),   $x_w = k \cdot \dfrac{\pi}{2}$.

m) $x_{E_1} = \dfrac{3\pi}{4} + 2k\pi$ (Max.),   $x_{E_2} = \dfrac{7\pi}{4} + 2k\pi$ (Min.),   $x_w = \dfrac{\pi}{2} + k\pi$.

o) $x_{E_1} = n$ (Max.),   $x_{E_2} = 0$ (Min.),   $x_{W_{1;2}} = n \pm \sqrt{n}$.

q) $x_E = \ln 2$ (Max.),   $x_w = \ln 4$.

s) $x_{E_1} = 1$ (Min.),   $x_{E_2} = \dfrac{1}{e^2}$ (Max.), $x_w = \dfrac{1}{e}$.

13.    Kurvendiskussion
Die Angaben werden nach folgender Gliederung vorgenommen:
1. Nullstellen,
2. mögliche Extremwertstellen,
3. Abszissen möglicher Wendepunkte,
4. Extremwertpunkte und Art der Extrema,
5. Wendepunkte und Art derselben,
6. Punkte, die einer besonderen Untersuchung bedürfen.

13.1. a) 1. $x_1 = 2, x_2 = -1$          h) 1. $x_1 = 1$

2. $x_3 = \dfrac{1}{2}$                    3. $x_2 = 2$

4. $f''(\dfrac{1}{2}) = 2 > 0$.            5. $f'''(2) = -6 < 0$,

Min. in $P_3(\dfrac{1}{2}, -\dfrac{9}{4})$     links - rechts Wendepunkt

(l.-r.-Wp.) in $P_2(2, -2)$

13.2. c) 1. $x_1 = 3, x_2 = -3, x_3 = 1, x_4 = -1$
2. $x_5 = 0, x_6 = \sqrt{5}, x_7 = -\sqrt{5}$
3. $x_8 = \dfrac{\sqrt{15}}{3}, x_9 = -\dfrac{\sqrt{15}}{3}$

4. $f''(0) = -20 < 0$,   Max. in $P_5(0, 9)$,
   $f''(\sqrt{5}) = 40 > 0$,   Min. in $P_6(\sqrt{5}, -16)$,
   $f''(-\sqrt{5}) = 40 > 0$,   Min. in $P_7(-\sqrt{5}, -16)$,

5. $f'''\left(\dfrac{\sqrt{15}}{3}\right) = 8\sqrt{15} > 0$, r.–l.–Wp. in $P_8\left(\dfrac{\sqrt{15}}{3}, -\dfrac{44}{9}\right)$,

$$f'''\left(-\frac{\sqrt{15}}{3}\right) = -8\sqrt{15} < 0, \text{ l.-r.-Wp. in } P_9\left(-\frac{\sqrt{15}}{3}, -\frac{44}{9}\right),$$

h) 1. $x_1 = -2$, $x_2 = 1$

2. $x_3 = -2$, $x_4 = -\frac{4}{5}$, $x_5 = 1$

3. $x_6 = 1$, $x_7 = -0,07$, $x_8 = -1,54$

4. $f''(-2) = -54 < 0$, Max. in $P_3(-2, 0)$,

   $f''(-\frac{4}{5}) = 19,44 > 0$, Min. in $P_4(-\frac{4}{5}, -8,4)$,

   $f''(1) = 0$

5. $f'''(1) = 54 > 0$, r.-l.-Wp. in $P_6(1, 0)$,

   $f'''(-0,07) = -31,39 < 0$, l.-r.-Wp. in $P_7(-0,07, -4,56)$,

   $f'''(-1,54) = 75,34 > 0$ r.-l.-Wp. in $P_8(-1,54, -3,44)$

13.3. g) 1. $x_1 = 4$, $x_2 = 1$

2. $x_3 = 7$, $x_4 = 3$

4. $f''(7) = 1 > 0$,

   Min. in $P_3(7, 9)$,

   $f''(3) = -1 < 0$,

   Max. in $P_4(3, 1)$

6. $x_5 = 5$

l) 1. $x_1 = 0$

2. $x_2 = 1$, $x_3 = -1$

3. $x_4 = 0$, $x_5 = \sqrt{3}$,

   $x_6 = -\sqrt{3}$

4. $f''(1) = -1 < 0$,

   Max. in $P_2(1, 1)$,

   $f''(-1) = 1 > 0$,

   Min. in $P_3(-1, -1)$

5. $f'''(0) = -12 < 0$,

   l.-r.-Wendepunkt in $P_4(0, 0)$

   $f'''(\pm\sqrt{3}) = \frac{3}{8} > 0$

   r.-l.-Wendepunkt in $P_5(1,73, 0,87)$

   und $P_6(-1,73, -0,87)$

13.4. e) 2. $x_1 = 0$

4. $f''(0) = 1 > 0$,

   Min. in $P_1(0, 1)$

k) 1. $x_1 = 0$

2. $x_2 = 0$

3. $x_3 = 0$

4. $f''(0) = 0$

5. $f'''(0) = -\frac{9}{4} < 0$,

   l.-r.-Wp. in $P_2(0, 0)$

13.5. d) 1. $x_1 = 1$

3. $x_2 = 1,13$

5. $f'''(1,13) = \pm 53,8$,

   r.-l.-Wp. in $P_2(1,13, 0,46)$,

   l.-r.-Wp. in $P_3(1,13, -0,46)$

e) 1. $x_1 = 0, \quad x_2 = 1$

2. $x_3 = 0, \quad x_4 = \frac{3}{4}$

3. $x_5 = 0{,}32$

4. $f''(0)$ ist nicht definiert,

$f''(\frac{3}{4}) \gtrless 0,$      Max. in $P_4(\frac{3}{4}, 0{,}32)$,

Min. in $\overline{P_4}(\frac{3}{4}, -0{,}32)$

5. $f'''(0{,}32) \gtrless 0,$      l.-r.-Wp. in $P_5(0{,}32,\ 0{,}15)$,

r.-l.-Wp. in $\overline{P_5}(0{,}32,\ -0{,}15)$

13.6. d) 2. $x_1 = k \cdot \frac{\pi}{2}$

3. $x_2 = \frac{\pi}{4} + k \cdot \frac{\pi}{2},$      $x_3 = \frac{3\pi}{4} + k \cdot 2\pi,$

$x_4 = \frac{5\pi}{4} + k \cdot 2\pi,$      $x_5 = \frac{7\pi}{4} + k \cdot 2\pi.$

4. $f''(k \cdot \frac{\pi}{2}) = -2 < 0,$      für gerades k, Max. in $P_1(k \cdot \frac{\pi}{2},\ 2)$,

$f''(k \cdot \frac{\pi}{2}) = 2 > 0,$      für ungerades k, Min. in $\overline{P_1}(k \cdot \frac{\pi}{2},\ 1)$.

5. $f'''(\frac{\pi}{4} + k \cdot 2\pi) = 4 > 0,$      r.-l.-Wp. in $P_2(\frac{\pi}{4} + k \cdot 2\pi,\ \frac{3}{2})$,

$f'''(\frac{3\pi}{4} + k \cdot 2\pi) = -4 < 0,$      l.-r.-Wp. in $P_3(\frac{3\pi}{4} + k \cdot 2\pi,\ \frac{3}{2})$,

$f'''(\frac{5\pi}{4} + k \cdot 2\pi) = 4 > 0,$      r.-l.-Wp. in $P_4(\frac{5\pi}{4} + k \cdot 2\pi,\ \frac{3}{2})$,

$f'''(\frac{7\pi}{4} + k \cdot 2\pi) = -4 < 0,$      l.-r.-Wp. in $P_5(\frac{7\pi}{4} + k \cdot 2\pi,\ \frac{3}{2})$.

i) 1. $x_1 = k\pi$

2. $x_2 = \frac{\pi}{4} + k \cdot \frac{\pi}{2}, \quad x_3 = \frac{2\pi}{3} + k \cdot 2\pi, \quad x_4 = \frac{4\pi}{3} + k \cdot 2\pi$

3. $x_5 = k\pi$

4. $f''(\frac{\pi}{4} + k \cdot \frac{\pi}{2})$   $= -2(1 + \sqrt{2}) < 0$   für k = 4n, Max.,

$= 2(1 - \sqrt{2}) < 0$     für k = 4n + 1, Max.,

$= 2(\sqrt{2} - 1) > 0$     für k = 4n + 2, Min.,

$= 2(\sqrt{2} + 1) > 0$     für k = 4n + 3, Min.

5. $f'''(k\pi) = -14 < 0$      für gerades k, l.-r.-Wp.,

$= 7 > 0$      für ungerades k, r.-l.-Wp.

13.7. b) 1. $x_1 = 0$      d) 1. $x_1 = 1, \quad x_2 = -1$

2. $x_2 = 1$              2. $x_3 = 0{,}41, \quad x_4 = -2{,}41$

3. $x_3 = 2$              3. $x_5 = -0{,}27, \quad x_6 = -3{,}73$

4. $f''(1) = -\dfrac{1}{e} < 0,$

Max. in $P_2(1, \dfrac{1}{e})$

5. $f'''(2) = \dfrac{1}{e^2} > 0,$

r.-l.-Wp. in $P_3(2, \dfrac{2}{e^2})$

4. $f''(0,41) = 4,21 > 0,$

Min. in $P_3(0,41, -1,25),$

$f''(-2,41) = -0,25 < 0,$

Max. in $P_4(2,41, \; 0,43)$

5. $f'''(-0,27) \neq 0,$

Wp. in $P_5(-0,27, \; -0,71),$

$f'''(-3,73) \neq 0,$

Wp. in $P_6(-3,73, \; 0,31).$

13.8. b) 1. $x_1 = \sqrt{2}, \quad x_2 = -\sqrt{2}$

    6. y nicht differenzierbar für $|x| < 1$

d) 1. $x_1 = e, \quad x_2 = 1$

    2. $x_3 = \sqrt{e}$

    3. $x_4 = e\sqrt{e}$

    4. $f''(\sqrt{e}) = \dfrac{2}{e} > 0,$ Min. in $P_3(\sqrt{e}, -\dfrac{1}{4})$

    5. $f'''(\sqrt{e^3}) = \dfrac{-2}{e^4\sqrt{e}} < 0,$ l.-r.-Wp. in $P_4(e\sqrt{e}, \dfrac{3}{4})$

## 14.    Extremwertaufgaben

14.1. a) Die beiden Summanden sind $x = y = \dfrac{a}{2}.$

b) Die beiden Summanden sind $x = \dfrac{ma}{m+n}$ und $y = \dfrac{na}{m+n}$ .

14.2. b) Die Seiten des Rechtecks sind um den Wert $x = \dfrac{a-b}{2}$ zu verändern.

Das gesuchte Rechteck ist ein Quadrat mit der Seitenlänge $s = \dfrac{a+b}{2}.$

d) Die auf dem Kreisdurchmesser liegende Rechteckseite muß den Wert $2x = \sqrt{2}\,r$ haben.

Die andere Rechteckseite ist $y = \dfrac{\sqrt{2}}{2}\,r.$

g) Die auf c liegende Seite des Rechtecks ist $x = \dfrac{c}{2}.$ Die andere Seite ist $y = \dfrac{h_c}{2}.$ Der Flächeninhalt des Rechtecks beträgt $A = \dfrac{1}{4}h_c \cdot c.$

14.3. a) Der Zylinder muß die Abmessungen $\quad h = 2r = \sqrt[3]{\dfrac{V}{2\pi}} \cdot 2 \quad$ haben.

    c) Der Durchmesser des gesuchten Kreiskegels beträgt $\dfrac{4}{3}r$, seine Höhe $\dfrac{1}{3}h$.

14.4. a) Die beiden Seiten müssen gleich lang sein, das Dreieck ist ein gleichschenkliges.

    c) Wenn der Neigungswinkel $\varphi = 60°$ ist, wird der Querschnitt am größten.

    d) Das geforderte Dreieck muß ein gleichschenkliges sein. (Bei gegebenem c ist $a = b$.)

14.5. b) Die Annäherung der beiden Fahrzeuge ist dann am größten, wenn seit dem Passieren der Kreuzung durch das erste Fahrzeug 2,77s vergangen sind.

    c) Der Punkt P liegt so auf g, daß $\sphericalangle$ APB von dem durch P gehenden Lot l auf g halbiert wird (Reflexionsgesetz).

# Abschnitt 21

1.    a) $\dfrac{1}{4}x^4 - \dfrac{5}{3}x^3 + \dfrac{7}{2}x^2 - 2x + C$

     b) $-x^{-2} + C$      c) $\dfrac{1}{4}x\sqrt[3]{x} + C$      d) $\dfrac{6}{7}x^{\frac{7}{6}} + C$

     e) $\dfrac{3}{5}x\sqrt[3]{x^2} + C$      h) $-ax^{-1} - \dfrac{1}{2}bx^{-2} - \dfrac{1}{4}cx^{-4} + C$

     i) $\dfrac{3}{\ln 2} \cdot 2^x + C$      j) $-\dfrac{1}{2}\cot x + C$      k) $\dfrac{1}{3}\text{Arc}\tan x + C$

     l) $\dfrac{1}{2}\cos\varphi \cdot s^2 + C$      m) $\dfrac{4}{3}t^3 - 6t^2 + 9t + C$      n) $\dfrac{8}{15}t^{\frac{15}{8}} + C$

2.    a) $\ln|x| + C$      b) $-\dfrac{4}{3}\cos x + C$      c) $7x + C$

     d) $-\dfrac{1}{2}\cos x + C$      e) $-2\tan x + C$      f) $t^2 + C$

3.    b) $0$      d) $-2$      e) $\pi$

     f) $1 + \dfrac{\pi}{4}$      g) $x_2^2 - x_1^2 + x_1 - x_2$      i) $e$

     j) $\dfrac{56}{15}$      k) $\dfrac{1}{2n}$      l) $\dfrac{1}{\ln a}(a^b - a^a)$

4.    a) $\dfrac{3}{8}\sqrt[3]{(x^2 - 7)^4} + C$    c) $\dfrac{1}{3\ln 2} \cdot 2^{3x+6} + C$    d) $-2\cos\left(\dfrac{1}{2}x - \dfrac{1}{3}\right) + C$

     e) $\text{Arctan}(x + 1) + C$    f) $\tan(4t - 5) + C$    g) $\dfrac{3}{8}\sqrt[3]{(x^2 - 7)^4} + C$

     i) $\dfrac{1}{4}e^{2x^2+3} + C$    j) $-\dfrac{7}{8}\cos^8 x + C$    k) $-\dfrac{1}{8}(1 - 2\sin x)^4 + C$

m) $\ln|\sin t| + C$     n) $\ln|2x^2 - 5x + 3| + C$   o) $\frac{1}{4}(\text{Arc}\sin u)^2 + C$

p) $\frac{1}{9}\sqrt{(2\ln x + 3)^3} + C$   q) $\sin e^x + C$     r) $-e^{\cos t} + C$

5.  a) $\frac{1}{2}\text{Arc}\tan(2x) + C$     b) $\frac{1}{2\sqrt{2}}\text{Arc}\tan(\sqrt{2}\,x) + C$

c) $\frac{1}{3}\sqrt{\frac{3}{5}}\,\text{Arc}\tan\left(\sqrt{\frac{5}{3}}\,x\right) + C$     d) $\frac{1}{\sqrt{3}}\text{Arc}\sin(\sqrt{3}\,x) + C$

e) $\frac{1}{3}\text{Arc}\sin\frac{x}{2} + C$     f) $\frac{1}{\sqrt{3}}\text{Arc}\sin\left(\sqrt{\frac{3}{2}}\,x\right) + C$

g) $\frac{1}{3}\text{Arc}\tan\frac{x-5}{3} + C$   h) $\frac{1}{9}\text{Arc}\tan\frac{x-1}{3} + C$   i) $\text{Arc}\sin(x-2) + C$

6.  a) $-\frac{2}{225}$     b) $\frac{1}{3}\left(1 - \frac{1}{e^3}\right)$     c) $\frac{15}{\ln 2}$

d) $\frac{104}{625}$     e) $4$     f) $\ln\left|\frac{e^4 + 1}{e^2 + 1}\right|$

g) $1 - e$     h) $\frac{\pi}{8}$     i) $\frac{1}{4}$

7.  a) $-0{,}2\,(x\cos x - \sin x) + C$     b) $x^4(\ln x - \frac{1}{4}) + C$

c) $\frac{1}{2}(\cos x \sin x + x) + C$     e) $-x^2\cos x + 2x\sin x + 2\cos x + C$

g) $x^3 e^x - 3x^2 e^x + 6x e^x - 6e^x + C$  h) $x\,\text{Arc}\sin x + \sqrt{1-x^2} + C$

i) $\frac{3}{4}x\sqrt[3]{x}\,(\ln x - \frac{3}{4}) + C$     j) $x\,\text{Arc}\tan x - \frac{1}{2}\ln(x^2 + 1) + C$

8.  a) $\frac{2}{e}$     b) $2\ln 2 - 1$     c) $\frac{1}{2}(1 - \ln 2)$

d) $\frac{1}{2}(e^\pi + 1)$     e) $\pi^3 - 6\pi$     f) $\pi^4 - 12\pi^2 + 48$

9.  b) $4$     c) $\frac{34}{3}$     e) $0{,}5$

f) $\ln 2$     g) $\frac{32}{15}$

i) $\frac{1}{6}$  (Schnittpunktabszissen: $x_1 = 1$, $x_2 = 2$)

j) $4\frac{4}{5}$  (Schnittpunktabszissen: $x_1 = 0$, $x_2 = 2$)

k) $\frac{40}{9} - 2\cdot\ln 3$  (Schnittpunktabszissen: $x_1 = 3$, $x_2 = \frac{1}{3}$)

l)  $2 \cdot \sqrt{2}$   (Schnittpunktabszissen: $x_1 = \frac{\pi}{4}$ , $x_2 = \frac{5\pi}{4}$ )

n)  $2\pi - \frac{4}{3}$   (Schnittpunktabszissen: $x_1 = -2$, $x_2 = 2$)

o)  $\frac{1}{3}$   (Schnittpunktabszissen: $x_1 = 0$, $x_2 = 1$)

q)  $2 - \sqrt{3} + \sqrt{3} \, \ln \frac{\sqrt{3}}{2}$   (Schnittpunktabszissen: $x_1 = 0$, $x_2 = \frac{\pi}{6}$ )

r)  $\frac{\pi}{8} + \ln \frac{\sqrt{2}}{2}$   (Schnittpunktabszissen: $x_1 = 0$, $x_2 = \frac{\pi}{4}$ )

10.  a) $\frac{\pi}{5} h^5$          b) $4\pi \left( \frac{6}{7} \sqrt[3]{2} + \frac{6}{5} \sqrt[3]{4} + 1 \right)$  d) $\frac{16}{9}\pi$

   e) $\frac{2}{3}\pi$          f) $\frac{512}{15}\pi$          g) $\frac{\pi^2}{2}$

11.  a) 16          b) $65\frac{1}{3}\pi$

12.  a) $x_1 = 0$, $x_2 = 4$, $x_3 = 6$  b) $7\frac{1}{3}$          c) $\frac{32}{3}\pi$

13.      $\frac{\pi}{4}(\pi + 2)$

14.      $\frac{28}{3}\pi$

15.      $\frac{4}{3}\pi \, a \, b^2$

# Sachverzeichnis